技能应用速成系列

ANSYS 2024 有限元分析
从入门到精通
（升级版）

曹 渊 编著

电子工业出版社
Publishing House of Electronics Industry
北京·BEIJING

内 容 简 介

本书采用 GUI 操作与 APDL 命令互相对照的方式，从基础知识、专题技术两个层面详细阐述了 ANSYS 2024 的使用方法和技巧。本书内容系统完整，各章相对独立，并且有详细的实例，是一本简明的 ANSYS 读本。

全书分为基础知识和专题技术两部分，共 22 章。第 1～7 章为基础知识部分，主要讲解绪论、APDL 基础、实体建模、网格划分、加载、求解、后处理的相关知识。第 8～22 章为专题技术部分，主要讲解结构静力学分析、模态分析、谐响应分析、瞬态动力学分析、谱分析、热分析、电磁场分析、多物理场耦合分析、非线性静力学分析、接触问题、"生死"单元、复合材料分析、机械零件分析、薄膜结构分析、参数化设计与优化设计的相关知识，并且通过实例详细讲解了这些分析技术的使用方法。

本书以实用为宗旨，深入浅出，实例丰富，讲解翔实，适合作为理工科高等院校的教学用书和广大科研工程技术人员的技术参考书。

未经许可，不得以任何方式复制或抄袭本书之部分或全部内容。
版权所有，侵权必究。

图书在版编目（CIP）数据

ANSYS 2024 有限元分析从入门到精通 ：升级版 / 曹渊编著. -- 北京 ：电子工业出版社, 2025. 3. --（技能应用速成系列）. -- ISBN 978-7-121-49890-9

Ⅰ．O241.82

中国国家版本馆 CIP 数据核字第 2025GN4493 号

责任编辑：许存权
印　　刷：三河市良远印务有限公司
装　　订：三河市良远印务有限公司
出版发行：电子工业出版社
　　　　　北京市海淀区万寿路 173 信箱　邮编：100036
开　　本：787×1 092　1/16　印张：28.75　字数：736 千字
版　　次：2025 年 3 月第 1 版
印　　次：2025 年 3 月第 1 次印刷
定　　价：89.00 元

凡所购买电子工业出版社图书有缺损问题，请向购买书店调换。若书店售缺，请与本社发行部联系，联系及邮购电话：（010）88254888，88258888。
质量投诉请发邮件至 zlts@phei.com.cn，盗版侵权举报请发邮件至 dbqq@phei.com.cn。
本书咨询联系方式：（010）88254484，xucq@phei.com.cn。

前言

ANSYS 是融结构、流体、电场、磁场、声场分析于一体的大型通用有限元分析软件，由著名的有限元分析软件公司——ANSYS 开发，它有大多数 CAD 软件接口，因此可实现数据共享和交换，是现代产品设计的高级 CAE 工具。

ANSYS 软件不断吸收当今世界最新的计算方法与计算机技术，引领世界有限元技术发展的潮流，其凭借强大的功能、可靠的质量，赢得了全球工业界的广泛赞赏，尤其得到了各行业 CAE 用户的认可，在航空航天、铁路运输、石油化工、机械制造、能源、汽车、电子、土木工程、船舶、生物医学、轻工、矿产、水利等领域得到了广泛应用，为各领域科学研究与工程应用的发展起到了巨大的推动作用。

1. 本书特点

由浅入深，循序渐进。本书以初中级读者为对象，从 ANSYS 的基础知识讲起，辅以 ANSYS 在工程中的应用实例，帮助读者尽快掌握使用 ANSYS 进行有限元分析的技能。

步骤详尽，内容新颖。本书结合作者多年 ANSYS 的使用经验和实际工程应用实例，对 ANSYS 2024 的使用方法与技巧进行详细讲解。本书的讲解步骤详尽、内容新颖，并且辅以相应的图片，使读者在阅读时一目了然，从而快速掌握书中所讲内容。

典型实例，轻松易学。学习工程应用实例的具体操作是掌握 ANSYS 相关知识的最好方式，本书通过综合应用实例，详尽地讲解了 ANSYS 在各方面的应用。

版本最新，质量保证。本书在上一版的基础上，为适应新版本要求进行了版本升级，在结构上进行了局部调整，对原书中存在的错误进行了改正，对模型及程序重新进行了仿真计算和核校，提高了图书质量。

2. 本书内容

本书基于 ANSYS 2024 软件，讲解 ANSYS 的基础知识和核心应用内容。本书内容分为两部分：基础知识部分和专题技术部分。

第一部分：基础知识。第 1~7 章，主要介绍 ANSYS 的基础知识。

第 1 章　绪论　　　　　　　　　　第 2 章　APDL 基础
第 3 章　实体建模　　　　　　　　第 4 章　网格划分
第 5 章　加载　　　　　　　　　　第 6 章　求解
第 7 章　后处理

第二部分：专题技术。第 8~22 章，即案例应用分析部分，主要从 ANSYS 所能求解的实际物理问题入手，给出其具体的分析实例。

第 8 章　结构静力学分析　　　　　第 9 章　模态分析
第 10 章　谐响应分析　　　　　　　第 11 章　瞬态动力学分析
第 12 章　谱分析　　　　　　　　　第 13 章　热分析
第 14 章　电磁场分析　　　　　　　第 15 章　多物理场耦合分析
第 16 章　非线性静力学分析　　　　第 17 章　接触问题
第 18 章　"生死"单元　　　　　　第 19 章　复合材料分析
第 20 章　机械零件分析　　　　　　第 21 章　薄膜结构分析
第 22 章　参数化设计与优化设计

3．配套资源内容

本书配套资源主要包括案例的模型文件和案例的工程文件，这些文件存放于配套资源相关章节的文件夹中，以便读者查询和使用。

例如，第 16 章的第 2 个操作案例"实例分析 2"的模型文件和工程文件放置在"配套资源\Chapter16\char16-2\"文件夹下。

4．读者服务

读者在学习过程中如遇到与本书有关的技术问题，可以加 QQ 群（806415628）进行交流，也可以关注"仿真技术"微信公众号获取帮助，我们会尽快给予解答，并竭诚为读者服务。

本书配套素材文件存储在百度云盘中，请读者根据后面的地址进行下载；教学视频已上传到 B 站，请读者在线观看学习。读者可以通过访问"仿真技术"微信公众号，并回复"202400055"获取教学视频的播放地址、素材文件的下载链接、与作者的互动方式等。

配套资源文件下载：

链接：https://pan.baidu.com/s/1Mnx8aHtG3xJkUSG79mN8hg

提取码：3h7x

编著者

目　录

第一部分　基础知识

第1章　绪论 ·········· 1
- 1.1　有限元法概述 ·········· 1
  - 1.1.1　有限元法的分析过程 ·········· 1
  - 1.1.2　有限元分析阶段划分 ·········· 3
- 1.2　ANSYS 简介 ·········· 4
  - 1.2.1　ANSYS 的启动与退出 ·········· 4
  - 1.2.2　ANSYS 的操作界面 ·········· 5
  - 1.2.3　ANSYS 文件管理 ·········· 7
  - 1.2.4　ANSYS 有限元分析流程 ·········· 8
  - 1.2.5　入门分析实例 ·········· 9
- 1.3　本章小结 ·········· 15

第2章　APDL 基础 ·········· 16
- 2.1　APDL 参数 ·········· 16
  - 2.1.1　参数的概念与类型 ·········· 16
  - 2.1.2　参数命名规则 ·········· 17
  - 2.1.3　参数的定义操作 ·········· 17
  - 2.1.4　参数的删除操作 ·········· 18
  - 2.1.5　数组参数 ·········· 18
- 2.2　APDL 的流程控制命令 ·········· 20
  - 2.2.1　*GO 命令 ·········· 20
  - 2.2.2　*IF 命令 ·········· 20
  - 2.2.3　*DO 命令 ·········· 20
  - 2.2.4　*DOWHILE 命令 ·········· 21
- 2.3　宏文件 ·········· 21
  - 2.3.1　创建宏文件 ·········· 21
  - 2.3.2　调用宏文件 ·········· 22
- 2.4　运算符、函数与函数编辑器 ·········· 23
- 2.5　本章小结 ·········· 24

第3章　创建模型 ·········· 25
- 3.1　实体建模操作概述 ·········· 25
- 3.2　自下向上建模 ·········· 27
- 3.3　自上向下建模 ·········· 31
- 3.4　外部程序导入模型 ·········· 34
- 3.5　常用建模命令汇总 ·········· 39
- 3.6　创建实体模型 ·········· 40
- 3.7　本章小结 ·········· 48

第4章　网格划分 ·········· 49
- 4.1　定义单元属性 ·········· 49
- 4.2　网格划分控制 ·········· 53
  - 4.2.1　智能网格划分 ·········· 53
  - 4.2.2　全局单元尺寸控制 ·········· 55
  - 4.2.3　默认单元尺寸控制 ·········· 55
  - 4.2.4　关键点尺寸控制 ·········· 56
  - 4.2.5　线尺寸控制 ·········· 57
  - 4.2.6　面尺寸控制 ·········· 58
  - 4.2.7　单元尺寸控制命令的优先顺序 ·········· 59
  - 4.2.8　完成网格划分 ·········· 59
- 4.3　网格的修改 ·········· 60
  - 4.3.1　清除网格 ·········· 60

4.3.2 局部网格细化 …………… 61
4.3.3 层状网格划分 …………… 63
4.4 高级网格划分技术 …………… 63
　4.4.1 单元选择 …………… 64
　4.4.2 映射网格划分 …………… 65
　4.4.3 扫掠网格 …………… 67
　4.4.4 拉伸网格 …………… 67
4.5 网格划分命令汇总 …………… 67
4.6 本章小结 …………… 70

第5章 加载

5.1 载荷与载荷步 …………… 71
　5.1.1 载荷 …………… 71
　5.1.2 载荷步 …………… 72
5.2 加载方式 …………… 73
　5.2.1 实体模型的加载特点 …………… 73
　5.2.2 有限元模型的加载特点 …………… 73
5.3 施加约束与载荷 …………… 74
5.4 齿轮泵模型的加载 …………… 87
5.5 耦合与约束方程 …………… 89
　5.5.1 耦合 …………… 89
　5.5.2 约束方程 …………… 91
5.6 本章小结 …………… 92

第6章 求解

6.1 求解综述 …………… 93
6.2 实例 …………… 96
6.3 求解命令汇总 …………… 97
6.4 本章小结 …………… 98

第7章 后处理

7.1 通用后处理器 …………… 99
　7.1.1 结果文件 …………… 99
　7.1.2 结果输出 …………… 102
　7.1.3 结果处理 …………… 115
　7.1.4 结果查看器 …………… 118
7.2 时间历程后处理器 …………… 119
　7.2.1 Time History Variables 对话框 …………… 119
　7.2.2 定义变量 …………… 121
　7.2.3 显示变量 …………… 123
7.3 本章小结 …………… 123

第二部分　专题技术

第8章 结构静力学分析

8.1 结构分析概述 …………… 124
　8.1.1 结构分析的定义 …………… 124
　8.1.2 静力学分析的基本概念 …………… 124
　8.1.3 结构静力学分析的基本流程 …………… 125
8.2 开孔平板静力学分析 …………… 128
　8.2.1 问题描述 …………… 128
　8.2.2 设置分析环境 …………… 128
　8.2.3 定义单元与材料属性 …………… 129
　8.2.4 创建模型 …………… 131
　8.2.5 划分网格 …………… 133
　8.2.6 施加边界条件 …………… 134
　8.2.7 求解 …………… 138
　8.2.8 显示变形图 …………… 139
　8.2.9 显示结果云图 …………… 139
　8.2.10 查看矢量图 …………… 143
　8.2.11 查看约束反力 …………… 144
　8.2.12 查询危险点坐标 …………… 145
8.3 平面应力分析 …………… 146
　8.3.1 问题描述 …………… 146
　8.3.2 设置分析环境 …………… 146
　8.3.3 定义几何参数 …………… 147
　8.3.4 定义单元类型 …………… 148
　8.3.5 定义实常数 …………… 149
　8.3.6 定义材料属性 …………… 150

8.3.7	创建实体模型	151
8.3.8	设置网格参数并划分网格	153
8.3.9	施加载荷	154
8.3.10	求解	157
8.3.11	查看分析结果	157
8.3.12	命令流	161
8.4	本章小结	162

第9章 模态分析 163

- 9.1 模态分析的基本假设 163
- 9.2 模态分析方法 163
  - 9.2.1 模态提取方法 163
  - 9.2.2 模态分析的步骤 165
- 9.3 立体桁架结构模态分析 169
  - 9.3.1 问题描述 169
  - 9.3.2 分析 169
  - 9.3.3 设置分析环境 169
  - 9.3.4 设置材料属性 170
  - 9.3.5 创建模型 171
  - 9.3.6 划分网格 174
  - 9.3.7 施加约束 175
  - 9.3.8 设置分析类型 175
  - 9.3.9 设置分析选项 176
  - 9.3.10 求解 177
  - 9.3.11 观察固有频率的结果 177
  - 9.3.12 读入数据结果 177
  - 9.3.13 观察振型等值线结果 178
  - 9.3.14 命令流 180
- 9.4 本章小结 182

第10章 谐响应分析 183

- 10.1 谐响应分析应用 183
  - 10.1.1 谐响应分析方法 183
  - 10.1.2 使用Full法进行谐响应分析 185
- 10.2 两自由度系统谐响应分析 188
  - 10.2.1 问题描述 188
  - 10.2.2 设置分析环境 189
  - 10.2.3 设置材料属性 189
  - 10.2.4 创建模型 191
  - 10.2.5 划分网格 192
  - 10.2.6 施加载荷 193
  - 10.2.7 求解 194
  - 10.2.8 后处理 194
  - 10.2.9 命令流 195
- 10.3 本章小结 196

第11章 瞬态动力学分析 197

- 11.1 概述 197
  - 11.1.1 预备工作 197
  - 11.1.2 使用Full法进行瞬态动力学分析 198
- 11.2 斜拉悬臂梁结构瞬态响应分析 203
  - 11.2.1 问题描述 203
  - 11.2.2 设置分析环境 204
  - 11.2.3 设置材料属性 205
  - 11.2.4 创建模型 206
  - 11.2.5 划分网格 207
  - 11.2.6 施加载荷 207
  - 11.2.7 求解 209
  - 11.2.8 后处理 209
- 11.3 本章小结 210

第12章 谱分析 211

- 12.1 谱分析概述 211
- 12.2 三角平台结构地震响应分析 216
  - 12.2.1 问题描述 216
  - 12.2.2 分析 217
  - 12.2.3 设置分析环境 217
  - 12.2.4 设置材料属性 217
  - 12.2.5 创建模型 219
  - 12.2.6 划分网格 220
  - 12.2.7 施加约束 221
  - 12.2.8 求解 221
  - 12.2.9 观察结果 225
- 12.3 本章小结 226

第 13 章 热分析 227

13.1 热分析介绍 227
13.1.1 热分析的类型 227
13.1.2 热分析的基本过程 227

13.2 梁的热-应力耦合分析 229
13.2.1 问题描述 229
13.2.2 设置分析环境 230
13.2.3 设置材料属性 231
13.2.4 建模 233
13.2.5 划分网格 233
13.2.6 施加载荷 235
13.2.7 求解 237
13.2.8 后处理 238

13.3 本章小结 240

第 14 章 电磁场分析 241

14.1 磁场分析 241
14.2 电场分析 243
14.3 屏蔽带状传输线的静电场分析 244
14.3.1 问题描述 244
14.3.2 设置分析环境 244
14.3.3 设置材料属性 245
14.3.4 建模 246
14.3.5 划分网格 247
14.3.6 加载 248
14.3.7 求解 250
14.3.8 后处理 250

14.4 本章小结 254

第 15 章 多物理场耦合分析 255

15.1 概述 255
15.1.1 顺序耦合分析 255
15.1.2 直接耦合分析 256

15.2 双层金属簧片耦合场分析 256
15.2.1 问题描述 256
15.2.2 设置分析环境 257
15.2.3 设置材料属性 257
15.2.4 创建模型 258
15.2.5 划分网格 259
15.2.6 加载 260
15.2.7 求解 261
15.2.8 后处理 262

15.3 本章小结 263

第 16 章 非线性静力学分析 264

16.1 概述 264
16.1.1 非线性问题的分类 265
16.1.2 牛顿-拉弗森法 266
16.1.3 非线性求解的操作级别 267
16.1.4 非线性静力学分析过程 270

16.2 实例分析一 279
16.2.1 问题描述 279
16.2.2 问题分析 279
16.2.3 设置分析环境 279
16.2.4 设置材料属性 279
16.2.5 创建模型 281
16.2.6 划分网格 281
16.2.7 加载 282
16.2.8 求解 285
16.2.9 后处理 285
16.2.10 命令流 288

16.3 实例分析二 289
16.3.1 问题描述 289
16.3.2 设置分析环境 289
16.3.3 设置材料属性 289
16.3.4 创建模型 291
16.3.5 网格划分 291
16.3.6 加载 293
16.3.7 求解 294
16.3.8 后处理 295
16.3.9 命令流 297

16.4 本章小结 299

第 17 章 接触问题 300

17.1 概述 300
17.2 齿轮接触问题 301

	17.2.1	问题描述	301
	17.2.2	设置分析环境	302
	17.2.3	设置材料属性	302
	17.2.4	创建模型	304
	17.2.5	划分网格	310
	17.2.6	定义接触对	310
	17.2.7	施加位移约束	312
	17.2.8	求解	314
	17.2.9	后处理	315
17.3	并列放置的两个圆柱体的接触问题		316
	17.3.1	问题描述	316
	17.3.2	问题分析	317
	17.3.3	设置分析环境	317
	17.3.4	设置材料属性	317
	17.3.5	创建模型	320
	17.3.6	划分网格	321
	17.3.7	定义约束	325
	17.3.8	加载	326
	17.3.9	求解	328
	17.3.10	后处理	328
17.4	本章小结		330

第18章 "生死"单元 331

18.1	概述		331
	18.1.1	"生死"单元的基本概念	331
	18.1.2	单元"生死"技术的使用	332
18.2	焊接过程模拟		334
	18.2.1	问题描述	334
	18.2.2	定义材料属性	334
	18.2.3	创建模型	336
	18.2.4	生成钢板模型的单元	337
	18.2.5	加载	338
	18.2.6	求解	340
	18.2.7	查看图形结果	345
18.3	本章小结		346

第19章 复合材料分析 347

19.1	复合材料的相关概念		347
19.2	创建复合材料模型		347
	19.2.1	选择合适的单元类型	348
	19.2.2	定义材料的叠层结构	349
	19.2.3	定义失效准则	352
	19.2.4	应遵循的建模和后处理规则	353
19.3	复合材料分析实例		356
	19.3.1	问题描述	356
	19.3.2	定义单元类型、实常数及材料特性	356
	19.3.3	创建有限元模型	358
	19.3.4	划分网格	360
	19.3.5	施加约束和载荷	361
	19.3.6	求解	363
	19.3.7	后处理	364
	19.3.8	命令流	366
19.4	本章小结		368

第20章 机械零件分析 369

20.1	扳手的静力学分析		369
	20.1.1	问题描述	369
	20.1.2	设置分析环境	370
	20.1.3	定义单元类型与材料属性	370
	20.1.4	创建模型	371
	20.1.5	划分网格	373
	20.1.6	施加边界条件	374
	20.1.7	求解	375
	20.1.8	查看求解结果	376
	20.1.9	退出系统	377
	20.1.10	命令流	377
20.2	材料非线性分析		379
	20.2.1	问题描述	380
	20.2.2	设置分析环境	380
	20.2.3	定义单元类型	381
	20.2.4	创建模型	382

  20.2.5 划分网格 ················ 386
  20.2.6 加载 ···················· 387
  20.2.7 求解 ···················· 388
  20.2.8 后处理 ·················· 389
 20.3 螺栓连接件仿真分析 ············ 390
  20.3.1 设置分析环境 ············ 391
  20.3.2 定义几何参数 ············ 391
  20.3.3 生成板梁模型 ············ 392
  20.3.4 生成柱腹板模型 ·········· 396
  20.3.5 生成肋板模型 ············ 398
  20.3.6 生成螺栓孔模型 ·········· 400
  20.3.7 生成螺栓模型 ············ 401
  20.3.8 黏结 ···················· 403
  20.3.9 设置属性 ················ 404
  20.3.10 划分网格 ··············· 405
  20.3.11 定义接触 ··············· 408
  20.3.12 加载 ··················· 409
  20.3.13 求解 ··················· 411
  20.3.14 后处理 ················· 412
 20.4 本章小结 ······················ 413

第 21 章 薄膜结构分析 ················ 414
 21.1 概述 ·························· 414
 21.2 实例详解：悬链面薄膜结构
    找形分析 ····················· 415
  21.2.1 问题描述 ················ 415
  21.2.2 设置分析环境 ············ 416
  21.2.3 定义单元与材料属性 ······ 416
  21.2.4 创建模型 ················ 417
  21.2.5 划分网格 ················ 419
  21.2.6 施加边界条件 ············ 421
  21.2.7 求解 ···················· 422
  21.2.8 后处理 ·················· 423
 21.3 命令流 ························ 424
 21.4 本章小结 ······················ 426

第 22 章 参数化设计与优化设计 ······· 427
 22.1 APDL ························· 427
  22.1.1 APDL 概述 ·············· 427
  22.1.2 APDL 的组成部分及
     功能 ···················· 427
  22.1.3 参数化设计语言实例 ······ 430
 22.2 优化设计 ······················ 436
  22.2.1 优化设计概述 ············ 436
  22.2.2 优化设计的基本概念 ······ 436
  22.2.3 优化设计过程 ············ 437
 22.3 拓扑优化 ······················ 440
  22.3.1 拓扑优化方法 ············ 440
  22.3.2 拓扑优化步骤 ············ 441
  22.3.3 拓扑优化实例 ············ 442
 22.4 本章小结 ······················ 450

第一部分 基础知识

第1章 绪论

有限元法是结构力学位移法的拓展，它的基本思路是将复杂的结构看成由有限个单元仅在节点处连接的整体，首先分析每个单元的特性，建立相关物理量之间的联系，然后依据单元之间的联系将各单元组装成整体，从而获得整体性方程，最后应用方程相应的解法，即可完成整个问题的分析。这种先"化整为零"，再"集零为整"，从而"化未知为已知"的研究方法，是具有普遍意义的。

学习目标：

- 了解有限元法的分析思想。
- 初步了解 ANSYS。
- 通过入门分析实例体会有限元分析的基本思路。

1.1 有限元法概述

有限元法是一种近似的数值分析方法（除了杆件体系结构静力学分析），它借助矩阵等数学工具进行计算，尽管计算量很大，但是整体分析是一致的。有限元法有很强的规律性和统一模式，因此特别适合使用计算机程序进行处理。

1.1.1 有限元法的分析过程

土木工程、岩土工程等学科中的弹塑性、黏弹性、黏塑性力学，水利工程、码头工程等学科中的流体力学和流体-固体耦合作用，交通工程、桥梁与隧道工程中的层状介质路面力学、大型桥梁结构分析，这些都是力学学科的重要分支，其研究最终都归结为求解数学、物理方程边值或初值问题。

遗憾的是，这些学科的传统研究成果只能解决较简单的问题，由于数学上的困难，大量实际科学、工程计算问题无法得到解决。

有限元法从正式提出至今，经历了半个多世纪的发展，从理论上讲，简单的一维杆件体系结构，承受复杂载荷和不规则边界情况的二维平面问题、轴对称问题、三维空间块体问题等的静力、动力和稳定性分析，以及判断材料是否具有非线性力学行为和有限变形的分析，如温度场、电磁场、流体、结构与相互作用等复杂工程问题的分析，使用有限元法都可以得到很好解决，而且其基本思路和分析过程都大致相同。

1. 结构离散化

使用有限元法分析工程问题的第一步是将结构进行离散化，其过程是将要分析的结构对象（也可称为求解域）用一些假想的线或面进行切割，使其成为具有指定切割开关的有限单元体（element），注意单元体和材料力学中的微元体是不同的，它的尺度是有限值而不是微量。这些单元体被认为仅仅在单元中的一些指定点相互连接，这些单元中指定的点称为单元的节点（node）。这一步实质上是用单元的集合体代替原来要分析的结构。

为了便于理论推导和用计算程序进行分析，通常结构离散化的具体步骤如下：建立单元和整体坐标系，给单元和节点进行合理编号，为后续进行有限元分析准备必需的数据化信息。目前市面上有各种类型的有限元分析软件，一般都具有友好的用户图形界面和直观输入、输出计算信息的强大功能，使用这些软件也越来越方便。使用这些大型软件的第一步——建模，实际上就是建立离散化模型和准备所需的数据。

2. 确定单元位移模式

在结构离散化后，接下来的工作就是对结构离散化所得的任意一个典型单元进行单元特性分析。为此，必须对该单元中任意一点的位移分布做出假设，即在单元内用只具有有限自由度的简单位移代替真实位移。

将单元中任意一点的位移近似地表示成该单元节点位移的函数，该位移称为单元的位移模式（displacement mode）或位移函数（displacement function）。位移模式的假设是否合理，会直接影响有限元分析的计算精度、效率和可靠性。

有限元法发展初期常用的方法是以多项式为位移模式，这主要是因为用多项式的微积分进行处理比较简单。而且根据泰勒级数展开的意义，任何光滑函数都可以用无限项的泰勒级数多项式展开，当单元极限趋于微量时，多项式的位移模式趋于真实位移。

位移模式的合理选择，是有限元法最重要的内容之一。如果要创建一种新型的单元，那么确定位移模式是其核心内容。

3. 单元特性分析

在确定了单元的位移模式后，就可以对单元进行如下三方面的处理。

- 利用应变和位移之间的关系——几何方程（geometrical equation），将单元中任意一点的应变用待定的单元节点位移表示。
- 利用应力和应变之间的关系——物理方程（physical equation），推导出用单元节点位移表示单元中任意一点应力的矩阵方程。
- 利用虚位移原理或最小势能原理（对其他类型的有限元应用相应的变分原理），推导出将单元节点位移和单元节点力、单元等效节点载荷联系起来的联系矩阵，该矩阵称为单元刚度矩阵（element stiffness matrix）。

在上述三方面的工作中，编写计算程序从计算机求解的角度来说，核心工作是建立单元刚度矩阵和单元等效节点载荷矩阵。

4. 按离散情况集成所有单元的特性，建立表示整个结构节点平衡的方程组

在得到单元特性分析的结果后，用虚位移原理或最小势能原理对各单元仅在节点上相互连接的单元集合体进行推导，可以建立表示整个结构（确切地说是单元集合体）节点平衡的方程组，即整体刚度方程（global stiffness equation）。

本步骤计算的细节取决于所求解的问题和所编制的计算程序的处理方法，一些问题存在坐标（局部与整体）转换问题（coordinate transformation problem），一些问题存在位移边界条件（displacement boundary condition）的引入问题，等等，这里不再赘述。

5. 解方程组和输出计算结果

本书讨论的是弹性计算问题，整体刚度方程一般是一个高阶的线性代数方程组。由于整体刚度矩阵具有带状（banded）、稀疏（sparse）和对称（symmerrical）等特性，因此在有限元发展过程中，人们通过研究，建立了许多不同的存储方式和计算方法，用于扩大计算机的存储空间和提高计算效率。利用相应的计算方法，即可求出结构的全部节点位移。在求出结构的全部节点位移后，利用分析过程中已建立的关系，即可进一步计算单元中的应力或内力，并且以表或图形的方式输出计算结果。

1.1.2 有限元分析阶段划分

有限元分析过程可以分为以下 3 个阶段。

- 建模阶段：建模阶段的任务是根据实际结构形状和实际工况条件，建立有限元分析的计算模型——有限元模型，从而为有限元数值计算提供必要的输入数据。

有限元建模的中心任务是结构离散，即划分网格，但还要处理许多与之相关的工作，如处理结构形式、创建几何模型、定义单元特性、检查单元质量、定义编号、定义模型边界条件等。

- 计算阶段：计算阶段的任务是完成与有限元法有关的数值计算。由于这个阶段的计算量非常大，因此这部分工作由有限元分析软件自动完成。
- 后处理阶段：后处理阶段的任务是对计算输出结果进行必要的处理，并且按一定的方式显示或打印出来，从而对结构性能的好坏或设计的合理性进行评估，并且进行相应的改进或优化，这是进行结构有限元分析的目的。

注意，在上述阶段中，创建有限元模型是整个有限元分析流程的关键。

首先，有限元模型为计算提供所有原始数据，这些数据的精度会影响计算结果的精度。

其次，有限元模型的形式会对计算过程产生很大的影响，合理的有限元模型既能保证计算结果的精度，又不会导致计算量太大和对计算机存储容量的要求太高。

再次，由于结构形状和工况条件的复杂性，要创建一个符合实际的有限元模型并非易事，需要考虑的综合因素很多，对分析人员的要求较高。

最后，建模花费的时间，在整个分析过程中占有相当大的比重，约占整个分析时间的70%，因此，将主要精力放在模型的创建上及提高建模速度是缩短分析时间的关键。

1.2 ANSYS 简介

ANSYS 是融结构、流体、电场、磁场、声场分析于一体的大型通用有限元分析软件。它能与大部分 CAD 接口实现数据的共享和交换，是现代产品设计的高级 CAE 工具。

1.2.1 ANSYS 的启动与退出

启动 Mechanical APDL Product Launcher 2024 R1，如图 1-1 所示。随后打开 Ansys Mechanical APDL Product Launcher 窗口，如图 1-2 所示，该窗口可以方便用户管理自己的项目。在 Working Directory 文本框中输入工作目录，在 Job Name 文本框中输入用户定义的项目名称。

图 1-1　启动窗口

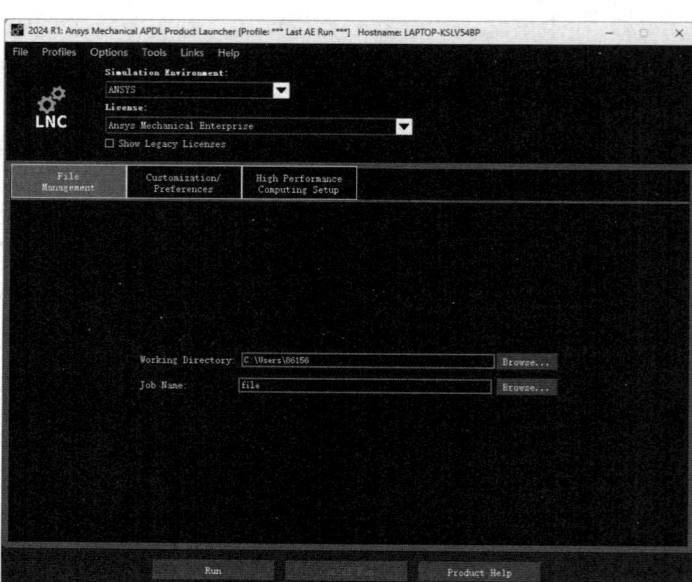

图 1-2　Ansys Mechanical APDL Product Launcher 窗口

1.2.2 ANSYS 的操作界面

单击 Ansys Mechanical APDL Product Launcher 窗口中的 Run 按钮,即可进入 ANSYS 的 GUI,如图 1-3 所示,同时打开 Mechanical APDL 2024 R1 Output Window 窗口,如图 1-4 所示。

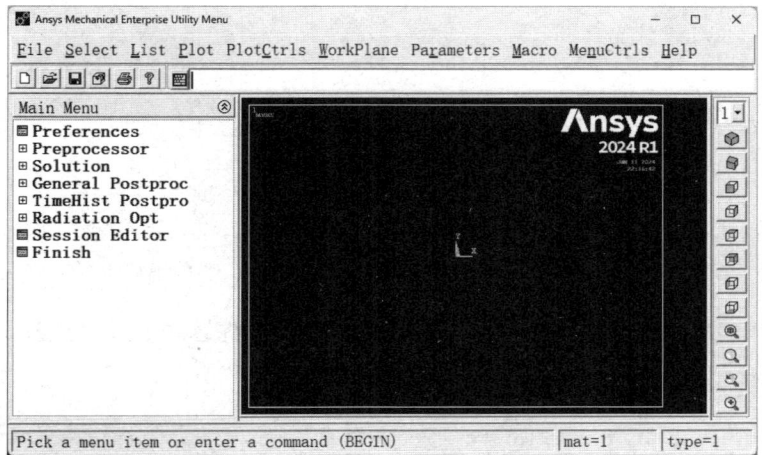

图 1-3 ANSYS 的 GUI

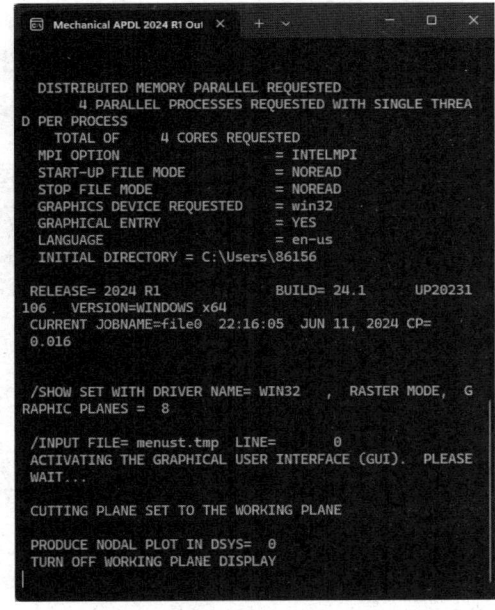

图 1-4 Mechanical APDL 2024 R1 Output Window 窗口

在 Mechanical APDL 2024 R1 Output Window 窗口中显示了 ANSYS 项目的信息(如定义的单元、材料参数)、分析过程中的各种警告与错误提示、*GET 命令提取的数据等。

ANSYS GUI 的主菜单(Main Menu)中包含定义单元、创建模型、求解、后处理等命令，如图 1-5 所示。

ANSYS GUI 的工作区如图 1-6 所示，创建的模型、分析完成后的结果、求解过程的监视等都会在此显示。

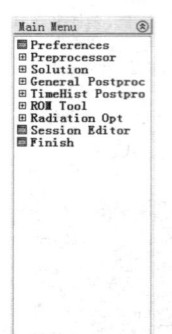
图 1-5　ANSYS GUI 的主菜单

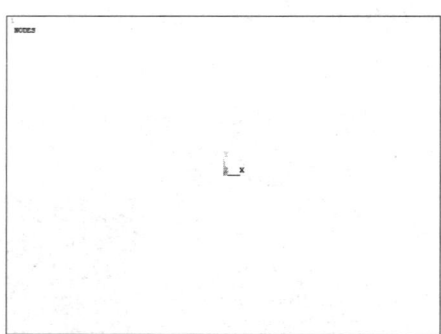
图 1-6　ANSYS GUI 的工作区

ANSYS GUI 的通用菜单（Utility Menu）中包含文件管理、项目选择、工作区显示的控制、参数的定义、工作平面、帮助等命令，如图 1-7 所示。

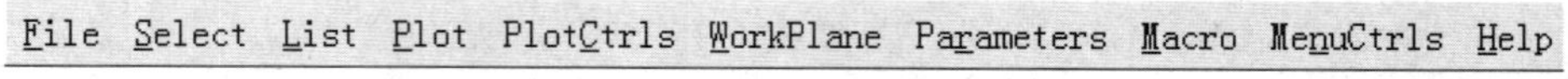

图 1-7　ANSYS GUI 的通用菜单

ANSYS 的帮助系统功能非常强大，在 ANSYS 的帮助系统中，用户可以找到有关 ANSYS 的理论知识、操作方法等。ANSYS 的帮助系统界面如图 1-8 所示。

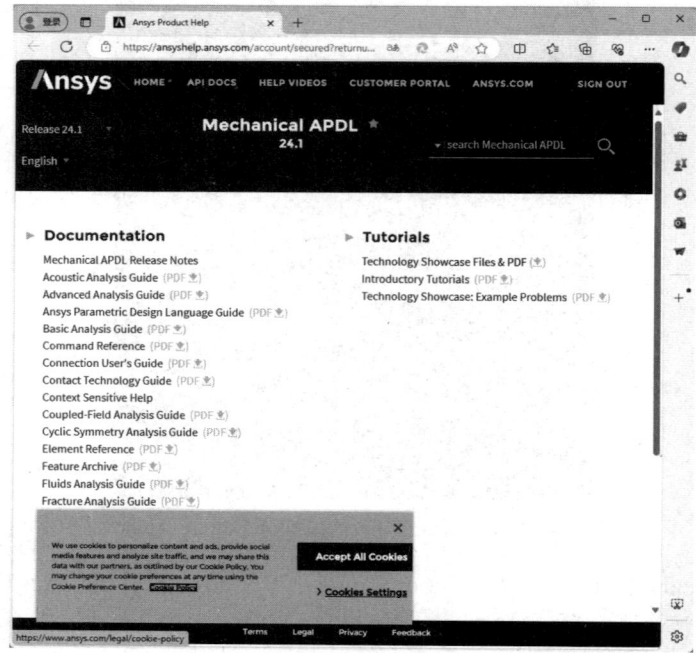
图 1-8　ANSYS 的帮助系统界面

ANSYS 的命令输入框如图 1-9 所示，在此输入框中可以输入 APDL 命令，用户可以利用这些命令进行操作。

图 1-9 ANSYS 的命令输入框

1.2.3 ANSYS 文件管理

ANSYS 软件使用文件的方式存储和恢复数据（特别是在求解分析时），这些文件被命名为 filename.ext，这里 filename 为默认的作业名，ext 是一个由 2~4 个字符组成的唯一的值，表示文件的内容。

作业名是在进入 ANSYS 程序后用户指定的文件名（执行/FILNAME 命令或在 GUI 的通用菜单中选择 File > Change Jobname 命令）。如果没有给文件命名，则默认为 FILE（或 file）。

文件名（文件名和扩展名）在某些系统中是小写字母。如果文件名是"bolt"，那么在一个 ANSYS 问题分析结束后可以得到如下文件。

- bolt.db：数据库文件。
- bolt.emat：单元矩阵文件。
- bolt.err：错误和警告信息文件。
- bolt.log：命令输入历史文件。
- bolt.rst：结果文件。

在 ANSYS 程序运行结束前产生，会在某个时刻删除的文件称为临时文件。在 ANSYS 程序运行结束后仍然存在的文件称为永久性文件。

对于 ANSYS 文档组，输出文件（Jobname.OUT）是常用的文件之一。如果运行于 UNIX 操作系统中，仅需要将结果数据输出到屏幕，那么在启动器中选择 Iteractive 命令，在弹出的 Selected Product 对话框中选择 Screen only 选项，输出文件就在 ANSYS 输出窗口显示。如果选择 Screen and file 选项，那么在当前的工作目录中会产生一个名为 Jobname.OUT 的真实文件。

ANSYS 不会立即将结果数据输出到输出文件中，只有在填满或刷新输入/输出缓冲器后，才会将结果数据输出到输出文件中。错误和警告会刷新输入/输出缓冲器，用户也可以执行相应命令（如/OUTPUT、NLIST、KLIST）强行刷新输入/输出缓冲器。

根据文件的用途，ANSYS 程序会使用文本格式（ASC II 码）或二进制格式写入文件。例如，ERR 文件和 LOG 文件是使用文本格式写入的，DB 文件、EMAT 文件和 RST 文件是使用二进制格式写入的。通常，需要进行读（或编辑）的文件是使用文本格式写入的，其他文件是使用二进制格式写入的。

二进制文件可以是外部文件，也可以是内部文件。外部二进制文件可以在不同的计算机之间互相传输；内部二进制文件只可以在写该文件的计算机中调用，不能传输。在默认情况下，ANSYS 存储的所有二进制文件都是外部文件，将其改为内部文件的方法有以下两种。

- 执行/FTYPE 命令。
- 在 GUI 的通用菜单中选择 FILE > ANSYS FILE Options 命令。

不能将数据库文件（Jobname.DB）或结果文件（Jobname.RST）改为内部文件。

下面是使用二进制文件的一些技巧。

如果不打算在不同计算机之间传输文件，那么可以将所有的二进制文件设置为内部文件，从而节省 CPU 的运行时间。这是因为一些系统向外部二进制文件中写入数据要比向内部二进制文件中写入数据花费的时间更多。

在使用 FTP（文件传输协议）传输文件时，在传输文件前必须设置 BINARY 选项。

即使数据仅从文件中读取，大多数 ANSYS 二进制文件也必须保证写许可可用，然而数据库文件（Jobname.DB）和结果文件（Jobname.RST）只能为只读形式。在保存一个只读文件 file.DB 时，已有的只读文件会保存为 file.DBB。但是，不能再次保存只读文件 file.DB，因为它会试图覆盖 file.DBB 文件，这一点 ANSYS 不允许。

高版本的 ANSYS 二进制文件不兼容低版本的 ANSYS 二进制文件。不能将高版本的 ANSYS 二进制文件在低版本的 ANSYS 软件上运行，否则可能会引起严重的操作问题。

1.2.4　ANSYS 有限元分析流程

ANSYS 是一个多用途的有限元分析软件，可以解决结构、流体、电力、磁场及碰撞等问题。因此，它可以应用于航空航天、汽车工业、医学、桥梁、建筑、电子产品、重型机械、微电子机械、运动器械等工业领域。

ANSYS 主要包括 3 部分：前处理模块、分析计算模块和后处理模块。

前处理模块提供了一个强大的实体建模和网格划分工具，用户可以很方便地创建有限元模型。

在分析计算模块中，可以进行结构分析（线性分析、非线性分析和高度非线性分析）、流场运动学分析、电磁场分析、声场分析、压电分析和多物理场耦合分析，可以模拟多种物理介质的相互作用，可以进行灵敏度分析，具有优化分析的能力。

在后处理模块中，可以将计算结果以彩色等值线、梯度、矢量、粒子流迹、立体切片、透明及半透明（可以看到结构内部）等形式显示出来，也可以将计算结果以表、曲线等形式显示或输出。

典型的 ANSYS 有限元分析流程分为如下 3 个阶段。

（1）创建有限元模型（前处理器，Preprocessor）。
- 创建几何模型（导入或在 ANSYS 软件中创建）。
- 定义单元、材料属性。
- 划分网格。

（2）加载与求解（求解器，Solution Processor）。
- 施加载荷和其他边界条件。

- 求解。

（3）查看预处理结果（后处理器，Post Processor）。
- 查看分析结果。
- 导出结果数据。
- 判断结果的合理性。

1.2.5 入门分析实例

问题描述：一个悬臂梁的示意图如图 1-10 所示，其基本参数如下。
- 梁的长度：$L=2\text{m}$。
- 矩形截面参数：$H=150\text{mm}$，$B=50\text{mm}$。
- 弹性模量：$EX=2.0\times10^5\text{N/mm}^2$。
- 泊松比：$PRXY=0.3$。
- 载荷在 B 处的集中力：$P=1000\text{N}$。

计算悬臂梁在集中力的作用下 B 点的挠度。

（1）启动 Mechanical APDL Product Launcher，打开 Ansys Mechanical APDL Product Launcher 窗口，在 Simulation Environment 下拉列表中选择 ANSYS 选项，在 Working Directory 文本框中输入工作目录，在 Job Name 文本框中输入项目名称"1-1"，如图 1-11 所示。

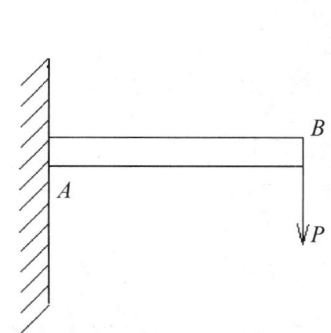

图 1-10 悬臂梁的示意图

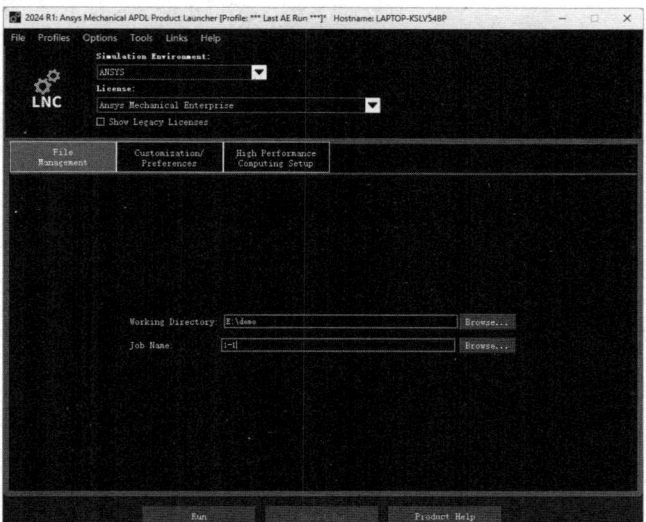

图 1-11 Ansys Mechanical APDL Product Launcher 窗口

（2）单击 Run 按钮，如果上一步输入的工作目录不存在，则会弹出 Ansys Mechanical APDL Launcher Query 对话框，如图 1-12 所示。Ansys Mechanical APDL Launcher Query 对话框主要用于提示用户上一步输入的工作目录不存在，并且询问是否创建该工作目录，单击 Yes 按钮，进入 ANSYS 的 GUI。

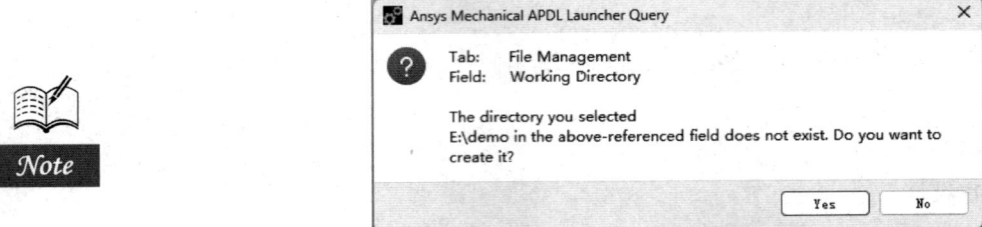

图 1-12　Ansys Mechanical APDL Launcher Query 对话框

（3）在 GUI 的主菜单中选择 Preferences 命令，弹出 Preferences for GUI Filtering 对话框，勾选 Structural 复选框，如图 1-13 所示，单击 OK 按钮，即可完成分析环境设置。

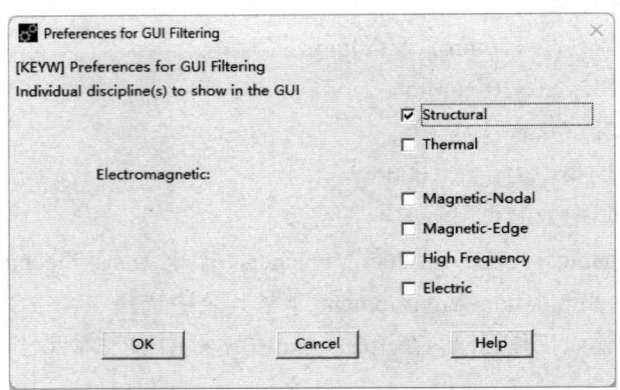

图 1-13　Preferences for GUI Filtering 对话框

（4）在 GUI 的主菜单中选择 Preprocessor > Element Type > Add/Edit/Delete 命令，弹出 Element Types 对话框，如图 1-14 所示。在 Element Types 对话框中单击 Add 按钮，弹出 Library of Element Types 对话框，在第一个列表框中选择 Beam 选项，在第二个列表框中选择 2 node 188 选项，如图 1-15 所示，单击 OK 按钮。返回 Element Types 对话框，即可看到定义的单元类型。

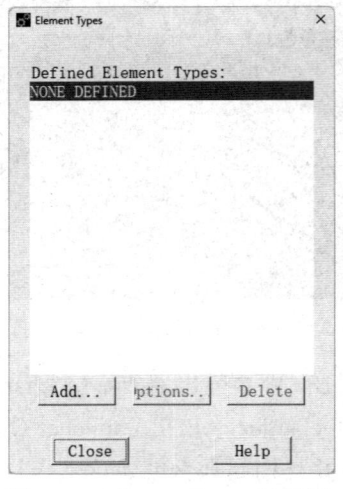

图 1-14　Element Types 对话框

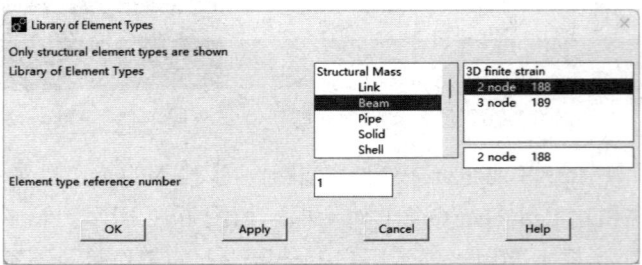

图 1-15　Library of Element Types 对话框

（5）在 GUI 的主菜单中选择 Preprocessor > Sections > Beam > Common Sections 命令，弹出 Beam Tool 对话框，设置 B=50、H=100，如图 1-16 所示，单击 OK 按钮。

（6）在 GUI 的主菜单中选择 Preprocessor > Material Props > Material Models 命令，打开 Define Material Model Behavior 窗口，在 Material Models Available 列表框中选择 Structural（结构）> Linear（线性）> Elastic（弹性）> Isotropic（各向同性）选项，如图 1-17 所示，弹出 Linear Isotropic Properties for Material Number 1 对话框。

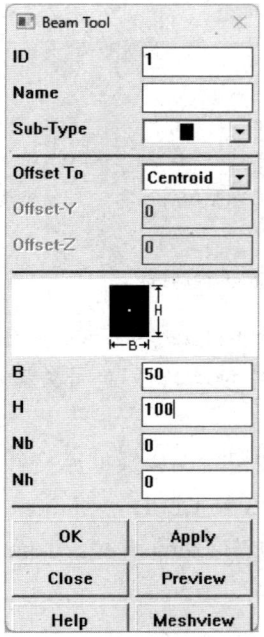
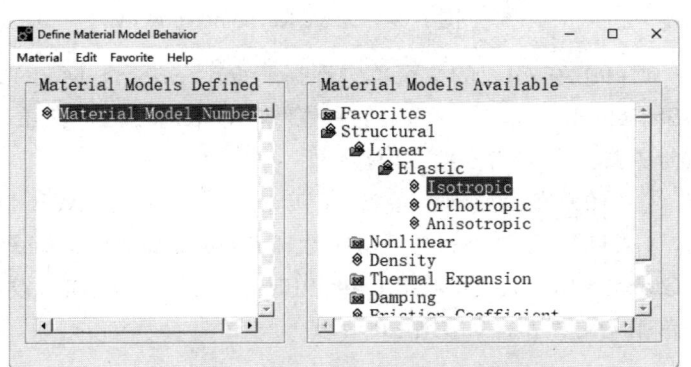

图 1-16 Beam Tool 对话框 　　　图 1-17 Define Material Model Behavior 对话框

（7）在 Linear Isotropic Properties for Material Number 1 对话框中，设置 EX=2e5，表示将弹性模量设置为 $2.0×10^5 N/mm^2$；设置 PRXY=0.31，表示将泊松比设置为 0.31，如图 1-18 所示，单击 OK 按钮。

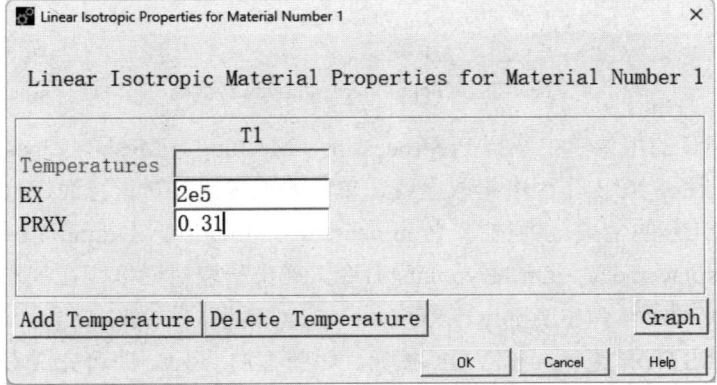

图 1-18 Linear Isotropic Properties for Material Number 1 对话框

（8）在 GUI 的主菜单中选择 Preprocessor > Modeling > Create > Keypoints > In Active CS 命令，弹出 Create Keypoints in Active Coordinate System 对话框，在 NPT Keypoint number 文本框中输入关键点的编号"1"，在 X,Y,Z Location in active CS 文本框中输入 1 号关键点的坐标（0,0,0），如图 1-19 所示，单击 Apply 按钮，完成 1 号关键点的创建。用同样的方法创建 2 号关键点，2 号关键点的坐标为（2000,0,0），在输入 2 号关键点的编号与坐标后，单击 OK 按钮，即可在工作区中显示创建的两个关键点。

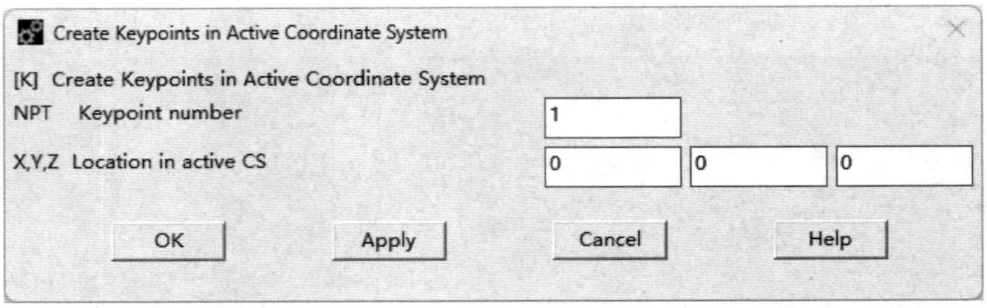

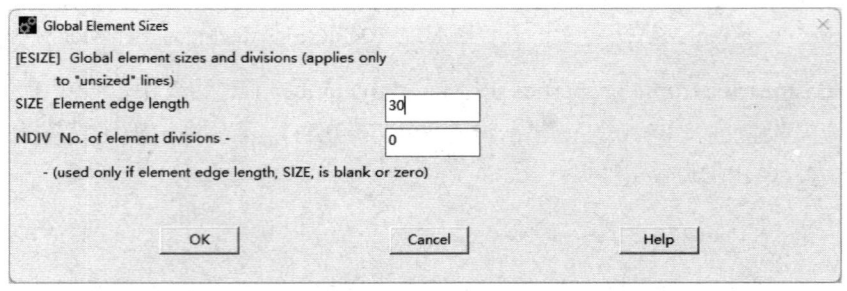

图 1-19　Create Keypoints in Active Coordinate System 对话框

（9）在 GUI 的主菜单中选择 Preprocessor > Modeling > Create > Lines > Lines > Straight Line 命令，弹出创建直线的拾取对话框，在工作区中依次拾取 1 号关键点与 2 号关键点，单击 OK 按钮，创建一条直线。

（10）在模型创建完成后，单击工具栏中的 SAVE_DB 按钮，保存数据库文件。

（11）在 GUI 的主菜单中选择 Preprocessor > Meshing > Size Cntrls > Manual Size > Global > Size 命令，弹出 Global Element Sizes 对话框。设置 SIZE Element edge length=30，单击 OK 按钮，如图 1-20 所示。

图 1-20　Global Element Sizes 对话框

（12）在 GUI 的主菜单中选择 Preprocessor > Meshing > Mesh > Lines 命令，弹出网格划分拾取对话框，在工作区中拾取直线，单击 OK 按钮，对该直线进行网格划分。

（13）在 GUI 的主菜单中选择 Preprocessor > Loads > Define Loads > Apply > Structural > Displacement > On Keypoints 命令，弹出拾取对话框，在工作区中拾取 1 号关键点，单击 OK 按钮，弹出 Apply U,ROT on KPs 对话框，在 Lab2 DOFs to be constrained 列表框中选择 All DOF 选项，单击 OK 按钮，如图 1-21 所示，即可完成对 1 号关键点的约束设置。

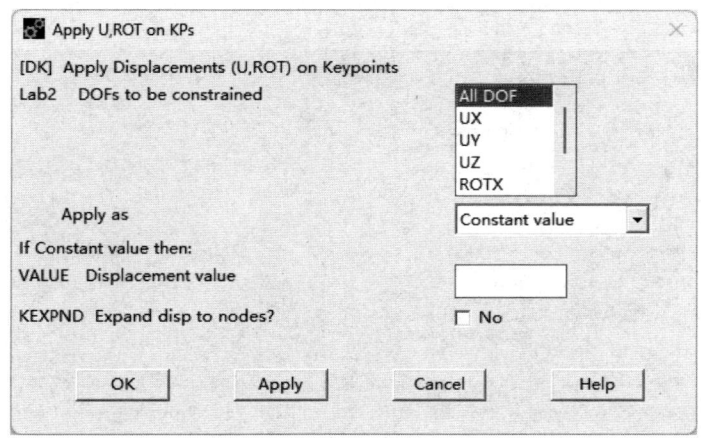

图 1-21　Apply U,ROT on KPs 对话框

（14）在 GUI 的主菜单中选择 Preprocessor > Loads > Define Loads > Apply > Structural > Force/Moment > On Keypoints 命令，弹出拾取对话框，在工作区中拾取 2 号关键点，单击 OK 按钮，弹出 Apply F/M on KPs 对话框，在 Lab Direction of force/mom 下拉列表中选择 FY 选项，设置 VALUE Force/moment value=-1000，单击 OK 按钮，完成对 2 号关键点的载荷施加。

（15）在 GUI 的通用菜单中选择 Plot > Mult-Plots 命令，即可在工作区中显示施加载荷后的模型，如图 1-22 所示。

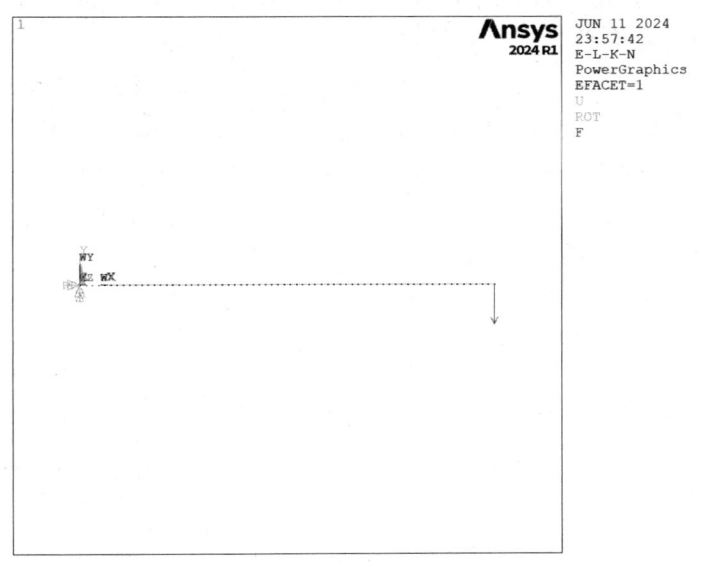

图 1-22　施加载荷后的模型

（16）在 GUI 的主菜单中选择 Solution > Solve > Current LS 命令，弹出/STATUS Command 对话框，显示项目的求解信息和输出选项，如图 1-23 所示；同时弹出 Solve Current Load Step 对话框，询问用户是否开始求解，如图 1-24 所示。

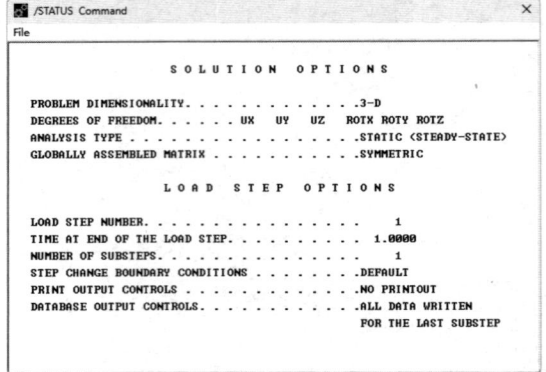

图 1-23 /STATUS Command 对话框

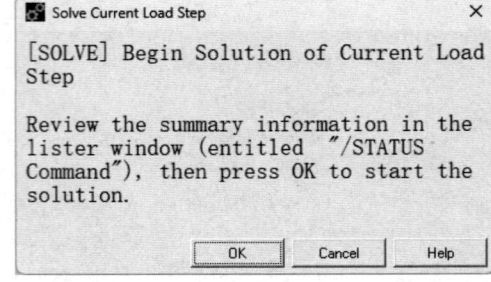

图 1-24 Solve Current Load Step 对话框

（17）单击 Solve Current Load Step 对话框中的 OK 按钮，开始求解。在求解完成后，弹出显示"Solution is done!"的 Note 对话框，如图 1-25 所示，单击 Close 按钮，关闭该对话框。

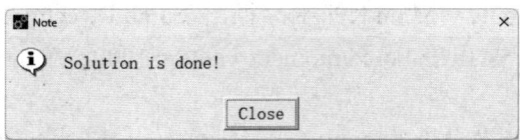

图 1-25 显示"Solution is done!"的 Note 对话框

（18）在 GUI 的通用菜单中选择 File > Save as 命令，弹出 Save as 对话框，输入"1-1.RST"，单击 OK 按钮。

（19）在 GUI 的主菜单中选择 General Postproc > Plot Results > Contour Plot > Nodal Solu 命令，弹出 Contour Nodal Solution Data 对话框，在 Item to be contoured 列表框中选择 Nodal Solution > DOF Solution > Y-Component of displacement 选项，在 Undisplaced shape key 下拉列表中选择 Deformed shape only 选项，如图 1-26 所示，单击 OK 按钮，即可在工作区中看到计算结果，如图 1-27 所示。

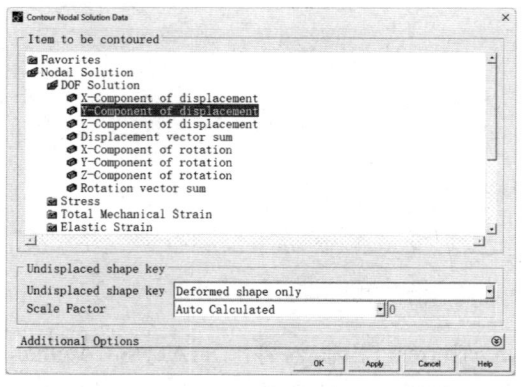

图 1-26 Contour Nodal Solution Data 对话框

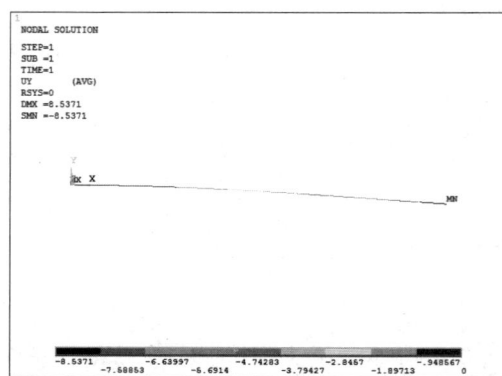

图 1-27 计算结果

（20）单击工具栏中的 QUIT 按钮，弹出 Exit 对话框，选择 Save Everything 单选按钮，表示保存所有项目，如图 1-28 所示，单击 OK 按钮，即可退出 ANSYS。

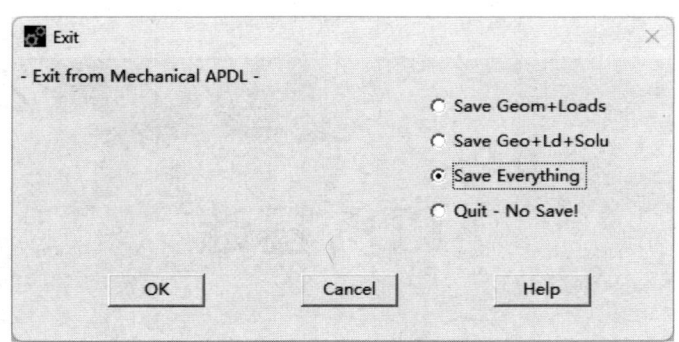

图 1-28　Exit 对话框

1.3　本章小结

本章为读者介绍了有限元法的分析过程、有限元分析阶段划分、ANSYS 的启动与退出、ANSYS 的操作界面、ANSYS 文件管理、ANSYS 有限元分析流程，并且通过一个入门分析实例帮助读者快速了解 ANSYS 有限元分析的基本过程。

第 2 章 APDL 基础

APDL（ANSYS Parametric Design Language，ANSYS 参数化设计语言）是用户从初学者走向高级用户的基石，利用这种语言编写的命令流可以建立智能化的分析过程，并且自动完成复杂的分析计算工作。

APDL 程序的输入是用户指定的函数与变量，允许复杂的数据输入，可以建立参数化模型与分析过程，极大地扩展了传统有限元法的分析能力。APDL 提供了一般高级语言的功能，如参数、数组、表达式、函数、分支与循环等，有编程开发经验的用户可以较快入门。

学习目标：

- 了解 APDL 的基础知识。
- 掌握 APDL 参数的概念和使用方法。
- 掌握 APDL 流程控制的知识。
- 掌握宏文件的使用方法。
- 掌握 APDL 参数、APDL 运算符的相关知识。

2.1 APDL 参数

APDL 参数是指 APDL 中的变量与数组，与常用的 C/C++、Java 等高级语言不同，在 APDL 中使用任何参数都不需要单独声明其数据类型。

2.1.1 参数的概念与类型

在 APDL 中，无论是整型参数还是浮点型参数，都按照双精度型数据进行存储，被使用但未被赋值的参数都默认为一个接近 0 的极小值，字符型参数存储为字符串，而且 APDL 中的命令不区分大小写。

变量参数分为数值型与字符型两种类型,数组参数分为数值型、字符型和表三种类型。表是一种特殊的数值型数组参数,允许自动进行线性插值。

字符串赋值的方法是将字符串包含在一对单引号中,字符串的长度不能超过 8 个字符。与其他编程语言类似,参数可以作为任何命令的值域,可以代替各种具体的数值和字符串。如果前面的参数值发生改变,那么在重新执行带参数的操作或命令时就会使用新的参数值。

例如,定义 1 号关键点的命令流如下。

```
X001=120
Y001=25
Z001=18
/PREP7
K,1,X001,Y001,Z001
```

在上述命令流中,参数 X001、Y001、Z001 分别被赋值为 120、25、18,在执行"K,1,X001,Y001,Z001"命令时,相当于将坐标(120,25,18)赋给了 1 号关键点,在修改 X001、Y001、Z001 的值后,1 号关键点的位置也会随之改变。

2.1.2 参数命名规则

给 ANSYS 中的参数命名必须遵循以下规则。

- 必须以字母开头,长度不能超过 32 个字符,参数名中只能包括字母、数字和下画线。
- 避免以下画线开头,以下画线开头的参数为系统隐含参数。
- 以下画线结尾的参数可以使用*STATUS 命令成组列表显示,也可以成组使用*DEL 命令进行删除。
- 不能使用专用的局部参数名:ARG1~ARG9 和 AR10~AR99。
- 不能使用*ABBR 命令字义的缩写。
- 不能使用 ANSYS 标识字(Label)表示已定义的组件和部件名称。
- ANSYS 标识字包括以下内容。
  - ➢ 通用标识字,如 all、stat、pick。
  - ➢ 自由度标识字,如 ux、pres、temp。
  - ➢ 用户定义的标识字,如 etable。
  - ➢ 数组类型标识字,如 array、table。
  - ➢ 函数的名称,如 abs、sin。
  - ➢ ANSYS 命令名,如 k、n。

2.1.3 参数的定义操作

在 GUI 中进行参数定义的操作方法如下:在通用菜单中选择 Parameters > Scalar Parameters 命令,弹出 Scalar Parameters 对话框,然后在 Selection 文本框中输入要定义

的参数，如图 2-1 所示。

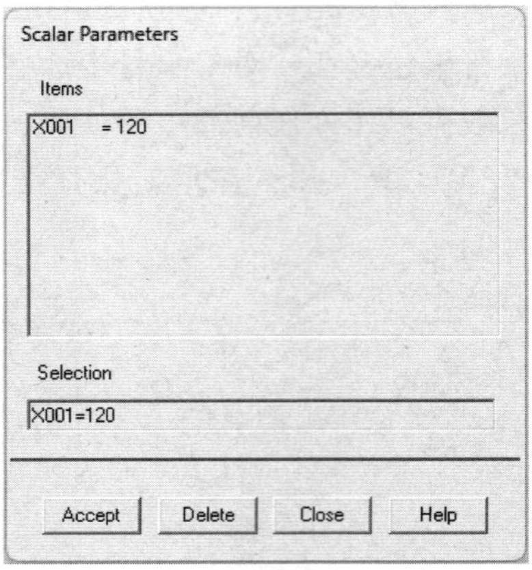

图 2-1　Scalar Parameters 对话框

用户也可以在命令输入框中直接使用*SET 命令或"="格式定义变量。例如，在命令输入框中输入"*SET,X001,120"或"X001=120"，然后按 Enter 键。

2.1.4　参数的删除操作

在命令输入框中直接输入以下两条命令中的任意一条，都可以删除参数。

```
*SET,par_name
par_name=
```

例如，要删除已经定义的 X001 参数，可以在命令输入框中输入"X001="或"*SET,X001"，然后按 Enter 键。

2.1.5　数组参数

一个变量参数只能存储一个参数值。将工程分析所需的数据与产生的数据以表的形式列出更易于理解和管理。ANSYS 中的数组参数可以定义成矩阵形式的多维数组，数组参数中的项可以是用户定义的值，也可以是 ANSYS 计算出来的值。用户定义的数组可以在 ANSYS 程序中直接输入，也可以从已有的数据文件中读入。

数组参数有 3 种：第一种由简单整理成表格形式的离散数据组成；第二种是通常所说的表格型数组参数，也是由整理成表格形式的数据组成的，但这种表允许在两个指定的表项间进行线性插值，另外，表格型数组参数可以用非整数数值作为行和列的下标，这些特性使表格型数组参数成为简化数据输入/输出操作的有效工具；第三种是字符串，由文字组成。

数组参数具有矩阵和向量运算能力，在 ANSYS 程序的运行过程中，任何时刻都可以将数组参数（及其他参数）以 FORTRAN 实数的形式写入文件，这些文件可用于 ANSYS 程序的其他应用。

定义数组参数有两种途径，分别为使用*DIM 命令和通过 GUI 操作。

使用*DIM 命令定义数组参数的语法格式如下：

```
*DIM,Par,Type,IMAX,JMAX,KMAX,Var,Var2,Var3
```

其中，Par 是数组名；Type 是数组类型，标识符有 ARRAY（默认值）、CHAR、TABLE、STRING；IMAX、JMAX、KMAX 分别是数组下标 I、J、K 的最大值；Var、Var2、Var3 是表格型数组对应的行、列、面的变量名。

```
*DIM,A1,6
*DIM,A2,ARRAY,3,3
*DIM,A3,,4,5,6
```

通过 GUI 操作定义数组参数的方法如下：在通用菜单中选择 Parameters > Arrary Parameters > Define/Edit 命令，弹出 Arrary Parameters 对话框，如图 2-2 所示。

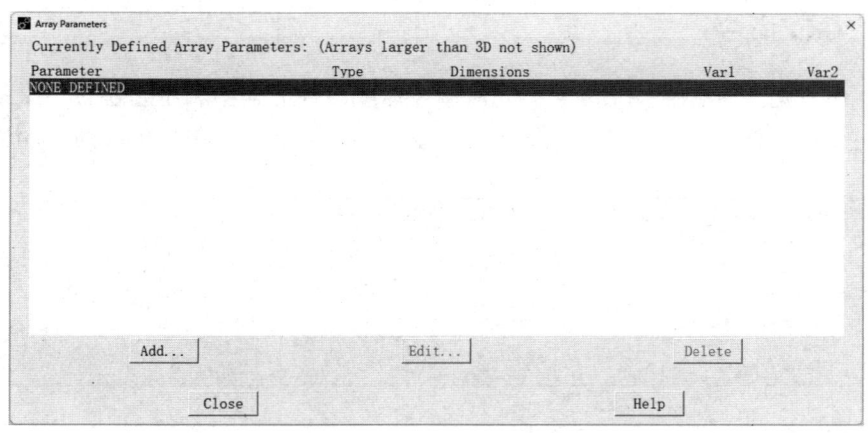

图 2-2　Arrary Parameters 对话框

单击 Add 按钮，弹出 Add New Array Parameter 对话框，按照说明添加参数，如图 2-3 所示，单击 OK 按钮确认，或者单击 Apply 按钮继续添加数组。

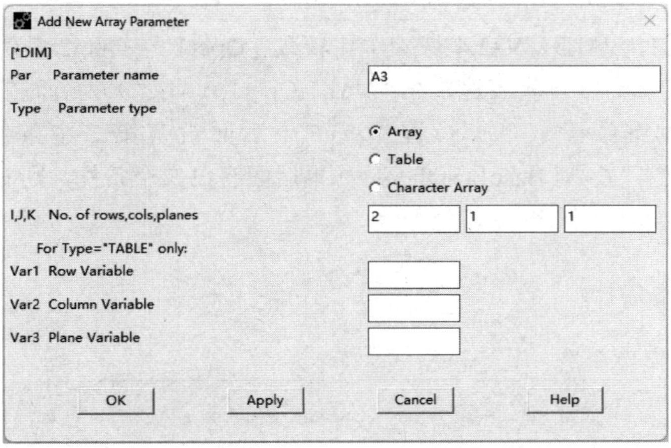

图 2-3　Add New Array Parameter 对话框

2.2 APDL 的流程控制命令

ANSYS 在执行 APDL 编写的程序时，采取的是逐行解释并执行命令的方式。复杂的程序通常需要控制命令的执行顺序。为此，APDL 提供了一些流程控制命令，具体如下。

- 无条件分支命令：*GO 命令。
- 条件分支命令：*IF 命令、*IF ELSE 命令、*ELSE 命令、*ENDIF 命令。
- 循环命令：*DO 命令、*ENDDO 命令、*DOWHILE 命令。
- 重复命令：*REPEAT 命令。

2.2.1 *GO 命令

*GO 命令是无条件分支命令，不能从循环体或条件分支中利用它跳转出来执行其他命令，因此*GO 命令不可以与其他分支命令或循环命令嵌套使用。*GO 命令的语法格式如下：

```
*GO,:Branch_1
...
:Branch_1
...
*GO,stop
```

2.2.2 *IF 命令

*IF 命令是条件分支命令，该命令通过比较两个数的大小来确定是否满足当前的判断条件，从而决定是否执行后续的命令，其语法格式如下：

```
*IF,VAL1,Oper1,VAL2,Base1,VAL3,Oper2,VAL4,Base2
```

VAL1、VAL2、VAL3、VAL4 是 4 个比较数，Oper1 与 Oper2 是两个比较运算符。Base1 是在第一个条件（逻辑表达式在"VAL1,Oper1, VAL2"）为真时的操作，如果第一个条件为假，则继续读取下一行程序；如果后面没有第二个条件（逻辑表达式"VAL3,Oper2,VAL4"），则 Base1 为 then；如果后面有第二个条件，则 Base1 为逻辑联结词，由两个条件组成一个条件。

2.2.3 *DO 命令

*DO 命令是循环命令，其语法格式如下：

```
*DO,Par,IVAL,FVAL,INC
...
*ENDDO
```

其中，Par 是循环控制变量，只允许使用数值型变量；IVAL 是 Par 的初始值；FVAL 是 Par 的最终值；INC 为循环变量的步长，默认值为 1。

2.2.4　*DOWHILE 命令

*DOWHILE 命令也是循环命令，会重复循环体中的语句，直到外部控制参数改变，其语法格式如下：

```
*DOWHILE,PAR
```

其中，PAR 为判断条件，如果 PAR 为真，则执行下一次循环，否则终止循环。与*DO 命令相比，*DOWHILE 命令无须事先知道循环的次数，是否停止循环由循环条件控制，*DO 命令需要先确定循环的起点与终点。

2.3　宏文件

宏文件可视为用户自行定义的一段程序，包括一系列 ANSYS 命令流，扩展名一般为.mac。宏文件通常用于记录复杂的或常用的命令流，可以将其文件名作为自定义的命令流使用，但应该注意不能与已有的 ANSYS 命令重复，否则会被忽略并执行内部命令。

2.3.1　创建宏文件

创建宏文件的方法有两种，分别为使用 APDL 命令和通过 GUI 操作。

通过 GUI 操作创建宏文件的方法如下。

在通用菜单中选择 Macro > Create Macro 命令，弹出 Create Macro 对话框，如图 2-4 所示，在[*CREATE] Macro file name 文本框中输入宏文件的文件名"macro1"，在下面的文本框中输入文件内容，单击 OK 按钮，即可在当前工作目录下找到定义的宏文件。

在工作目录下找到 macro1.mac 文件，用记事本打开。

创建宏文件常用的命令有*CREATE、*CFOPEN、*CFWRITE、*CFCLOS、/TEE，命令格式如下。

```
*CREATE,Fname,Ext,--
```

其中，Fname 是宏文件名与路径，当不指定路径时默认为当前工作目录，Ext 是文件扩展名，--无须定义。

```
*CFOPEN,Fname,Ext,--,Loc
```

其中，Fname、Ext、--的含义与*CREATE 命令中的 Fname、Ext、--的含义相同；Loc 用于决定覆盖同名文件或增加内容，当 Loc 为空时会覆盖同名文件，当 Loc=APPEND 时会向同名文件增加内容。

```
*CFWRITE,Command
```

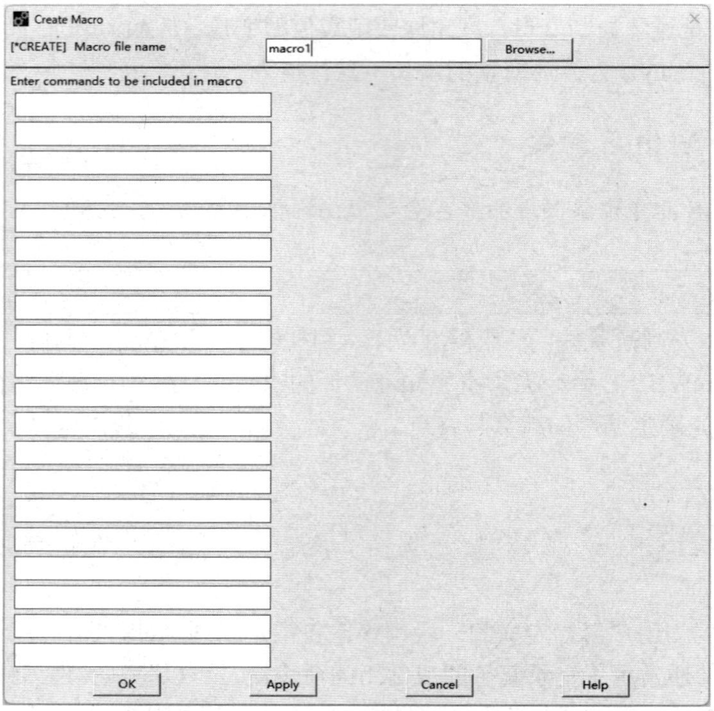

图 2-4 Create Macro 对话框

*CFCLOS 命令与*CFOPEN 成对使用，总是出现在*FOPEN 命令之后，用于关闭使用*CFOPEN 命令打开的文件。*CFWRITE 命令需要与*CFOPEN 命令配合使用。

```
/TEE,Label,Fname,Ext,--
```

其中，Fname、Ext、--的含义与*CREATE 命令中的 Fname、Ext、--的含义相同；Label 是/TEE 命令的操作标识字，当 Label=NEW 时会创建一个新的宏文件，如果有同名文件，则覆盖它，当 Label=APPEND 时会向同名文件增加内容，当 Label=END 时会关闭刚才打开的文件。

2.3.2 调用宏文件

宏文件可以嵌套使用，但不能超过 20 层。在宏文件中，使用*ASK 命令可以根据用户说明信息提示参数。

在宏文件内部使用*MSG 命令，可以将参数和用户提供的信息写入用户可控制的输出文件中，这些信息包括简单注释、警告、错误信息等，因此 ANSYS 允许在内部创建报告或生成可用外部程序读取的输出文件。

ANSYS 程序提供了一些预先编写好的宏文件，它们位于 ansys_inc\v201\ANSYS\apdl 文件夹中，用户可以直接调用这些宏文件。

在 ANSYS 中，调用宏文件的方式有如下 3 种。

```
*USE,macroname
macroname
/INPUT,'macroname',,,,0
```

2.4 运算符、函数与函数编辑器

APDL 为用户提供了基本的数学运算符，如表 2-1 所示。

表 2-1 基本的数学运算符

运 算 符	操 作	运 算 符	操 作
+	加	**	乘方
-	减	>	大于
*	乘	<	小于
/	除		

APDL 提供的数学运算符优先级与 FORTRAN 语言的数学运算符优先级相同，在 GUI 的通用菜单中选择 Parameters > Function > Define/Edit 命令，弹出 Function Editor 对话框，如图 2-5 所示。

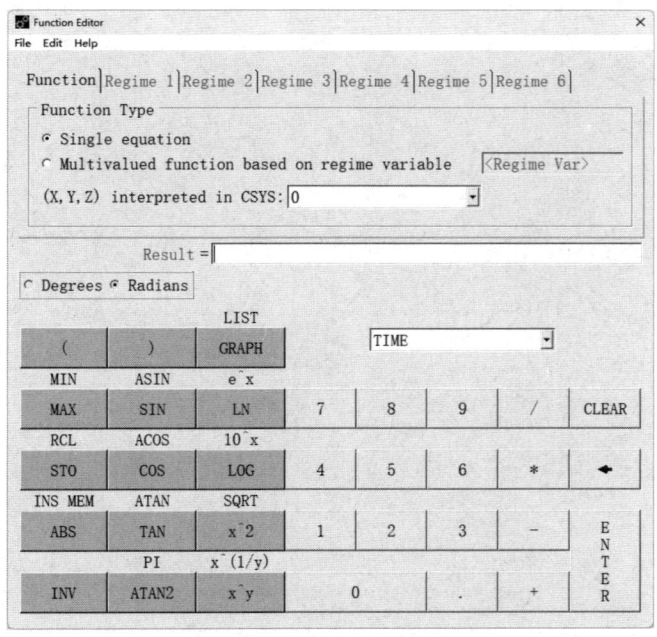

图 2-5 Function Editor 对话框

在 Function Editor 对话框中可以定义方程和控制条件，可以建立单个方程或单个函数，函数可以由一系列方程联立而成，每个方程对应特定的状态控制区间，最终作为边界条件，对分析模型产生重大影响。

2.5 本章小结

本章主要介绍了 APDL 参数的基本概念、APDL 的流程控制命令、宏文件的相关操作、APDL 的数学运算符等，为之后开发高级应用打下基础。在后面的介绍中会将 APDL 与 GUI 操作结合起来，通过实战练习，使用户尽快掌握相关知识并应用。

第 3 章 创建模型

创建有限元模型通常有两种思路，分别为实体建模和直接建模。实体建模方便、快捷，易于理解与操作，是常用的建模方法；直接建模可以精确布置节点的位置，适合在对节点位置有精确要求的情况下使用。

学习目标：

- 了解有限元模型的概念。
- 掌握实体建模的方法。
- 掌握直接建模的方法。
- 掌握导入模型的方法。

3.1 实体建模操作概述

在创建复杂的有限元模型时，使用直接建模的方法费时、费力，使用实体建模的方法可以减轻工作量。下面简要地介绍一下如何使用实体建模方法创建有限元模型。

1. 自下向上建模

有限元模型的节点是实体模型中最低级的图元。在创建实体模型时，首先定义顶点的关键点，再利用这些关键点定义较高级的实体图元（线、面和体）。这就是自下向上建模的方法。注意，自下向上创建的有限元模型是在当前激活的坐标系中定义的。

2. 自上向下建模

ANSYS 程序允许通过汇集线、面、体等几何体素创建有限元模型。在生成一种几何体素时，ANSYS 程序会自动生成所有从属于该几何体素的较低级图元。这种从较高级的实体图元开始创建有限元模型的方法就是自上向下建模的方法。用户可以根据需要自由组合自下向上建模的方法和自上向下建模的方法。

注意，几何体素是在工作平面内创建的。如果用户混合使用两种实体建模方法，那么应该考虑使用 CSYS、WP 或 CSYS 命令强迫坐标系跟随工作平面变化。

注意，不要在环坐标系中进行实体建模操作，因为这样会生成用户不想要的面或体。

3. 外部程序导入模型

用户在实际工程应用中可能会遇到更复杂的模型，包括大量复杂曲面，ANSYS 本身有限的建模功能不足以满足用户创建复杂模型的需求。

在许多场合中，用户已经用 CAD 软件完成了产品的设计，需要在 ANSYS 中进行分析，在这种情况下通常只需将分析对象的几何模型导入 ANSYS，充分发挥 CAD 与 ANSYS 在各自领域的强项，从而提高用户的工作效率。ANSYS 的导入文件菜单如图 3-1 所示。

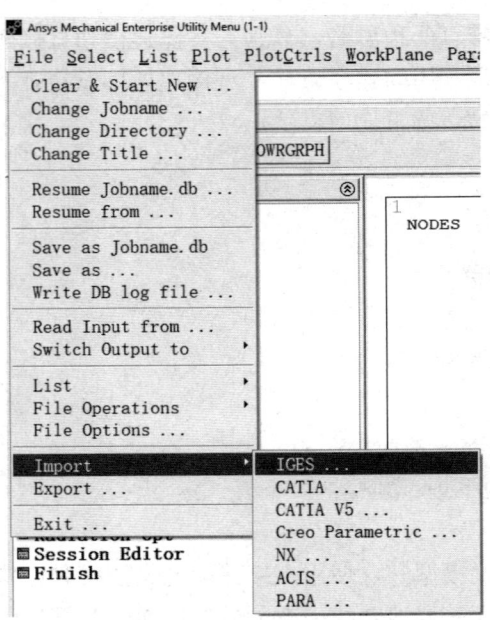

图 3-1 ANSYS 的导入文件菜单

在通常情况下，将分析文件的几何模型导入 ANSYS 有两种途径：使用通用图形交换格式或使用 CAD 接口。

ANSYS 可以接受的通用图形交换格式有 IGES（扩展名为.igs 的文件）、SAT（扩展名为.sat 的文件）、Parasolid（扩展名为.x_t 的文件）等，这些格式被多种 CAD 程序所支持，应用广泛。

读者应根据分析对象的实际情况，灵活采用上述方法中的一种或多种组合，创建适合进行有限元分析的模型，从而减少分析时间。

3.2 自下向上建模

简单的分析对象通常采用特点明确的结构。例如，如图 3-2 所示的桁架结构模型可以全部分解为节点与连杆，在创建该模型时可以先定义所有节点的位置，然后将节点连接成线，即可得到相应的模型。

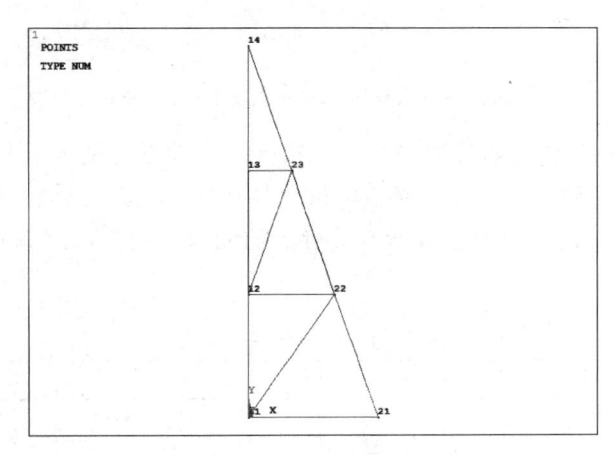

图 3-2 桁架结构模型

下面以此桁架结构模型为例，介绍自下向上建模的基本思路。

（1）运行 ANSYS，在 GUI 的主菜单中选择 Preferences 命令，弹出 Preferences for GUI Filtering 对话框，勾选 Structural（结构分析）复选框，单击 OK 按钮，如图 3-3 所示，即可完成分析环境设置。

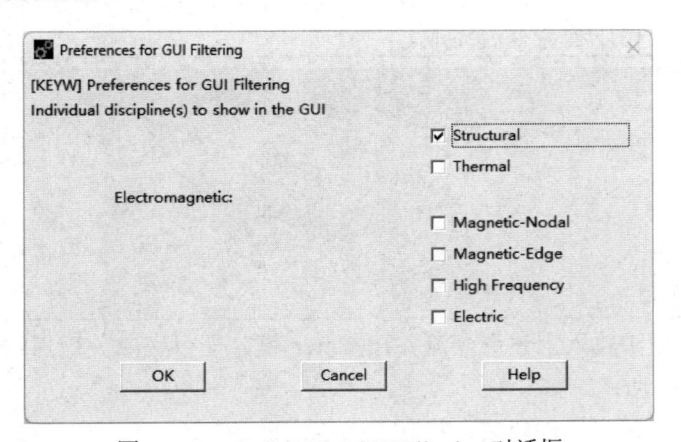

图 3-3 Preferences for GUI Filtering 对话框

（2）创建关键点。

在 GUI 的主菜单中选择 Preprocessor > Modeling > Create > Keypoints > In Active CS

命令，弹出 Create Keypoints in Active Coordinate System 对话框，在 NPT Keypoint number 文本框中输入关键点编号"11"，在 X,Y,Z Location in active CS 文本框中输入 11 号关键点的坐标（0,0,0），如图 3-4 所示，单击 Apply 按钮，完成 11 号关键点的创建。

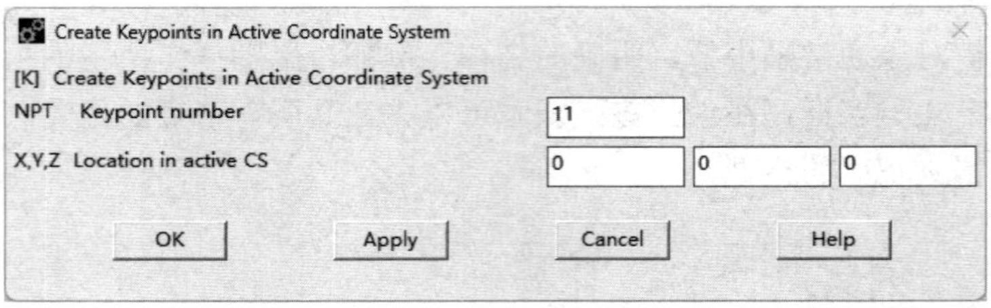

图 3-4　Create Keypoints in Active Coordinate System 对话框

继续输入其他关键点的编号与坐标，每输入一个关键点的编号与坐标，都要单击 Apply 按钮确认，然后输入下一个关键点的编号与坐标，在输入了 23 号关键点的编号与坐标后，单击 OK 按钮，即可完成所有关键点的创建。关键点的编号与坐标如表 3-1 所示。

表 3-1　关键点的编号与坐标

关键点编号	X	Y	Z
11	0	0	0
12	0	3	0
13	0	6	0
14	0	9	0
21	3	0	0
22	2	3	0
23	1	6	0

以上操作均可由下列命令流完成。

```
K,11,0,0,0
K,12,0,3,0
K,13,0,6,0
K,14,0,9,0
K,21,3,0,0
K,22,2,3,0
K,23,1,6,0
```

在命令输入框中输入上述命令流并按 Enter 键，即可完成关键点的创建，创建的所有关键点如图 3-5 所示。

（3）在完成关键点的创建后，将其连接成线。

在 GUI 的主菜单中选择 Preprocessor > Modeling > Create > Lines > Lines > Straight Line 命令，弹出 Create Straight Line 拾取对话框，在工作区中拾取 11 号关键点与 21 号关键点，单击 OK 按钮，创建的线如图 3-6 所示。

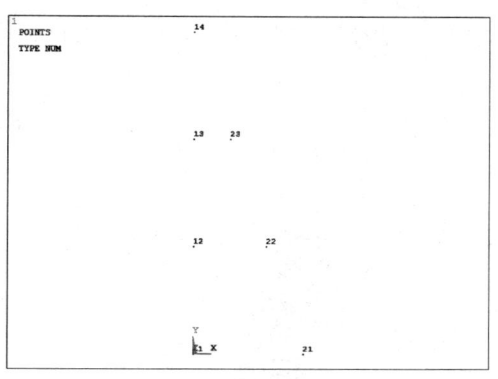

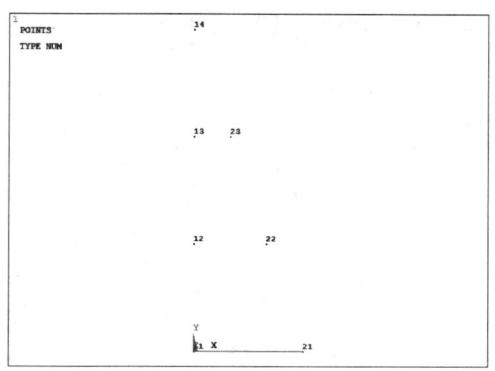

图 3-5 创建的所有关键点　　　　图 3-6 将关键点连接成线

继续拾取 12 号关键点与 22 号关键点，单击 Apply 按钮，完成下一条线的创建，以此类推，将 13 号关键点与 23 号关键点、11 号关键点与 12 号关键点、12 号关键点与 13 号关键点、13 号关键点与 14 号关键点、21 号关键点与 22 号关键点、22 号关键点与 23 号关键点、23 号关键点与 14 号关键点、11 号关键点与 22 号关键点、12 号关键点与 23 号关键点均连接成线。在连接最后两个关键点后单击 OK 按钮，在确认的同时关闭 Create Straight Line 拾取对话框，即可完成图 3-2 中桁架结构模型的创建。

将关键点连接成线的操作也可由命令流完成，在命令输入框中输入如下命令流并按 Enter 键，即可完成图 3-2 中桁架结构模型的创建。

```
L,11,12
L,12,13
L,13,14
L,21,22
L,22,23
L,23,14
L,11,21
L,12,22
L,13,23
L,11,22
L,12,23
```

（4）下面以创建的桁架结构模型为基础，介绍面的创建。

在 GUI 的主菜单中选择 Preprocessor > Modeling > Create > Areas > Arbitrary > Through KPs 命令，弹出 Create Area Thru KPs 拾取对话框，在工作区中拾取 11、21 和 22 号关键点，单击 OK 按钮。在 GUI 的通用菜单中选择 Plot > Multi-Plots 命令，如图 3-7 所示，即可在工作区中显示由 11、21 和 22 号关键点围成的面，如图 3-8 所示。采用同样的方法，将 11、22 和 12 号关键点，12、22 和 23 号关键点，12、23 和 13 号关键点，13、23 和 14 号关键点分别

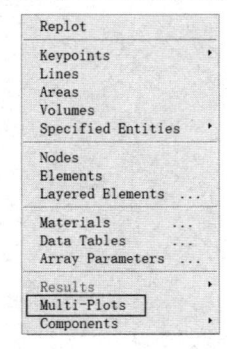

图 3-7 选择 Multi-Plots 命令

围成面，使桁架结构模型成为由 5 个小三角形组成的三角板结构模型，如图 3-9 所示。

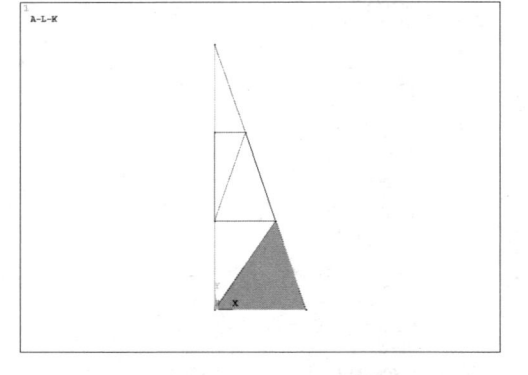

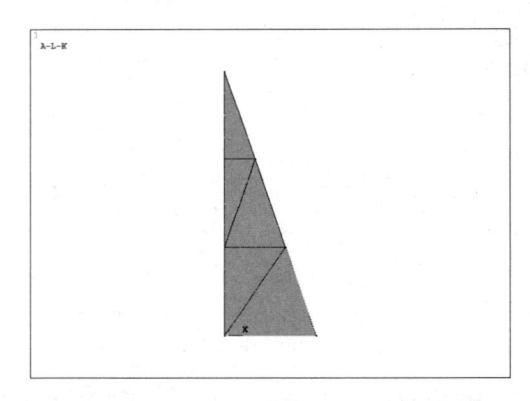

图 3-8　由 11、21 和 22 号关键点围成的面　　图 3-9　由 5 个小三角形组成的三角板结构模型

以上生成面的操作也可由命令流完成，在命令输入框中输入如下命令流并按 Enter 键，即可得到图 3-9 中的三角板结构模型。

```
A,11,21,22
A,11,22,12
A,12,22,23
A,12,23,13
A,13,23,14
```

上述操作的基本思路就是自下向上建模的基本思路，对于结构简单的模型，可以直观地在 ANSYS 中通过 GUI 操作或命令流创建，以上思路也适合高阶用户直接编写 APDL 命令流进行建模。

在用户对 APDL 命令更加熟悉之后，可以采用下述更高效的方法进行建模及其他操作。

打开记事本，输入如下操作命令并将其存储为文件 3-1.txt。

```
Finish
/clear
/filename,3-1
/prep7
K,11,0,0,0
K,12,0,3,0
K,13,0,6,0
K,14,0,9,0
K,21,3,0,0
K,22,2,3,0
K,23,1,6,0
L,11,12
L,12,13
L,13,14
L,21,22
```

```
L,22,23
L,23,14
L,11,21
L,12,22
L,13,23
L,11,22
L,12,23
A,11,21,22
A,11,22,12
A,12,22,23
A,12,23,13
A,13,23,14
Finish
```

打开 ANSYS Mechanical APDL Product Launcher 窗口，在 Working Directory 文本框中输入文件 3-1.txt 所在的目录，在 Job Name 文本框中输入"3-1"。

单击 Run 按钮，进入 ANSYS 的 GUI 界面，在通用菜单中选择 File > Read Input from 命令，如图 3-10 所示，弹出 File 对话框，在 Read Input from 列表框中选择 3-1.txt 文件，单击 OK 按钮。在 GUI 的通用菜单中选择 Plot > Multi-Plots 命令，即可在工作区中显示图 3-2 中的桁架结构模型。

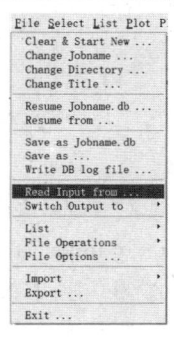

图 3-10 File 菜单

3.3 自上向下建模

当模型较为复杂时，模型中可能包括多个基本几何体，如圆柱、球等，此时采用自上向下建模的方法。

由 3 个基本几何体经过布尔运算生成的模型如图 3-11 所示，组成模型的 3 个基本几何体如图 3-12 所示。

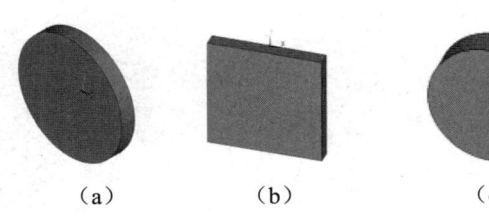

（a）　　　　（b）　　　　（c）

图 3-11 模型　　　　图 3-12 组成模型的 3 个基本几何体

（1）运行 ANSYS，在 GUI 的主菜单中选择 Preferences 命令，弹出 Preferences for GUI Filtering 对话框，勾选 Structural（结构分析）复选框，单击 OK 按钮，如图 3-13 所示，完成分析环境设置。

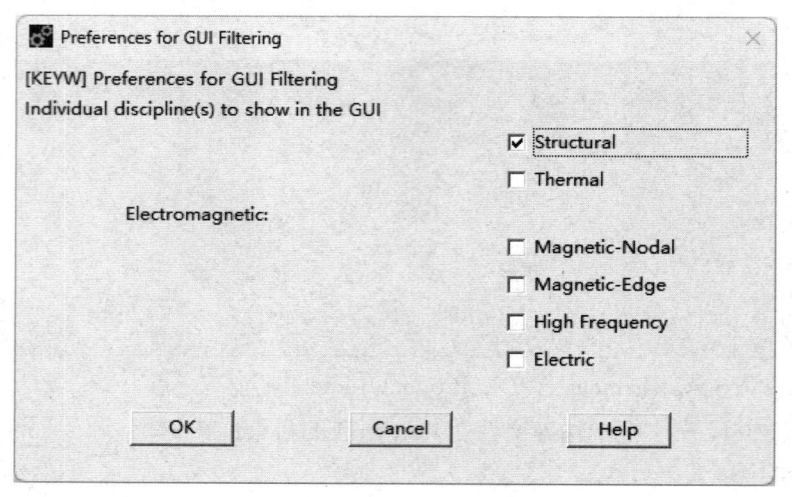

图 3-13　Preferences for GUI Filtering 对话框

（2）在 GUI 的主菜单中选择 Preprocessor > Modeling > Create > Volumes > Cylinder > Solid Cylinder 命令，弹出 Solid Cylinder 对话框，设置 WP X=0、WP Y=0、Radius=0.2、Depth=0.05，单击 Apply 按钮，如图 3-14 所示，生成的圆柱体如图 3-15 所示；设置 WP X=0、WP Y=0、Radius=0.1、Depth=0.05，单击 OK 按钮，生成另一个圆柱体。现在有两个圆柱体，如图 3-16 所示。

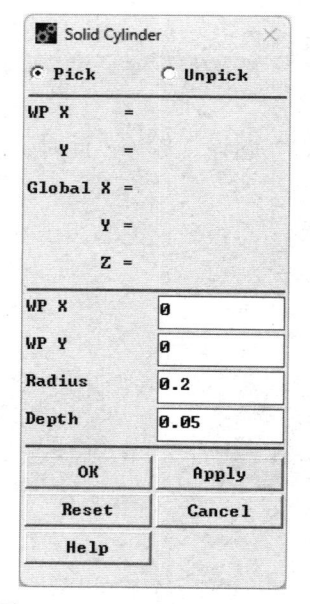

图 3-14　Solid Cylinder 对话框 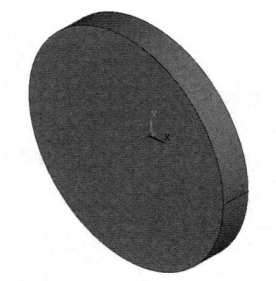　　图 3-15　生成的圆柱体 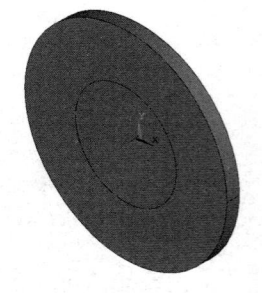　　图 3-16　生成的另一个圆柱体

（3）在 GUI 的主菜单中选择 Preprocessor > Modeling > Create > Volumes > Block > By 2 Corners & Z 命令，弹出 Block by 2 Corners & Z 对话框，设置 WP X=-0.2、WP Y=0、Width=0.4、Height=-0.4、Depth=0.05，如图 3-17 所示，单击 OK 按钮，生成一个长方体。现在得到构成模型的 3 个基本几何体，如图 3-18 所示。

（4）在 GUI 的主菜单中选择 Preprocessor > Modeling > Operate > Booleans > Add > Volumes 命令，弹出 Add Volumes 拾取对话框，在工作区中拾取长方体及较大的圆柱体，如图 3-19 所示，单击 OK 按钮完成操作。

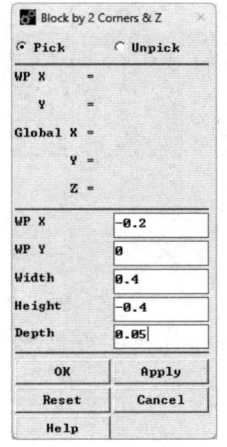

图 3-17　Block by 2 Corners & Z 对话框 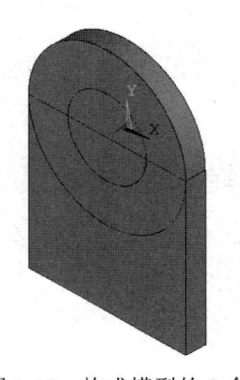　　　图 3-18　构成模型的 3 个基本几何体 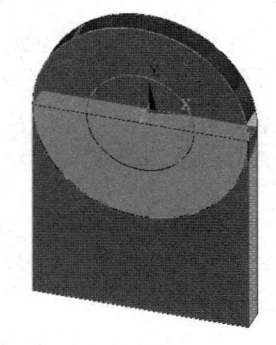　　　图 3-19　拾取长方体与较大的圆柱体

（5）在 GUI 的主菜单中选择 Preprocessor > Modeling > Operate > Booleans > Subtract > Volumes 命令，弹出 Subtract Volumes 拾取对话框，在工作区中拾取上述操作生成的圆柱体与长方体组合体，单击 Apply 按钮，然后在工作区中拾取较小的圆柱体，如图 3-20 所示，单击 OK 按钮完成操作，生成的模型如图 3-21 所示。

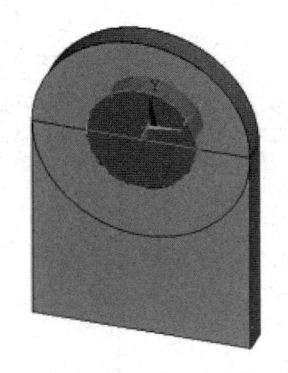

图 3-20　拾取较小的圆柱体 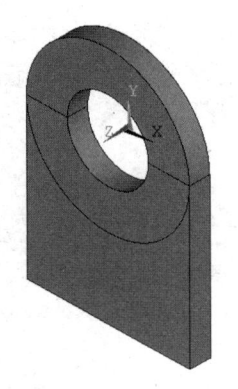　　　图 3-21　生成的模型

本实例操作的命令流如下。

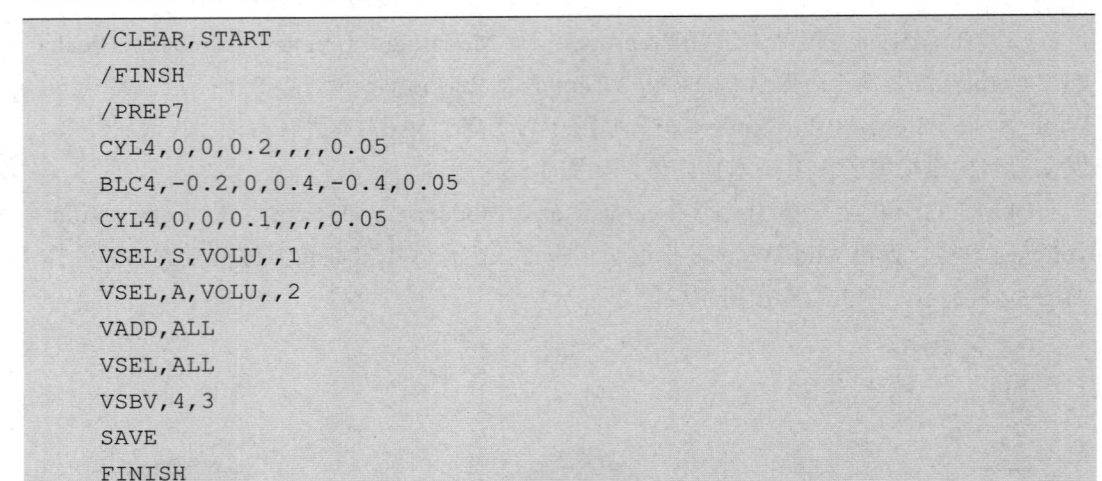

```
/CLEAR,START
/FINSH
/PREP7
CYL4,0,0,0.2,,,,0.05
BLC4,-0.2,0,0.4,-0.4,0.05
CYL4,0,0,0.1,,,,0.05
VSEL,S,VOLU,,1
VSEL,A,VOLU,,2
VADD,ALL
VSEL,ALL
VSBV,4,3
SAVE
FINISH
```

3.4 外部程序导入模型

如果分析对象的几何模型已用 CAD 软件创建，那么使用通用图形交换格式或 ANSYS 的 CAD 接口可以方便地导入已创建的模型。

1. 通用图形交换格式

ANSYS 可以接受导入的通用图形交换格式有 IGES（文件扩展名为.igs）、SAT（文件扩展名为.sat）、Parasolid（文件扩展名为.x_t）等。

1）IGES 格式。

IGES 格式是一种常用的通用图形交换格式，ANSYS 的过滤程序可以输入部分文件，因此用户可以输入模型的一部分。

在 GUI 的通用菜单中选择 File > Import > IGES 命令，弹出 Import IGES File 对话框，该对话框中的 3 个选项从上到下分别表示合并重合关键点、创建实体、删除小面，勾选 3 个选项后的 Yes 复选框，如图 3-22 所示，单击 OK 按钮，然后在[IGESIN](AUX15) File to import 文本框中输入 IGES 文件的名字，单击 OK 按钮，如图 3-23 所示。

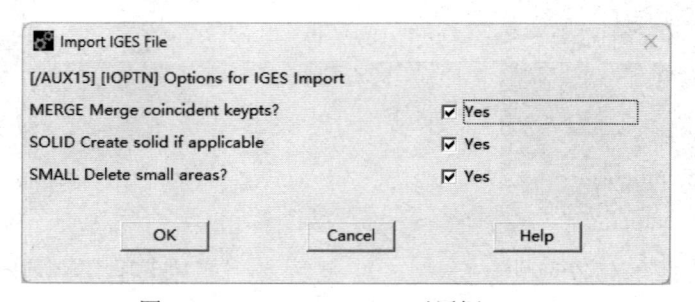

图 3-22 Import IGES File 对话框（一）

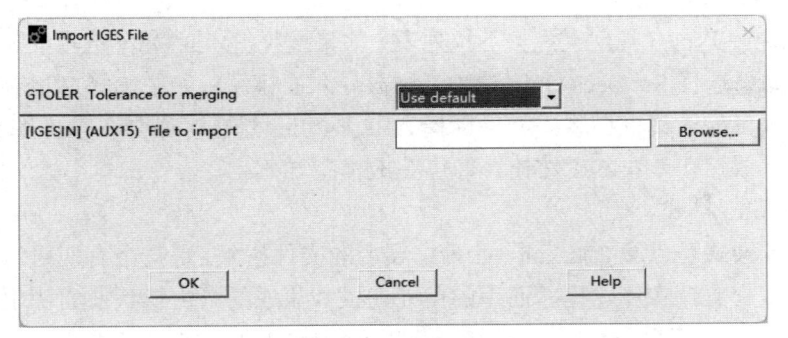

图 3-23 Import IGES File 对话框（二）

如果在[IGESIN](AUX15) File to import 文本框中输入失败，则取消勾选图 3-22 中前两个选项后的 Yes 复选框，然后在[IGESIN](AUX15) File to Import 文本框中重新输入。如果发现一些较小的面丢失，则取消勾选图 3-22 中最后一个选项后的 Yes 复选框，然后在[IGESIN](AUX15) File to Import 文本框中重新输入，但花费的时间较长，占用的内存空间较大。

如果出现 merging 时间过长或占用内存空间过大的情况，则应在 GTOLER Tolerance for merging 列表框中选择合适的模型公差，如图 3-24 所示。

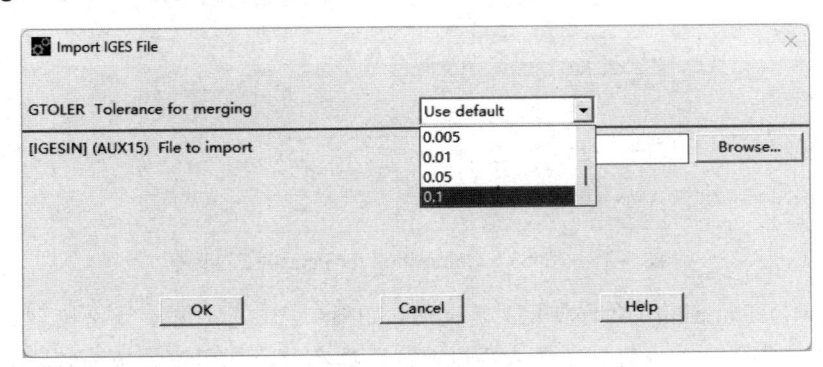

图 3-24 Import IGES File 对话框（三）

在选择模型公差时，应估计模型的最大尺寸与最小尺寸，二者的比值为模型公差的合理近似值。

2）SAT 格式。

ACIS 是用 C++构造的图形系统开发平台，SAT 格式是基于 ACIS 核心开发程序的通用图形文件格式，多种 CAD 程序均可生成 SAT 格式的文件。

在 GUI 的通用菜单中选择 File > Import > SAT 命令，弹出 ANSYS Connection for SAT 对话框，在 FileName 列表框中选择.sat 格式的文件，并且根据实际情况设置以下参数。

- Allow Defeaturing（允许使用）复选框：如果勾选该复选框，那么模型在导入时允许修改特征，并且模型在导入后以实体数据存储；如果不勾选该复选框，那么模型在导入时不允许修改特征，并且模型在导入后以中立数据存储。

- Geometry Type（几何类型）下拉列表：如果选择 Solids Only 选项，则只导入体模型；如果选择 Surfaces Only 选项，则只导入面模型；如果选择 Wireframe Only 选项，则只导入线框模型；如果选择 ALL Entities 选项，则导入全部图元。

在设置完成后，单击 OK 按钮，即可完成模型导入。

3）Parasolid 格式。

Parasolid 格式是以.x_t 或.xmt_txt 为拓展名的文件格式，是一个有严格边界表示的实体建模模块，它支持实体建模、通用的单元建模和集成的自由形状曲面/片体建模。

在 GUI 的通用菜单中选择 File > Import > Parasolid 命令，弹出 ANSYS Connection for Parasolid 对话框，在 File Name 文本框中输入"*.x*_*t"，如图 3-25 所示，并且根据实际情况设置以下参数。

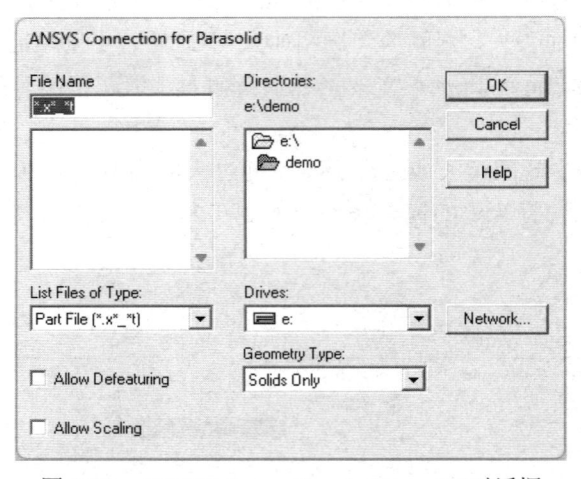

图 3-25　ANSYS Connection for Parasolid 对话框

- Allow Defeaturing（允许使用）复选框：如果勾选该复选框，那么模型在导入时允许修改特征，并且模型在导入后以实体数据存储；如果不勾选该复选框，那么模型在导入时不允许修改特征，并且模型在导入后以中立数据存储。
- Geometry Type（几何类型）下拉列表：如果选择 Solids Only 选项，则只导入体模型；如果选择 Surfaces Only 选项，则只导入面模型；如果选择 Wireframe Only 选项，则只导入线框模型；如果选择 ALL Entities 选项，则导入全部图元。

在设置完成后，单击 OK 按钮，即可完成模型导入。

2. CAD 程序接口

ANSYS 可以直接接受来自 CAD 程序的模型。

1）CATIA。

该接口面向 CATIA 4.x 或更低版本的 CATIA 文件。在 GUI 的通用菜单中选择 File > Import > CATIA 命令，弹出 ANSYS Connection for CATIA 对话框，选择需要导入的文件，如图 3-26 所示，如果勾选 Import blanked bodies 复选框，则允许在导入文件时压缩 CATIA 数据。

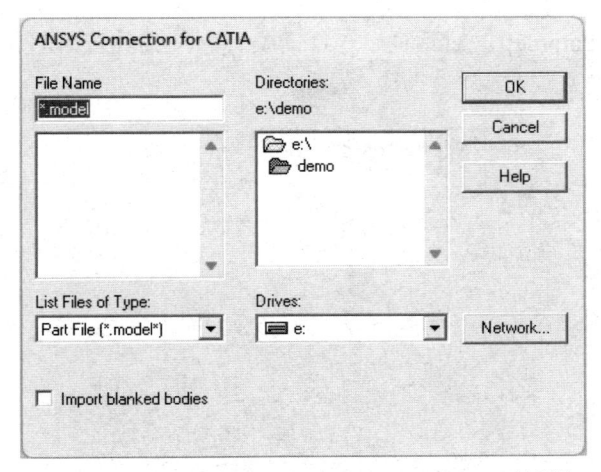

图 3-26　ANSYS Connection for CATIA 对话框

在设置完成后，单击 OK 按钮，即可完成模型导入。

2）CATIA V5。

CATIA 接口面向 CATIA V5 R2～R21 创建的对象，支持扩展名为.CATPar 和.CATProduct 的文件，在 GUI 的通用菜单中选择 File > Import > CATIA V5 命令，弹出 ANSYS CATIA V5 Import 对话框，如图 3-27 所示。

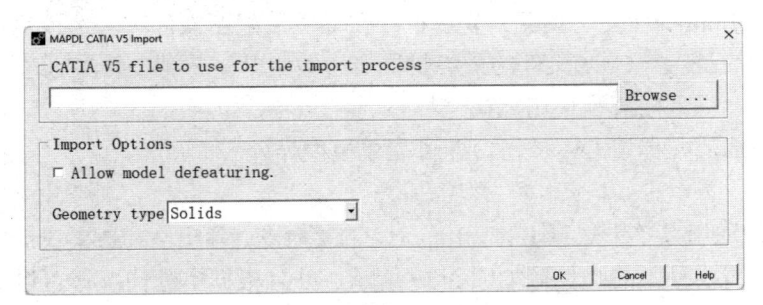

图 3-27　ANSYS CATIA V5 Import 对话框

单击 CATIA V5 file to use for the import process 文本框右侧的 Browse 按钮，选择需要导入的文件，并且根据实际情况设置以下参数。

- Allow model defeaturing（允许模型使用）复选框：如果勾选该复选框，那么模型在导入时允许修改特征，并且模型在导入后以实体数据存储；如果不勾选该复选框，那么模型在导入时不允许修改特征，并且模型在导入后以中立数据存储。
- Geometry type（几何类型）下拉列表：如果选择 Solids 选项，则只导入体模型；如果选择 Surfaces 选项，则只导入面模型；如果选择 Wireframe 选项，则只导入线框模型；如果选择 ALL Entities 选项，则导入全部图元。

在设置完成后，单击 OK 按钮，即可完成模型导入。

3）Creo Parametric。

在 GUI 的通用菜单中选择 File > Import > Creo Parametric 命令，弹出 ANSYS

Connection for Creo Parametric 对话框，选择需要导入的文件，如图 3-28 所示，并且根据实际情况设置以下参数。

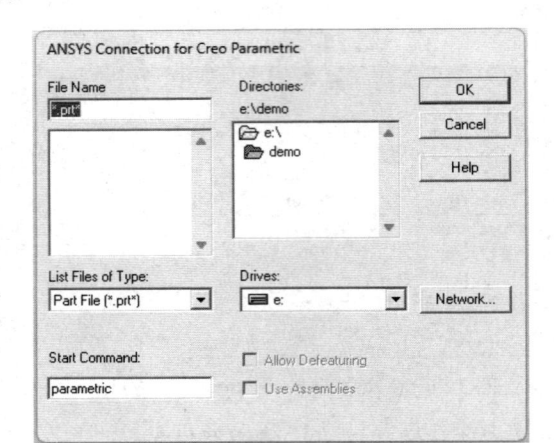

图 3-28　ANSYS Connection for Creo Parametric 对话框

- Allow Defeaturing（允许使用）复选框：如果勾选该复选框，那么模型在导入时允许修改特征，并且模型在导入后以实体数据存储；如果不勾选该复选框，那么模型在导入时不允许修改特征，并且模型在导入后以中立数据存储。
- Use Assemblies（使用装配）复选框：在导入装配图文件时勾选该复选框。

需要注意的是，当 Creo 文件的最终扩展名为数字时，该接口会自动选择数字最大的文件导入，并且导入的模型使用默认坐标系。

在设置完成后，单击 OK 按钮，即可完成模型导入。

4）NX。

在 GUI 的通用菜单中选择 File > Import > NX 命令，弹出 ANSYS Connection for NX 对话框，选择需要导入的文件，如图 3-29 所示，并且根据实际情况设置以下参数。

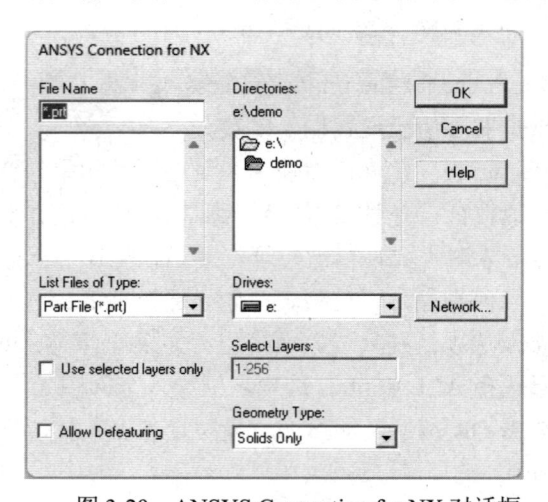

图 3-29　ANSYS Connection for NX 对话框

- Use selected layers only（仅使用选中的图层）复选框：如果勾选该复选框，那么可以在 Select Layers 文本框中输入要导入的图层号，可以输入单层号（如 10），也可以输入图层号范围（如 10~15），默认导入所有图层。
- Allow Defeaturing（允许使用）复选框：如果勾选该复选框，那么模型在导入时允许修改特征，并且模型在导入后以实体数据存储；如果不勾选该复选框，那么模型在导入时不允许修改特征，并且模型在导入后以中立数据存储。
- Geometry Type（几何类型）下拉列表：如果选择 Solids Only 选项，则只导入体模型；如果选择 Surfaces Only 选项，则只导入面模型；如果选择 Wireframe Only 选项，则只导入线框模型；如果选择 ALL Entities 选项，则导入全部图元。

在设置完成后，单击 OK 按钮，即可完成模型导入。

3.5 常用建模命令汇总

前面介绍了通过 GUI 操作建模的方法和使用命令流建模的方法，提供了获得分析模型的途径，下面对涉及的 APDL 命令进行统一说明。

```
FINI (FINISH)
```

上述代码用于退出处理器。

```
/PREP7
```

上述代码用于进入前处理器。

```
K,NPT,X,Y,Z
```

在上述代码中，K 命令用于在工作区中指定坐标位置创建关键点。
- NPT：关键点编号，默认将新创建的关键点编号设置为当前最大编号加 1。
- X、Y、Z：关键点坐标，默认值都为 0。

```
L,P1,P2,NDIV,SPACE,XV1,YV1,ZV1,XV2,YV2,ZV2
```

在上述代码中，L 命令用于连接工作区中的两个关键点，从而创建一条线，可以为直线，也可以为曲线。
- P1、P2：被连接的两个关键点编号，当 P1=P2 时，激活 ANSYS 的 GUI 中的拾取功能，其后的参数都会被略去。
- XV1、YV1、ZV1、XV2、YV2、ZV2：分别是两个关键点在 X 轴、Y 轴、Z 轴方向上的切线斜率，当这些值都为 0 时，L 命令创建的线为直线。

```
A,P1,P2,P3,P4,P5,P6,P7,P8,P9,P10,P11,P12,P13,P14,P15,P16,P17,P18
```

在上述代码中，A 命令用于连接数个关键点，从而创建一个面，可将最少 3 个、最多 18 个关键点连接，从而围成面。

```
CYL4,XCENTER,YCENTER,RAD1,THETA1,RAD2,THETA2,DEPTH
```

在上述代码中，CYL4 命令用于创建一个圆柱体、圆台、圆锥体。

- XCENTER、YCENTER：圆柱体底面的圆心坐标。
- RAD1、RAD2：圆柱体两个底面的半径。

```
BLC4,XCORNER,YCORNER,WIDTH,HEIGHT,DEPTH
```

在上述代码中，BLC4 命令用于创建一个长方体。

- XCORNER、YCORNER：指定顶点的坐标。
- WIDTH、HEIGHT：长方体在 XY 平面上的宽度、高度。
- DEPTH：长方体在 Z 轴方向的深度。

在 ANSYS 中，有一些类似的命令，这些命令的作用相同，但作用于不同的对象。例如，ASEL 命令与 VESL 命令都用于选择模型图元，并且二者的用法与参数类似，但前者用于选择面，后者用于选择体。对于这些命令，我们将其归类并进行统一说明，如表 3-2 和表 3-3 所示。

表 3-2 对象名称

名称	关键点	线	面	体	节点	单元
符号（X）	K	L	A	V	N	E

表 3-3 常用命令

命令	用途
XSEL	选择对象
XMESH	划分网格
XDELE	删除对象
XPLOT	在工作区中显示对象
XLIST	列出对象
XGEN	复制对象
XCLEAR	清除对象
XADD	布尔运算加
XSUB	布尔运算减
XGLUE	布尔运算合并
XSUM	计算对象的几何信息

3.6 创建实体模型

在创建实体模型的过程中，有时使用自上向下建模的方法，有时使用自下向上建模的方法。下面通过创建一个联轴体模型来介绍自上向下建模的方法，需要创建的联轴体模型如图 3-30 所示。

（1）运行 ANSYS，在 GUI 的主菜单中选择 Preferences 命令，弹出 Preferences for GUI Filtering 对话框，勾选 Structural（结构分析）复选框，如图 3-31 所示，单击 OK 按钮，

即可完成分析环境设置。

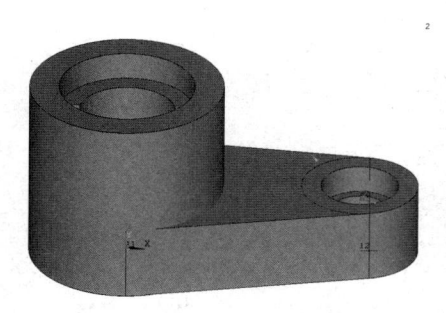

图 3-30　需要创建的联轴体模型

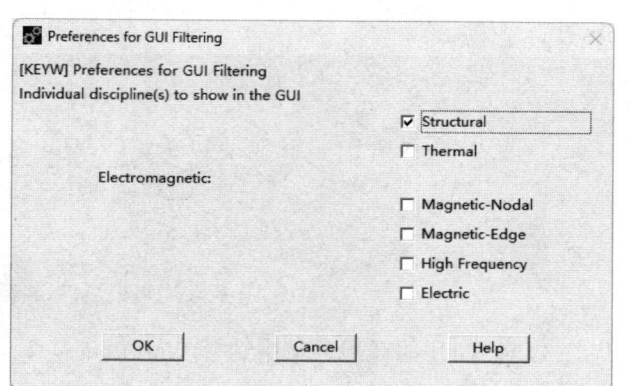

图 3-31　Preferences for GUI Filtering 对话框

（2）在 GUI 的主菜单中选择 Preprocessor > Modeling > Create > Volumes > Cylinder > Solid Cylinder 命令，弹出 Solid Cylinder 对话框，设置 WP X=0、WP Y=0、Radius=5、Depth=10，如图 3-32 所示，单击 Apply 按钮，即可生成一个圆柱体；继续在 Solid Cylinder 对话框中设置 WP X=12、WP Y=0、Radius=3、Depth=4，单击 OK 按钮，即可生成另一个圆柱体。生成的两个圆柱体如图 3-33 所示。

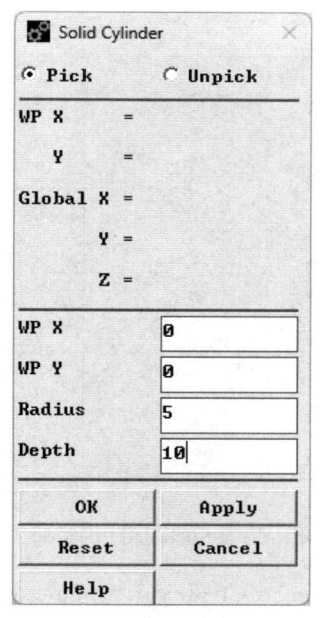

图 3-32　Solid Cylinder 对话框

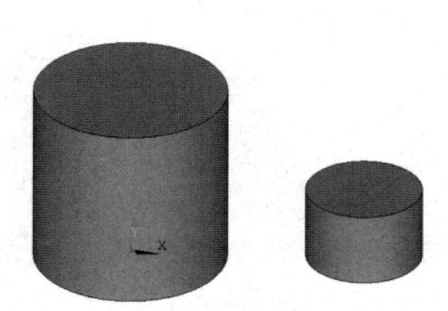

图 3-33　生成的两个圆柱体（一）

在 GUI 的通用菜单中选择 Plot > Lines 命令，使生成的两个圆柱体以线模式显示，如图 3-34 所示。

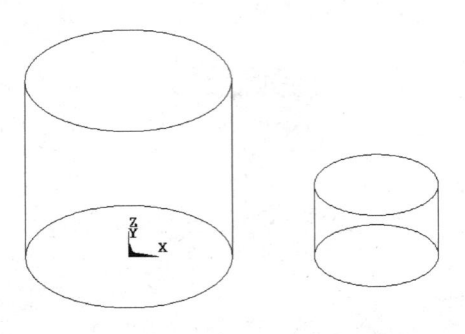

图 3-34 使圆柱体以线模式显示

（3）在 GUI 的通用菜单中选择 WorkPlane > Local Coordinate Systems > Create Local CS > At Specified Loc 命令，打开 Create CS at Location 对话框，选择 Global Cartesian 单选按钮，然后在下面的文本框中输入"0,0,0"，如图 3-35 所示，单击 OK 按钮。弹出 Create Local CS at Specified Location 对话框，设置 KCN Ref number of new coord sys=11，在 KCS Type of coordinate system 下拉列表中选择 Cylindrical 1 选项，在 XC,YC,ZC Origin of coord system 后的 3 个文本框中分别输入"0""0""0"，如图 3-36 所示，单击 OK 按钮，创建一个局部坐标系。

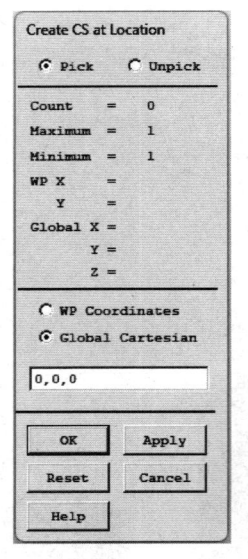

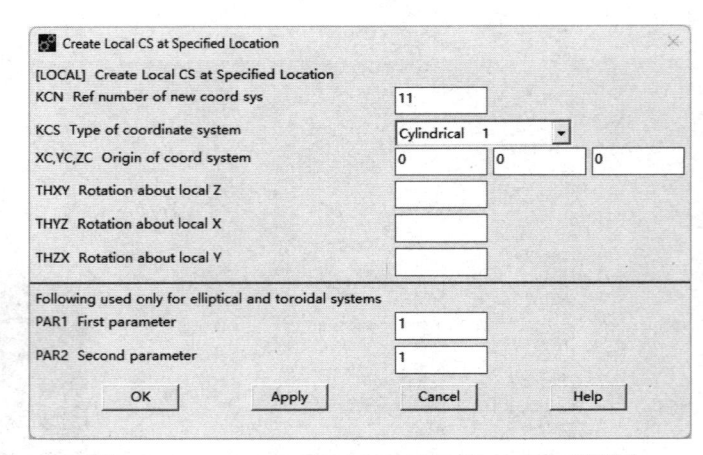

图 3-35 Create CS at Location 对话框　　图 3-36 Create Local CS at Specified Location 对话框

（4）在 GUI 的主菜单中选择 Preprocessor > Modeling > Create > Keypoints > In Active CS 命令，弹出 Create Keypoints in Active Coordinate System 对话框，在 NPT Keypoint number 文本框中输入关键点编号"110"，在 X,Y,Z Location in active CS 文本框中输入 110 号关键点的坐标（5,-80.4,0），单击 Apply 按钮，即可创建 110 号关键点；在 NPT Keypoint number 文本框中输入关键点编号"120"，在 X,Y,Z Location in active CS 文本框中输入 120 号关键点的坐标（5,80.4,0），单击 OK 按钮，即可创建 120 号关键点。

（5）在 GUI 的通用菜单中选择 WorkPlane > Local Coordinate Systems > Create Local CS > At Specified Loc 命令，打开 Create CS at Location 对话框，选择 Global Cartesian 单选按钮，然后在下面的文本框中输入"12,0,0"，单击 OK 按钮。弹出 Create Local CS at Specified Location 对话框，设置 KCN Ref number of new coord sys=12，在 KCS Type of coordinate system 下拉列表中选择 Cylindrical 1 选项，在 XC,YC,ZC Origin of coord system 后的 3 个文本框中分别输入"12""0""0"，单击 OK 按钮，创建一个局部坐标系。

（6）在 GUI 的主菜单中选择 Preprocessor > Modeling > Create > Keypoints > In Active CS 命令，弹出 Create Keypoints in Active Coordinate System 对话框，在 NPT Keypoint number 文本框中输入关键点编号"130"，在 X,Y,Z Location in active CS 文本框中输入 130 号关键点的坐标（3,-80.4,0），单击 Apply 按钮，即可创建 130 号关键点；在 NPT Keypoint number 文本框中输入关键点编号"140"，在 X,Y,Z Location in active CS 文本框中输入 140 号关键点的坐标（3,80.4,0），单击 OK 按钮，即可创建 140 号关键点。

（7）在 GUI 的主菜单中选择 Preprocessor > Modeling > Create > Lines > Lines > Straight Line 命令，弹出 Create Straight Line 拾取对话框，在工作区中拾取 110 号关键点与 130 号关键点、120 号关键点与 140 号关键点、110 号关键点与 120 号关键点、130 号关键点与 140 号关键点，使它们连接成 4 条直线，单击 OK 按钮，如图 3-37 所示。

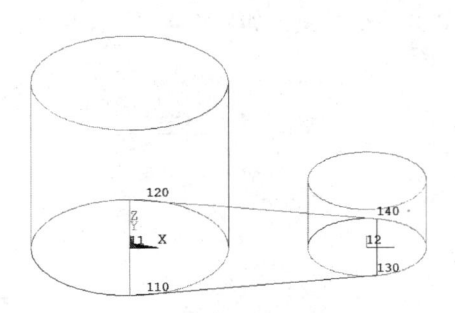

图 3-37 创建 4 条直线

（8）在 GUI 的主菜单中选择 Preprocessor > Modeling > Creating > Areas > Arbitrary > By Lines 命令，弹出拾取对话框，在工作区中依次拾取上一步创建的 4 条直线，单击 OK 按钮，生成一个四边形面，如图 3-38 所示。

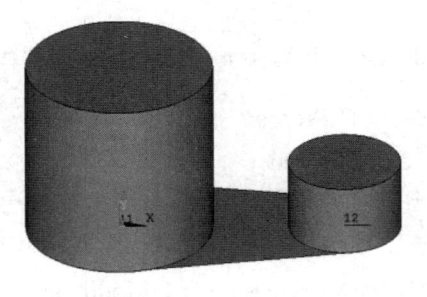

图 3-38 生成的四边形面

（9）在 GUI 的主菜单中选择 Preprocessor > Modeling > Operate > Extrude > Areas > Along Normal 命令，弹出拾取对话框，在工作区中拾取四边形面，单击 OK 按钮，弹出 Extrude Area along Normal 对话框，设置 DIST Length of extrusion=4，厚度的方向是圆柱所在的方向，如图 3-39 所示，单击 OK 按钮，生成一个四棱柱，如图 3-40 所示。

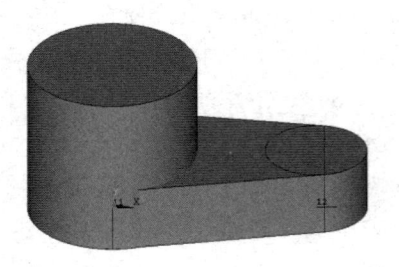

图 3-39　Extrude Area along Normal 对话框

图 3-40　生成的四棱柱

（10）在 GUI 的通用菜单中选择 WorkPlane > Change Active CS to > Global Cartesian 命令。

（11）在 GUI 的通用菜单中选择 WorkPlane > Offset WP to > XYZ Locations 命令，打开 Offset WP to XYZ Location 对话框，选择 Global Cartesian 单选按钮，然后在下面的文本框中输入"0,0,8.5"，单击 OK 按钮，如图 3-41 所示。

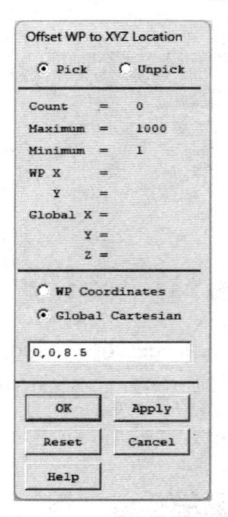

图 3-41　Offset WP to XYZ Location 对话框

（12）在 GUI 的主菜单中选择 Preprocessor > Modeling > Create > Volumes > Cylinder > Solid Cylinder 命令，弹出 Solid Cylinder 对话框，设置 WP X=0、WP Y=0、Radius=3.5、Depth=1.5，单击 Apply 按钮，生成一个圆柱体；然后设置 WP X=0、WP Y=0、Radius=2.5、Depth=-8.5，单击 OK 按钮，生成另一个圆柱体。生成的两个圆柱体如图 3-42 所示。

（13）在 GUI 的主菜单中选择 Preprocessor > Modeling > Operate > Booleans > Subtract > Volumes 命令，弹出 Subtract Volumes 拾取对话框，在工作区中拾取图 3-40 中的模型，

作为布尔"减"操作的母体,单击 Apply 按钮,然后在工作区中拾取上一步创建的两个圆柱体,作为布尔"减"操作的对象,单击 OK 按钮,生成圆轴孔,如图 3-43 所示。

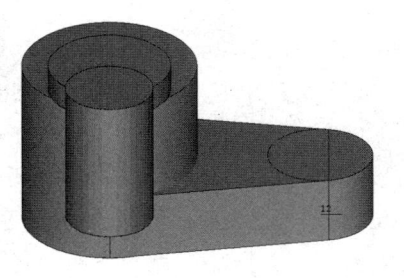

图 3-42 生成的两个圆柱体(二)　　　图 3-43 生成圆轴孔(一)

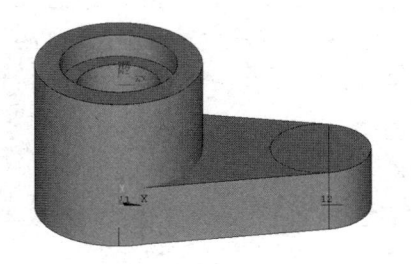

(14)在 GUI 的通用菜单中选择 WorkPlane > Offset WP to > XYZ Locations 命令,打开 Offset WP to XYZ Location 对话框,选择 Global Cartesian 单选按钮,然后在下面的文本框中输入"0,0,0",单击 OK 按钮。

(15)在 GUI 的主菜单中选择 Preprocessor > Modeling > Create > Volumes > Block > By Dimensions 命令,弹出 Create Block by Dimensions 对话框,参数设置如图 3-44 所示,生成一个长方体,如图 3-45 所示。

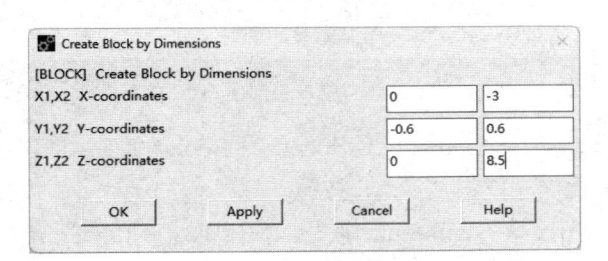

图 3-44 Create Block by Dimensions 对话框　　　图 3-45 生成长方体

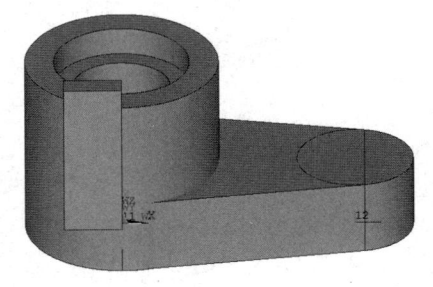

(16)在 GUI 的主菜单中选择 Preprocessor > Modeling > Operate > Booleans > Subtract > Volumes 命令,弹出 Subtract Volumes 拾取对话框,在工作区中拾取图 3-43 中的模型,作为布尔"减"操作的母体,单击 Apply 按钮,然后在工作区中拾取上一步创建的长方体,作为布尔"减"操作的对象,单击 OK 按钮,生成完全的轴孔,如图 3-46 所示。

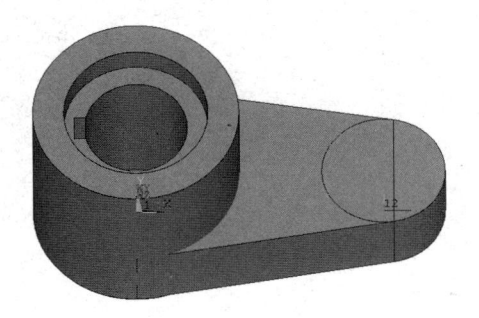

图 3-46 生成完全的轴孔

(17）在 GUI 的通用菜单中选择 WorkPlane > Offset WP to > XYZ Locations 命令，打开 Offset WP to XYZ Location 面板，选择 Global Cartesian 单选按钮，然后在下面的文本框中输入"12,0,2.5"，单击 OK 按钮。

（18）在 GUI 的主菜单中选择 Preprocessor > Modeling > Create > Volumes > Cylinder > Solid Cylinder 命令，弹出 Solid Cylinder 对话框，设置 WP X=0、WP Y=0、Radius=2、Depth=1.5，单击 Apply 按钮，生成一个圆柱体；然后设置 WP X=0、WP Y=0、Radius=1.5、Depth=-2.5，单击 OK 按钮，生成另一个圆柱体。生成的两个圆柱体如图 3-47 所示。

（19）在 GUI 的主菜单中选择 Preprocessor > Modeling > Operate > Booleans > Subtract > Volumes 命令，弹出 Subtract Volumes 拾取对话框，在工作区中拾取图 3-46 中的模型，作为布尔"减"操作的母体，单击 Apply 按钮，然后在工作区中拾取上一步创建的两个圆柱体，作为布尔"减"操作的对象，单击 OK 按钮，生成圆轴孔，如图 3-48 所示。

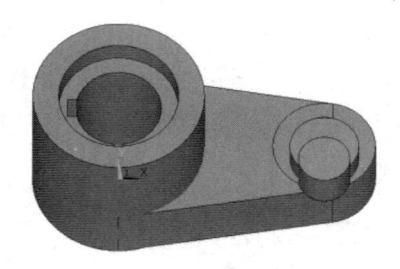

图 3-47　生成的两个圆柱体（三）　　　　图 3-48　生成圆轴孔（二）

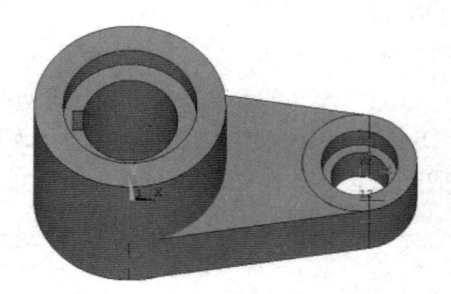

（20）在 GUI 的主菜单中选择 Preprocessor > Modeling > Operate > Booleans > Add > Volumes 命令，弹出 Add Volumes 拾取对话框，单击 Pick All 按钮。

（21）在 GUI 的通用菜单中选择 PlotCtrls > Numbering 命令，弹出 Plot Numbering Controls 对话框，勾选 VOLU Volume Numbers 复选框，使其状态转换为 On，单击 OK 按钮，即可在工作区中显示体的编号，如图 3-49 所示。

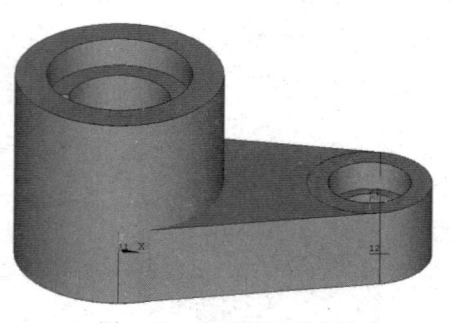

图 3-49　显示体的编号

（22）单击工具栏中的 SAVE_DB 按钮。

（23）单击工具栏中的 QUIT 按钮。

本实例相关操作的命令流如下。

```
/CLEAR,START

/PREP7
CYL4,0,0,5,,,,10
CYL4,12,0,3,,,,4
LPLOT
LOCAL,11,1,,0,0,0,,,,1,1
K,110,5,-80.4,0
K,120,5,80.4,0
LOCAL,12,1,12,0,0,,,,1,1
K,130,3,-80.4,0
K,140,3,80.4,0
LSTR,110,130
LSTR,120,140
LSTR,130,140
LSTR,120,110
FLST,2,4,4
FITEM,2,24
FITEM,2,21
FITEM,2,23
FITEM,2,22
AL,P51X
VOFFST,9,4,,
CSYS,0
FLST,2,1,8
FITEM,2,0,0,8.5
WPAVE,P51X
CYL4,0,0,3.5,,,,1.5
CYL4,0,0,2.5,,,,-8.5
FLST,2,2,6,ORDE,2
FITEM,2,1
FITEM,2,3
FLST,3,2,6,ORDE,2
FITEM,3,4
FITEM,3,-5
VSBV,P51X,P51X
FLST,2,1,8
FITEM,2,0,0,0
WPAVE,P51X
BLOCK,0,-3,-0.6,0.6,0,8.5
VSBV,7,1
FLST,2,1,8
FITEM,2,12,0,2.5
```

```
WPAVE,P51X
CYL4,0,0,2,,,,1.5
CYL4,0,0,1.5,,,,-2.5
FLST,2,2,6,ORDE,2
FITEM,2,2
FITEM,2,6
FLST,3,2,6,ORDE,2
FITEM,3,1
FITEM,3,4
VSBV,P51X,P51X
FLST,2,3,6,ORDE,3
FITEM,2,3
FITEM,2,5
FITEM,2,7
VADD,P51X
SAVE
FINISH
```

3.7 本章小结

本章介绍了使用 ANSYS 建模的方法，包括实体建模方法和直接建模方法。本章还给出了常用的建模命令，帮助读者尽快掌握使用 ANSYS 建模的方法。此外，通过创建联轴体模型，详细介绍了自上向下建模的操作步骤，希望读者以此为基础多加练习。

第 4 章 网格划分

创建完成的实体模型必须经过网格划分才能进行求解,几何模型本身并不参与计算。网格划分是有限元分析的重要环节,网格划分情况的好坏直接关系到计算所需的时间及所能达到的精度,不合理的网格划分可能导致计算时间过长、结果精度较差,甚至可能导致无法求解。网格划分通常分为 3 步,即定义单元属性、网格划分控制和生成网格。

学习目标:

- 掌握单元属性的基本知识。
- 掌握设置网格划分控制的方法。
- 掌握修改网格的方法。
- 了解网格的映射、扫掠、拉伸等方法。

4.1 定义单元属性

单元属性有如下几种:单元类型(TYPE)、实常数(REAL)、材料特性(MAT)。

ANSYS 提供了约两百种单元类型,按照其应用的场合分为结构单元类型、热单元类型、电磁单元类型、耦合场单元类型、流体单元类型、网格划分辅助单元类型、LS-DYNA 单元类型,按照其可用的维度分为平面单元类型(二维)、空间单元类型(三维)。

以结构单元类型为例,常用的有二维梁单元类型(BEAM3)、二维杆单元类型(LINK1)、三维梁单元类型(BEAM4)、三维结构实体单元类型(SOLID45)等。

每种单元类型都有属于自己的唯一编号,如二维杆单元类型 LINK1 的编号为 1。

运行 ANSYS,在命令输入框中输入如下命令流并按 Enter 键,生成的模型如图 4-1 所示。

```
/prep7
cyl4,0,0,0.07,,,,0.1
cyl4,0,0,0.05,,,,0.1
```

```
blc4,-0.1,0.03,0.2,-0.03,0.1
vsel,s,volu,,1
vsel,a,volu,,3
vadd,all
vsel,all
vsbv,4,2
blc4,-0.1,0,0.2,-0.1,0.1
vsbv,1,2
k,101,-0.1,0.03,0
k,102,-0.1,0.1,0
k,103,0.1,0.03,0
k,104,0.1,0.1,0
l,101,102
l,103,104
```

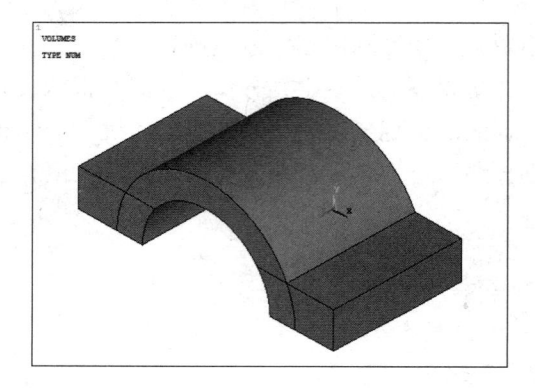

图 4-1 生成的模型

在 GUI 的主菜单中选择 Preprocessor > Element Type > Add/Edit/Delete 命令，弹出 Element Types 对话框，单击 Add 按钮，如图 4-2 所示，弹出 Library of Element Types 对话框，如图 4-3 所示。

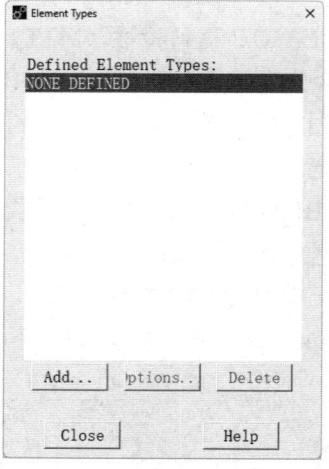

图 4-2　Element Types 对话框

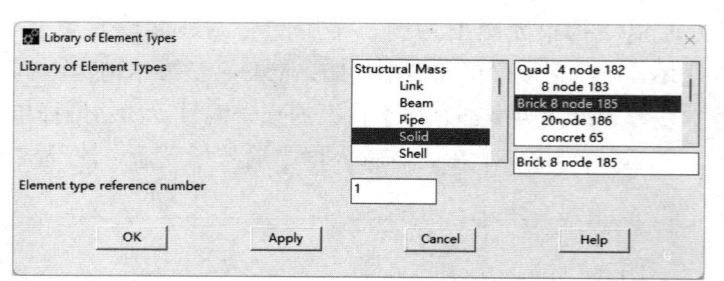

图 4-3　Library of Element Types 对话框

在 Library of Element Types 对话框的第一个列表框中选择 Solid 选项，在第二个列表框中选择 Brick 8 node 185 选项，单击 OK 按钮，即可在 Element Types 对话框中显示已选择的单元类型，如图 4-4 所示。关闭 Element Types 对话框，至此完成单元类型 SOLID185 的定义。

重复上述操作，定义单元类型 LINK180 及 BEAM188。定义的所有单元类型如图 4-5 所示。

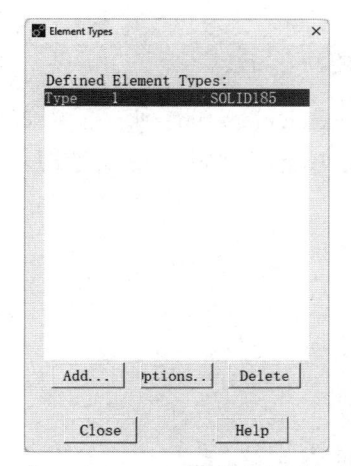

图 4-4　在 Element Types 对话框中显示已选择的单元类型

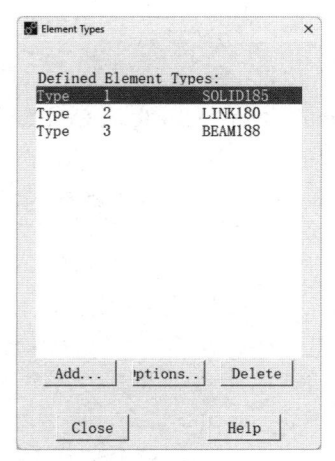

图 4-5　定义的所有单元类型

在 GUI 的主菜单中选择 Preprocessor > Real Constants > Add/Edit/Delete 命令，弹出 Real Constants 对话框，如图 4-6 所示，单击 Add 按钮，弹出 Element Type for Real Constants 对话框，如图 4-7 所示。

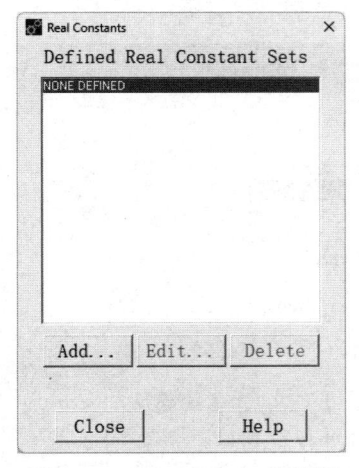

图 4-6　Real Constants 对话框

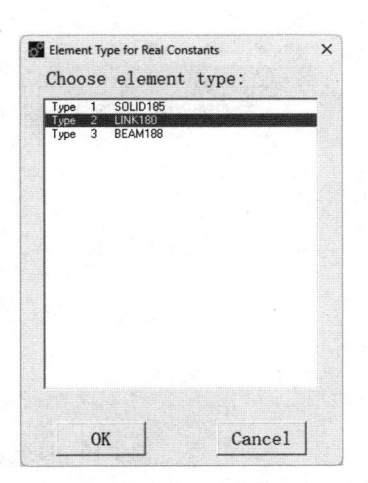

图 4-7　Element Type for Real Constants 对话框

在 Element Type for Real Constants 对话框的 Choose element type 列表框中选择 Type 2 LINK180 选项，单击 OK 按钮，弹出关于 LINK180 单元类型的 Note 对话框，如图 4-8

所示，表示 LINK180 单元类型不再支持实常数属性设置。以前的版本是支持的，这一点是 ANSYS 中的变化，单击 Close 按钮，关闭该对话框。

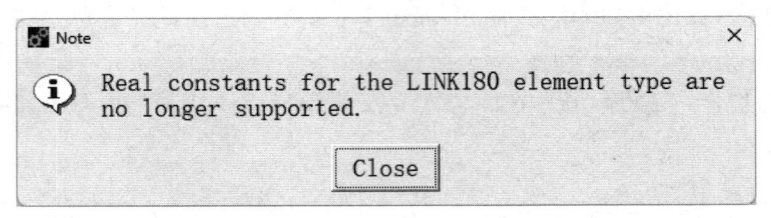

图 4-8　关于 LINK180 单元类型的 Note 对话框

在 Element Type for Real Constants 对话框的 Choose element type 列表框中选择 Type 3 BEAM188 选项，单击 OK 按钮，弹出关于 BEAM188 单元类型的 Note 对话框，如图 4-9 所示，表示 BEAM188 单元类型不需要实常数。

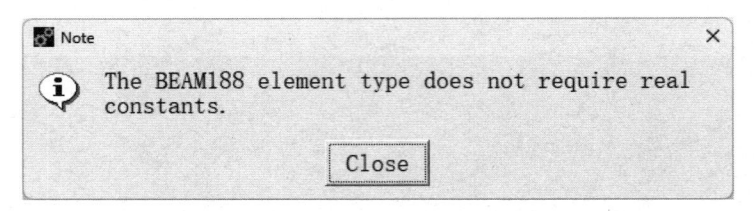

图 4-9　关于 BEAM188 单元类型的 Note 对话框

根据图 4-9 可知，并非每种单元类型都需要定义实常数，在选择单元类型时应仔细查阅文档，充分了解该单元类型需要设置的参数。

在 GUI 的主菜单中选择 Preprocessor > Material Props > Material Models 命令，打开 Define Material Model Behavior 窗口，如图 4-10 所示。

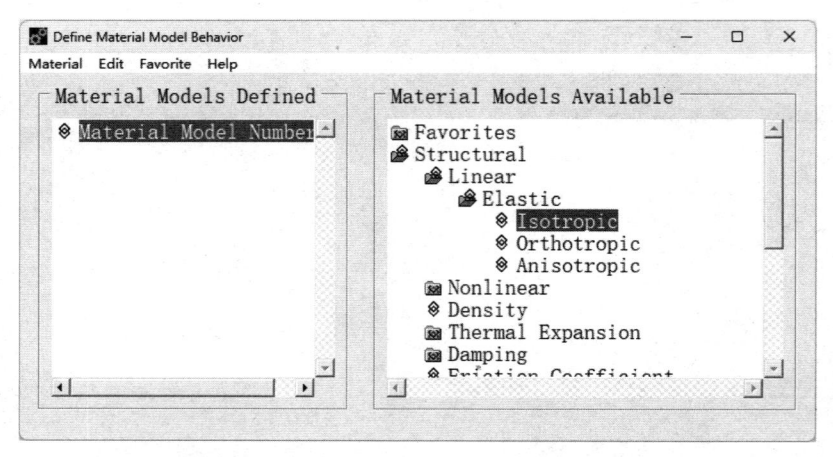

图 4-10　Define Material Model Behavior 窗口

在 Define Material Model Behavior 窗口的 Material Models Available 列表框中选择 Structural > Linear > Elastic > Isotropic 选项，弹出 Linear Isotropic Properties for Material Number 1 对话框，设置 EX（弹性模量）=2.1e11、PRXY（泊松比）=0.27，如图 4-11 所

示，单击 OK 按钮。

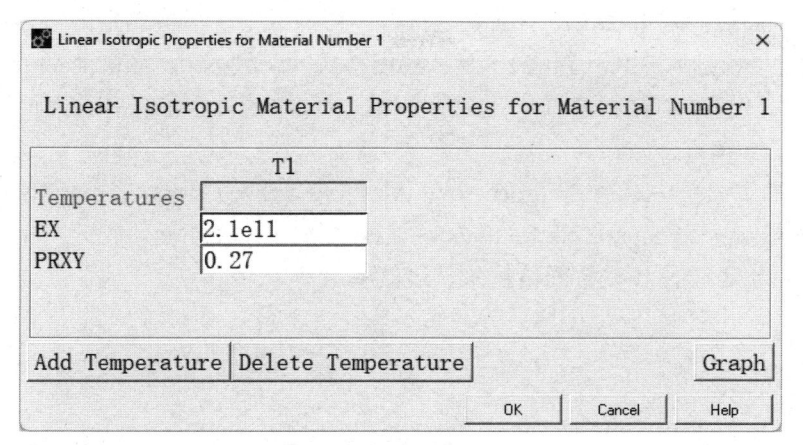

图 4-11　Linear Isotropic Properties for Material Number 1 对话框

在 Define Material Model Behavior 窗口的 Material Models Available 列表框中选择 Structural > Density 选项，弹出 Density for Material Number 1 对话框，设置 DENS（密度）=7800，如图 4-12 所示，单击 OK 按钮。

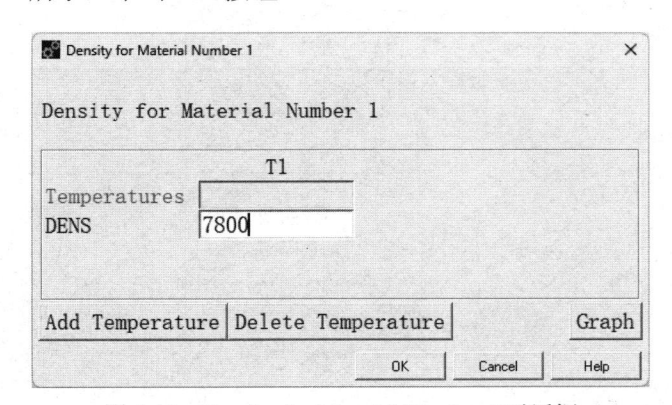

图 4-12　Density for Material Number 1 对话框

关闭 Define Material Model Behavior 窗口，至此完成了单元属性的定义。

4.2　网格划分控制

网格划分过程是分析过程中的重要环节，网格划分控制主要包括单元尺寸控制、网格类型控制，它决定了生成的有限元模型在分析时是否能满足精度与经济性的要求。

4.2.1　智能网格划分

对初学者而言，使用 ANSYS 提供的网格划分工具是一种快捷的网格划分方法。

在 GUI 的主菜单中选择 Preprocessor > Meshing > MeshTool 命令，打开 MeshTool（网格划分工具）面板，勾选 Smart Size 复选框，即可通过拖动滑块调整网格的尺寸级别，取值范围为 1（精细）～10（粗略），默认的网格尺寸级别为 6，如图 4-13 所示。

对网格尺寸级别的控制可以是针对全局（Global）的，也可以是针对面、线等几何元素的。

在 GUI 的主菜单中选择 Preprocessor > Meshing > Size Cntrls > SmartSize > AdvOpts 命令，弹出 Advanced SmartSize Settings 对话框，如图 4-14 所示。在此对话框中可以进行高级智能网格设置，如设置网格扩张、过渡系数等。

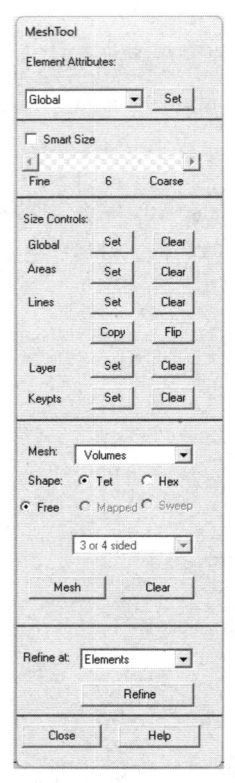

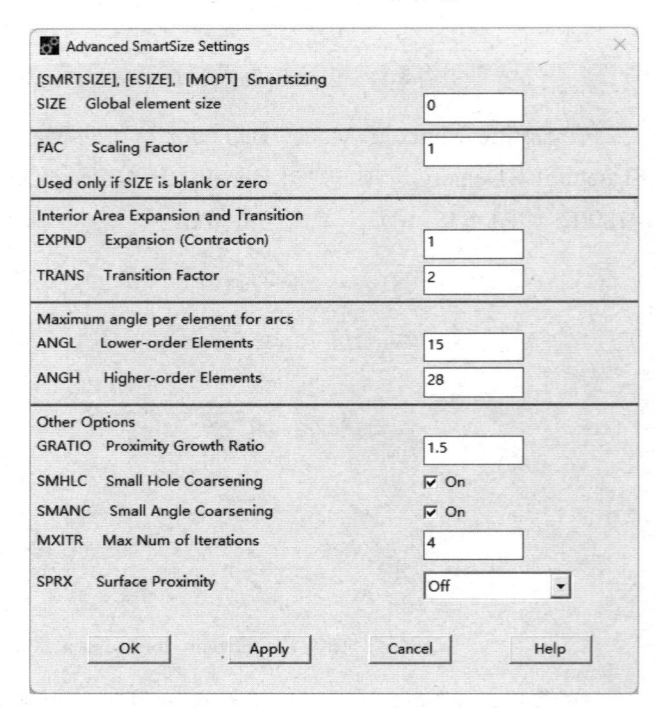

图 4-13　MeshTool（网格划分工具）面板　　图 4-14　Advanced SmartSize Settings 对话框

不同的网格划分尺寸如图 4-15 所示。

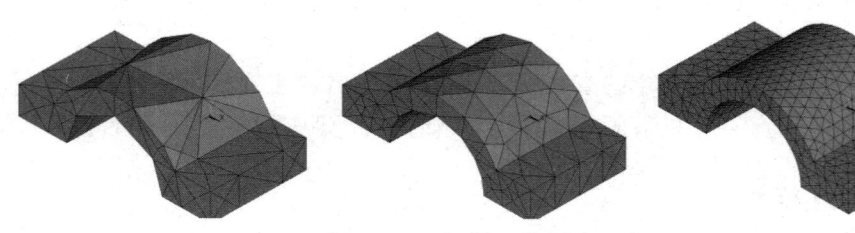

图 4-15　不同的网格划分尺寸

4.2.2 全局单元尺寸控制

全局单元尺寸控制能为整个模型指定最大的单元边长，或者指定每条线被分成的份数。

在 GUI 的主菜单中选择 Preprocessor > Meshing > MeshTool 命令，打开 MeshTool 面板，在 Size Controls 选区中单击 Global 后的 Set 按钮，或者在 GUI 的主菜单中选择 Preprocessor > Meshing > Size Cntrls > Manual Size > Global > Size 命令，弹出 Global Element Sizes 对话框，如图 4-16 所示。在 Global Element Sizes 对话框中，SIZE Element edge length 为最大的单元边长，NDIV No. of element divisions 为每条线被分成的份数，只需指定其中一个参数。

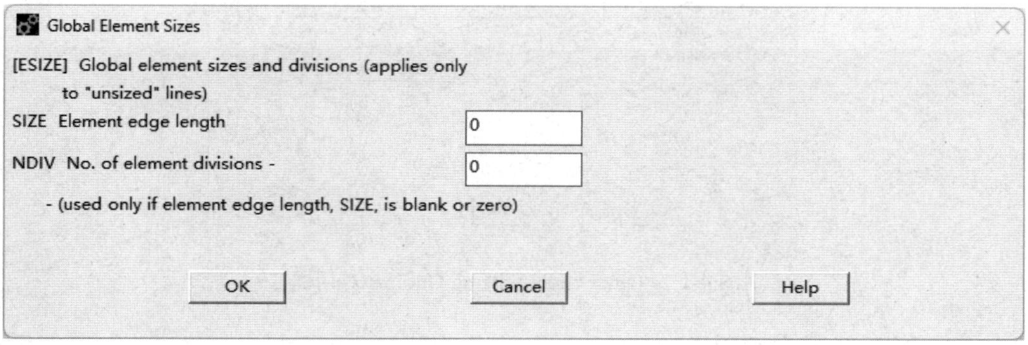

图 4-16　Global Element Sizes 对话框

以上操作均可使用 ESIZE 或 SIZE 命令完成。在单独使用 ESIZE 命令时（关闭智能网格划分功能），会采用相同的单元尺寸对体或面进行网格划分。如果将 ESIZE 命令与智能网格划分功能一起使用，那么 ESIZE 命令起引导作用，但为了适应线的曲率或几何近似，指定的单元尺寸可能无效。

4.2.3 默认单元尺寸控制

如果用户不指定全局单元尺寸，那么 ANSYS 会采用默认的单元尺寸，它会根据单元阶次指定每条线被分成的最小份数、最大份数及表面高宽比等。

默认单元尺寸控制通常用于映射网格划分控制，但在禁用智能网格划分功能后，可以使用自由网格划分功能。

在 GUI 的主菜单中选择 Preprocessor > Meshing > Size Cntrls > Manual Size > Global > Other 命令，弹出 Other Global Sizing Options 对话框，如图 4-17 所示，在该对话框中可以设置默认的单元尺寸。使用 DESIZE 命令也可以设置默认的单元尺寸。

图 4-17 Other Global Sizing Options 对话框

4.2.4 关键点尺寸控制

关键点尺寸控制是指通过控制关键点来控制单元尺寸。

在 GUI 的主菜单中选择 Preprocessor > Meshing > MeshTool 命令，打开 MeshTool 面板，在 Size Controls 选区中单击 Keypts 后的 Set 按钮，弹出 Elem Size at Picked KP 拾取对话框，在工作区中拾取要控制的关键点，单击 OK 按钮，弹出 Element Size at Picked Keypoints 对话框，如图 4-18 所示。

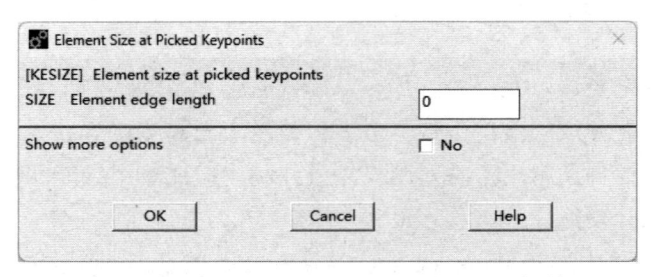

图 4-18 Element Size at Picked Keypoints 对话框

不同的关键点可以设置不同的关键点尺寸，为用户在网格划分控制上提供更多控制手段，在结构的应力集中区中应用更方便。在启用智能网格划分功能后，为了适应线的曲率或几何近似，指定的网格尺寸可能无效。

关键点尺寸控制也可以使用 KESIZE 命令完成。

4.2.5 线尺寸控制

线尺寸控制是指通过控制线尺寸来控制单元尺寸。

在 GUI 的主菜单中选择 Preprocessor > Meshing > MeshTool 命令，打开 MeshTool 面板，在 Size Controls 选区中单击 Lines 后的 Set 按钮，弹出 Element Sizes on Picked Lines 拾取对话框，在工作区中拾取要控制的线，单击 OK 按钮，弹出 Element Sizes on Picked Lines 对话框，如图 4-19 所示。

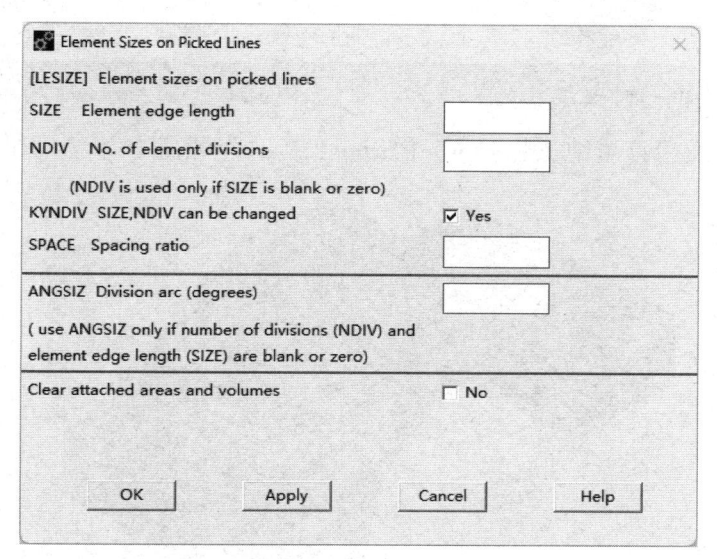

图 4-19 Element Sizes on Picked Lines 对话框

用户可以为不同的线指定不同的尺寸。指定的线尺寸可以是强的，也可以是弱的，区别在于，强的线尺寸可以在启用智能网格划分功能后优先使用用户指定的线尺寸，弱的线尺寸在启用智能网格划分后，指定的线尺寸可能无效，优先使用智能网格划分程序指定的线尺寸。

在 MeshTool 面板中的 Element Attributes 下拉列表中选择 Lines 选项，单击右侧的 Set 按钮，弹出 Line Attributes 拾取对话框，拾取模型中的一条线，如图 4-20 所示（虚线标出的线），单击 OK 按钮，弹出 Line Attributes 对话框，在 TYPE Element type number 下拉列表中选择 2 LINK180 选项，单击 OK 按钮，如图 4-21 所示，完成单元类型设置。

在 MeshTool 面板中的 Mesh 下拉列表中选择 Lines 选项，单击 Mesh 按钮，弹出 Mesh Lines 拾取对话框，在工作区中拾取图 4-20 中选中的线，单击 OK 按钮，完成对该直线的网格划分。

根据上述网格划分步骤，拾取与图 4-20 中选中的线对称的线，选择 BEAM188 单元，对拾取的线进行网格划分，将这条线分为 5 段。

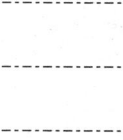

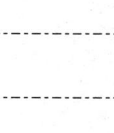

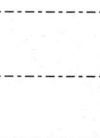

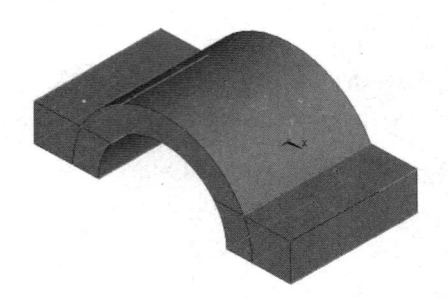

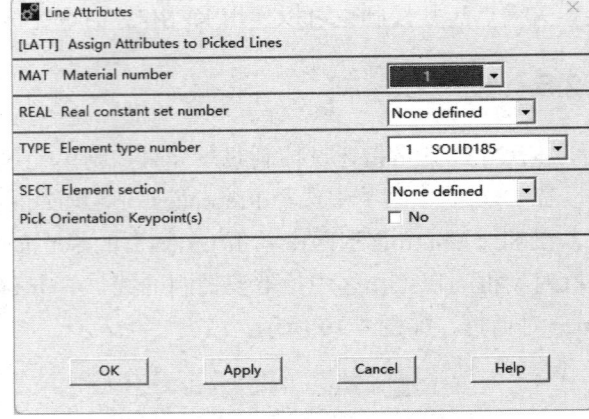

图 4-20　选中的线　　　　图 4-21　Line Attributes 对话框

在 GUI 的通用菜单中选择 Plot > Element 命令，网格划分的结果如图 4-22 所示。

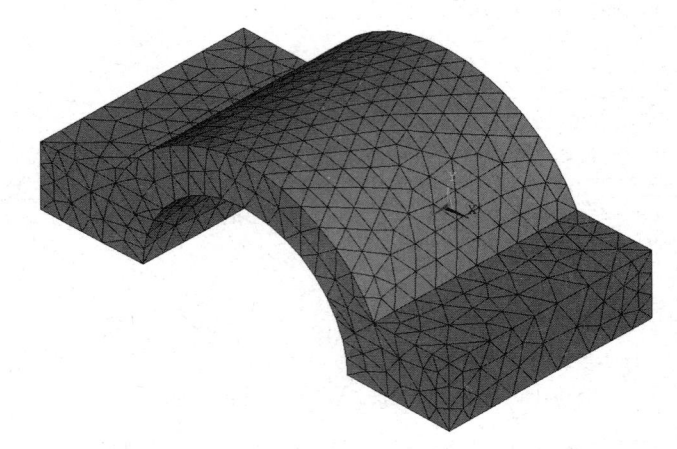

图 4-22　网格划分的结果

线尺寸控制也可以使用 LESIZE 命令来完成。

4.2.6　面尺寸控制

面尺寸控制是指通过控制面尺寸来控制单元尺寸。

在 GUI 的主菜单中选择 Preprocessor > Meshing > MeshTool 命令，打开 MeshTool 面板，在 Size Controls 选区中单击 Areas 后的 Set 按钮，弹出 Elem Size at Picked Areas 拾取对话框，在工作区中拾取要控制的面，单击 OK 按钮，弹出 Element Size at Picked Areas 对话框，如图 4-23 所示。

用户可以为不同的面指定不同的尺寸，面与面的交线只有在未指定线尺寸和关键点尺寸，并且在附近没有更小尺寸的面时，才会使用指定的尺寸。在启用智能网格划分功能后，为了适应线的曲率或几何近似，指定的尺寸可能无效。

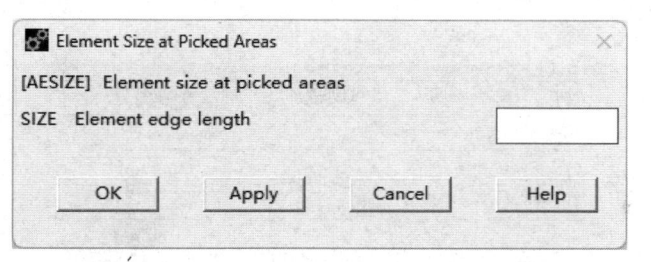

图 4-23 Element Size at Picked Areas 对话框

面尺寸控制也可以使用 AESIZE 命令来完成。

4.2.7 单元尺寸控制命令的优先顺序

单元尺寸控制的最终结果是一系列相关命令共同作用的结果，不同命令的优先顺序不同，用户应对此有基本了解，才能准确地控制网格划分的单元尺寸，从而达到相关分析的要求。单元尺寸控制命令的优先顺序如表 4-1 所示。

表 4-1 单元尺寸控制命令的优先顺序

顺序	默认单元尺寸	智能单元尺寸
1	线尺寸控制	线尺寸控制
2	关键点尺寸控制	关键点尺寸控制（在考虑曲率与小几何尺寸特征时可能被忽略）
3	全局单元尺寸控制	全局单元尺寸控制（在考虑曲率与小几何尺寸特征时可能被忽略）
4	默认单元尺寸控制	智能网格划分尺寸控制

4.2.8 完成网格划分

在 MeshTool 面板中的 Element Attributes 下拉列表中选择 Global 选项，单击右侧的 Set 按钮，弹出 Volume Attributes 拾取对话框，在工作区中拾取要进行网格划分的体，如图 4-24 所示，单击 OK 按钮，弹出 Volume Attributes 对话框，在 TYPE Element type number 下拉列表中选择 1 SOLID185 选项，单击 OK 按钮，如图 4-25 所示。

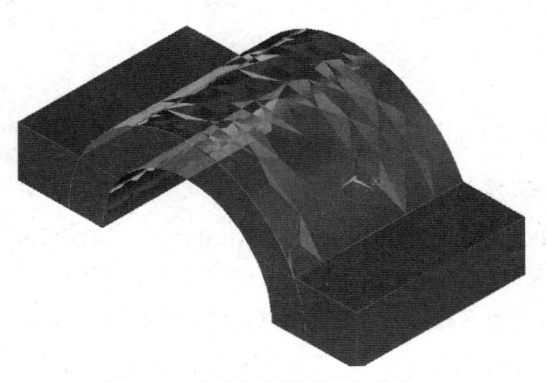

图 4-24 要进行网格划分的体

图 4-25　Volume Attributes 对话框

在 MeshTool 面板的 Mesh 下拉列表中选择 Volumes 选项，选择 Tet 单选按钮，表示选用四面体单元；选择 Free 单选按钮，表示采用自由网格划分方式。单击 Mesh 按钮，在工作区中拾取图 4-24 中选中的体，单击 OK 按钮，完成网格划分。网格划分的结果如图 4-26 所示。

图 4-26　网格划分的结果

4.3　网格的修改

在完成网格划分后，如果用户对网格划分结果不满意或误操作导致网格划分错误，那么用户可以通过本节介绍的方法进行修改。

4.3.1　清除网格

清除网格操作会删除节点和单元。

在 GUI 的主菜单中选择 Preprocessor > Meshing > MeshTool > Clear 命令，或者在 MeshTool 面板中单击 Clear 按钮，即可弹出相应的清除面板。

该面板清除的网格对象取决于在 MeshTool 面板中设置的 Mesh 对象。例如，如果在 MeshTool 面板中的 Mesh 下拉列表中选择 Volumes 选项，那么在单击 Clear 按钮后会打开 Clear Volumes 面板，用于清除体单元，如图 4-27 所示；如果在 MeshTool 面板中的

Mesh 下拉列表中选择 Areas 选项,那么在单击 Clear 按钮后会打开 Clear Areas 面板,用于清除面单元,如图 4-28 所示。

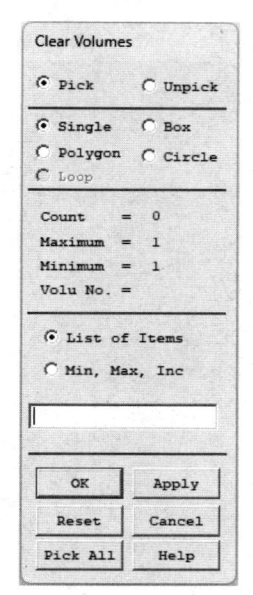

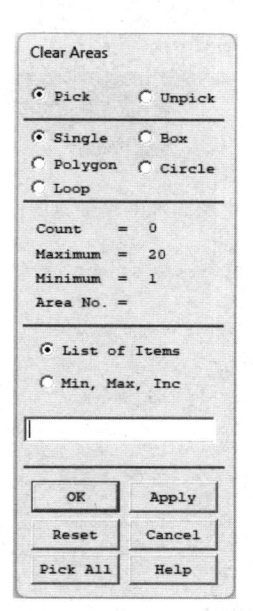

图 4-27　Clear Volumes 面板　　　　　图 4-28　Clear Areas 面板

在工作区中选择要清除网格的对象,在清除面板中单击 OK 按钮,即可完成相应的网格清除工作。

以上操作也可以使用 VCLEAR、ACLEAR 命令来完成。

4.3.2　局部网格细化

对于模型中需要更高精度的部分,如应力集中区域、小尺寸结构等,可以进行局部网格细化,而不需要清除现存的网格。

局部网格细化可以在用户指定的节点、单元、关键点、线和面周围进行。用户可以在 MeshTool 面板中选择要进行局部网格细化的对象,也可以在 GUI 的主菜单中选择 Preprocessor > Meshing > Modify Mesh > Refine At 命令,然后选择要进行局部网格细化的对象。

下面以 4.2.8 节的模型为例讲解局部网格细化的具体操作步骤。在 GUI 的主菜单中选择 Preprocessor > Meshing > Modify Mesh > Refine At > Areas 命令,弹出 Refine Mesh at Areas 拾取对话框,在工作区中拾取要进行网格细化的面,这里选择模型的前端面,如图 4-29 所示,单击 OK 按钮,弹出 Refine Mesh at Area 对话框,如图 4-30 所示。勾选 Advanced options 后的复选框,单击 OK 按钮,弹出 Refine mesh at areas advanced options 对话框,如图 4-31 所示。

DEPTH Depth of refinement:局部网格细化操作影响的深度,默认值为 0,表示只影响当前选中的单元及往前一层的单元。

图 4-29　要进行局部网格细化的面 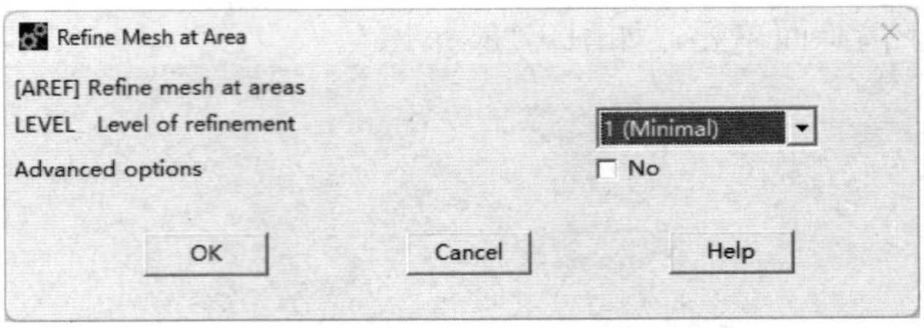　　　　图 4-30　Refine Mesh at Area 对话框

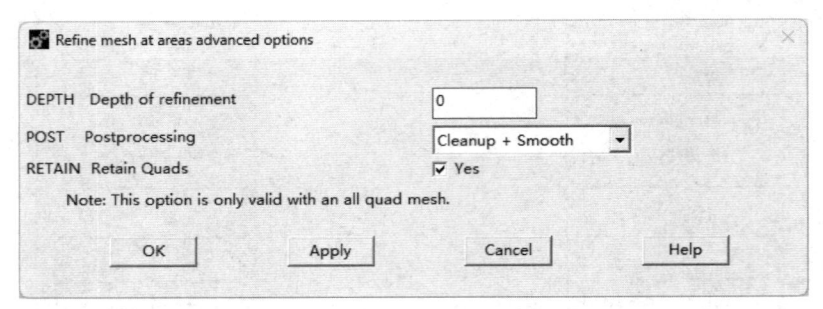

图 4-31　Refine mesh at areas advanced options 对话框

POST Postprocessing：指定细化网格区的后加工方法。在该下拉列表中有 3 个选项，分别为 Cleanup+Smooth（清除和平滑）、Smooth（平滑）、Off（不指定），此处选择 Cleanup+Smooth 选项。

- Smooth（平滑）：在默认情况下，可以调整细化网格区中节点的位置，从而改变单元形状。节点位置的调整受如下约束：在关键点位置的节点不能移动，在线上的节点只能在线上移动，在面上的节点只能在面上移动。如果网格与实体是分开的，那么该参数不起作用。
- Cleanup（清除）：在二维模型中，与细化网格区中的任何几何体相连的单元都要被清除。在三维模型中，会清除在细化网格区中或直接与细化网格区中相连的单元。

单击 OK 按钮，完成局部网格细化操作。局部网格细化的结果如图 4-32 所示。

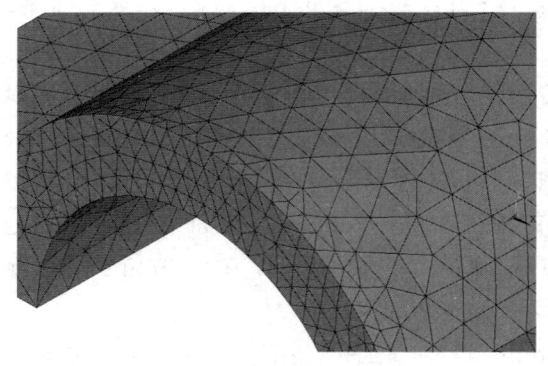

图 4-32　局部网格细化的结果

4.3.3 层状网格划分

层状网格划分（只用于二维模型）可以生成线性过渡的自由网格，在下述情况下可以进行层状网格划分。

- 垂直于线方向的单元尺寸与数目发生剧烈变化。
- 平行于线方向的单元尺寸与数目均匀。

在 GUI 的主菜单中选择 Preprocessor > Meshing > MeshTool 命令，打开 MeshTool 面板，在 Size Controls 选区中单击 Layer 右侧的 Set 按钮，弹出 Set Layer Controls 拾取对话框，在工作区中拾取要进行层状网格划分的线，单击 OK 按钮，弹出 Area Layer-Mesh Controls on Picked Lines 对话框，该对话框中的参数设置如图 4-33 所示，单击 OK 按钮，即可对该线进行层状网格划分。

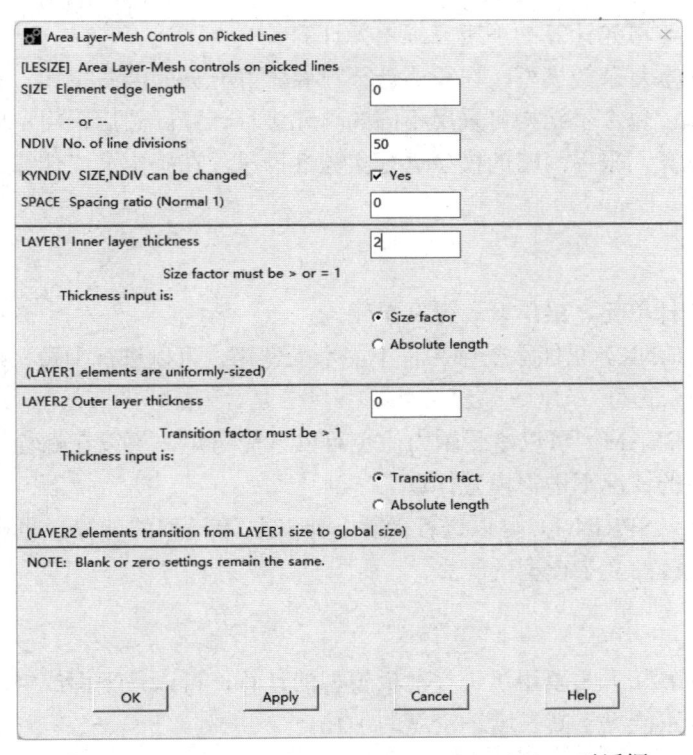

图 4-33 Area Layer-Mesh Controls on Picked Lines 对话框

4.4 高级网格划分技术

网格划分是分析计算的重要环节，所划分的网格形式对计算精度与计算规模有直接影响。下面介绍一些高级网格划分技术，为用户建立正确、合理的有限元模型提供一定的参考。

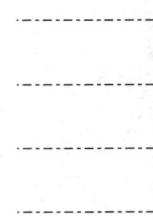

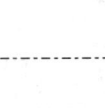

4.4.1 单元选择

常用的单元有点单元、线单元、面单元、三维实体单元等。

1. 单元选择的基本原则

在结构分析中,结构的应力状态决定选择的单元类型。也就是说,并非只要分析对象是三维实体,就必须在 ANSYS 中采用三维单元进行计算,关键在于分析对象的应力状态。处于二维应力状态的结构可以选择壳单元以减小计算规模。用户应对模型进行初步分析,对于处于平面应力状态的结构,即使是三维结构,也可以选择平面单元进行计算。

在进行单元选择时,应注意尽量减少维度,尽可能做到能用线单元计算的不用面单元计算,能用二维单元计算的不用三维单元计算。

对于应力状态复杂的模型,在正式计算前要做好充分的准备工作。首先应整体分析大致的应力状态,每个子结构可采用不同的单元进行计算。然后采用不同复杂程度的模型进行小规模试算,采用简略的模型进行实验性探讨,在确定最终计算方案后创建实际计算所需的模型。

2. 线单元

线单元包括杆单元、梁单元、弹簧单元。

- 杆单元(LINK)只能承受轴力,不能承受弯矩,可以进行弹簧、螺杆、桁架等模型的计算。
- 梁单元(BEAM)可以承受轴力,也可以承受弯矩,可以在螺栓、角钢等只受轴力与弯矩的情况下进行模型计算。
- 弹簧单元(SPRING)可以进行弹簧、细长杆等模型的计算,也可以进行通过刚度等效代替的复杂模型的计算。

3. 壳单元

壳单元(SHELL)主要用于进行薄板模型的计算,可以是平面或空间曲面,基本原则是薄板的厚度不能大于其长度、宽度的 1/10。

4. XY 平面单元

XY 平面单元主要用于进行二维模型的计算,要求二维模型必须建立在全局坐标系的 XY 平面内。

XY 平面单元适合用于解决对象是平面的问题,只允许有平面应力、平面应变、轴对称或谐结构特性。

在平面应力问题中,Z 轴方向的应力为零,一般有以下特点。

- Z 轴方向几何尺寸要远小于 X 轴、Y 轴方向的几何尺寸,如薄板。

- 所有的载荷、运行都必须在 XY 平面内。Z 轴方向允许任意厚度，即 Z 轴方向的任意平面应力状态都相同。
- 模型的几何尺寸、形状沿 Z 轴方向不变。
- Z 轴方向不存在应变。

在平面应变问题中，Z 轴方向的应力为零，一般有以下特点。

- Z 轴方向的几何尺寸要远大于 X 轴、Y 轴方向的几何尺寸。
- 所有的载荷、运行都发生在 XY 平面内。
- Z 轴方向不存在应力。
- Z 轴方向的截面不变。

在轴对称问题中，完整的空间模型应是由 XY 平面内的几何图形绕 Y 轴旋转一周形成的管、锥体、圆盘等几何体，一般有以下特点。

- 对称轴必须位于全局坐标的 Y 轴上。
- 平面几何模型必须建立在 X 轴正半轴上，不允许负的 X 值出现。
- 模型轴向（Z）不允许位移，只能有轴向（Y）载荷。
- 谐单元将轴对称结构承受的非轴对称载荷分解成傅里叶级数，然后在每部分单独求解后根据需要合并，是一种简化处理，本身不具有任何近似性。
- 谐单元通常用于解决单一受扭或受弯的问题，受扭与受弯分别为傅里叶级数的前两项。

5. 三维实体单元

复杂的模型难以简化，此时三维实体单元便能发挥作用。由于模型几何特征复杂、材料的各向异性、载荷条件复杂、模型分析对细节要求苛刻等，因此简单的单元难以胜任。

在硬件条件满足计算要求的情况下，建立更复杂、更精确的模型也可以得到更好的结果。

在 CAD 软件的协助下，建立复杂的模型，将其导入 ANSYS 中并划分为空间单元，对用户有限元理论知识要求也相对较低。

用户在使用第三方软件建立有限元模型时应注意，不可一味追求模型细节的完美，应充分考虑计算精度与可用计算资源的平衡，合理简化模型。过度追求模型的精确细致，会导致计算规模无限制地扩大，严重浪费计算机资源，甚至可能无法求解。

6. 专用单元

接触单元是一种专用单元，用于存储接触面的结构，如法兰、电触头等。接触分析是 ANSYS 的重要应用，对用户的相关知识与经验有一定的要求。

4.4.2 映射网格划分

网格划分有两种，分别为自由网格划分与映射网格划分，前面介绍的网格划分为自由网格划分。与自由网格划分相比，映射网格划分的限制相对较多。

映射网格划分的面单元只能是四边形、体单元只能是六面体。将几何体划分成映射网格，能看到单元明显排成较整齐的行列。

映射网格划分所形成的有限元模型通常包含较少的单元数量，自由度较小，计算量较小，低阶单元也能得到较满意的结果。

与之相比，自由网格划分的限制较少，对单元形状与模型的复杂程度无过多要求，但体单元只有四面体单元，单元数量较多，自由度较大，计算量较大。

用户应根据实际情况，选择合适的网格划分方式。

1. 生成映射网格的基本条件

当指定使用四边形单元或六面体单元生成映射网格时，划分对象一般满足以下条件。

- 如果划分对象为面，则该面为三角形或四边形。
- 如果划分对象为体，则该体为四面体、五面体或六面体。
- 对边的单元分割数相等。
- 三角形或四面体的单元分割数必须为偶数。

上述面与边可以为曲面或曲线，但必须光滑且无不连续点。

在进行映射网格划分前，应保证划分对象形状规则，从而对对象进行合理的分割与模型简化。

2. 面映射网格划分

在进行面映射网格划分时，对边的单元分割数应相等。当划分对象有 3 条边时，单元分割数必须是偶数，并且所有边的单元分割数都相等。

在实际工程中很少遇到正好合适的分析对象，通常需要对分析对象进行一定的处理，使其满足进行面映射网格划分的要求。将两个面或两条边连接成一个面或一条边可以减少面数或边数，从而满足进行映射网格划分的要求。

在 GUI 的主菜单中选择 Preprocessor > Meshing > Concatenate > Lines 命令，弹出 Concatenate Lines 拾取对话框，在工作区中拾取要连接的线，单击 OK 按钮完成。或者在 GUI 的主菜单中选择 Preprocessor > Meshing > Mesh > Areas > Mapped > By Corners 命令，弹出拾取对话框，在工作区中拾取面，单击 OK 按钮，然后拾取 3 个或 4 个角点，单击 OK 按钮完成。

四边形转换映射网格划分需要指定边的网格划分数。

3. 体映射网格划分

进行体映射网格划分的对象必须有 4 个面或 6 个面，如果几何体是棱柱或四面体，那么三角形面的单元分割数必须是偶数。

与面映射网格划分类似，在进行体映射网格划分时，在实际工程中很少遇到正好合适的分析对象，一般需要对分析对象进行处理，使其满足进行体映射网格划分的要求。

处理方法有面相加、面连接、六面体转换映射网格等。

在 GUI 的主菜单中选择 Preprocessor > Modeling > Booleans > Add > Areas 命令，可以进行面相加操作；在 GUI 的主菜单中选择 Preprocessor > Meshing > Concatenate > Areas 命令，可以进行面连接操作；而六面体转换映射网格只适用于六面体。

4.4.3 扫掠网格

对于具有某些特征的三维模型，可以采用扫掠（SWEEP）的方法生成网格。这些模型的特点可以大致归结如下：

- 分析对象不能有内腔，即内部不能有连续封闭的边界。
- 扫掠的源面与目标面必须是两个独立的面，不能是连续的。例如，球体是只有一个连续外边界的体，不满足要求。
- 分析对象不可以有不穿过源面与目标面的孔。

扫掠网格易于生成六面体单元，在进行扫掠前需要定义一个六面体单元类型，如 SOLID45。

打开 MeshTool 面板，在 Mesh 下拉列表中选择 Volumes 选项，然后选择 Hex/Wedge 单选按钮和 Sweep 单选按钮，在下面的下拉列表中选择 AutoSrc/Trg 选项，表示根据模型的拓扑结构自动选择源面与目标面（如果选择 PickSrc/Trg 选项，则需要用户自行选择源面与目标面），单击 Sweep 按钮即可完成网格划分。

4.4.4 拉伸网格

当一个面模型被拉伸成一个体时，面模型上的面单元同时被拉伸成体单元。

拉伸生成网格，首先要定义两种单元，分别为面单元与体单元。面单元可选择 MESH200 单元，这是一种仅用于网格划分而不参与求解的单元，也可以选择 PLANE 单元。体单元应与面单元相匹配，如果面单元有中间节点，那么体单元也应该有中间节点。

4.5 网格划分命令汇总

本章介绍了网格划分的基本步骤与高级技术，涉及命令流及 GUI 操作两种方法。下面对所有命令进行统一说明。

```
ET,ITYPE,Ename,KOP1,KOP2,KOP3,KOP4,KOP5,KOP6,INOPR
```

上述命令主要用于定义单元类型。

ITYPE：用户自行定义的单元类型编号。

Ename：单元类型名称，如 LINK180、BEAM188 等。

KOP1～KOP6：单元描述选项。

```
R,NSET,R1,R2,R3,R4,R5,R6
```

上述命令主要用于定义实常数。

NSET：实常数组号。

R1～R6：实常数参数值。

```
MP,Lab,MAT,C0,C1,C2,C3,C4
```

上述命令主要用于定义材料属性。

Lab：材料属性标识，可以取如下值。

- EX：弹性模量。
- ALPX：线膨胀系数。
- CTEX：瞬时膨胀系数。
- THSX：热应变。
- REFT：温度。
- PRXY：主泊松比。
- NUXY：次泊松比。
- GXY：剪切模量。
- DAMP：阻尼比。
- DMPR：均质材料阻尼系数。
- MU：摩擦系数。
- DENS：密度。
- C：比热容。
- ENTH：热焓。
- QRATE：热生成率。
- HF：对流或散热系数。
- KXX：热传导率。

MAT：材料组号，由用户定义。

C0～C4：材料属性值的零次项（常数项）至四次项。

```
ESIZE,SIZE,NDIV
```

上述命令主要用于定义单元尺寸。

SIZE：模型中最大的单元边长。

NDIV：每条线被划分的份数。

以上两个参数只需指定其中一个。

```
AESIZE,ANUM,SIZE
```

上述命令主要用于指定面上的网格尺寸。

ANUM：需要进行尺寸控制的面单元编号。

```
LESIZE,NL1,SIZE,ANGSIZ,NDIV,SPACE,KFORC,LAYER1,LAYER2,KYNDIV
```

上述命令主要用于指定线上网格的划分尺寸。

NL1：需要进行尺寸控制的线单元编号。

SIZE、NDIV：指定分割的尺寸、份数，二者只能定义其中一个。
ANGSIZ：将曲线按角度分割，仅在 SIZE 与 NDIV 为空时有效。
SPACE：分割的间隔比率。

```
KESIZE,NPT,SIZE,FACT1,FACT2
```

上述命令可以通过定义关键点附近的单元尺寸来控制网格划分的密度。
NPT：指定的关键点。
SIZE：指定的单元尺寸。

```
DESIZE,MINL,MINH,MXEL,ANGL,ANGH,EDGMN,EDGMX,ADJF,ADJM
```

上述命令主要用于在进行映射网格划分时指定单元尺寸。
MINL：在使用低阶单元时每条线上的最小单元数，默认值为 3。
MINH：在使用高阶单元时每条线上的最小单元数，默认值为 2。
ANGL：曲线上低阶单元的最大跨角，默认值为 15°。
ANGH：曲线上高阶单元的最大跨角，默认值为 28°。
EDGMN：最小的单元边长，默认不设置。
EDGMX：最大的单元边长，默认不设置。
ADJF：在进行自由网格划分时，相近线的预定纵横比。h 单元默认为 1（等边长），p 单元默认为 4。
ADJM：在进行映射网格划分时，相近线的预定纵横比。h 单元默认为 4（矩形），p 单元默认为 6。

```
SMRTSIZE,SIZLVL,FAC,EXPND,TRANS,ANGL,ANGH,GRATIO,SMHLC,SMANC,MXITR,SPRX
```

上述命令主要用于在进行自由网格划分时指定单元尺寸。
SIZLVL：在进行网格划分时的总体单元尺寸等级，用于控制网格的疏密程度，可取如下值。

- N：智能单元尺寸等级，如果 SIZLVL 取此值，那么其他参数无效，取值范围为 1～10。
- STST：列表输出 SMRTSIZE 命令设置的状态。
- DEFA：恢复默认的 SMRTSIZE 命令设置。
- OFF：关闭智能网格划分功能。

FAC：用于计算默认单元尺寸的缩放因子，默认值为 1。
EXPND：网格扩展或收缩系数。
TRANS：网格过渡系数。
ANGL：曲线上低阶单元的最大跨角，默认值为 22.5°。
ANGH：曲线上高阶单元的最大跨角，默认值为 30°。
GRATIO：相邻性检查的允许增长率，取值范围为 1.2～5.0。
SMHLC：小孔的粗糙度控制参数。
SMANC：小角度的粗糙度控制参数。
MXITR：尺寸迭代的最大次数，默认值为 4。

SPRX：相邻面细化控制参数。

```
VCLEAR,NV1,NV2,NINC
```

上述命令主要用于清除体单元网格。

NV1、NV2：将从 NV1 到 NV2 的所有体作为清除对象。

NINC：体编号的增量。

```
ACLEAR,NA1,NA2,NINC
```

上述命令主要用于清除面单元网格。

NA1、NA2：将从 NA1 到 NA2 的所有面作为清除对象。

NINC：面编号的增量。

4.6 本章小结

本章为读者介绍了网格划分的概念与方法。网格划分是有限元分析的重要过程，网格划分的质量直接决定了分析的成败，读者应充分重视。合理的网格划分可以提高计算效率和结果精度，不合理的网格划分会影响分析效果，甚至无法求解。网格划分的三个步骤分别为定义单元属性、网格划分控制、生成网格。对初学者而言，使用 ANSYS 提供的 MeshTool 面板进行网格划分是一种快捷的网格划分方式。

第 5 章

加　载

在完成有限元模型创建后,可以根据模型在实际工程中的应用情况为其施加载荷,从而模拟在实际工程中模型的受力情况。在 ANSYS 中,载荷包括边界条件和作用力。

学习目标:

- 掌握载荷与载荷步的基础知识。
- 掌握不同载荷的类型与加载方式。

5.1 载荷与载荷步

5.1.1 载荷

在 ANSYS 中,载荷的施加方式有两种,分别为单步载荷施加和多步载荷施加。单步载荷施加是指先将所有的载荷一次加载完,然后求解,是与时间无关的载荷施加方式;多步载荷施加是指将载荷分布在不同的载荷步中进行加载,可分析时变的工况。

一般可将载荷分为 6 类,如表 5-1 所示。

表 5-1 载荷的分类

序号	名称	说明	结构分析中的示例
1	自由度约束(DOF Constraint)	定义模型的自由度	固定约束、支座沉降
2	集中载荷(Force)	施加于模型上的集中载荷	力、力矩
3	表面载荷(Surface Loads)	施加于模型上的分布力	压力、线载荷
4	体载荷(Body Loads)	施加体积载荷或体载荷	温度
5	惯性载荷(Inertia Loads)	施加物体惯性引起的载荷	重力加速度、角速度、角加速度
6	耦合场载荷(Coupled-field Loads)	从一种分析得到的结果,作为另一种分析的载荷	流场中的叶片

按照学科，ANSYS 可以加载的载荷可以分为如下 5 类。
- 力场：位移、速度、加速度、力、热应变、重力。
- 热场：温度、热流率、对流、内部生成热、无限大表面。
- 磁场：磁势、磁通量、磁流段、电流源密度。
- 电场：电压、电流、电荷、电荷密度、无限大表面。
- 流场：速度、压力。

5.1.2 载荷步

ANSYS 的载荷加载过程涉及的概念有载荷步（Load Steps）、载荷子步（Load Substeps）、斜坡载荷（Ramped Loads）、阶跃载荷（Stepped Loads）、时间（Time）、时间步（Time Steps）、平衡迭代（Equilibrium Iteration）。这些概念是分析求解的基本组成部分，读者应注意在实践中加深理解，下面对这些概念进行简要介绍。

1. 载荷步、载荷子步、平衡迭代

载荷步是为求解定义的载荷配置，可根据载荷的历程（时间与空间上）在不同的载荷步内施加不同的载荷。在时间上，ANSYS 支持斜坡载荷与阶跃载荷，并且以不同的载荷步表示。

载荷子步是某个载荷步内的求解点（由程序定义载荷增量），不同分析中的载荷子步有不同的目的。例如，在瞬态分析中使用载荷子步可以得到较小的积分步长，从而满足瞬态时间积累条件。

平衡迭代是在指定载荷子步的情况下为了收敛进行的附加计算。在非线性分析中，平衡迭代对迭代修正起着重要的作用，迭代计算在多次收敛后得到该载荷子步的解。

2. 阶跃载荷、斜坡载荷

如果在一个载荷步中设置了两个或更多个载荷子步，那么必须定义该载荷是阶跃载荷还是斜坡载荷，如图 5-1 所示。

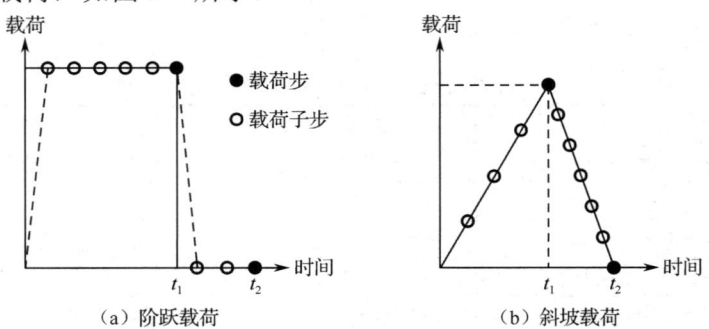

图 5-1　阶跃载荷与斜坡载荷

阶跃载荷是指将载荷全值施加于第一个载荷子步中，在其余载荷子步中保持不变。斜坡载荷是指在每个载荷子步中，载荷逐渐增加，在该载荷步结束时达到载荷全值。

3. 时间、时间步

在所有静态分析或稳态分析中，无论是否与时间有关，ANSYS 都会使用时间作为跟踪参数。可以将时间看作一个单调递增的计数器。

在瞬态分析或与速率有关的静态分析中，时间代表通常意义上的时间，单位可以用时、分、秒，在指定载荷历程时，在每个载荷步终点给时间赋值。

在与速率无关的静态分析中，时间仅为载荷步与载荷子步的计数器，每个载荷步与载荷子步都与一个时间点对应，故载荷子步又称为时间步。此时的时间可使用任意时间单位，程序会在默认情况下给时间自动赋值。

当采用弧长求解时，时间等于载荷步开始的时间加上弧长载荷系数的值，此时的时间可以不单调递增。

载荷步和载荷子步都与时间对应，平衡迭代是为了收敛而在指定的时间点上进行迭代求解的方法。

5.2 加载方式

载荷可以施加于实体模型（点、线、面、体）上，也可以施加于有限元模型（节点与单元）上。无论是将载荷施加于实体上，还是将载荷施加于有限元模型上，求解器依据的都是有限元模型。因此，施加于实体模型上的载荷在求解时，会被自动转换到有限元模型的节点与单元上。

5.2.1 实体模型的加载特点

实体模型载荷独立于有限元模型，修改单元不会对已经完成施加的载荷产生影响。实体模型载荷允许进行网格敏感性研究，不需要每次计算都重新进行加载，可以减少重复工作。

与有限元模型相比，实体模型通常包含较少的实体，选择加载目标要容易得多，在 ANSYS 的 GUI 中进行操作时更体现了这个优势。

网格划分命令生成的单元处于当前激活的单元坐标系中，网格划分命令生成的节点使用笛卡儿坐标系，因此实体模型与有限元模型可能具有不同的坐标系与加载方向。

由于自由度只能施加于节点而不能施加于关键点，因此在某些场合实体模型加载并不比有限元模型加载方便。关键点约束也较为棘手，而且 ANSYS 不能显示所有的实体模型载荷。

5.2.2 有限元模型的加载特点

载荷既可以施加于实体模型（关键点、线、面、体）上，又可以施加于有限元模型（节点、单元）上，还可以将二者混合使用。

- 施加于实体模型上的载荷独立于有限元网格，无须为了修改网格而重新加载。
- 如果将载荷施加于有限元模型上，并且要修改网格，则必须先删除载荷再修改网格，然后重新施加载荷。

无论施加于哪种模型上，在求解时，都要将载荷全部转换（自动或人工）到有限元模型的节点与单元上。

在结构分析中，自由度共有 7 个，自由度的方向均依据节点坐标系。可以将约束施加于节点、关键点、线和面上。加载命令如表 5-2 所示。

表 5-2　加载命令

位置	命 令	功 能	备 注
节点	D	对节点施加自由度约束	在当前节点坐标系上施加
	DLIST	节点自由度约束列表	查看节点自由度约束的详细信息
	DDELE	删除节点自由度约束	—
	DSYM	对节点施加对称自由度约束	施加对称和反对称约束
	DSCALE	比例缩放节点自由度约束	仅适用于有限元施加的约束
	DCUM	累加节点自由度约束	代替、累加和忽略三种方式
关键点	DK	对关键点施加自由度约束	关键点或关键点之间的节点
	DKLIST	关键点自由度约束列表	—
	DKDELE	删除关键点自由度约束	—
线	DL	对线施加自由度约束	线上所有节点，可施加对称约束
	DLLIST	线自由度约束列表	—
	DLDELE	删除线自由度约束	—
面	DA	对面施加自由度约束	面上所有节点，可施加对称约束
	DALIST	面自由度约束列表	—
	DADELE	删除面自由度约束	—
转换	DTRAN	转换到有限元模型上	仅转换自由度约束
	SBCTRAN	传递所有边界条件	转换自由度约束和载荷

5.3　施加约束与载荷

施加载荷可以同时使用实体模型加载与有限元模型加载两种方式，用户可依据分析对象的特点，选择合适的加载方式，尽量保证加载过程简洁、清晰，以便进行后续分析。

1. 节点自由度约束及相关命令

1）对节点施加自由度约束。

D 命令。

```
D, NODE, Lab, VALUE, VALUE2, NEND, NINC, Lab2, Lab3, Lab4, Lab5, Lab6
```

NODE：施加约束的节点编号，其值为 ALL 或组件名。

Lab：自由度标识符，如 UX、ROTZ 等。如果该值为 ALL，则为所有适合的自由度。
VALUE：自由度约束位移值或表格型边界条件的表格名称。
VALUE2：自由度约束位移值的第二个数。例如，在输入复数时，VALUE 为实部，VALUE2 为虚部。
NEND、NINC：节点的编号范围和编号增量，默认设置为 NEND=NODE，NINC=1。
Lab2、Lab3、Lab4、Lab5、Lab6：其他自由度标识符，VALUE 对这些自由度也有效。各自由度的方向可以根据节点坐标系确定，转角约束位移用弧度表示。

2）对节点施加对称自由度约束。

DSYM 命令。

```
DSYM, Lab, Normal, KCN
```

Lab：对称标识符。如果该值为 SYMM，则生成对称约束；如果该值为 ASYM，则生成反对称约束。

Normal：约束的表面方向（一般垂直于参数 KCN 坐标系中的坐标方向）标识，其值如下。

- X（默认）：表面垂直于 X 轴，在非直角坐标系中为 R 轴方向。
- Y：表面垂直于 Y 轴，在非直角坐标系中为 Θ 轴方向。
- Z：表面垂直于 Z 轴，在球和环坐标系中为 Φ 轴方向。

KCN：用于定义表面方向的整体或局部坐标系的参考号。

Normal 值及其约束如表 5-3 所示。

表 5-3　Normal 值及其约束

Normal 参数	对称约束		反对称约束	
	2D	3D	2D	3D
X	TZ	UX, ROTZ, ROTY	UY	UY, UZ, ROTX
Y	UX, ROTZ	UY, ROTZ, ROTX	UX	UX, UZ, ROTY
Z	—	UZ, ROTX, ROTY	—	UX, UY, ROTZ

对称约束与反对称约束的功能如下。

- 对称约束：约束对称面的法向平移和绕对称面两个切线的转角。
- 反对称约束：约束绕对称面法线的转角和沿对称面两个切线的平移。

2．关键点自由度约束及相关命令

1）对关键点施加自由度约束。

DK 命令。

```
DK, KPOI, Lab, VALUE, VALUE2, KEXPND, Lab2, Lab3, Lab4, Lab5, Lab6
```

KPOI：关键点编号，其值为 ALL 或组件名。

KEXPND：扩展控制参数。如果该值为 0，则仅对关键点上的节点施加约束；如果该值为 1，则对关键点之间（包含这两个关键点）的所有节点上施加约束，约束位移值相同，其他参数含义与 D 命令中相应参数的含义相同。

2）关键点自由度约束列表。

DKLIST 命令。

```
DKLIST, KPOI
```

该命令可以列出关键点 KPOI（其值为 ALL 或组件名）上的自由度约束。

3）删除关键点自由度约束。

DKDELE 命令。

```
DKDELE, KPOI, Lab
```

该命令可以删除关键点 KPOI（其值为 ALL 或组件名）上的自由度约束 Lab（可以为 ALL）。

3. 线自由度约束及相关命令

1）对线施加自由度约束。

DL 命令。

```
DL,LINE,AREA,Lab,VALUE,VALUE2
```

LINE：线编号，其值为 ALL（默认）或组件名。

AREA：包含该线的面编号。如果对称与反对称面垂直于该面，并且线位于对称或反对称面内，那么默认为当前选择面中包含该线的最小编号。如果不是对称或反对称约束，则此面编号无意义。

Lab：自由度标识符，其值如下。

- SYMM：对称约束，按 DSYM 命令的方式生成。
- ASYM：反对称约束，按 DSYM 命令的方式生成。
- UX,UY,UZ,ROTX,ROTY,ROTZ,WRAP：各自由度约束。
- ALL：所有适合的自由度约束（与单元相关）。

VALUE：自由度约束位移值或表格型边界条件的表格名称。表格型边界条件仅对 UX、UY、UZ、ROTX、ROTY、ROTZ 有效，并且 VALUE 的输入格式为%tabname%（tabname 为表格数组名）。

VALUE2：仅对 FLOTRAN 分析有用，对结构分析无意义。

该命令可以对线 LINE 上的所有节点施加自由度约束。

2）线自由度约束列表。

DLLIST 命令。

```
DLLIST, LINE
```

该命令可以列出线 LINE（其值为 ALL 或组件名）上的自由度约束。

3）删除线自由度约束。

DLDELE 命令。

```
DLDELE, LINE, Lab
```

该命令可以删除线 LINE（其值为 ALL 或组件名）上的自由度约束 Lab（可以为 ALL）。

4. 对面施加自由度约束

1）对面施加自由度约束。

DA 命令。

```
DA, AREA, Lab, Value1, Value2
```

AREA：施加约束的面编号，其值为 ALL 或组件名。

其他参数含义与 DL 命令中相应参数的含义相同。

该命令可以对面上的所有节点施加自由度约束。

2）面自由度约束列表。

DALIST 命令。

```
DALIST, AREA
```

该命令可以列出面 AREA（其值为 ALL 或组件名）上的自由度约束。

3）删除面自由度约束。

DADELE 命令。

```
DADELE, AREA, Lab
```

该命令可以删除面 AREA（其值为 ALL 或组件名）上的自由度约束 Lab（可以为 ALL）。

5. 约束转换命令

1）仅转换自由度约束。

DTRAN 命令。

```
DTRAN
```

2）转换自由度约束和载荷。

SBCTRAN 命令。

```
SBCTRAN
```

上述两个命令可以将施加于几何模型上的约束和载荷转换到有限元模型上。可以不执行这两个命令，在求解时系统可以自动转换。

6. 自由度约束的冲突

使用 DK、DL 和 DA 命令施加的自由度约束可能会发生冲突。例如：

- 使用 DL 命令施加的自由度约束会与在相邻线（有公共关键点）上使用 DL 命令施加的自由度约束冲突。
- 使用 DL 命令施加的自由度约束会与在任意一个关键点上使用 DK 命令施加的自由度约束冲突。
- 使用 DA 命令施加的自由度约束会与在相邻面（有公共关键点和公共线）上使用 DA 命令施加的自由度约束冲突。
- 使用 DA 命令施加的自由度约束会与在任意一条线上使用 DL 命令施加的自由度

约束冲突。
- 使用 DA 命令施加的自由度约束会与在任意一个关键点上使用 DK 命令施加的自由度约束冲突。

按下列顺序将施加到几何模型上的自由度约束转换到有限元模型上：

（1）按面编号增加的顺序，将使用 DA 命令施加的自由度约束转换到面上的所有节点。

（2）按面编号增加的顺序，将使用 DA 命令施加的 SYMM 或 ASYM 约束转换到面上的所有节点。

（3）按线编号增加的顺序，将使用 DL 命令施加的自由度约束转换到线上的所有节点。

（4）按线编号增加的顺序，将使用 DL 命令施加的 SYMM 或 ASYM 约束转换到线上的所有节点。

（5）将使用 DK 命令施加的自由度约束转换到关键点上的所有节点。

所以，对冲突的约束，DK 命令改写 DL 命令，DL 命令改写 DA 命令，施加于较大编号图素上的约束改写较低编号上的约束。这种冲突的处理与命令执行的前后顺序没有关系，但当发生冲突时，系统会发出警告信息。

7. 施加集中载荷

结构分析中的集中载荷及其标识符为力（FX、FY、FZ）及力矩（MX、MY、MZ）。集中载荷的相关命令如表 5-4 所示。

表 5-4 集中载荷的相关命令

位置	命令	功能	备注
节点	F	对节点施加集中载荷	在当前节点坐标系中施加
	FLIST	节点集中载荷列表	查看节点集中载荷的详细信息
	FDELE	删除节点集中载荷	—
	FSCALE	按比例缩放节点集中载荷	仅适用于有限元模型
	FCUM	累加节点集中载荷	代替、累加和忽略三种方式
关键点	FK	对关键点施加集中载荷	—
	FKLIST	关键点集中载荷列表	—
	FKDELE	删除关键点集中载荷	—
转换	FTRAN	将几何模型上的集中载荷转换到有限元模型上	仅转换集中载荷
	SBCTRAN	将几何模型上的边界条件转换到有限元模型上	转换自由度约束和载荷

1）对节点施加集中载荷。

F 命令。

```
F, NODE, Lab, VALUE, VALUE2, NEND, NINC
```

NODE：节点编号，其值为 ALL 或组件名。

Lab：集中载荷标识符，如 FX、FY、FZ、MX、MY、MZ。

VALUE：集中载荷值或表格型边界条件的表格名称。

VALUE2：集中载荷值的第二个数。例如，在输入复数时，VALUE 为实部，VALUE2

为虚部。

NEND、NINC：节点编号范围和编号增量。

2）对关键点施加集中载荷。

FK 命令。

```
FK, KPOI, Lab, VALUE, VALUE2
```

其中 KPOI 为关键点编号，其值为 ALL 或组件名。其他参数的含义与 F 命令中相应参数的含义相同。

无论在何种模型上施加集中载荷，都与节点坐标系有关。

如果尚没有生成有限元模型，那么节点不存在，对节点坐标系操作无效，所施加的载荷仅与总体坐标系有关。

如果几何模型和有限元模型同时存在，则节点坐标系的设置有效。在模型上施加载荷，如果节点坐标系重新设置了，则载荷也会发生改变。所以在改变节点坐标系时应慎重，尽量避免出现错误。

8. 施加面载荷

结构分析中的面载荷为压力，其标识符为 PRES。虽然线分布载荷和面分布载荷都称为压力，但对于不同的单元类型，载荷单位也不尽相同。

对于 2D 面单元，无论是将面载荷施加于单元边上，还是将面载荷施加于边界线上，其载荷单位格式都是"力单位/面积单位"。对于 SHELL 单元，施加面法向的面载荷单位格式为"力单位/面积单位"，而单元边或单元边界线上的面载荷单位格式为"力单位/长度单位"。

对于梁单元，其分布载荷单位格式为"力单位/长度单位"，单元端部载荷的单位与力的单位相同。

对于 3D 实体单元，其面载荷的单位格式为"力单位/面积单位"。

面载荷的相关命令如表 5-5 所示。

表 5-5 面载荷的相关命令

位置	命令	功能	备注
节点	SF	对节点集施加面载荷	由节点集确定面
	SFSCALE	比例缩放节点集上的面载荷	仅适用于有限元模型
	SFCUM	累加节点集上的面载荷	代替、累加和忽略三种方式
	SFFUM	定义节点编号与面载荷的函数关系	可用于单元加载命令
	SFGRAD	定义面载荷梯度	可用于单元、线、面加载命令
	SFLIST	节点集上的面载荷列表	—
	SFDELE	删除节点集上的面载荷	—
单元	SFE	在单元上施加面载荷	单元任意一个面上的各节点载荷可不等
	SFBEAM	在梁单元上施加面载荷	分布载荷、集中载荷
	SFELIST	单元面载荷列表	—
	SFEDELE	删除单元面载荷	—

续表

位置	命令	功能	备注
线	SFL	在线上施加面载荷	2D 面单元、壳单元
	SFLLIST	线上的面载荷列表	—
	SFADELE	删除线上的面载荷	—
面	SFA	在面上施加法向面载荷	3D 体单元、壳单元
	SFALIST	面上的面载荷列表	—
	SFADELE	删除面上的面载荷	—
转换	SFFTRAN	将面载荷传到有限元模型上	仅转换背景载荷
	SBCTRAN	将所有边界条件传到有限元模型上	—

1）对节点施加面载荷。

① 对节点集施加面载荷。

SF 命令。

```
SF, Nlist, Lab, VALUE, VALUE2
```

Nlist：节点列表，其值为 ALL 或组件名。

Lab：面载荷标识符，结构分析为 PRES。

VALUE：面载荷值或表格型面载荷的表格名称。

VALUE2：在输入复数时，VALUE 为实部，VALUE2 为虚部。

对于单个节点，不能使用该命令。

对于 3D 体单元面，根据 Nlist 节点集可以确定多少个单元面，就对多少个单元面施加载荷（与几何面无关），与单元是否被单独选择无关。利用该命令可以解决大面上的局部加载问题。

对于 2D 面单元，当在单元外部边界（不是单元边）上施加载荷时，可以只选择外部边界上的节点集；当节点集不在单元外部边界上时，需要单独选择包含这些节点的单元，否则不会施加载荷。面载荷的方向与单元面平行，并且指向单元面边界。因此，在对单元周边施加相同面载荷时比较简单，也可以对单元任意一条边施加面载荷，但稍微麻烦些。

② 定义节点编号与面载荷的函数关系。

SFFUN 命令。

```
SFFUN, Lab, Par, Par2
```

Lab：面载荷标识符，结构分析为 PRES。

Par：储存面载荷值的参数（数组参数）名。

Par2：在输入复数时，Par 为实部，Par2 为虚部。

使用该命令可以定义节点编号与面载荷的函数关系，数组中值的位置（数组下标）表示节点编号，数组值表示面载荷的大小。该命令在施加由其他软件计算出的节点面载荷时比较有用。对于 ANSYS 自动生成的有限元模型，由于其节点编号由系统自动确定，因此要直接应用这种函数关系并不容易。该命令定义的函数关系可以在 SF 和 SFE 命令中使用。

③ 定义面载荷梯度。

SFGRAD 命令。

```
SFGRAD, Lab, SLKCN, SLDIR, SLZER, SLOPE
```

Lab：面载荷标识符，结构分析为 PRES。

SLKCN：斜率坐标系的参考号，默认值为 0（总体直角坐标系）。

SLDIR：在斜率坐标系中梯度（或斜率）的方向，其值如下。

- X（默认）：沿 X 轴方向的斜率，在非直角坐标系中为 R 轴方向。
- Y：沿 Y 轴方向的斜率，在非直角坐标系中为 Θ 轴方向。
- Z：沿 Z 轴方向的斜率，在球或环坐标系中为 Φ 轴方向。

SLZER：斜率基值为 0 的位置坐标。如果用角度表示，则单位为度。如果奇点在 180°的位置，则 SLZER 的取值范围为 -180°~180°；如果奇点在 0°的位置，则 SLZER 的取值范围为 0°~360°。

SLOPE：斜率值，即单位长度或单位角度的载荷值，沿 SLDIR 正方向递增为正，递减为负。该命令定义的梯度（斜率）可以被 SF、SFE、SFL 和 SFA 命令使用。每个节点处的载荷计算公式如下：

CVALUE=VALUE + (SLOPE × (COORD − SLZER))

其中 VALUE 是命令 SF、SFE、SFL 和 SFA 中的参数值，COORD 为节点坐标。定义的梯度仅在当前被激活，后面定义的梯度会代替前面的梯度。

在设定了载荷梯度后，这个载荷梯度对随后的载荷施加命令都有效。

如果取消载荷梯度，则为无参数的 SFGRAD 命令。

命令"SFGRAD,STAT"可显示当前的状态。该命令不能对 PIPE 系列单元施加梯度载荷，并且该命令不能采用表格型边界条件。

其他命令（如 SFSCALE、SFCUM、SFLIST 和 SFDELE 等）的使用方法与前面同类命令的使用方法类似。但 SFSUM 命令仅对节点集上的载荷有效（SF 命令施加的载荷），对于使用 SFE、SFL 及 SFA 命令施加的载荷无效。

2）对单元施加面载荷。

① 在单元上施加面载荷。

SFE 命令。

```
SFE, ELEM, LKEY, Lab, KVAL, VAL1, VAL2, VAL3, VAL4
```

ELEM：施加面载荷的单元编号，其值为 ALL 或组件名。

LKEY：与面载荷相关的载荷控制参数，默认值为 1。在每个单元的帮助文档中有说明。

Lab：面载荷标识符，结构分析为 PRES。

KVAL：当 Lab=PRES 时，KVAL=0 或 1 表示 VAL1~VAL4 为压力的实部，KVAL=2 表示 VAL1~VAL4 为压力的虚部。

VAL1：第一个面载荷值或表格型边界条件名称。通常将第一个面载荷或表格型边界条件施加于面上的第 1 个节点上。节点的顺序会在单元中明确指定。

VAL2～VAL4：面上节点的第 2、3、4 个面载荷值，如果为空值，则与 VAL1 相等；如果为 0 或其他值，则为 0；对于 2D 平面单元，可对单元的任意一个面（实际为单元边界）施加面载荷，将面载荷施加到该单元面的角节点上（高次单元的中间节点载荷由系统自动处理），相邻角节点的数值可以不相等。

对于 3D 体单元，在使用 SFE 命令施加面载荷时，需要确定面编号及方向（可以根据单元节点列表确定单元面编号），也可以施加不同的载荷，使该面上各节点的载荷值不同。

对于 SHELL 单元，其①面和②面分别为底面和顶面，其余为侧面（侧边）。

SF 命令与 SFE 命令的区别如下：

对于 2D 平面单元，使用 SF 命令在单元周边施加面载荷比较方便，使用 SFE 命令在单元任意一条边上施加面载荷比较方便。对于 3D 体单元，使用 SF 命令施加的面载荷对各节点是等值的（除非使用 SFFUN 命令定义），使用 SFE 命令施加的面载荷对各节点可以是等值的，也可以是不等值的。对于 SHELL 单元，使用 SFE 命令比使用 SF 命令方便。在一般情况下，对于根据几何模型生成的有限元模型，使用 SFL 命令和 SFA 命令施加载荷更方便，并且不易出错。

② 在梁单元上施加面载荷。

SFBEAM 命令。

```
SFBEAM, ELEM, LKEY, Lab, VALI, VALJ, VAL2I, VAL2J, IOFFSET, JOFFSET
```

ELEM：施加面载荷的单元编号，其值为 ALL 或组件名。

LKEY：面载荷编号（默认值为 1），在每个梁单元的帮助文件中有说明。

Lab：面载荷标识符，结构分析为 PRES。

VALI、VALJ：节点 I 和 J 附近的载荷数值。如果 VALJ 为空值，则与 VALI 相同，否则为输入值。

VAL2I、VAL2J：当前未启用。

IOFFSET：VALI 载荷值的作用点与 I 节点的距离。

JOFFSET：VALJ 载荷值的作用点与 J 节点的距离。

该命令是对梁单元（BEAM 系列）施加单元载荷的唯一命令，施加到梁单元线（LINE）上的载荷不能转换到有限元模型上。梁单元载荷有 3 种，分别为线性分布载荷、局部线性分布载荷、跨间集中力。

梁单元的垂直和切向分布载荷的单位格式为"力单位/长度单位"，梁单元的端部载荷的单位与力的单位相同。

线性分布载荷：如果节点 I 和节点 J 的横向分布集度分别为 q1 和 q2，则命令如下：

```
SFBEAM,ELEM,1,PRES,q1,q2
```

对于局部线性分布载荷，如果 q1 与节点 I 的距离为 a1，q2 与节点 J 的距离为 a2，则命令如下：

```
SFBEAM,ELEM,1,PRES,q1,q2,,,a1,a2
```

对于跨间集中力，如果集中力为 p1，与节点 I 的距离为 a1，则命令如下：

```
sfbeam, elem, 1, pres, p1,,,,a1,-1  !注意 JOFFSET 必须设为-1
```

对每个单元可以施加 LKEY 值不同的多种载荷，但对于同一个 LKEY 值，只能施加一种载荷。例如，对于 BEAM3 单元，如果 LKEY=1，则施加垂直于单元轴线的载荷；如果 LKEY=2，则施加平行于单元轴线的分布载荷；如果 LKEY=3 或 4，则施加单元端部面载荷（力）。此外，可以利用 KEYOPT(10)设置长度或长度比，从而确定 IOFFSET 或 JOFFSET 的值。

3）在表面效应单元上施加面载荷。

具有 LKEY 参数的面载荷与单元类型相关，对于 2D 面单元，仅可以在单元边或边界上施加平行于单元面的载荷；对于 3D 体单元，仅可以施加单元面法向面载荷；对于 3D 壳单元，可以施加单元面法向面载荷，也可以在单元边或边界上施加平行于单元面的载荷。

有时要施加的载荷不属于上述情况，如面的切向载荷或其他非法向面载荷，此时可以使用表面效应单元覆盖所要施加载荷的表面，并且用这些单元作为"管道"施加所需的载荷。对于 2D 面单元，可以使用 SURF153 单元；对于 3D 单元，可以使用 SURF154 单元。

4）施加体载荷。

在结构分析中，ANSYS 的体载荷只有温度，其标识符为 TEMP。常用的体载荷相关命令如表 5-6 所示。

表 5-6 常用的体载荷相关命令

位置	命令	功能	位置	命令	功能
节点	BF	对节点施加体载荷	单元	BFE	在单元上施加体载荷
	BFSCAL	比例缩放节点体载荷		BFESCAL	比例缩放单元体载荷
	BFCUM	累加节点体载荷		BFECUM	累加单元体载荷
	BFUNIF	所有节点施加均布载荷		BFELIST	单元体载荷列表
	BFLIST	节点体载荷列表		BFEDELE	删除单元体载荷
	BEDELE	删除节点体载荷	线	BFL	在线上施加体载荷
关键点	BFK	在关键点上施加体载荷		BFLLIST	线上的体载荷列表
	NFKLIST	关键点上体载荷列表		BFLDELE	删除线上的体载荷
	BFKDEL	删除关键点上体载荷	体	BFV	在体上施加体载荷
面	BFA	在面上施加体载荷		BFVLIST	体上的体载荷列表
	BFALIST	面上体载荷列表		BFVDELE	删除体上的体载荷
	BFADEL	删除面上体载荷	转换	BFTRAN	体载荷转化

主要的体载荷施加命令如下。

```
BF, NODE, Lab, VAL1
BFE, ELEM, Lab, STLOC, VAL1, VAL2, VAL3, VAL4
```

```
BFK, KPOI, Lab, VAL1
BFL, LINE, Lab, VAL1
BFA, AREA, Lab, VAL1
BFV, VOLU, Lab, VAL1
```

上述命令的使用方法与面载荷施加命令的使用方法类似。例如，第 1 个参数均为图素编号，其值为 ALL 或组件名；第 2 个参数 Lab 可为 Ui、ROTi（i=x 或 y 或 z）、TEMP 或 FLUE；VAL1～VAL4 为体载荷值，其中 VAL2～VAL4 为单元不同位置上的体载荷值；STLOC 为 VAL1 指定的起始位置。

5）施加惯性载荷。

惯性载荷有加速度、角速度和角加速度，相关命令如表 5-7 所示。

表 5-7 惯性载荷的相关命令

命　令	功　能	备　注
ACEL	对物体施加加速度	在总体直角坐标系下
OMEGA	对旋转体施加角速度	在总体直角坐标系下
DOMEGA	对旋转体施加角加速度	在总体直角坐标系下
CGLOC	定义参考系坐标原点	相对于总体直角坐标系
CGOMGA	施加参考坐标系下的角速度	在参考坐标系下
DCGOMG	施加参考坐标系下的角加速度	在参考坐标系下
CMOMEGA	在单元元件上施加参考坐标系下的角速度	绕参考坐标系旋转轴
CMDOMGA	在单元元件上施加参考坐标系下的角加速度	绕参考坐标系旋转轴
IRLF	惯性释放计算	—
STAT,INRTIA	列表显示惯性计算	—

没有删除惯性载荷的命令，如果需要删除惯性载荷，那么将载荷值设为 0 即可。

ACEL、OMEGA 和 DOMEGA 命令分别用于施加在总体直角坐标系中的加速度、角速度和角加速度。需要注意的是，使用 ACEL 命令施加的是加速度，由于不是重力场，因此要施加一个 Y 轴负方向的重力场，并且施加一个 Y 轴正方向的加速度。使用 CGOMGA 和 DCGOMG 命令对物体施加的加速度和角加速度都是相对于参考坐标系转动时的物理量（该物体绕参考坐标系转动）。

CGLOC 命令主要用于指定参考坐标系相对于整个笛卡儿坐标系的位置。

CMOMEGA 和 CMDOMGA 命令分别用于在单元元件上施加参考坐标系下的角速度和角加速度。

ANSYS 定义的 3 种转动如下。

- 整个结构绕总体直角坐标系转动（使用 OMEGA 和 DOMEGA 命令）。
- 单元元件绕参考坐标系轴转动（使用 CMOMEGA 和 CMDOMGA 命令）。
- 整体直角坐标系绕加速度原点转动（使用 CGOMGA、DCGOMG 和 CGLOC 命令）。

以上 3 种转动可两两组合同时施加到结构上。

下面介绍 ACEL 命令及其使用方法。

```
ACEL, ACELX, ACELY, ACELZ
```

其中 ACELX、ACELY、ACELZ 分别为沿总体直角坐标系 X 轴、Y 轴和 Z 轴的加速度值。

6）施加耦合场载荷。

在耦合场分析中，通常将一个分析中的结果施加于第二个分析中作为载荷。例如，将热分析中计算得到的节点温度，作为体载荷施加到结构分析中，形成耦合场载荷。

施加耦合场载荷的命令为 LDREAD 命令。

```
LDREAD, Lab, LSTEP, SBSTEP, TIME, KIMG, Fname, Ext
```

使用 LDREAD 命令可以从一个结果文件中读出数据，然后将其作为载荷施加到模型上。因此，该命令不仅可以在施加耦合场载荷时使用，还可以用于其他分析中，如在结构分析中读入反作用力作为进一步分析的载荷。

7）施加初应力载荷。

将初始载荷与施加的载荷相加，即可得到初应力。初应力只可以在静态分析和全瞬态分析中使用。

在 ANSYS 中，支持初应力载荷的单元类型有 PLANE2、PLANE42、PLANE82、PLANE182、PLANE183、SOLID45、SOLID92、SOLID95、SOLID185、SOLID186、SOLID187、SHELL181、SHELL208、SHELL209、LINK180、BEAM188、BEAM189。

初应力载荷是单元坐标系下的载荷，如果单元坐标系与总体坐标系不同，那么在施加初应力载荷时应谨慎。初应力载荷只能在求解层施加。

初应力载荷的施加方式为覆盖方式，也就是说，在多次施加初应力载荷时，后面命令施加的初应力载荷会覆盖前面命令施加的初应力载荷。

在选中的单元上施加初应力载荷，如果单元选择集为空或并未选择单元，则不会施加初应力载荷。

主要的初应力载荷相关命令如表 5-8 所示。

表 5-8 主要的初应力载荷相关命令

命 令	功 能	备 注
ISTRESS	施加初始常应力载荷	在求解层使用
ISFILE	从文件中施加初应力载荷	在求解层使用
USTRESS	用户子程序施加初应力载荷	可参考用户子程序的帮助文档
ISWRITE	生成初应力文件	在求解层使用

① 施加初始常应力载荷。

ISTRESS 命令。

```
ISTRESS, Sx, Sy, Sz, Sxy, Syz, Sxz, MAT1, MAT2, MAT3, MAT4, MAT5, MAT6,
MAT7, MAT8, MAT9, MAT10
```

Sx、Sy、Sz、Sxy、Syz、Sxz：初始常应力值。

MAT1～MAT10：要施加初始常应力载荷的材料编号，如果没有指定，则将初始常应力施加到所有材料上。

使用该命令可以对选中的单元施加一组初始应力场。

② 从文件中施加初应力载荷。

ISFILE 命令。

```
ISFILE, Option, Fname, Ext, --, LOC, MAT1, MAT2, MAT3, MAT4, MAT5, MAT6, MAT7, MAT8, MAT9, MAT10
```

Option：初应力载荷操作控制参数，其值如下。
- READ（默认）：从文件中读入初应力数据。
- LIST：列出已经读入的初应力数据。
- DELE：删除已经读入的初应力数据。

Fname：当 Option 的值为 READ 时，Fname 为目录名和文件名。当 Option 的值为 LIST 或 DELE 时，Fname 为要列出或删除单元编号上的初应力。

Ext：文件扩展名或层号，当 Fname 为空时，Ext 默认为 IST。如果 Option 的值为 LIST 或 DELE，则 Ext 为壳单元的层号。

LOC：总体位置标志，确定将初应力载荷施加到单元的什么位置，其值如下。
- 0（默认）：在单元质心上施加初应力载荷。
- 1：在单元积分点上施加初应力载荷。
- 2：在单元指定位置上施加初应力载荷。即由初应力文件确定将初应力载荷施加到什么位置，此时各单元施加的位置可以不相同。
- 3：常应力状态。用初应力文件中的第一个应力数据将所有单元初始化为一个常应力。

MAT1~MAT10：要施加初应力载荷的材料编号。使用该命令可以对选中的单元施加初应力载荷，施加初应力载荷的单元编号与所选择的单元编号一致。

③ 生成初应力文件。

ISWRITE 命令。

```
ISWRITE, Switch
```

Switch 参数用于控制是否生成初应力文件，其中如下。
- On：以工作文件及扩展名 IST 生成初应力文件，并且写入数据。
- Off：不生成初应力文件。

该命令仅在求解层有效，如果已有同名文件存在，则将其覆盖。

该命令不支持 CDWRITE 命令。

使用 ISWRITE 命令写出的应力数据为单元积分点应力，对于非线性分析，写入的应力数据为收敛后应力；对于线性分析，为求解完成后的应力。因此其初应力文件标志区数据为"eis,elemno,1"，其中 elemno 为单元编号，1 表示积分点应力的位置标识。

在使用 ISFILE 命令读入初应力数据时，如果位置标识为 0，则采用各单元的第一个应力数据；如果位置标识为 2，则采用初应力文件中的位置标识（1）；如果位置标识为 3，则采用初应力文件中的第一个应力数据。

5.4 齿轮泵模型的加载

在齿轮泵模型上施加约束和载荷。本例中载荷为 62.8rad/s 转速形成的离心力,位移边界条件为将内孔边缘节点的周向位移固定。

1. 位移边界条件

本例的位移边界条件为将内孔边缘节点的周向位移固定。为了施加周向位移,需要将节点坐标系旋转到柱坐标系下,具体步骤如下。

在 GUI 的通用菜单中选择 WorkPlane > Change Active CS to > Global Cylindrical 命令,将激活的坐标系切换为总体柱坐标系。

在 GUI 的主菜单中选择 Preprocessor > Modeling > Move/Modify > Rotate Node CS > To Actives CS 命令,弹出 Rotate Nodes into CS 拾取对话框,在工作区中拾取要旋转坐标系的节点,单击 Pick All 按钮,表示选择所有节点,所有节点的节点坐标系都旋转到当前激活坐标系(总体柱坐标系)下。

在 GUI 的通用菜单中选择 Select > Entities 命令,弹出 Select Entities(实体选择)对话框,如图 5-2 所示。在第一个下拉列表中选择 Nodes(节点)选项,在第二个下拉列表中选择 By Location(通过位置选取)选项。在位置选区中列出了位置属性的 3 个可用项(标识位置的 3 个坐标分量),选择 X coordinates(X 坐标)单选按钮,表示要通过 X 坐标进行选取,注意此时的激活坐标系为总体柱坐标系,X 轴方向为径向。在 Min,Max 文本框中输入用最大值和最小值构成的取值范围,此处输入"5",表示选择径向坐标为 5 的节点,即内孔上的节点,单击 OK 按钮,将符合要求的节点添加到选择集中。

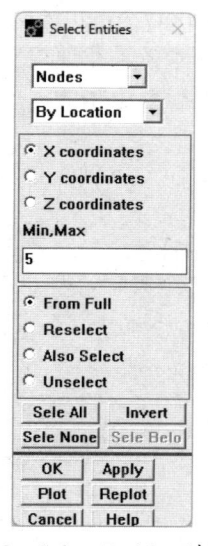

图 5-2 Select Entities 对话框

在 GUI 的主菜单中选择 Solution > Define Loads > Apply > Structural > Displacement > on Nodes 命令，弹出 Apply U,ROT on Nodes 拾取对话框，在工作区中拾取要施加位移约束的节点，单击 Pick All 按钮，表示选择当前选择集中的所有节点，弹出 Apply U,ROT on Nodes（在节点上施加位移约束）对话框，如图 5-3 所示，在 Lab2 DOFs to be constrained 列表框中选择 UY（Y 方向位移）选项，此时节点坐标系为总体柱坐标系，Y 轴方向为周向，即施加周向位移约束。

单击 OK 按钮，即可在选定节点坐标系上施加周向位移约束，如图 5-4 所示。

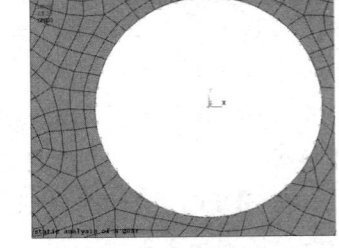

图 5-3　Apply U,ROT on Nodes 对话框　　　　图 5-4　施加周向位移约束

在 GUI 的通用菜单中选择 Select > Everything 命令，在工作区中选择所有图元、单元和节点。

2. 施加转速惯性载荷及压力载荷

在 GUI 的主菜单中选择 Solution > Define Loads > Apply > Structural > Inertia > Angular Veloc > Global 命令，弹出 Apply Angular Velocity（施加角速度）对话框，设置 OMEGZ Global Cartesian Z-comp（总体 Z 轴角速度分量）=62.8，如图 5-5 所示。需要注意的是，转速是相对于总体笛卡儿坐标系施加的，单位是 rad/s。单击 OK 按钮，施加转速引起的惯性载荷。

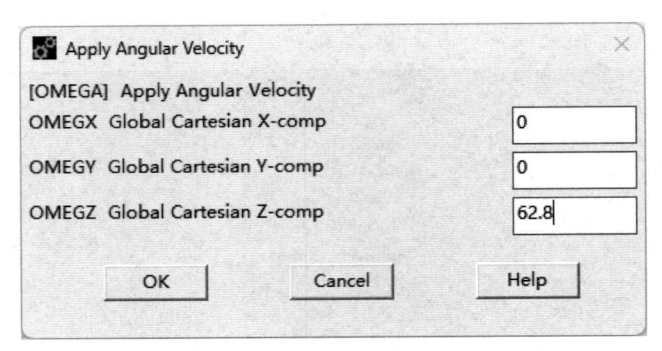

图 5-5　Apply Angular Velocity 对话框

在 GUI 的主菜单中选择 Solution > Define Loads > Apply > Structural > Pressure > On lines 命令，弹出 Apply PRES on lines 拾取对话框，在工作区中拾取两个相邻的齿边，单击 OK 按钮，弹出 Apply PRES on lines 对话框，设置 VALUE Load PRES value=5e6，如图 5-6 所示，单击 OK 按钮，施加齿轮啮合产生的压力。

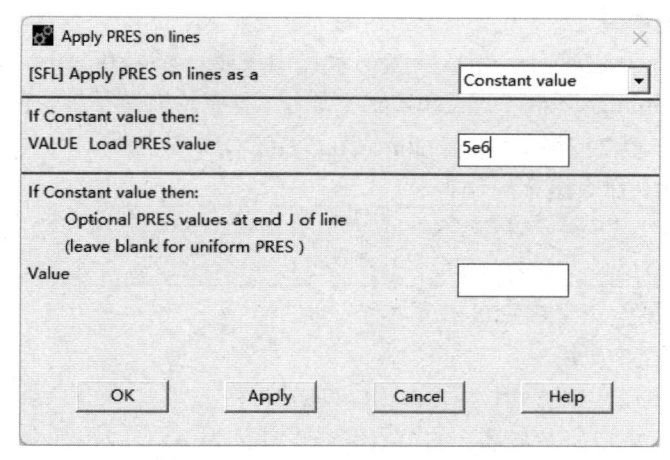

图 5-6 Apply PRES on lines 对话框

5.5 耦合与约束方程

与自由度约束模型中确定的节点一样，耦合与约束方程可以建立节点的位移关系。

5.5.1 耦合

耦合可以使一组节点具有相同的自由度，一般具有如下特点。
- 每次只能对一个自由度标识（如 UX、TEMP）进行耦合设置。
- 可以同时对各节点进行耦合设置。
- 在进行耦合设置时，任意实际的自由度方向在不同的节点上可能是不同的。
- 耦合设置只将主自由度保留在分析矩阵中，将其他自由度删除。
- 在对进行过耦合自由度设置的节点施加载荷时，载荷会作用在主自由度上。

典型的耦合自由度应用有以下 3 种。
- 模型对称性命令主要用于施加对称性条件。由于结构具有对称性，因此某些平面分析过程始终保持在一个平面内，即可进行耦合。
- 在两个重合节点间形成销、铰链、万向节、滑块连接等。例如，为了模拟铰链，将相同位置的两个不同节点的成对自由度耦合起来，而不耦合转动自由度，即可形成铰链。

- 模拟无摩擦的界面。如果两个界面上的节点一一对应，两个表面保持接触，可以忽略摩擦且分析是几何线性的，则可以通过仅耦合垂直于界面的自由度来模拟接触。通过耦合自由度模拟无摩擦界面的方法有以下优点：分析仍然是线性的，无间隙收敛性问题。

耦合定义的方法如下：

在选中的节点处生成面，并且修改耦合自由度集，可以在 GUI 的主菜单中选择 Preprocessor > Coupling/Ceqn > Couple DOFs 命令，弹出拾取对话框，在工作区中拾取要耦合的节点，单击 OK 按钮，弹出 Define Coupled DOFs 对话框。

也可以使用 CP 命令进行操作。

```
CP,NSET,Lab,NODE1,NODE2,NODE3,NODE4,NODE5,NODE6,NODE7,NODE8,NODE9,NODE10,NODE11,NODE12,NODE13,NODE14,NODE15,NODE16,NODE17
```

CP 命令主要用于定义耦合自由度。

NSET：耦合自由度编号。

Lab：被耦合的自由度标识符，如 UX、TEMP 等。

NODE1～NODE17：参与耦合的节点编号。其值为 ALL 或组件名。

使用 CPNGEN 命令可以修改已有的耦合自由度集。

```
CPNGEN,NSET,Lab,NODE1,NODE2,NINC
```

NSET：要修改的耦合自由度集编号。

Lab：耦合自由度标识符，如 UX、TEMP 等。

NODE1、NODE2、NINC：起始节点、终止节点的编号与增量。

CPINTF 命令主要用于在接触面上定义耦合自由度集。

```
CPINTF,Lab,TOLER
```

Lab：耦合自由度标识符，如 UX、TEMP 等。

TOLER：定义重合节点的允许值。只有当两个节点的间距值小于允许值时，才认可两个节点是重合的。

上述命令可以通过 GUI 操作实现。在主菜单中选择 Preprocessor > Coupling/Ceqn > Coincident Nodes 命令，弹出 Couple Coincident Nodes 对话框，输入要设定的容差值，单击 OK 按钮即可。

使用 CPLGEN 命令可以从已有的耦合自由度中生成新的耦合自由度集，与已有的耦合自由度集具有相同的节点编号，但有不同的自由度标识符。

```
CPLGEN,NSETF,Lab1,Lab2,Lab3,Lab4,Lab5
```

NSETF：已有的耦合自由度集编号。

Lab1、Lab2、Lab3、Lab4、Lab5：自由度标识符。

上述命令可以通过 GUI 操作实现。在 GUI 的主菜单中选择 Preprocessor > Coupling/Ceqn > Gen w/Same Nodes 命令，弹出 Generate Coupled DOF Set w/Same Nodes 对话框，根据提示完成操作即可。

使用 CPSGEN 命令可以从已有的耦合自由度中生成新的耦合自由度集,与已有的耦合自由度集具有相同的自由度标识符,但有不同的节点编号。

```
CPSGEN,ITIME,INC,NSET1,NSET2,NINC
```

ITIME、INC：操作次数及耦合自由度集的增量。

NSET1、NSET2、NINC：起始节点、终止节点的编号与增量。

上述命令可以通过 GUI 操作实现。在 GUI 的主菜单中选择 Preprocessor > Coupling/Ceqn > Gen w/Same DOF 命令,弹出 Generate Coupled DOF Set w/Same DOF 对话框,根据提示完成操作即可。

5.5.2 约束方程

约束方程定义了节点自由度之间的线性关系,它提供了比耦合更通用的数学形式,如下所示。

$$\text{constant} = \sum_{i=1}^{n} (\text{coeffficent}(i) \times U(i))$$

其中,$U(i)$ 是自由度,n 是方程中项的编号。

约束方程可以将任意节点上的任意自由度进行组合,并且任意实际的自由度方向在不同的节点上可能不同,其功能主要有以下 4 点。

- 连接不同的网格。
- 连接不同的单元。
- 建立刚性管控区。
- 过盈配合。

下面介绍几种建立约束方程的方法。

1. 直接定义约束方程

使用 CE 命令可以直接定义约束方程。

```
CE,NEQN,CONST,NODE1,Lab1,C1,NODE2,Lab2,C2,NODE3,Lab3,C3
```

NEQN：约束方程编号。

CONST：约束方程中的常数项。

NODE1、Lab1、C1：第一个节点的编号、自由度标识符、系数。

上述命令可以通过 GUI 操作实现。在 GUI 的主菜单中选择 Preprocessor > Coupling/Ceqn > Constraint Eqn 命令,弹出 Define a Constraint Equation 对话框,根据提示完成操作即可。

2. 建立刚性区域

使用 CERIG 命令可以建立刚性区域。

```
CERIG,MASTE,SLAVE,Ldof,Ldof2,Ldof3,Ldof4,Ldof5
```

MASTE：要定义的刚性区域中的主节点。
SLAVE：刚性区域中的从节点。
Ldof：约束方程中的自由度标识符。

上述命令可以通过 GUI 操作实现。在 GUI 的主菜单中选择 Preprocessor > Coupling/Ceqn > Rigid Region 命令，弹出拾取对话框，在工作区中拾取主节点与从节点，弹出 Constraint Equation for Rigid Region 对话框，根据提示完成操作即可。

3. 连接疏密不同的已划分网格

使用 CEINTF 命令可以将一个网格较疏区域中的已选节点与一个网格较密区域中的已选单元连接起来，从而在接触面生成约束方程。

```
CEINTF,TOLER,DOF1,DOF2,DOF3,DOF4,DOF5,DOF6,MoveTol
```

CEINTF：所选单元的容差，由部分单元尺寸决定。
TOLER、DOF1、DOF2、DOF3、DOF4、DOF5、DOF6：约束方程中的自由度标识符。
MoveTol：节点允许移动的距离，由单元坐标系决定。

上述命令可以通过 GUI 操作实现。在 GUI 的主菜单中选择 Preprocessor > Coupling/Ceqn > Adjacent Regions 命令，弹出拾取对话框，在工作区中拾取主节点与从节点，弹出 Constraint Equations Connecting Adjacent Regions 对话框，根据提示完成操作即可。

5.6 本章小结

本章介绍了载荷与载荷步的基本概念，载荷通常施加于实体（体、面、线等）或有限元模型（节点或单元）上。本章还介绍了载荷的加载方式、耦合与约束方程等，在应用 ANSYS 时，读者可以根据分析对象的特点，选择合适的加载方式，以便于后续分析。

第 6 章

求　解

在完成有限元前处理后，可以根据结构在实际工程中施加的边界条件和载荷情况，求解结构的受力情况。在 ANSYS 中，可以求解结构的位移、力、压力、温度、重力等。

学习目标：

- 掌握求解的基础知识。
- 掌握 ANSYS 的求解方法。

6.1　求解综述

ANSYS 的求解结果包括节点解、单元解。单元解是指在节点解的基础上通过高斯积分法插值得到的解。

ANSYS 的求解方法包括直接法、稀疏矩阵求解法、JCG 法、ICCG 法、PCG 法、ITER 法，默认使用直接法。在进入求解器后，需要定义分析类型，判断是否考虑非线性影响，等等。

如果求解失败，那么一般出现问题的原因如下：

- 约束不够。这是经常出现的差错，需要用户细心纠正。
- 材料性质参数有误。
- 当等效应力为负时，整个结构已经发生屈曲。
- 模型中的非线性因素。

使用 EQSLV 命令可以选择求解器。可以选择的求解器有 SPARSE、JCG、ICCG、QMR、PCG。

EQSLV,Lab,TOLER,MULT,--KeepFile

GUI 操作如下（任意一种操作）：

- 在主菜单中选择 Preprocessor > Loads > Analysis Type > Analysis Options 命令。

- 在主菜单中选择 Preprocessor > Loads > Analysis Type > Sol'n Controls 命令。
- 在主菜单中选择 Solution > Analysis Type > Analysis Options 命令。
- 在主菜单中选择 Solution > Analysis Type > Sol'n Controls 命令。

弹出 Solution Controls 对话框，如图 6-1 所示，在该对话框中可以对求解器进行设置。

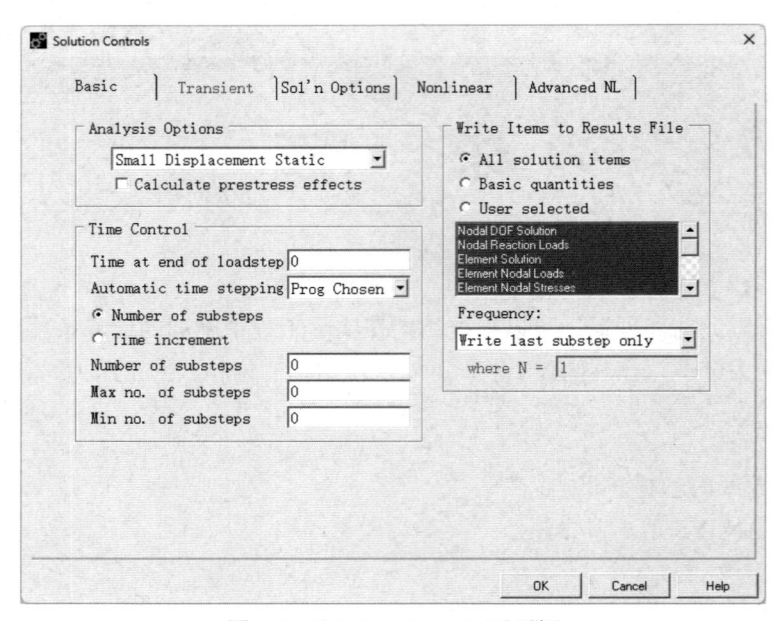

图 6-1 Solution Controls 对话框

可以使用 ANTYPE 命令指定分析类型。

```
ANTYPE,Antype,Status,LDSTEP,SUBSTEP,Action
```

Antype 是指定的分析类型，可以取如下值。
- STATIC 或 0：静力学分析（默认）。
- BUCKLE 或 1：屈曲分析。
- MODAL 或 2：模态分析。
- HARMIC 或 3：谐响应分析。
- TRANS 或 4：瞬态动力系统分析。
- SUBSTR 或 7：子结构分析。
- SPECTR 或 8：谱分析。

GUI 操作如下（任意一种操作）：
- 在主菜单中选择 Preprocessor > Loads > Analysis Type > New Analysis 命令。
- 在主菜单中选择 Preprocessor > Loads > Analysis Type > Restart 命令。
- 在主菜单中选择 Preprocessor > Loads > Analysis Type > Sol'n Controls > Basic 命令。
- 在主菜单中选择 Solution > Analysis Type > New Analysis 命令。
- 在主菜单中选择 Solution > Analysis Type > Restart 命令。
- 在主菜单中选择 Solution > Analysis Type > Sol'n Controls > Basic 命令。

第 6 章 求解

弹出 New Analysis 对话框，选择所需的分析类型，如图 6-2 所示。

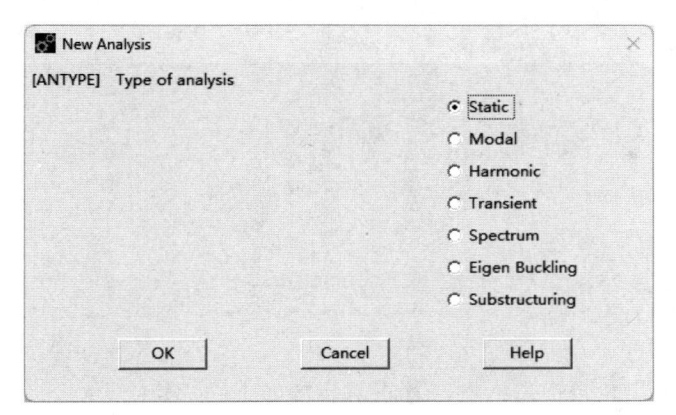

图 6-2 New Analysis 对话框

在设置完成后，即可求解。

使用 SOLVE 命令可以求解。

SOLVE

GUI 操作如下（任意一种操作）：
- 在主菜单中选择 Solution > Run FLOTRAN 命令。
- 在主菜单中选择 Solution > Solve 命令。
- 在主菜单中选择 Solution > Solve > Current LS 命令。

弹出/STATUS Command 对话框，用于显示项目的求解信息及输出选项，如图 6-3 所示；同时弹出 Solve Current Load Step 对话框，用于询问用户是否开始求解，如图 6-4 所示。

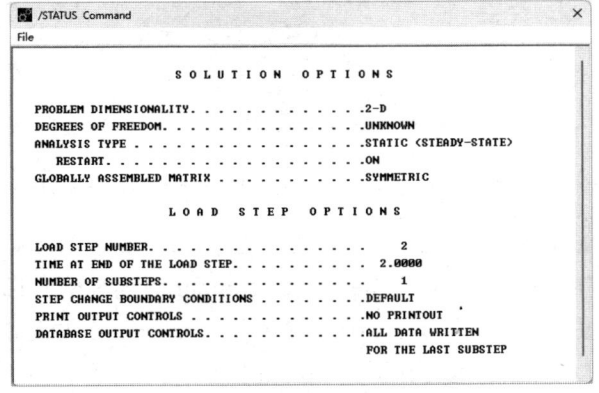

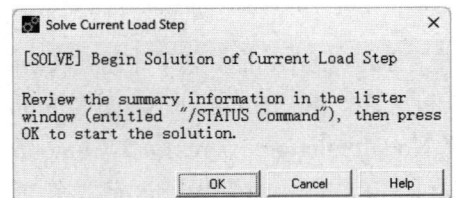

图 6-3 /STATUS Command 对话框   图 6-4 Solve Current Load Step 对话框

单击 Solve Current Load Step 对话框中的 OK 按钮，开始求解。在求解完成后，弹出显示"Solution is done!"的 Note 对话框，如图 6-5 所示，单击 Close 按钮，关闭该对话框。

图 6-5 Note 对话框

6.2 实例

以 5.4 节中的齿轮泵模型为例，其求解步骤如下。

（1）在 GUI 的主菜单中选择 General Postproc > Plot Results > Contour Plot > Nodal Solu 命令，弹出 Contour Nodal Solution Data 对话框，在 Item to be contoured 列表框中选择 Nodal Solution > DOF Solution > Y-Component of displacement 选项，如图 6-6 所示，单击 OK 按钮，即可在工作区中看到齿轮泵模型在 Y 轴方向上的位移云图，如图 6-7 所示。

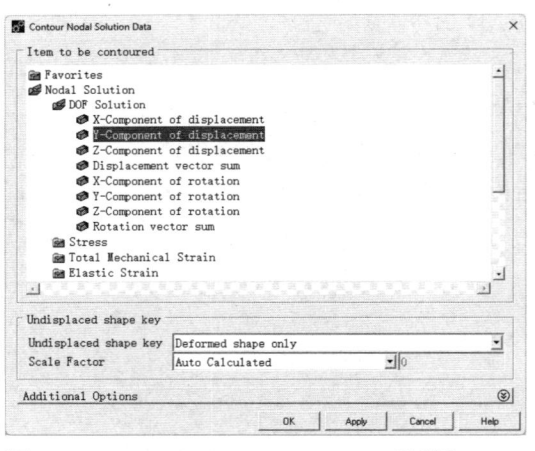

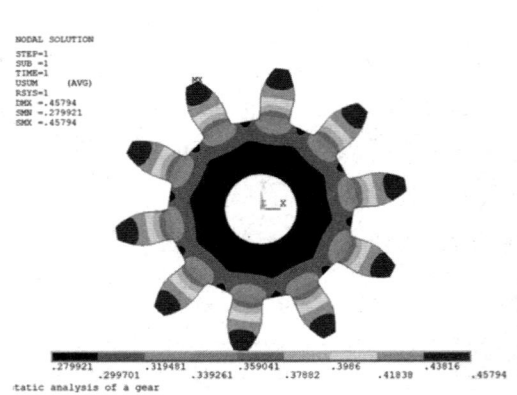

图 6-6 Contour Nodal Solution Data 对话框（一）　　图 6-7 齿轮泵模型在 Y 轴方向上的位移云图

（2）在 GUI 的主菜单中选择 General Postproc > Plot Results > Contour Plot > Nodal Solu 命令，弹出 Contour Nodal Solution Data 对话框，在 Item to be contoured 列表框中选择 Nodal Solution > Stress > Y-Component of stress 选项，如图 6-8 所示，单击 OK 按钮，即可在工作区中看到齿轮泵模型在 Y 轴方向上的应力云图，如图 6-9 所示。

（3）在 GUI 的主菜单中选择 General Postproc > Plot Results > Contour Plot > Nodal Solu 命令，弹出 Contour Nodal Solution Data 对话框，在 Item to be contoured 列表框中选择 Nodal Solution > Stress > von Mises stress 选项，如图 6-10 所示，单击 OK 按钮，即可在工作区中看到齿轮泵模型在 XY 平面上的等效应力云图，如图 6-11 所示。

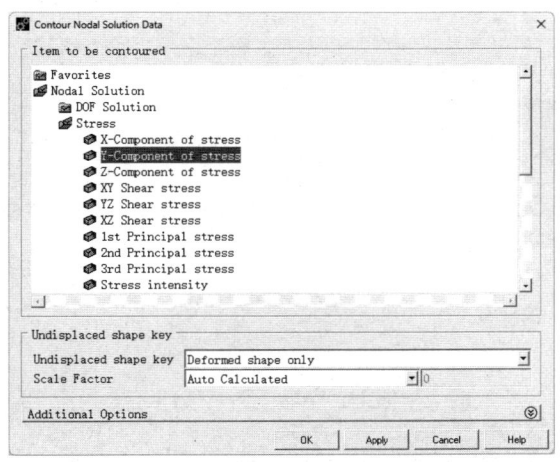

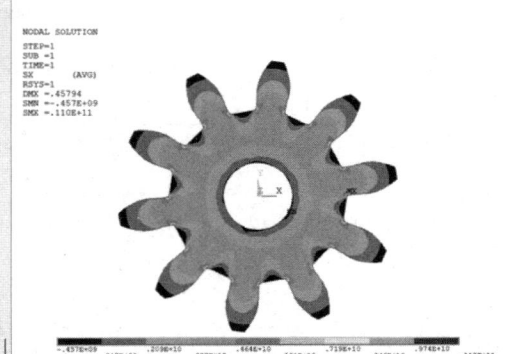

图 6-8　Contour Nodal Solution Data 对话框（二）　　图 6-9　齿轮泵模型在 Y 轴方向上的应力云图

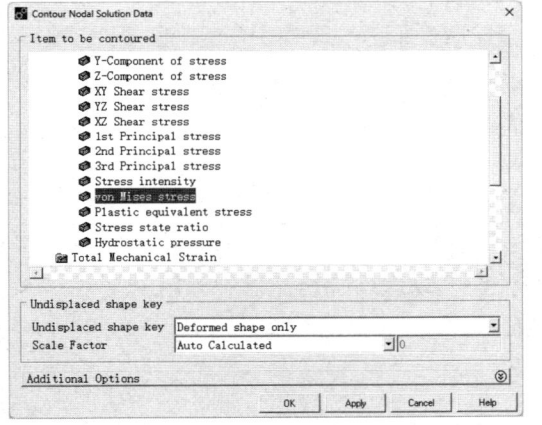

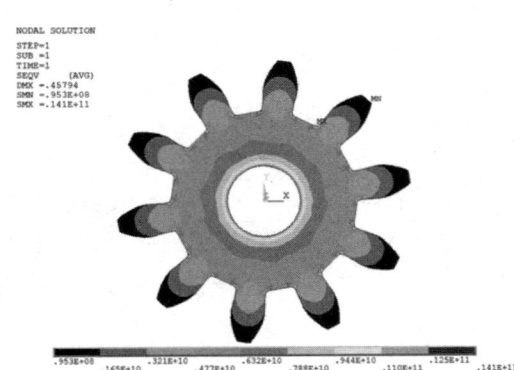

图 6-10　Contour Nodal Solution Data 对话框（三）　图 6-11　齿轮泵模型在 XY 平面上的等效应力云图

6.3　求解命令汇总

本章介绍了载荷与边界条件的概念，涉及大量的命令流操作。本节会对前文提及但未做阐述的常用命令进行说明。

```
D,NODE,Lab,VALUE,VALUE2,NEND,NINC,Lab2,Lab3,Lab4,Lab5,Lab6
```

D 命令主要用于对选中的节点施加自由度约束。

NODE：要施加自由度约束的节点编号，其值为 ALL 或组件名。

Lab：自由度标识符，如 ROTX、UX 等。如果该值为 ALL，则为所有适合的自由度。

VALUE：自由度约束位移值或表格型数组名称。

D 命令可以给某些节点赋一个初值，而不对其之后的行为产生影响。具体方法如下：先使用 D 命令定义一个自由度约束，随后使用 DDELE 命令将其删除。

```
F,NODE,Lab,VALUE,VALUE2,NEND,NINC
```

F 命令主要用于对选中的节点施加集中载荷。

NODE：要施加集中载荷的节点编号，其值为 ALL 或组件名。

Lab：集中载荷标识符，如 FY、MX 等。

VALUE：集中载荷值或表格型数组名称。

```
SF,Nlist,Lab,VALUE,VALUE2
```

SF 命令主要用于对一系列节点施加面载荷。

Nlist：节点列表，其值为 ALL 或组件名。

Lab：面载荷标识符，如结构分析中的 PRES。

VALUE：面载荷值或表格型数组名称。

VALUE2：面载荷值的第二个数。在输入复数时，VALUE 为实部，VALUE2 为虚部。

```
SFE,ELEM,LKEY,Lab,KVAL,VAL1,VAL2,VAL3,VAL4
```

SFE 命令主要用于在单元上施加面载荷。

ELEM：要施加集中载荷单元编号，其值为 ALL 或组件名。

LKEY：与面载荷相关的载荷控制参数，默认值为 1。

Lab：面载荷标识符，如结构分析中的 PRES。

KVAL：确定 VAL1～VAL4 为实部或虚部。

VAL1：第一面载荷值或表格型数组名称。

VZL2～VAL4：面上节点的其余面载荷值。

```
LDREAD,Lab,LSTEP,SBSTEP,TIME,KIMG,Fname,Ext
```

LDREAD 命令主要用于施加耦合场载荷，在多物理场耦合分析中常用。

Lab：耦合场载荷标识符，可以取如下值。

- TEMP：热分析中的温度值。
- PRES：FLOTRAN 分析中的压力。
- PEAC：任何分析中的支座反力。

LSTEP：要读入的载荷步，默认值为 1。

SBSTEP：LSTEP 载荷步内的载荷子步数。如果该值为空或 0，则表示最后一个子步。

TIME：当 LSTEP 与 SUBSTEP 均为空时，表示要读入的时间点。

KIMG：当数据来自谱分析的结果时，该参数用于控制读入实部或虚部数据。

Fname：目录及文件名。默认为当前工作目录下的工作文件名。

Ext：文件扩展名，默认为.rst。

6.4 本章小结

本章首先介绍了 ANSYS 的求解结果，包括节点解、单元解。随后介绍了 ANSYS 的 6 种求解方法：直接法、稀疏矩阵求解法、JCG 法、ICCG 法、PCG 法、ITER 法，默认使用直接法。在 ANSYS 中，可以求解结构的位移、力、压力、温度、重力等，帮助读者了解了模型的物理状态。

第 7 章

后 处 理

后处理是指在求解完成后产生结果并分析结果的过程，是有限元分析过程最重要的一环，前面所有的操作都是围绕着获得一个可以用于分析的结果进行的。所有有限元分析都是为了了解载荷如何影响设计、单元划分的好坏等。可以使用的后处理器有两个，分别为通用后处理器和时间历程后处理器。需要注意的是，包括 ANSYS 在内的所有有限元工具，都仅仅是工具，分析结果始终依赖用户的判断能力。

学习目标：
- 掌握通用后处理器的使用方法。
- 掌握时间历程后处理器的使用方法。

7.1 通用后处理器

通用后处理器，即 POST1，通常用于查看各时间节点上的结果。

7.1.1 结果文件

在求解过程中，可以使用 OUTRES 命令指示 ANSYS 按照指定的时间间隔将选定的结果写入结果文件中，结果文件的类型取决于其分析类型。

对于 FLOTRAN 分析，结果文件扩展名为.rfl；对于电磁分析，结果文件扩展名为.rmg；对于热分析，结果文件扩展名为.rth；对于其他流体分析，结果文件扩展名为.rst 或.rsh，使用哪个文件扩展名取决于是否给出结构自由度。

结果文件的相关命令如表 7-1 所示。

表 7-1 结果文件的相关命令

命 令	功 能
INRES	指定从结果文件中恢复的数据
FILE	指定要读入的结果文件
SET	从结果文件中读出指定的数据集
SUBSET	为所选模型读入结果
APPEND	从结果文件中读出数据并将其添加到当前数据库中
LCZERO	将数据库中的结果置零
RESUME	恢复模型数据

在求解完成后，如果直接进入后处理，则不需要读取数据；如果重新启动 ANSYS，则需要使用重新读取命令读取数据。

使用 INRES 命令可以指定从结果文件中恢复数据。

```
INRES,Item1,Item2,Item3,Item4,Item5,Item6,Item7,Item8
```

INRES 命令一般不单独使用，默认读入所有项。但是，当结果文件特别大时，可以选择读入所需的数据。

- Item1～Item8：指定的数据项，有如下可取值。
- ALL：全部（默认）。
- BASIC：基本数据，包括 NSOL、RSOL、NLOAD、STRS、FGRAD。
- NSOL：节点自由度解。
- RSOL：节点反力。
- ESOL：单元解，包含以下选项。
  - ➢ NLOAD：单元节点载荷。
  - ➢ STRS：单元节点应力。
  - ➢ EPEL：单元弹性应变。
  - ➢ EPPL：单元塑性应变。
  - ➢ EPTH：单元热应变、初始应变、膨胀应变。
  - ➢ EPCR：单元蠕变应变。
  - ➢ FGRAD：单元点梯度。
  - ➢ MISC：其他单元数据。

GUI 操作：在主菜单中选择 General Postproc > Date&File Opts 命令，弹出 Data and File Options 对话框，如图 7-1 所示，在该对话框中选择要读取的数据。

使用 FILE 命令可以指定要读入的结果文件。

```
FILE,Fname,Ext,--
```

Fname：目录及文件名。
Ext：扩展名。

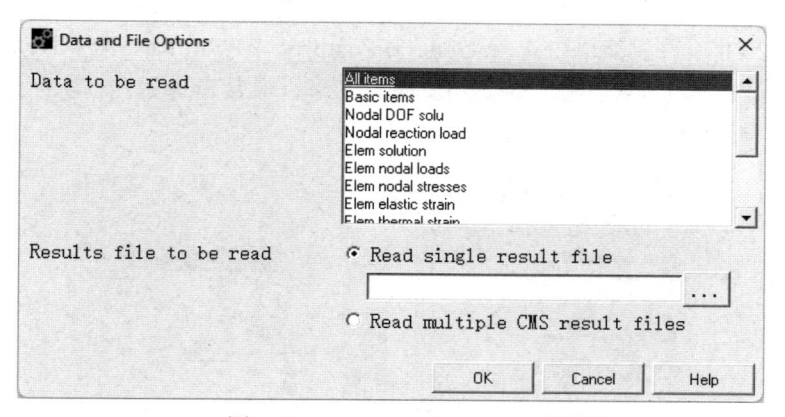

图 7-1 Data and File Options 对话框

GUI 操作如下（任意一种操作）：
- 在主菜单中选择 General Postproc > Date&File Opts 命令。
- 在主菜单中选择 TimeHist Postpro > Setting > File 命令。
- 在通用菜单中选择 File > List > Binary Files 命令。
- 在通用菜单中选择 List > File > Binary Files 命令。

使用 SET 命令可以从结果文件中读出指定的数据集。注意，这里是 SET 命令，不是*SET 命令。

```
SET,LSTEP,SBSTEP,FACT,KIMG,TIME,ANGLE,NSET,ORDER
```

LSTEP：要读取的载荷步，默认值为 1。
SBSTEP：LSTEP 的载荷子步数。对于模态分析，该值为模态数。
FACT：读入数据的缩放因数。
KIMG：只能是复数。
TIME：指定要读出数据的时间值。对于谐响应分析，此为频率。
ANGLE：圆周位置，用于谐响应分析。
NSET：要读入的数据组编号。
ORDER：按固有频率的升序方式对谐响应分析结果排序。

GUI 操作如下：
- 在主菜单中选择 General Postproc > List Results > Detailed Summary 命令。
- 在主菜单中选择 General Postproc > Read Results > By Load Step 命令。
- 在主菜单中选择 General Postproc > Read Results > By Pick 命令。
- 在主菜单中选择 General Postproc > Read Results > First Set 命令。
- 在主菜单中选择 General Postproc > Read Results > Last Set 命令。
- 在主菜单中选择 General Postproc > Read Results > Nest Set 命令。
- 在主菜单中选择 General Postproc > Read Results > Previous Set 命令。
- 在主菜单中选择 General Postproc > Results Summary 命令。
- 在通用菜单中选择 List > Results > Load Step Summary 命令。

例如，在 GUI 的主菜单中选择 General Postproc > Read Results > By Load Step 命令，弹出 Read Results by Load Step Number 对话框，参数设置如图 7-2 所示，单击 OK 按钮即可。

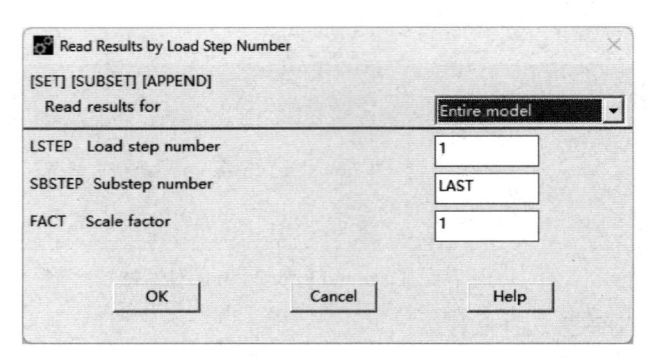

图 7-2 Read Results by Load Step Number 对话框

7.1.2 结果输出

ANSYS 提供了两种输出计算结果的方式，分别为图像显示与列表显示。

1. 图像显示计算结果

在 GUI 的工作区中直接显示计算结果是最直观的输出方式。通用后处理器可以以如下形式输出计算结果。

- 云图（contour displays）。
- 变形图（deformed shape displays）。
- 矢量图（vector displays）。
- 路径图（path plots）。
- 反作用力（reaction for cedisplays）。
- 粒子流与带电粒子的轨迹（particle flow traces）。

云图可以清楚、直观地在模型上显示指定的结果项。

使用 PLDISP 命令可以显示结构变形图。

```
PLDISP,KUND
```

KUND：控制参数。

- KUND=0，仅显示结构变形图。
- KUND=1，显示变形前后的形状。
- KUND=2，显示变形后的形状与变形前的轮廓。

GUI 操作如下（任意一种操作）：

- 在主菜单中选择 General Postproc > Plot Results > Deformed Shape 命令。
- 在通用菜单中选择 Plot > Results > Deformed Shape 命令。
- 在通用菜单中选择 PlotCtrls > Animate > Deformed Shape 命令。

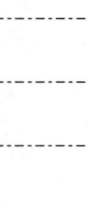

弹出 Plot Deformed Shape 对话框，如图 7-3 所示，在该对话框中可以选择需要显示的结果项。

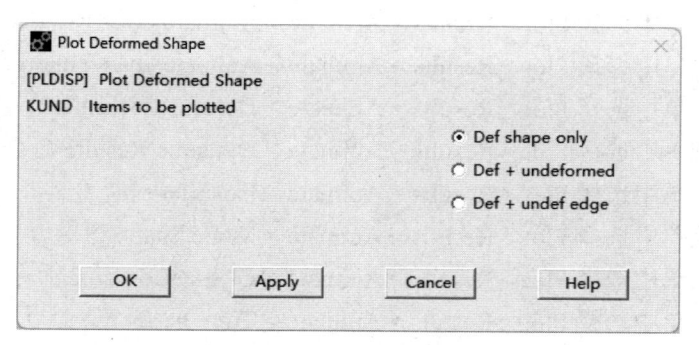

图 7-3 Plot Deformed Shape 对话框

使用 PLNSOL 命令可以显示节点解。

```
PLNSOL,Item,Comp,KUND,Fact,FileID
```

Item：显示结果的标识符。

Comp：标识符的分量。

Item 与 Comp 如表 7-2 所示。

表 7-2 Item 与 Comp

Item	Comp	功 能
自由度解		
U	X、Y、Z、SUM	节点在 X 轴、Y 轴、Z 轴方向上的平动位移矢量和
ROT	X、Y、Z、SUM	节点在 X 轴、Y 轴、Z 轴方向上的旋转位移矢量和
WARP		翘曲
V	X、Y、Z、SUM	瞬态分析中的节点在 X 轴、Y 轴、Z 轴方向上的速度位移矢量和
A	X、Y、Z、SUM	瞬态分析中的节点在 X 轴、Y 轴、Z 轴方向上的加速度位移矢量和
单元解		
S	X、Y、Z、XY、XZ、YZ	应力分量
	1、2、3	主应力
	INT	应力密度
	EQV	等效应力
EPSW		膨胀应变
SEND	ELASTIC	弹性应变能密度
	PLASTIC	塑性应变能密度
	CREEP	蠕变应变能密度

KUND：含义与 PLDISP 命令中 KUND 的含义相同。

Fact：在 2D 显示时的缩放因数，默认值为 1，当该值为负数时反向显示。

FileID：文件索引号。

GUI 操作如下（任意一种操作）：

- 在主菜单中选择 General Postproc > Plot Results > Contour Plot > Nodal Solu 命令。
- 在通用菜单中选择 Plot > Results > Contour Plot > Nodal Solution 命令。
- 在通用菜单中选择 Plot > Results > Animate > Animate Over Results 命令。
- 在通用菜单中选择 Plot > Results > Animate > Animate Over Time 命令。
- 在通用菜单中选择 Plot > Results > Animate > Deformed Results 命令。
- 在通用菜单中选择 Plot > Results > Animate > Dynamic Results 命令。
- 在通用菜单中选择 Plot > Results > Animate > Isosurfaces 命令。
- 在通用菜单中选择 Plot > Results > Animate > Mode Shape 命令。
- 在通用菜单中选择 Plot > Results > Animate > Q-SliceContours 命令。
- 在通用菜单中选择 Plot > Results > Animate > Time-harmonic 命令。

弹出 Contour Nodal Solution Data 对话框，如图 7-4 所示。

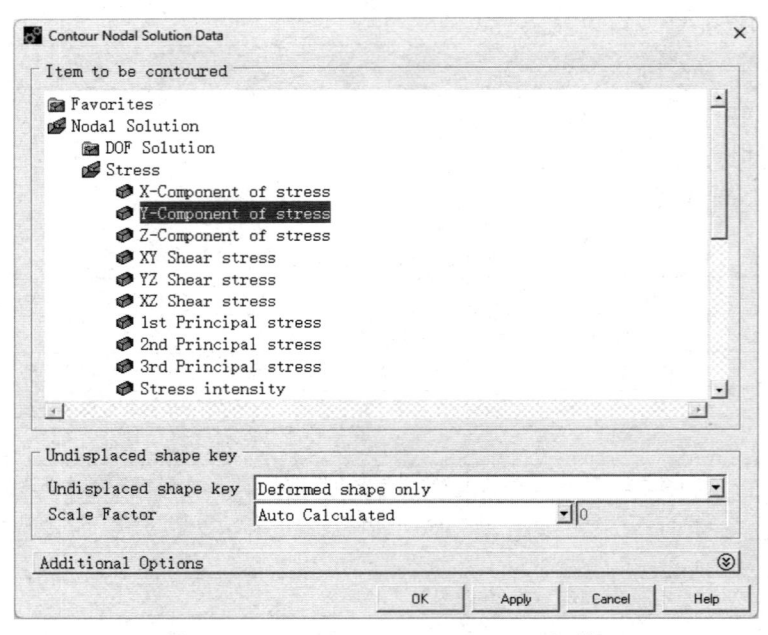

图 7-4 Contour Nodal Solution Data 对话框

在 Contour Nodal Solution Data 对话框的 Item to be contoured 列表框中可以选择要绘制云图的解，可以是节点解，也可以是单元解；在 Undisplaced shape key 选区中可以设置模型显示变形前或变形后的形状，也可以设置变形的比例。

使用 PLESOL 命令可以显示单元解。

```
PLESOL,Item,Comp,KUND,Fact
```

参数含义与 PLNSOL 命令中的参数含义相同。

GUI 操作如下（任意一种操作）：

- 在主菜单中选择 General Postproc > Plot Results > Contour Plot > Element Solu 命令。
- 在通用菜单中选择 Plot > Results > Contour Plot > Elem Solution 命令。

弹出 Contour Element Solution Data 对话框，如图 7-5 所示，在该对话框中可以选择要显示的结果项。

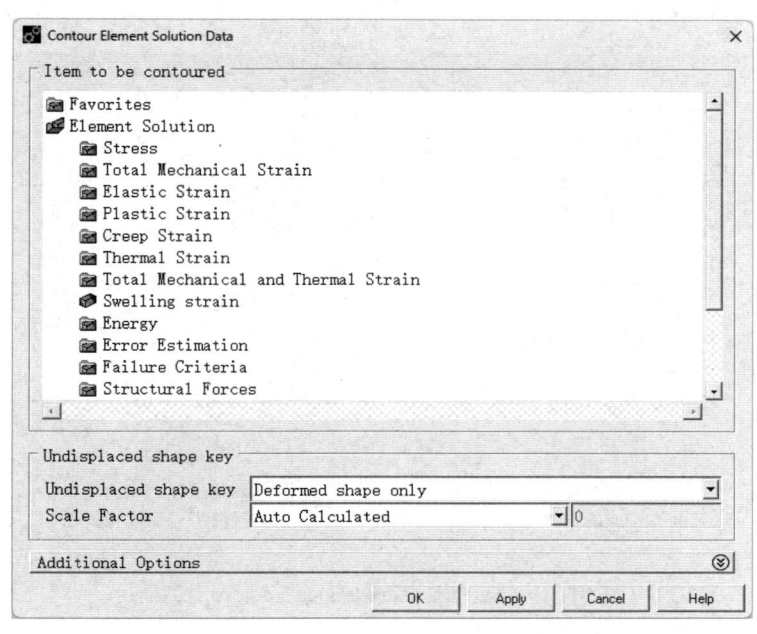

图 7-5 Contour Element Solution Data 对话框

使用 PLVECT 命令可以在工作区的模型上显示矢量。可以显示的矢量有平移、转动、磁力矢量势、磁通密度、热通量、温度梯度、液流速度、主应力等。

```
PLVECT,Item,Lab2,Lab3,LabP,Modal,Loc,Edge,KUND
```

Item：矢量标识符，具体值可参考表 7-2。

Lab2、Lab3：用户定义的标识符，如果 Item 为预设的标识符，则该值为空。

LabP：合成矢量标识符，默认与 Item 的值相同。

Mode：显示控制方式。

Loc：显示单元场结果的矢量位置。

Edge：单元边界的显示方式。

GUI 操作如下（任意一种操作）：

- 在主菜单中选择 General Postproc > Plot Results > Vector Plot > Predefined 命令。
- 在主菜单中选择 General Postproc > Plot Results > Vector Plot > User-defined 命令。
- 在通用菜单中选择 Plot > Results > Vector Plot 命令。
- 在通用菜单中选择 PlotCtrls > Animate > Q-Slice Contours 命令。

弹出 Vector Plot of Predefined Vectors 对话框，如图 7-6 所示，在该对话框中选择需要显示的结果项。

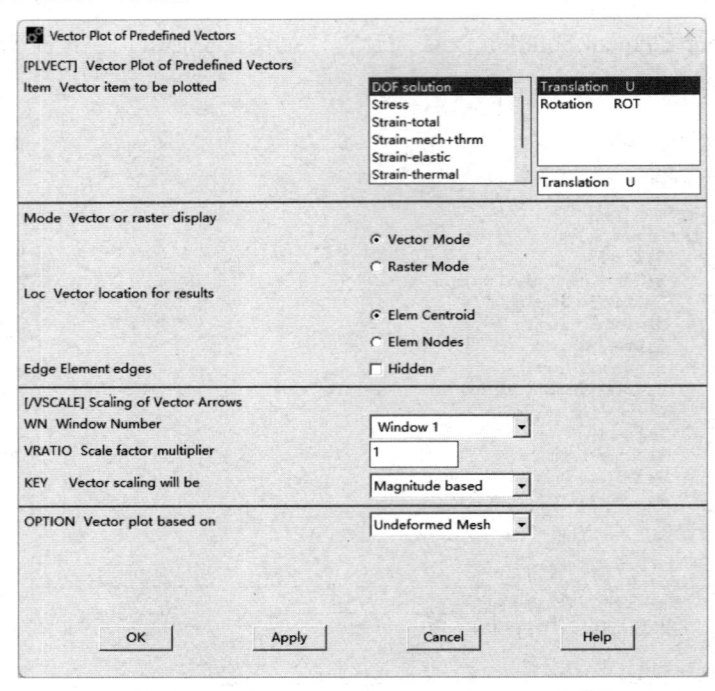

图 7-6 Vector Plot of Predefined Vectors 对话框

使用 PLPATH 命令可以显示路径图。

```
PLPATH,Lab1,Lab2,Lab3,Lab4,Lab5,Lab6
```

Lab1~Lab6：在某条路径中显示的结果。

GUI 操作如下（任意一种操作）：

- 在主菜单中选择 General Postproc > Path Operations > Define Path > On Graph 命令。
- 在主菜单中选择 General Postproc > Path Results > Define Path > On Graph 命令。
- 在通用菜单中选择 Plot > Results > Path Plot 命令。

弹出 Plot Items on Graph 对话框，在该对话框中选择要显示的路径图。

使用/PBC 命令可以显示载荷符号。

```
/PBC,Item,--,KEY,MIN,MAX,ABS
```

Item：显示结果项的标识符，可以取如下值。

- U：平动自由度。
- ROT：转动自由度。
- TEMP：温度。
- PRES：面载荷。
- V：体载荷。
- SP0n：质量分数。
- ENKE：湍流动能（FLOTRAN）。
- ENDS：湍流能量耗散（FLOTRAN）。

- VOLT：电压。
- MAG：标量磁势。
- A：矢量磁势。
- CONC：浓度。
- ForFORC：集中载荷（力）。
- MorMORE：集中载荷（力矩）。
- HEAT：热流量。
- FLOW：流体流量。
- AMPS：电流。
- FLUX：磁通量。
- CSG：磁流段。
- RATE：弥散流量。
- MAST：主自由度。
- CP：耦合节点。
- CE：约束方程节点。
- NFOR：节点力。
- NMOM：节点力矩。
- RFOR：节点反作用力。
- PATH：路径。
- ACEL：全局加速度。
- OMEG：全局角速度。
- WELD：焊点单元（ANSYSLS-DYNA）。
- ALL：所有可用标识符。

KEY：Item 的控制参数，可以取如下值。

- 0：不显示。
- 1：显示。
- 2：显示且显示数值。

GUI 操作如下（任意一种操作）：

- 在主菜单中选择 General Postproc > Path Operations > Define Path > On Working Plane 命令。
- 在主菜单中选择 General Postproc > Path Operations > Plot Paths 命令。
- 在主菜单中选择 Preprocessor > Path Operations > Define Path > On Working Plane 命令。
- 在主菜单中选择 Preprocessor > Path Operations > Plot Paths 命令。
- 在通用菜单中选择 PlotCtrls > Symbols 命令。

弹出 Symbols 对话框，如图 7-7 所示，在该对话框中可以选择要显示的结果项。

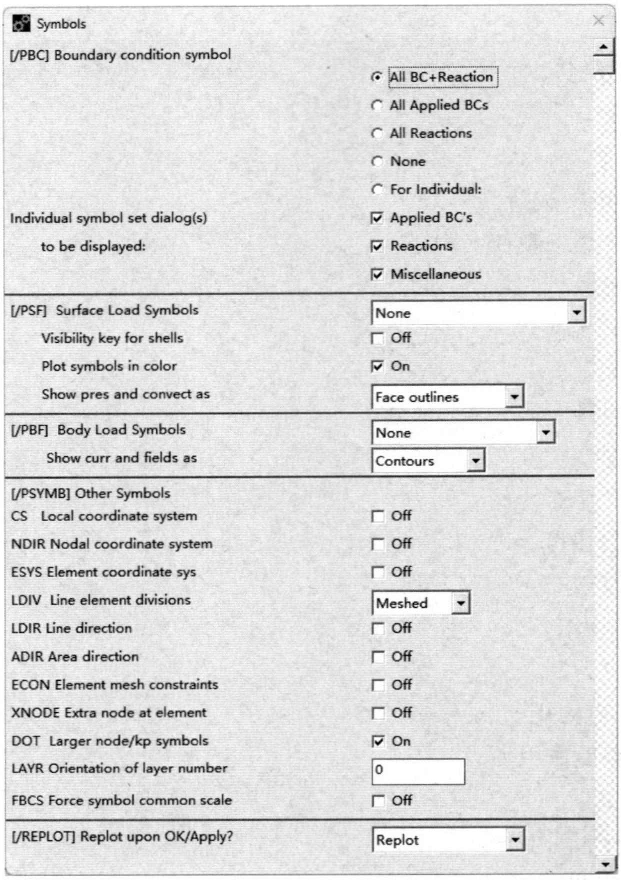

图 7-7 Symbols 对话框

使用 TRPOIN 命令可以在路径轨迹上定义一个点。

```
TRPOIN,X,Y,Z,VX,VY,VZ,CHRG,MASS
```

X、Y、Z：跟踪点的坐标值。

VX、VY、VZ：粒子在 X 轴、Y 轴、Z 轴方向上的速度分量。

CHRG：粒子电荷。

MASS：粒子质量。

GUI 操作：在主菜单中选择 General Postproc > Plot Results > Defi Trace Pt 命令。

使用 PLTRAC 命令可以在单元上显示流动轨迹，最多能同时定义与显示 50 个点。

```
PLTRAC,Analopt,Item,Comp,TRPNum,Name,MXLOOP,TOLER,OPYION,ESCL,MSCL
```

Analopt：分析选项，可以取如下值。

- FLUID：跟踪粒子的流体流量（默认）。
- ELEC：跟踪粒子的电场。
- MAGH：跟踪粒子的电场和磁场。

Item：项目标识符。

Comp：用户定义组件。

TRPNum：使用已存储的路径定义轨迹编号。

Name：数组名称。

MXLOOP：一个粒子跟踪的最大循环次数。

TOLER：计算粒子轨迹几何形状的长度公差。

OPTION：流量跟踪选项，可以取如下值。

- 0：使用未变形的网格。
- 1：使用变形的网格。

ESCL：电场缩放因数，默认值为 1。

MSCL：磁场缩放因数，默认值为 1。

GUI 操作如下（任意一种操作）：

- 在主菜单中选择 General Postproc > Plot Results > Particle Trace 命令。
- 在主菜单中选择 General Postproc > Plot Results > Plot Flow Tra 命令。
- 在通用菜单中选择 Plot > Results > Flow Trace 命令。
- 在通用菜单中选择 PlotCtrls > Animate > Particle Flow 命令。

2. 列表显示计算结果

使用图像显示计算结果可以得到计算结果的直观印象，但如果需要存储计算结果的详细数据或将计算结果的详细数据导入其他软件进行处理，则需要使用列表显示计算结果。

使用 PRNSOL 命令可以列出节点解。

```
PRNSOL,Item,Comp
```

Item：要列出的结果项的标识符，如 UX、SZ 等。

Comp：用户定义的组件。可以事先选中要列出的节点，然后将该值设置为 ALL。

GUI 操作如下（任意一种操作）：

- 在主菜单中选择 General Postproc > List Results > Nodal Solution 命令。
- 在主菜单中选择 General Postproc > List Results > Sorted Listing > Sort Nodes 命令。
- 在通用菜单中选择 List Results > Solution > Nodal Solution 命令。

弹出 List Nodal Solution 对话框，如图 7-8 所示，在该对话框中可以选择需要列出的结果项。

使用 PRESOL 命令可以列出单元解。

```
PRESOL,Item,Comp
```

参数含义与 PRNSOL 命令中的参数含义相同。

GUI 操作如下（任意一种操作）：

- 在主菜单中选择 General Postproc > List Results > Element Solution 命令。
- 在通用菜单中选择 List > Results > Element Solution 命令。

图 7-8　List Nodal Solution 对话框

弹出 List Element Solution 对话框，如图 7-9 所示，在该对话框中可以选择需要列出的项目。

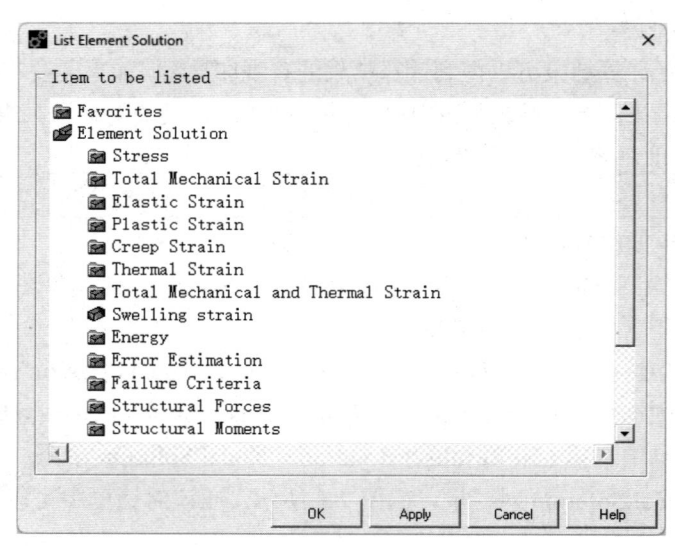

图 7-9　List Element Solution 对话框

使用 NSORT 命令可以对节点解列表进行排序。

NSORT,Item,Comp,ORDER,KABS,NUMB,SEL

Item：节点解标识符，如 UX、LOC 等。

Comp：要进行排序的组件名。

ORDER：排序方式。如果该值为 0，则排序方式为降序排序；如果该值为 1，则排序方式为升序排序。

KABS：排序方式。如果该值为 0，则按照实数进行排序；如果该值为 1，则按照绝对值进行排序。

NUMB：排序后的节点解的个数，默认为所有节点解。

SEL：在已排序的节点中选择节点。

GUI 操作如下（任意一种操作）：

- 在主菜单中选择 General Postproc > List Results > Sorted Listing > Sort Nodes 命令。
- 在通用菜单中选择 Parameters > Get Scalar Data 命令。

弹出 Sort Nodes 对话框，如图 7-10 所示，在该对话框中可以选择要排序的结果项。

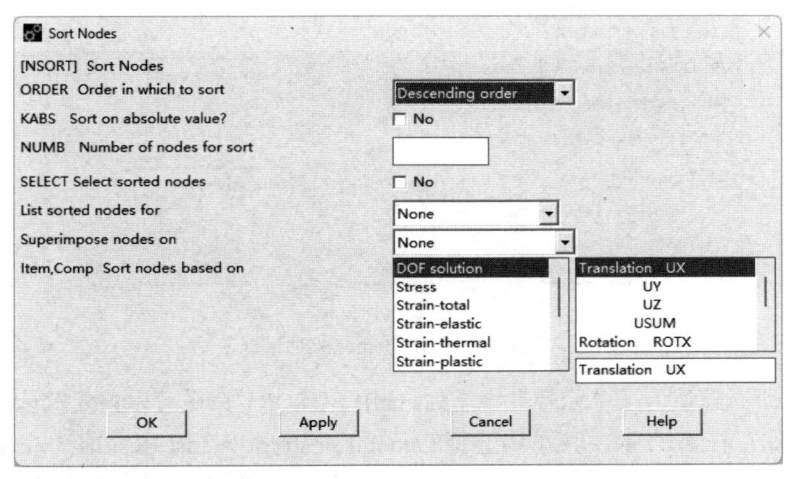

图 7-10　Sort Nodes 对话框

NSORT 命令默认为按节点号升序排列。使用 NUSORT 命令可以恢复默认的排序方式。

GUI 操作：在主菜单中选择 General Postproc > List Results > Sorted Listing > Unsort Nodes 命令，弹出 Unsort Nodes 对话框，如图 7-11 所示，单击 OK 按钮，即可恢复默认的排序方式。

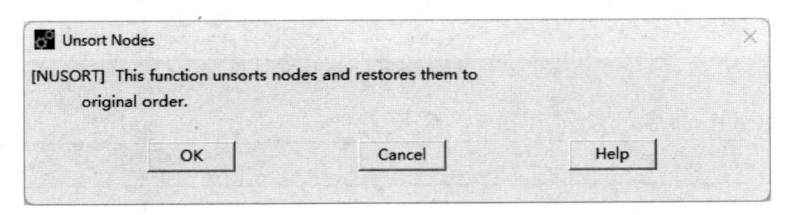

图 7-11　Unsort Nodes 对话框

使用 ESORT 命令可以对单元解列表进行排序。

ESORT,Item,Lab,ORDER,KABS,NUMB

Item：单元解标识符，目前只有 ETAB 可用。

Lab：用户在 ETABLE 命令中定义的标识符。

ORDER：排序方式。如果该值为 0，则排序方式为降序排序；如果该值为 1，则排

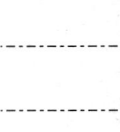

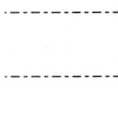

序方式为升序排序。

KABS：排序方式。如果该值为 0，则按照实数进行排序；如果该值为 1，则按照绝对值进行排序。

NUMB：排序后的单元解的个数，默认为所有单元解。

GUI 操作：在主菜单中选择 General Postproc > List Results > Sorted Listing > Sort Elems 命令，弹出 Sort Elements 对话框，如图 7-12 所示，在该对话框中可以选择要排序的结果项。

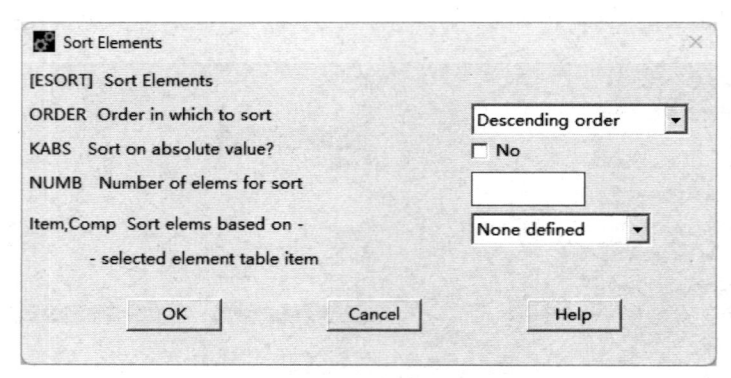

图 7-12　Sort Elements 对话框

ESORT 命令默认为按单元号升序排列。使用 EUSORT 命令可以恢复默认的排序方式。

GUI 操作：在 GUI 的主菜单中选择 General Postproc > List Results > Sorted Listing > Unsort Elems 命令，弹出 Unsort Elements 对话框，如图 7-13 所示，单击 OK 按钮，即可恢复默认的排序方式。

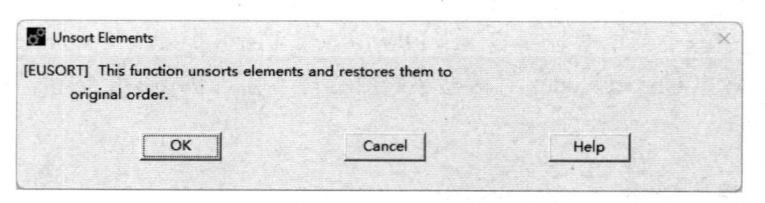

图 7-13　Unsort Elements 对话框

使用 PRRSOL 命令可以列出节点约束反力。

```
PRRSOL,Lab
```

Lab：列表项标识符，如 FY、MX 等。

GUI 操作如下（任意一种操作）：

- 在主菜单中选择 General Postproc > List Results > Reaction Solu 命令。
- 在通用菜单中选择 List > Results > Reaction Solution 命令。

弹出 List Reaction Solution 对话框，如图 7-14 所示，在该对话框中可以选择要列表显示的对象。

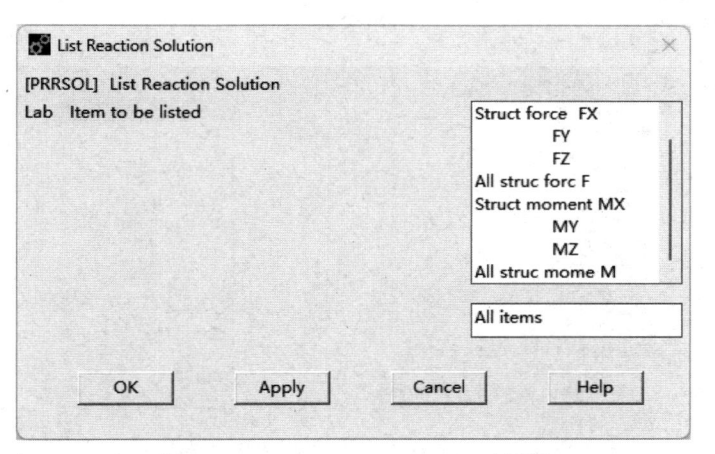

图 7-14　List Reaction Solution 对话框

如图 7-15 所示为 Y 轴方向上的节点约束反力列表。

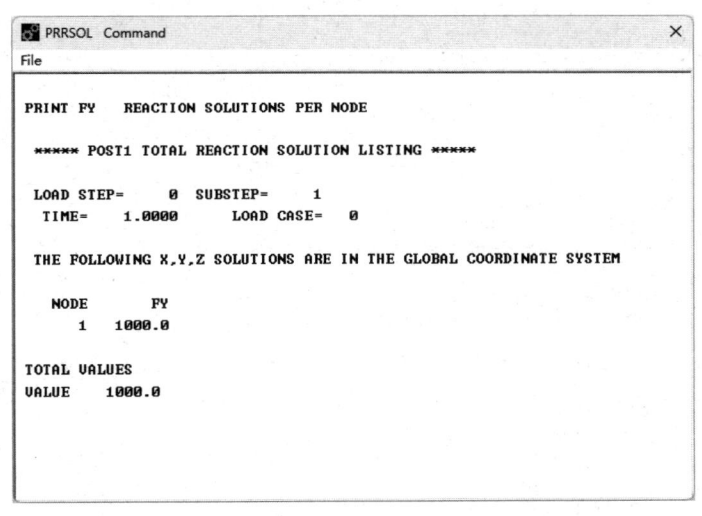

图 7-15　Y 轴方向上的节点约束反力列表

使用 PRNLD 命令可以列出单元节点载荷的总和。

```
PRNLD,Lab,TOL,Item
```

Lab：节点反力类型。

TOL：相对零的误差限，小于此值的载荷认为是零。默认值为 1.0E-9。如果该值为 0，则列出所有单元节点载荷的总和。

Item：节点选择集，默认为列出所有单元节点载荷的总和。

GUI 操作如下（任意一种操作）：

- 在主菜单中选择 General Postproc > List Results > Nodal Loads 命令。
- 在通用菜单中选择 List > Results > Nodal Loads 命令。

弹出 List Nodal Loads 对话框，如图 7-16 所示，在该对话框中可以选择要列出的对象。

图 7-16 List Nodal Loads 对话框

如图 7-17 所示为 Y 轴方向上的节点载荷列表。

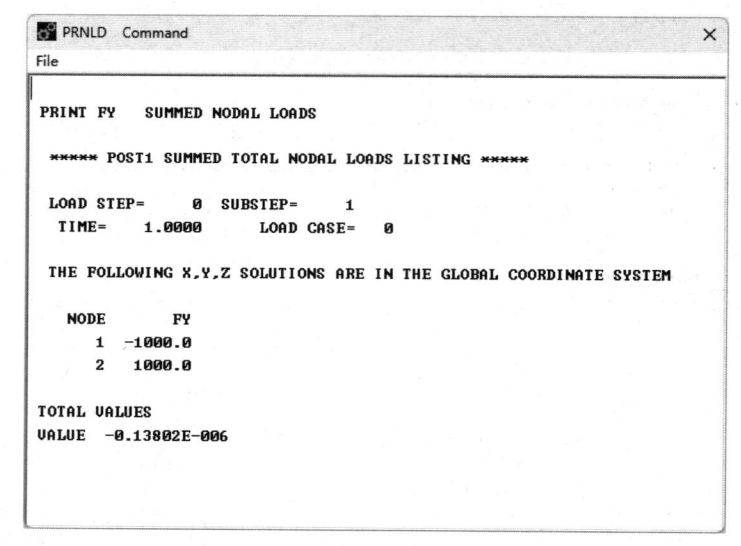

图 7-17 Y 轴方向上的节点载荷列表

使用 PRVECT 命令可以列出矢量大小与方向余弦。

```
PRVECT,Item,Lab2,Lab3,LabP
```

参数含义与 PLVECT 命令中的参数含义相同。

GUI 操作如下（任意一种操作）：

- 在主菜单中选择 General Postproc > List Results > Vector Data 命令。
- 在通用菜单中选择 List > Results > Vector Data 命令。

弹出 List Vector Data 对话框，如图 7-18 所示，在该对话框中可以选择要列出的矢量。

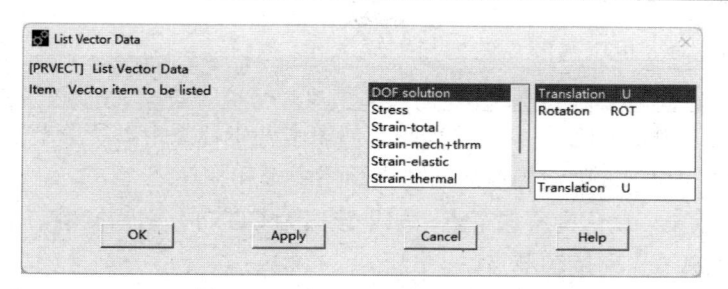

图 7-18 List Vector Data 对话框

如图 7-19 所示为列表显示位移矢量。

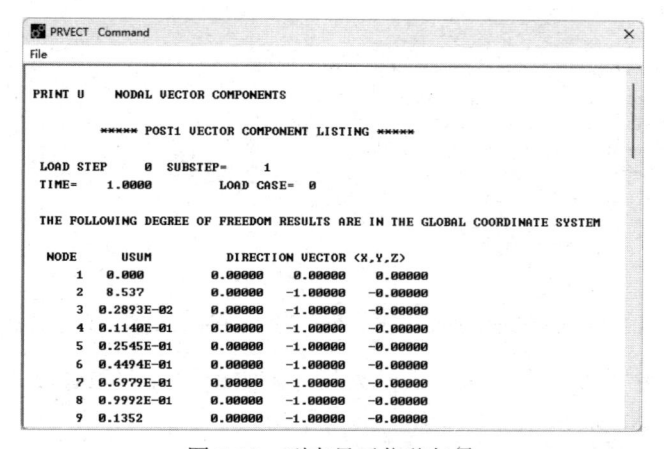

图 7-19 列表显示位移矢量

使用 PRJSOL 命令可以列出结合单元解。

```
PRJSOL,Item,Comp
```

Item：列表项标识符。如果该值为 DISP，则为平动位移；如果该值为 REAC，则为支撑反力与弯矩。

Comp：列表显示的标识符。

该命令只适用于 MPC184 单元，并且不能通过 GUI 操作来实现。

7.1.3 结果处理

ANSYS 的通用后处理器可以对结果进行一定的处理，方便用户进一步分析使用。这些特殊结果包括求和、强度因子等，可以使用的命令如表 7-3 所示。

表 7-3 特殊结果处理命令

命　　令	功　　能
FSUM	对节点的力与力矩求和
NFORCE	对单元节点的力和力矩求和
SPOINT	定义合力矩各节点的位置
KCALC	计算强度因子

使用 FSUM 命令可以对节点的力与力矩求和。

```
FSUM,LAB,ITEM
```

LAB：求和坐标控制参数。默认为在全局笛卡儿坐标系中对所有节点的力与力矩求和。如果该值为 RSYS，则在当前激活的坐标系中求和。

ITEM：节点集。默认为所选节点。如果该值为 CONT，则为接触节点；如果该值为 BOTH，则为所选节点和接触节点。

GUI 操作：在主菜单中选择 General Postproc > Nodal Calcs > Total Force Sum 命令，弹出 Calculate Total Force Sum for All Selected Nodes 对话框，如图 7-20 所示，在完成参数设置后，单击 OK 按钮。

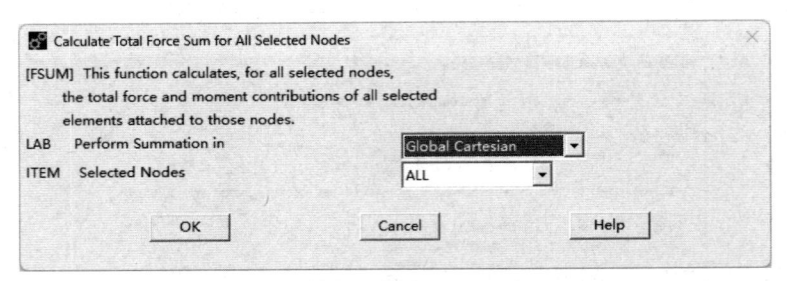

图 7-20 Calculate Total Force Sum for All Selected Nodes 对话框

使用 NFORCE 命令也可以求节点的力与力矩的和。与 FSUM 命令的区别在于，使用 NFORCE 命令会同时列出各节点的力与力矩的和。

```
NFORCE,ITEM
```

ITEM：含义与 FSUM 命令中 ITEM 的含义相同。

GUI 操作：在主菜单中选择 General Postproc > Nodal Calcs > Sum@EachNode 命令，弹出 Calculate Force/Moment Sum at Each Node 对话框，如图 7-21 所示，在完成参数设置后，单击 OK 按钮。

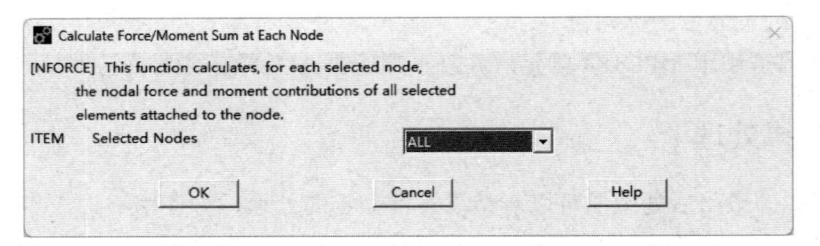

图 7-21 Calculate Force/Moment Sum at Each Node 对话框

使用 SPOINT 命令可以定义合力矩各节点的位置。

```
SPOINT,NODE,X,Y,Z
```

NODE：要定义力矩的节点编号。

X、Y、Z：要定义力矩位置的全局笛卡儿坐标，默认为（0,0,0）。

二者只需定义其中一个。

GUI 操作如下：

- 在主菜单中选择 General Postproc > Nodal Calcs > Summation Pt > At Node 命令。
- 在主菜单中选择 General Postproc > Nodal Calcs > Summation Pt > At XYZ Loc 命令。

在主菜单中选择 General Postproc > Nodal Calcs > Summation Pt > At Node 命令，打开 Moment Sum Pt at Node 面板，如图 7-22 所示。Moment Sum Pt at Node 面板主要用于定义节点位置，可以根据面板提示在工作区拾取所需节点。

在主菜单中选择 General Postproc > Nodal Calcs > Summation Pt > At XYZ Loc 命令，打开 Mom Sum Pt at XYZ Loc 面板，如图 7-23 所示。Mom Sum Pt at XYZ Loc 面板主要用于定义节点的坐标，可以根据面板提示在工作区拾取所需的节点。

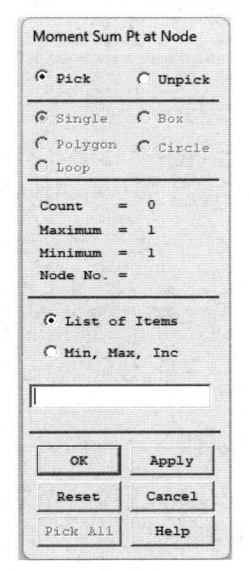

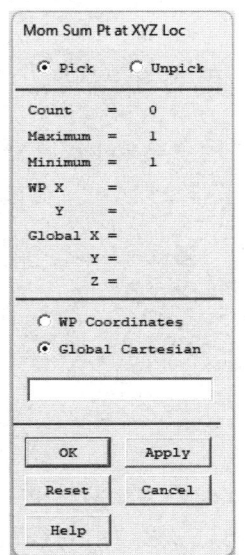

图 7-22 Moment Sum Pt at Node 面板   图 7-23 Mom Sum Pt at XYZ Loc 面板

使用 KCALC 命令可以在断裂力学分析中计算强度因子。

```
KCALC,KPLAN,MAT,KCSYM,KLOCPR
```

KPLAN：定义应力状态，如果该值为 0，则应力状态为平面应变和轴对称条件（默认）；如果该值为 1，则应力状态为平面应力状态。

MAT：材料编号。

KCSYM：对称性参数。如果该值为 0 或 1，那么表示在裂纹尖端坐标系中具有对称边界条件的半裂纹模型；如果该值为 2，那么与该值为 0 或 1 相同，但去除反对称条件；如果该值为 3，那么表示裂纹模型（双面），路径上需要 5 个节点（尖端 1 个，每个面上 2 个）。

KLOCPR：本地打印位移参数。如果该值为 0，则不打印本地裂纹尖端位移；如果该值为 1，则使用打印外推技术打印本地裂纹尖端位移。

GUI 操作：在 GUI 的主菜单中选择 General Postproc > Nodal Calcs > Stress Int Factor 命

令，弹出 Stress Intensity Factor 对话框，如图 7-24 所示，在完成参数设置后，单击 OK 按钮。

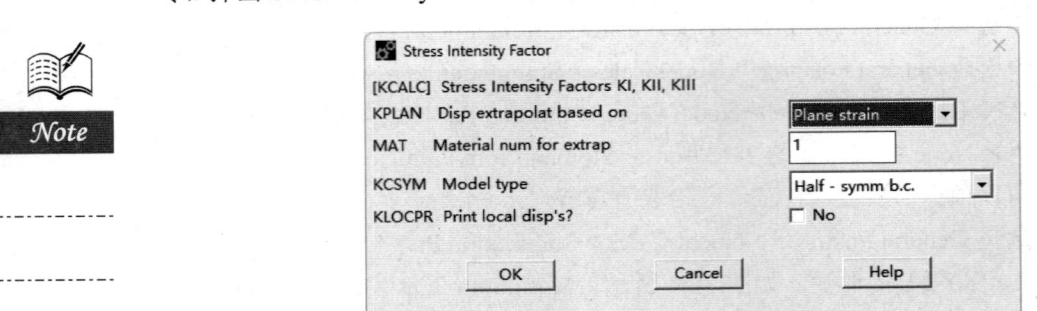

图 7-24 Stress Intensity Factor 对话框

7.1.4 结果查看器

在 GUI 的主菜单中选择 General Postproc > Results Viewer 命令，弹出 Results Viewer 对话框，如图 7-25 所示，在该对话框中可以实现后处理器的大部分功能。

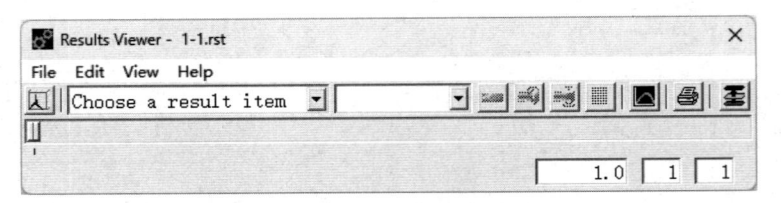

图 7-25 Results Viewer 对话框

在 Results Viewer 对话框中，可以在 Choose a result item 下拉列表中选择需要在工作区中显示的结果项，如节点解、单元解等，如图 7-26 所示。

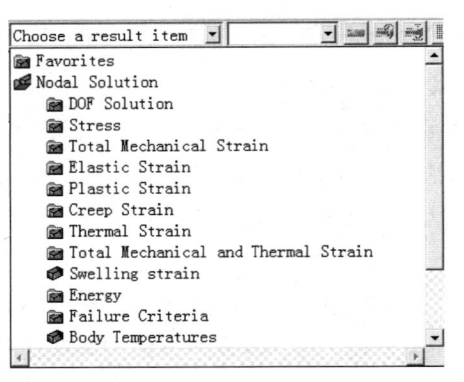

图 7-26 Choose a result item 下拉列表

Results Viewer 对话框中的工具栏按钮如图 7-27 所示，从左到右依次是"显示结果"按钮、"查询结果"按钮、"显示结果动画"按钮、"结果列表"按钮、"进入时间历程后处理器"按钮、"报告生成器"按钮、"捕捉图像"按钮、"捕捉动画"按钮、"捕捉结果列表"按钮、"捕捉报告表格"按钮、"打印选项"按钮、"显示隐藏窗口"按钮。

图 7-27　工具栏按钮

在如图 7-28 所示的时间轴上，可以控制显示的载荷步或时间点。

图 7-28　时间轴

在 Results Viewer 对话框中，可以方便、直观地观察分析结果及比较不同的分析结果。

7.2　时间历程后处理器

使用时间历程后处理器（POST26）可以检查模型指定的分析结果与时间、频率等的函数关系。

7.2.1　Time History Variables 对话框

时间历程后处理器的 Time History Variables 对话框如图 7-29 所示。

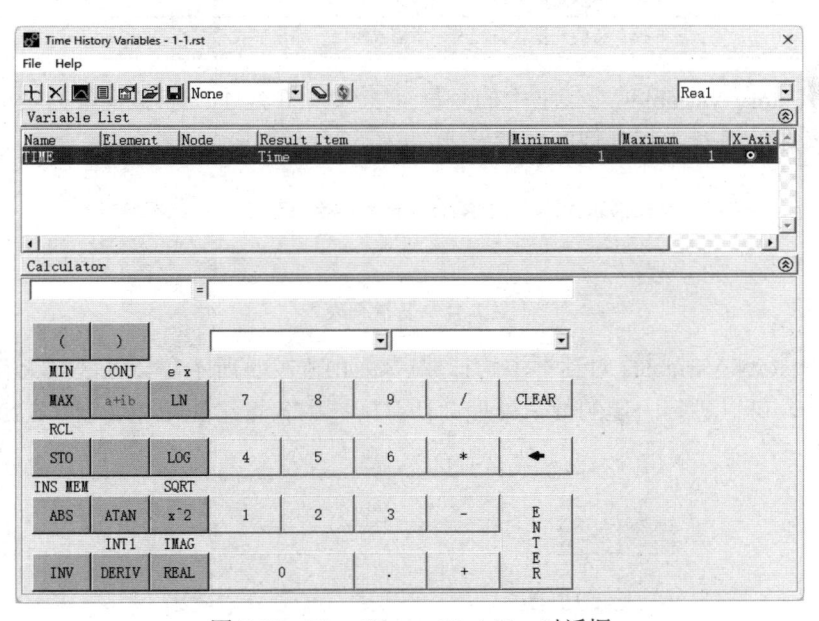

图 7-29　Time History Variables 对话框

Time History Variables 对话框的功能非常强大，在该对话框中可以管理要处理的数据、绘制曲线、进行一定的数学处理等。

Time History Variables 对话框中的工具栏如图 7-30 所示，从左到右依次为"添加数据"按钮、"删除数据"按钮、"绘出曲线"按钮、"列表显示数据"按钮、"属性"按钮、

"导入数据"按钮、"导出数据"按钮、"数据叠加"下拉列表、"消除时间历程数据"按钮、"刷新数据"按钮、"查看结果"下拉列表,其功能如表 7-4 所示。

图 7-30 工具栏

表 7-4 工具按钮功能列表

按 钮	功 能
添加数据	打开添加时间变量的对话框
删除数据	从变量列表框中删除选定的变量
绘出曲线	根据预定义的属性绘出最多包含 10 个变量的曲线
列表显示数据	列出最多 6 个变量的属性
属性	选定变量的属性
导入数据	将数据导入变量列表框
导出数据	将数据导出到一个文件
数据叠加	将选中的数据叠加
消除时间历程数据	清除所有变量并返回它们的默认值(复位)
刷新数据	更新变量列表框中的数据
查看结果	选择复杂的变量(实、虚、振幅或相位)输出形式

Time History Variables 对话框中的变量列表框如图 7-31 所示。变量列表框主要用于显示用户添加的需要进行处理的数据。

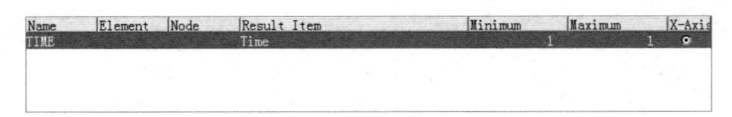

图 7-31 变量列表框

Time History Variables 对话框中的计算区域如图 7-32 所示。计算区域具有一定的数学计算能力,可以进行一定的数学处理。计算区域中各按钮的功能如表 7-5 所示。

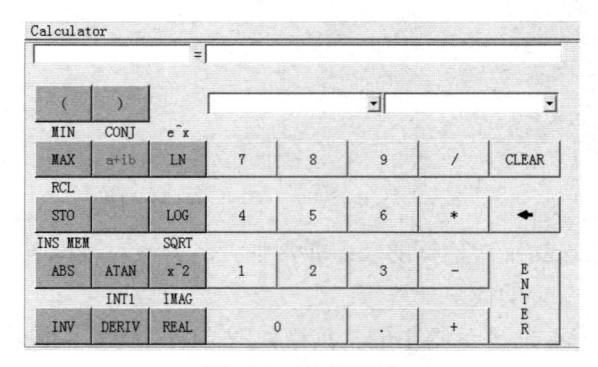

图 7-32 计算区域

表 7-5　计算区域中各按钮的功能

按　　钮	功　　能
括号	使用括号
MAX/MIN	查找最大值/最小值
COMPLEX/CONJUGATE	生成变量的共轭复数
LN/e^X	自然对数/指数
STO/RCL	存储/清空内存空间
CVAR	协方差
RPSD	计算响应的功率谱密度（RPSD），仅用于随机振动（PSD）分析
RESP	根据时间历程数据计算响应的功率谱（RESP），瞬态分析
LOG	求对数
ABS/INSMEM	绝对值
ATAN	反正切
X^2/SQRT	平方/开平方
INV	启用备用计算功能
DERIV/INT	求导/求积分
REAL/IMAG	提取复变量的实部/虚部
数字键	输入数字
/	除法
*	乘法
-	减法
+	加法
CLEAR	清除
BACKSPACE	删除最后一位
ENTER	确定

7.2.2　定义变量

在 GUI 的主菜单中选择 TimeHist PostPro 命令，或者在命令输入框中输入/POST26 命令，进入时间历程后处理器，执行 Variable Viewer 命令，单击"添加数据"按钮，弹出 Add Time-History Variable 对话框，如图 7-33 所示，在 Result Item 列表框中选择要添加的数据，在 Result Item Properties 列表框中进行设置，单击 OK 按钮，即可完成变量定义。

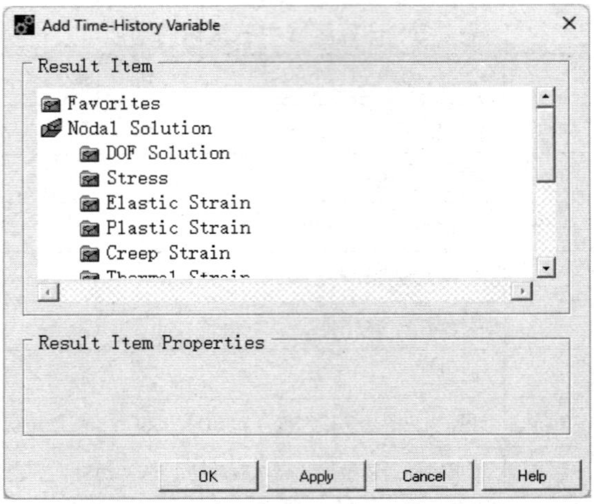

图 7-33 Add Time-History Variable 对话框

用户也可以用命令来定义变量，定义变量时可用的命令如表 7-6 所示。

表 7-6 定义变量时可用的命令

命　　令	变量数据来源
ANSOL	平均节点数
GAPF	间隙力
EDREAD	显示动力学分析结果
LAYERP26	取用单元的层
SHELL	定义取用 SHELL 的位置
ESOL	单元的节点数据
NSOL	节点数据
SOLU	结果总体数据
FORCE	力的种类
RFORCE	节点反力

使用 ANSOL 命令可以根据平均节点数定义变量。

```
ANSOL,NVAR,NODE,Item,Comp,Name,Mat,Real,Ename
```

NVAR：变量名，变量编号大于 2。

NODE：提取数据的节点编号。

Item：数据标识符，如 S、F。

Comp：组件名称。

Name：曲线名称。

使用 GAPF 命令可以根据间隙力定义变量。

```
GAPF,NVAR,NUM,Name
```

NUM：间隙力编号。

其他参数含义与 ANSOL 命令中的相应参数含义相同。

表 7-6 中列出的定义变量的命令使用方法基本相似。

7.2.3 显示变量

在定义好变量后，可以在工作区中绘制曲线，也可以将数据导出，用于其他软件分析。在 Time History Variables 对话框中的变量列表框中选择要绘制曲线的变量，单击工具栏中的"绘出曲线"按钮，如图 7-34 所示，即可在工作区中绘制曲线，该曲线可以反映所选变量与时间的关系。

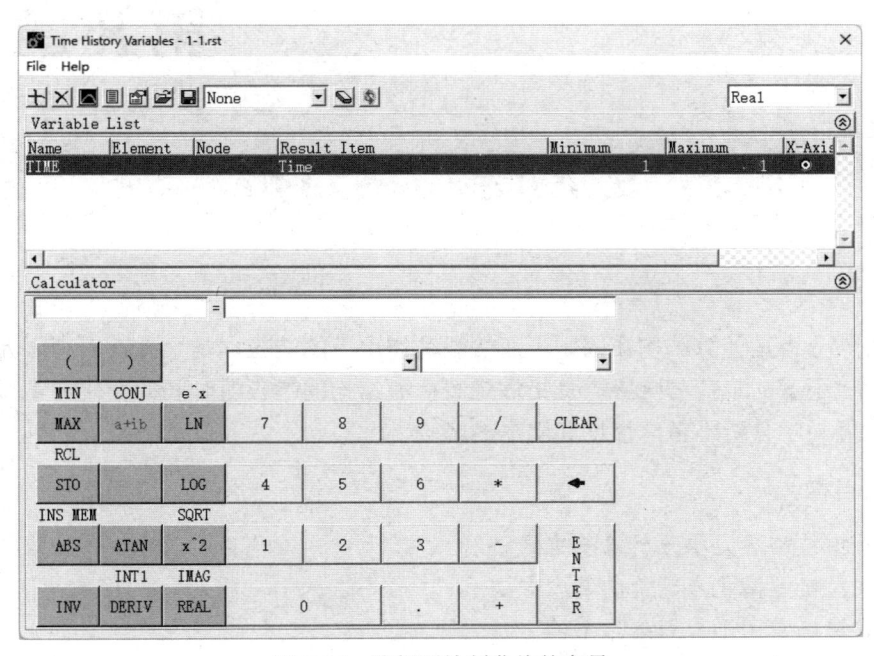

图 7-34 选择要绘制曲线的变量

在变量列表框中选择要列表显示的变量，单击工具栏中的"列表显示数据"按钮，即可在工作区中列表显示所选变量的属性，最多可以同时列表显示 6 个变量的属性。

7.3 本章小结

本章详细讲解了 ANSYS 的后处理功能，包括通用后处理器 POST1 及时间历程处理器 POST26，对分析结果的查看与输出进行了重点讲解。通过后处理，读者可以查看 ANSYS 有限元分析的结果，并且对结果数据进行进一步处理，从而得到自己想要的结果。

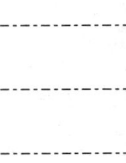

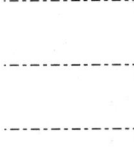

第二部分 专题技术

第8章

结构静力学分析

静力学分析是计算结构在固定不变的载荷作用下的响应,是 ANSYS 有限元分析的基础。固定不变的载荷与响应,是指假定载荷和结构的响应随时间的变化非常微小和缓慢。结构静力学分析不考虑惯性和阻尼的影响。

学习目标:

- 掌握结构静力学分析的基本思路。
- 掌握模型简化与等价的基本方法。
- 掌握查看图形与列表结果的方法。
- 掌握查看结果应力、位移、约束反力等参数的方法。

8.1 结构分析概述

8.1.1 结构分析的定义

结构分析是一种常用的有限元分析。结构是一个广义的概念,它包括土木工程结构(如桥梁和建筑物)、汽车结构(如车身骨架)、海洋结构(如船舶)、航空结构(如飞机机身)等,还包括机械零部件(如活塞、传动轴等)。

8.1.2 静力学分析的基本概念

静力学分析是指在固定不变的载荷作用下结构的响应,它不考虑惯性和阻尼的影响,如结构受随时间变化载荷的影响情况。但是,静力学分析可以计算固定不变的惯性载荷(如重力和离心力)对结构的影响,也可以计算近似为等价静力作用的随时间变化载荷(如通常在许多建筑规范中定义的等价静力风载荷和地震载荷）。

静力学分析所施加的载荷如下。
- 外部施加的作用力和压力。
- 稳态的惯性力（如重力和离心力）。
- 位移载荷。
- 温度载荷。

8.1.3 结构静力学分析的基本流程

结构静力学分析的基本流程有 3 个阶段：建模、加载与求解、结果分析。

1. 建模

首先，用户应该指定作业名和分析标题，然后，通过前处理程序定义单元类型、实常数、材料特性、模型几何元素。

在进行结构静力学分析时，必须注意如下事项。
- 可以采用线性或非线性结构单元。
- 材料特性可以是线性、非线性、各向同性、正交各向异性、与温度有关的特性等。
- 必须按某种形式定义刚度（如弹性模量、超弹性系数等）。
- 对于惯性载荷（如重力），必须定义计算质量所需的数据（如密度）。
- 对于温度载荷，必须定义热膨胀系数。
- 对于网格密度，应力或应变集中（急剧变化）区域（通常为用户感兴趣的区域）的网格密度，需要比应力或应变近乎常数区域的网格密度大；在考虑非线性影响时，需要足够的网格以得到非线性效应。例如，塑性分析需要较高的积分点密度，因此在高塑性变形梯度区域需要使用较密的网格。

2. 加载与求解

在结构静力学分析中可以使用的载荷有如下几种。

1）位移（UX、UY、UZ、ROTX、ROTY、ROTZ）。

通常将这些自由度约束施加到模型边界上，用于定义刚性支撑点，或者指定对称边界条件及已知运动的点。由标号指定的方向是按照节点的坐标系定义的。

2）力（FX、FY、FZ）和力矩（MX、MY、MZ）。

这些力通常集中在指定的外边界上，其方向是根据节点坐标系定义的。

3）压力（PRESS）。

压力是指表面载荷，通常作用于模型的外部。正压力指向源面，从而起到压缩的作用。

4）温度（TEMP）。

温度主要用于研究热膨胀或热压缩（温度应力）。如果要计算热应变，那么必须定义热膨胀系数。用户可以从热分析（LDREAD）结果中读取温度，或者直接指定温度（通过 BF 族命令）。

5）流（FLUE）。

流主要用于研究膨胀（中子流或其他原因引起的材料膨胀）或蠕变的效应。只有在输入膨胀或蠕变方程时才能使用。

6）重力、旋转等。

重力、旋转等是结构的惯性载荷。如果要计算惯性效应，则必须定义密度（或某种形式的质量）。

除了与模型无关的惯性载荷，用户还可以在模型的几何实体（关键点、线、面）或有限元模型（节点和单元）上定义载荷。

3. 结果分析

结构静力学分析的结果存储于分析结果文件（Jobname.RST）中，包括以下内容。

- 基本解。
- 节点位移（UX、UY、UZ、ROTX、ROTY、ROTZ）。
- 导出解。
- 节点和单元应力、节点和单元应变、单元力、节点反力等。

典型的后处理操作有如下几种。

1）显示变形图。

使用 PLDISP 命令（在 GUI 的主菜单中选择 General Postproc > Plot Results > Deformed Shape 命令）可以显示变形图。PLDISP 命令的 KUND 参数使用户可以在原始图上叠加变形图。

2）列出作用于约束节点上的反力和反力矩。

使用 PRESOL 命令（在 GUI 的主菜单中选择 General Postproc > List Results > Reaction Solu 命令）可以列出作用于约束节点上的反力和反力矩。

3）列出作用于节点上的力和力矩。

使用 PRESOL、F（或 M）命令（在 GUI 的主菜单中选择 General Postproc > List Results > Element Solution 命令）可以列出作用于节点上的力和力矩。

① 可以列出所选节点集中的所有节点上的力和力矩。首先选择节点集，然后列出作用于这些节点上的所有力和力矩。

APDL 命令：

```
FSUM
```

GUI 操作：在主菜单中选择 General Postproc > Nodal Calcs > Total Force Sum 命令。

② 可以在每个已选节点上检查所有力和力矩。对于处于平衡状态的实体，除载荷作用点和存在反力的节点外，所有节点上的总载荷为 0。

APDL 命令：

```
NFORCE
```

GUI 操作：在主菜单中选择 General Postproc > Nodal Calcs > Sum@EachNode 命令。

4）线单元结果。

对于线单元（如梁、杆、管），使用 ETABLE 命令（在 GUI 的主菜单中选择 General Postproc > Element Table > Define Table 命令）取得导数数据（如应力、应变等）。结果数据用一个标号和一个序列号的组合或元件名来区别。

5）误差评估。

在实体和壳单元的线性结构静力学分析中，使用 PRERR 命令（在 GUI 的主菜单中选择 General Postproc > List Results > Percent Error 命令）列出网格离散误差的评估值。这个命令可以按结构能量模（SEPC）计算和列出误差百分比，代表一个点的网格离散的相对误差。

6）结构能量误差评估。

使用 PLESOL、SERR 命令计算单元与单元之间的结构能量误差（SERR）。在等值线图中，SERR 较大的区域是要进行网格细化的候选区域。

7）等值线显示。

使用 PLNSOL（在 GUI 的主菜单中选择 General Postproc > Plot Results > Contour Plot > Nodal Solu 命令）和 PLESOL 命令（在 GUI 的主菜单中选择 General Postproc > Plot Results > Contour Plot > Element Solu 命令）可以显示大部分结果项的等值线。这些结果项包括应力（SX、SY、SZ 等）、应变（EPELX、EPELY、EPELZ 等）和位移（UX、UY、UZ 等）。PLNSOL 和 PLESOL 命令的 KUND 参数使用户可以在原始图上叠加等值线。

使用 PLETAB 和 PLLS 命令（在 GUI 的主菜单中选择 General Postproc > Element Table > Plot Element Table 命令，或者在 GUI 的主菜单中选择 General Postproc > Plot Results > Contour Plot Line Elemtes 命令）可以显示单元表数据和线单元数据。

在使用 PLNSOL 命令时，导出数据（如应力、应变）为节点上的平均值。对于不同材料、不同厚度的壳或其他不连续体，这个平均值会得出错误结果。

有两种方法可以避免这个问题，一种是选择相同材料、相同厚度的壳，然后使用 PLNSOL 命令显示大部分结果项的等值线。另一种是使用 Power Graphics 及 AVRES 命令设置在不同材料、不同厚度的壳上不产生平均应力。

8）矢量显示。

使用 PLVECT 命令（在 GUI 的主菜单中选择 General Postproc > Plot Results > Vector Plot Predefined 命令）观察矢量的显示，使用 PRVECT 命令（在 GUI 的主菜单中选择 General Postproc > List Results > Vector Data 命令）观察矢量列表。

对于位移（DISP）、转角（ROT）、主应力（S1、S2、S3）等矢量，观察矢量显示（不要与矢量模态混淆）是一种有效方法。

9）表格列示。

使用下述命令进行表格列示。

APDL 命令：PRNSOL（节点结果）、PRESOL（单元与单元间结果）、PRRSOL（反力）等。

GUI 操作：在主菜单中选择 General Postproc > List Results > Solution option 命令。

在列示表格前，使用 NSORT（在 GUI 的主菜单中选择 General Postproc > List Results > Sorted Listing > Sort Nodes 命令）和 ESORT 命令（在 GUI 的主菜单中选择 General Postproc > List Results > Sorted Listing > Sort Elems 命令）进行数据排序。

8.2 开孔平板静力学分析

本例对开孔平板模型进行静力学分析。

8.2.1 问题描述

本例中的开孔平板模型如图 8-1 所示，单位均为 m，厚度为 0.02m；材料为钢，弹性模量为 200E9Pa，泊松比为 0.3，屈服极限为 245MPa；底部固支，顶部受竖直向下均布载荷 1.5E6Pa。

图 8-1 开孔平板模型

分析该结构的应力、应变，并且确定最危险部位。

8.2.2 设置分析环境

（1）启动 Mechanical APDL Product Launcher，打开 ANSYS Mechanical APDL Product Launcher 窗口，在 Simulation Environment 下拉列表中选择 ANSYS 选项，在 License 下拉列表中选择 ANSYS Multiphysics 选项，在 Working Directory 文本框中输入工作目录名称，在 Job Name 文本框中输入项目名称"8-1"，可以单击这两个文本框右边的 Browse 按钮进行选择。

（2）单击 Run 按钮，如果上一步输入的工作目录不存在，则会弹出 ANSYS Mechanical APDL Launcher Query 对话框，用于提示用户上一步输入的工作目录不存在，并且询问是否创建该工作目录，如图 8-2 所示，单击 Yes 按钮，进入 ANSYS 的 GUI 界面。

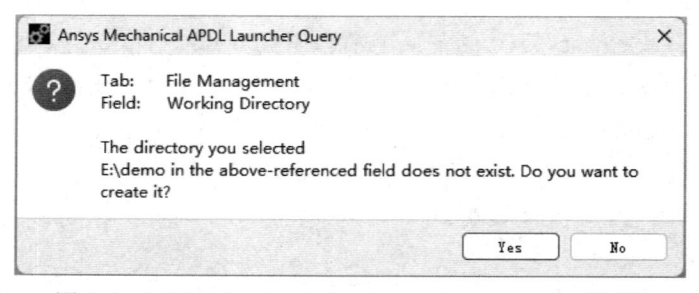

图 8-2 ANSYS Mechanical APDL Launcher Query 对话框

（3）在 GUI 的主菜单中选择 Preferences 命令，弹出 Preferences for GUI Filtering 对话框，勾选 Structural 复选框，如图 8-3 所示，单击 OK 按钮，完成分析环境设置。

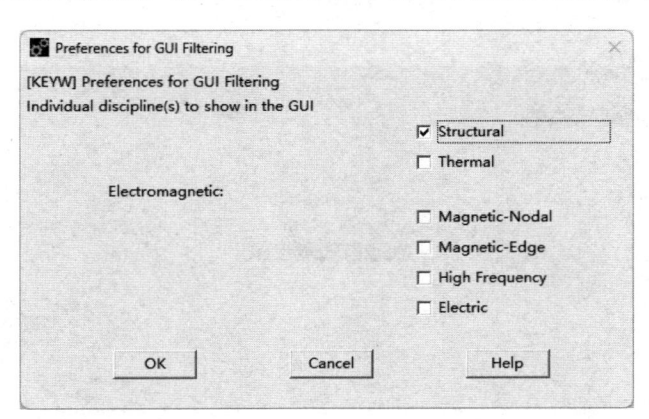

图 8-3　Preferences for GUI Filtering 对话框

8.2.3　定义单元与材料属性

（1）在 GUI 的主菜单中选择 Preprocessor > Element Type > Add/Edit/Delete 命令，弹出 Element Types 对话框，如图 8-4 所示。

（2）单击 Add 按钮，弹出 Library of Element Types 对话框，在第一个列表框中选择 Solid 选项，在第二个列表框中选择 Quad 4 node 182 选项，如图 8-5 所示，单击 OK 按钮，关闭该对话框。

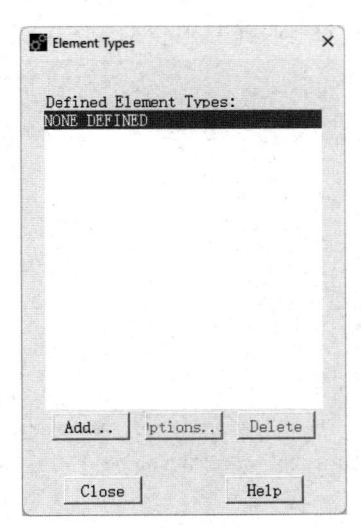

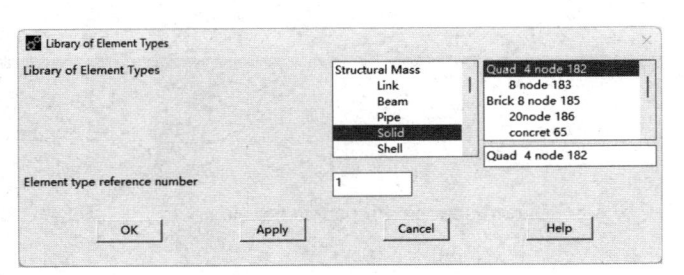

图 8-4　Element Types 对话框（一）　　图 8-5　Library of Element Types 对话框

（3）返回 Element Types 对话框，即可看到添加的单元类型，如图 8-6 所示。

（4）在 GUI 的主菜单中选择 Preprocessor > Material Props > Material Models 命令，打开 Define Material Model Behavior 窗口，在 Material Models Available 列表框中选择

Structural > Linear > Elastic > Isotropic 选项，如图 8-7 所示，弹出 Linear Isotropic Properties for Material Number 1 对话框。

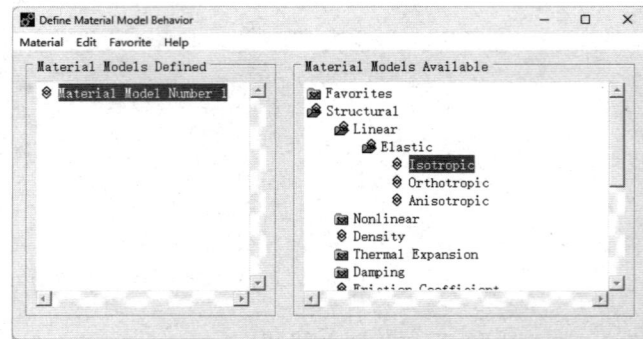

图 8-6　Element Types 对话框（二）　　　图 8-7　Define Material Model Behavior 窗口

（5）在 Linear Isotropic Properties for Material Number 1 对话框中，设置 EX=2e11、PRXY=0.3，即设置弹性模量为 200E9Pa、泊松比为 0.3，如图 8-8 所示，单击 OK 按钮。返回 Define Material Model Behavior 窗口，在 Material Models Available 列表框中选择 Structural > Density 选项，单击 OK 按钮，弹出 Density for Material Number 1 对话框。

（6）在 Density for Material Number 1 对话框中，设置 DENS=7800，即设置材料密度为 7800kg/m^2，如图 8-9 所示，单击 OK 按钮，关闭该对话框。返回 Define Material Model Behavior 窗口，关闭窗口。

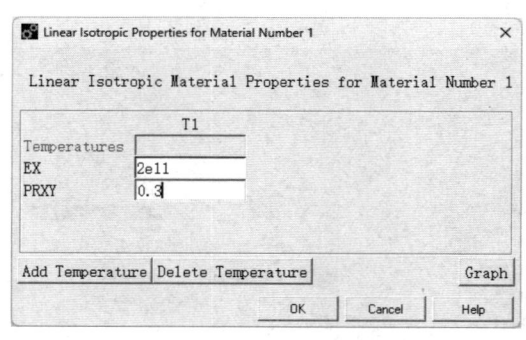

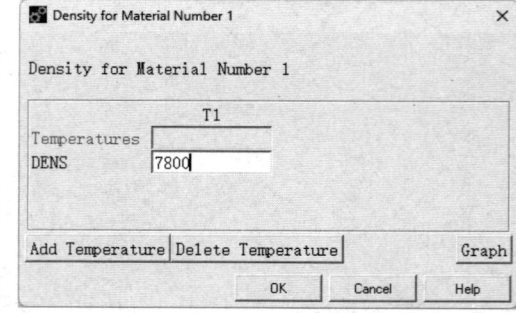

图 8-8　Linear Isotropic Properties for Material　　图 8-9　Density for Material Number 1 对话框
　　　　　　Number 1 对话框

（7）在 GUI 的主菜单中选择 Preprocessor > Sections > Shell > Lay-up > Add/Edit 命令，弹出 Create and Modify Shell Sections 对话框，设置 Thickness=0.02，即设置单元厚度为 0.02m，如图 8-10 所示，单击 OK 按钮完成。

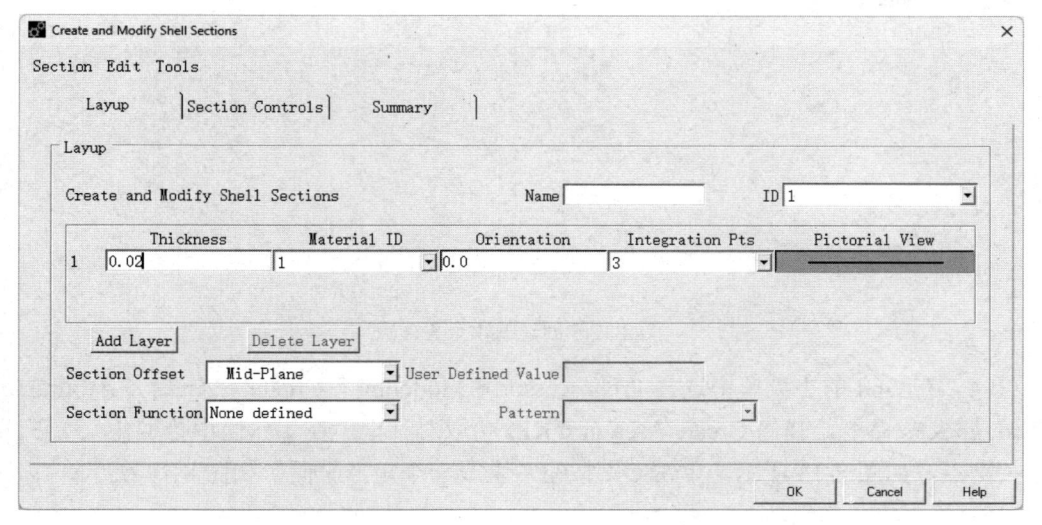

图 8-10　Create and Modify Shell Sections 对话框

8.2.4　创建模型

（1）在 GUI 的主菜单中选择 Preprocessor > Modeling > Create > Keypoints > In Active CS 命令，弹出 Create Keypoints in Active Coordinate System 对话框。

（2）在 Create Keypoints in Active Coordinate System 对话框的 NPT Keypoint number 文本框中输入关键点的编号"1"，在 X,Y,Z Location in active CS 文本框中输入 1 号关键点的坐标（0.5,0.2,0），如图 8-11 所示，单击 Apply 按钮，完成 1 号关键点的创建。

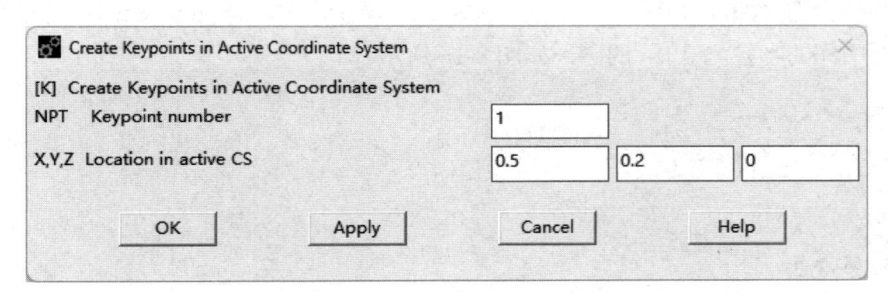

图 8-11　Create Keypoints in Active Coordinate System 对话框

（3）继续输入其他关键点的编号与坐标，直至完成所有关键点的创建。关键点的编号与坐标如表 8-1 所示，创建的 4 个关键点如图 8-12 所示。

表 8-1　关键点的编号与坐标

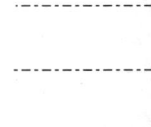

关键点编号	X	Y	Z
1	0.5	0.2	0
2	−0.5	0.2	0
3	−0.5	−0.2	0
4	0.5	−0.2	0

图 8-12 创建的 4 个关键点

（4）在 GUI 的主菜单中选择 Preprocessor > Modeling > Create > Areas > Arbitrary > Through KPs 命令，弹出 Create Area thru KPs 拾取对话框，在工作区中拾取 1、2、3、4 号关键点，如图 8-13 所示，单击 OK 按钮，生成一个矩形平面，如图 8-14 所示。

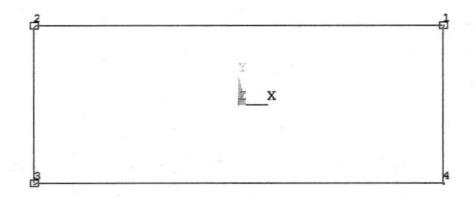

图 8-13 拾取平板顶点　　　　　　　　图 8-14 生成矩形平面

（5）在 GUI 的主菜单中选择 Preprocessor > Modeling > Create > Areas > Circle > Solid Circle 命令，弹出 Solid Circular Area 对话框，设置 WP X=0、WP Y=0、Radius=0.1，即设置圆心坐标为（0,0），半径为 0.1m，如图 8-15 所示，单击 Apply 按钮，生成一个位于矩形平面中间的半径为 0.1m 的圆，如图 8-16 所示。

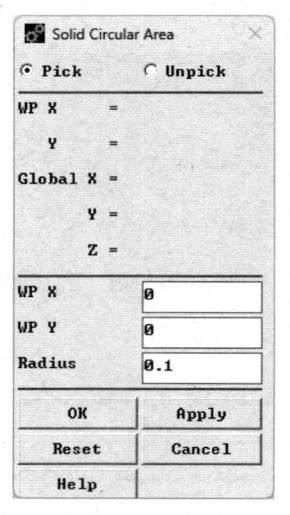

图 8-15 Solid Circular Area 对话框 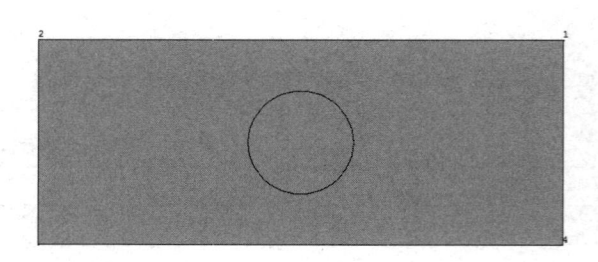　　　　图 8-16 生成位于矩形平面中间的半径为 0.1m 的圆

（6）在 Solid Circular Area 对话框中，继续设置左右两侧的圆心坐标及半径，左侧圆的 WP X=-0.3、WP Y=0、Radius=0.05，右侧圆的 WP X=0.3、WP Y=0、Radius=0.05，最后单击 OK 按钮，完成基本几何图元的创建。创建的基本几何图元如图 8-17 所示。

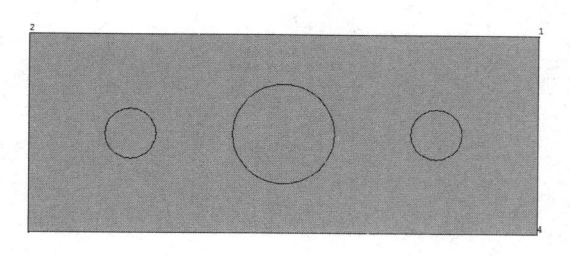

图 8-17　创建的基本几何图元

（7）在 GUI 的主菜单中选择 Preprocessor > Modeling > Operate > Booleans > Subtract > Areas 命令，弹出 Subtract Area 拾取对话框，首先在工作区中拾取矩形平面，如图 8-18 所示，单击 Apply 按钮，然后在工作区中拾取 3 个圆，如图 8-19 所示，单击 OK 按钮，完成面相减的布尔运算，得到开孔平板模型，如图 8-20 所示。

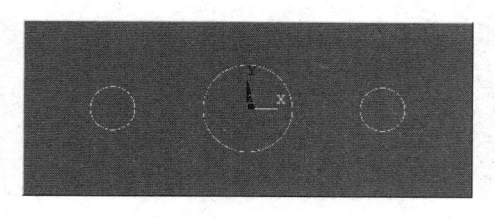

图 8-18　拾取矩形

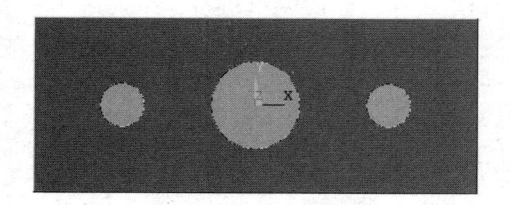

图 8-19　拾取 3 个圆

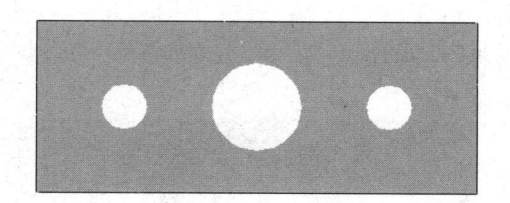

图 8-20　开孔平板模型

（8）为了防止数据意外丢失，应该随时保存，在工具栏中单击 SAVE_DB 按钮即可。

8.2.5　划分网格

（1）在 GUI 的主菜单中选择 Preprocessor > Meshing > MeshTool 命令，打开 MeshTool 面板，如图 8-21 所示。

（2）在 MeshTool 面板中，单击 Size Control 选区中 Global 后的 Set 按钮，弹出 Global Element Sizes 对话框，设置 NDIV No. of element divisions=10，即设置线被分为 10 份，如图 8-22 所示。

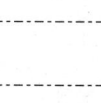

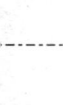

图 8-21　MeshTool 面板　　　　　图 8-22　Global Element Sizes 对话框

（3）在 MeshTool 面板中单击 Mesh 按钮，弹出 Mesh Areas 拾取对话框，拾取工作区中的几何模型，如图 8-23 所示，单击 OK 按钮，完成网格划分，生成的单元如图 8-24 所示。

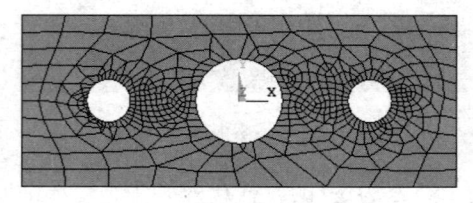

图 8-23　拾取开孔平板模型　　　　　图 8-24　网格划分生成的单元

8.2.6　施加边界条件

（1）在 GUI 的通用菜单中选择 Select > Entities 命令，弹出 Select Entities 对话框，在第一个下拉列表中选择 Line 选项，在第二个下拉列表中选择 By Num/Pick 选项，具体参数设置如图 8-25 所示，单击 Apply 按钮，弹出 Select lines 拾取对话框，在工作区中拾取开孔平板模型的下边缘，如图 8-26 所示。

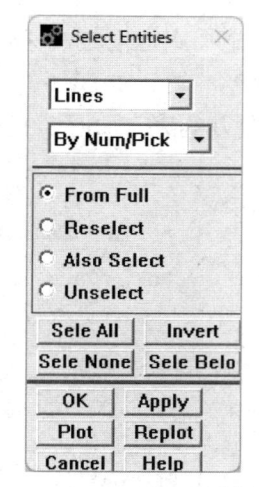

图 8-25　Select Entities 对话框（一） 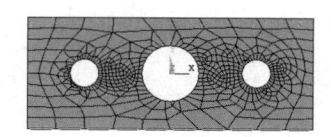　　图 8-26　拾取开孔平板模型的下边缘

（2）在 GUI 的通用菜单中选择 Plot > lines 命令，显示选中的线，如图 8-27 所示。

（3）返回 Select Entities 对话框，在第一个下拉列表框中选择 Nodes 选项，在第二个下拉列表框中选择 Attached to 选项，具体参数设置如图 8-28 所示，单击 OK 按钮，完成节点选择。

（4）在 GUI 的通用菜单中选择 Plot > Nodes 命令，即可显示选中的节点，如图 8-29 所示。

图 8-27　选中的线（一）　　图 8-28　Select Entities 对话框（二） 　　图 8-29　选中的节点（一）

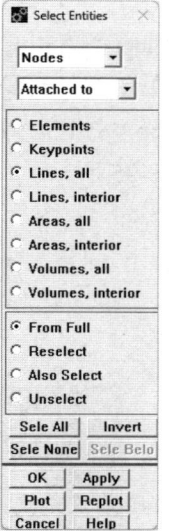

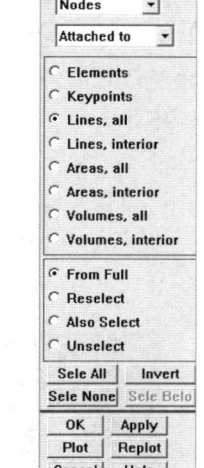

（5）在 GUI 的主菜单中选择 Solution > Define Loads > Apply > Structural > Displacement > On Nodes 命令，弹出 Apply U,ROT on Nodes 拾取对话框，拾取工作区中的所有节点，如图 8-30 所示，单击 OK 按钮。

（6）弹出 Apply U,ROT on Nodes 对话框，在 Lab2 DOFs to be constrained 列表框中

选择 All DOF 选项，如图 8-31 所示，单击 OK 按钮，施加底边固定约束，如图 8-32 所示。在 GUI 的通用菜单中选择 Select > Everything 命令，然后在 GUI 的通用菜单中选择 Plot > Elements 命令，即可显示完整的开孔平板模型及约束，如图 8-33 所示。

图 8-30 拾取所有节点

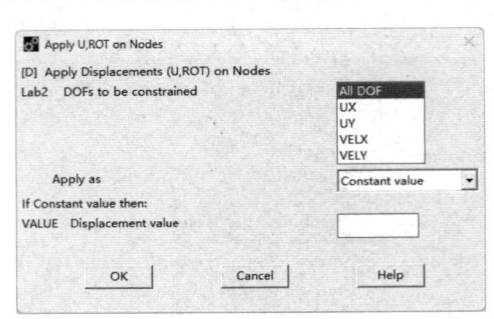

图 8-31 Apply U,ROT on Nodes 对话框

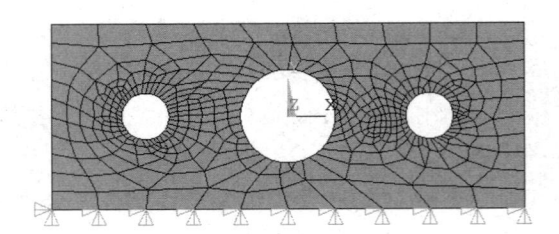

图 8-32 施加底边固定约束

图 8-33 完整的开孔平板模型及约束

（7）在 GUI 的通用菜单中选择 Select > Entities 命令，弹出 Select Entities 对话框，在第一个下拉列表框中选择 Lines 选项，在第二个下拉列表框中选择 By Num/Pick 选项，具体参数设置如图 8-34 所示，单击 Apply 按钮，弹出 Select lines 拾取对话框，在工作区中拾取开孔平板模型的上边缘，如图 8-35 所示。

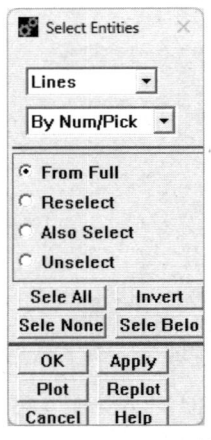

图 8-34 Select Entities 对话框（三）

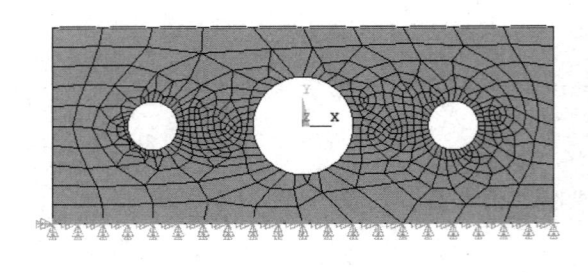

图 8-35 拾取开孔平板模型的上边缘

（8）在 GUI 的通用菜单中选择 Plot > lines 命令，显示选中的线，如图 8-36 所示。

（9）返回 Select Entities 对话框，在第一个下拉列表框中选择 Nodes 选项，在第二个下拉列表框中选择 Attached to 选项，具体参数设置如图 8-37 所示，单击 OK 按钮，完成节点选择。

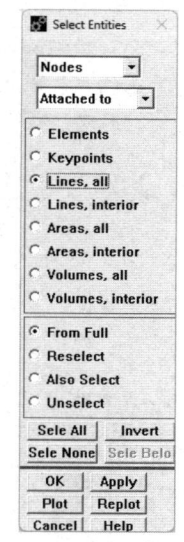

图 8-36　选中的线（二）　　　　图 8-37　Select Entities 对话框（四）

（10）在 GUI 的通用菜单中选择 Plot > Nodes 命令，显示选中的节点，如图 8-38 所示。

图 8-38　选中的节点（二）

（11）在 GUI 的主菜单中选择 Solution > Define Loads > Apply > Structural > Pressure > On Nodes 命令，弹出 Apply PRES on nodes 拾取对话框，在工作区中拾取所有节点，单击 OK 按钮。

（12）弹出 Apply PRES on nodes 对话框，设置 VALUE Load PRES value=1.5e6，即设置压力载荷为 1.5×10^6 Pa，如图 8-39 所示，单击 OK 按钮，即可看到施加的载荷，如图 8-40 所示。

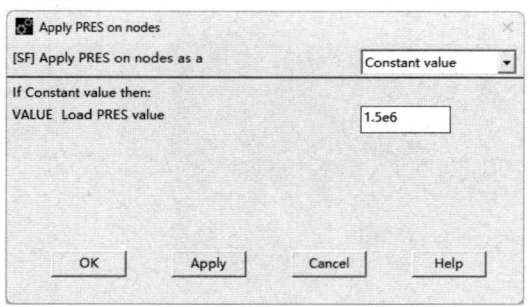

图 8-39　Apply PRES on nodes 对话框　　　　图 8-40　施加的载荷

（13）在 GUI 的通用菜单中选择 Select > Everything 命令，然后在 GUI 的通用菜单中选择 Plot > Elements 命令，即可显示完整的开孔平板模型及全部边界条件，如图 8-41 所示。

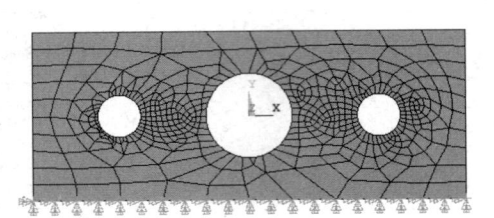

图 8-41　完整的开孔平板模型及全部边界条件

8.2.7　求解

（1）在 GUI 的主菜单中选择 Solution > Solve > Current LS 命令，弹出/STATUS Command 对话框，用于显示项目的求解信息及输出选项，如图 8-42 所示；同时弹出 Solve Current Load Step 对话框，用于询问用户是否开始求解，如图 8-43 所示。

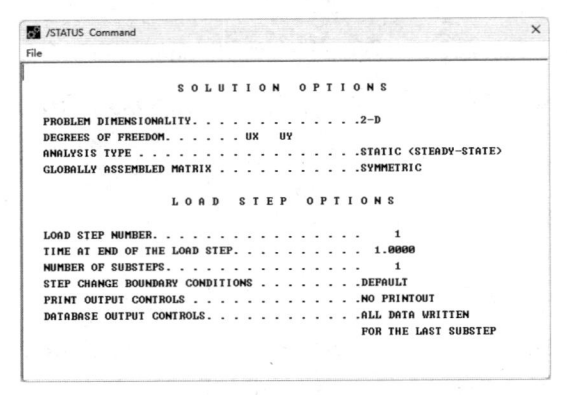

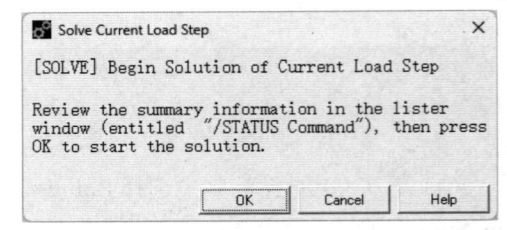

图 8-42　/STATUS Command 对话框　　　　图 8-43　Solve Current Load Step 对话框

（2）在 Solve Current Load Step 对话框中单击 OK 按钮，开始求解。在求解完成后，弹出显示"Solution is done!"的 Note 对话框，如图 8-44 所示，单击 Close 按钮，关闭该对话框。

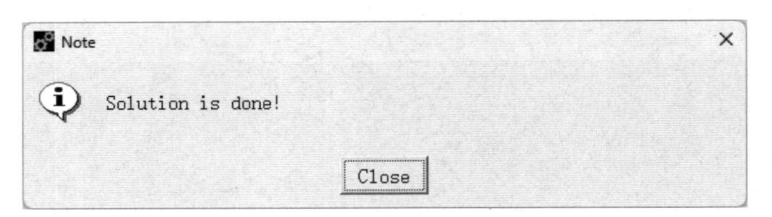

图 8-44　Note 对话框

8.2.8 显示变形图

（1）在 GUI 的主菜单中选择 General Postproc > Plot Results > Deformed Shape 命令，弹出 Plot Deformed Shape 对话框。

（2）在 Plot Deformed Shape 对话框中选择 Def+undef edge 单选按钮，如图 8-45 所示，单击 OK 按钮，即可在工作区中显示开孔平板模型的变形图，如图 8-46 所示。

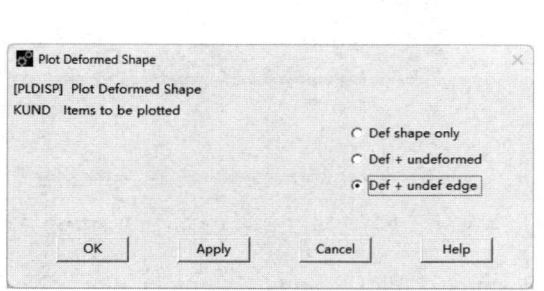

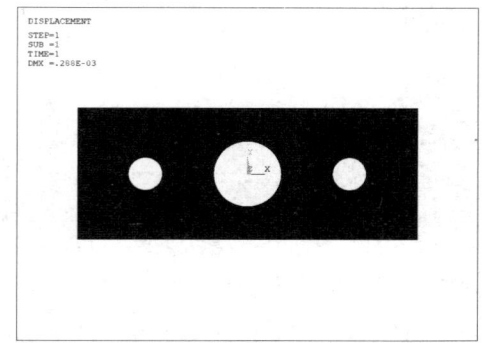

图 8-45　Plot Deformed Shape 对话框　　　　图 8-46　开孔平板模型的变形图

8.2.9 显示结果云图

（1）在 GUI 的主菜单中选择 General Postproc > Plot Results > Contour Plot > Nodal Solu 命令，弹出 Contour Nodal Solution Data 对话框，在 Item to be contoured 列表框中选择 Nodal Solution > DOF Solution > Displacement vector sum 选项，如图 8-47 所示，单击 OK 按钮，即可在工作区中看到开孔平板模型的位移云图，如图 8-48 所示。

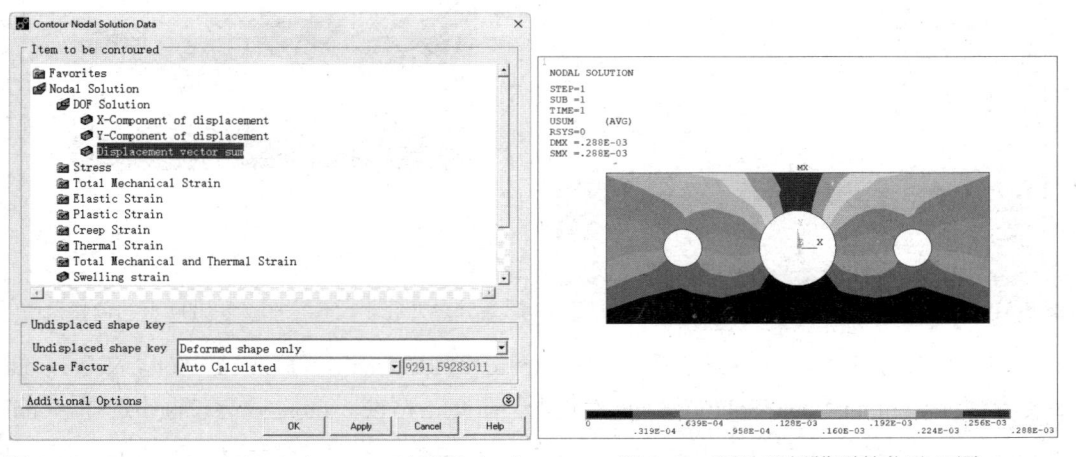

图 8-47　Contour Nodal Solution Data 对话框（一）　　图 8-48　开孔平板模型的位移云图

（2）在 GUI 的主菜单中选择 General Postproc > Plot Results > Contour Plot > Nodal Solu 命令，弹出 Contour Nodal Solution Data 对话框，在 Item to be contoured 列表框中选择 Nodal Solution > DOF Solution > X-Component of displacement 选项，如图 8-49 所示，

单击 OK 按钮，即可在工作区中看到开孔平板模型在 X 轴方向上的位移云图，如图 8-50 所示。

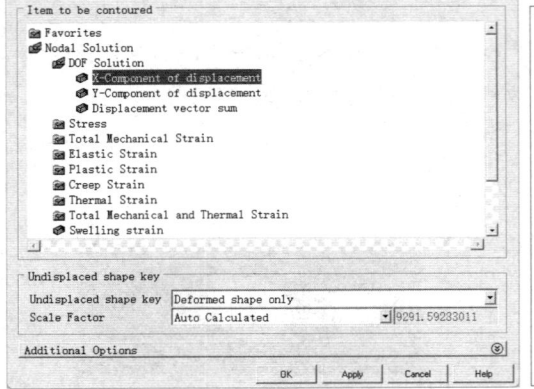

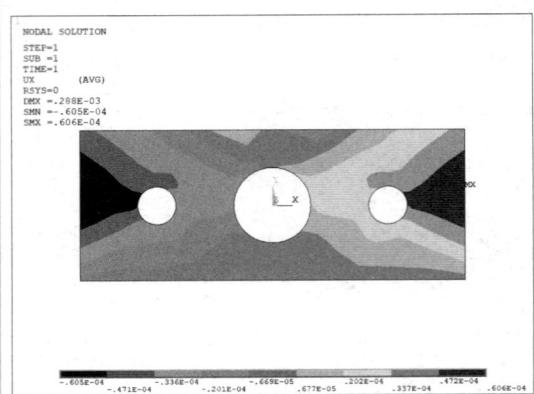

图 8-49 Contour Nodal Solution Data 对话框（二）　　图 8-50 开孔平板模型在 X 轴方向上的位移云图

（3）在 GUI 的主菜单中选择 General Postproc > Plot Results > Contour Plot > Nodal Solu 命令，弹出 Contour Nodal Solution Data 对话框，在 Item to be contoured 列表框中选择 Nodal Solution > DOF Solution > Y-Component of displacement 选项，如图 8-51 所示，单击 OK 按钮，即可在工作区中看到开孔平板模型在 Y 轴方向上的位移云图，如图 8-52 所示。

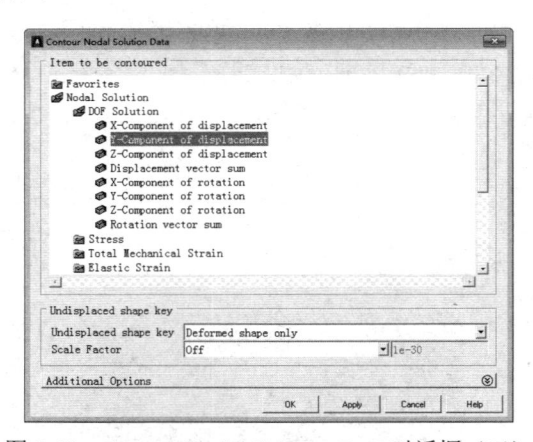

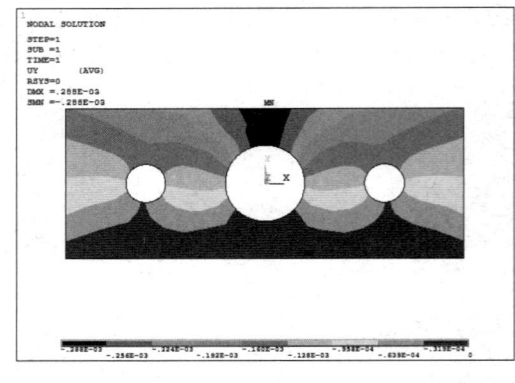

图 8-51 Contour Nodal Solution Data 对话框（三）　　图 8-52 开孔平板模型在 Y 轴方向上的位移云图

（4）在 GUI 的主菜单中选择 General Postproc > Plot Results > Contour Plot > Nodal Solu 命令，弹出 Contour Nodal Solution Data 对话框，在 Item to be contoured 列表框中选择 Nodal Solution > Stress > XY Shear stress 选项，如图 8-53 所示，单击 OK 按钮，即可在工作区中看到开孔平板模型在 XY 平面上的剪应力云图，如图 8-54 所示。

图 8-53　Contour Nodal Solution Data 对话框（四）　图 8-54　开孔平板模型在 XY 平面上的剪应力云图

（5）在 GUI 的主菜单中选择 General Postproc > Plot Results > Contour Plot > Nodal Solu 命令，弹出 Contour Nodal Solution Data 对话框，在 Item to be contoured 列表框中选择 Nodal Solution > Stress > 1st Principal stress 选项，如图 8-55 所示，单击 OK 按钮，即可在工作区中看到开孔平板模型的第一主应力云图，如图 8-56 所示。

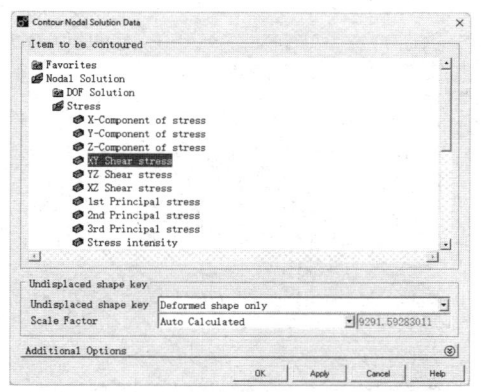

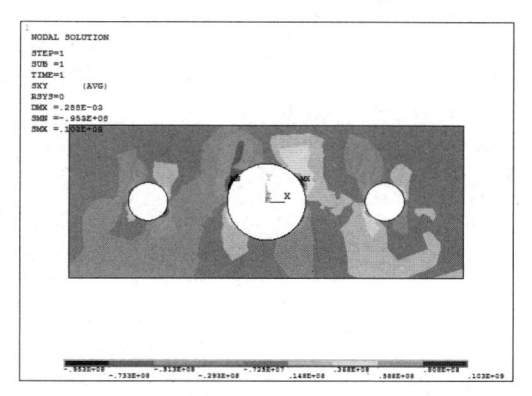

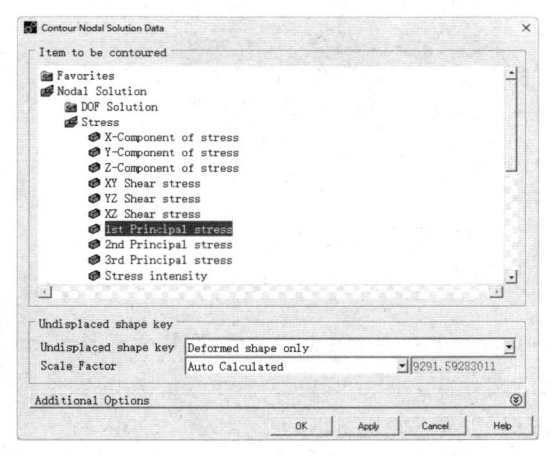

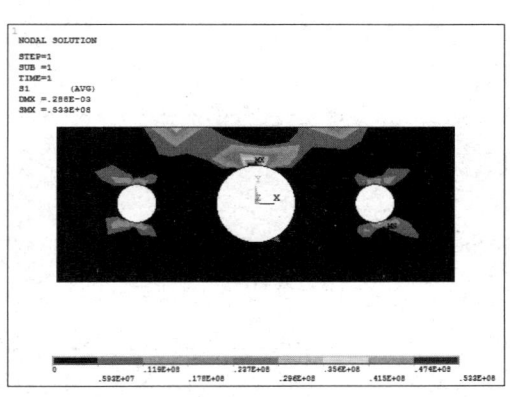

图 8-55　Contour Nodal Solution Data 对话框（五）　图 8-56　开孔平板模型的第一主应力云图

（6）在 GUI 的主菜单中选择 General Postproc > Plot Results > Contour Plot > Element Solu 命令，弹出 Contour Element Solution Data 对话框，在 Item to be contoured 列表框中选择 Element Solution > Stress > X-Component of stress 选项，如图 8-57 所示，单击 OK 按钮，即可在工作区中看到开孔平板模型在 X 轴方向上的单元应力云图，如图 8-58 所示。

（7）在 GUI 的主菜单中选择 General Postproc > Plot Results > Contour Plot > Element Solu 命令，弹出 Contour Element Solution Data 对话框，在 Item to be contoured 列表框中选择 Element Solution > Stress > Y-Component of stress 选项，如图 8-59 所示，单击 OK 按钮，即可在工作区中看到开孔平板模型在 Y 轴方向上的单元应力云图，如图 8-60 所示。

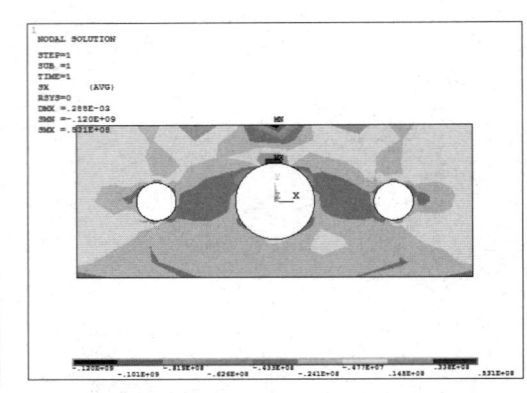

图 8-57　Contour Element Solution Data 对话框（一）　图 8-58　开孔平板模型在 X 轴方向上的单元应力云图

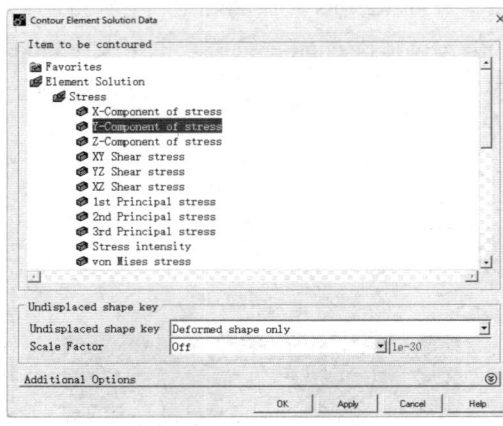

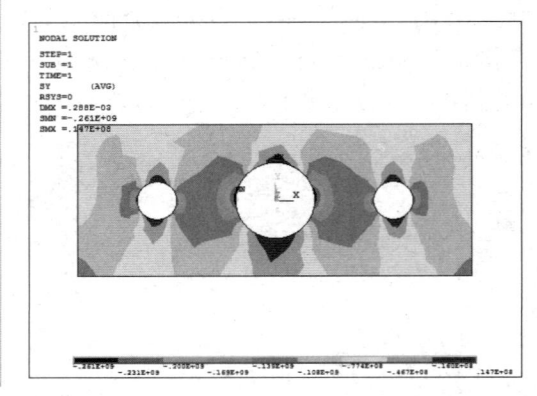

图 8-59　Contour Element Solution Data 对话框（二）　图 8-60　开孔平板模型在 Y 轴方向上的单元应力云图

（8）在 GUI 的主菜单中选择 General Postproc > Plot Results > Contour Plot > Element Solu 命令，弹出 Contour Element Solution Data 对话框，在 Item to be contoured 列表框中选择 Element Solution > Stress > YZ Shear stress 选项，如图 8-61 所示，单击 OK 按钮，即可在工作区中看到开孔平板模型在 YZ 平面上的单元剪应力云图，如图 8-62 所示。

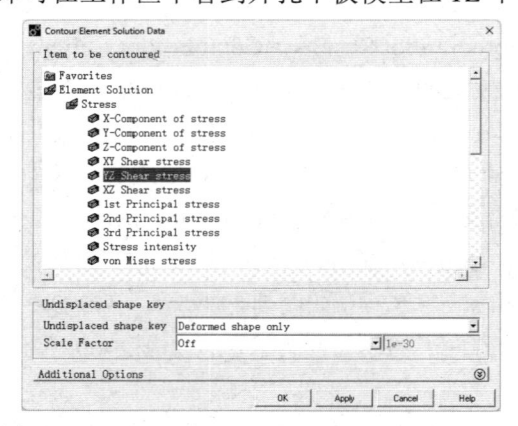

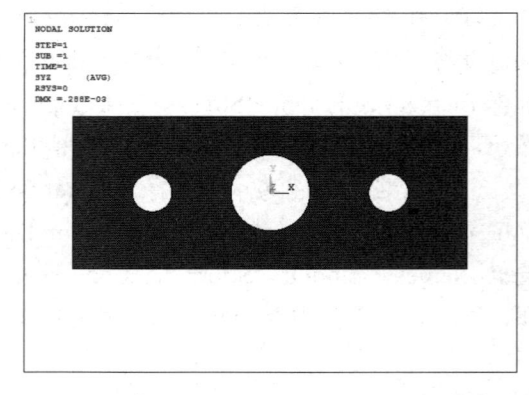

图 8-61　Contour Element Solution Data 对话框（三）图 8-62　开孔平板模型在 YZ 平面上的单元剪应力云图

（9）在 GUI 的主菜单中选择 General Postproc > Plot Results > Contour Plot > Element Solu 命令，弹出 Contour Element Solution Data 对话框，在 Item to be contoured 列表框中选择 Element Solution > Stress > 2nd Principle stress 选项，如图 8-63 所示，单击 OK 按钮，即可在工作区中看到开孔平板模型的单元第二主应力云图，如图 8-64 所示。

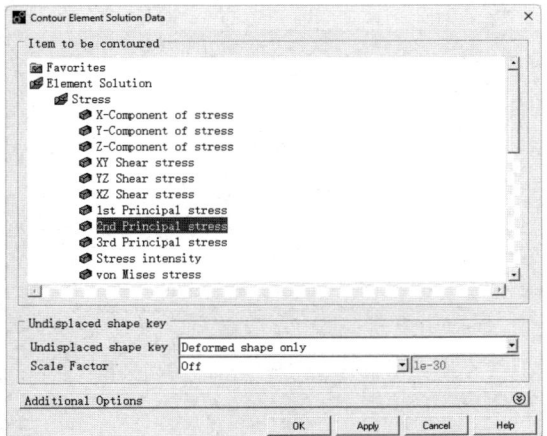

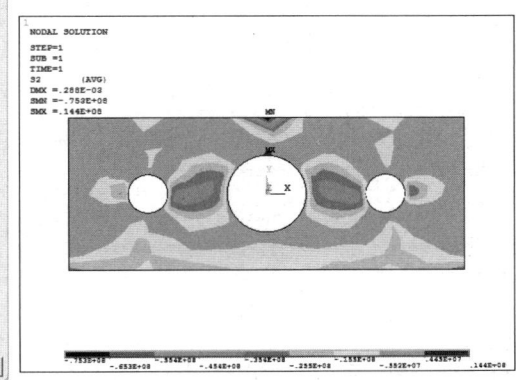

图 8-63　Contour Element Solution Data（四）　　图 8-64　开孔平板模型的单元第二主应力云图

8.2.10　查看矢量图

（1）在 GUI 的主菜单中选择 General Postproc > Plot Results > Vector Plot > Predefined 命令，弹出 Vector Plot of Predefined Vectors 对话框，如图 8-65 所示。

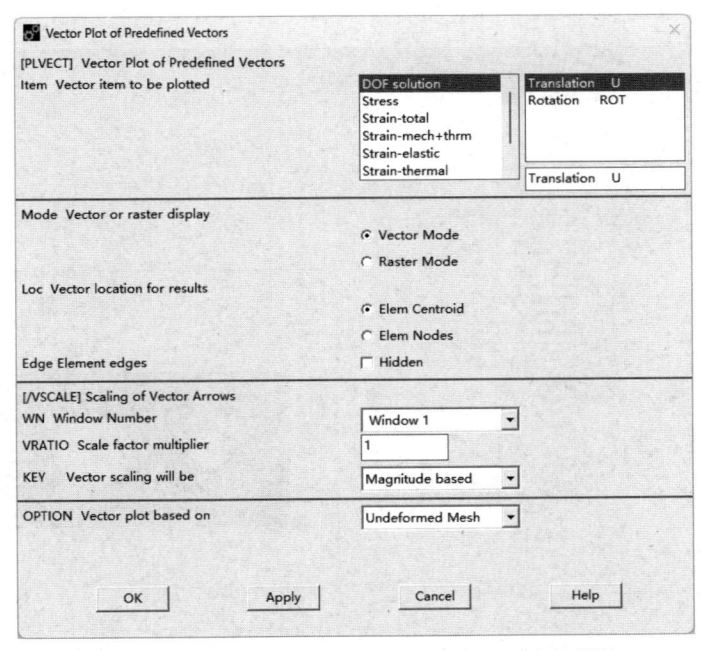

图 8-65　Vector Plot of Predefined Vectors 对话框

（2）如果设置显示的矢量为 Translation U，单击 OK 按钮，则显示开孔平板模型的平移矢量，如图 8-66 所示；如果设置显示的矢量为 Rotation ROT，单击 OK 按钮，则显示开孔平板模型的转动矢量，如图 8-67 所示。

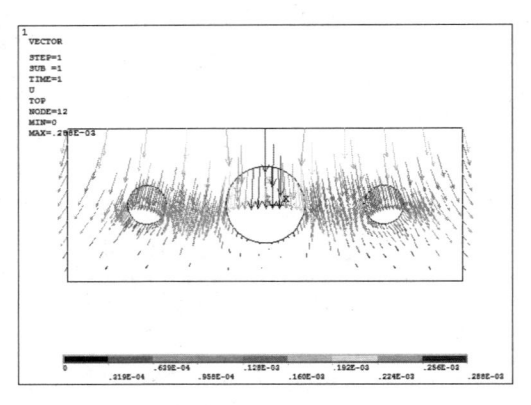

图 8-66　开孔平板模型的平移矢量 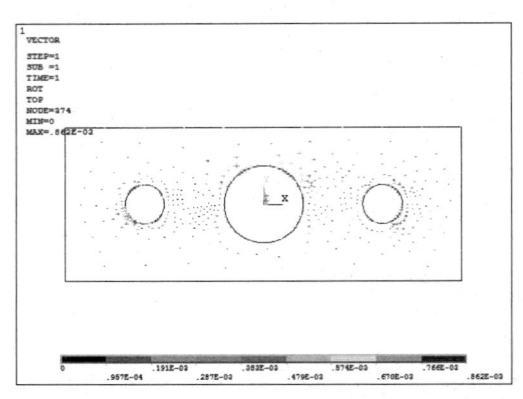　　　　图 8-67　开孔平板模型的转动矢量

8.2.11　查看约束反力

（1）在 GUI 的通用菜单中选择 PlotCtrls > Symbols 命令，弹出 Symbols 对话框，选择 ALL Reactions 单选按钮，如图 8-68 所示，单击 OK 按钮。

（2）在 GUI 的通用菜单中选择 Plot > Elements 命令，即可在工作区中显示开孔平板模型的节点约束反力，如图 8-69 所示。

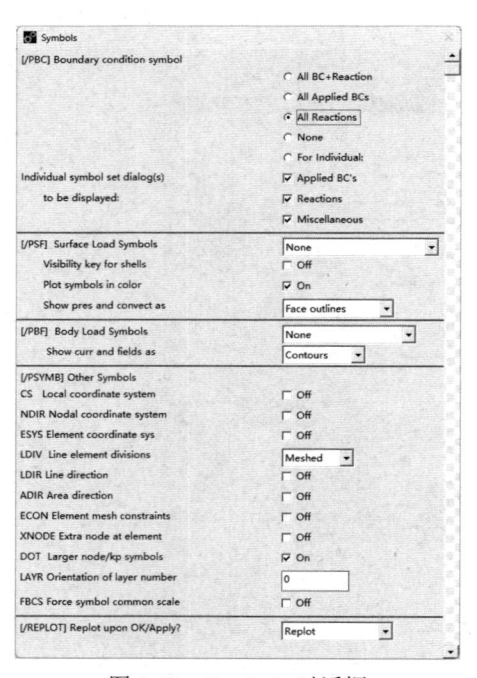

图 8-68　Symbols 对话框 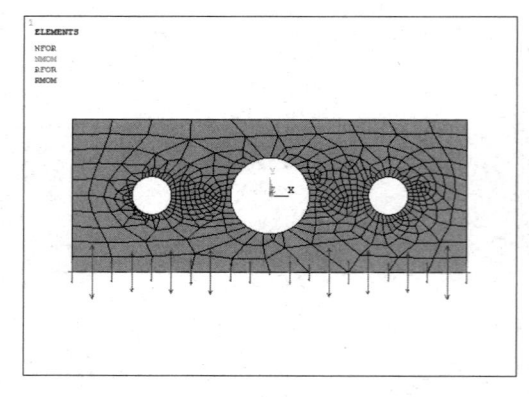　　　　图 8-69　开孔平板模型的节点约束反力

8.2.12 查询危险点坐标

（1）参考前文内容，在工作区中显示开孔平板模型的第一主应力云图，如图 8-70 所示。

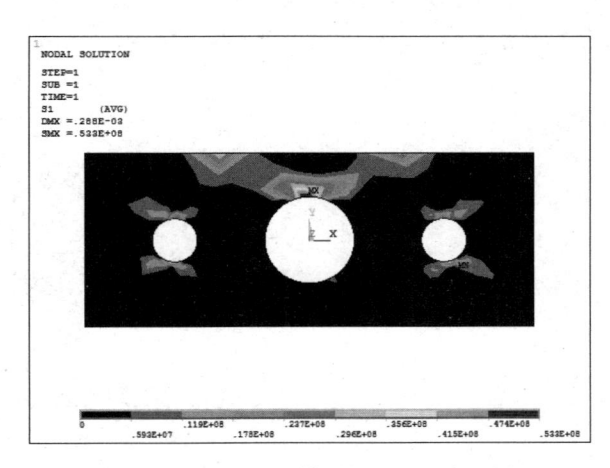

图 8-70　开孔平板模型第一主应力云图

（2）在 GUI 的主菜单中选择 General Postproc > Query Results > Subgrid Solu 命令，弹出 Query Subgrid Solution Data 对话框，在第一个列表框中选择 Stress 选项，在第二个列表框中选择 1st principal S1 选项，如图 8-71 所示，单击 OK 按钮。

（3）打开 Query Subgrid Results 面板，单击 MAX 按钮，即可在该面板中显示应力最大的节点的坐标及坐标信息，如图 8-72 所示，同时该节点会在工作区中被标出，如图 8-73 所示。

（4）单击工具栏中的 QUIT 按钮，弹出 Exit 对话框，选择 Save Everything 单选按钮，如图 8-74 所示，保存所有项目，单击 OK 按钮，退出 ANSYS。

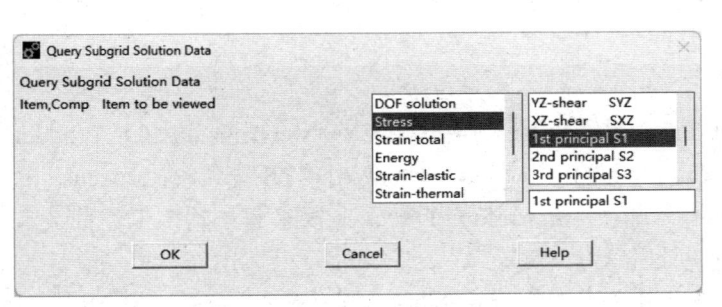

图 8-71　Query Subgrid Solution Data 对话框 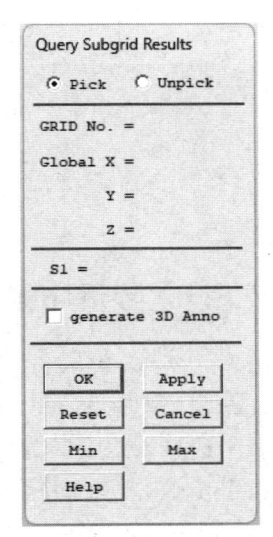　　图 8-72　Query Subgrid Results 面板

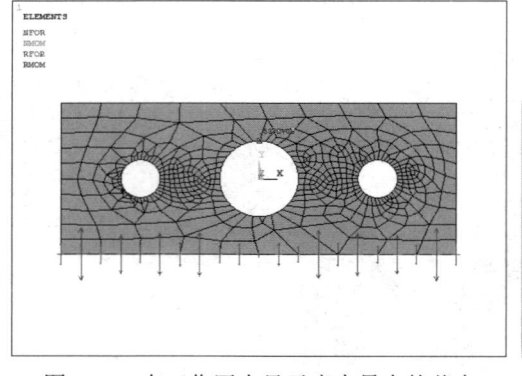

图 8-73　在工作区中显示应力最大的节点　　　　图 8-74　Exit 对话框

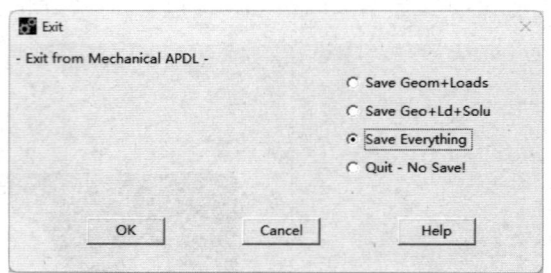

8.3　平面应力分析

本例通过部分求解平面应力集中问题，使读者学会评估在求解过程中的潜在错误，并且使用不同的 ANSYS 2D 单元分析问题。

8.3.1　问题描述

单位厚度的方板中间有一个圆孔，平板材料的弹性模量为 10^7MPa、泊松比为 0.3。沿圆孔边缘施加 1MPa 的压力，分析方板的应力及位移。带圆孔方板模型的 1/4 如图 8-75 所示。

图 8-75　带圆孔方板模型的 1/4

8.3.2　设置分析环境

（1）启动 Mechanical APDL Product Launcher，打开 ANSYS Mechanical APDL Product Launcher 窗口，在 Simulation Environment 下拉列表中选择 ANSYS 选项，在 License 下拉列表中选择 ANSYS Multiphysics 选项，在 Working Directory 文本框中输入工作目录名称，在 Job Name 文本框中输入项目名称"8-2"。

（2）单击 Run 按钮，如果上一步输入的工作目录不存在，则会弹出 ANSYS Mechanical APDL Launcher Query 对话框，用于提示用户上一步输入的工作目录不存在，并且询问是否创建该工作目录，单击 Yes 按钮，进入 ANSYS 的 GUI 界面。

（3）在 GUI 的主菜单中选择 Preferences 命令，弹出 Preferences for GUI Filtering 对话框，勾选 Structural 复选框，如图 8-76 所示，单击 OK 按钮，完成分析环境设置。

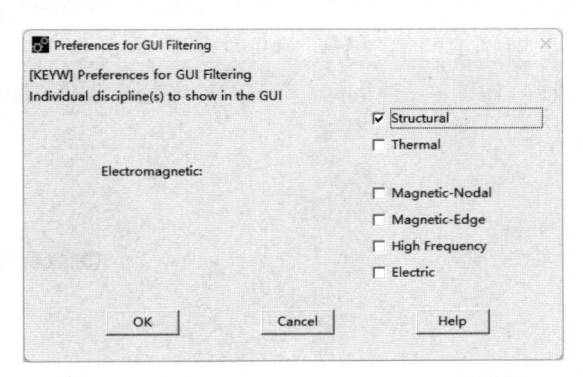

图 8-76 Preferences for GUI Filtering 对话框

8.3.3　定义几何参数

（1）为方便起见，首先定义带圆孔方板模型的 1/4 的参数（方板的半边长 a、圆孔半径 r、压力 p、材料参数 E 和 μ，具体操作如下。

在 GUI 的通用菜单中选择 Parameters > Scalar Parameters 命令，打开 Scalar Parameters 面板，依次输入如下参数：

```
a=10e-3
E=1e13
NU=0.3
p=1e6
r=7e-3
```

（2）输出结果如图 8-77 所示，单击 Close 按钮，关闭 Scalar Parameters 面板。在后面的操作中，使用参数代表相应的变量值，这对学习参数及应用参数分析问题有很大帮助。在随后的分析过程中，会向读者讲解修改参数对问题分析的影响。

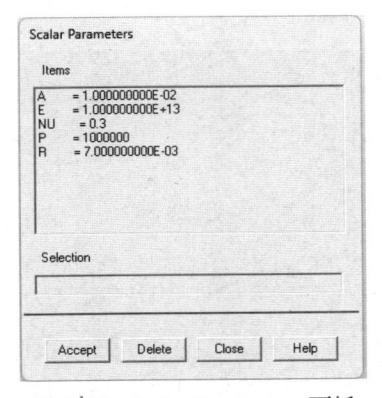

图 8-77 Scalar Parameters 面板

8.3.4 定义单元类型

方法 1：在 GUI 的主菜单中选择 Preprocessor > Element Type > Add/Edit/Delete 命令，弹出 Element Types 对话框，单击 Add 按钮，弹出 Library of Element Types 对话框。在 Library of Element Types 对话框的第一个列表框中选择 Solid 选项，在第二个列表框中选择 Quad 4 node 182 选项，如图 8-78 所示，单击 OK 按钮，返回 Element Types 对话框，即可看到定义的单元类型，如图 8-79 所示。

图 8-78　Library of Element Types 对话框

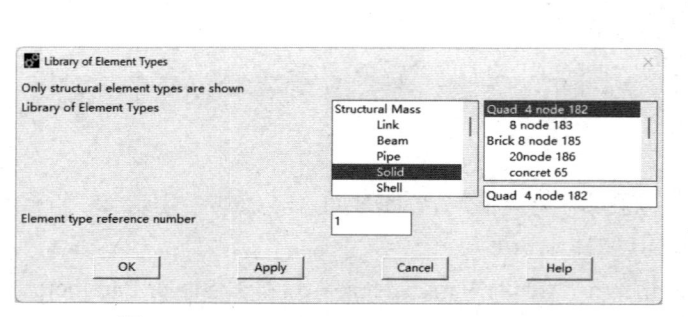

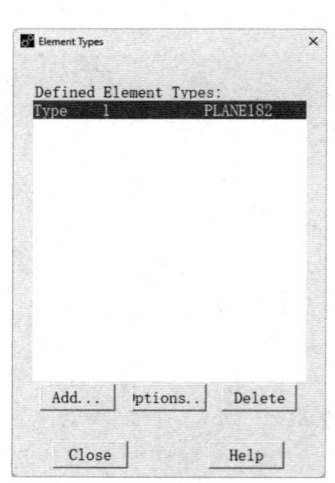

图 8-79　定义的单元类型（一）

方法 2：在命令输入框中输入如下命令。

```
ET,1,PLANE42
```

这时会在 Element Types 对话框的 Defined Element Types 列表框中显示定义的单元类型，如图 8-80 所示。

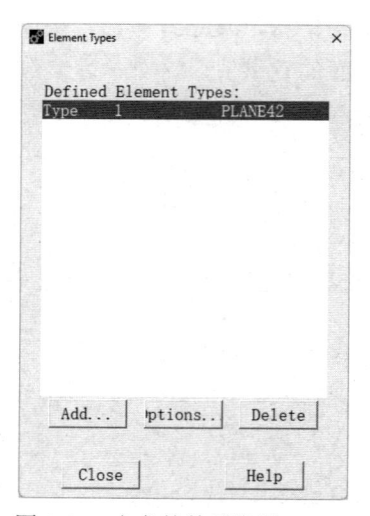

图 8-80　定义的单元类型（二）

PLANE42 单元类型的详细信息可以参考 ANSYS 帮助文档，具体操作如下。

在 GUI 的通用菜单中选择 Help > HelpTopics 命令。

在 Search（搜索）文本框中输入 Pictorial Summary（关键词），单击 List Topics（列表显示）按钮，即可看到列出的 Pictorial Summary。

在 Pictorial Summary 选项上双击，打开 Pictorial Summary of Element Types 页面，在 Structural 2-D Solid 列表框中查找 PLANE42，即可得到有关 PLANE42 单元类型的图形解释和说明。

详细阅读 PLANE42 单元的 Element Description，可以发现这种单元也可以用于轴对称问题分析，因此需要在 Element Types 对话框中指定要使用的单元类型，最后关闭 Element Types 对话框。

8.3.5 定义实常数

（1）在 GUI 的主菜单中选择 Preprocessor > Real Constants > Add/Edit/Delete > Add 命令，打开 Element Type for Real Constants 窗口，由于只定义了一种单元类型，所以默认选择 Type 1 PLANE42 选项，如图 8-81 所示。

（2）单击 OK 按钮，弹出 Note 对话框，用于显示提示信息 "Please check and change keyopt settings for element PLANE42 before proceeding"，如图 8-82 所示，关闭该对话框。为了弄清楚提示含义，需要仔细阅读 ANSYS 帮助文档中 PLANE42 单元类型的详细信息。

图 8-81 选择单元类型　　　　图 8-82 提示信息

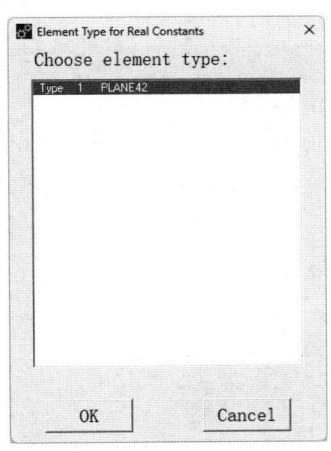

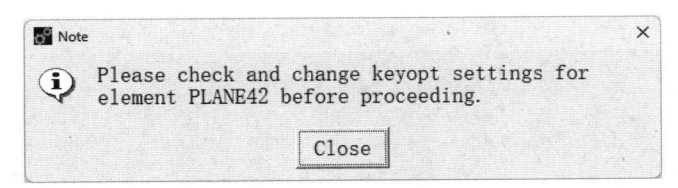

根据 PLANE42 单元类型的输入概述（PLANE42 Input Summary）可知，当 KEYOPT(3)=0,1,2 时，该单元类型没有实常数。查看 KEYOPT(3)的值的含义。

（3）在 GUI 的主菜单中选择 Preprocessor > Element Type > Add/Edit/Delete > Options 命令，弹出 Element Types 对话框。根据 ANSYS 帮助文档得知，K3 即 KEYOPT(3)，表示平面应力（Plane stress）。根据 PLANE42 单元类型的输入概述（PLANE42 Input

Summary）可知，当 KEYOPT(3)=0 时，对应的是平面应力（Plane stress），因此会弹出显示"Please check and change keyopt settings for element PLANE42 before proceeding"的 Note 对话框。关闭 Element Types 对话框。

8.3.6 定义材料属性

（1）在 GUI 的主菜单中选择 Preprocessor > Material Props > Material Models 命令，打开 Define Material Model Behavior 窗口，在 Material Models Available 列表框中选择 Structural > Linear > Elastic > Isotropic 选项，弹出 Linear Isotropic Properties for Material Number 1 对话框，设置 EX=E、PRXY=NU，即设置弹性模量为 10^7MPa、泊松比为 0.3，如图 8-83 所示，单击 OK 按钮，关闭该对话框。

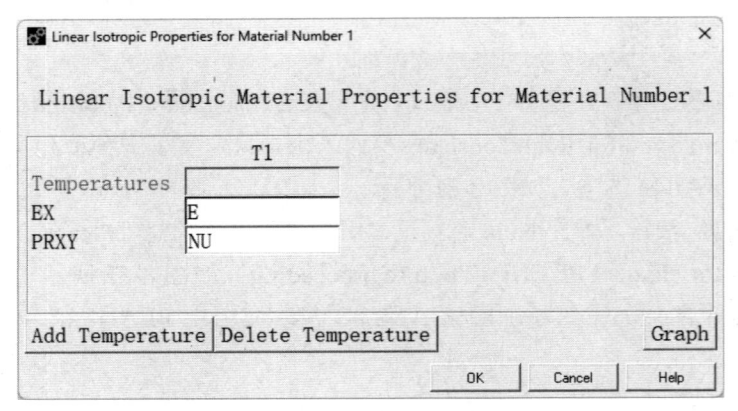

图 8-83 定义材料属性

（2）返回 Define Material Model Behavior 窗口，在 Material Models Defined 列表框中选择 Material Model Number1 > Linear Isotropic 选项，弹出 Linear Isotropic Properties for Material Number 1 对话框，验证输入是否正确，如图 8-84 所示。在输入参数名后，ANSYS 会自动将此参数对应的值导入。

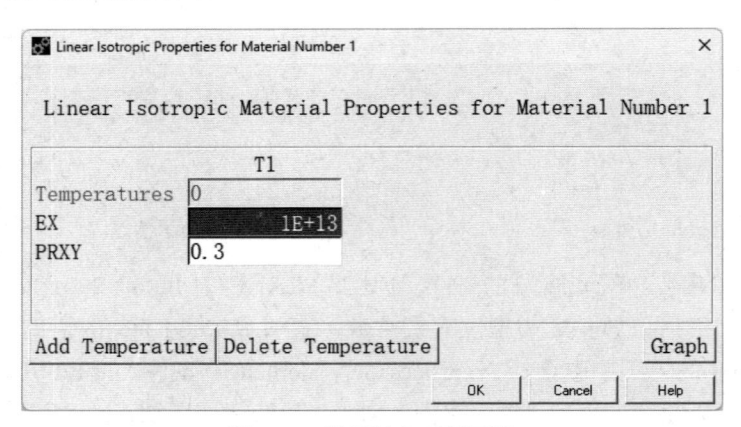

图 8-84 验证输入是否正确

命令：
```
MPDATA,EX,1,,1E+013
MPDATA,PRXY,1,,0.3
```

8.3.7 创建实体模型

由于几何模型、材料参数和载荷均关于水平、竖直中心线对称，因此只需创建带圆孔方板模型的 1/4。将坐标原点设置为圆孔中心，创建带圆孔方板模型右上角的 1/4。首先由半边长 a 生成一个矩形，然后减去半径为 r 的 1/4 圆。

（1）在 GUI 的主菜单中选择 Preprocessor > Modeling > Create > Areas > Rectangle > By Dimensions 命令，弹出 Create Rectangle by Dimensions 对话框，在 X1,X2 X-coordinates 文本框中分别输入矩形左侧边的横坐标"0"和右侧边的横坐标"a"，在 Y1,Y2 Y-coordinates 文本框中分别输入矩形底边的纵坐标"0"和顶边的纵坐标"a"，如图 8-85 所示，单击 OK 按钮，即可在工作区中看到一个矩形，如图 8-86 所示。

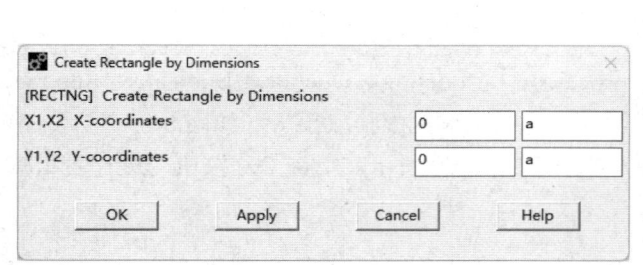

图 8-85　定义矩形　　　　图 8-86　矩形

命令：
```
RECTNG,0,a,0,a,
```

（2）在 GUI 的主菜单中选择 Preprocessor > Modeling > Create > Areas > Circle > Partial Annulus 命令，弹出 Part Annular Circ Area 对话框。在 Part Annular Circ Area 对话框中，WP X 和 WP Y 分别表示圆弧中心的横坐标和纵坐标，因为圆孔中心为原点，所以设置 WP X=0、WP Y=0；Rad-1 表示内圆半径，因为圆为实心圆，内圆半径为 0，所以设置 Rad-1=0；Rad-2 表示外圆半径，因为圆孔半径为 r，所以设置 Rad-2=r；Theta-1 和 Theta-2 分别表示圆弧的起始角度和终止角度，因为需要生成右上角的 1/4 圆，所以设置 Theta-1=0、Theta-2=90。Part Annular Circ Area 对话框的参数设置如图 8-87 所示，单击 OK 按钮，即可在工作区中看到 1/4 圆，如图 8-88 所示。

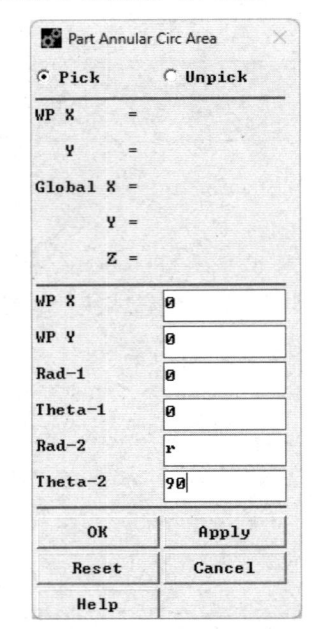

图 8-87 定义 1/4 圆　　　　　图 8-88 1/4 圆

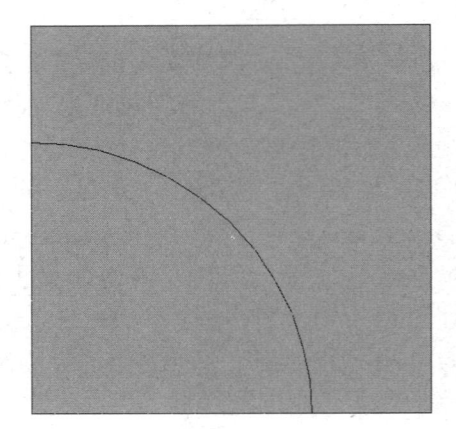

命令：
```
CYL4,0,0,0,0,r,90
```

（3）在 GUI 的主菜单中选择 Preprocessor > Modeling > Operate > Booleans > Subtract > Areas 命令，弹出 Subtract Area 对话框，先在工作区中拾取矩形，如图 8-89 所示，单击 Apply 按钮，再在工作区中拾取 1/4 圆，如图 8-90 所示，单击 OK 按钮，进行面相减的布尔运算。

图 8-89 拾取矩形　　　　　图 8-90 拾取 1/4 圆

如果上述操作无误，则会生成带圆孔方板模型的 1/4，如图 8-91 所示。

图 8-91 带圆孔方板模型的 1/4

命令：
```
ASBA,1,2
```

注意，在进行面相减的布尔运算时，可简单地选择所需面，但如果实体模型比较复杂，要选取正确的面比较困难，则推荐使用 holding-down-the-mouse-and-releasing 选取法，如果选择的面不是需要的，则可以右击此面取消选择。

8.3.8 设置网格参数并划分网格

在 GUI 的主菜单中选择 Preprocessor > Meshing > MeshTool 命令，打开 MeshTool 面板，在 MeshTool 面板中设置网格参数并划分网格，具体操作如下。

（1）定义网格的单元属性。已定义的单元类型、实常数和材料参数会在网格划分过程中应用。在 MeshTool 面板的 Element Attributes 下拉列表中选择 Global 选项，单击 Set 按钮，弹出 Meshing Attributes 对话框，如图 8-92 所示，在该对话框中定义单元类型和实常数，单击 OK 按钮。

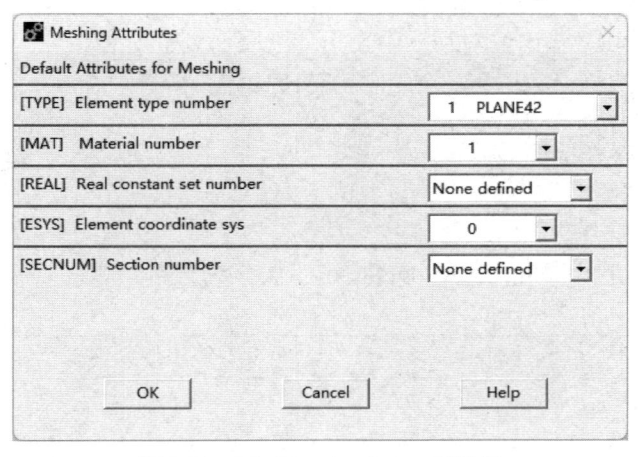

图 8-92 Meshing Attributes 对话框

（2）设置网格尺寸。网格尺寸决定单元的稀疏程度。在 MeshTool 面板中设置 Smart Size 的值，可以使系统自动设置每个边的网格尺寸，勾选 Smart Size 复选框，即可在下面显示一个滑块，用于控制网格尺寸级别，如图 8-93 所示，这里设置 Smart Size 的值为 5。

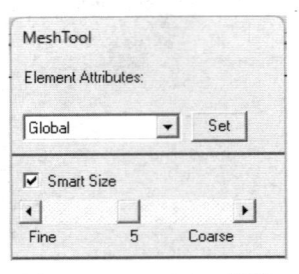

图 8-93　Smart Size 滑块

（3）划分网格。在 MeshTool 面板的 Element Attributes 下拉列表中选择 Areas 选项，即设置几何实体模型以面的形式划分网格（与之对应的是线和体）；选择 Quad 单选按钮，即使用四边形单元进行网格划分；选择 Free 单选按钮，即设置网格划分方式为自由划分；单击 Mesh 按钮，弹出 Mesh Areas 拾取对话框，在工作区中拾取要划分网格的面，单击 Pick All 按钮，即可在工作区中看到实体网格。关闭 MeshTool 面板。

上述操作的命令如下：

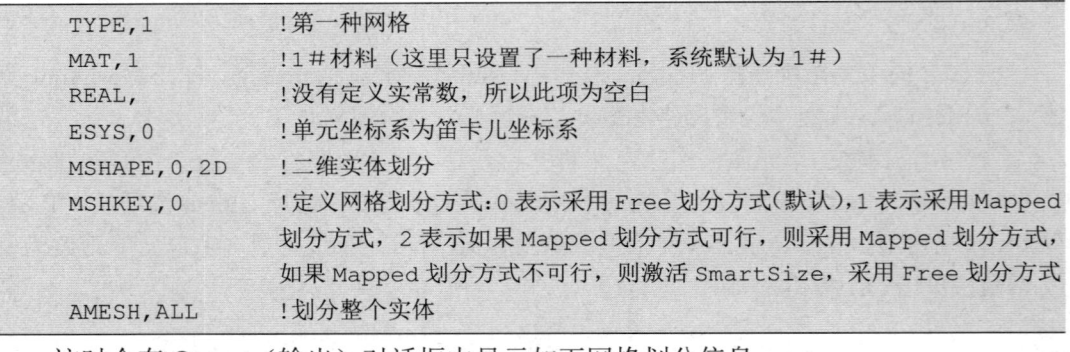

```
TYPE,1            !第一种网格
MAT,1             !1#材料（这里只设置了一种材料，系统默认为1#）
REAL,             !没有定义实常数，所以此项为空白
ESYS,0            !单元坐标系为笛卡儿坐标系
MSHAPE,0,2D       !二维实体划分
MSHKEY,0          !定义网格划分方式：0表示采用Free划分方式(默认)，1表示采用Mapped
                   划分方式，2表示如果Mapped划分方式可行，则采用Mapped划分方式，
                   如果Mapped划分方式不可行，则激活SmartSize，采用Free划分方式
AMESH,ALL         !划分整个实体
```

这时会在 Output（输出）对话框中显示如下网格划分信息。

```
**AREA3 MESHED WITH79QUADRILATERALS,0TRIANGLES**
**Meshing of are a3 completed**79 elements.
NUMBEROFAREASMESHED=1
MAXIMUMNODENUMBER=104
MAXIMUMELEMENTNUMBER=79
```

在 GUI 的工具栏中单击 SAVE_DB 按钮，保存数据库。

命令：

```
SAVE
```

8.3.9　施加载荷

在求解前，需要定义约束、施加载荷。在重新划分网格时无须重新定义约束、施加载荷。

（1）选择分析类型。在 GUI 的主菜单中选择 Preprocessor > Solution > Analysis Type > New Analysis 命令，弹出 New Analysis 对话框，选择 Static（静力学分析）单选按钮，如图 8-94 所示。

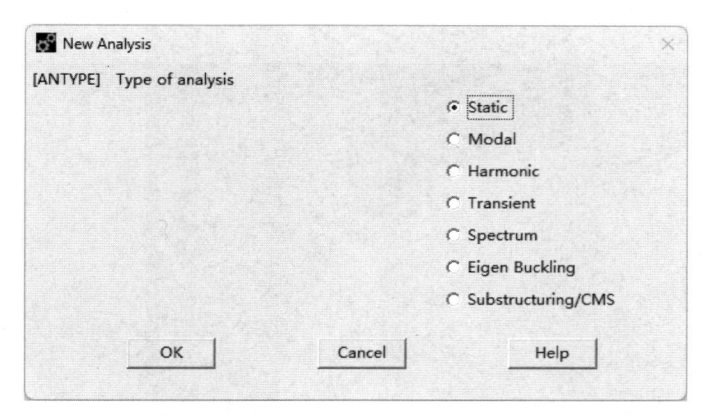

图 8-94　New Analysis 对话框

（2）定义约束。由于实体模型与载荷约束对称，所以利用对称性定义约束，具体操作如下。

在 GUI 的主菜单中选择 Preprocessor > Loads > Define Loads > Apply > Structural > Displacement > Symmettry B.C > On Lines 命令，弹出拾取对话框，在工作区中拾取底边和左侧边（实体模型的对称线），单击 OK 按钮，在拾取的线上会沿对称轴显示"s"，如图 8-95 所示。

命令：
```
DL,8,,SYMM
DL,9,,SYMM
```

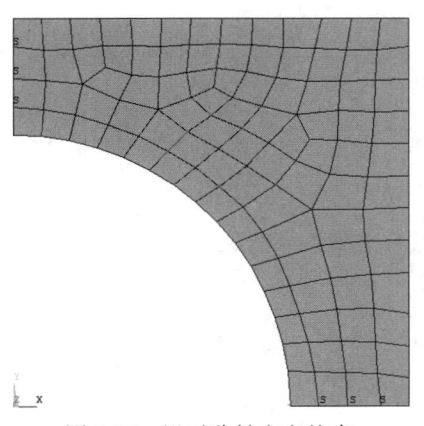

图 8-95　沿对称轴定义约束

（3）施加载荷。沿内孔边缘施加均布载荷，在 GUI 的主菜单中选择 Preprocessor >

Loads > Define Loads > Apply > Structural > Pressure > On Lines 命令，弹出拾取对话框，在工作区中拾取圆弧线，单击 OK 按钮，弹出 Apply Pressure on Lines 对话框，在 Value 文本框中输入"p"（载荷参数），单击 OK 按钮，沿圆弧出现红色小箭头，箭头方向表示外力方向，如图 8-96 所示。

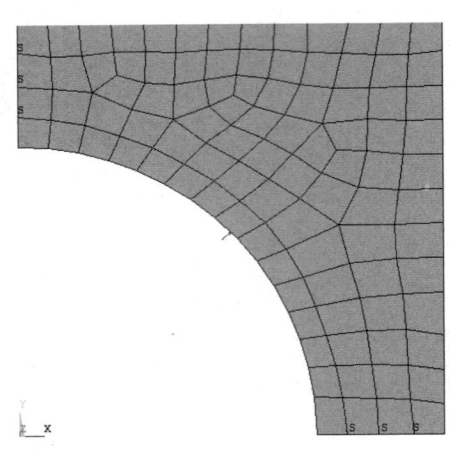

图 8-96 外力载荷

命令：
```
SFL,5,PRES,p,
```

为防止出现错误，验证定义的约束是否正确，然后验证施加的载荷是否正确。首先验证约束是否正确，操作如下。

在 GUI 的通用菜单中选择 List > Loads > DOF constraints > On All Lines 命令。

命令：
```
DLLIS,ALL
```

约束信息如图 8-97 所示。

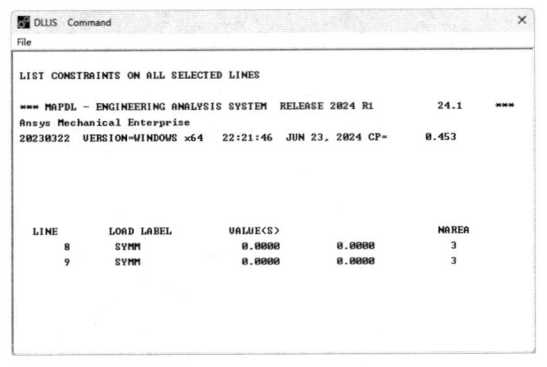

图 8-97 约束信息

根据图 8-97 中的约束信息可知，编号为 8 和 9 的线被约束，在工作区中显示线的编号，验证图 8-97 中的信息是否正确，操作如下。

在 GUI 的通用菜单中选择 PlotCtrls > Numbering 命令，弹出 Plot Numbering Controls 对话框，勾选 LINE Line numbers 复选框，使其状态转换为 On，单击 OK 按钮，即可在工作区中显示线的编号，进而验证编号为 8 和 9 的线上的约束是不是期望的对称约束。

约束验证完毕，下面验证施加的载荷是否正确。

首先显示模型载荷，操作如下。

在 GUI 的通用菜单中选择 List > Loads > Surface > On All Lines 命令。

命令：
```
SFLLI,ALL
```

在载荷施加完毕后，不再需要显示线编号，操作如下。

在 GUI 的通用菜单中选择 PlotCtrls > Numbering 命令，取消勾选 LINE Line numbers 复选框，使其状态转换为 Off，单击 OK 按钮。

命令：
```
PNUM,ELEM,0
```

施加的载荷验证完毕，保存数据库，操作如下。

在 GUI 的工具栏中单击 SAVE_DB 按钮。

命令：
```
SAVE
```

8.3.10 求解

求解前验证前面的设置是否完全正确（应用 CHECK 命令）。如果分析过程正确无误，那么不会显示任何错误信息或警告信息。这时，在 Output 对话框中会显示"The analysis data was checked and no warnings or errors were found"。

如果前面的设置准确无误，则开始求解。在 GUI 的主菜单中选择 Solution > Solve > Current LS 命令，弹出/STATUS Command 对话框和 Solve Current Load Step 对话框，因为只有一个载荷步，所以无须查看/STATUS Command 对话框中的信息，单击 Solve Current Load Step 对话框中的 OK 按钮，开始求解。

求解命令：
```
/solve
```

在求解完成后，弹出 Note 对话框，显示如下信息。
```
Solution is done!
```

这时在 ANSYS 的工作目录下生成一个 plate.rst 文件，用于存储分析结果。

8.3.11 查看分析结果

首先提取分析结果中的数据，简单地判断分析结果是否正确；然后判断分析结果是否满足精度要求，是否需要细化网格并重新求解。

进入后处理（POST1）模式，查看分析结果。

在 GUI 的主菜单中选择 General Postproc 命令。

命令：
```
/POST1
```

（1）查看变形后的图形。在 GUI 的主菜单中选择 General Postproc > Plot Results > Deformed Shape 命令，弹出 Plot Deformed Shape 对话框，选择 Def+undeformed 单选按钮，单击 OK 按钮。

命令：
```
PLDISP,1
```

（2）在工作区中显示变形前后的图形对比，如图 8-98 所示。根据图 8-98 可知，最大变形 DMX 的值为 0.899E-08m。

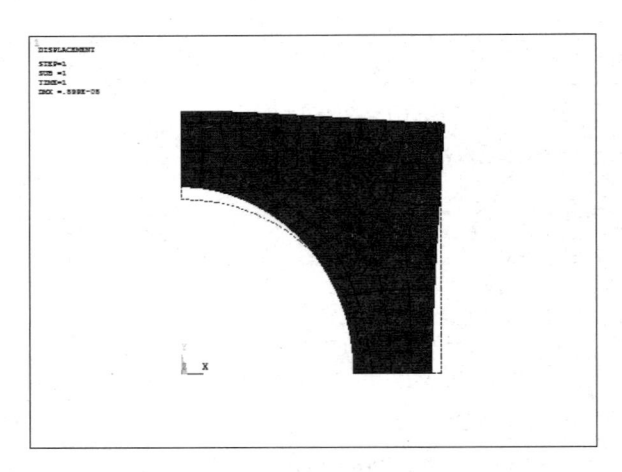

图 8-98 变形前后的图形对比

（3）在 GUI 的通用菜单中选择 PlotCtrls > Style > Background > Display Picture Background 命令，即可显示背景颜色。当显示图形与背景颜色不一致时变形更明显，应该取消显示背景颜色。要想恢复背景颜色，只需恢复原设置。

（4）显示变形动画，从而更精确地了解变形过程，操作如下。

在 GUI 的通用菜单中选择 PlotCtrls > Animate > Deformed Shape 命令，弹出 Plot Deformed Shape 对话框，选择 Def+undeformed 单选按钮，单击 OK 按钮，弹出 Animation Controller（动画控制器）对话框，选择 Forward Only 单选按钮。

显示变形过程，左侧边和底边与原有位置的位移平行，说明带圆孔方板模型的变形的确是轴对称的，并且前面所定义的约束是正确的。

（5）查看等效应力（Nodal Solution）。根据等效应力（Nodal Solution）等值线图，分析应力分布。在 GUI 的主菜单中选择 General Postproc > Plot Results > Contour Plot > Nodal Solu 命令，弹出 Contour Nodal Solution Data 对话框，在 Item to be contoured 列表框中选择 Nodal Solution > Stress > von Mises stress 选项，单击 OK 按钮，得到带圆

孔方板模型的 1/4 的等效应力（Nodal Solution）等值线图，如图 8-99 所示。

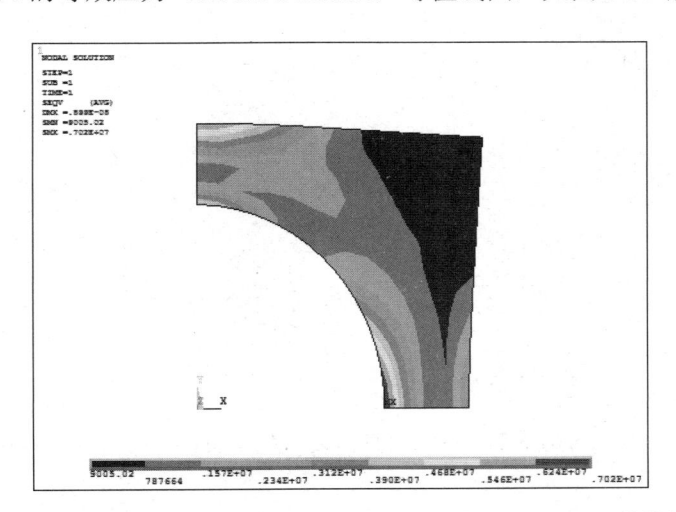

图 8-99　带圆孔方板模型的 1/4 的等效应力（Nodal Solution）等值线图

命令：
```
PLNSOL,S,EQV,0,1
```

根据图 8-99 可知最大、最小等效应力的值及位置，MX、MN 分别表示最大、最小等效应力，工作区中显示的 SMX、SMN 分别表示最大、最小应力出现的位置。工作区中显示的等效应力关于斜对角线对称，为什么会这样？

带着疑问继续分析。为了方便处理结果，通过硬拷贝（HardCopy）将图 8-99 存储于指定的文件夹中，具体操作如下。

在 GUI 的通用菜单中选择 PlotCtrls > HardCopy > ToFile 命令，在弹出的对话框中选择所需的文件格式，输入文件名，单击 OK 按钮。

注意，在显示 Nodal Solution 时，ANSYS 会通过如下方法得到平滑处理的结果：在每个单元内部取与此单元相关的所有节点数据的平均值，通过线性插值保证各节点之间变化平滑。

（6）查看等效应力（Element Solution）。通过测定等效应力在各单元内部的分布是否均匀来判断网格密度是否合理，从而决定是否需要细化网格。

由于 Element Solution 不用经过节点插值平滑处理，因此单元内部等效应力的分布比较清楚。下面介绍查看等效应力（Element Solution）的操作过程。

首先显示等效应力。在 GUI 的主菜单中选择 General Postproc > Plot Results > Contour Plot > Element Solu 命令，弹出 Contour Element Solution Data 对话框，在 Item to be contoured 列表框中选择 Element Solution > Stress > von Mises stress 选项，单击 OK 按钮，得到带圆孔方板模型的 1/4 的等效应力（Element Solution）等值线图，如图 8-100 所示。

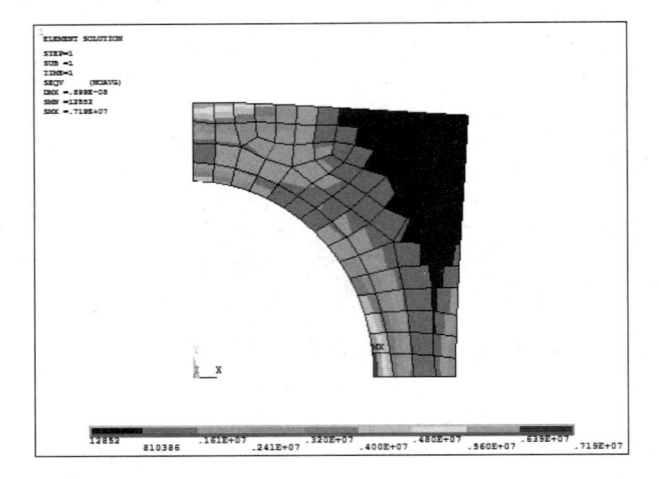

图 8-100　带圆孔方板模型的 1/4 的等效应力（Element Solution）等值线图

命令：
```
PLESOL,S,EQV,0,1
```

将图 8-100 存储于指定的文件夹中，方便以后调用，具体操作如下。

在 GUI 的通用菜单中选择 PlotCtrls > HardCopy > ToFile 命令，在弹出的对话框中选择所需的文件格式，输入文件名，单击 OK 按钮。

Element Solution 在每个单元内部通过线性插值进行平滑处理，但是不会根据每个节点进行平滑处理，单元间的等效应力不连续，显示出单元之间的等效应力变化梯度。带圆孔方板模型的 1/4 的单元内部的等效应力如图 8-101 所示。根据图 8-101 可知，单元内部的等效应力不连续，相对于单元之间很小，其误差可以忽略不计，说明所用单元数量比较合理。

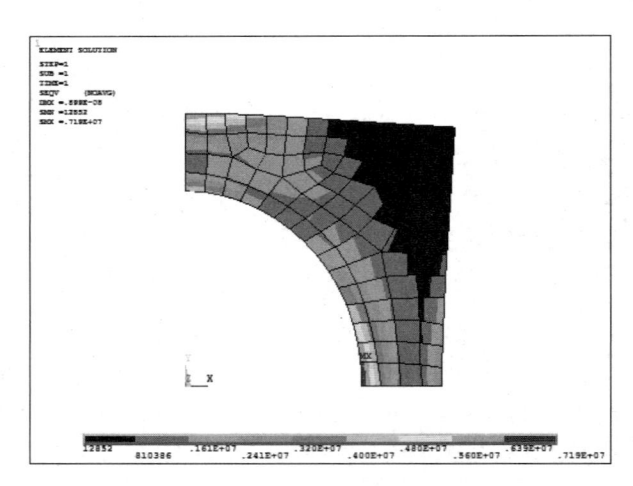

图 8-101　带圆孔方板模型的 1/4 的单元内部的等效应力

（7）质疑分析结果。通常通过测定第一主应力 sigma1 来质疑 ANSYS 分析结果是否合理，在 GUI 的主菜单中选择 General Postproc > Query Results > Subgrid Solu 命令，弹出 Query Subgrid Solution Data 对话框，在第一个列表框中选择 Stress 选项，在第二个列表框中选择 1st principal S1 选项，单击 OK 按钮，即可在工作区中显示模型任何位置的第一主应力。

单击需要质疑的位置，此位置的第一主应力显示的坐标及相应的应力值会显示在 Pick 对话框中。

8.3.12 命令流

ANSYS 命令流如下：

```
/COM,Structural!
/PREP7!
*SET,a,10e-3
*SET,r,7e-3
*SET,p,1e6
*SET,e,1e13
*SET,nu,0.3
FINISH!
ET,1,PLANE42!
SAVE!
MPTEMP,1,0!
MPDATA,EX,1,,e!
MPDATA,PRXY,1,,nu!
RECTNG,0,a,0,a,!
CYL4,0,0,0,0,r,90!
ASBA,1,2!
SAVE
TYPE,1!
MAT,1!
REAL,
ESYS,0!
SMRT,5!
MSHAPE,0,2D!
MSHKEY,0!
AMESH,ALL!PickAll
FINISH
SFL,5,PRES,p,
DLLIS,ALL
SFLLI,ALL
/PNUM,ELEM,0
/REPLOT!
/STATUS,SOLU
SOLVE
```

```
FINISH
/POST1
PLDISP,1
PLNSOL,S,EQV,0,1
PLESOL,S,EQV,0,1
PRRSOL,F
/PREP7
SMRT,4
ACLEAR,ALL
AMESH,ALL
FINISH
/STATUS,SOLU
SOLVE
/POST1
PLNSOL,S,EQV,0,1
PLNSOL,S,EQV,0,1
```

8.4 本章小结

　　本章介绍了结构分析的定义、静力学分析的基本概念，以及结构静力学分析的方法。并且通过两个实例讲解了结构静力学分析的应用。

　　本章介绍的分析方法和技巧是今后分析更复杂项目的基础。只有基础牢固，才能更深入地理解和学习 ANSYS 有限元分析方法。

第 9 章

模 态 分 析

模态分析主要用于确定结构或构件的振动特性,即固有频率和振型,在承受动态载荷的结构设计中,它们是非常重要的参数。同时,模态分析也是其他动力学分析(如谐响应分析、瞬态动力学分析、谱分析等)前期必须完成的环节。

学习目标：
- 了解模态分析的基础知识。
- 掌握模态分析的方法。

9.1 模态分析的基本假设

线性假设：结构的动态特性是线性的,即任何输入组合所引起的输出等于各自输出的组合,其动力学特性可用一组线性二阶微分方程来描述。需要注意的是,任何非线性特性,如塑性、接触单元等,即使定义了也会被忽略。

时间不变性假设：结构的动态特性不随时间变化而变化,因此微分方程的系数是与时间无关的常数。

可观测性假设：我们关心的系统动态特性所需的全部数据都是可测量的。

互易性假设：结构遵循 Maxwell 互易性定理,在 i 点的输入引起的 j 点响应,等于在 j 点的相同输入引起的 i 点响应。此假设使结构的质量矩阵、刚度矩阵、阻尼矩阵和频响函数矩阵都成了对称矩阵。

9.2 模态分析方法

9.2.1 模态提取方法

ANSYS 中有 7 种模态提取方法,分别为 Block Lanczos 法（默认）、Subspace 法、

Power Dynamics 法、Reduced 法、Unsymmetric 法、Damped 法及 QR Damped 法，后两种方法允许结构中包含阻尼。使用哪种模态提取方法主要取决于模型的大小（相对于计算机的计算能力而言）和具体的应用场合。

Block Lanczos 法可以在大多数场合中使用，它是一种功能强大的模态提取方法，当需要提取中型或大型模型（5000～100 000 个自由度）的大量振型（≥40）时，这种方法很有效。它经常应用在具有实体单元或壳单元的模型中，无论有没有初始截断点都同样有效（允许提取高于某个给定频率的振型），还可以很好地处理刚体振型，但需要较大的内存空间。

Subspace 法比较适合用于提取中型或大型模型的少量振型（<40）。这种方法需要相对较小的内存空间，模型在用于实体单元和壳单元时，应该具有比较好的单元形状；在具有刚体振型时，可能会出现收敛问题。建议在具有约束方程时不要用此方法。

Power Dynamics 法适合用于提取超大型模型（100000 个自由度以上）的少量振型（<20）。使用 Power Dynamics 法比使用 Block Lanczos 法、Subspace 法快，但是需要很大的内存空间，当单元形状不好或出现病态矩阵时，使用这种方法可能无法收敛。建议只将该方法作为针对超大型模型的一种备用方法。需要注意的是，该方法的子空间技术使用 Power 求解器（PCG）和一致质量矩阵，并且不执行 Sturm 序列检查（对于遗漏模态），对多个重复频率的模型可能会有影响。在对一个包含刚体模态的模型进行分析时，必须执行 RIGID 命令（或在分析设置对话框中指定 RIGID 设置）。

Reduced 法适合在模型中的集中质量不会引起局部振动的结构（如梁单元、杆单元等）中使用，它是所有方法中最快的，并且需要较小的内存空间和硬盘空间。其原理是通过一组自由度缩减[K]和[M]的大小，缩减的刚度矩阵[K]是精确的，但缩减的质量矩阵[M]是近似的，近似程度取决于主自由度的数量和位置。对于抵抗弯曲能力较弱的结构（如细长的梁、薄壳），不推荐使用此方法。

Unsymmetric 法适合用于解决声学问题（具有结构耦合作用）和其他类似的具有不对称质量矩阵[M]和刚度矩阵[K]的问题。这种不对称性往往使结构的模态都是复模态，即特征值和特征向量都是复数，此时实数部分表示自然频率，虚数部分表示解的稳定性，负值表示稳定，正值表示不稳定。需要注意的是，Unsymmetric 法采用 Lanczos 算法，不执行 Sturm 序列检查，所以会遗漏高端频率。

Damped 法主要用于解决回转体动力学问题。在模态分析中一般忽略阻尼（Damped），但如果阻尼的效果比较明显，就要使用 Damped 法。在 BEAM4 和 PIPE16 单元中，可以通过定义实常数中的 SPIN（旋转速度，单位为弧度/秒）参数来说明陀螺效应。该方法同样会引起结构的复模态特性，也存在遗漏高端频率的问题，不同节点上的响应可能存在相位差，而影响幅值等于实部与虚部的矢量和。

QR Damped 法适合用于分析大阻尼系统，阻尼可以是任意类型的阻尼，其计算精度取决于提取的模态数量，所以建议提取足够的基频模态，但是该方法不建议用于分析临界阻尼或过阻尼系统。需要注意的是，该方法输出的是复特征值（虚部为频率）和实特征向量。此外，Unsymmetric 法、Damped 法和 QR Damped 法在 ANSYS/Professional 产品中无效。

9.2.2 模态分析的步骤

模态分析过程由 4 个主要步骤组成，分别为建模、加载和求解、扩展模态，以及查看结果和后处理。

1. 建模

指定项目名和分析标题，然后用前处理器 PREP7 定义单元类型、单元实常数、材料性质及几何模型。必须指定弹性模量 EX（或某种形式的刚度）和密度 DENS（或某种形式的质量），材料性质可以是线性或非线性、各向同性或正交各向异性、温度恒定或与温度有关，非线性特性会被忽略。

2. 加载和求解

定义分析类型和分析选项、定义自由度、施加载荷、指定载荷步选项，并且进行固定频率的有限元求解。在得到初始解后，需要对模态进行扩展。

（1）进入 ANSYS 求解器。

GUI 操作：在主菜单中选择 Solution 命令。

命令：

```
/SOLU
```

（2）定义分析类型和分析选项。

ANSYS 提供的用于进行模态分析的选项如下。

New Analysis[ANTYPE]：选择新的分析类型。

Analysis Type:Modal[ANTYPE]：指定分析类型为模态分析。

Mode Extraction Method[MODOPT]：选择模态提取方法。

Number of Modes to Extract [MODOPT]：除 Reduced 法外的所有模态提取方法都必须设置该参数。

Number of Modes to Expand [MXPAND]：仅在采用 Reduced 法、Unsymmetric 法和 Damped 法时要求设置该参数。如果需要得到单元的求解结果，则无论采用哪种模态提取方法，都需要勾选 Calculate elem results 复选框，从而得到单元的求解结果。

Mass Matrix Formulation [LUMPML]：指定采用默认的质量矩阵形成方式（和单元类型有关）或集中质量矩阵近似方式，在一般情况下，应采用默认的质量矩阵形成方式；但对于包含薄膜的结构，如细长梁或非常薄的壳，采用集中质量矩阵近似方式可以产生较好的结果。此外，采用集中质量矩阵近似方式的求解时间短，需要的内存空间小。

Prestress Effects Calculation [PSTRES]：可以计算有预应力结构的模态。默认的分析过程不包括预应力，即结构是处于无应力状态的。

在完成模态分析的选项设置后，需要指定提取模态的方法，并且设置以下选项。

FREQB、FREQE：用于指定提取模态的频率范围，在一般情况下无须设置。

PRMODE：要输出的减缩模态数，只对 Reduced 法有效。

Nrmkey：关于振型归一化的设置，可设置为相对于质量矩阵[M]或单位矩阵[I]进行归一化处理。

RIGID：设置提取对有刚体运动的结构进行子空间迭代分析时的零频模态，只对 Subspace 法和 Power Dynamics 法有效。

SUBOPT：指定多种子空间迭代选项，只对 Subspace 法和 Power Dynamics 法有效。

CEkey：指定处理约束方程的方法，只对 Block Lanczos 法有效。

（3）定义自由度。在使用 Reduced 法提取模态时要求定义自由度。

GUI 操作：在主菜单中选择 Solution > Master DOFs > user SelectedDefine 命令。

命令：

```
M
```

（4）在模型上施加载荷。在典型的模态分析中，唯一有效的载荷是零位移约束，如果在某个 DOF 处指定了一个非零位移约束，则以零位移约束代替该 DOF 处的设置。可以施加除位移约束外的其他载荷，但它们会被忽略。在未施加约束的方向上，程序会计算刚体运动（零频）及高频（非零频）自由体模态。可以将载荷施加于实体模型（点、线和面）或有限元模型（点和单元）上。

（5）指定载荷步选项。模态分析中可用的载荷步选项如表 9-1 所示。阻尼只在使用 Damped 法提取模态时有效，在使用其他模态提取方法时会被忽略。如果包含阻尼，并且使用 Damped 法提取模态，则计算特征值复数解。

表 9-1 模态分析中可用的载荷步选项

选 项	命 令	GUI 操作
Alpha（质量）阻尼	ALPHAD	在主菜单中选择 Solution > Load Step Opts > Time/Frequenc > Damping 命令
Beta（刚度）阻尼	BETAD	在主菜单中选择 Solution > Load Step Opts > Time/Frequenc > Damping 命令
恒定阻尼比	DMPRAT	在主菜单中选择 Solution > Load Step Opts > Time/Frequenc > Damping 命令
材料阻尼比	MP,DAMP	在主菜单中选择 Solution > Other > Change Mat Props > Polynomial 命令
单元阻尼比	R	在主菜单中选择 Solution > Load Step Opts > Other > Real Constants > Add/Edit/Delete 命令
Printed Output	OUTPR	在主菜单中选择 Solution > Load Step Opts > Output Ctrls > Solu Printout 命令

（6）进行有限元求解。

GUI 操作：在主菜单中选择 Solution > Solve > Current LS 命令。

命令：

```
SOLVE
```

求解器的输出内容主要为写入输出文件及 Jobnarne.mode 振型文件中的固有频率，也可以包含减缩的振型和参与因子表，这取决于分析选项的输出设置。由于现在振型尚未写入数据库或结果文件，因此还不能对结果进行后处理。

如果采用 Subspace 法提取模态，则输出内容中可能包括警告"STUR m number=n shouldbem"，其中 m 和 n 为整数，表示某阶模态被漏掉，或者第 m 阶和第 n 阶模态的频率相同，但只要求输出第 m 阶模态。

如果采用 Damped 法提取模态，那么求得的特征值和特征向量是复数解。特征值的虚部表示固有频率，实部表示系统稳定性的量度。

（7）退出 ANSYS 求解器。

GUI 操作：在主菜单中选择 Finish 命令。

命令：
```
FINISH
```

3. 扩展模态

从严格意义上来说，扩展模态意味着将减缩解扩展到完整的 DOF 集上，而减缩解通常用主 DOF 表示。在模态分析中，扩展是指将振型写入结果文件。因此，扩展模态不仅适用于使用 Reduced 法得到的减缩振型，而且适用于使用其他模态提取方法得到的完整振型。如果需要在后处理器中查看振型，则必须先将振型写入结果文件。扩展模态要求振型文件 Jobname.mode、Jobname.emat、Jobname.esav 及 Jobname.tri（如果使用 Reduced 法提取模态）必须存在，并且数据库中必须包含与结算模态时所用模型相同的分析模型。扩展模态的操作步骤如下。

（1）进入 ANSYS 求解器。

在扩展模态前必须退出求解状态，并且重新进入 ANSYS 求解器。

GUI 操作：在主菜单中选择 Solution 命令。

命令：
```
/SOLU
```

扩展模态的相关选项如表 9-2 所示。

表 9-2 扩展模态的相关选项

选 项	命 令	GUI 操作
Expansion Pass On/Off	EXPASS	在主菜单中选择 Solution > Analysis Type > Expansion Pass 命令
Number. of Modes to Expand	MXPAND	在主菜单中选择 Solution > Load Step Opts > Expansion Pass > Single Expand > Expand Modes 命令
Frequency Range for Expansion	MXPAND	在主菜单中选择 Solution > Load Step Opts > Expansion Pass > Single Expand > Expand Modes 命令
Stress Calculations On/Off	MXPAND	在主菜单中选择 Solution > Load Step Opts > Expansion Pass > Single Expand > Expand Modes 命令

Expansion Pass On/Off [EXPASS]：如果设置为 On，则表示启用扩展模态功能。

Number of Modes to Expand[MXPAND,NMODE]：指定要扩展的模态数。只有经过扩展的模态才可以在后处理器中查看。默认为不进行模态扩展。

Frequency Range for Expansion[MXPAND,FREQB,FREQE]：这是另一种指定要扩展

的模态数的方法。如果指定一个频率范围，那么只有该频率范围内的模态会被扩展。

Stress Calculations On/Off[MXPAND,Elcalc]：是否计算应力，默认为不计算。模态分析中的应力并不代表结构中的实际应力，它只是提供一个各阶模态之间相对应力分布的概念。

（2）指定载荷步选项。在模态扩展处理中，唯一有效的是输出设置。

GUI 操作：在主菜单中选择 Solution > Load Step > Output Ctrls > DB/Results File 命令。

命令：

```
OUTRES
```

（3）扩展处理。扩展处理的输出包含已扩展的振型，也可以包含各阶模态相对应的应力分布。

GUI 操作：在主菜单中选择 Solution > Solve > Current LS 命令。

命令：

```
SOLVE
```

如果需要扩展其他模态（如不同频率范围的模态），那么重复以上步骤，每次扩展处理结果文件中存储为单步的载荷步。

（4）退出 ANSYS 求解器，可以在后处理器中查看结果。

GUI 操作：在主菜单中选择 Finish 命令。

命令：

```
FINISH
```

4. 查看结果和后处理

将模态分析的结果（扩展模态的结果）写入结构分析文件 Jobname.rst。模态分析的结果包括固有频率、已扩展的振型、相对应力和力分布（如果要求输出）。可以在通用后处理器（POST1）中查看模态分析的结果。

模态分析的结果数据包括读入合适载荷子步的结果数据。每阶模态在结果文件中存储为一个单独的载荷子步。例如，扩展了 6 阶模态，结果文件中会有一个由 6 个载荷子步组成的载荷步。

GUI 操作：在主菜单中选择 General Postproc > Read Results > By LoadStep > Substep 命令。

命令：

```
SBSTEP
```

GUI 操作：在主菜单中选择 General Postproc > Plot Results > Deformed Shape 命令。

命令：

```
PLDISP
```

9.3 立体桁架结构模态分析

9.3.1 问题描述

本实例中的立体桁架结构模型如图 9-1 所示。每个网格的长、宽、高均为 0.4m，总长为 3.2m。结构支撑方式为一端固定，另一端悬臂。杆件采用空心钢管，截面尺寸为 16mm×2.5mm，弹性模量为 $2.1×10^{11}N/m^2$，泊松比为 0.3，杆件密度为 $7850kg/m^3$。使用 ANSYS 计算该立体桁架结构模型前 6 阶的固有频率和振型。

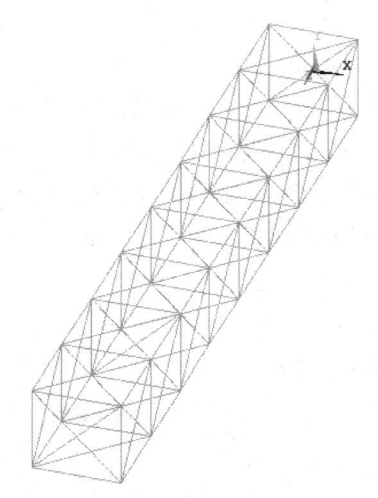

图 9-1 立体桁架结构模型

9.3.2 分析

计算立体桁架结构的固有频率和振型属于模态分析问题。首先使用 LINK180 单元创建有限元模型，然后对其进行模态分析。

9.3.3 设置分析环境

（1）启动 Mechanical APDL Product Launcher，打开 ANSYS Mechanical APDL Product Launcher 窗口，在 Simulation Environment 下拉列表中选择 ANSYS 选项，在 License 下拉列表中选择 ANSYS Multiphysics 选项，在 Working Directory 文本框中输入工作目录名称，在 Job Name 文本框中输入项目名称"9-1"，单击 Run 按钮，进入 ANSYS 的 GUI。

（2）在 GUI 的主菜单中选择 Preferences 命令，弹出 Preferences for GUI Filtering 对话框，勾选 Structural 复选框，如图 9-2 所示，单击 OK 按钮，完成分析环境设置。

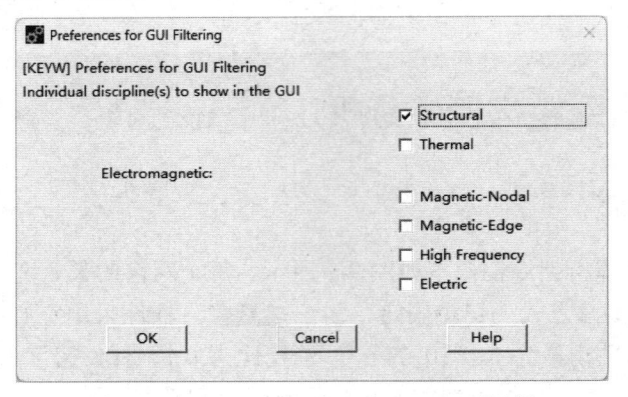

图 9-2　Preferences for GUI Filtering 对话框

9.3.4　设置材料属性

（1）在 GUI 的主菜单中选择 Preprocessor > Element Type > Add/Edit/Delete 命令，弹出 Element Types 对话框，单击 Add 按钮，弹出 Library of Element Types 对话框，在第一个列表框中选择 Link 选项，在第二个列表框中选择 3D finit stn 180 选项，如图 9-3 所示，单击 OK 按钮，关闭 Library of Element Types 对话框。在 Element Types 对话框中单击 Close 按钮，关闭该对话框。

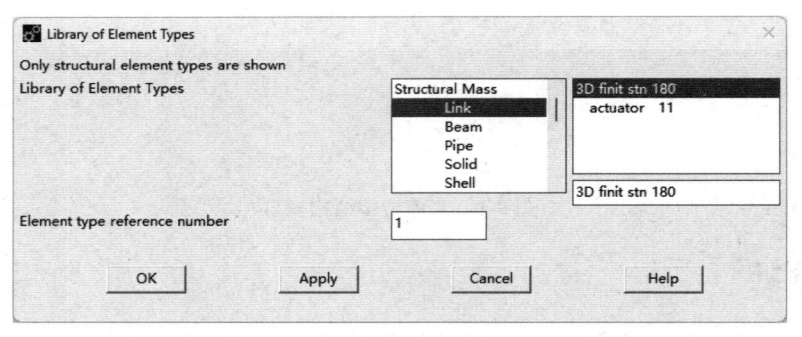

图 9-3　Library of Element Types 对话框

（2）定义截面。由于在 ANSYS 的 GUI 中已不再支持使用 LINK180 单元定义实常数，因此采用命令流的方法定义实常数，在命令输入框中输入"R,1,0.000 106"即可。在 GUI 的主菜单中选择 Preprocessor > Real Constants > Add/Edit/Delete 命令，弹出 Real Constants 对话框，在 Defined Real Constant Sets 列表框中显示"Set 1"，如图 9-4 所示，说明已经建立了 ID 为 1 的实常数，单击 Close 按钮，关闭该对话框。

（3）在 GUI 的主菜单中选择 Preprocessor > Material Props > Material Models 命令，打开 Define Material Model Behavior 窗口，在 Material Models Available 列表框中选择 Structural（结构）> Linear（线性）> Elastic（弹性）> Isotropic（各向同性）选项，如图 9-5 所示，弹出 Linear Isotropic Properties for Material Number 1 对话框。

图 9-4 Real Constants 对话框

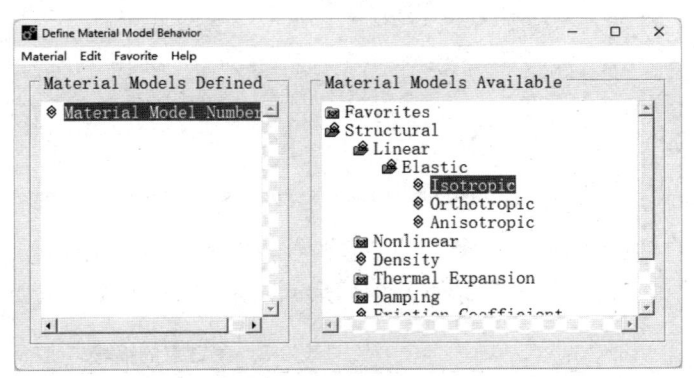

图 9-5 Define Material Model Behavior 窗口

（4）在 Linear Isotropic Properties for Material Number 1 对话框中，设置 EX=2.1e11、PRXY=0.3，即设置弹性模量为 $2.1\times10^{11}\text{N/m}^2$、泊松比为 0.3，如图 9-6 所示，单击 OK 按钮，返回 Define Material Model Behavior 窗口。

（5）在 Define Material Model Behavior 窗口中，在 Material Models Available 列表框中选择 Structural（结构）> Density（密度）选项，弹出 Density for Material Number 1 对话框，设置 DENS=7850，即设置材料密度为 7850kg/m^3，如图 9-7 所示，单击 OK 按钮，返回 Define Material Model Behavior 窗口。

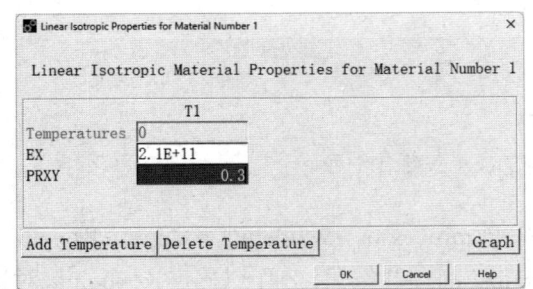

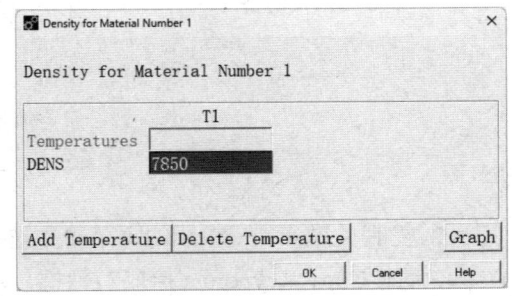

图 9-6 Linear Isotropic Properties for Number 1 对话框　　图 9-7 Density for Material Number 1 对话框

（6）在 Define Material Model Behavior 窗口中选择 Material > Exit 命令，关闭该窗口。

9.3.5 创建模型

（1）在 GUI 的主菜单中选择 Preprocessor > Modeling > Create > Keypoints > In Active CS 命令，弹出 Create Keypoints in Active Coordinate System 对话框，在 NPT Keypoint number 文本框中输入关键点的编号"1"，在 X,Y,Z Location in active CS 文本框中输入 1 号关键点的坐标（-0.2,0.2,3.2），如图 9-8 所示，单击 Apply 按钮确认。

图 9-8 Create Keypoints in Active Coordinate System 对话框

继续输入下一个关键点的编号与坐标，直至完成用作平板顶点的所有关键点的创建。关键点的编号与坐标如表 9-3 所示，创建的 4 个关键点如图 9-9 所示。

表 9-3 关键点的编号与坐标

关键点编号	X	Y	Z
1	−0.2	0.2	3.2
2	0.2	0.2	3.2
3	0.2	−0.2	3.2
4	−0.2	−0.2	3.2

图 9-9 创建的 4 个关键点

（2）复制关键点。在 GUI 的主菜单中选择 Preprocessor > Modeling > Copy > Keypoints 命令，弹出 Copy Keypoints 拾取对话框，单击 Pick All 按钮，弹出 Copy Keypoints 对话框，设置 DZ Z-offset in active CS=−0.4，单击 Apply 按钮，如图 9-10 所示，此时关键点变为 8 个。

再次在 Copy Keypoints 拾取对话框中单击 Pick All 按钮，弹出 Copy Keypoints 对话框，设置 DZ Z-offset in active CS=−0.8，单击 Apply 按钮，此时关键点变为 16 个。

再次在 Copy Keypoints 拾取对话框中单击 Pick All 按钮，弹出 Copy Keypoints 对话框，设置 DZ Z-offset in active CS=−1.6，单击 Apply 按钮，此时关键点变为 32 个。

最后在工作区中选中 1、2、3、4 号关键点，打开 Multiple_Entities 面板，如图 9-11 所示，观察选中的关键点编号是否正确。如果选中的关键点编号不正确，那么单击 Prev 按钮重新选择；如果选中的关键点编号正确，那么单击 Next 按钮选择下一个关键点；最后单击 OK 按钮。

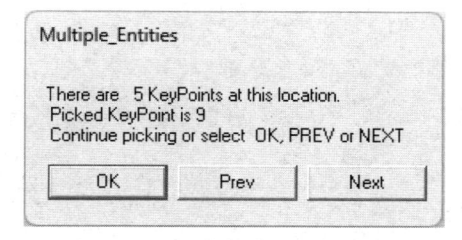

图 9-10　Copy Keypoints 对话框　　　　　图 9-11　Multiple_Entities 面板

在 4 个关键点全部被选中后，在 Copy Keypoints 对话框中单击 OK 按钮，设置 DZ Z-offset in active CS=-3.2，单击 Apply 按钮，此时关键点变为 36 个。至此，所有关键点创建完毕。

注意，本步骤利用 Copy Keypoints 对话框快速地创建了所有关键点，用户也可以通过依次输入关键点的编号及坐标来创建所有关键点。

（3）改变视图方向。在 GUI 的通用菜单中选择 PlotCtrls > View Settings > Viewing Direction 命令，弹出 Viewing Direction 对话框，在 XV,YV,ZV Coords of view point 文本框中分别输入"1""2""3"，其他参数保持默认设置，如图 9-12 所示，单击 OK 按钮，即可在工作区中显示创建的所有关键点，如图 9-13 所示。

图 9-12　Viewing Direction 对话框　　　　　图 9-13　创建的所有关键点

（4）在 GUI 的通用菜单中选择 PlotCtrls > Numbering 命令，弹出 Plot Numbering Controls 对话框，勾选 KP Keypoint numbers 复选框，使其状态转换为 On，如图 9-14 所示，单击 OK 按钮，关闭该对话框。

（5）在 GUI 的主菜单中选择 Preprocessor > Modeling > Create > Lines > Lines > Straight Line 命令，弹出 Create Straight Line 拾取对话框，在工作区中依次拾取 1 号关键点与 2 号关键点、2 号关键点与 3 号关键点、4 号关键点与 1 号关键点、1 号关键点与 3 号关键点、1 号关键点与 5 号关键点、2 号关键点与 6 号关键点、3 号关键点与 7 号关键点、4 号关键点与 8 号关键点、2 号关键点与 5 号关键点、2 号关键点与 7 号关键点、4

号关键点与 7 号关键点、4 号关键点与 5 号关键点，生成 12 条线。按照上述顺序拾取其他关键点并生成其他线。生成的所有线如图 9-15 所示。

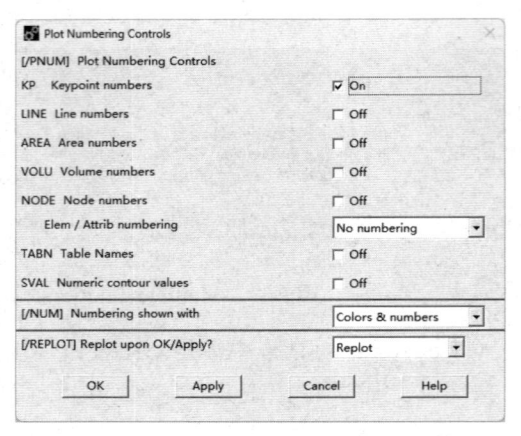

图 9-14　Plot Numbering Controls 对话框

图 9-15　生成的所有线

（6）在 GUI 的通用菜单中选择 File > Save as Jobname.db 命令，保存上述操作过程。

9.3.6　划分网格

（1）在 GUI 的主菜单中选择 Preprocessor > Meshing > Size Cntrls > Manual Size > Lines > ALL Lines 命令，弹出 Element Sizes on All Selected Lines 对话框，设置 NDIV No. of element divisions=1，即设置每条线为一个单元，如图 9-16 所示，单击 OK 按钮，关闭该对话框。

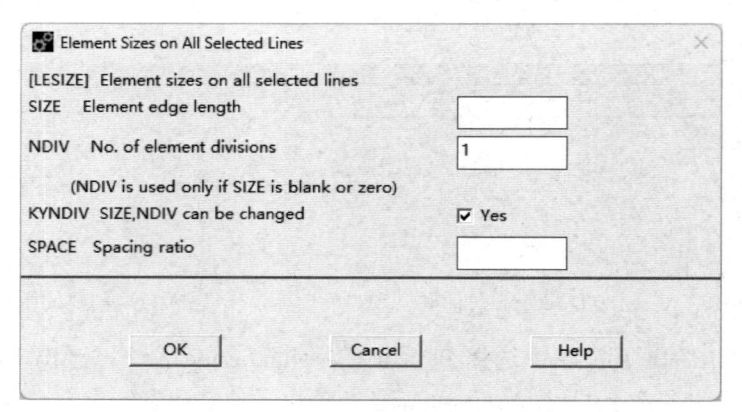

图 9-16　Element Sizes on All Selected Lines 对话框

（2）在 GUI 的主菜单中选择 Preprocessor > Meshing > Mesh > Lines 命令，弹出 Mesh Lines 拾取对话框，单击 Pick All 按钮，对所有线进行网络划分。

（3）在 GUI 的主菜单中选择 Plot > Elements 命令，即可在工作区中显示立体桁架结构模型的网格划分结果，如图 9-17 所示。

第 9 章
模态分析

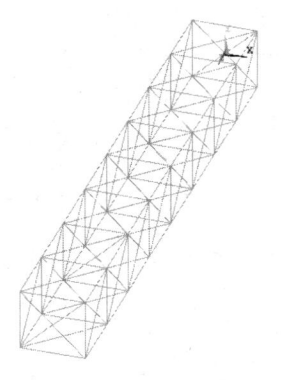

图 9-17　立体桁架结构模型的网格划分结果

（4）在 GUI 的主菜单中选择 File > Save as Jobname.db 命令，保存上述操作过程。在 GUI 的主菜单中选择 Finish 命令，退出 ANSYS 处理器。

9.3.7　施加约束

（1）在 GUI 的主菜单中选择 Solution > Define Loads > Apply > Structural > Displacement > On Nodes 命令，弹出 Apply U,ROT on Nodes 拾取对话框。

（2）在工作区中拾取 33、34、35、36 号关键点，单击 OK 按钮，弹出 Apply U,ROT on Nodes 对话框，在 Lab2 DOFs to be constrained 列表框中选择 All DOF 选项，如图 9-18 所示，单击 OK 按钮，关闭该对话框。在工作区中会显示施加位移约束后的结果，如图 9-19 所示。

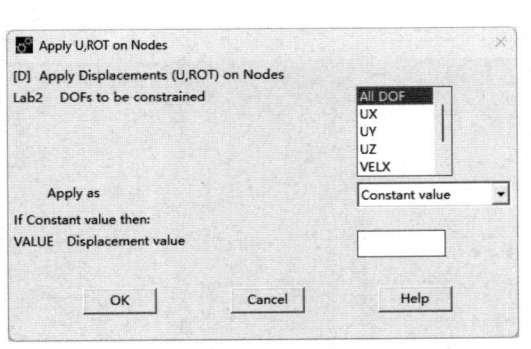

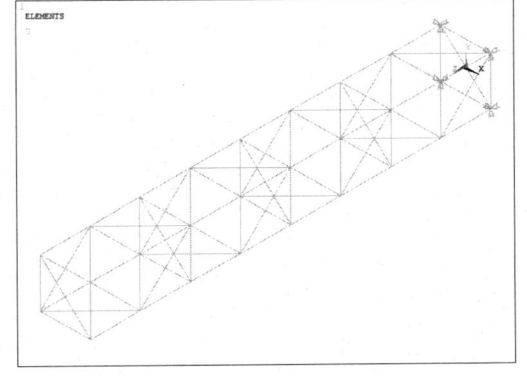

图 9-18　Apply U,ROT on Nodes 对话框　　　图 9-19　施加位移约束后的结果

注意，该操作会对拾取的 4 个关键点施加固定位移约束，即完全限制这 4 个关键点在 3 个方向上的自由度。

9.3.8　设置分析类型

在 GUI 的主菜单中选择 Solution > Analysis Type > New Analysis 命令，弹出 New

Analysis 对话框，选择 Modal（模态分析）单选按钮，如图 9-20 所示，单击 OK 按钮确认。

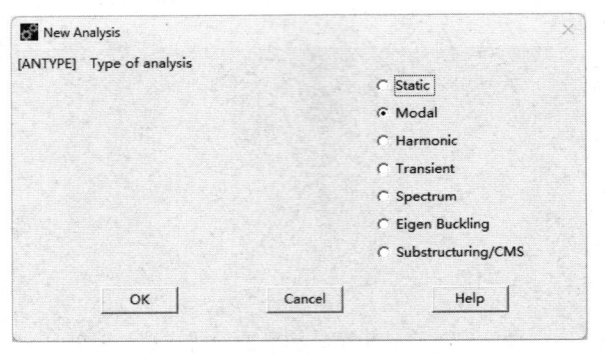

图 9-20　New Analysis 对话框

9.3.9　设置分析选项

（1）在 GUI 的主菜单中选择 Solution > Analysis Type > Analysis Options 命令，弹出 Modal Analysis 对话框，选择 Block Lanczos 单选按钮，即采用 Block Lanczos 模态提取法，设置 No. of modes to extract=6、NMODE No. of modes to expand= 6，即设置提取模态数为 6 个、扩展模态数为 6 个，如图 9-21 所示，单击 OK 按钮。

（2）弹出 Block Lanczos Method 对话框，设置 FREQB Start Freq (initial shift) =0、FREQE End Frequency=1000000（这个数值不是固定不变的，只要充分大就可以），在 Nrmkey Normalize mode shapes 下拉列表中选择 To mass matrix 选项，如图 9-22 所示，单击 OK 按钮，关闭该对话框。

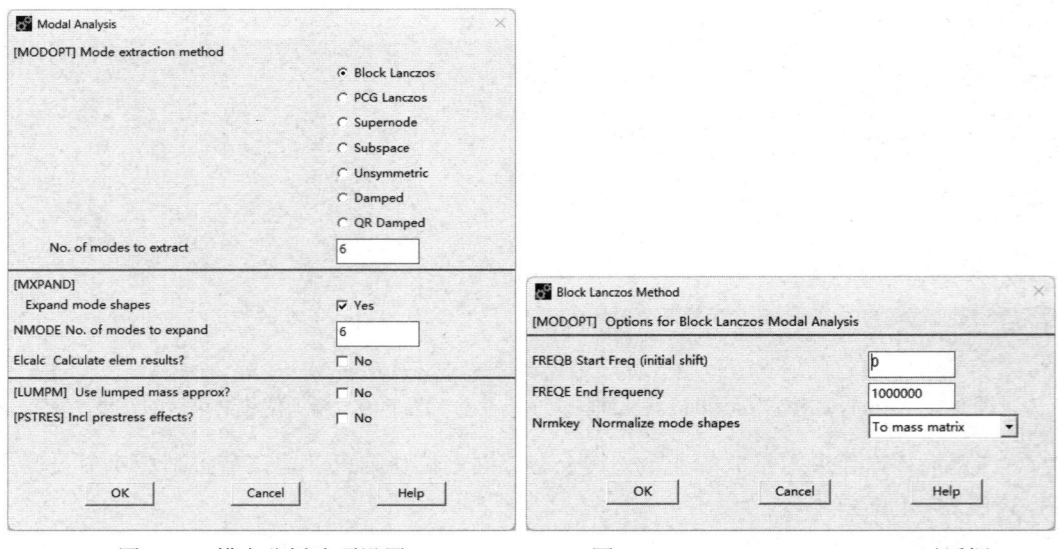

图 9-21　模态分析选项设置　　　　图 9-22　Block Lanczos Method 对话框

注意，与静力学分析不同，该操作求解类型为模态分析。在进行模态分析的参数设置时，也可以尝试采用其他模态分析方法来计算该工程实例。

9.3.10 求解

（1）在 GUI 的主菜单中选择 Solution > Solve > Current LS 命令，弹出/STATUS Command 对话框，用于显示项目的求解信息及输出选项；同时弹出 Solve Current Load Step 对话框，用于询问用户是否开始求解。

（2）在 Solve Current Load Step 对话框中单击 OK 按钮，开始计算模态解。在求解完成后，弹出显示"Solution is done!"的 Note 对话框，如图 9-23 所示。

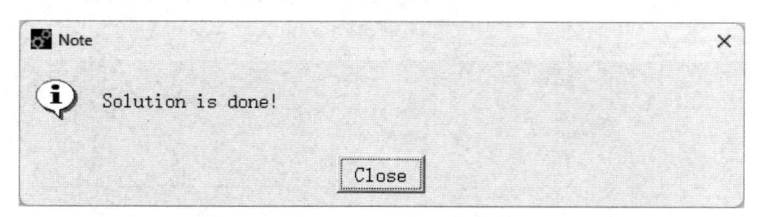

图 9-23　Note 对话框

9.3.11 观察固有频率的结果

进入通用后处理器 POST1，在 GUI 的主菜单中选择 General Postproc > Results Summary 命令，弹出 SET.LIST Command 对话框，如图 9-24 所示。在该对话框中可以观察立体桁架结构模型前 6 阶的固有频率。

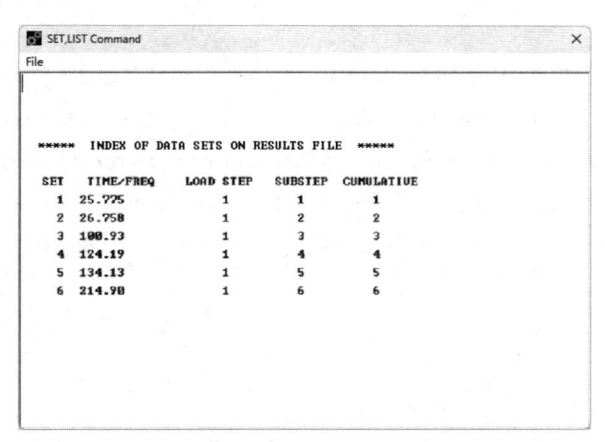

图 9-24　立体桁架结构模型前 6 阶的固有频率

注意，此处固有频率的单位为 Hz。

9.3.12 读入数据结果

（1）在 GUI 的主菜单中选择 General Postproc > Read Results > First Set 命令，读入第一载荷步计算结果。

（2）在 GUI 的主菜单中选择 General Postproc > Plot Results > Deformed Shape 命令，弹出 Plot Deformed Shape 对话框，选择 Def+undef edge 单选按钮，单击 OK 按钮，即可在工作区中显示立体桁架结构模型的第 1 阶模态振型，如图 9-25 所示。

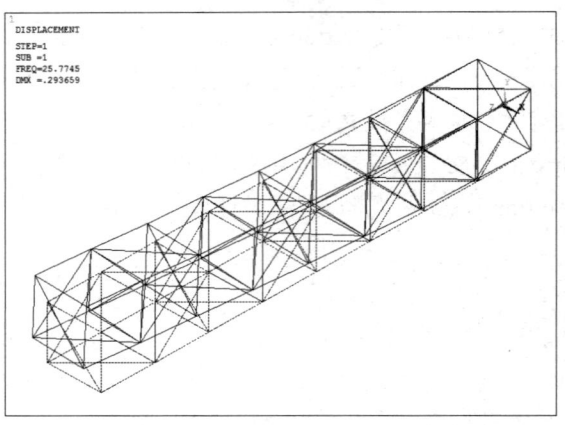

图 9-25　立体桁架结构模型的第 1 阶模态振型

（3）重复上述操作，可以得到其他 5 阶模态振型。在读入其他 5 阶的载荷步计算结果时，根据具体情况选择 Next Set 或 Privious Set 命令。

9.3.13　观察振型等值线结果

（1）在 GUI 的主菜单中选择 General Postproc > Read Results > First Set 命令，读入第一载荷步计算结果。

（2）在 GUI 的主菜单中选择 General Postproc > Plot Results > Contour Plot > Nodal Solution 命令，弹出 Contour Nodal Solution Data 对话框，在 Item to be contoured 列表框中选择 Nodal Solution > DOF Solution > Displacement vector sum 选项，在 Undisplaced shape key 下拉列表中选择 Deformed shape only 选项，如图 9-26 所示，单击 OK 按钮，即可在工作区中显示立体桁架结构模型的第 1 阶模态振型的等值线结果。

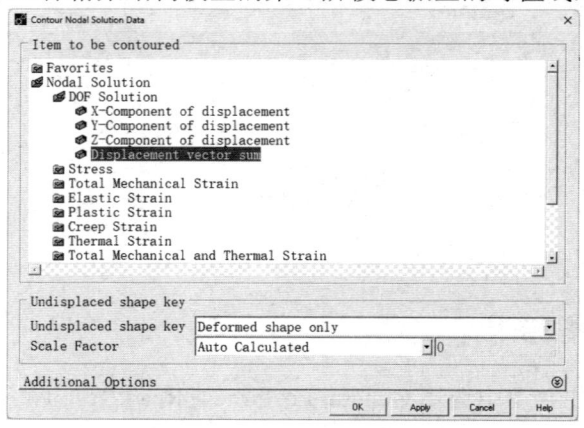

图 9-26　Contour Nodal Solution Data 对话框

(3) 重复上述操作，可以得到其他 5 阶模态振型的等值线结果。立体桁架结构模型前 6 阶模态振型的等值线结果如图 9-27 所示。

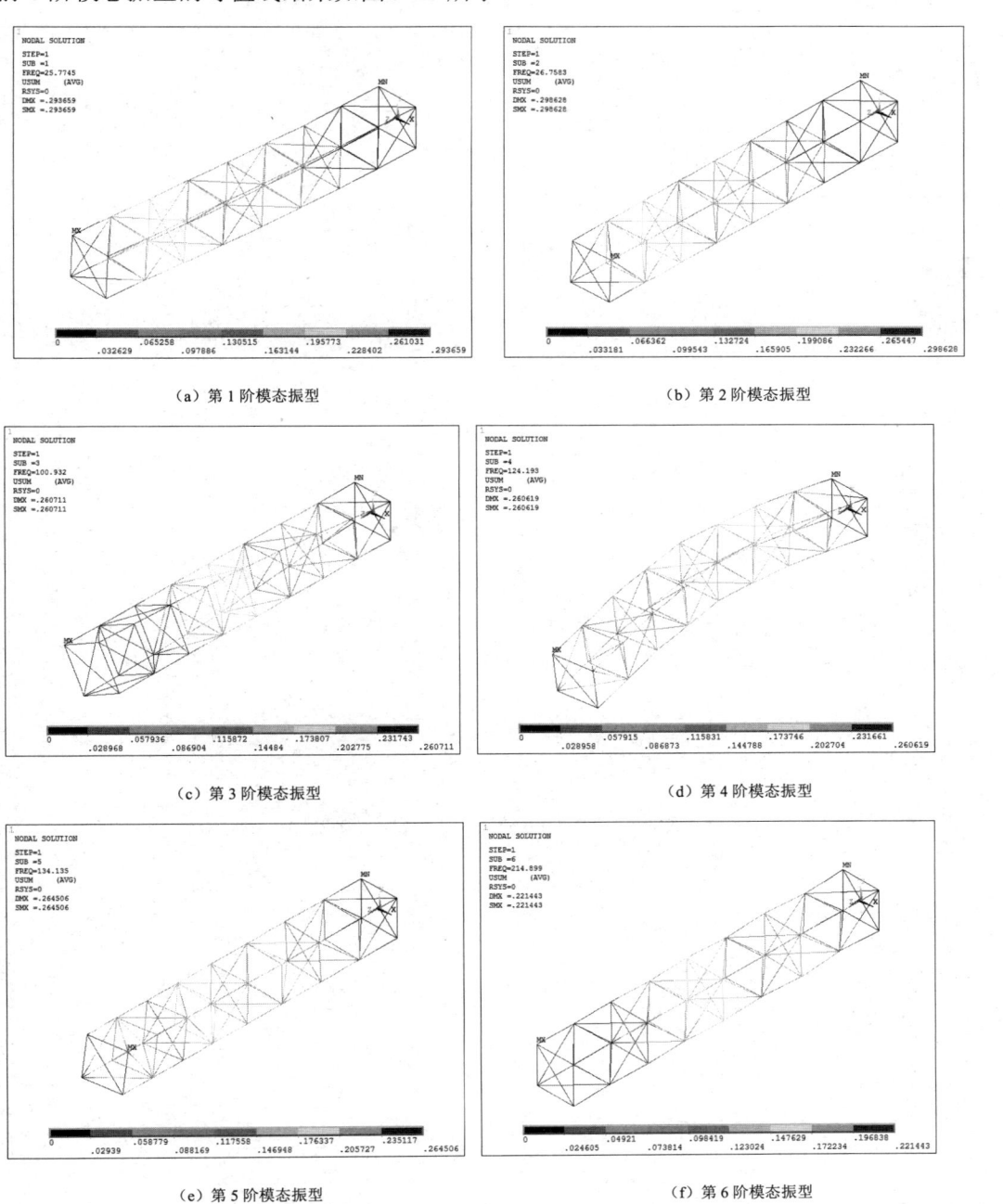

(a) 第 1 阶模态振型

(b) 第 2 阶模态振型

(c) 第 3 阶模态振型

(d) 第 4 阶模态振型

(e) 第 5 阶模态振型

(f) 第 6 阶模态振型

图 9-27 立体桁架结构模型前 6 阶模态振型的等值线结果

注意，这里显示的位移大小只是相对位移，没有实际意义。

(4) 单击工具栏中的 QUIT 按钮，弹出 Exit 对话框，选择 Save Everything 单选按钮，保存所有项目，单击 OK 按钮，退出 ANSYS。

9.3.14 命令流

本实例的命令流如下:

```
/prep7
*do,i,1,33,4
k,i,-0.4/2,0.4/2,8*0.4-(i-1)/4*0.4
k,i+1,0.4/2,0.4/2,8*0.4-(i-1)/4*0.4
k,i+2,0.4/2,-0.4/2,8*0.4-(i-1)/4*0.4
k,i+3,-0.4/2,-0.4/2,8*0.4-(i-1)/4*0.4
*enddo
L,1,2
L,2,3
L,3,4
L,4,1
L,1,3
L,1,5
L,2,6
L,3,7
L,4,8
L,2,5
L,2,7
L,4,7
L,4,5
L,5,6
L,6,7
L,7,8
L,8,5
L,8,6
L,5,9
L,6,10
L,7,11
L,8,12
L,5,10
L,7,10
L,7,12
L,5,12
L,9,10
L,10,11
L,11,12
L,12,9
L,9,11
L,9,13
L,10,14
L,11,15
L,12,16
L,10,13
L,10,15
L,15,12
L,12,13
L,13,14
L,14,15
L,15,16
L,13,16
L,16,14
L,13,17
L,14,18
L,15,19
L,16,20
L,13,18
L,18,15
L,15,20
L,13,20
L,17,18
L,18,19
L,19,20
L,20,17
L,17,19
L,17,21
L,18,22
L,19,23
L,20,24
L,18,21
L,18,23
L,23,20
L,20,21
L,21,22
L,22,23
L,23,24
L,21,24
L,24,22
L,21,25
```

```
L,22,26
L,23,27
L,24,28
L,21,26
L,26,23
L,23,28
L,21,28
L,25,26
L,26,27
L,27,28
L,25,28
L,25,27
L,25,29
L,26,30
L,27,31
L,28,32
L,26,29
L,26,31
L,31,28
L,29,28
L,29,30
L,30,31
L,31,32
L,29,32
L,32,30
L,29,33
L,30,34
L,31,35
L,32,36
L,29,34
L,34,31
L,31,36
L,29,36
L,33,34
L,34,35
L,35,36
L,33,36
L,35,33
ET,1,LINK180
MPTEMP,,,,,,,,
MPTEMP,1,0
MPDATA,EX,1,,2.1E11
MPDATA,PRXY,1,,0.3
MPDATA,DENS,1,,7850
R,1,0.000106
LESIZE,ALL,,,1,,1,,,1,
LSEL,ALL,,,,,,
LMESH,ALL,,
FINISH
/SOL
DK,33,all,,,,,,
DK,34,all,,,,,,
DK,35,all,,,,,,
DK,36,all,,,,,,

ANTYPE,2
MODOPT,LANB,6
EQSLV,SPAR
MXPAND,6,,,0
LUMPM,0
PSTRES,0
MODOPT,LANB,6,0,1000000,,OFF
MXPAND,6,0,1000000,0,0.001,
SOLVE
FINISH

/post1
SET,LIST
SET,FIRST
PLDISP,1
SET,NEXT
PLDISP,1
SET,NEXT
PLDISP,1
SET,NEXT
PLDISP,1
SET,NEXT
PLDISP,1
SET,NEXT
PLDISP,1
SET,FIRST
PLNSOL,U,SUM,1,1.0
SET,NEXT
PLNSOL,U,SUM,1,1.0
SET,NEXT
PLNSOL,U,SUM,1,1.0
SET,NEXT
PLNSOL,U,SUM,1,1.0
```

```
SET,NEXT                    PLNSOL,U,SUM,1,1.0
PLNSOL,U,SUM,1,1.0          FINISH
SET,NEXT                    /EXIT,ALL
```

9.4 本章小结

　　本章首先介绍了模态分析的基本方法，通过模态分析可以得到结构或构件的振动特性，即固有频率和振型。然后结合实例对模态分析方法及其步骤进行了详细讲解，为后面其他动力学分析（如谐响应分析、瞬态动力学分析、谱分析等）的学习打下基础。

第 10 章

谐响应分析

谐响应分析可以计算结构在几种频率下的响应,并且得到一些响应值,通常是位移对频率的曲线。从这些曲线上可以找到峰值响应,并且进一步观察峰值频率对应的应力。谐响应分析只计算结构的稳态受迫振动,不考虑发生在激励开始时的瞬态振动。

学习目标:
- 了解谐响应分析的基础知识。
- 掌握谐响应的分析方法。

10.1 谐响应分析应用

谐响应分析主要用于确定结构系统在承受持续的周期性载荷作用下的稳态响应。分析的目的是计算结构在几种频率下的响应并得到一些响应值(通常是位移)对频率的影响曲线,从这些曲线上可以找到峰值响应并进一步查看峰值频率对应的应力。

谐响应分析只计算结构的稳态受迫振动,发生在激励开始时的瞬态振动不在谐响应分析的考虑范围内。作为一种线性分析,谐响应分析忽略任何非线性特性,如塑性和接触(间隙)单元,但可以包含非对称矩阵,如分析流体-结构的相互作用问题。谐响应分析也可以分析有预应力的结构,如小提琴的弦(假定简谐应力比预设的拉伸应力小得多)。

10.1.1 谐响应分析方法

可以采用 3 种方法进行谐响应分析,分别为 Full 法(完全法)、Reduced 法(减缩法)、Mode Superposition 法(模态叠加法)。

1. Full 法

Full 法使用完整的系统矩阵来计算谐响应(没有矩阵减缩),矩阵可以是对称矩阵,也可以是非对称矩阵,其优点如下。

- 容易使用，因为不用关心如何选择主自由度和振型。
- 使用完整的系统矩阵，因此不涉及质量矩阵的近似。
- 允许有非对称矩阵，这种矩阵在声学或轴承问题中很典型。
- 使用单一处理过程计算所有的位移和应力。
- 允许施加各种类型的载荷，如节点力、外加的（非零）约束力单元载荷（压力和温度）。
- 允许采用施加于实体模型上的载荷。
- 在使用 JCG 求解器或 JCCG 求解器时效率很高。

Full 法的缺点如下。
- 预应力选项不可用。
- 在使用 Frontal 求解器时，通常比其他方法运行时间长。

2. Reduced 法

Reduced 法通常通过控制主自由度和减缩矩阵来压缩问题的规模，在计算主自由度的位移后，解可以被扩展到初始的完整 DOF 集上，其优点如下。

- 在使用 Frontal 求解器时，Reduced 法比 Full 法快。
- 可以考虑预应力效果。

Reduced 法的缺点如下。
- 初始解只计算主自由度的位移。如果要得到完整的位移，则需要对应力和力的解进行扩展处理，扩展处理在某些分析应用中是可选操作。
- 不能施加单元载荷（压力和温度等）。
- 所有载荷必须施加于用户定义的自由度上，限制了施加于实体模型上的载荷。

3. Mode Superposition 法

Mode Superposition 法可以将模态分析得到的振型（特征向量）乘因子并求和，从而计算出结构的响应，其优点如下。

- 对于许多问题，Mode Superposition 法比 Full 法和 Reduced 法更快。
- 可以使用 LVSCALE 命令将模态分析中施加的载荷用于谐响应分析中。
- 可以使解按结构的固有频率聚集，从而生成更平滑且更精确的响应曲线图。
- 可以包含预应力效果。
- 允许考虑振型阻尼（阻尼系数为频率的函数）。

Mode Superposition 法的缺点如下。
- 不能施加非零位移。
- 在模态分析中使用 Power Dynamics 法时，初始条件中不能有预加的载荷。

3 种谐响应分析方法的共同局限性如下。
- 所有载荷必须随时间按正弦规律变化。
- 所有载荷必须有相同的频率。

- 不允许有非线性特性。
- 不计算瞬态效应。

10.1.2 使用 Full 法进行谐响应分析

使用 Full 法进行谐响应分析的主要步骤为建模、加载并求解，以及查看结果和后处理。

1．建模

首先指定文件名和分析标题，然后使用 PREP7 定义单元类型、单元实常数、材料特性及几何模型，要点如下。

- 只有线性特性是有效的，如果有非线性单元，则按线性单元处理。
- 必须指定弹性模量 EX（或某种形式的刚度）和密度 DENS（或某种形式的质量）。材料特性可为线性、各向同性、各向异性、与温度有关的特性，忽略非线性特性。

2．加载并求解

定义分析类型和分析选项、施加载荷、指定载荷步选项并开始进行有限元求解。需要注意的是，峰值响应分析发生在力的频率和结构的固有频率相等时。在得到谐响应分析解之前，进行模态分析，从而确定结构的固有频率。

（1）进入 ANSYS 求解器。

GUI 操作：在主菜单中选择 Solution 命令。

命令：

```
/SOLU
```

（2）定义分析类型和分析选项。ANSYS 提供的用于谐响应分析的选项如表 10-1 所示。

表 10-1 用于谐响应分析的选项

选项	命令	GUI 操作
New Analysis	ANTYPE	在主菜单中选择 Solution > Analysis Type > New Analysis 命令
Analysis Type:Harmonic Response	ANTYPE	在主菜单中选择 Solution > Analysis Type > New Analysis > Harmonic 命令
Solution Method	HROPT	在主菜单中选择 Solution > Analysis Type > Analysis Options 命令
Solution Listing Format	HROUT	在主菜单中选择 Solution > Analysis Type > Analysis Options 命令
Mass Matrix Formulation	LUMPM	在主菜单中选择 Solution > Analysis Type > Analysis Options 命令
Equation Solver	EQSLV	在主菜单中选择 Solution > Analysis Type > Analysis Options 命令

New Analysis[ANTYPE]：选择新分析，在谐响应分析中 Restart 不可用。如果需要施加其他简谐载荷，则可以进行一次新分析。

Analysis Type:Harmonic Response[ANTYPE]：设置分析类型为 Harmonic Response（谐响应分析）。

Solution Method[HROPT]：指定谐响应分析方法，可选的方法有 Full 法、Reduced 法、Mode Superposition 法。

Solution Listing Format[HROUT]：确定谐响应分析的位移解在输出文件中的列出方

式。可选的方式有 Real and Imaginary（实部和虚部，默认方式）和 Amplitudes and Phase Angles（幅值和相位角）。

Mass Matrix Formulation[LUMPM]：指定采用默认的质量矩阵形成方式（取决于单元类型）或使用集中质量矩阵近似。

Equation Solver[EQSLV]：指定求解器。可选的求解器有 Frontal（默认）、SPARSE（Sparse Direct）、JCG（Jacobi Conjugate Gradient）及 ICCG（Incomplete Cholesky Conjugate Gradient）。对于大部分结构模型，建议使用 Frontal 求解器或 SPARSE 求解器。

（3）施加载荷。根据定义，谐响应分析假定施加的所有载荷随时间按简谐（正弦）规律变化。指定一个完整的简谐载荷需要输入 3 个数据，分别为 Amplitude（振幅）、Phase Angle（相位角）和 Forcing Frequency Range（强制频率范围）。

（4）指定载荷步选项，谐响应分析可用的载荷步选项如表 10-2 所示。

表 10-2 谐响应分析可用的载荷步选项

普通选项（General Options）		
选 项	命 令	GUI 操作
Number of Harmonic Solutions	NSUBST	在主菜单中选择 Solution > Load Step Opts > Time/Frequenc > Freq and Substeps 命令
Stepped or Ramped Loads	KBC	在主菜单中选择 Solution > Load Step Opts > Time/Frequenc > Time > Time Step or Freq and Substeps 命令
动力学选项（Dynamics Options）		
选 项	命 令	GUI 操作
Forcing Frequency Range	HARFRQ	在主菜单中选择 Solution > Load Step Opts > Time/Frequenc > Freq and Substeps 命令
Damping	ALPHAD,BETAD,DMPRAT	在主菜单中选择 Solution > Load Step Opts > Time/Frequenc > Damping 命令
输出控制选项（Output Control Options）		
选 项	命 令	GUI 操作
Printed Output	OUTPR	在主菜单中选择 Solution > Load Step Opts > Output Ctrls > Solu Print out 命令
Data base and Results File Output	OUTRES	在主菜单中选择 Solution > Load Step Opts > Output Ctrls > DB/Results File 命令
Extrapolation of Results	ERESX	在主菜单中选择 Solution > Load Step Opts > Output Ctrls > Integration Pt 命令

普通选项如下。

Number of Harmonic Solutions[NSUBST]：请求计算任何数目的谐响应解，解（或载荷子步）会均匀分布于指定的频率范围内[HARFQR]。例如，如果要在 30Hz～40Hz 的频率范围内求出 10 个解，则计算在频率为 31Hz、32Hz、33Hz、34Hz、35Hz、36Hz、37Hz、38Hz、39Hz、40Hz 处的响应，而不计算频率范围低端（30Hz）处的响应。

Stepped or Ramped Loads[KBC]：载荷以 Stepped 或 Ramped 方式变化，默认以 Ramped

方式变化，即载荷的幅值随各载荷子步逐渐增长。如果使用命令"KBC,1"设置 Stepped 载荷，那么在频率范围内的所有载荷子步会保持恒定的幅值。

动力学选项如下。

Forcing Frequency Range[HARFRQ]：在谐响应分析中必须指定强制频率范围（以周/单位时间为单位），然后指定在此频率范围内要计算的解的数量。

Damping：必须指定某种形式的阻尼，如 Alpha（质量）阻尼（ALPHAD）、Beta（刚度）阻尼（BETAD）或恒定阻尼比（DMPRAT），否则在共振处的响应会无限大。

（5）进行有限元求解。

GUI 操作：在主菜单中选择 Solution > Solve > Current LS 命令。

命令：
```
SOLVE
```

如果有其他的载荷和频率范围（其他的载荷步），则重复以上步骤。如果要进行时间历程后处理（POST26），则一个载荷步和另一个载荷步的频率范围不能重叠。

（6）退出 ANSYS 求解器。

GUI 操作：在主菜单中选择 Finish 命令。

命令：
```
FINISH
```

3. 查看结果和后处理

谐响应分析的结果存储于结构分析文件 Jobname.rst 中，如果结构定义了阻尼，那么响应会与载荷异步。所有结果都是复数形式的，以实部和虚部的形式存储。

通常使用 POST26 和 POST1 查看结果。一般的处理顺序是用 POST26 找到临界强制频率模型中关注点产生最大位移（或应力）时的频率，然后用 POST1 在这些临界强制频率处理整个模型。

POST26 要用到结果项/频率对应关系表，即 Variables（变量）。每个变量都有一个参考号，1 号变量默认为频率，其中主要操作如下。

（1）定义变量。

GUI 操作：在主菜单中选择 TimeHist Postpro > Define Variables 命令。

命令：使用 NSOL 命令定义基本数据（节点位移），使用 ESOL 命令定义派生数据（单元数据，如应力），使用 RFORCE 命令定义反作用力数据。

（2）绘制变量相对于频率或其他变量的关系曲线，然后使用 PLCPLX 命令指定用 Real and Imaginary 或 Amplitudes and Phase Angles 方式表示解。

GUI 操作如下（任选一种操作）：

- 在主菜单中选择 TimeHist Postpro > Graph Variables 命令。
- 在主菜单中选择 TimeHist Postpro > Settings > Graph 命令。

命令：

```
PLCPLX
```

（3）列表变量值。使用 EXTREM 命令列出极值，然后使用 PLCPLX 命令指定用 Real and Imaginary 或 Amplitudes and Phase Angles 表示解。

GUI 操作如下（任选一种操作）：
- 在主菜单中选择 TimeHist Postpro > List Variables > List Extremes 命令。
- 在主菜单中选择 TimeHist Postpro > List Extremes 命令。
- 在主菜单中选择 TimeHist Postpro > Settings > List 命令。

命令：
```
PRVAR、EXTREM 或 PRCPLX
```

（4）通过查看整个模型中关键点处的时间历程结果，可以得到用于进一步进行通用后处理的频率值。

（5）在使用 POST1 时，使用 SET 命令读取所需谐响应分析的结果，但不能同时读取实部或虚部。结果大小由实部和虚部的 SRSS 及平方或取平方根给出，在 POST26 中可得到模型中指定点处的真实结果，然后进行其他通用后处理。

10.2 两自由度系统谐响应分析

10.2.1 问题描述

两自由度系统模型如图 10-1 所示，单位为 mm。

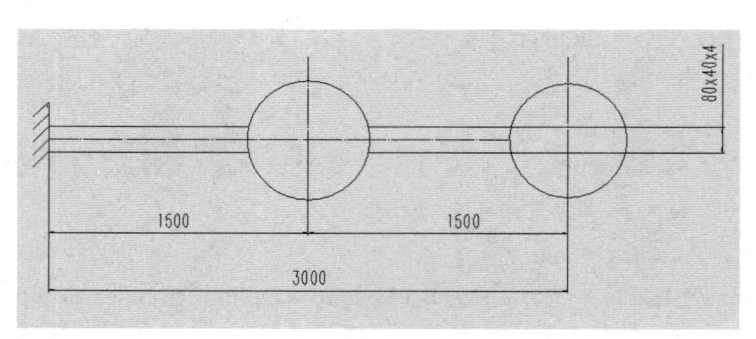

图 10-1 两自由度系统模型

两自由度系统模型是结构动力学理论的经典模型，主要用于讲解多自由度系统的特性。在实际工程中有许多可以抽象出两自由度系统模型的工程实例。因此，作为谐响应分析实例，对于图 10-1 中的两自由度系统模型，在节点球上施加简谐激励载荷 F=20N，频率范围为 0~50Hz，计算此系统的响应。

材料属性如下：弹性模量为 2.1×10^{11}N/m^2，密度为 7850kg/m^3，泊松比为 0.3。梁截面为方钢管，尺寸为 80mm×40mm×4mm，球为空心球，尺寸为 ϕ200mm×6mm，重量为 3.79kg。

10.2.2 设置分析环境

（1）启动 Mechanical APDL Product Launcher，打开 ANSYS Mechanical APDL Product Launcher 窗口，在 Simulation Environment 下拉列表中选择 ANSYS 选项，在 License 下拉列表中选择 ANSYS Multiphysics 选项，在 Working Directory 文本框中输入工作目录名称，在 Job Name 文本框中输入项目名称"10-1"，单击 Run 按钮，运行 ANSYS。

（2）在 GUI 的主菜单中选择 Preferences 命令，弹出 Preferences for GUI Filtering 对话框，勾选 Structural 复选框，如图 10-2 所示，单击 OK 按钮，完成分析环境设置。

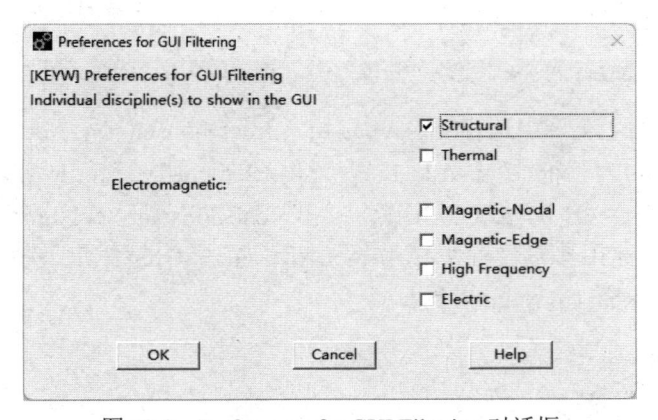

图 10-2　Preferences for GUI Filtering 对话框

10.2.3 设置材料属性

（1）在 GUI 的主菜单中选择 Preprocessor > Element Type > Add/Edit/Delete 命令，弹出 Element Types 对话框，单击 Add 按钮，弹出 Library of Element Types 对话框。

（2）在 Library of Element Types 对话框中，第一个列表框选择 Beam 选项，第二个列表框选择 2 node 188 选项，单击 OK 按钮，即可添加 BEAM188 单元类型。使用相同的方法添加 MASS21 单元类型。返回 Element Types 对话框，即可看到添加完成的单元类型，如图 10-3 所示。

（3）在 Element Types 对话框中选中 MASS21 单元类型，单击 Options 按钮，弹出 MASS21 element type options 对话框，在 Rotary inertia options K3 下拉列表中选择 2-D w/o rot iner 选项，单击 OK 按钮，关闭该对话框，单击 Close 按钮，关闭 Element Types 对话框。

（4）在 GUI 的主菜单中选择 Preprocessor > Sections > Beam > Common Sections 命令，弹出 Beam Tool 对话框，设置 Beam Tool 对话框中的参数，如图 10-4 所示，单击 OK 按钮，关闭该对话框。

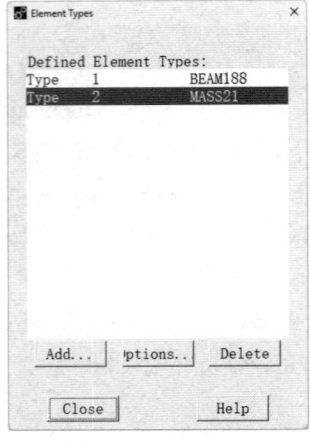

图 10-3　Element Types 对话框 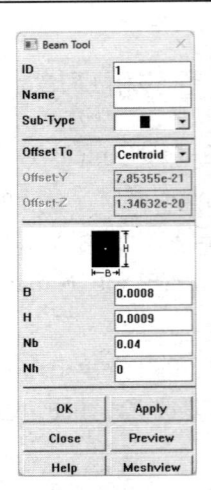　　　　图 10-4　Beam Tool 对话框中的参数设置

（5）在 GUI 的主菜单中选择 Preprocessor > Real Constants > Add/Edit/Delete 命令，弹出 Real Constants 对话框，单击 Add 按钮，弹出 Element Type for Real Constants 对话框，选择 MASS21 单元类型，单击 OK 按钮，弹出 Real Constant Set Number 2，for MASS21 对话框，该对话框中的参数设置如图 10-5 所示，单击 OK 按钮，关闭该对话框，单击 Close 按钮，关闭 Real Constant 对话框。

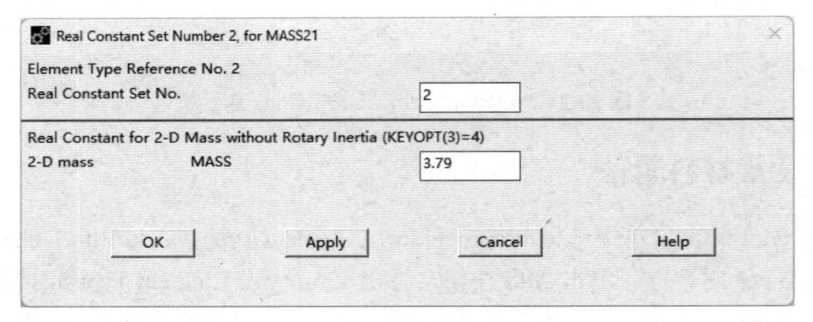

图 10-5　Real Constant Set Number 2,for MASS21 对话框中的参数设置

（6）在 GUI 的主菜单中选择 Preprocessor > Material Props > Material Models 命令，打开 Define Material Model Behavior 窗口。

（7）在 Define Material Model Behavior 窗口的 Material Models Available 列表框中选择 Structural > Linear > Elastic > Isotropic 选项，弹出 Linear Isotropic Properties for Material Number 1 对话框，设置 EX=2.1e11、NUXY=0.3，如图 10-6 所示，单击 OK 按钮，关闭该对话框。

（8）在 Define Material Model Behavior 窗口的 Material Models Available 列表框中选择 Favorites > Linear Static > Density 选项，弹出 Density for Material Number 1 对话框，设置 DENS=7850，如图 10-7 所示，单击 OK 按钮，关闭该对话框。

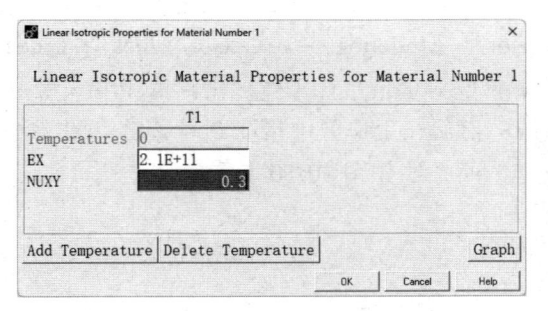

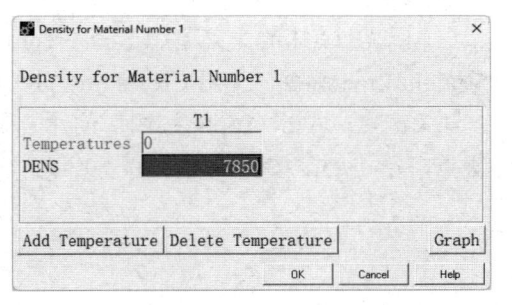

图 10-6 Linear Isotropic Properties for Material Number 1 对话框

图 10-7 Density for Material Number 1 对话框

在 Define Material Model Behavior 窗口中选择 Material > Exit 命令，关闭该窗口。

10.2.4 创建模型

（1）在 GUI 的主菜单中选择 Preprocessor > Modeling > Create > Keypoints > In Active CS 命令，弹出 Create Keypoints in Active Coordinate System 对话框。

（2）在 Create Keypoints in Active Coordinate System 对话框的 NPT Keypoint number 文本框中输入关键点的编号"1"，在 X,Y,Z Location in active CS 文本框中输入 1 号关键点的坐标（0,0,0），如图 10-8 所示，单击 Apply 按钮确认。

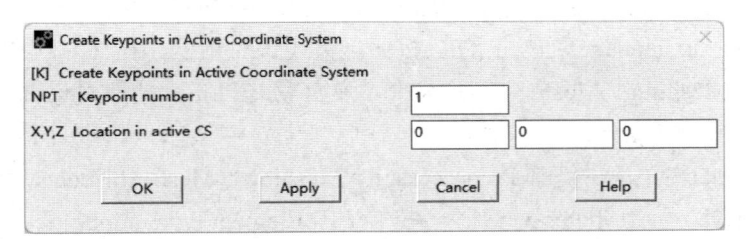

图 10-8 Create Keypoints in Active Coordinate System 对话框

（3）继续输入下一个关键点的编号与坐标，直至完成所有关键点的创建。关键点的编号与坐标如表 10-3 所示，创建的 3 个关键点如图 10-9 所示。

表 10-3 关键点的编号与坐标

关键点编号	X	Y	Z
1	0	0	0
2	1.5	0	0
3	3	0	0

图 10-9 创建的 3 个关键点

（4）在 GUI 的主菜单中选择 Preprocessor > Modeling > Create > Lines > Lines > Straight Line 命令，弹出 Create Straight Line 拾取对话框，在工作区中拾取 1 号关键点和 2 号关键点，单击 Apply 按钮，创建一条线；然后在工作区中拾取 2 号关键点和 3 号关键点，单击 OK 按钮，创建另一条线。创建的两条线如图 10-10 所示。

图 10-10　创建的两条线

10.2.5　划分网格

（1）在 GUI 的主菜单中选择 Preprocessor > Meshing > Mesh Attributes > Default Attribs 命令，弹出 Meshing Attributes 对话框，在[TYPE] Element type number 下拉列表中选择 1 BEAM188 选项，具体参数设置如图 10-11 所示，单击 OK 按钮，关闭该对话框。

（2）在 GUI 的主菜单中选择 Preprocessor > Meshing > Size Cntrls > Manual Size > Lines > Picked Lines 命令，弹出 Element Sizes on Picked Lines 拾取对话框，在工作区中拾取创建的两条线，单击 OK 按钮，弹出 Element Sizes on Picked Lines 对话框，设置 NDIV No. of element divisions=5，单击 OK 按钮，关闭该对话框。在 GUI 的主菜单中选择 Preprocessor > Meshing > Mesh > Lines 命令，弹出 Mesh Lines 拾取对话框，单击 Pick All 按钮，对线进行网格划分。

（3）在 GUI 的主菜单中选择 Preprocessor > Meshing > Mesh Attributes > Default Attribs 命令，弹出 Meshing Attributes 对话框，在[TYPE] Element type number 下拉列表中选择 2 MASS21 选项，具体参数设置如图 10-12 所示，单击 OK 按钮，关闭该对话框。

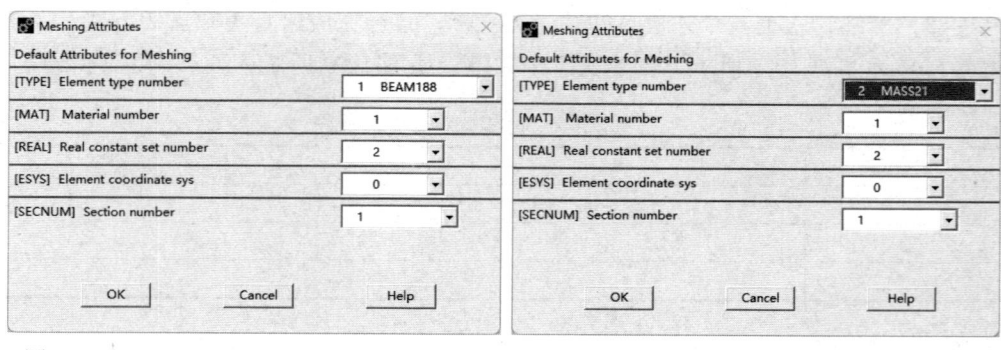

图 10-11　Meshing Attributes 对话框中的参数设置（一）

图 10-12　Meshing Attributes 对话框中的参数设置（二）

（4）在 GUI 的主菜单中选择 Preprocessor > Meshing > Mesh > Keypoints 命令，弹出 Mesh Keypoints 拾取对话框，在工作区中拾取关键点 2 和关键点 3，单击 OK 按钮，关

闭该对话框。划分网格后的结果如图 10-13 所示。

图 10-13 划分网格后的结果

10.2.6 施加载荷

（1）在 GUI 的主菜单中选择 Preprocessor > Loads > Define Loads > Apply > Structural > Displacement > On Keypoints 命令，弹出 Apply U,ROT on Keypoints 拾取对话框，在工作区中拾取 1 号关键点，单击 Apply 按钮，弹出 Apply U,ROT on KPs 对话框，在 Lab2 DOFs to be constrained 列表框中选择 All DOF 选项，单击 OK 按钮，关闭该对话框。

（2）在 GUI 的主菜单中选择 Preprocessor > Solution > Analysis Type > New Analysis 命令，弹出 New Analysis 对话框，选择 Harmonic 单选按钮，如图 10-14 所示，单击 OK 按钮确认。

（3）在 GUI 的主菜单中选择 Preprocessor > Solution > Analysis Type > Analysis Options 命令，弹出 Harmonic Analysis 对话框，在[HROPT] Solution method 下拉列表中选择 Full 选项，如图 10-15 所示，单击 OK 按钮，弹出 Full Harmonic Analysis 对话框，保持默认参数设置，单击 OK 按钮，关闭该对话框。

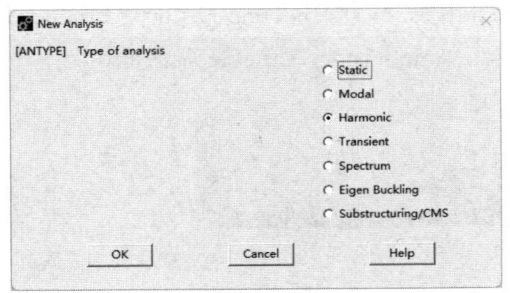

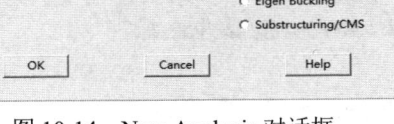

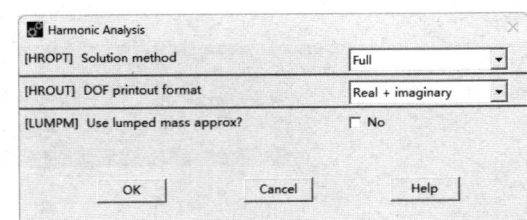

图 10-14 New Analysis 对话框   图 10-15 Harmonic Analysis 对话框

（4）在 GUI 的主菜单中选择 Solution > Define Loads > Apply > Structural > Force/Moment > On Nodes 命令，弹出 Apply F/M on Nodes 拾取对话框，在工作区中拾取 7 号关键点（悬臂端节点），单击 OK 按钮，弹出 Apply F/M on Nodes 对话框，在 Lab Direction of force/mom 下拉列表中选择 FY 选项，设置 VALUE Real part of force/mom=20、VALUE2 Imag part of force/mom=0，如图 10-16 所示，单击 OK 按钮，关闭该对话框。

（5）在 GUI 的主菜单中选择 Solution > Load Step Opts > Time/Frequency > Freq and Substeps 命令，弹出 Harmonic Frequency and Substep Options 对话框，在[HARFRQ] Harmonic freq range 后的文本框中分别输入"0"和"50"，设置[NSUBST] Number of

Substeps=50，在[KBC] Stepped or ramped b.c 后选择 Ramped 单选按钮，如图 10-17 所示，单击 OK 按钮退出。

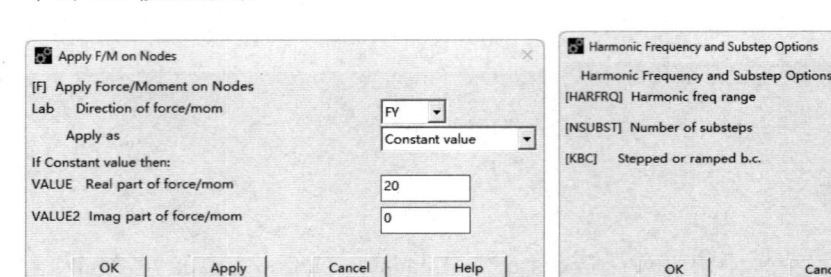

图 10-16　Apply F/M on Nodes 对话框　　图 10-17　Harmonic Frequency and Substep Options 对话框

10.2.7　求解

（1）在 GUI 的主菜单中选择 Solution > Solve > Current LS 命令，弹出/STATUS Command 对话框，用于显示项目的求解信息及输出选项；同时弹出 Solve Current Load Step 对话框，用于询问用户是否开始求解。

（2）单击 Solve Current Load Step 对话框中的 OK 按钮，开始求解。在求解完成后弹出显示"Solution is done!"的 Note 对话框，单击 Close 按钮，关闭该对话框。

10.2.8　后处理

（1）在 GUI 的主菜单中选择 TimeHist Postpro 命令，弹出 Time History Variables 对话框，如图 10-18 所示，单击 按钮，弹出 Add Time-History Variable 对话框。

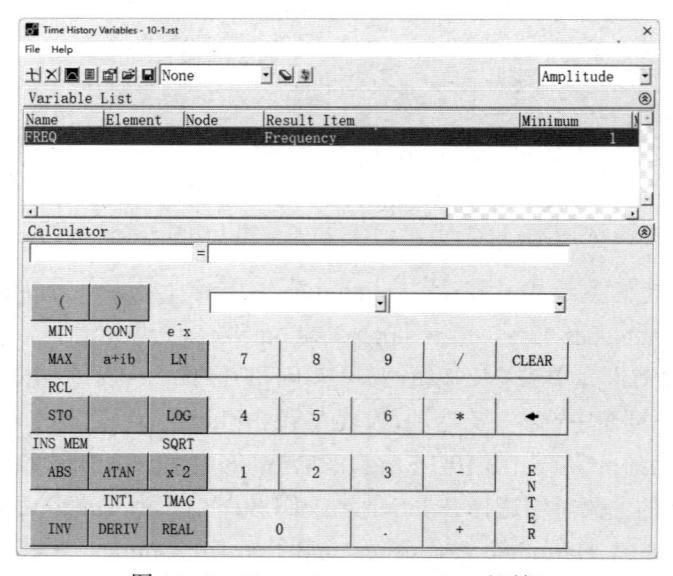

图 10-18　Time History Variables 对话框

（2）在 Add Time-History Variable 对话框的 Result Item 列表框中选择 Nodal Solution > DOF Solution > Y-Component of displacement 选项，弹出拾取对话框，添加变量 UY_2，单击 OK 按钮，弹出 Node for Date 拾取对话框，在工作区中拾取 2 号关键点，单击 OK 按钮，即可将 2 号关键点的 Y 轴方向定义为 UY_2。

（3）重复上述操作，将 7 号关键点的 Y 轴方向定义为 UY_3。在 Time History Variables 对话框的 Variable List 列表框中选中变量 UY_2 和 UY_3，单击▲按钮，即可在工作区中显示这两个变量随频率变化的曲线，如图 10-19 所示。

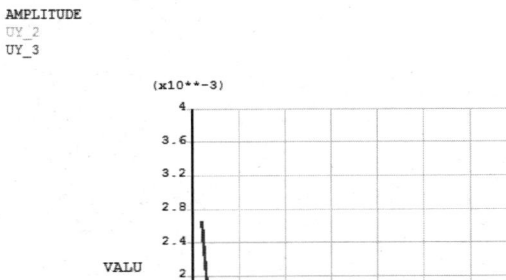

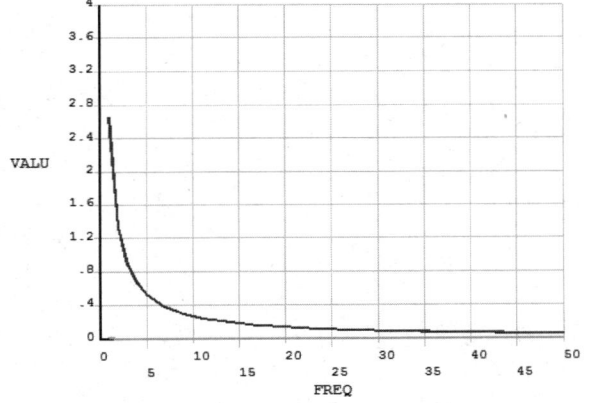

图 10-19　节点响应随频率变化的曲线

（4）在 GUI 的通用菜单中选择 File > Exit 命令，弹出 Exit 对话框，选择 Save Everything 单选按钮，单击 OK 按钮，退出 ANSYS。

10.2.9　命令流

```
/CLEAR
/UNITS,SI
/PREP7
ET,1,BEAM188
ET,2,MASS21,,,4

sectype,1,beam,rect
secdata,8e-4,9e-4,0.04

R,2,3.79

MP,EX,1,210E9
```

```
MP,NUXY,1,0.3
MP,DENS,1,7850
K,1,0,0,0
K,2,1.5,0,0
K,3,3,0,0
L,1,2
L,2,3
LATT,1,,1,,,,1
LESIZE,ALL,,,5,1,,,
LMESH,ALL

TYPE,2
REAL,2
E,2
E,7

/SOLU
DK,1,ALL
ANTYPE,HARMONIC
HROPT,FULL
F,7,FY,20
HARFRQ,0,50
NSUBST,50
KBC,0
SOLVE
FINISH

/POST26
NSOL,2,2,U,Y,UY_2
NSOL,3,7,U,Y,UY_3
PLVAR,2,3
FINISH
```

10.3 本章小结

谐响应分析是在求解模态的基础上进行的分析。本章首先介绍了 Full 法、Reduced 法、Mode Super position 法 3 种谐响应分析方法，并且通过讲解两自由度系统谐响应分析的实例，帮助读者尽快掌握使用 ANSYS 进行谐响应分析的方法。

第 11 章 瞬态动力学分析

瞬态动力学分析是用于确定承受任意随时间变化的载荷结构的动力学响应的方法。通过瞬态动力学分析可以计算结构在稳态载荷、瞬态载荷和简谐载荷的随意组合作用下随时间变化的位移、应变、应力及力。载荷和时间的相关性使得相关惯性力和阻尼作用比较重要。如果惯性力和阻尼作用不重要,就可以使用静力学分析代替瞬态动力学分析。

学习目标:
- 了解瞬态动力学分析基础知识。
- 掌握瞬态动力学的分析方法。

11.1 概述

瞬态动力学分析又称为时间历程分析,主要用于确定承受任意随时间变化的载荷结构的动力学响应。使用瞬态动力学分析可以确定结构在静载荷、瞬态载荷和简谐载荷的任意组合作用下随时间变化的位移、应变、应力及力。载荷和时间的相关性使惯性力和阻尼作用比较显著,如果惯性力和阻尼作用不重要,则可以使用静力学分析代替瞬态动力学分析。

11.1.1 预备工作

瞬态动力学分析比静力学分析复杂,因为按工程时间计算,瞬态动力学分析通常需要占用更多的计算机资源和人力资源,所以进行必要的预备工作可以节省大量资源。

在瞬态动力学分析中可以不包括非线性。如果分析中包含非线性,则可以通过静力学分析来了解非线性特性如何影响结构的响应。

通过模态分析计算结构的固有频率和振型,即可了解结构在这些模态被激活时如何响应。固有频率对计算正确的积分时间步长也有影响。

瞬态动力学分析也可以使用 Full 法、Reduced 法和 Mode Superposition 法。

11.1.2 使用 Full 法进行瞬态动力学分析

使用 Full 法进行瞬态动力学分析的主要步骤为建模、加载并求解,以及查看结果和后处理。

1. 建模

指定文件名和分析标题,然后使用 PREP7 定义单元类型、单元实常数、材料特性及几何模型,要点如下。

- 只有线性行为是有效的,如果有非线性单元,则按线性单元处理。
- 必须指定弹性模量 EX(或某种形式的刚度)和密度 DENS(或某种形式的质量)。材料特性可为线性、各向同性、各向异性、与温度有关的特性,忽略非线性材料特性。

2. 加载并求解

定义分析类型和分析选项、施加载荷、指定载荷步选项,并且进行有限元求解。

(1)进入 ANSYS 求解器。

GUI 操作:在主菜单中选择 Solution 命令。

命令:

```
/SOLU
```

(2)定义分析类型和分析选项。用于瞬态动力学分析的选项如表 11-1 所示。

表 11-1 用于瞬态动力学分析的选项

选 项	命 令	GUI 操作
New Analysis	ANTYPE	在主菜单中选择 Solution > Analysis Type > New Analysis 命令
Analysis Type:Transient Dynamics	ANTYPE	在主菜单中选择 Solution > Analysis Type > New Analysis > Transient Dynamics 命令
Solution Method	HROPT	在主菜单中选择 Solution > Analysis Type > Analysis Options 命令
Large Deformation Effects	NLGEOM	在主菜单中选择 Solution > Analysis Type > Analysis Options 命令
Mass Matrix Formulation	LUMPM	在主菜单中选择 Solution > Analysis Type > Analysis Options 命令
Equation Solver	EQSLV	在主菜单中选择 Solution > Analysis Type > Analysis Options 命令
Stress Stiffening Effect	SSTIF	在主菜单中选择 Solution > Analysis Type > Analysis Options 命令
Newton-Raphson Option	NROPT	在主菜单中选择 Solution > Analysis Type > Analysis Options 命令

New Analysis[ANTYPE]:选择新分析。如果已经完成了静力学预应力或 Full 法瞬态动力学分析,并且准备延伸时间历程,则单击 Restart 按钮,重新启动。

Analysis Type:Transient Dynamics[ANTYPE]:设置分析类型为 Transient Dynamics(瞬态动力学分析)。

Solution Method[HROPT]:指定瞬态动力学分析方法,可选的方法有 Full 法、Reduced

法、Mode Superposition 法。

Large Deformation Effects[NLGEOM]：如果需要考虑几何非线性的大变形（如弯曲的细长棒）或大应变（如金属成型问题），则将该选项设置为 On，默认设置为 Off。

Mass Matrix Formulation[LUMPM]：建议在大多数应用中使用默认质量矩阵形成方式（和单元相关），但对于包含薄膜结构的问题，一般采用集中质量矩阵近似会产生较好的结果，并且求解时间短、需要的内存空间小。

Equation Solver[EQSLV]：可选的求解器有 Frontal（默认）、SPARSE（Sparse Direct）、JCG（Jacobi Conjugate Gradient）、ICCG（Incomplete Cholesky Conjugate Gradient）、PCG（Preconditioned Conjugate Gradient）和 Iterative（自动选择，用于非线性静力学分析、Full 法瞬态动力学分析或稳态/瞬态热力学分析）。对于大型模型，建议使用 PCG 求解器。

Stress Stiffening Effect[SSTIF]：应力刚化属于几何非线性，在小变形分析中希望结构中的应力可以显著增强（或减弱）结构的刚度，如承受法向压力的圆形薄膜、在大变形分析中如果需要用此选项帮助收敛（此时设置为 On，默认设置为 Off）。

Newton-Raphson Option[NRORT]：指定在求解期间切线矩阵被刷新的频率。仅在存在非线性时使用。可以设置为 Program-chosen（默认）、Full、Modified 或 Initial Stiffness。

（3）在模型上施加载荷。根据定义，瞬态动力学分析包含数值为时间函数的载荷，要指定这样的载荷，需要将载荷-时间关系曲线划分成合适的载荷步。在载荷-时间关系曲线上的每个拐角都应设置一个载荷步，如图 11-1 所示。

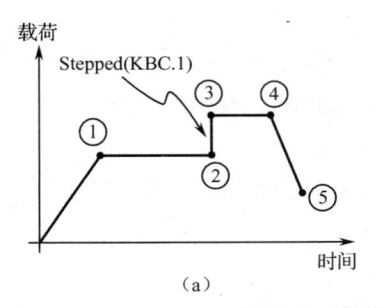

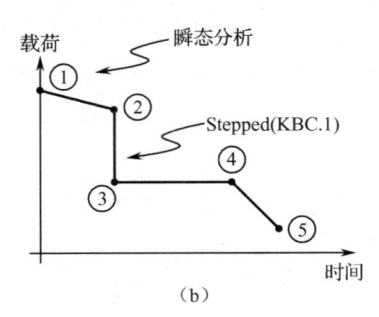

图 11-1 载荷-时间关系曲线示例

（4）指定载荷步选项。第 1 个载荷步通常用于建立初始条件，然后指定后继的瞬态载荷及加载步选项。对每个载荷步都要指定载荷值、时间值及其他载荷步选项。最后将每个载荷步写入文件并一次性求解所有的载荷步。

施加瞬态载荷的第 1 步是建立初始关系（零时刻的情况），瞬态动力学分析要求指定初始位移 U_0 和初始速度 V_0。如果没有设置 U_0 和 V_0，则这两个值都假定为 0。一般假定初始加速度 a_0 的值为 0，但可以通过在一个小的时间间隔内施加合适的加速度载荷来指定非零的初始加速度。

非零初始位移及非零初始速度的设置方法如下。

GUI 操作：在主菜单中选择 Solution > Define Loads > Apply > Initial Condit'n > Define 命令。

命令：

IC

除惯性载荷外，可以在实体模型（由关键点、线及面组成）或有限元模型（由节点和单元组成）上施加载荷。在分析过程中可以施加、删除载荷或操作及列表载荷。

普通选项如下。

Time[TIME]：指定载荷步结束时间。

Stepped or Ramped Loads[KBC]：设置在载荷步内用 Ramped 方式或 Stepped 方式施加载荷。

Integration Time Step[NSUBST 或 DELTIML]：积分时间步长是运动方程时间积分的时间增量值。时间步长决定解的精度，其值越小，精度越高。

Automatic Time Stepping[AUTOTS]：在瞬态动力学分析中为时间步长优化，指的是程序按结构的响应增大或减小积分时间步长。对于大多数问题，建议启用此选项并指定步长的上下限。

动力学选项如下。

Time Integration Effects[TIMINT]：时间积分效果。如果需要考虑惯性和阻尼影响，则必须将该选项设置为 On，否则会影响静力学分析。默认设置为 On。如果要进行以静力学分析开始的瞬态动力学分析，那么在第 1 个载荷步求解时应将该选项设置为 Off。

Transient Integration Parameters[TINTP]：瞬态积分参数，主要用于控制 Newmark 时间积分法特性，默认采用恒定平均加速度方案。

Damping：在大部分结构中存在某种形式的阻尼。在瞬态动力学分析中可指定 Alpha（质量）阻尼（ALPHAD）、Beta（刚度）阻尼（BETAD）和恒定阻尼比（DMPRAT）共 3 种形式的阻尼。

非线性选项仅在存在非线性特性（塑性、接触单元和蠕变等）时有用。

输出控制选项如下。

Printed Output[OUTPR]：指定输出文件中包含的结果数据。

Data base and Results File Output[OUTRES]：指定 Jobname.rst 文件中包含的数据。

Extra polation of Results[ERESX]：使用将结果复制到节点处的方式得到单元积分点结果。

将当前载荷步设置存储于载荷步文件中。

GUI 操作：在主菜单中选择 Solution > Load Step Opts > Write LS File 命令。

命令：

LSWRITE

对载荷/时间关系曲线上的每个拐点重复以上步骤。有时需要设置一个延伸到载荷曲线上最后一个时间外的载荷步，用于考察在施加瞬态载荷后结构的响应。

（5）进行有限元求解。

GUI 操作：在主菜单中选择 Solution > Solve > Current LS 命令。

命令：
```
SOLVE
```

（6）退出 ANSYS 求解器。

GUI 操作：在主菜单中选择 Finish 命令。

命令：
```
FINISH
```

3. 查看结果和后处理

瞬态动力学分析的结果被存储于结构分析文件 Jobname.rst 中，可以用 POST26 和 POST1 查看分析结果。

POST26 要用到结果项/频率对应关系表，即每个变量都有一个参考号，1 号变量内定为频率，其中主要操作如下。

（1）定义变量。

GUI 操作：在主菜单中选择 TimeHist Postpro > Define Variables 命令。

命令：使用 NSOL 命令可以定义基本数据（节点位移），使用 ESOL 命令可以定义派生数据（单元数据，如应力），使用 RFORCE 命令可以定义反作用力数据、FORCE（合力、合力的静力分量、阻尼分量和惯性力分量）及 SOLU（时间步长、平衡迭代次数和响应频率等）。

（2）绘制变量变化曲线或列出变量值。通过查看模型关键点处的时间历程分析结果，可以找到进一步进行 POST1 后处理的临界时间点。

GUI 操作如下（任意一种操作）：

- 在主菜单中选择 TimeHist Postpro > Graph Variables 命令。
- 在主菜单中选择 TimeHist Postpro > List Variables 命令。
- 在主菜单中选择 TimeHist Postpro > List Extremes 命令。

绘制变量变化曲线的命令：
```
PLVAR
```

列出变量值的命令：
```
EXTREM
```

使用 POST1 的主要操作如下。

① 从数据文件中读入模型数据。

GUI 操作：在通用菜单中选择 File > Resume from 命令。

命令：
```
RESUME
```

② 读入需要的结果集，使用 SET 命令根据载荷步、载荷子步序号或时间数值指定数据集。

GUI 操作：在主菜单中选择 General Postproc > Read Results > ByTime/Freq 命令。

命令：
```
SET
```

如果指定时刻没有可用结果，那么得到的结果是和该时刻相距最近的两个时间点对应结果之间的线性插值。

（3）显示结构的变形状况、应力及应变等的等值线、向量的向量图。如果要得到数据的列表表格，则使用 PRNSOL 命令、PRESOL 命令、PRRSOL 命令。

① 使用 PLDISP 命令可以显示结构的变形图。

GUI 操作：在主菜单中选择 General Postproc > Plot Results > Deformed Shape 命令。

命令：
```
PLDISP
```

② 使用 PLNSOL 命令和 PLESOL 命令可以绘制大部分结果项的等值线，如应力（SX、SY、SZ…）、应变（EPELX、EPELY、EPELZ…）和位移（UX、UY、UZ…）。使用 PLNSOL 命令可以将解算结果显示为连续的等值线。使用 PLESOL 命令可以将解算结果显示为不连续的等值线。KUND 参数用于确定是否将未变形的形状叠加到显示结果中。

GUI 操作：在菜单中选择 General Postproc > Plot Results > Contour Plot > Nodal Solu 命令。

命令：
```
PLNSOL,KUND
```

GUI 操作：在菜单中选择 General Postproc > Plot Results > Contour Plot > Element Solu 命令。

命令：
```
PLESOL,KUND
```

③ 使用 PRRSOL 命令可以列表显示反作用力数据。

GUI 操作：在主菜单中选择 General Postproc > List Results > Reaction Solu 命令。

命令：
```
PRRSOL
```

④ 使用 PRESOL 命令可以列表显示单元的求解结果。

GUI 操作：在主菜单中选择 General Postproc > List Results > Element Solution 命令。

命令：
```
PRESOL, F 或 M
```

（4）列出一组节点的总节点力和总力矩，即可选中这组节点并得到作用在这组节点上的总力大小。

GUI 操作：在主菜单中选择 General Postproc > Nodal > Calcs > Total Forceum 命令。

命令：
```
FSUM
```

（5）可以查看每个选中节点处的总力和总力矩。对于处于平衡状态的物体，除非存在外加的载荷或反作用载荷，否则所有节点处的总载荷应为零。

GUI 操作：在主菜单中选择 General Postproc > Nodal Caics > Sum@Each Node 命令。

命令：
```
NFORCE
```

（6）可以设置要查看的力的分量，如合力（默认）、静力分量、阻尼力分量或惯性力分量。

① 使用 FORCE 命令可以确定要输出的元素节点力类型。

GUI 操作：在主菜单中选择 General Postproc > Options for Outp 命令。

命令：
```
FORCE
```

② 使用 ETABLE 命令可以填充数据列表以供进一步处理。

GUI 操作：在主菜单中选择 General Postproc > Element Table > Define Table 命令。

命令：
```
ETABLE
```

③ 使用 PLVECT 命令可以以矢量形式显示结果。

GUI 操作：在主菜单中选择 General Postproc > Plot Results > Vector Plot > Predefined 命令。

命令：
```
PLVECT
```

④ 使用 PRNSOU 命令可以求解节点结果，使用 PRESOL 命令可以求解单元-单元结果，使用 PRRSOI 命令可以求解反作用力数据等，使用 NSORT 和 ESORT 命令可以对数据进行排序。

GUI 操作如下：
- 在主菜单中选择 General Postproc > List Results > Nodal Solution 命令。
- 在主菜单中选择 General Postproc > List Results > Element Solution 命令。
- 在主菜单中选择 General Postproc > List Results > Reaction Solution 命令。
- 在主菜单中选择 General Postproc > List Results > Sorted Listing > Sort Nodes 命令。

命令：
```
PRNSOU、PRESOL、PRRSOI、NSORT、ESORT
```

11.2 斜拉悬臂梁结构瞬态响应分析

11.2.1 问题描述

斜拉索结构在实际工程中有广泛的应用，它由塔柱、拉索及空间结构（如雨篷、桥体和星面等）组成。从简化结构模型的角度考虑，空间结构在一定程度上可以用悬臂梁代替，塔柱为拉索提供的约束可以视为铰接。

斜拉悬臂梁结构模型如图 11-2 所示，梁长为 1m，索悬挂点与悬臂梁固定端的竖直距离为 1m。

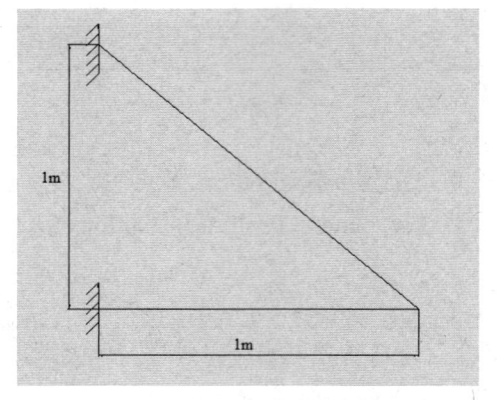

图 11-2　斜拉悬臂梁结构模型

材料属性如下：弹性模量为 $2.1 \times 10^{11} \text{N/m}^2$，泊松比为 0.3，密度为 7850kg/m^3，截面尺寸为 0.4m×0.25m，拉索截面面积为 0.004m^2。

悬臂梁在 1kN 的移动载荷作用下以约 0.1m/s 的速度移动，计算在此过程中斜拉悬臂梁结构模型的位移及应力响应。

11.2.2　设置分析环境

（1）启动 Mechanical APDL Product Launcher，打开 ANSYS Mechanical APDL Product Launcher 窗口，在 Simulation Environment 下拉列表中选择 ANSYS 选项，在 License 下拉列表中选择 ANSYS Multiphysics 选项，在 Working Directory 文本框中输入工作目录名称，在 Job Name 文本框中输入项目名称"11-1"，单击 Run 按钮，运行 ANSYS。

（2）在 GUI 的主菜单中选择 Preferences 命令，弹出 Preferences for GUI Filtering 对话框，勾选 Structural 复选框，如图 11-3 所示，单击 OK 按钮，完成分析环境设置。

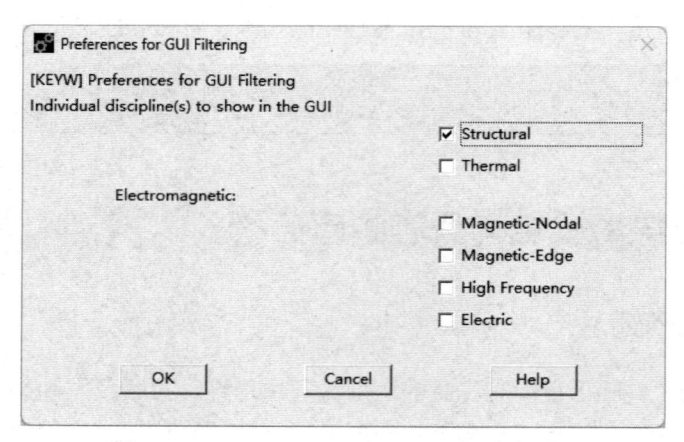

图 11-3　Preferences for GUI Filtering 对话框

11.2.3 设置材料属性

（1）在 GUI 的主菜单中选择 Preprocessor > Element Type > Add/Edit/Delete 命令，弹出 Element Types 对话框，单击 Add 按钮，弹出 Library of Element Types 对话框，在第一个列表框中选择 Beam 选项，在第二个列表框中选择 2 node 188 选项，如图 11-4 所示，单击 OK 按钮，即可添加 BEAM188 单元类型。

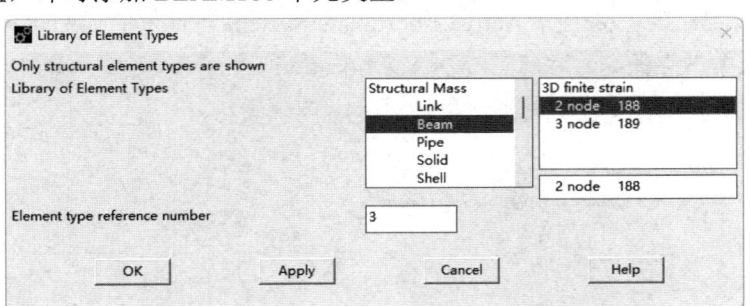

图 11-4　Library of Element Types 对话框

（2）在命令输入框中输入"et,2,link10"，添加 LINK10 单元类型。返回 Element Types 对话框，即可看到添加的单元类型。

（3）在命令输入框中输入"r,2,0.004"，将拉索截面面积设置为 0.004m^2。

（4）在 GUI 的主菜单中选择 Preprocessor > Sections > Beam > Common Sections 命令，弹出 Beam Tool 对话框，在 Sub-Type 下拉列表中选择方截面选项，并且设置 B=0.4、H=0.25，单击 OK 按钮，关闭该对话框。

（5）在 GUI 的主菜单中选择 Preprocessor > Material Props > Material Models 命令，打开 Define Material Model Behavior 窗口，在 Material Models Available 列表框中选择 Structural > Linear > Elastic > Isotropic 选项，弹出 Linear Isotropic Properties for Material Number 1 对话框，设置 EX=2.1e11、NUXY=0.3，如图 11-5 所示，单击 OK 按钮，关闭该对话框。

（6）在 Define Material Model Behavior 窗口的 Material Models Available 列表框中选择 Favorites > Linear Static > Density 选项，弹出 Density for Material Number 1 对话框，设置 DENS=7850，如图 11-6 所示，单击 OK 按钮，关闭该对话框。

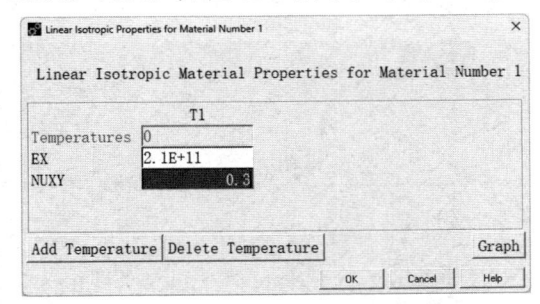

图 11-5　Linear Isotropic Properties for Material Number 1 对话框

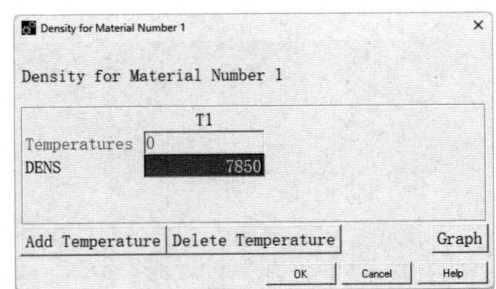

图 11-6　Density for Material Number 1 对话框

（7）在 Define Material Model Behavior 窗口中选择 Material > Exit 命令，关闭该窗口。

11.2.4　创建模型

（1）在 GUI 的主菜单中选择 Preprocessor > Modeling > Create > Keypoints > In Active CS 命令，弹出 Create Keypoints in Active Coordinate System 对话框。

（2）在 Create Keypoints in Active Coordinate System 对话框的 NPT Keypoint number 文本框中输入关键点的编号"1"，在 X,Y,Z Location in active CS 文本框中输入 1 号关键点的坐标（0,0,0），如图 11-7 所示，单击 Apply 按钮确认。

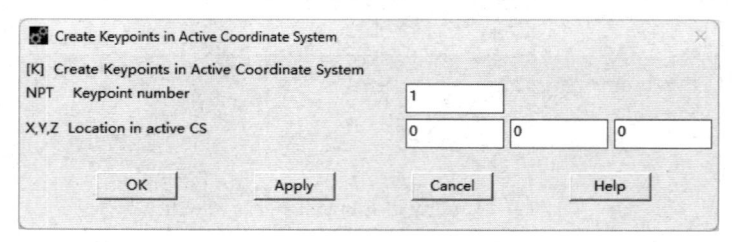

图 11-7　Create Keypoints in Active Coordinate System 对话框

（3）继续输入下一个关键点的编号与坐标，直至完成所有关键点的创建。关键点的编号与坐标如表 11-2 所示，创建的 3 个关键点如图 11-8 所示。

表 11-2　关键点的编号与坐标

关键点编号	X	Y	Z
1	0	0	0
2	1	0	0
3	0	0	1

图 11-8　创建的 3 个关键点

（4）在 GUI 的主菜单中选择 Preprocessor > Modeling > Create > Lines > Lines > Straight Line 命令，弹出 Create Straight Line 拾取对话框，在工作区中拾取 1 号关键点和 2 号关键点，单击 Apply 按钮，创建一条线；然后在工作区中拾取 2 号关键点和 3 号关

键点，单击 OK 按钮，创建另一条线。

11.2.5 划分网格

（1）在 GUI 的主菜单中选择 Preprocessor > Meshing > Mesh Attributes > ALL Lines 命令，弹出 Line Attributes 对话框，选择 LINK10 单元类型，单击 OK 按钮，关闭该对话框。

（2）在 GUI 的主菜单中选择 Preprocessor > Meshing > Size Cntrls > Manual Size > Lines > Picked Lines 命令，弹出 Element Sizes on Picked Lines 拾取对话框，在工作区中拾取拉索，单击 Apply 按钮，弹出 Element Sizes on Picked Lines 对话框，设置 No. of element divisions=1，单击 OK 按钮，关闭该对话框。

（3）在 GUI 的主菜单中选择 Preprocessor > Meshing > Mesh > Lines 命令，弹出拾取对话框，在工作区中拾取拉索，单击 OK 按钮，对拉索进行网格划分。

（4）同理，使用 BEAM188 单元对斜拉悬梁臂结构进行网格划分，将其划分为 10 份。划分网格后的斜拉悬梁臂结构模型如图 11-9 所示。

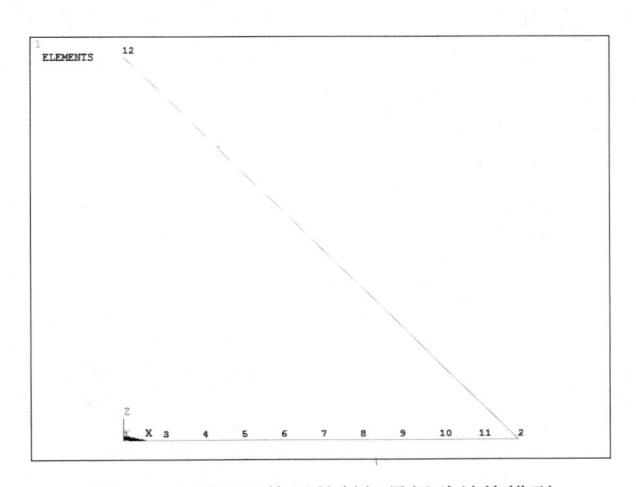

图 11-9 划分网格后的斜拉悬梁臂结构模型

（5）在 GUI 的通用菜单中选择 PlotCtrls > Numbering 命令，即可在工作区中显示关键点编号。

11.2.6 施加载荷

（1）在 GUI 的主菜单中选择 Preprocessor > Loads > Define Loads > Apply > Structural > Displacement > On Keypoints 命令，弹出 Apply U,ROT on Keypoints 拾取对话框，在工作区中拾取 1 号关键点，单击 Apply 按钮，弹出 Apply U,ROT on KPs 对话框，在 Lab2 DOFs to be constrained 列表框中选择 All DOF 选项，单击 OK 按钮，关闭该对话框。

（2）同理，在工作区中拾取 2 号关键点，并且设置 2 号关键点在 X 轴、Y 轴、Z 轴方向上的约束。

（3）在 GUI 的主菜单中选择 Solution > Analysis Type > New Analysis 命令，弹出 New Analysis 对话框，选择 Transient 单选按钮，如图 11-10 所示，单击 OK 按钮，弹出 Transient Analysis 对话框，在[TRNOPT] Solution method 后选择 Full 单选按钮，如图 11-11 所示，单击 OK 按钮确认。

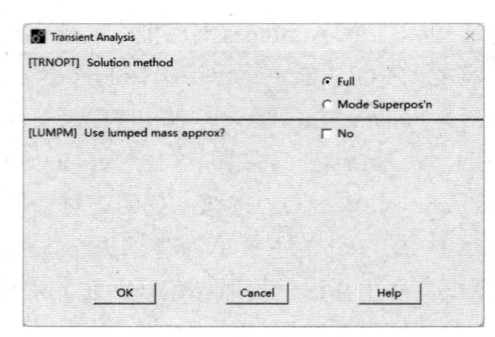

图 11-10　New Analysis 对话框　　　　图 11-11　Transient Analysis 对话框

（4）在 GUI 的主菜单中选择 Solution > Analysis Type > Sol'n Controls 命令，弹出 Solution Controls 对话框，在 Basic 选项卡中，设置 Time at end of loadstep=1.000，设置 Number or substeps=10，其他参数保持默认设置，如图 11-12 所示，单击 OK 按钮，关闭该对话框。

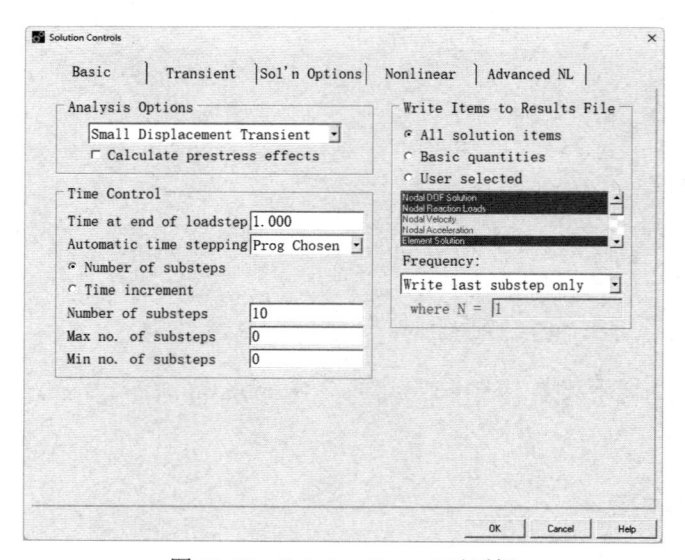

图 11-12　Solution Control 对话框

（5）在 GUI 的主菜单中选择 Preprocessor > Loads > Define Loads > Apply > Structural > Force/moment > On Nodes 命令，弹出 Apply F/M on Nodes 拾取对话框，在工作区中拾取 4 号关键点，单击 OK 按钮，弹出 Apply F/M on Nodes 对话框，在 Lab Direction of force/mom 下拉列表中选择 FZ 选项，设置 VALUE Force/moment value=-1000，如图 11-13 所示，即可在 Z 轴方向上施加-1000N 的力。

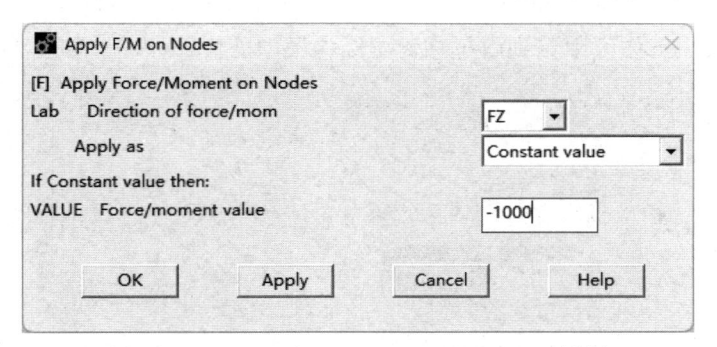

图 11-13 Apply Force/moment On Nodes 对话框

（6）在 GUI 的主菜单中选择 Solution > Load StepOpts > Write LS File 命令，将上述载荷步设置为载荷步 1 并写入载荷步文件。

（7）重复上述操作，将载荷步依次移动到 3 号、2 号、1 号关键点上，相邻两次移动操作之间间隔 1.0s。在施加载荷前需要将上一步施加的载荷删除。

11.2.7 求解

（1）在 GUI 的主菜单中选择 Solution > Solve > From LS File 命令，弹出 Solve Load Step Files 对话框。

（2）在 Solve Load Step Files 对话框中，设置 LSMIN Starting LS file number=1、LSMAX Ending LS file number=10，即设置起始载荷步的编号为 1、结束载荷步的编号为 10，如图 11-14 所示，单击 OK 按钮，关闭该对话框，开始计算瞬态解。在求解结束后弹出显示"Solution is done!"的 Note 对话框，单击 Close 按钮，关闭该对话框。

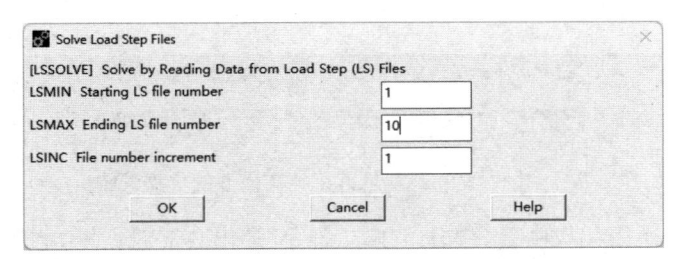

图 11-14 Solve Load Step Files 对话框

11.2.8 后处理

（1）在 GUI 的主菜单中选择 General Post Proc > Read > By Load Step 命令，弹出 Read Results by Load Step Number 对话框，设置 LSTEP Load step number=6，单击 OK 按钮，关闭该对话框，即可读取 6 号载荷步的计算结果。

（2）在 GUI 的主菜单中选择 General Postproc > Plot Results > Contour Plot > Nodal Solu 命令，弹出 Contour Nodal Solution Data 对话框，在 Item to be contoured 列表框中选择 Nodal Solution > DOF Solution > Displacement vector sum 选项，如图 11-5 所示，单击

OK 按钮，即可在工作区中看到斜拉悬臂梁结构模型的位移云图，如图 11-16 所示。

图 11-15　Contour Nodal Solution Data 对话框

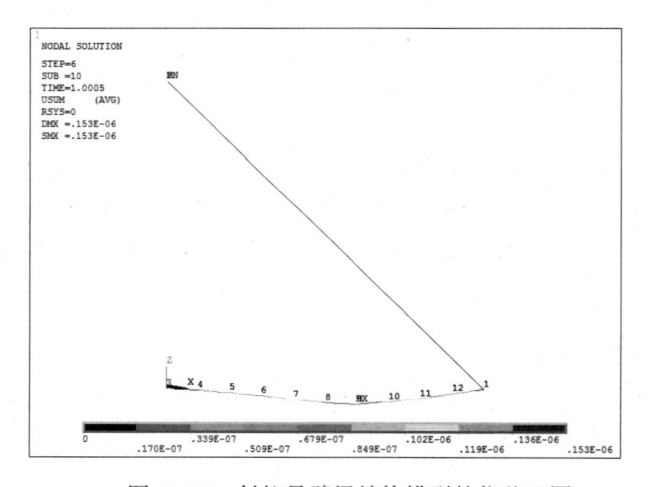

图 11-16　斜拉悬臂梁结构模型的位移云图

（3）在 GUI 的通用菜单中选择 File > Exit 命令，弹出 Exit 对话框，选择 Save Everything 单选按钮，单击 OK 按钮，退出 ANSYS。

11.3　本章小结

本章对瞬态动力学分析进行了讲解，通过瞬态动力学分析可以确定结构在随时间变化载荷作用下的动力学响应。本章结合应用实例对瞬态动力学分析的载荷加载方法、求解过程、结果查看等进行了详细介绍，以帮助读者尽快掌握相关操作方法。

第12章

谱分析

谱分析是一种将模态分析的结果与一个已知谱联系起来计算结构响应的分析技术。谱分析可以代替瞬态动力学分析，主要用于确定结构对随机载荷或随时间变化载荷的动力响应，如地震、风载荷、海洋波浪、火箭发动机振动等的动力响应情况。

在工程设计中，经常要求了解系统受到冲击载荷作用后的最大响应值，即振动的位移或加速度的最大值。由于作用时间短，在计算最大响应值时通常会忽略系统的阻尼，使计算结果更偏于安全。最大响应值与激励的某个参数的关系曲线称为响应谱。

学习目标：

- 了解谱分析的基础知识。
- 掌握谱分析的方法。

12.1 谱分析概述

谱是谱值和频率的关系曲线，反映了时间-历程载荷的强度和频率之间的关系。响应谱代表系统对一个时间-历程载荷函数的响应，是一个响应和频率的关系曲线。

谱分析分为时间-历程分析和频域谱分析。时间-历程谱分析可以应用瞬态动力学分析。谱分析也可以代替费时的时间-历程分析，主要用于确定结构对随机载荷或时间变化载荷（地震、风载荷、海洋波浪、喷气发动机推力、火箭发动机振动等）的动力响应情况。

谱分析主要应用于核电站（建筑和构件）、机载电子设备、宇宙飞船构件、飞机构件、任何承受地震或其他不规则载荷的结构或构件、建筑框架和桥梁等领域。

功率谱密度（Power Spectrum Density，PSD）是结构在随机动态载荷激励下响应的统计结果，是一条功率谱密度值-频率值的关系曲线。PSD可以是位移PSD、速度PSD、加速度PSD、力PSD等。在数学上，PSD-频率关系曲线下面的面积就是方差，即响应标准偏差的平方值。

在 ANSYS 中，谱分析可以分为以下 3 种类型。

1. 响应谱分析（SPRS OR MPRS）

在 ANSYS 中，响应谱分为单点响应谱和多点响应谱，前者是指在模型的一个点集（不局限于一个点）上定义一条响应谱；后者是指在模型的多个点集上定义多条响应谱。

单点响应谱分析的基本步骤如下。

（1）创建模型。

只允许线性行为，将所有非线性特性都按线性处理，即非线性行为无效。

必须定义弹性模量 EX 和密度 DENS。

（2）计算模态解。

结构的固有频率和模态振型是进行谱分析必需的数据。在进行谱分析求解前，需要计算模态解。

- 只能使用 Subspace 法、Reduced 法和 Block Lanczos 法。
- 所提取的模态数应足以表示在感兴趣的频率范围内结构所具有的响应。
- 如果要进行 GUI 操作，那么在模态设置对话框中启用 Expand mode shapes 选项，即可在模态分析中进行扩展操作，否则扩展操作在谱分析求解之后进行（模态扩展可以在模态求解过程中实施，也可以在进行谱分析后单独扩展）。
- 与材料有关的阻尼必须在模态分析中定义。
- 对于地震谱，必须在施加激励谱的位置施加自由度约束。
- 对于力/压力谱，必须在模态分析时加载。
- 在求解结束后退出 ANSYS 求解器。

（3）谱分析求解。

① 进入 ANSYS 求解器。

② 设置谱分析选项。

- single-ptresp（单点响应谱，该选项用于指定分析类型）。
- no. of models for solu（模态扩展数）。
- Calculate elem stresses（计算单元应力，如果需要计算单元应力，则启用该选项）。

③ 设置激励谱选项。

Type of response spectrum（响应谱类型）包括 Displacement（位移）、Velocity（速度）、Acceleration（加速度）、Force Spectrum（力）、PSD（功率谱密度）等。除了力谱，其他激励谱都可以表示地震谱，也就是说，它们都假定作用于有约束的节点上。力谱作用于没有约束的节点上。可以使用 F 命令或 FK 命令给力谱施加约束，方向分别用 FX、FY 和 FZ 表示。将 PSD 施加于非基础节点上（此处的 PSD 是加速度 PSD，ANSYS 不推荐在 SPRS 中使用 PSD 分析）。

Excitation direction（激励谱方向）：通过 3 个坐标分量确定（命令：sed,x,y,z）。

④ 定义激励谱的谱值-谱线关系曲线（使用 FREQ 和 SV 命令）。
⑤ 设置阻尼。
⑥ 开始求解。
（4）扩展模态。
- 只选择有明显意义的模态进行扩展。
- 模态在扩展后才能合并。
- 选择应力并计算。

（5）合并模态。
① 在合并模态前要重新进入 ANSYS 求解器。
② 指定分析选项为 Spectrum。
③ 选择模态合并方法（Mode Combination Method）。
- CQC 法。
- GRP 法。
- DSUM 法。
- SRSS 法。
- NRLSUM 法。

④ 指定输出结果类型（Type of Output）：disp（位移，包括应力、载荷等）、velo（速度，包括应力速度、载荷速度等）和 acel（加速度，包括应力加速度、载荷加速度等）。
⑤ 合并求解（Solve-Current LS）。
（6）观察结果。

单点响应谱分析的结果是以 POST1 命令的形式写入模态合并文件 Jobname.MCOM 中的，这些命令依据模态合并方法指定的方式合并最大模态响应，最终计算出结构的总响应。

总响应包括总位移（或总速度、总加速度）、在模态扩展过程中得到的结果——总应力（或总应力速度、总应力加速度）、总应变（或总应变速度、总应变加速度）、总反作用力（或总反作用力速度、总反作用力加速度）。

- 进入通用后处理器 POST1。
- 读取 Jobname.MCOM 文件。
- 显示结果。

注意，执行 PLNSOL 命令将衍生数据（如应力、应变）进行节点平均化处理，导致不同材料、不同壳厚度或其他不连续性单元共有的节点平均意义十分模糊。为避免这种问题，在执行 PLNSOL 命令前，使用 SELECTING 选择工具将具有相同材料、相同壳厚度的单元选择出来，然后分别执行 PLNSOL 命令进行节点平均化处理。

2. 动力设计分析（DDAM）

动力设计分析是一种用于分析船舶装备抗震性的技术。

3. 随机振动分析（PSD）

随机振动分析主要用于确定结构在具有随机性质的载荷作用下的响应。

与响应谱分析类似，随机振动分析也可以是单点的或多点的。在进行单点随机振动分析时，要求在结构的一个点集上指定一个 PSD；在进行多点随机振动分析时，要求在模型的不同点集上指定不同的 PSD。

功率谱密度（PSD）谱是针对随机变量在均方意义上的统计方法，主要用于进行随机振动分析。此时，响应的瞬态数值只能用概率函数表示，其数值的概率对应一个精确值。

基本步骤如下。

（1）创建模型。

只允许线性行为，将所有非线性特性均作为线性处理，即非线性行为无效。例如，如果分析中包含接触单元，它们的刚度会根据原始状态来计算，并且之后不再改变。

必须定义弹性模量 EX 和密度 DENS。

（2）计算模态解。

结构的固有频率和模态振型是进行谱分析必需的数据。在进行谱分析求解前，需要计算模态解。

- 只能使用 Subspace 法、Reduced 法和 Block Lanczos 法。
- 所提取的模态数应足以表示在感兴趣的频率范围内结构所具有的响应。
- 如果要进行 GUI 操作，那么在模态设置对话框中启用 Expand mode shapes 选项，即可在模态分析中进行扩展操作，否则扩展操作会在谱分析求解之后进行（模态扩展可以在模态求解过程中实施，也可以在进行谱分析后单独扩展）。
- 与材料有关的阻尼必须在模态分析中定义。
- 对于地震谱，必须在施加激励谱的位置施加自由度约束。
- 对于力/压力谱，必须在模态分析时加载。
- 在求解结束后退出 ANSYS 求解器。

（3）谱分析求解。

① 进入 ANSYS 求解器，设置分析类型为 Spectrum。

② 设置谱分析选项。

- 指定分析类型为 PSD（功率谱密度分析）。
- no. of models for solu（模态扩展数）。
- Calculate elem stresses（计算单元应力，如果需要计算单元应力，则启用该选项）。

③ 设置激励谱选项。

Type of response spectrum（响应谱的类型）：Acceleration（加速度）、Velocity（速度）、Displacement（位移）、Force Spectrum（力）、Pressure Spectrum（压力）、PSD（功率谱密度）等。

④ 定义激励谱的谱值-谱线关系曲线（使用 FREQ 和 SV 命令）。

⑤ 施加功率谱密度激励。

GUI 操作：在主菜单中选择 Solusion > Define Loads > Apply > Spectrum > Base PSD Excit/Node PSD Excit 命令。

这个步骤很关键：基础激励默认施加于定义的约束点上，节点激励默认施加于在进行分析时施加的力或压力作用的节点上。

⑥ 计算 PSD 参与因子。

```
Table no. of PSD table
```

指定要计算的 PSD 谱编号。

```
Base or Node Excitation
```

设置 PSD 激励谱的类型是基础激励还是节点激励(命令包括 PFACT、TBLNO、Excit、Parcor)。

⑦ 设置输出控制。
- 位移解 Load Step3。
- 速度解 Load Step4。
- 加速度解 Load Step5。

⑧ 求解。

（4）扩展模态。
- 只选择有明显意义的模态进行扩展。
- 模态在扩展后才能合并。
- 进行应力计算。

（5）合并模态。

在合并模态前，重新进入 ANSYS 求解器。与单点响应谱分析不同，随机振动分析的合并方法只有 PSD 一种，在分析对话框中指定需要合并的模态数。

（6）观察结果。

将随机振动分析的结果写入结果文件 Jobname.rst 中，包括模态振型、基础激励静力解、位移解、速度解和加速度解，可以使用 POST1 和 POST26 观察结果。

① POST1。

读取 Jobname.MCOM 文件，显示结果。

② POST26。
- 存储频率向量。
- STOR、PSD。
- 定义变量。
- 计算响应 PSD 并将其存储为变量。
- 获得响应曲线。
- 使用 PLVAR 命令绘制曲线。
- 计算协方差，从而得到任意变量间的关系。

12.2 三角平台结构地震响应分析

12.2.1 问题描述

三角平台结构模型的形状为直角三角形，两直角边的边长为 1.414m，斜边长为 2m，平台柱子高为 1m。三角平台结构模型如图 12-1 所示，关键点的编号与坐标如表 12-1 所示（单位为 m）。

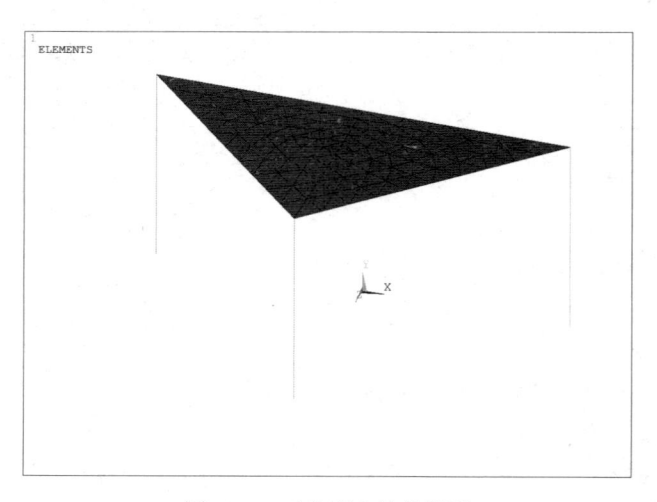

图 12-1 三角平台结构模型

表 12-1 关键点的编号与坐标

关键点编号	坐标（x,y,z）
1	（-1,0,0）
2	（1,0,0）
3	（0,0,1）
4	（0,1,1）
5	（-1,1,0）
6	（1,1,0）

材料属性如下：

- 弹性模量为 $2.1\times10^{11} N/m^2$。
- 密度为 $7850 kg/m^3$。
- 泊松比为 0.3。
- 柱子截面尺寸为 800mm×400mm×16mm。
- 平台板厚度为 25mm。

计算在 X 轴方向上的地震响应谱作用下，三角平台结构模型的响应情况。地震响应谱如表 12-2 所示。

表 12-2 地震响应谱

频率/Hz	位移/mm
0.5	2
1.2	9
2.4	8
3.6	12
4.8	75
6.0	86

12.2.2 分析

该问题属于单点响应谱分析问题，在分析时，根据图 12-1 创建几何模型，并且分别使用 BEAM188 梁单元和 SHELL63 壳单元模拟柱和板。

12.2.3 设置分析环境

（1）启动 Mechanical APDL Product Launcher，打开 ANSYS Mechanical APDL Product Launcher 窗口，在 Simulation Environment 下拉列表中选择 ANSYS 选项，在 License 下拉列表中选择 ANSYS Multiphysics 选项，在 Working Directory 文本框中输入工作目录名称，在 Job Name 文本框中输入项目名称"12-1"，单击 Run 按钮，运行 ANSYS。

（2）在 GUI 的主菜单中选择 Preferences 命令，弹出 Preferences for GUI Filtering 对话框，勾选 Structural 复选框，如图 12-2 所示，单击 OK 按钮，完成分析环境设置。

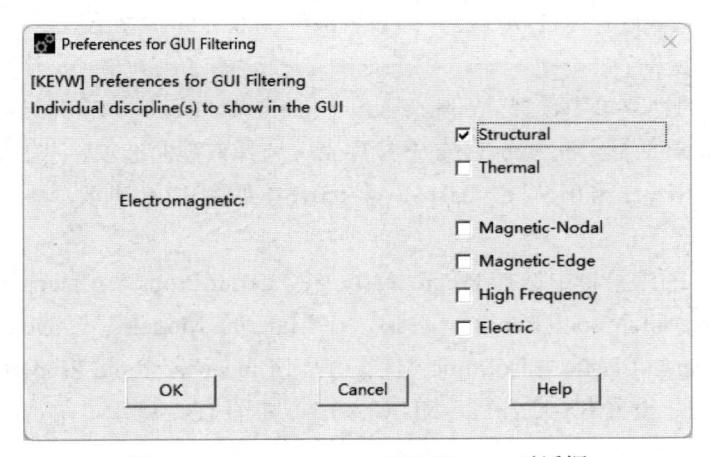

图 12-2 Preferences for GUI Filtering 对话框

12.2.4 设置材料属性

（1）在 GUI 的主菜单中选择 Preprocessor > Element Type > Add/Edit/Delete 命令，弹

出 Element Types 对话框。单击 Add 按钮，弹出 Library of Element Types 对话框，在第一个列表框中选择 Beam 选项，在第二个列表框中选择 2 node 188 选项，如图 12-3 所示，单击 OK 按钮，即可添加 BEAM188 单元类型。

（2）使用 SHELL63 单元模拟平台板。ANSYS 只支持使用命令流添加 SHELL63 单元类型。在命令输入框中输入"et,2,shell63"，按 Enter 键，即可添加 SHELL63 单元类型。返回 Element Types 对话框，即可看到添加的单元类型，如图 12-4 所示。

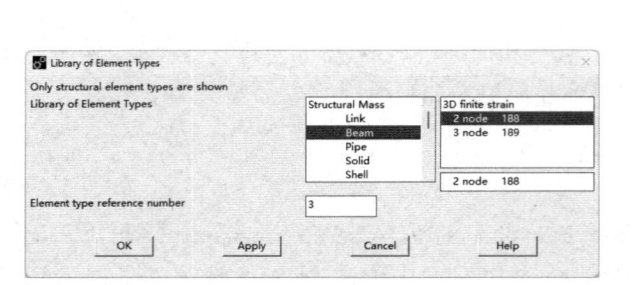

图 12-3　Library of Element Types 对话框　　　图 12-4　Element Types 对话框

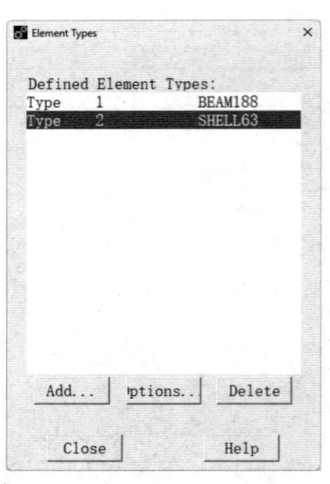

（3）在 GUI 的主菜单中选择 Preprocessor > Real Constants > Add/Edit/Delete 命令，弹出 Real Constants 对话框，单击 Add 按钮，弹出 Element Type for Real Constants 对话框，选择 SHELL63 单元类型，弹出 Real Constant Set Number 1, for SHELL63 对话框，设置 Shell thickness at node I TK(I)=0.025，即设置板厚为 0.025m，如图 12-5 所示，单击 OK 按钮，关闭该对话框。

（4）在 GUI 的主菜单中选择 Preprocessor > Sections > Beam > Common Sections 命令，弹出 Beam Tool 对话框，在 Sub-Type 下拉列表中选择方截面选项，并且设置 W1=0.8、W2=0.4、t1=0.016、t2=0.016、t3=0.016、t4=0.016，如图 12-6 所示，单击 OK 按钮，关闭该对话框。

（5）在 GUI 的主菜单中选择 Preprocessor > Material Props > Material Models 命令，打开 Define Material Model Behavior 窗口，在 Material Models Available 列表框中选择 Structural > Linear > Elastic > Isotropic 选项，弹出 Linear Isotropic Properties for Material Number 1 对话框，设置 EX=2.1e11、NUXY=0.3，如图 12-7 所示，单击 OK 按钮，关闭该对话框。

（6）返回 Define Material Model Behavior 窗口，在 Material Models Available 列表框中选择 Favorites > Linear Static > Density 选项，弹出 Density for Material Number 1 对话框，设置 DENS=7850，如图 12-8 所示，单击 OK 按钮，关闭该对话框。

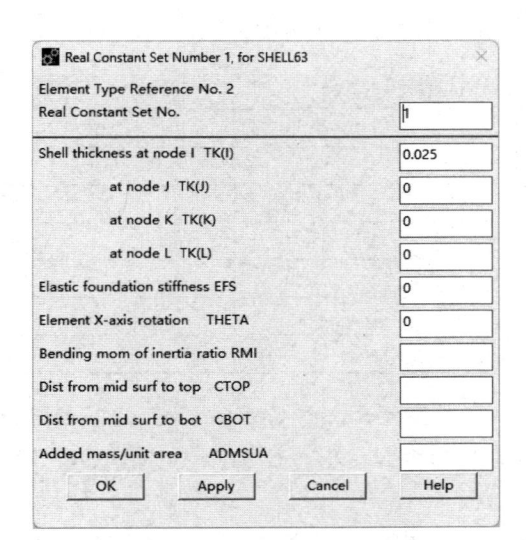

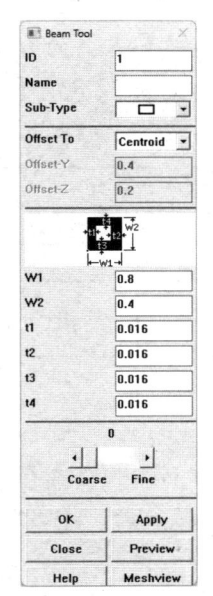

图 12-5 Real Constant Set Number 1,for SHELL63 对话框

图 12-6 BeamTool 对话框

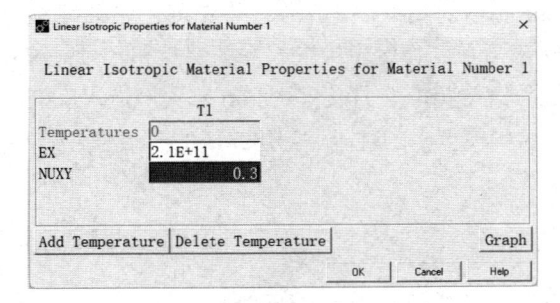

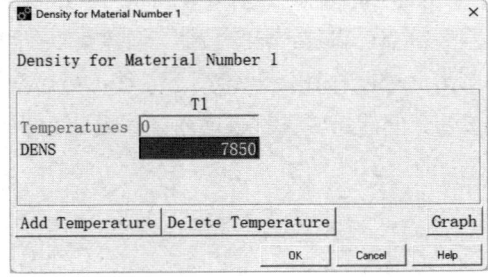

图 12-7 Linear Isotropic Properties for Material Number 1 对话框

图 12-8 Density for Material Number 1 对话框

（7）在 Define Material Model Behavior 窗口中选择 Material > Exit 命令，关闭该窗口。

12.2.5 创建模型

（1）在 GUI 的主菜单中选择 Preprocessor > Modeling > Create > Keypoints > In Active CS 命令，弹出 Create Keypoints in Active Coordinate System 对话框，在 NPT Keypoint number 文本框中输入关键点的编号"1"，在 X,Y,Z Location in active CS 文本框中输入 1 号关键点的坐标（-1,0,0），如图 12-9 所示，单击 Apply 按钮确认。

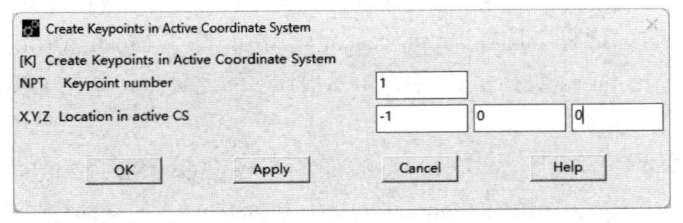

图 12-9 Create Keypoints in Active Coordinate System 对话框

（2）继续输入下一个关键点的编号与坐标，直至完成所有关键点的创建。关键点的编号与坐标如表 12-3 所示，创建的 6 个关键点如图 12-10 所示。

表 12-3 关键点的编号与坐标

关键点编号	X	Y	Z
1	-1	0	0
2	1	0	0
3	0	0	1
4	0	1	1
5	-1	1	0
6	1	1	0

（3）在 GUI 的主菜单中选择 Preprocessor > Modeling > Create > Areas > Arbitrary > Through KPs 命令，弹出 Create Area ThruKPs 拾取对话框，在工作区中拾取 4、5、6 号关键点，单击 OK 按钮，即可创建三角平台板。

（4）在 GUI 的主菜单中选择 Preprocessor > Modeling > Create > Lines > Lines > Straight Line 命令，弹出 Create Straight Line 拾取对话框，在工作区中拾取 1 号关键点和 5 号关键点，单击 Apply 按钮，创建第 1 条线；然后在工作区中拾取 3 号关键点和 4 号关键点，单击 Apply 按钮，创建第 2 条线；最后在工作区中拾取 2 号关键点和 6 号关键点，单击 OK 按钮，创建第 3 条线。这 3 条线是三角平台结构模型中的柱子。创建完成的三角平台结构模型如图 12-11 所示。

图 12-10 创建的 6 个关键点　　图 12-11 三角平台结构模型

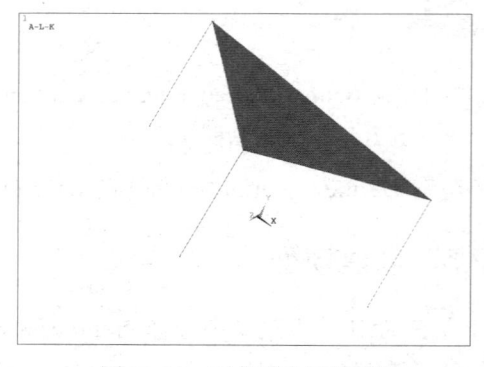

12.2.6 划分网格

（1）在 GUI 的主菜单中选择 Preprocessor > Meshing > Mesh Attributes > ALL Lines 命令，弹出 Line Attributes 对话框，选择 BEAM188 单元类型，单击 OK 按钮，关闭该对话框。

（2）在 GUI 的主菜单中选择 Preprocessor > Meshing > Size Cntrls > Manual Size > Lines > Picked Lines 命令，弹出 Element Sizes on Picked Lines 拾取对话框，在工作区中

拾取 3 根柱子，单击 Apply 按钮，弹出 Element Sizes on Picked Lines 对话框，设置 NDIV No. of element divisions=10，单击 OK 按钮，关闭该对话框。

（3）在 GUI 的主菜单中选择 Preprocessor > Meshing > Mesh > Lines 命令，弹出拾取对话框，在工作区中拾取 3 根柱子，单击 OK 按钮，对其进行网格划分，如图 12-12 所示。

（4）同理，使用 SHELL63 单元对三角平台板进行网格划分，将单元网格设为 10 份。划分网格后的三角平台结构模型如图 12-13 所示。

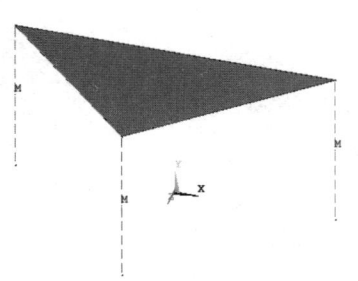

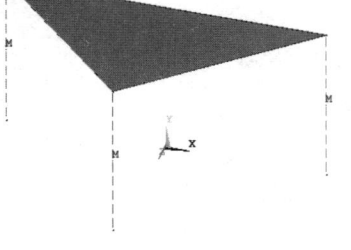

图 12-12　对柱子进行网格划分　　　　图 12-13　划分网格后的三角平台结构模型

12.2.7　施加约束

在 GUI 的主菜单中选择 Preprocessor > Loads > Define Loads > Apply > Structural > Displacement > On Keypoints 命令，弹出 Apply U,ROT on Keypoints 拾取对话框，在工作区中拾取 1、2、3 号关键点，单击 Apply 按钮，弹出 Apply U,ROT on KPs 对话框，在 Lab2 DOFs to be constrained 列表框中选择 All DOF 选项，如图 12-14 所示，单击 OK 按钮，施加边界约束，如图 12-15 所示。

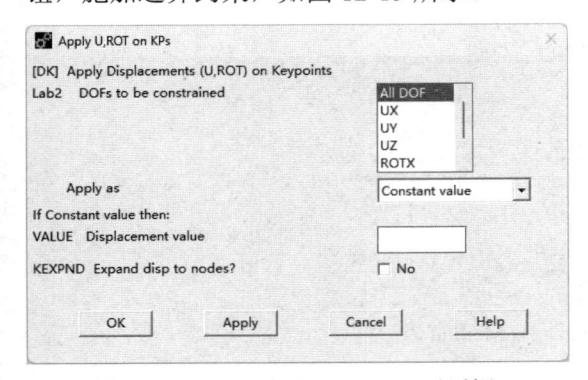

图 12-14　Apply U,ROT on KPs 对话框　　　　图 12-15　施加边界约束

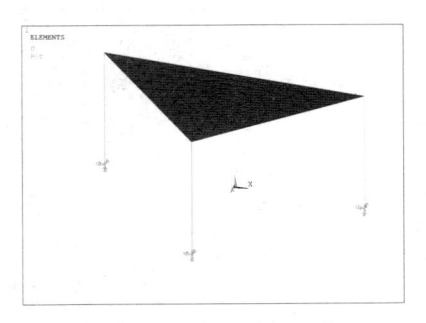

12.2.8　求解

（1）在 GUI 的主菜单中选择 Preprocessor > Solution > Analysis Type > New Analysis 命令，弹出 New Analysis 对话框，选择 Modal 单选按钮，如图 12-16 所示，单击 OK 按钮确认。

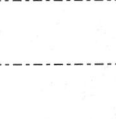

（2）在 GUI 的主菜单中选择 Preprocessor > Solution > Analysis Type > Analysis Options 命令，弹出 Modal Analysis 对话框，选择 Block Lanczos 单选按钮，设置 No. of modes to extract=10，设置 NMODE No. of modes to expand=10，如图 12-17 所示。

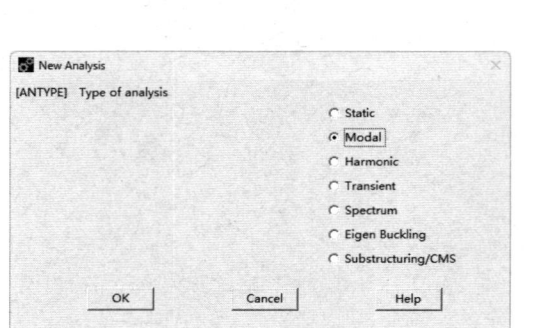

图 12-16　New Analysis 对话框

图 12-17　Modal Analysis 对话框

在 Modal Analysis 对话框中单击 OK 按钮，弹出 Block Lanczos Method 对话框，设置 FREQB Start Freq(initial shift)=0，设置 FREQE End Frequency=1 000 000，在 Nrmkey Normalize mode shapes 下拉列表中选择 To mass matrix 选项，如图 12-18 所示，单击 OK 按钮，关闭该对话框。

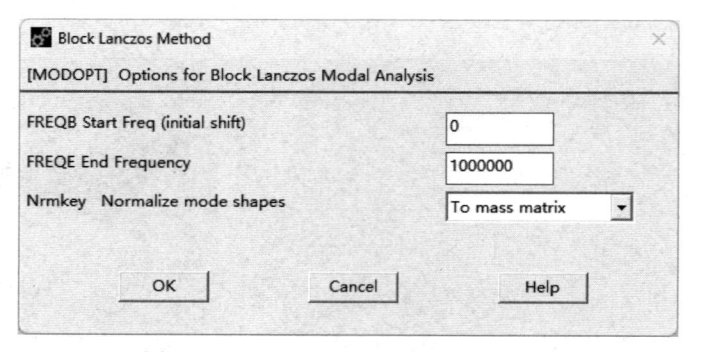

图 12-18　Block Lanczos Method 对话框

（3）在 GUI 的主菜单中选择 Solution > Solve > Current LS 命令，弹出/STATUS Command 对话框，用于显示项目的求解信息及输出选项；同时弹出 Solve Current Load Step 对话框，用于询问用户是否开始求解。单击 Solve Current Load Step 对话框中的 OK 按钮，开始求解。在求解完成后，弹出显示 "Solution is done!" 的 Note 对话框，单击 Close 按钮，关闭该对话框。

（4）在 GUI 的主菜单中选择 Preprocessor > Solution > Analysis Type > New Analysis

命令，弹出 New Analysis 对话框，选择 Spectrum 单选按钮，单击 OK 按钮确认。在 GUI 的主菜单中选择 Preprocessor > Solution > Analysis Type > Analysis Options 命令，弹出 Spectrum Analysis 对话框，选择 Single-pt resp 单选按钮，设置 NMODE No. of modes for solu=10，如图 12-19 所示。

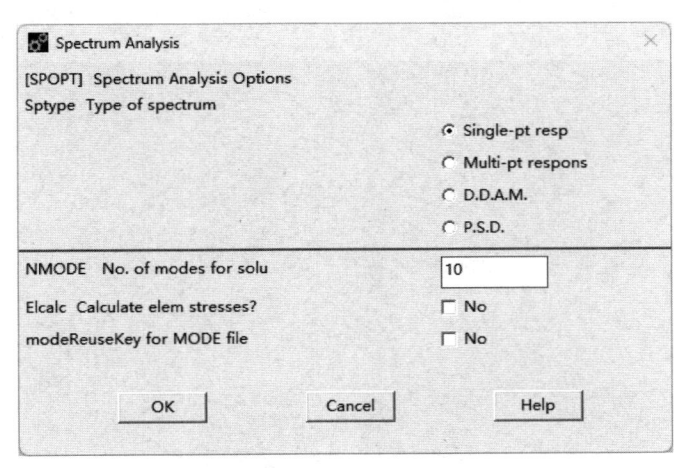

图 12-19 Spectrum Analysis 对话框

（5）设置地震响应谱方向。在 GUI 的主菜单中选择 Solution > Load Setp Opts > Spectrum > Single Point > Settings 命令，弹出 Settings for Single-Point Response Spectrum 对话框，在[SVTYP] Type of response spectr 下拉列表中选择 Seismic displac 选项，在 Coordinates of point 后的文本框中分别输入"1""0""0"，如图 12-20 所示，单击 OK 按钮。

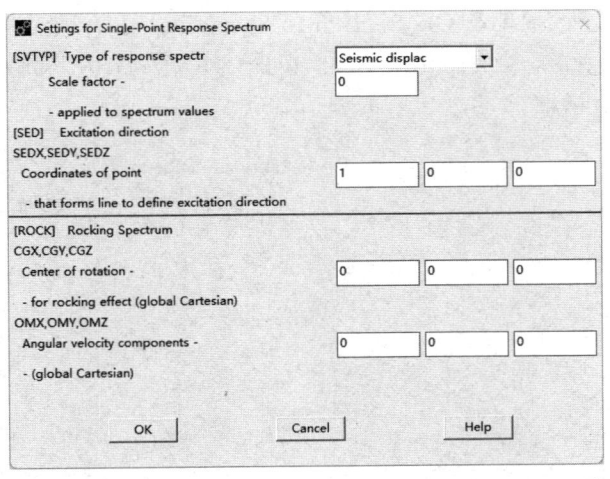

图 12-20 Settings for Single-Point Response Spectrum 对话框

（6）输入地震响应谱。在 GUI 的主菜单中选择 Solution > Load Setp Opts > Spectrum > Single Point > Freq Table 命令，弹出 Frequency Table 对话框，设置 FREQ1=0.5、

FREQ2=1.2、FREQ3=2.4、FREQ4=3.6、FREQ5=4.8、FREQ6=6.0，如图 12-21 所示，单击 OK 按钮，即可关闭该对话框。

图 12-21 Frequency Table 对话框

在 GUI 的主菜单中选择 Solution > Load Setp Opts > Spectrum > Single Point > Spectr Values 命令，弹出 Spectrum Values-Damping Ratio 对话框，设置 Damping ratio for this curve=0，如图 12-22 所示，单击 OK 按钮，弹出 Spectrum Values 对话框，设置 SV1=0.002、SV2=0.009、SV3=0.008、SV4=0.012、SV5=0.075、SV6=0.086，如图 12-23 所示，单击 OK 按钮，关闭该对话框。

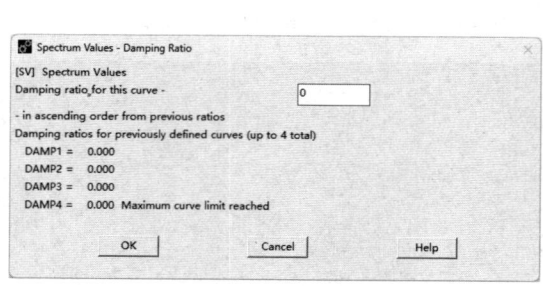

图 12-22 Spectrum Values-Damping Ratio 对话框

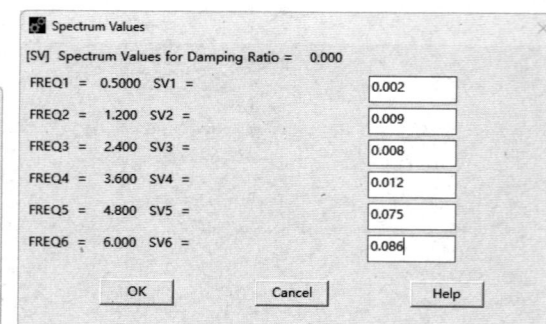

图 12-23 Spectrum Values 对话框

（7）谱分析求解。在 GUI 的主菜单中选择 Solution > Solve > Current LS 命令，弹出 /STATUS Command 对话框，用于显示项目的求解信息及输出选项；同时弹出 Solve Current Load Step 对话框，用于询问用户是否开始求解。单击 Solve Current Load Step 对话框中的 OK 按钮，开始求解。在求解完成后，弹出显示"Solution is done!"的 Note 对话框，单击 Close 按钮，关闭该对话框，并且退出 ANSYS 求解器。

（8）模态合并。在 GUI 的主菜单中选择 Solution > Load Setp Opts > Spectrum > Single Point > Mode Combine > SRSS Method 命令，弹出 SRSS Mode Combination 对话框，设置 SIGNIF Significant threshold=0.002，在 LABEL Type of output 下拉列表中选择 Displacement 选项，如图 12-24 所示，单击 OK 按钮。

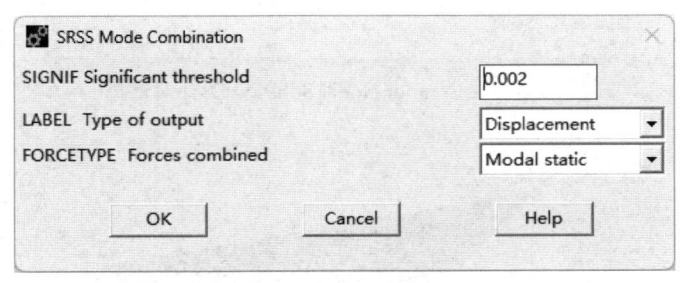

图 12-24　SRSS Mode Combination 对话框

（9）模态合并求解。在 GUI 的主菜单中选择 Solution > Solve > Current LS 命令，弹出 /STATUS Command 对话框，用于显示项目的求解信息及输出选项；同时弹出 Solve Current Load Step 对话框，用于询问用户是否开始求解。单击 Solve Current Load Step 对话框中的 OK 按钮，开始求解。在求解完成后，弹出显示"Solution is done!"的 Note 对话框，单击 Close 按钮，关闭该对话框，并且退出 ANSYS 求解器。

12.2.9　观察结果

（1）进入通用后处理器，读取结果文件，在 GUI 的主菜单中选择 File > Read Input from 命令，在弹出的对话框中选择结果文件 Jobname.mcom，单击 OK 按钮。

（2）在 GUI 的主菜单中选择 General Postproc > Read Results > By Pick 命令，在弹出的对话框中选择第 10 载荷步，单击 Read 按钮，开始读取数据，单击 Close 按钮，关闭该对话框。

（3）在 GUI 的主菜单中选择 General Postproc > Plot Results > Contour Plot > Nodal Solu 命令，弹出 Contour Nodal Solution Data 对话框，在 Item to be contoured 列表框中选择 Nodal Solution > DOF Solution > Displacement vector sum 选项，如图 12-25 所示，单击 OK 按钮，即可在工作区中看到三角平台结构模型的位移云图，如图 12-26 所示。

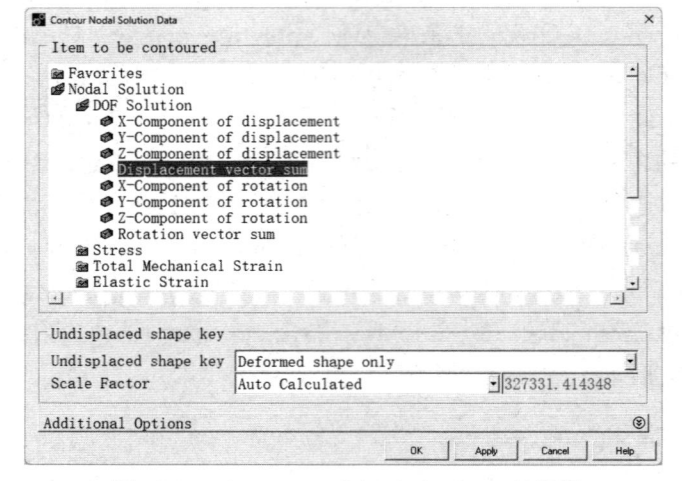

图 12-25 Contour Nodal Solution Data 对话框

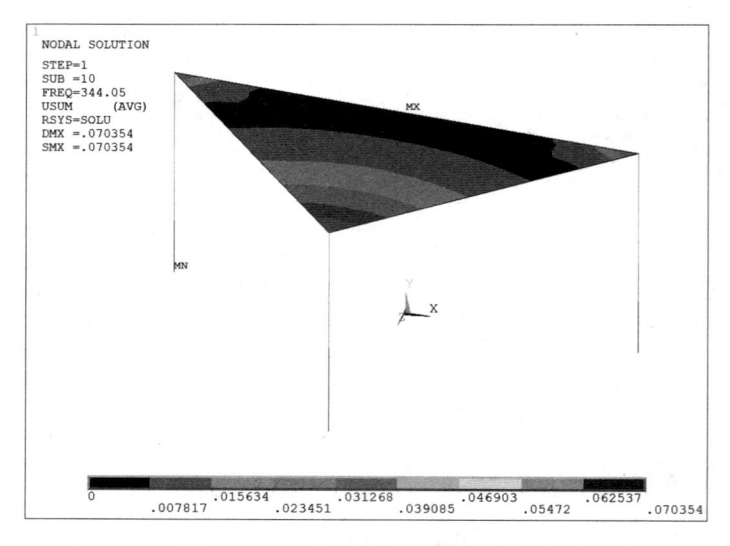

图 12-26 三角平台结构模型的位移云图

12.3 本章小结

本章通过分析三角平台结构在地震位移谱作用下的响应，详细介绍了谱分析的基本操作流程。希望读者在掌握谱分析原理的情况下，熟练应用谱分析。

第 13 章

热 分 析

热分析主要用于计算一个系统或部件的温度分布及其他物理参数，如热量的获取或损失、热梯度、热流密度（热通量）等。热分析在许多工程应用（如内燃机、涡轮机、换热器、管路系统、电子元件等）中扮演着重要的角色。

学习目标：

- 了解热分析的基础知识。
- 掌握热-应力耦合分析的方法。

13.1 热分析介绍

13.1.1 热分析的类型

稳态传热：系统的温度场不随时间变化。

瞬态传热：系统的温度场随时间明显变化。

耦合场分析：在有限元分析的过程中考虑了两种或多种工程学科（物理场）的交叉作用和相互耦合。例如，压电分析考虑了结构和电场的相互作用，它主要解决由所施加的位移载荷引起的电压分布问题，反之亦然。其他耦合场分析还有热-应力耦合分析、热-电耦合分析、流体-结构耦合分析、磁-热耦合分析和磁-结构耦合分析等。

13.1.2 热分析的基本过程

1. 建模

确定 Jobname、Title、Unit；进入 PREP7 前处理器，定义单元类型，设置单元选项；定义单元实常数；定义材料热性能参数，对于稳态传热，一般只需定义导热系数，它可以是恒定的，也可以是随温度变化的；创建几何模型并划分网格。

2. 施加载荷

- 定义分析类型：确定是进行新的热分析，还是继续上一次的分析，如增加边界条件。
- 施加载荷：可以直接在实体模型或单元上施加 5 种载荷（边界条件）。
- 恒定的温度：通常作为自由度约束施加于温度已知的边界上。
- 热流率：热流率作为节点集中载荷，主要应用于线单元模型中（通常线单元模型不能施加对流或热流密度载荷），如果输入的值为正数，则表示热流流入节点，即单元获取热量。如果温度与热流率同时施加于一个节点上，则 ANSYS 会读取温度值并进行计算。
- 对流：将对流边界条件作为面载荷施加于实体模型的外表面上，计算与流体模型的热交换，它不仅可以施加于实体模型和壳模型上，对于线单元模型，还可以对流线单元 LINK34 施加对流。
- 热流密度：热流密度也是一种面载荷。如果通过单位面积的热流率已知或通过 FLOTRANCFD 计算得到，则可以在模型相应的外表面上施加热流密度。如果输入的值为正数，则表示热流为流入单元。热流密度仅适用于实体模型和壳单元。热流密度与对流可以施加于同一个外表面上，但 ANSYS 仅读取最后施加的面载荷并进行计算。
- 生热率：单位体积内的热流量。生热率可以作为体载荷施加于单元上，可以模拟化学反应生热或电流生热。

3. 确定载荷步选项

对于一个热分析，可以确定普通选项、非线性选项和输出控制选项。
① 普通选项。

- 时间：虽然时间选项对于稳态热分析没有实际的物理意义，但它提供了一个方便的设置载荷步和载荷子步的方法。
- 每个载荷步中载荷子步的数量或时间步大小：对于非线性分析，每个载荷步需要多个载荷子步。
- 递进或阶跃：如果定义为阶跃选项，则载荷值在这个载荷步内保持不变；如果定义为递进选项，则载荷值由上一个载荷步值到本载荷步值随着每个载荷子步发生线性变化。

② 非线性选项。

- 迭代次数：设置每个载荷子步允许的最多的迭代次数。默认值为 25，这对大多数热分析问题而言已经足够了。
- 自动时间分步：对于非线性问题，可以自动设定载荷子步间的载荷增量，从而保证求解的稳定性和准确性。
- 收敛误差：可以根据温度、热流率等检验热分析的收敛性。

- 求解结束：如果在规定的迭代次数内达不到收敛，ANSYS 可以停止求解或到下一个载荷步继续求解。
- 线性搜索：可以使 ANSYS 用 Newton-Raphson 方法进行线性搜索。
- 预测矫正：用于设置是否启用每个载荷子步第一次迭代对自由度求解的预测矫正功能。

③ 输出控制选项。
- 控制打印输出：可以将任何结果数据输出到*.out 文件中。
- 控制结果文件：可以控制*.rth 文件中的内容。

4．确定分析选项

选择求解器：可选择一个求解器进行求解。

5．求解

在以上工作都完成后，可以开始求解。

6．后处理

ANSYS 将热分析的结果写入*.rth 文件中，具体包含如下数据。
- 基本数据：节点温度。
- 导出数据：节点及单元的热流密度、节点及单元的热梯度、单元热流率、节点的反作用热流率、其他。

可以通过以下 3 种方式查看结果。
- 彩色云图显示。
- 矢量图显示。
- 列表显示。

13.2 梁的热-应力耦合分析

13.2.1 问题描述

一个含有两种材料的双金属梁，这两种材料的热膨胀系数不同，初始时在同一个参考温度，梁被简支并在上下表面施加相同的温度，梁会发生较大的侧向偏转。确定中跨面的变形和材料分界处的温度。该模型是对称的，梁的一般模型如图 13-1 所示。

每个梁的传导率：$k_1=k_2=5$ BTU/（hr·in·°F）。

材料 1 的属性如下。

弹性模量：$EX_1=10e6$ psi。

热膨胀系数：$\alpha_1=1.45e-5$ in/in°F。

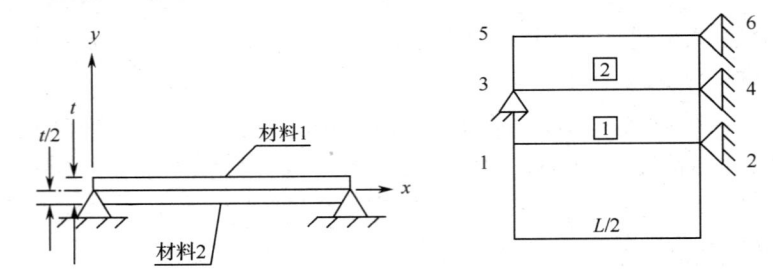

图 13-1 梁的一般模型

材料 2 的属性如下。

    弹性模量：EX_2=10e6 psi。

    热膨胀系数：α_1=2.5e-6 in/in°F。

几何尺寸如下。

    长度：L=10 in。

    厚度：t=0.1 in。

载荷温度如下。

    上表面：T_{top}=400.0 °F。

    下表面：T_{bot}=400.0 °F。

13.2.2 设置分析环境

（1）在 GUI 的通用菜单中选择 File > Change Jobname 命令，弹出 Change Jobname 对话框，在[/FILNAM] Enter new jobname 文本框中输入本分析实例的文件名"13-1"，单击 OK 按钮，如图 13-2 所示，完成对文件名的修改。

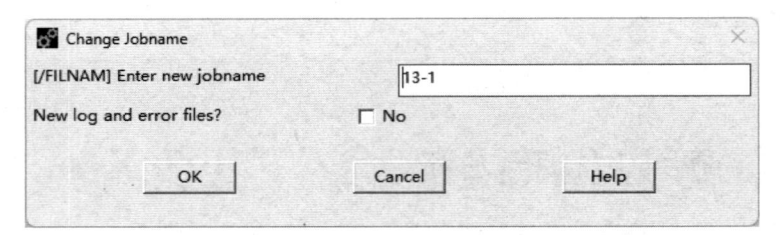

图 13-2 Change Jobname 对话框

（2）在 GUI 的通用菜单中选择 File > Change Title 命令，弹出 Change Title 对话框，在[/TITLE] Enter new title 文本框中输入本分析实例的标题"Bimetallic beam under thermal load"，如图 13-3 所示，单击 OK 按钮，完成对标题的修改。

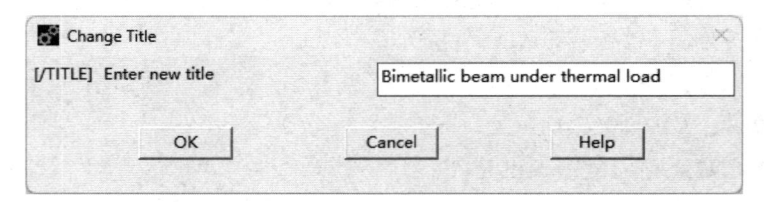

图 13-3 Change Title 对话框

（3）在 GUI 的通用菜单中选择 Plot > Replot 命令，指定的标题"Bimetallic beam under thermal load"就会显示在工作区的左下角。

13.2.3 设置材料属性

（1）在 GUI 的主菜单中选择 Preprocessor > Element Type > Add/Edit/Delete 命令，弹出 Element Types 对话框，单击 Add 按钮，弹出 Library of Element Types 对话框，在第一个列表框中选择 Coupled Field 选项，在第二个列表框中选择 Vector Quad 13 选项，如图 13-4 所示，单击 OK 按钮。

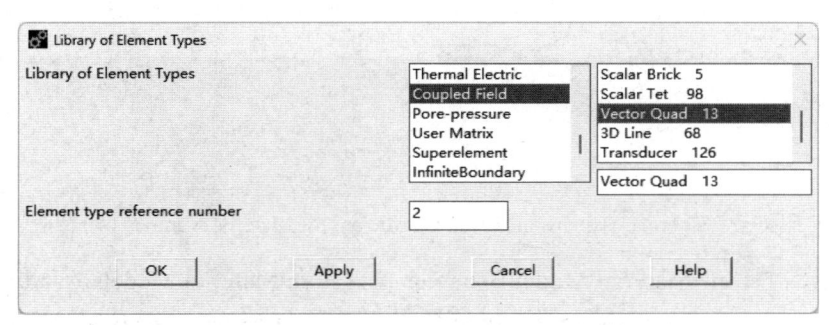

图 13-4 Library of Element Types 对话框

（2）在 Element Types 对话框中选中 PLANE13 单元类型，单击 Options 按钮，弹出 PLANE 13 element type options 对话框，参数设置如图 13-5 所示，单击 OK 按钮，关闭该对话框。在 Element Types 对话框中单击 Close 按钮，关闭该对话框，结束单元类型的添加。

（3）在 GUI 的主菜单中选择 Preprocessor > Material Props > Material Models 命令，打开 Define Material Model Behavior 窗口，在 Material Models Available 列表框中选择 Structural > Linear > Elastic > Isotropic 选项，弹出 Linear Isotropic Properties for Material Number 1 对话框，设置 EX=1e007、PRXY=0.3，如图 13-6 所示，单击 OK 按钮，关闭该对话框。

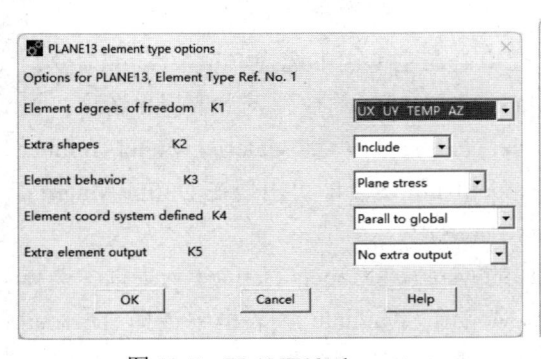

图 13-5 PLANE13 element type options 对话框

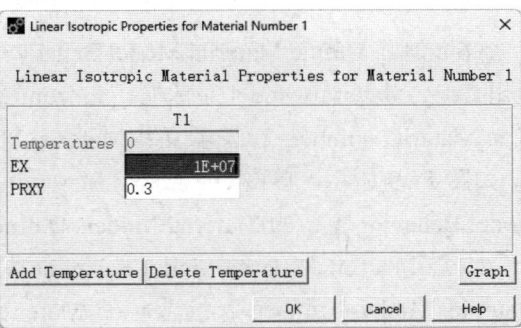

图 13-6 Linear Isotropic Properties for Material Number 1 对话框

（4）返回 Define Material Model Behavior 窗口，在 Material Models Available 列表框中选择 Structural > Thermal Expansion > Secant Coefficient > Isotropic 选项，弹出 Thermal Expansion Secant Coefficient for Material Number 1 对话框，设置 ALPX=1.45E-05，如图 13-7 所示，单击 OK 按钮，关闭该对话框。

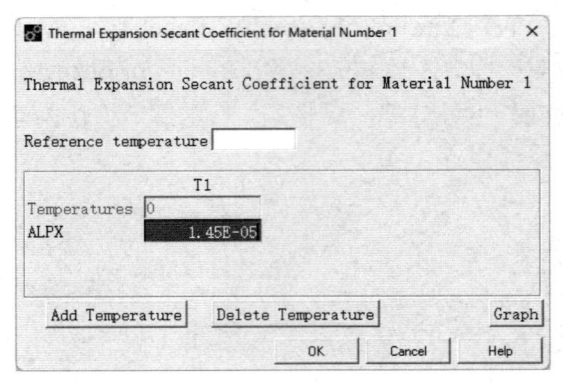

图 13-7　Thermal Expansion Secant Coefficient for Material Number 1 对话框

（5）返回 Define Material Model Behavior 窗口，在 Material Models Available 列表框中选择 Thermal > Conductivity > Isotropic 选项，弹出 Conductivity for Material Number 1 对话框，设置 KXX=1.35E-05，如图 13-8 所示，单击 OK 按钮，关闭该对话框。

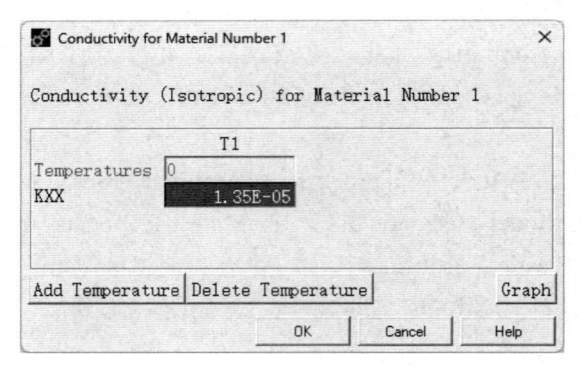

图 13-8　Conductivity for Material Number 1 对话框

（6）返回 Define Material Model Behavior 窗口，在菜单栏中选择 Edit > Copy 命令，弹出 Copy Material Model 对话框，在 from Material number 下拉列表中选择 1 选项，设置 to Material number=2，表示复制 Material Model Number 1，得到 Material Model Number 2，如图 13-9 所示，单击 OK 按钮，Material Model Number 2 即可出现在 Define Material Model Behavior 窗口的 Material Models Defined 列表框中。

（7）在 Define Material Model Behavior 窗口的 Material Models Defined 列表框中选择 Material Model Number 2 选项，在 Material Models Available 列表框中选择 Thermal Expansion 选项，弹出 Thermal Expansion Secant Coefficient for Martterial Number 2 对话框，设置 ALPX=2.5E-06，如图 13-10 所示，单击 OK 按钮。

图 13-9 Copy Material Modal 对话框

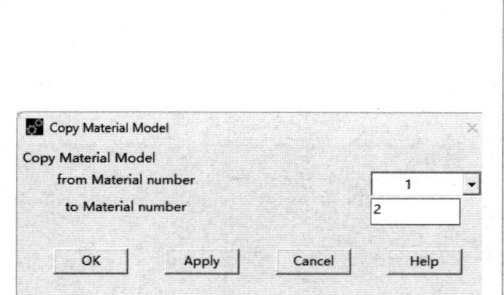

图 13-10 Thermal Expansion Secant Coefficient for Material Number 2 对话框

13.2.4 建模

（1）在 GUI 的主菜单中选择 Preprocessor > Modeling > Create > Areas > Rectangle > By Dimensions 命令，弹出 Create Rectangle by Dimensions 对话框，在 X1,X2 X-coordinates 文本框中分别输入"0"和"5"，在 Y1,Y2 Y-coordinates 文本框中分别输入"0"和"0.05"，如图 13-11 所示，单击 Apply 按钮，即可在工作区中显示创建的矩形面。再次在 X1,X2 X-coordinates 文本框中分别输入"0"和"5"，在 Y1,Y2 Y-coordinates 文本框中分别输入"0.05"和"0.1"，单击 OK 按钮，即可在工作区中显示创建的另一个矩形面。

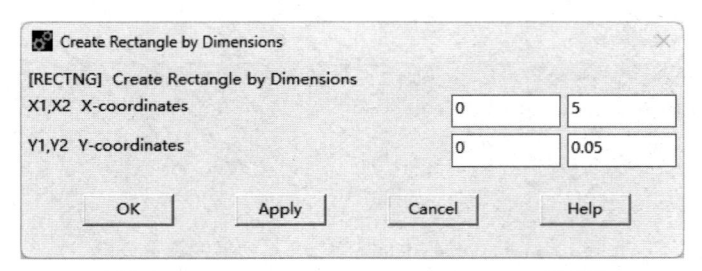

图 13-11 Create Rectangle by Dimensions 对话框

（2）在 GUI 的主菜单中选择 Preprocessor > Modeling > Operate > Booleans > Glue > Areas 命令，弹出拾取对话框，在工作区中拾取所有面，单击 OK 按钮，完成面的黏结后的图形如图 13-12 所示。

图 13-12 黏结后的图形

13.2.5 划分网格

（1）在 GUI 的主菜单中选择 Preprocessor > Meshing > Mesh Attributes > Picked Areas

命令，弹出拾取对话框，在工作区中拾取下面的矩形，单击 OK 按钮，弹出 Areas Attributes 对话框，在 MAT Material number 下拉列表中选择 2 选项，即选择材料 2，如图 13-13 所示，单击 OK 按钮。

图 13-13　Areas Attributes 对话框

（2）在 GUI 的主菜单中选择 Preprocessor > Meshing > Size Cntrls > Manual Size > Global > Size 命令，弹出 Global Element Sizes 对话框，参数设置如图 13-14 所示，单击 OK 按钮，完成单元尺寸定义。

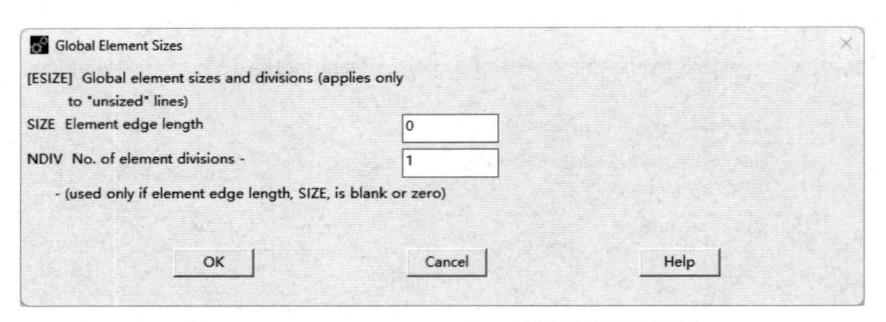

图 13-14　Global Element Sizes 对话框的参数设置

（3）在 GUI 的主菜单中选择 Preprocessor > Meshing > Size Cntrls > Manual Size > Lines > Picked Lines 命令，弹出 Element Sizes on Picked Lines 拾取对话框，在工作区中拾取 3 条直线，单击 OK 按钮，弹出 Element Sizes on Picked Lines 对话框，设置 NDIV No. of element divisions=5，单击 OK 按钮，关闭该对话框。

（4）在 GUI 的主菜单中选择 Preprocessor > Meshing > Mesh > Areas > Free 命令，弹出 Mesh Areas 拾取对话框，单击 Pick All 按钮，对所有面进行网格划分。

（5）在 GUI 的通用菜单中选择 Select > Entities 命令，弹出 Select Entities 对话框，在第一个下拉列表中选择 Nodes 选项，在第二个下拉列表中选择 By Location 选项，选择 X coordinates 单选按钮，在 Min,Max 文本框中输入 "0"，单击 Apply 按钮，如图 13-15 所示。用同样的方法打开 Select Entities 对话框，在第一个下拉列表中选择 Nodes 选项，在第二个下拉列表中选择 By Location 选项,选择 Y coordinates 单选按钮,在 Min,Max 文本框中输入"0.05",然后选择 Reselect 单选按钮,单击 OK 按钮,如图 13-16 所示。

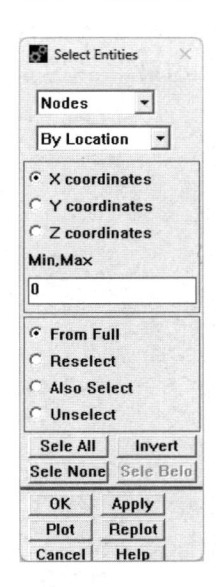

图 13-15 Select Entities 对话框(一) 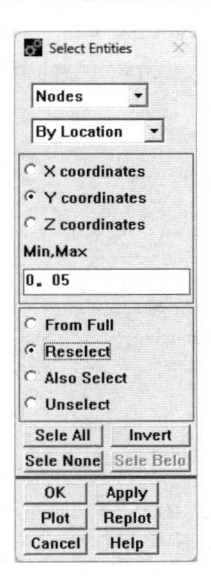　　　图 13-16 Select Entities 对话框(二)

13.2.6 施加载荷

(1)在 GUI 的主菜单中选择 Solution > Define Loads > Apply > Structural > Displacement > On Nodes 命令,弹出 Apply U,ROT on Nodes 拾取对话框,单击 Pick All 按钮,弹出 Apply U,ROT on Nodes 对话框,在 Lab2 DOFs to be constrained 列表框中选择 UY 选项,如图 13-17 所示,单击 OK 按钮,施加约束。

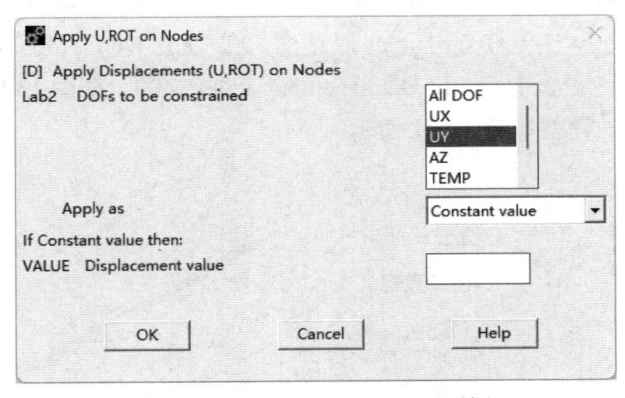

图 13-17 Apply U,ROT on Nodes 对话框(一)

(2)在 GUI 的通用菜单中选择 Select > Entities 命令,弹出 Select Entities 对话框,在第一个下拉列表中选择 Nodes 选项,在第二个下拉列表中选择 By Location 选项,选择 X coordinates 单选按钮,在 Min,Max 文本框中输入"5",单击 OK 按钮,然后选择

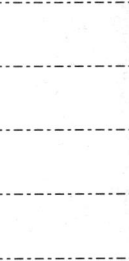

From Full 单选按钮，如图 13-18 所示。

（3）在 GUI 的主菜单中选择 Solution > Define Loads > Apply > Structural > Displacement > Symmetry B.C > On Nodes 命令，弹出 Apply SYMM on Nodes 对话框，保持默认参数设置，如图 13-19 所示，单击 OK 按钮，施加约束。

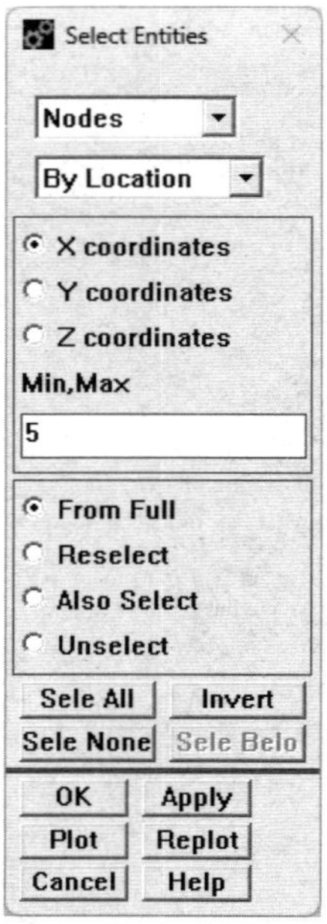

图 13-18　Select Entities 对话框 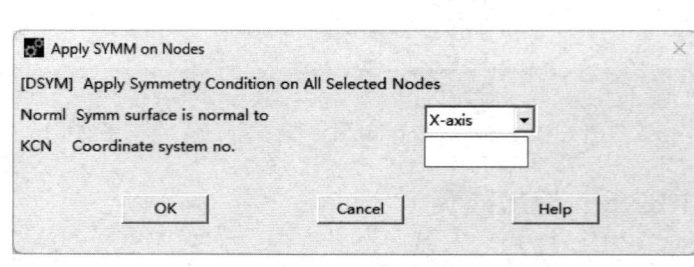　　　　图 13-19　Apply SYMM on Nodes 对话框

（4）在 GUI 的通用菜单中选择 Select > Everything 命令，选择所有实体。

（5）在 GUI 的主菜单中选择 Solution > Define Loads > Apply > Structural > Displacement > On Nodes 命令，弹出 Apply U,ROT on Nodes 拾取对话框，单击 Pick All 按钮，再次弹出 Apply U,ROT on Nodes 对话框，在 Lab2 DOFs to be constrained 列表框中选择 TEMP 选项，设置 VALUE Displacement value=400，如图 13-20 所示，单击 OK 按钮。施加载荷后的模型如图 13-21 所示。

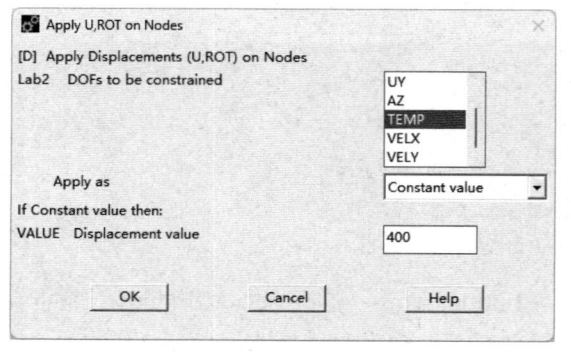

图 13-20　Apply U,ROT on Nodes 对话框（二） 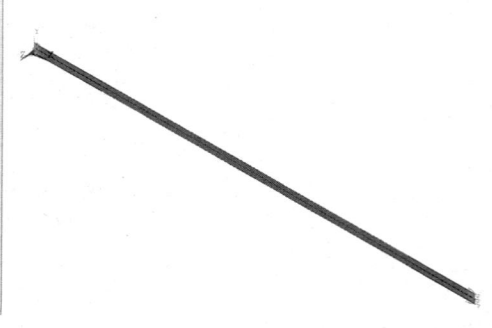　　　　图 13-21　施加载荷后的模型

13.2.7 求解

（1）在 GUI 的主菜单中选择 Solution > Analysis Type > New Analysis 命令，弹出 New Analysis 对话框，选择 Static 单选按钮，如图 13-22 所示，单击 OK 按钮确认。

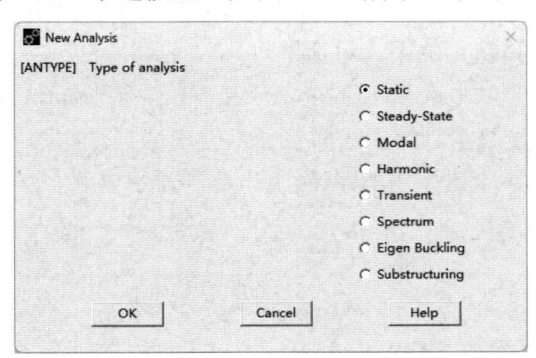

图 13-22　New Analysis 对话框

（2）在 GUI 的主菜单中选择 Solution > Analysis Type > Analysis Options 命令，弹出 Static or Steady-State Analysis 对话框，勾选[NLGEOM] Large deform effects 复选框，使其状态转换为 On，设置分析条件，如图 13-23 所示，单击 OK 按钮。

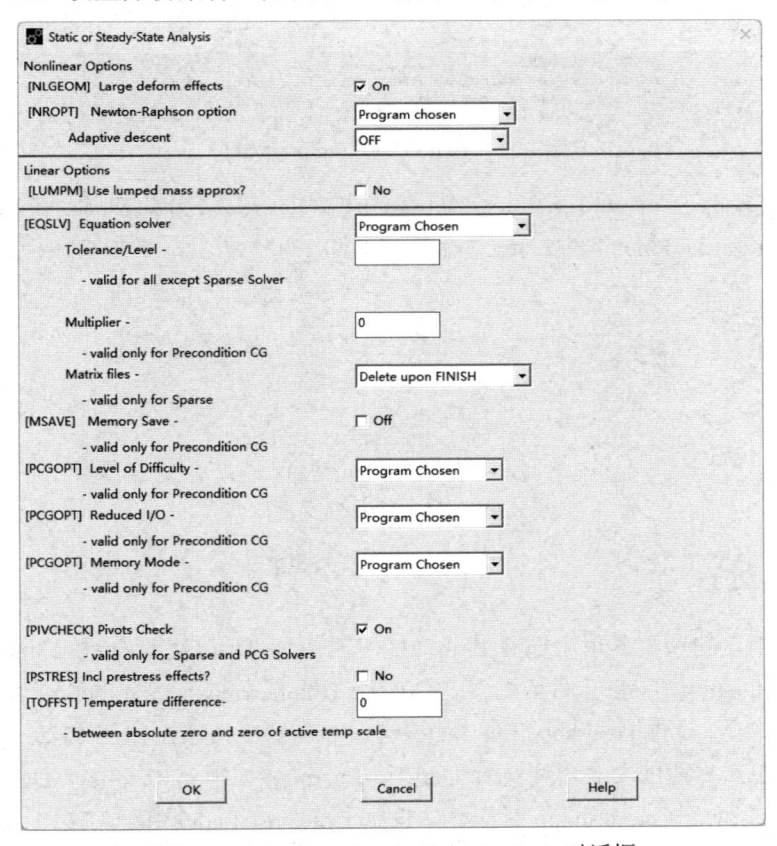

图 13-23　Static or Steady-State Analysis 对话框

（3）在 GUI 的主菜单中选择 Solution > Load Step Opts > Nonlinear > Static 命令，弹出 Default Nonlinear Convergence Criteria 对话框，在 Default Criteria to be Used 列表框中选择 Label 为 F 的选项，单击 Replace 按钮，弹出 Nonlinear Convergence Criteria 对话框，在 MINREF Minimum reference value 文本框中输入"0.1"，单击 OK 按钮，弹出提示信息对话框，单击 Close 按钮，关闭该对话框。

（4）在 GUI 的主菜单中选择 Solution > Solve > Current LS 命令，弹出/STATUS Command 对话框，用于显示项目的求解信息及输出选项，如图 13-24 所示；同时弹出 Solve Current Load Step 对话框，用于询问用户是否开始求解。

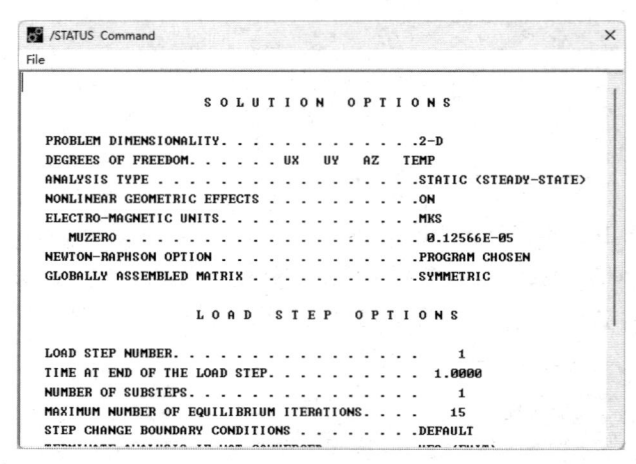

图 13-24　STATUS Command 窗口

（5）单击 Solve Current Load Step 对话框中的 OK 按钮，开始求解。在求解完成后弹出显示"Solution is done!"的 Note 对话框，如图 13-25 所示，单击 Close 按钮，关闭该对话框。

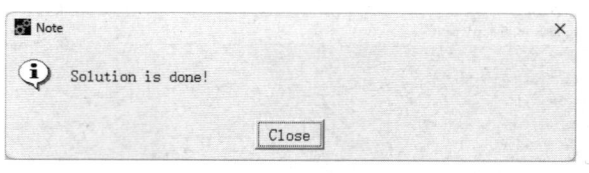

图 13-25　Note 对话框

13.2.8　后处理

（1）在 GUI 的通用菜单中选择 PlotCtrls > Style > Displacement Scaling 命令，弹出 Displacement Display Scaling 对话框，在 DMULT Displacement scale factor 后选择 1.0（true scale）单选按钮，设置 User specified factor=1，单击 OK 按钮，如图 13-26 所示。

（2）在 GUI 界面的主菜单中选择 General Postproc > Plot Results > Deformed Shape 命令，弹出 Plot Deformed Shape 对话框，选择 Def+undef edge 单选按钮，如图 13-27 所示，单击 OK 按钮，即可在工作区中显示如图 13-28 所示的位移图。

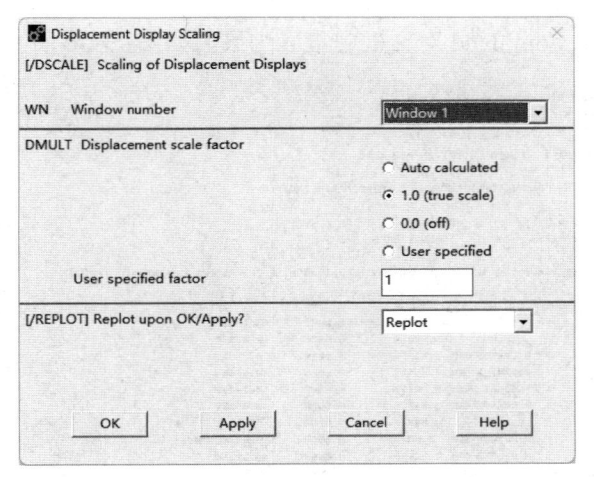

图 13-26 Displacement Display Scaling 对话框

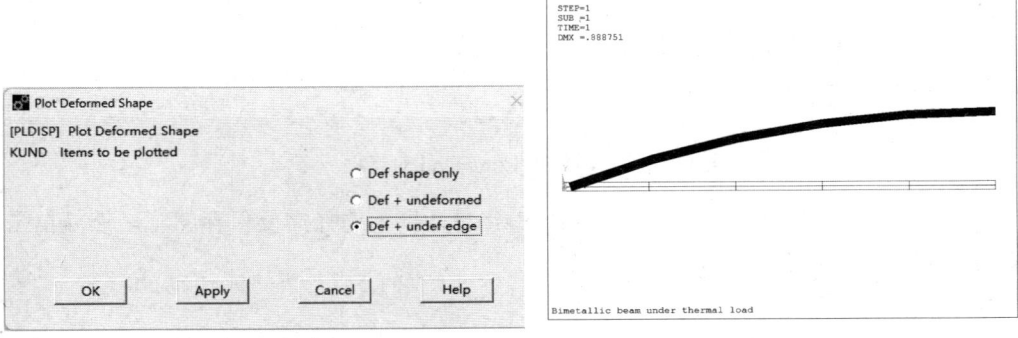

图 13-27 Plot Deformed Shape 对话框

图 13-28 位移图

（3）在 GUI 的主菜单中选择 General Postproc > List Results > Nodal Solution 命令，弹出 List Nodal Solution 对话框，在 Item to be listed 列表框中选择 Nodal Solution > DOF Solution > Displacement vector sum 选项，单击 OK 按钮，如图 13-29 所示。

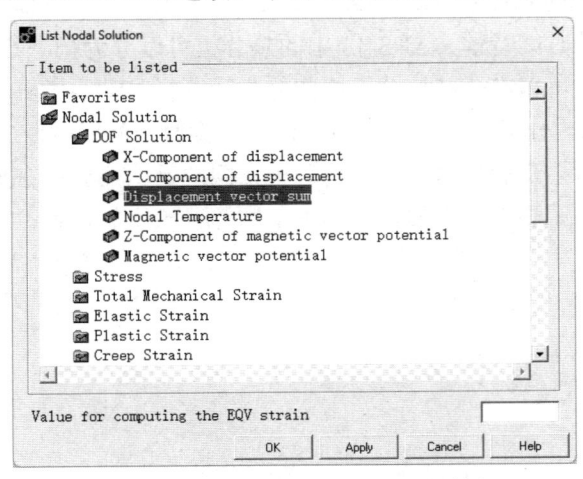

图 13-29 List Nodal Solution 对话框

(4) 在 PRNSOL Command 对话框中查看结果, 如图 13-30 所示。

```
PRNSOL Command
File

PRINT U    NODAL SOLUTION PER NODE

***** POST1 NODAL DEGREE OF FREEDOM LISTING *****

LOAD STEP=     1  SUBSTEP=     1
 TIME=    1.0000      LOAD CASE=   0

THE FOLLOWING DEGREE OF FREEDOM RESULTS ARE IN THE GLOBAL COORDINATE SYSTEM

 NODE       UX           UY           UZ          USUM
    1    0.10576      0.30708E-002  0.0000      0.10581
    2    0.0000       0.88834       0.0000      0.88834
    3    0.54493E-001 0.31854       0.0000      0.32317
    4    0.23090E-001 0.56639       0.0000      0.56686
    5    0.68482E-002 0.74479       0.0000      0.74483
    6    0.84469E-003 0.85239       0.0000      0.85239
    7    0.0000       0.88842       0.0000      0.88842
    8    0.88307E-001 0.0000        0.0000      0.88307E-001
    9    0.40371E-001 0.31658       0.0000      0.31914
   10    0.12403E-001 0.56531       0.0000      0.56545
   11   -0.32265E-003 0.74435       0.0000      0.74435
   12   -0.27547E-002 0.85233       0.0000      0.85234
   13    0.0000       0.88875       0.0000      0.88875
   14    0.70764E-001-0.28356E-002  0.0000      0.70821E-001
   15    0.26176E-001 0.31486       0.0000      0.31595
   16    0.16607E-001 0.56448       0.0000      0.56448
   17   -0.75306E-002 0.74416       0.0000      0.74420
   18   -0.63727E-002 0.85253       0.0000      0.85256

MAXIMUM ABSOLUTE VALUES
 NODE        1           13            0           13
 VALUE    0.10576      0.88875       0.0000      0.88875
```

图 13-30 PRNSOL Command 对话框

(5) 单击工具栏中的 QUIT 按钮, 弹出 Exit 对话框, 选择需要保存的项, 然后单击 OK 按钮, 退出 ANSYS。

13.3 本章小结

本章介绍了热分析的相关知识。ANSYS 的热分析在内燃机、涡轮机、换热器、管路系统、电子元件等场合具有重要作用。

根据分析对象的时间特性, ANSYS 中的热分析可以分为稳态热分析与瞬态热分析。用户对热分析的分类可以参考结构分析中的静力学分析与动力学分析。

在 ANSYS 中, 热分析的基本步骤与结构分析类似, 也是分为 3 步, 分别为前处理、加载与求解、查看结果和后处理。与结构分析不同的是, 热分析在加载时施加的边界条件为热力学边界条件, 热分析中的自由度不是结构分析中的位移, 而是温度。

第 14 章 电磁场分析

在 ANSYS 中，以 Maxwell 方程组为电磁场分析的出发点。有限元法计算的未知量（自由度）主要是磁通量或电通量，其他物理量可以由这些自由度推导得到。根据用户选择的单元类型和单元选项，ANSYS 计算的自由度可以是标量磁位、矢量磁位或边界通量。

电场分析主要用于计算导电系统或电容系统中的电场，需要计算的典型物理量为电场、电流密度、电荷密度、传导热焦耳等。电场分析在保险丝、汇流条、传输线等工程设计中具有广泛的应用。

学习目标：

- 了解电磁场分析的基础知识。
- 掌握使用棱边单元法进行磁场分析的方法。
- 掌握静电场分析的方法。

14.1 磁场分析

使用 ANSYS 可以分析设备中的电磁场，这些设备包括电力发动机、磁带及磁盘驱动器、变压器、连接器、电动机、螺线管传动器、波导、天线辐射、图像显示设备传感器、谐振腔、滤波器、回旋加速器等。

在电磁场分析中涉及的典型物理量有能量消耗、磁通密度、磁场强度、磁力、磁矩、阻抗、电感、涡流、回波损耗、品质因子等。电流、永磁体和外加场都可以激起需要分析的磁场。

使用 ANSYS 可以进行的磁场分析有如下类型。

- 二维静态磁场分析：分析直流电或永磁体产生的磁场，用矢量位方法。
- 二维谐波磁场分析：分析低频交流电流或交流电压产生的磁场，用矢量位方法。

- 二维瞬态磁场分析：分析随时间任意变化的电流或外场产生的磁场，包括永磁体的效应，用矢量位方法。
- 三维静态磁场分析：分析直流电或永磁体产生的磁场，用标量位方法。
- 三维谐波磁场分析：分析低频交流电产生的磁场，用棱边单元法。建议尽量用这种方法求解谐波磁场分析。
- 三维瞬态磁场分析：分析随时间变化的电流或外场产生的磁场，用棱边单元法。建议尽量用这种方法求解谐波磁场分析。
- 基于节点方法的三维静态磁场分析：用矢量位方法。
- 基于节点方法的三维谐波磁场分析：用矢量位方法。
- 基于节点方法的三维瞬态磁场分析：用矢量位方法。

三维分析是指用三维模型模拟被分析的结构。在实际应用中，大部分结构需要使用三维模型进行模拟。然而三维模型对建模的复杂度和计算时间都有较高的要求，因此尽量使用二维模型进行建模求解。

电磁场分析方法主要有棱边单元法、磁标量位法、磁矢量位法。下面对这 3 种磁场分析方法进行简单介绍。

1. 棱边单元法

棱边单元法是 ANSYS 提供的基于单元的求解方法。

在解决大多数三维时谐和瞬态问题时，推荐使用棱边单元法，但此方法不适合解决二维问题。

棱边单元法中的自由度与单元边有关，与单元节点无关。棱边单元法在三维低频静态和动态电磁场的模拟仿真方面有很好的求解能力。

在求解具有相同函数表达式的模型时，棱边单元法比基于节点的磁矢量位法更精确。在自由度是变化的情况下，棱边单元法比基于节点的矢量位方法更有效。

2. 磁标量位法

ANSYS 支持两种基于节点的方法，分别为磁标量位法和磁矢量位法，这两种方法都可以求解三维静态磁场分析、三维谐波磁场分析、三维瞬态磁场分析。

对于大部分三维静态磁场分析，应尽量使用磁标量位法。磁标量位法可以将电流源以基元的方式单独处理，无须为其创建模型和划分有限元网格，电流源不必成为有限元模型中的一部分，创建模型更容易。磁标量位法具有以下特点。

- 支持六面体、楔形、金字塔形、四面体等单元。
- 电流源以基元（线圈型、弧型、杆型）的方式定义。
- 可包含永久磁体激励。
- 可求解线性和非线性导磁率问题。
- 可使用节点耦合和约束方程。

在合适的位置添加电流源基元（线圈型、弧型、杆型等），即可模拟电流对磁场的影响。

3. 磁矢量位法

磁矢量位法中每个节点的自由度要比磁标量位法中每个节点的自由度高，因为它在 X 轴、Y 轴和 Z 轴方向上分别具有磁矢量位 AX、AY、AZ。在载压或电路耦合分析中，还引入了另外 3 个自由度：电流、电压降和电压。二维静态磁场分析必须采用磁矢量位法，此时自由度只有 AZ。

在使用磁矢量位法时，电流源（电流传导区域）可以看作有限元模型的一部分。由于磁矢量位法的节点自由度更高，因此比磁标量位法的运算速度更慢一些。

磁矢量位法可应用于三维静态磁场分析、三维谐波磁场分析、三维瞬态磁场分析，但是当计算区域中含有导磁材料时，该方法的三维精度会损失（因为在不同导磁材料的分界面上，磁矢量位法的法向分量非常大，所以会影响计算结果）。

14.2 电场分析

在一般情况下，电场分析会先进行电流传导分析，有时会同时进行热分析，从而确定因焦耳热导致的温度分布。在电流传导分析之后直接进行磁场分析，从而确定电流产生的磁场。下面详细介绍稳态电流传导分析、静电场分析和电路分析。

1. 稳态电流传导分析

稳态电流传导分析可以计算直流电流和电压降产生的电流密度和电位分布。稳态电流传导分析可以施加两种载荷：电压和电流。

稳态电流传导分析认为电压和电流成线性关系，即电流与所加电压成正比。

2. 静电场分析

静电场分析可以确定由电荷分布或外加电势产生的电场和电场标量位（电压）分布。静电场分析可以施加两种载荷：电压和电荷密度。

静电场分析认为电场与所加电压呈线性关系，即电场与所加电压成正比。

3. 电路分析

电路分析可以计算源电压和源电流在电路中引起的电压和电流分布。分析方法有以下类型。

- 交流谐波分析。
- 直流静态分析。
- 随时间变化的瞬态分析。

ANSYS 中的电路分析有如下性能。

- 使用经过改进的基于节点的分析方法来模拟电路分析。
- 可以将电路与绕线圈、块状导体直接耦合。
- 二维模型和三维模型都可以进行耦合分析。
- 支持直流、交流和时间瞬态模拟。

在 ANSYS 程序中，可以利用电路耦合模拟功能精确地模拟多种电子设备，如螺旋线、管线圈、变压器、交流机械等。

14.3 屏蔽带状传输线的静电场分析

14.3.1 问题描述

屏蔽带状传输线模型的截面示意图如图 14-1 所示。已知几何参数 a=10cm，ω=1cm，空气的相对介电量 ε_{r1}=1，基底的相对介电常量 ε_{r2}=10，载荷为 V_1=10V，V_0=0.5V。分析电场分布、电位分布、单位长度储能及电容量。

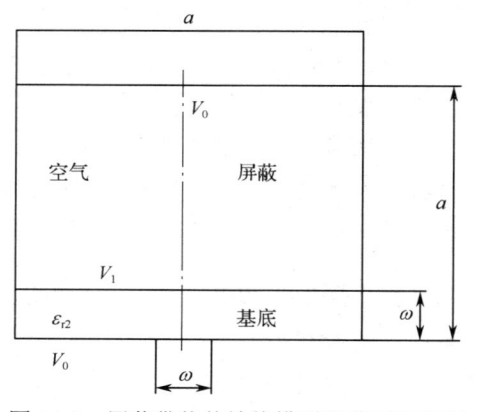

图 14-1 屏蔽带状传输线模型的截面示意图

因为模型左右对称，所以本实例可以只对右半边模型进行静电场分析。

14.3.2 设置分析环境

启动 Mechanical APDL Product Launcher，打开 ANSYS Mechanical APDL Product Launcher 窗口，在 Simulation Environment 下拉列表中选择 ANSYS 选项，在 License 下拉列表中选择 ANSYS Multiphysics 选项，在 Working Directory 文本框中输入工作目录名称，在 Job Name 文本框中输入项目名称"14-1"，单击 Run 按钮，运行 ANSYS。

14.3.3 设置材料属性

（1）在 GUI 的主菜单中选择 Preprocessor > Element Type > Add/Edit/Delete 命令，弹出 Element Types 对话框，单击 Add 按钮，弹出 Library of Element Types 对话框，在第一个列表框中选择 Electrostatic 选项，在第二个列表框中选择 2D Quad 121 选项，如图 14-2 所示，单击 OK 按钮，即可完成单元类型的定义。

（2）在 GUI 的通用菜单中选择 Parameters > Scalar Parameters 命令，弹出 Scalar Parameters 对话框，参数设置如图 14-3 所示。

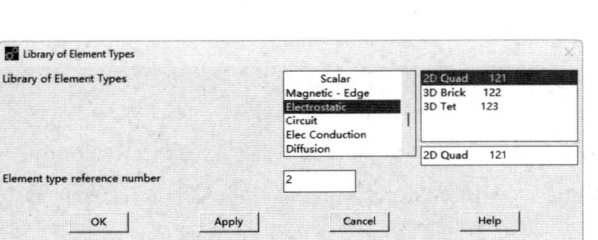

图 14-2 Library of Element Types 对话框 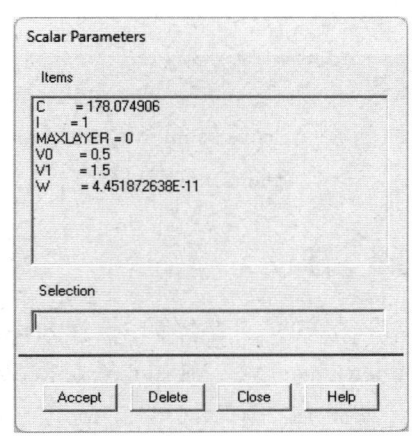　　图 14-3 Scalar Parameters 对话框中的参数设置

（3）在 GUI 的主菜单中选择 Preprocessor > Material Props > Material Models 命令，打开 Define Material Model Behavior 窗口，在 Material Models Available 列表框中选择 Electromagnetics > Relative Permittivity > Constant 选项，如图 14-4 所示，弹出 Relative Permittivity for Material Number 1 对话框。

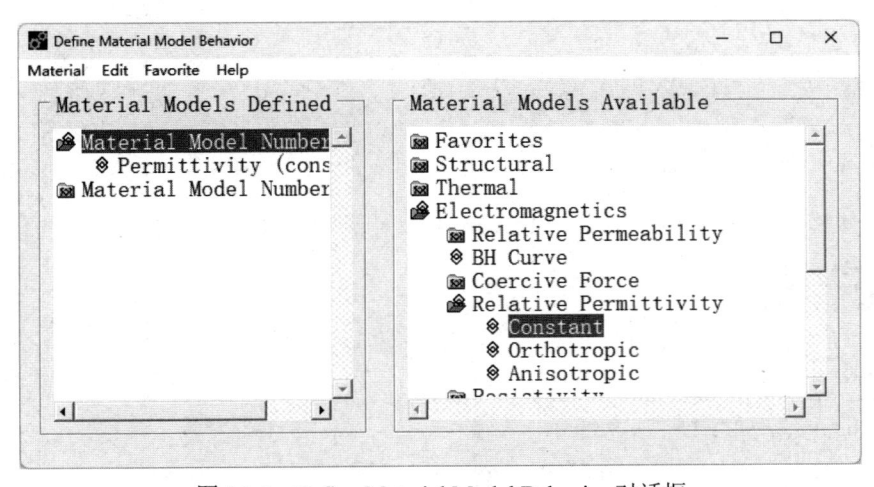

图 14-4 Define Material Model Behavior 对话框

(4) 在 Relative Permittivity for Material Number 1 对话框中，设置 PERX=1，如图 14-5 所示，单击 OK 按钮。

(5) 重复上述操作，定义材料 2 的相对介电常量为 10，完成材料参数定义，如图 14-6 所示。

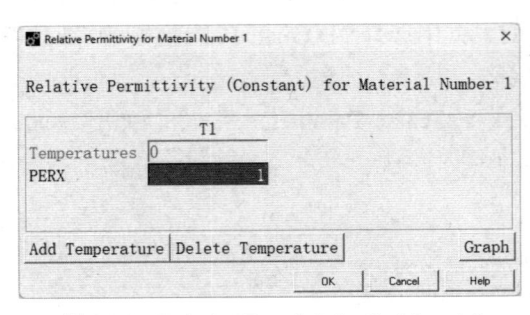

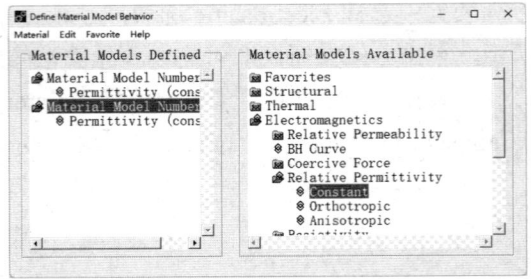

图 14-5　Relative Permittivity for Material Number 1 对话框

图 14-6　完成材料参数定义

14.3.4　建模

(1) 在 GUI 的主菜单中选择 Preprocessor > Modeling > Create > Areas > Rectangle > By Dimensions 命令，弹出 Create Rectangle by Dimensions 对话框，输入矩形的两个角点坐标，如图 14-7 所示，单击 Apply 按钮，生成第一个矩形，如图 14-8 所示。

图 14-7　Create Rectangle by Dimensions 对话框

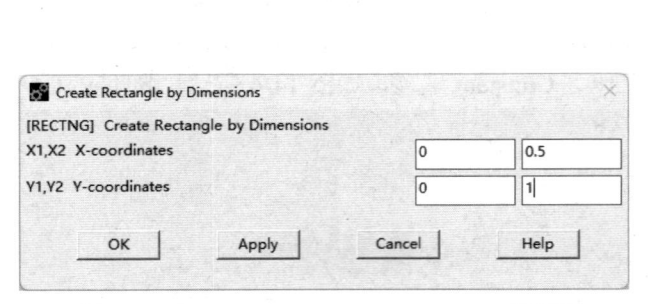

图 14-8　生成第一个矩形

(2) 继续在 Create Rectangle by Dimensions 对话框中输入其余 3 个矩形的角点坐标，坐标值分别如下：

```
X1=0.5,X2=5,Y1=0,Y2=1
X1=0,X2=0.5,Y1=1,Y2=10
X1=0.5,X2=5,Y1=1,Y2=10
```

生成的 4 个矩形如图 14-9 所示。

(3) 在 GUI 的主菜单中选择 Preprocessor > Modeling > Operate > Booleans > Glue > Areas 命令，在弹出的拾取对话框中单击 Pick All 按钮，将所有面黏结。

（4）在 GUI 的主菜单中选择 Preprocessor > Numbering Ctrls > Compress Numbers 命令，弹出 Compress Numbers 对话框，在 Label Item to be compressed 下拉列表中选择 Areas 选项，如图 14-10 所示，单击 OK 按钮，即可在工作区中显示面编号压缩。

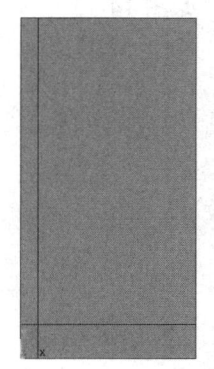

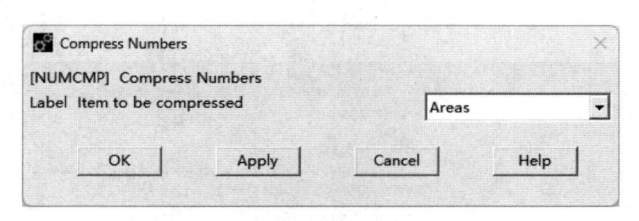

图 14-9　生成的 4 个矩形　　　　图 14-10　Compress Numbers 对话框

（5）在 GUI 的通用菜单中选择 PlotCtrls > Numbering 命令，弹出 Plot Numbering Controls 对话框，勾选 AREA Areas numbers 复选框，使其状态转换为 On，如图 14-11 所示，单击 OK 按钮，关闭该对话框，在 GUI 的通用菜单中选择 Plot > Areas 命令，即可在工作区中显示面编号，如图 14-12 所示。

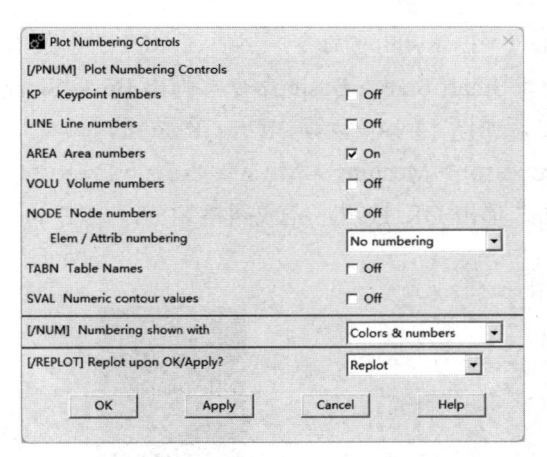

图 14-11　Plot Numbering Controls 对话框　　　　图 14-12　显示面编号

14.3.5　划分网格

（1）在 GUI 的主菜单中选择 Preprocessor > Meshing > Mesh Attributes > Picked Areas 命令，弹出 Area Attributes 拾取对话框，拾取 1 号面与 2 号面，单击 OK 按钮，弹出 Area Attributes 对话框，在 MAT Material number 下拉列表中选择 2 选项，即选择材料 2，单击 OK 按钮。

（2）在 GUI 的通用菜单中选择 Select > Entities 命令，弹出 Select Entities 对话框，

选中 $Y=1$ 且 $X=0.5$ 的线。

（3）在 GUI 的主菜单中选择 Preprocessor > Meshing > Size Cntrls > Manual Size > Lines > Picked Lines 命令，在弹出的拾取对话框中单击 Pick All 按钮，弹出 Element Sizes on Picked Lines 对话框，设置 NDIV No. of element divisions=8，如图 14-13 所示，单击 OK 按钮，即可将该线划分为 8 份。

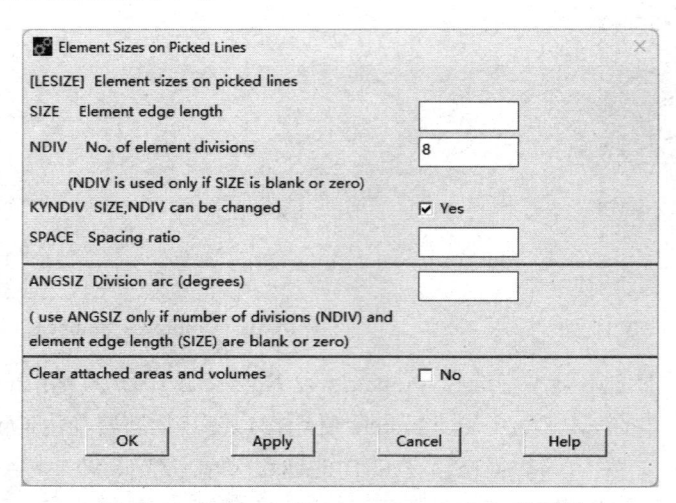

图 14-13　Element Sizes on Picked Lines 对话框

（4）在 GUI 的通用菜单中选择 Select > Everything 命令，然后在 GUI 的主菜单中选择 Preprocessor > Meshing > Size Cntrls > Smart Size > Basic 命令，弹出 Basic SmartSize Settings 对话框，设置 LVL Size Level=3，如图 14-14 所示，单击 OK 按钮。

（5）在 GUI 的主菜单中选择 Preprocessor > Meshing > Mesh > Areas > Free 命令，弹出拾取对话框，在工作区中拾取所有面，单击 OK 按钮，完成网格划分，如图 14-15 所示，网格被定义为两种不同的材料。

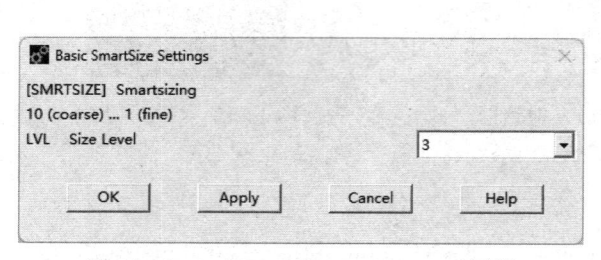

图 14-14　Basic SmartSize Settings 对话框　　　　图 14-15　完成网格划分

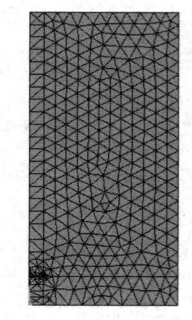

14.3.6　加载

（1）在 GUI 的通用菜单中选择 Select > Entities 命令，弹出 Select Entities 对话框，选中 $Y=1$ 且 $X=0\sim0.5$ 的节点，如图 14-16 所示。

图 14-16　选中的节点

（2）在 GUI 的主菜单中选择 Solution > Define Loads > Apply > Electric > Boundary > Voltage > On Nodes 命令，在弹出的拾取对话框中单击 Pick All 命令，弹出 Apply VOLT on nodes 对话框，设置 VALUE Load VOLT value=v1，如图 14-17 所示，单击 OK 按钮，施加电压，如图 14-18 所示。

图 14-17　Apply VOLT on nodes 对话框　　　　图 14-18　施加电压（一）

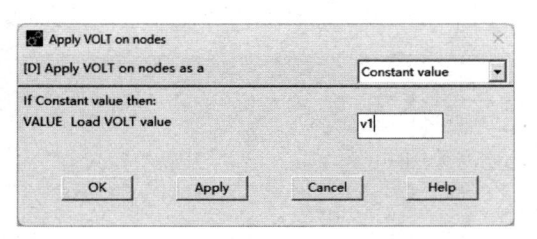

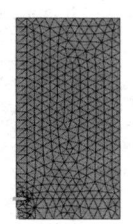

（3）在 GUI 的通用菜单中选择 Select > Entities 命令，弹出 Select Entities 对话框，选中 $Y=0$ 的节点、$Y=10$ 的节点和 $X=5$ 的节点，如图 14-19 所示。

图 14-19　选中的节点

（4）在 GUI 的主菜单中选择 Solution > Define Loads > Apply > Electric > Boundary > Voltage > On Nodes 命令，在弹出的拾取对话框中单击 Pick All 按钮，弹出 Apply VOLT on nodes 对话框，设置 VALUE Load VOLT value=v0，如图 14-20 所示，单击 OK 按钮，施加电压，如图 14-21 所示。

图 14-20　Apply VOLT on Nodes 对话框　　　　图 14-21　施加电压（二）

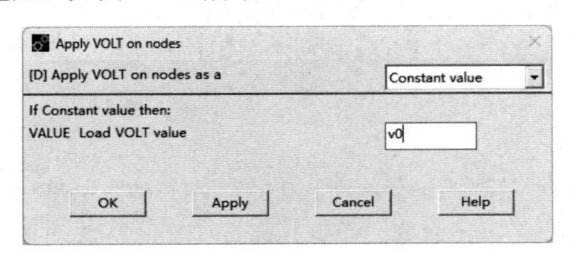

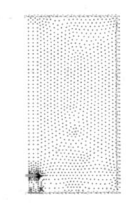

（5）在 GUI 的主菜单中选择 Preprocessor > Modeling > Operate > Scale > Areas 命令，

在弹出的拾取对话框中单击 Pick All 按钮，弹出 Scale Areas 对话框，参数设置如图 14-22 所示，单击 OK 按钮完成。

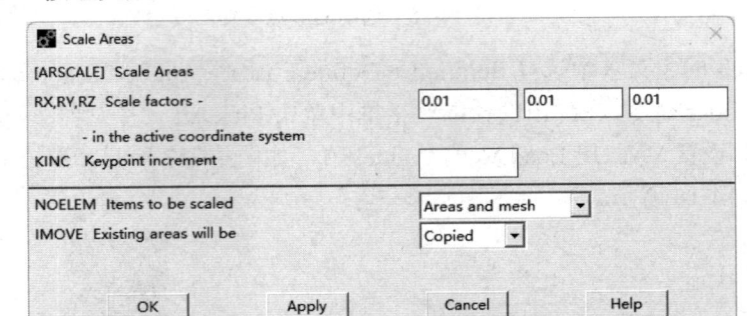

图 14-22 Scale Areas 对话框中的参数设置

14.3.7 求解

（1）在 GUI 的主菜单中选择 Solution > Solve > Current LS 命令，弹出 /STATUS Command 对话框，用于显示项目的求解信息及输出选项，如图 14-23 所示；同时弹出 Solve Current Load Step 对话框，用于询问用户是否开始求解，如图 14-24 所示。

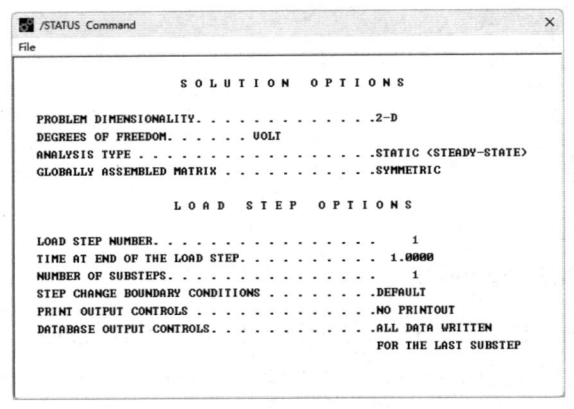

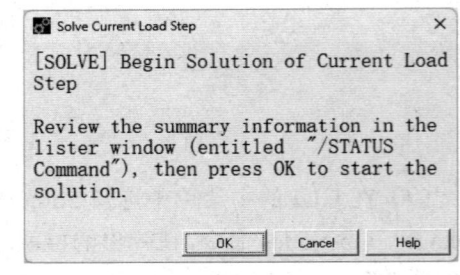

图 14-23 /STATUS Command 窗口

图 14-24 Solve Current Load Step 对话框

（2）单击 Solve Current Load Step 对话框中的 OK 按钮，开始求解。在求解完成后弹出显示"Solution is done!"的 Note 对话框，单击 Close 按钮，关闭该对话框。

14.3.8 后处理

（1）在求解完成后，即可进入通用后处理器进行处理分析。在 GUI 的主菜单中选择 General Postproc > Element Table > Define Table 命令，弹出 Element Table Data 对话框，如图 14-25 所示。

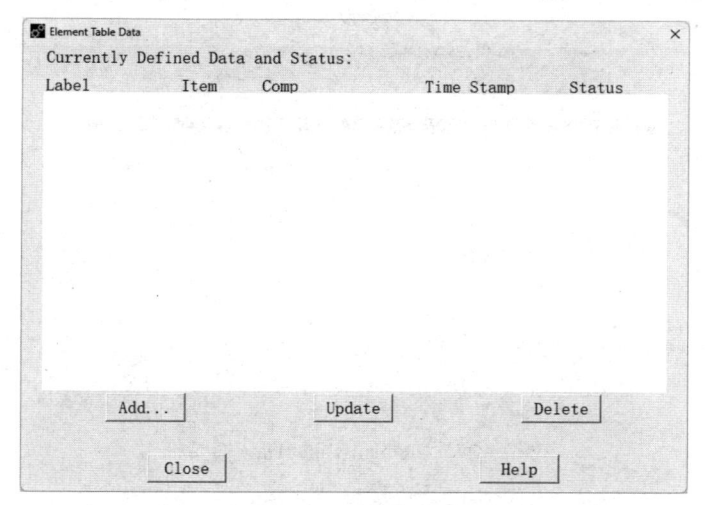

图 14-25 Element Table Data 对话框

（2）在 Element Table Data 对话框中单击 Add 按钮，弹出 Define Additional Element Table Items 对话框，在 Lab User label for item 文本框中输入"SENE"，在 Item,Comp Results data item 后的第一个列表框中选择 Energy 选项，在第二个列表框中选择 Elec energy SENE 选项，如图 14-26 所示，单击 Apply 按钮。

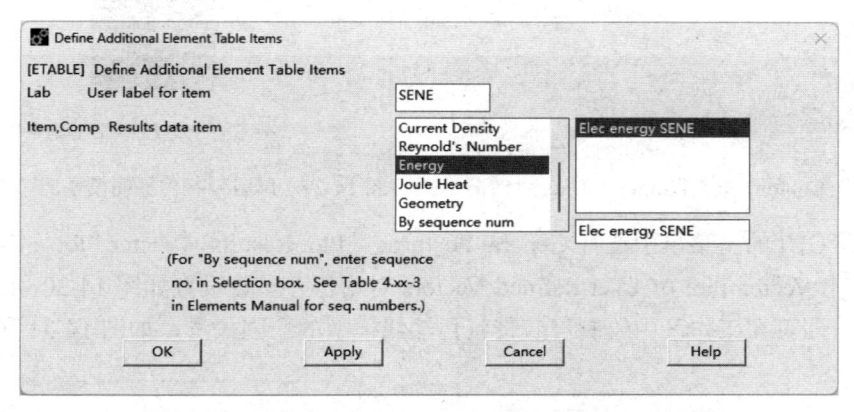

图 14-26 Define Additional Element Table Items 对话框

（3）在 Lab User label for item 文本框中输入"EFX"，在 Item,Comp Results data item 后的第一个列表框中选择 Flux & gradient 选项，在第二个列表框中选择 EFX 选项，单击 Apply 按钮。在 Lab User label for item 文本框中输入"EFY"，在 Item,Comp Results data item 后的第一个列表框中选择 Flux & gradient 选项，在第二个列表框中选择 EFY 选项，单击 OK 按钮。弹出的 Element Table Data 对话框，如图 14-27 所示。

（4）在 GUI 的主菜单中选择 General Postproc > Plot Results > Contour Plot > Nodal Solu 命令，弹出 Contour Nodal Solution Data 对话框，在 Item to be contoured 列表框中选择 Nodal Solution > DOF Solution > Electric potential 选项，如图 14-28 所示，单击 OK 按钮，即可在工作区中绘制屏蔽带状传输线模型的等电势线图，如图 14-29 所示。

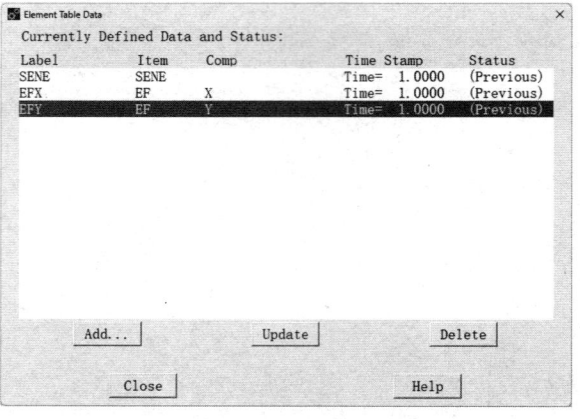

图 14-27　Element Table Data 对话框

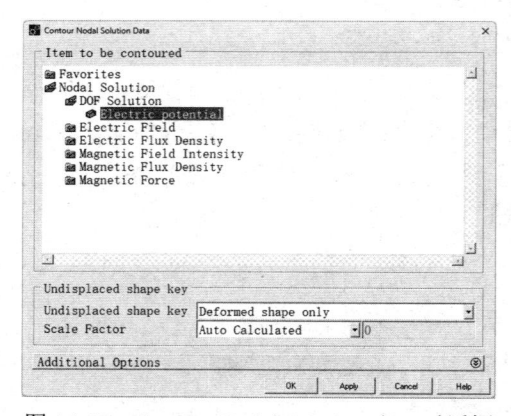

图 14-28　Contour Nodal Solution Data 对话框

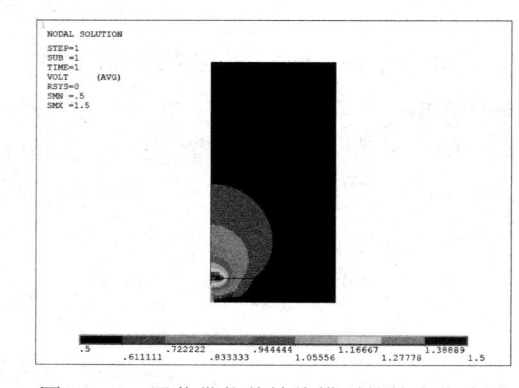

图 14-29　屏蔽带状传输线模型的等电势线图

（5）在 GUI 的主菜单中选择 General Postproc > Plot Results > Vector Plot > User-define 命令，弹出 Vector Plot of User-defined Vectors 对话框，参数设置如图 14-30 所示，单击 OK 按钮，即可在工作区中绘制屏蔽带状传输线模型的场强矢量，如图 14-31 所示。

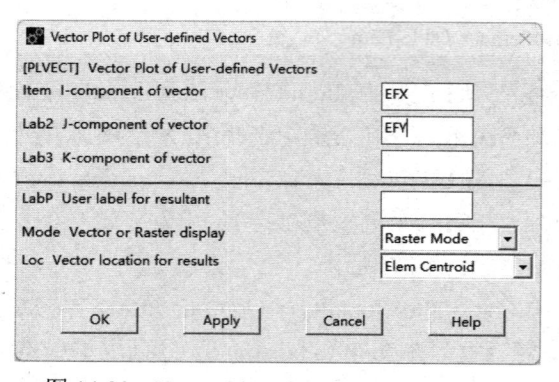

图 14-30　Vector Plot of User-defined Vectors 对话框中的参数设置

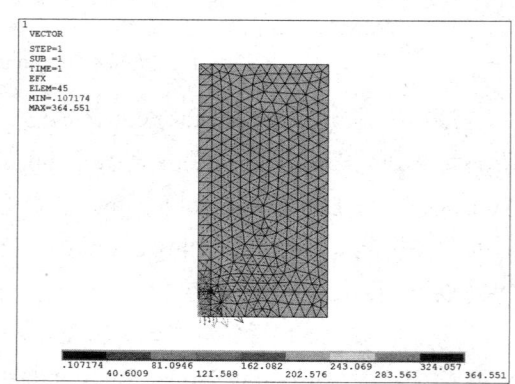

图 14-31　屏蔽带状传输线模型的场强矢量

（6）在 GUI 的主菜单中选择 General Postproc > Element Table > Sum of Each Item 命令，弹出 Tabular Sum of Each Element Table Item 对话框，如图 14-32 所示，单击 OK 按钮，弹出 SSUM Command 对话框，用于展示总能量，如图 14-33 所示。

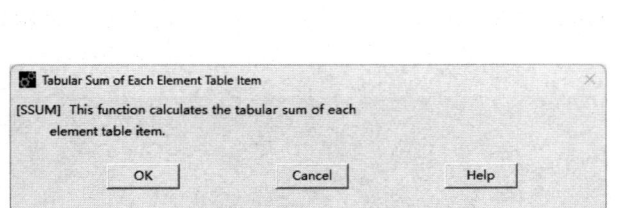

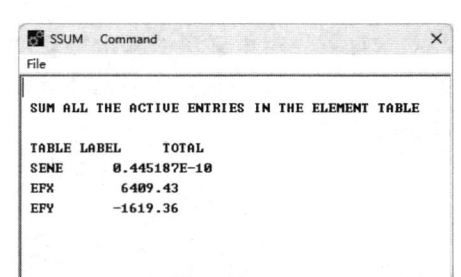

图 14-32　Tabular Sum of Each Element Table Item 对话框　　图 14-33　SSUM Command 对话框

（7）在命令输入框中输入如下命令。

```
*GET,W,SSUM,,ITEM,SENE
C=(W*2)/((V1-V0)**2)
C=((C*2)*1E12)
```

由上述公式求出 C 值。在 GUI 的通用菜单中选择 List > Status > Parameters > ALL Parameters 命令，弹出 *STAT Command 对话框，用于显示要求的电容值，如图 14-34 所示。

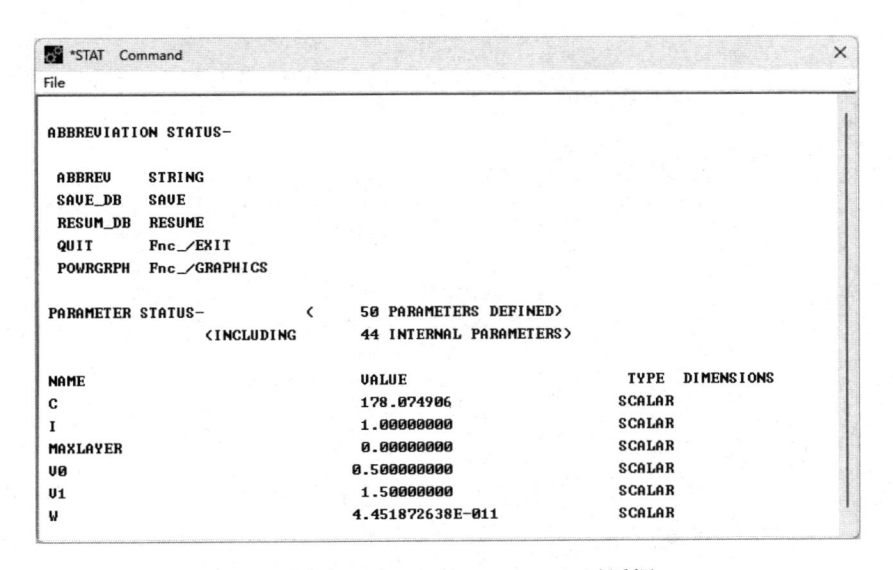

图 14-34　*STAT Command 对话框

（8）单击工具栏中的 QUIT 按钮，弹出 Exit 对话框，选择 Save Everything 单选按钮，保存所有项目，单击 OK 按钮，退出 ANSYS。

14.4 本章小结

本章首先对电磁场的基本概念进行了讲解，然后通过实例对电磁场分析的材料属性设置、网格划分、加载、求解等进行了讲解，帮助读者尽快掌握利用 ANSYS 进行电磁场分析的方法。

第 15 章

多物理场耦合分析

实际工程中的物理环境通常非常复杂，包括热、电、磁、流体等多种因素，单一的物理场分析是进行更复杂分析的基础，但与实际使用仍有距离。

本章会介绍多物理场耦合分析技术。例如，在仅知道环境温度数据与钢材性能的情况下，如何分析其应力；在混凝土硬化过程中，水泥的水化热如何影响混凝土结构的强度。在学习本章知识后，即可使用 ANSYS 进行多物理场耦合分析，从而解决上述问题。

学习目标：

- 了解多物理场耦合分析的基本概念。
- 掌握顺序耦合分析的方法。
- 掌握直接耦合分析的方法。
- 掌握不同场合下顺序耦合分析或直接耦合分析的方法。

15.1 概述

多物理场耦合分析是指考虑两个或更多个工程物理场之间相互作用的分析。例如，压电分析会考虑结构和电场间的相互作用，求解由施加位移造成的电压分布或相反过程。常见的多物理场耦合分析还有热-应力耦合分析、热-电耦合分析、流体-结构耦合分析等。

多物理场耦合分析可以分为两类：顺序耦合分析和直接耦合分析。

15.1.1 顺序耦合分析

顺序耦合分析包括两个或更多个按一定顺序排列的分析，每种属于不同物理场的分析，通过将前一个分析结果作为载荷施加到第二个分析中的方式进行耦合。例如，在热-应力顺序耦合分析中，会将热分析中得到的节点温度作为体载荷施加到随后的应力分析中。

顺序耦合分析会将不同工程领域中的多个相互作用进行综合分析，从而求解一个完整的工程问题。为了方便，将一个与工程学科求解分析相联系的过程称为一个物理分析。当一个物理分析的输入依赖另一个物理分析的结果时，这些分析就是耦合的。

有些情况只使用"单向"耦合。例如，流过水泥墙的流场提供了对墙壁进行结构分析的压力载荷，压力会引起墙变形，反过来又会影响墙周围流场的几何形状。实际上流场的几何形状变化很小，可以忽略不计，因此，没必要返回来计算变形后的流场。在此分析中，流体单元主要用于求解流场，结构单元主要用于计算应力和变形。

一个较复杂的情况是感应加热问题，交流电磁场分析主要用于计算焦耳热生成的数据，瞬态热分析主要用于预测与时间相关的温度解。但在这两个物理分析中，材料的性能都是随温度变化的，导致感应热问题求解的复杂性增强，因此需要反复进行这两种物理分析。

顺序耦合分析是指多个物理分析按顺序进行分析。第一个物理分析的结果作为第二个物理分析的载荷。如果分析是完全耦合的，那么第二个物理分析的结果又会影响第一个物理分析的输入。全部载荷可分为基本物理载荷与耦合载荷。基本物理载荷不是其他物理分析的函数，这种载荷又称为名义边界条件。耦合载荷是其他物理分析的结果。

在 ANSYS 中，典型的顺序耦合分析应用包括热应力、感应加热、感应搅拌、稳态流体-结构耦合、磁-结构耦合、静电结构耦合、电流传导-静磁等。

ANSYS 能够使用一个数据库文件对同一个有限元模型进行多物理耦合分析。

15.1.2 直接耦合分析

直接耦合分析一般只涉及一次分析，使用包括所有必要自由度的耦合场类型单元。通过计算包含所需物理量的单元矩阵或载荷向量的方式进行耦合，如压电分析、使用 TRANS126 单元的 MEMS 分析等。

对于耦合场之间相互作用的非线性程度不是很高的情况，使用顺序耦合分析方法更有效，也更灵活。两种分析之间是相互独立的。例如，在热-应力顺序耦合分析中，可以先进行非线性瞬态热分析，再进行线性静力学分析，也可以将瞬态热分析中任意一个载荷步或时间点的节点温度作为载荷施加到应力分析中。

对于耦合场之间的相互作用高度非线性的情况，使用直接耦合分析方法更有优势，它可以使用耦合变量一次求解得到结果。直接耦合分析包括压电分析、流体流动的共轭传热分析、电路-电磁分析。这些分析使用了特殊的耦合单元，可以直接求解耦合场之间的相互作用。

15.2 双层金属簧片耦合场分析

15.2.1 问题描述

双层金属簧片模型的示意图如图 15-1 所示。

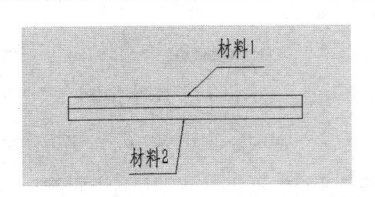

图 15-1 双层金属簧片模型的示意图

在图 15-1 中，双层金属簧片模型由两种不同的材料牢固地黏结在一起，材料 1 与材料 2 的物理性质如表 15-1 所示。

表 15-1 材料 1 与材料 2 的物理性质

材料 1	弹性模量（Pa）	2.0E11
	泊松比	0.3
	线膨胀系数	1.0E−5
材料 2	弹性模量（Pa）	1.1E11
	泊松比	0.34
	线膨胀系数	1.6E−5

将双层金属簧片模型的左端固支，分析其在 100℃时的形变。

15.2.2 设置分析环境

启动 Mechanical APDL Product Launcher，打开 ANSYS Mechanical APDL Product Launcher 窗口，在 Simulation Environment 下拉列表中选择 ANSYS 选项，License 下拉列表中选择 ANSYS Multiphysics 选项，在 Working Directory 文本框中输入工作目录名称，在 Job Name 文本框中输入项目名称"15-1"，单击 Run 按钮，运行 ANSYS。

15.2.3 设置材料属性

（1）在 GUI 的主菜单中选择 Preprocessor > Element Type > Add/Edit/Delete 命令，弹出 Element Types 对话框，单击 Add 按钮，弹出 Library of Element Types 对话框，在第一个列表框中选择 Solid 选项，在第二个列表框中选择 20node 186 选项，如图 15-2 所示，单击 OK 按钮，完成单元类型的定义。

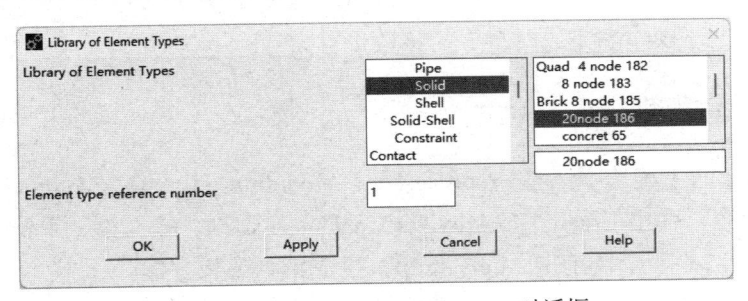

图 15-2 Library of Element Types 对话框

（2）在 GUI 的主菜单中选择 Preprocessor > Material Props > Material Models 命令，打开 Define Material Model Behavior 窗口，在 Material Models Available 列表框中选择 Structural > Thermal Expansion > Secant Coefficient > Isotropic 选项，如图 15-3 所示，弹出 Thermal Expansion Secant Coefficient for Material Number 1 对话框，设置 ALPT=1E-5，如图 15-4 所示。

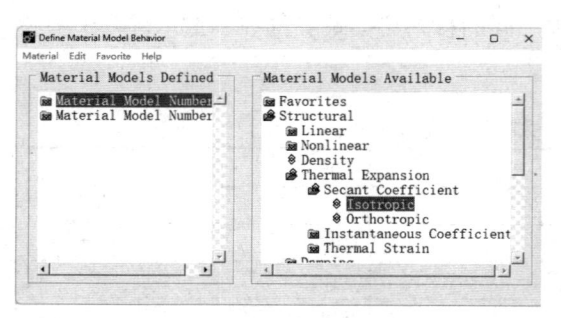

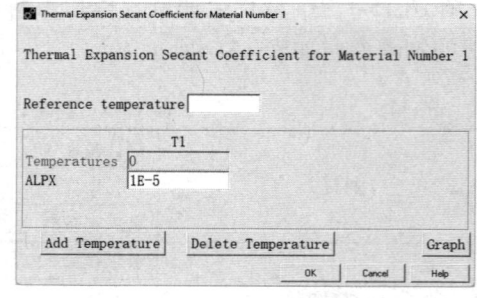

图 15-3　Define Material Model Behavior 窗口

图 15-4　Thermal Expansion Secant Coefficient for Material Number 1 对话框

（3）在 Thermal Expansion Secant Coefficient for Material Number 1 对话框中还可以设置材料的 Reference temperature（参考温度），在本实例中可以直接将其设置为 0，也可以在完成加载后将其统一设置为 0。

（4）返回 Define Material Model Behavior 窗口，在 Material Models Available 列表框中选择 Structural > Linear > Elastic > Isotropic 选项，弹出 Linear Isotropic Properties for Material Number 1 对话框，参数设置如图 15-5 所示。

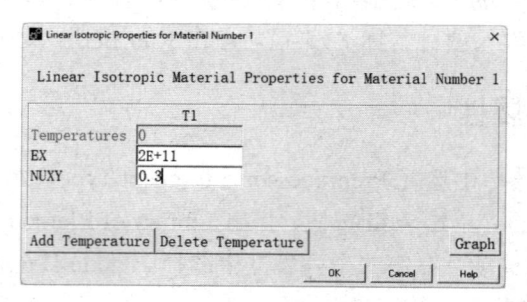

图 15-5　Linear Isotropic Properties for Material Number 1 对话框中的参数设置

（5）重复上述操作，完成材料 2 的参数设置。

15.2.4　创建模型

（1）在 GUI 的主菜单中选择 Preprocessor > Modeling > Create > Volumes > Block > By Dimensions 命令，弹出 Create Block by Dimensions 对话框，输入第一个长方体两个角点的坐标，如图 15-6 所示，单击 Apply 按钮，生成第一个长方体。

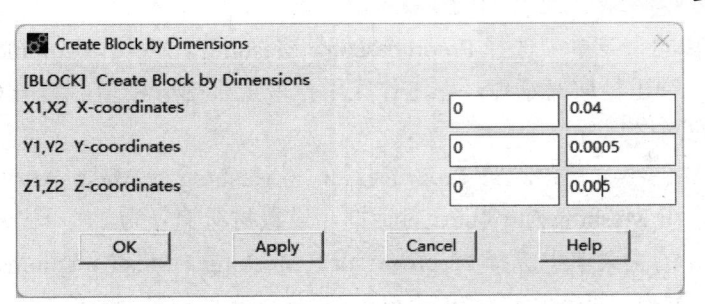

图 15-6 Create Block by Dimensions 对话框

（2）继续输入第二个长方体两个角点的坐标，如下所示。

```
X1=0,X2=0.04
Y1=0.0005,Y2=0.001
Z1=0,Z2=0.005
```

单击 OK 按钮，即可创建双层金属簧片模型，如图 15-7 所示。

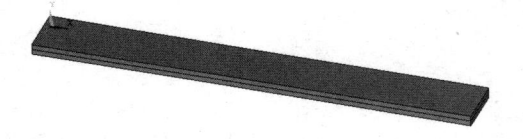

图 15-7 双层金属簧片模型

（3）在 GUI 的主菜单中选择 Preprocessor > Modeling > Operate > Booleans > Glue > Volumes 命令，在弹出的拾取对话框中单击 Pick All 按钮，将所有体黏结。

（4）在 GUI 的主菜单中选择 Preprocessor > Meshing > Size Cntrls > Manual Size > Global > Size 命令，弹出 Global Element Sizes 对话框，设置 SIZE Element edge length=0.0005，如图 15-8 所示。

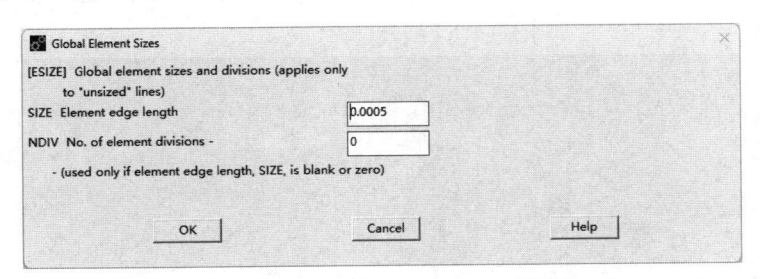

图 15-8 Global Element Sizes 对话框

15.2.5 划分网格

（1）在 GUI 的主菜单中选择 Preprocessor > Meshing > Mesh Attributes > Default Attribs 命令，弹出 Meshing Attributes 对话框，设置材料编号为 1，如图 15-9 所示，单击 OK 按钮。

（2）在 GUI 的主菜单中选择 Preprocessor > Meshing > Mesh > Volumes > Mapped > 4 or 6 sided 命令，弹出拾取对话框，在工作区中拾取上半部分模型，单击 OK 按钮，完成上半部分模型的网格划分。

（3）在 GUI 的主菜单中选择 Preprocessor > Meshing > Mesh Attributes > Default Attribs 命令，弹出 Meshing Attributes 对话框，设置材料编号为 2，单击 OK 按钮。

（4）在 GUI 的主菜单中选择 Preprocessor > Meshing > Mesh > Volumes > Mapped > 4 or 6 sided 命令，弹出拾取对话框，在工作区中拾取下半部分模型，单击 OK 按钮，完成下半部分模型的网格划分。双层金属簧片模型的网格划分结果如图 15-10 所示。

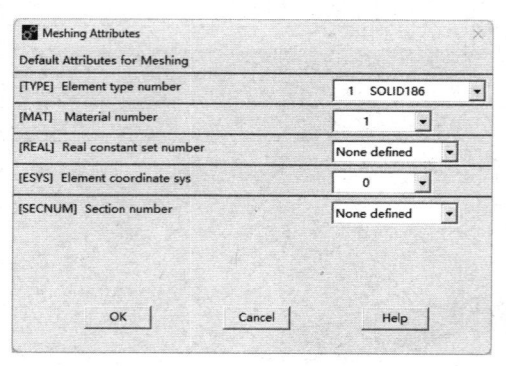

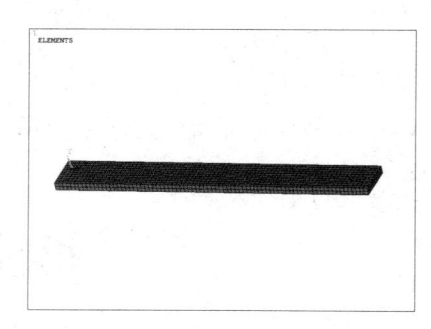

图 15-9　Meshing Attributes 对话框中的参数设置　　图 15-10　双层金属簧片模型的网格划分结果

15.2.6　加载

（1）在 GUI 的通用菜单中选择 PlotCtrls > Numbering 命令，弹出 Plot Numbering Controls 对话框，勾选 AREA Areas numbers 复选框，使其状态转换为 On，如图 15-11 所示，单击 OK 按钮，关闭该对话框。

（2）在 GUI 的通用菜单中选择 Plot > Areas 命令，即可在工作区中显示面编号，如图 15-12 所示。

图 15-11　Plot Numbering Controls 对话框　　图 15-12　显示面编号

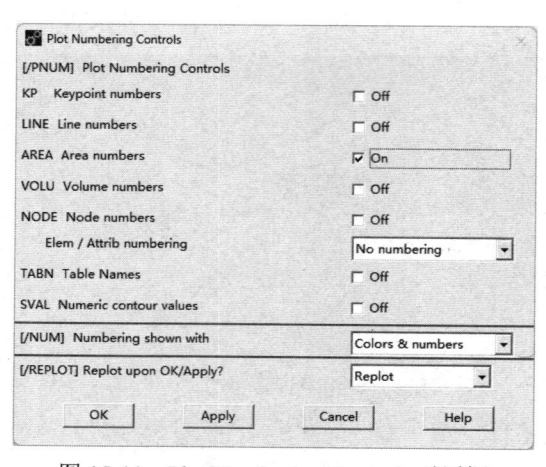

（3）在 GUI 的主菜单中选择 Solution > Define Loads > Apply > Structural > Displacement > On Areas 命令，弹出 Apply U,ROT on Areas 拾取对话框，在工作区中拾取 5 号面，单击 OK 按钮，弹出 Apply U,ROT on Areas 对话框，在 Lab2 DOFs to be constrained 列表框中选择 All DOF 选项，即约束 5 号面的全部自由度，如图 15-13 所示，单击 OK 按钮。

（4）重复上述操作，约束 16 号面的全部自由度。完成自由度约束后的双层金属簧片模型如图 15-14 所示。

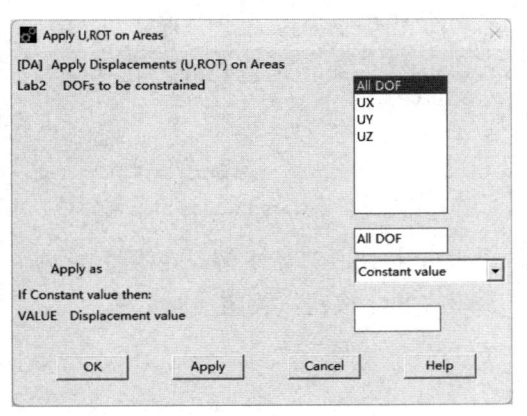

图 15-13　Apply U,ROT on Areas 对话框　　图 15-14　完成自由度约束后的双层金属簧片模型

（5）在 GUI 的主菜单中选择 Solution > Define Loads > Apply > Structural > Temperature > On Volumes 命令，在弹出拾取对话框中单击 Pick All 按钮，弹出 Apply TEMP On Volumes 对话框，设置 VAL1 Temperature=100，如图 15-15 所示，单击 OK 按钮，完成载荷施加。

（6）在 GUI 的主菜单中选择 Solution > Define Loads > Settings > Reference Temp 命令，弹出 Reference Temperature 对话框，设置[TREF] Reference temperature（参考温度）=0，如图 15-16 所示，单击 OK 按钮。如果在定义材料属性时已经定义了参考温度，则本步骤可省略。

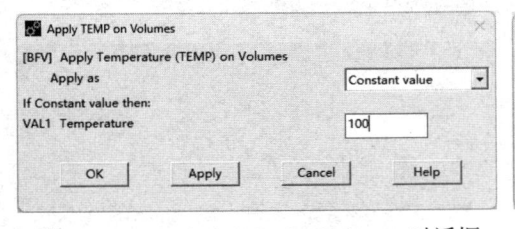

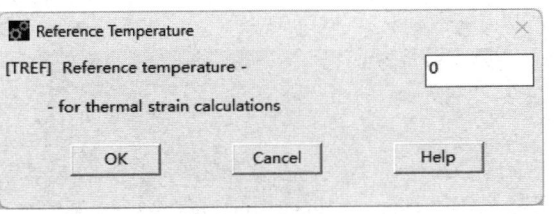

图 15-15　Apply TEMP On Volumes 对话框　　图 15-16　Reference Temperature 对话框

15.2.7　求解

（1）在 GUI 的主菜单中选择 Solution > Solve > Current LS 命令，弹出/STATUS

Command 窗口，用于显示项目的求解信息和输出选项，如图 15-17 所示；同时弹出 Solve Current Load Step 对话框，用于询问用户是否开始求解，如图 15-18 所示。

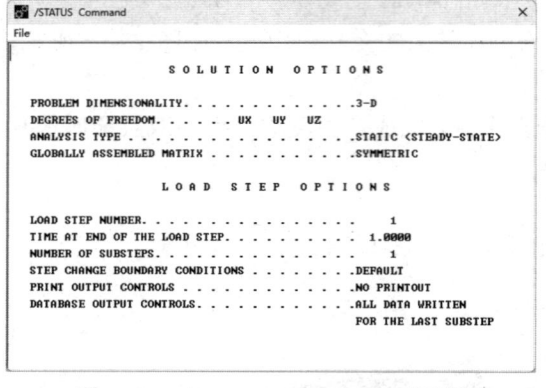

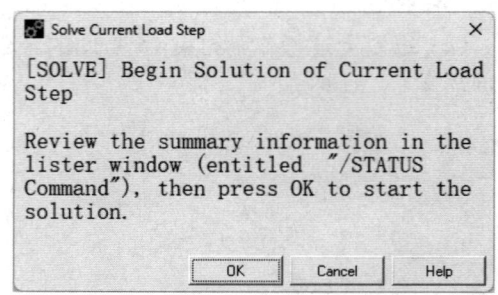

图 15-17 /STATUS Command 对话框 　　　　图 15-18 Solve Current Load Step 对话框

（2）单击 Solve Current Load Step 对话框中的 OK 按钮，开始求解。在求解完成后，弹出显示"Solution is done!"的 Note 对话框，单击 Close 按钮，关闭该对话框。

15.2.8 后处理

（1）在 GUI 的主菜单中选择 General Postproc > Plot Results > Contour Plot > Nodal Solu 命令，弹出 Contour Nodal Solution Data 对话框，在 Item to be contoured 列表框中选择 Nodal Solution > Body Temperatures 选项，如图 15-19 所示，单击 OK 按钮，即可在工作区中绘制双层金属簧片模型的温度云图，如图 15-20 所示。

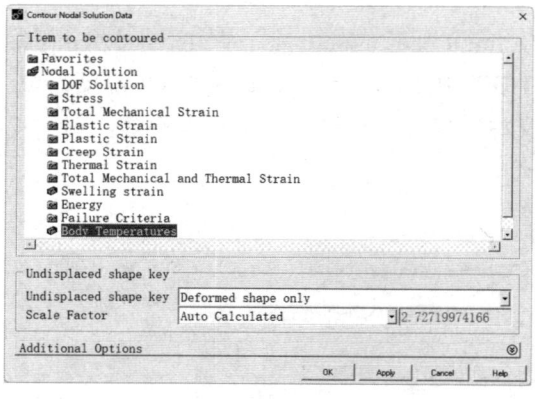

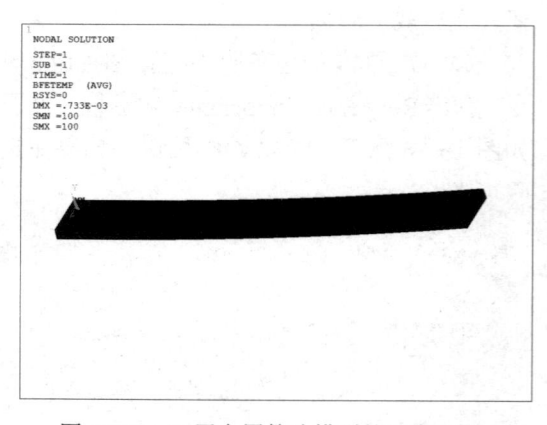

图 15-19 Contour Nodal Solution Data 对话框 　　图 15-20 双层金属簧片模型的温度云图

（2）在 Contour Nodal Solution Data 对话框的 Item to be contoured 列表框中选择 Nodal Solution > DOF Solution > Displacement vector sum 选项，单击 OK 按钮，即可在工作区中绘制双层金属簧片模型的位移云图，如图 15-21 所示。

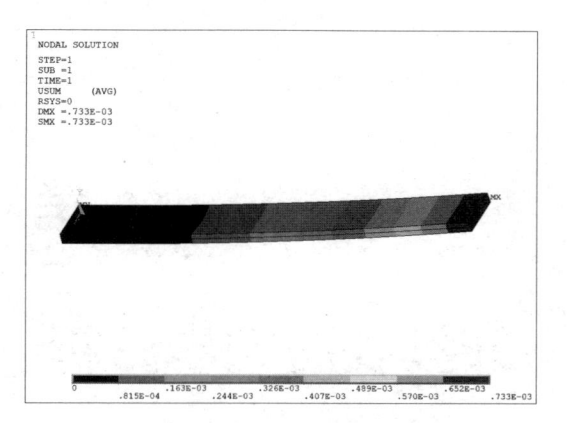

图 15-21　双层金属簧片模型的位移云图

（3）在 Contour Nodal Solution Data 对话框的 Item to be contoured 列表框中选择 Nodal Solution > Stress > 1st Principle stress 选项，即可在工作区中绘制双层金属簧片模型的第一主应力云图，如图 15-22 所示。

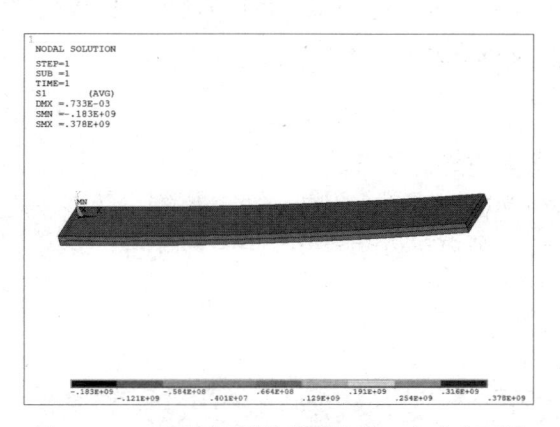

图 15-22　双层金属簧片模型的第一主应力云图

（4）单击工具栏中的 QUIT 按钮，弹出 Exit 对话框，选择 Save Everything 单选按钮，保存所有项目，单击 OK 按钮，退出 ANSYS。

15.3　本章小结

本章介绍了多物理场耦合分析，包括顺序耦合分析和直接耦合分析。针对不同物理场（热、电、磁、流体等）的耦合，ANSYS 均可对其进行耦合分析，使分析结果更贴近真实情况。通过对本章内容的学习，读者可以掌握多物理场耦合分析的基础知识、分析流程、结果查看方法等。由于篇幅有限，因此需要读者在实际学习、工作中积累相关的知识和经验。

第 16 章

非线性静力学分析

工程中的结构分析分为线性分析与非线性分析。在本章之前讨论的所有实例均是以线性模型为基础的，即结构的受力与变形、位移与应变之间均满足线性条件。

在实际工程中，几乎不存在具有理想线性行为的结构。为了使模拟的结构更接近实际，不可避免地要进行非线性问题的求解。

学习目标：

- 了解非线性静力学分析的概念。
- 了解非线性静力学分析的基础知识。
- 掌握解决几何非线性问题的方法。

16.1 概述

在日常生活中有许多非线性结构行为。例如，用订书机订书，金属书针会永久地弯曲成一个不同的形状，如图 16-1（a）所示；在一个木架上放置重物，随着时间的迁移，木架会越来越下垂，如图 16-1（b）所示；当在汽车或卡车上装货时，它的轮胎和下面路面间的距离会随着货物重量的变化而变化，如图 16-1（c）所示。如果将上面例子的载荷变形曲线画出来，会发现它们都显示了非线性结构的基本特征，即变化的结构刚性。

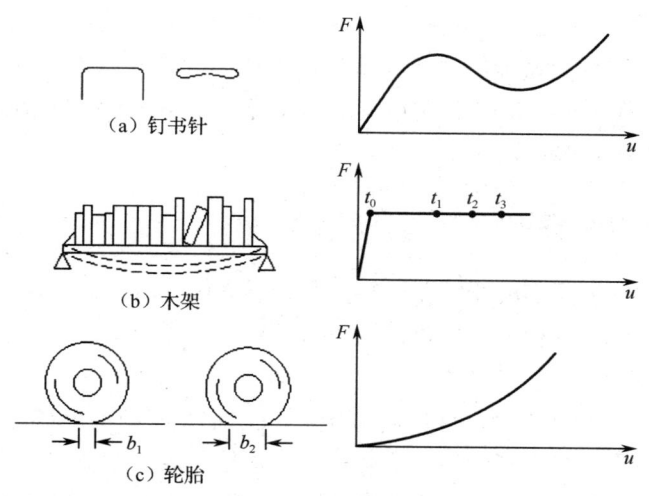

图 16-1 非线性结构行为的普通例子

16.1.1 非线性问题的分类

引起结构非线性的原因很多，可以分成以下 3 种主要类型。

1. 状态（包括接触）变化

许多普通结构会表现出与状态相关的非线性行为。例如，一根只能拉伸的电缆可能是松弛的，也可能是绷紧的；轴承套可能是接触的，也可能是不接触的；冻土可能是冻结的，也可能是融化的。

这些系统的刚度，由于系统状态的改变，它的值会突然发生变化。状态改变也许与载荷直接有关（如电缆状态），也可能由某种外部原因引起（如冻土中的紊乱热力学条件）。ANSYS 程序中单元的激活与杀死选项可以给这种状态的变化建模。

接触是一种很普遍的非线性行为，是状态变化非线性类型中一个特殊而重要的子集。

2. 几何非线性

如果结构经受大变形，那么它变化的几何形状可能会引起结构的非线性响应。以钓竿为例，当鱼上钩时，钓竿会显示出一个垂向刚性，随着垂向载荷的增加，钓竿不断弯曲，使动力臂明显缩短，导致钓竿端显示出在较高载荷下不断增长的刚性，如图 16-2 所示。

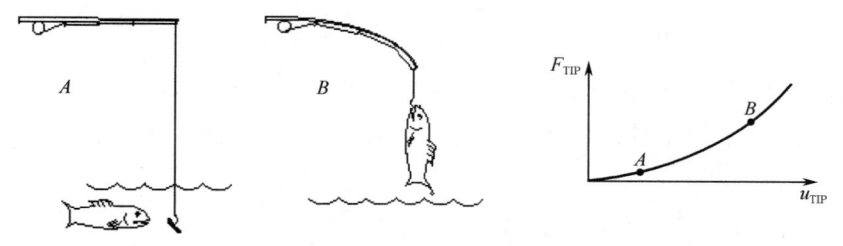

图 16-2 钓竿示范几何非线性

3. 材料非线性

非线性的应力应变关系是结构非线性的常见原因。许多因素可以影响材料的应力-应变性质，包括加载历史（如在弹-塑性响应状况下）、环境状况（如温度）、加载的时间总量（如在蠕变响应状况下）。

16.1.2 牛顿-拉弗森法

使用 ANSYS 的方程求解器可以计算一系列联立线性方程，从而预测工程系统的响应。然而，非线性结构的行为不能直接用这系列线性方程表示，需要一系列带校正的线性近似求解非线性问题。

逐步递增载荷和平衡迭代。一种近似的非线性求解是将载荷分成一系列的载荷增量，可以在几个载荷步或一个载荷步的几个载荷子步内施加载荷增量。在一个增量求解完成后，继续进行下一个载荷增量前，程序会调整刚度矩阵以反映结构刚度的非线性变化。但是，纯粹的增量近似会随着每个载荷增量积累误差，导致结果失去平衡，如图 16-3（a）所示。在 ANSYS 中，使用牛顿-拉弗森法可以迫使每个载荷增量的末端解达到平衡收敛（在某个容限范围内）。在单自由度非线性分析中使用牛顿-拉弗森法求解的图示如图 16-3（b）所示。在每次求解前，使用 NR 方法估算出残差矢量。残差矢量是回复力（对应单元应力的载荷）和所加载荷的差值。然后使用非平衡载荷进行线性求解，并且检查收敛性。如果不满足收敛准则，那么重新估算非平衡载荷，修改刚度矩阵，重新求解。重复这个迭代过程，直到问题收敛。

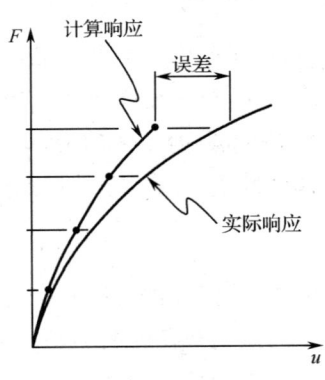

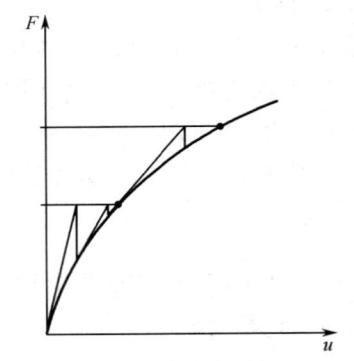

（a）纯粹增量近似求解　　（b）使用牛顿-拉弗森法求解（2个载荷增量）

图 16-3　纯粹增量近似法与使用牛顿-拉弗森法的比较

ANSYS 提供了一系列命令来增强问题的收敛性，如自适应下降、线性搜索、自动载荷步、二分法等，如果不能得到收敛，那么程序会继续计算下一个载荷或终止计算（根据用户的指示）。

对某些物理意义上不稳定的系统的非线性静力学分析，如果只使用 NR 方法，那么正切刚度矩阵可能会变为降秩矩阵，从而导致严重的收敛问题。这样的情况包括独立实体从固定表面分离的静态接触分析,结构可能完全崩溃,也可能"突然变成"另一个稳定形状的非线性弯曲问题。可以使用另一种迭代方法——弧长方法来帮助稳定求解。

使用弧长方法可以使 NR 平衡迭代沿一段弧收敛,即使正切刚度矩阵的斜率为零或负值,也会阻止发散。传统的 NR 方法与弧长方法的比较如图 16-4 所示。

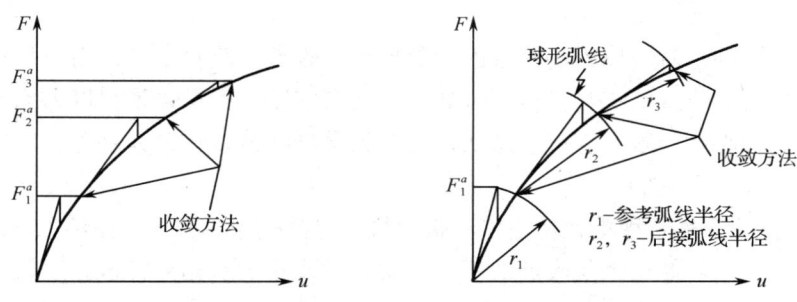

图 16-4 传统的 NR 方法与弧长方法的比较

16.1.3 非线性求解的操作级别

非线性求解分为 3 个操作级别:载荷步、子步、平衡迭代。

"顶层"级别由在一定"时间"范围内明确定义的载荷步组成。假定载荷在载荷步内是线性变化的。

- 在每个载荷步内,为了逐步加载,可以控制程序执行多次求解(载荷子步或时间步)。
- 在每个载荷子步内,程序会进行一系列的平衡迭代,从而获得收敛的解。

一段用于非线性分析的典型载荷历时如图 16-5 所示。

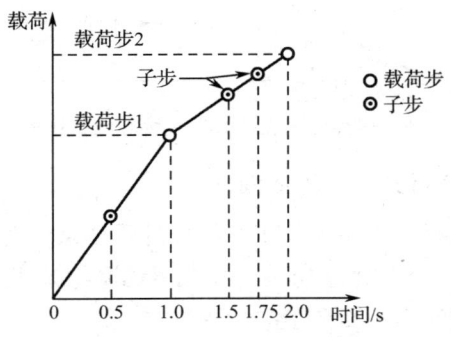

图 16-5 用于非线性分析的典型载荷历时

对于非线性求解,需要掌握以下概念。

1. 收敛容限

在对平衡迭代确定收敛容限时,必须思考以下问题。

- 是基于载荷、变形,还是联立二者来确定收敛容限?

- 既然径向偏移（以弧度度量）比对应的平移小，是不是要对不同的条目建立不同的收敛准则？

在确定收敛准则时，可以将收敛检查建立在力、力矩、位移、转动或这些项目的任意组合上。此外，每个项目可以有不同的收敛容限值。对于多自由度问题，同样有收敛准则的选择问题。

在确定收敛准则时，以力为基础的收敛提供了收敛的绝对量度，而以位移为基础的收敛仅提供了表观收敛的相对量度。因此，如果有需要，则可以使用以力为基础（或以力矩为基础）的收敛容限，也可以增加以位移为基础（或以转动为基础）的收敛检查，但是通常不单独使用它们。

如图 16-6 所示是一种单独使用位移收敛检查导致出错的情况。在第二次迭代后，计算出的位移很小，可能认为是收敛的解，但实际与真正的解相差甚远。要防止这样的错误，应当使用力收敛检查。

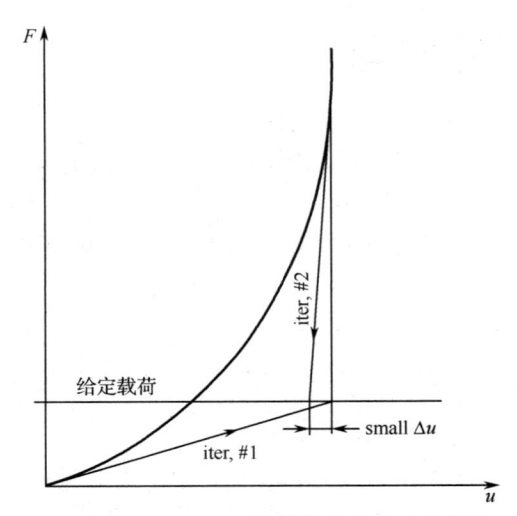

图 16-6　单独使用位移收敛检查导致出错的情况

2. 保守行为与非保守行为：过程依赖性

如果通过外载输入系统的总能量，在移除载荷后复原，则这个系统是保守（守恒）的。如果能量被系统消耗了（如由于塑性应变或滑动摩擦），则这个系统是非保守（不守恒）的。一个非保守系统的实例如图 16-7 所示。

一个保守系统的分析与过程无关，通常可以以任何顺序、任何数目的增量加载，而不影响最终结果。相反，一个非保守系统的分析与过程有关，必须紧紧跟随系统的实际加载历史，从而获得精确的结果。如果指定了载荷范围，则有限元分析可以有多于一个的解是有效的（如在突然转变分析中），这样的分析可能是过程相关的。过程相关的问题通常要求缓慢加载（使用多个载荷子步）到最终的载荷值。

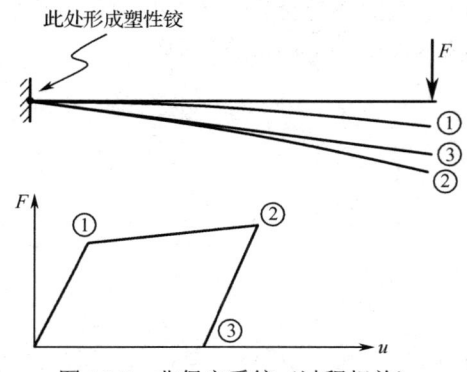

图 16-7 非保守系统（过程相关）

3. 载荷子步

当使用多个载荷子步时，需要考虑精度和代价之间的平衡。如果载荷子步较多，则通常精度更高，相应的运行时间更长。

4. 载荷子步数

ANSYS 提供了两种控制载荷子步数的方法：
- 可以直接指定载荷子步数，也可以通过指定时间步长控制载荷子步数。
- 可以基于结构的特性和系统的响应自动调整时间步长。

如果结构在整个加载过程中显示出高度的非线性特点，并且对结构的行为了解足够好，可以确保得到收敛解，那么必须能够自动确定载荷子步数，并且对所有的载荷步使用相同的时间步（务必允许足够大的平衡迭代数）。

5. 自动时间分步

如果预料到结构的行为会从线性到非线性变化，那么也需要在系统响应非线性部分期间修改时间步长。在这种情况下，可以激活自动时间分步功能，以便根据需要调整时间步长，从而取得精度和时间的良好平衡。同样，如果不确定问题是否可以成功收敛，则可以运用自动时间分步功能激活 ANSYS 程序的二分法功能。

二分法的功能是一种对收敛失败进行自动矫正的方法。无论何时，只要平衡迭代收敛失败，二分法就会将时间步分成两部分，然后从最后收敛的载荷子步开始自动重新启动；如果已二分的时间步再次收敛失败，那么二分法会再次分割时间步，然后重新启动；重复这个过程，直到获得收敛或达到最小时间步长（由用户指定）。

6. 载荷和位移方向

当结构经历大变形时，应该考虑载荷会发生什么变化。在一般情况中，无论结构如何变形，施加于系统中的载荷会保持恒定的方向。而在一些情况下，力会改变方向，随着单元方向的改变而改变。

ANSYS 程序在这两种情况下都可以建模。无论单元方向如何改变，加速度和集中力都会保持它们最初的方向,表面载荷会作用在变形单元表面的法向,并且可以模拟"跟随"力。单元变形前后载荷的方向如图 16-8 所示。

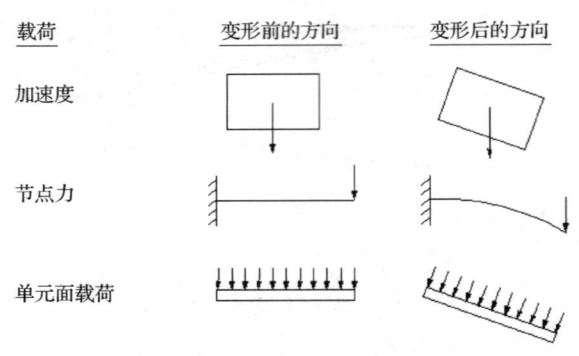

图 16-8 变形前后载荷方向

注意,在大变形分析中,不修改节点坐标系的方向,因此,计算出的位移会在最初的方向上输出。

16.1.4 非线性静力学分析过程

1. 非线性静力学分析中用到的命令

在非线性静力学分析中,用于建模和进行非线性分析的命令与其他类型分析中用于建模和进行非线性分析的命令相同,相应的 GUI 操作也是相同的。例如,在本章的非线性分析实例中,使用的命令和 GUI 操作与使用批处理方法进行非线性分析的命令和 GUI 操作相同。

2. 非线性静力学分析步骤综述

尽管非线性分析比线性分析复杂,但它们的分析方法基本相同,只是在非线性分析过程的适当位置添加了需要的非线性特性。

非线性静力学分析是静力学分析的一种特殊形式。与线性静力学分析相同,非线性静力学分析的处理流程也是由以下 3 个主要步骤组成的。

步骤 1:建模。

尽管非线性静力学分析在这一步中可能包括特殊的单元或非线性材料特性,但这一步是必需的。如果模型中包含大应变效应,那么应力-应变数据必须依据真实应力和真实(或对数)应变。

步骤 2:加载并求解。

在这个步骤中定义分析类型和分析选项、施加载荷、指定载荷步选项、开始有限元求解。由于非线性求解通常要求多个载荷增量,并且需要进行平衡迭代,这一步与线性静力学分析有些不同,具体处理过程如下。

(1) 进入 ANSYS 求解器。

命令：
```
/Solution
```

GUI 操作：在主菜单中选择 Solution 命令。

(2) 定义分析类型及分析选项。

分析类型和分析选项在第一个载荷步后（在发出第一个 SOLVE 命令后）不能被改变。ANSYS 提供的用于进行静力学分析的选项如下。

新的分析（ANTYPE）：在一般情况下会选择新的分析。

分析类型（ANTYPE）：选择 Static（静力学分析）选项。

大变形或大应变选项（GEOM）：并不是所有的非线性分析都会产生大变形。

应力刚化效应（SSTIF）：如果存在应力刚化效应，则将该选项设置为 On。

牛顿-拉弗森选项（NROPT）：仅在非线性分析中使用该选项，用于指定在求解期间每隔多久修改一次正切矩阵，其值如下。

- 程序选择（NROPT,ANTO）：程序根据模型中存在的非线性种类，自动选择合适的值。如果有需要，牛顿-拉弗森还会自动启用自适应下降功能。
- 完全的（NROPT,FULL）：程序使用完全的牛顿-拉弗森法。在使用这种处理方法时，每进行一次平衡迭代，都会修改刚度矩阵。如果禁用自适应下降功能，那么程序在每次平衡迭代时都使用正切刚度矩阵。一般不建议禁用自适应下降功能，但在某些情况下这样做更有效。如果启用自适应下降功能（默认），那么只要迭代保持稳定（残余项减小且没有负主对角线出现），程序就会只使用正切刚度矩阵。如果在一次迭代中探测到发散倾向，那么程序会抛弃发散的迭代，并且应用正切和正割刚度矩阵的加权组合重新开始求解。当迭代回到收敛模式时，程序会重新使用正切刚度矩阵。对于复杂的非线性问题，启用自适应下降功能通常可以提高程序获得收敛的能力。
- 修正的（NROPT,MODI）：程序使用修正的牛顿-拉弗森法，此时正切刚度矩阵在每个载荷子步中都会被修正。在载荷子步的平衡迭代期间，矩阵不会被改变。该值不适合用于大变形分析。自适应下降功能是不可用的。
- 初始刚度（NROPT, INIT）：程序在每次平衡迭代中都使用初始刚度矩阵，这种情况通常不会发散，但相应地，这种情况需要进行更多次的迭代来得到收敛。该值不适合用于大变形分析。自适应下降功能是不可用的。
- 方程求解器（EQSLV）：对于非线性分析，使用 Frontal 求解器（默认求解器）。

(3) 在模型上加载。注意，在大变形分析中，惯性力和点载荷会保持恒定的方向，但表面力会随着结构变化而变化。

(4) 指定载荷步选项。这些选项可以在任何载荷步中修改。下列选项对非线性静力学分析是可用的。

① 普通选项。

a. Time（TIME）。

ANSYS 程序借助在每个载荷步末端指定的 Time 参数识别载荷步和载荷子步。使用 TIME 命令定义受某些实际物理量（如先后时间、所施加的压力等）限制的 Time 值。程序通过这个选项指定载荷步的末端时间。

注意，在没有指定 Time 值时，程序会根据默认值自动对每个载荷步按 1.0 增加 Time 值（在第 1 个载荷步的末端以 TIME=1.0 开始）。

b. 时间步的数目（NSUBST）和时间步长（DELTIM）。

非线性分析要求在每个载荷步内有多个载荷子步（或时间步），因此 ANSYS 程序可以逐步施加指定的载荷，从而得到精确的解。使用 NSUBST 命令和 DELTIM 命令都可以获得同样的效果（指定载荷步的起始位置、最小步长及最大步长）。使用 NSUBST 命令可以定义在一个载荷步内使用的载荷子步数量，使用 DELTIM 命令可以定义时间步长。如果未启用自动时间分步功能，则会将起始载荷子步长用于整个载荷步。在默认情况下，每个载荷步有一个载荷子步。

c. 渐进式或阶跃式的加载（KBC）。

在与应变率无关的材料行为的非线性静力学分析中，通常不需要指定这个选项，因为根据默认设置，载荷为渐进的阶跃式载荷（KBC,1）。除了在相同的相关材料行为情况下（蠕变或黏塑性），该选项在静力学分析中通常没有意义。

d. 自动时间分步（AUTOTS）。

这个选项允许程序确定载荷子步间载荷增量的大小，以及在求解期间增加或减小时间步（载荷子步）长，在默认情况下设置为 Off。

启用自动时间分步功能，可以让程序自动确定在每个载荷步内使用多少个时间步。可以使用 AUTOTS 命令启用自动时间分步和二分法功能。

在一个时间步求解完成后，可以基于以下 4 个因素预测下一个时间步长。

- 在前面最近的时间步中使用的平衡迭代数目（更多次的迭代成为时间步长减小的原因）。
- 对非线性单元状态改变预测（当状态改变临近时减小时间步长）。
- 塑性应变增加的大小。
- 蠕变增加的大小。

② 非线性选项。

a. 收敛准则（CNVTOL）。

程序会连续进行平衡迭代直到满足收敛准则或达到允许的平衡迭代的最大数（NEQIT）。可以使用默认的收敛准则，也可以自己定义收敛准则。

- 默认的收敛准则。

根据默认的收敛准则，程序会根据 VALUE×TOLER 的值对力（或力矩）进行收敛检测。VALUE 的默认值是所加载荷（或所加位移、牛顿-拉弗森回复力）的 SRSS 和

MINREF（默认值为 1.0）中的较大值。TOLER 的默认值是 0.001。

默认的收敛准则使用力收敛检测。可以添加位移（或转动）收敛检测。对于位移，程序将收敛检测建立在当前（第 i 次）迭代和上一次（第 i-1 次）迭代之间的位移改变上。

注意，如果定义了其他收敛准则，那么默认收敛准则会"失效"。因此，如果定义了位移收敛检测，则需要定义力收敛检测（可以使用多个 CNVTOL 命令定义多个收敛准则）。

- 用户收敛准则。

使用严格的收敛准则可以提高结果的精度，但会以更多次平衡迭代为代价。在一般情况下，应该继续使用 VALUE 的默认值，通过调整 TOLER（而不是 VALUE）的值来改变收敛准则。应该确保 MINREF 的默认值（1.0）在分析范围内有意义。

- 在单一和多 DOF 系统中进行收敛检测。

要在单自由度（DOF）系统中进行收敛检测，需要计算这个 DOF 的不平衡力，然后对照指定的收敛准则（参考 VALUE×TOLER 的值）。也可以对单一 DOF 的位移（和旋度）收敛进行类似的检测。然而，在多 DOF 系统中，通常使用不同的比较方法。

ANSYS 程序提供以下 3 种不同的矢量规范用于收敛检测。

- 无限规范在模型中的每个 DOF 处重复单一 DOF 检测。
- L1 规范将收敛准则与所有 DOFS 的不平衡力（力矩）的绝对值的总和相对照。
- L2 规范使用所有 DOFS 不平衡力（或力矩）的平方总和的平方根进行收敛检测。

实例：对于下面的实例，如果不平衡力（在每个 DOF 处单独检查）小于或等于 2.5（5000×0.0005），并且位移的改变（以平方和的平方根检查）小于或等于 0.01（10×0.001），则载荷子不会认为是收敛的。

```
CNVTOL,F,5000,0.0005,0
CNVTOL,U,10,0.001,2
```

b．平衡迭代的最大次数（NEQIT）。

使用这个选项对在每个载荷子步中进行的平衡迭代次数的最大值进行限制（默认值为 25）。如果在这个平衡迭代次数之内不能满足收敛准则，并且启用了自动时间分步功能，则有限元分析会尝试使用二分法。如果二分法是不可用的，那么有限元分析会根据 NCNV 命令发出的指示终止程序或进行下一个载荷步。

c．求解终止选项（NCNV）。

启用该选项，可以处理 5 种不同的终止准则。

- 如果位移"太大"，则建立一个用于终止分析和程序的准则。
- 对累积迭代次数设置限制。
- 对整个时间设置限制。
- 对整个 CPU 时间设置限制。
- 弧长选项（ARCLEN）。

如果预料结构在载荷历史内某些点上变得物理意义上不稳定(结构的载荷-位移曲线

的斜度为 0 或负值），则可以使用弧长方法帮助稳定求解。

可以与弧长方法一起使用其他的分析和载荷步选项。然而，有些选项不可以与弧长方法一起使用，如线搜索（LNSRCH）、时间步长预测（PRED）、自适应下降（NROPT,,,ON）、自动时间分步（AUTOTS,TIME,DELTIM）、时间-积分效应（TIMINT）。

d．时间步长预测-纠正选项（PRED）。

对于每个载荷子步的第一次平衡迭代，可以激活与 DOF 求解有关的预测。这个特点可以加速收敛，在非线性响应是相对平滑的情况下非常有效；在包含大转动或黏弹的分析中效果不明显。

e．线性搜索选项（LNSRCH）。

启用线性搜索功能，无论何时发现硬化响应，这个收敛提高工具都会用程序计算出的比例因子（0 和 1 之间的值）乘以计算出的位移增量。因为线性搜索命令可以代替自适应下降命令（NROPT），所以如果启用线性搜索功能，那么自适应下降功能不会自动启用。不建议同时启用线性搜索功能和自适应下降功能。

如果存在强迫位移，那么在迭代中至少有一次具有一个线搜索值时才会收敛。ANSYS 程序会调节整个 DU 矢量，包括强迫位移值；否则，除了强迫 DOF 处，小的位移值会随处发生。如果迭代中的某次具有一个线搜索值，那么 ANSYS 程序会施加全部位移值。

f．蠕变准则（CRPLIM,CRCR）。

如果结构表现出蠕变行为，则可以指定蠕变准则，用于自动调整时间步长。ANSYS 程序会对所有单元计算蠕变应变增量（在最近时间步中蠕变的变化）与弹性应变的比值。如果未启用自动时间分步功能，那么这个蠕变准则是无效的。如果最大比值比判据大，那么 ANSYS 程序会减小下一个时间步长；如果最大比值比判据小，那么 ANSYS 程序会增加下一个时间步长。ANSYS 程序会将自动时间分步建立在平衡迭代次数、将发生的单元状态改变及塑性应变增量的基础上，并且将时间步长调整为对应项目中计算出的最小值。如果比值高于 0.25 的稳定界限，并且时间增量不能减小，那么解可能发散，使有限元分析因为错误信息而终止。这个问题可以通过使最小时间步长足够小来避免（DELTIM,NSUBST）。

g．激活（EALIVE）和杀死（EKILL）。

在 ANSYS/Mechanical 和 ANSYS/LS-DYNA 产品中，可以通过"杀死"和"激活"单元来模拟材料的消去和添加。

因为在 SOLUTION 中不能产生新的单元，所以需要在前处理器中定义所有可能的单元。ANSYS 程序可以通过用一个非常小的数（由 ESTIF 命令设置）乘单元的刚度，并且在总质量矩阵中消去单元的质量来"杀死"这个单元。"死"单元的单元载荷（压力、热通量、热应变等）的值会被设置为零。

在有限元分析的后面阶段"出生"的单元，需要在第一个载荷步前被"杀死"，然后在适当的载荷步中被重新"激活"。在单元被重新"激活"后，它们具有零应变状态，如果它们的几何数据（开头长度、面积等）被修改，则会与它们的现偏移位置相适应。

h．改变材料性质参考号（MPCHG）。

另一种在求解期间影响单元行为的方法是改变它的材料性质参考号。使用 MPCHG 命令在载荷步中改变一个单元的材料性质参考号，从而改变这个单元的材料性质。

EKILL 命令适用于大多数单元类型，MPCHG 命令适用于所有单元类型。

③ 输出控制选项。

a．打印输出（OUTPR）。

这个选项主要用于设置输出文件（Jobname.out），使其包括所需的结果数据。

b．结果文件输出（OUTRES）。

这个选项主要用于控制结果文件（Jobname.rst）中的数据。

使用 OUTPR 命令和 OUTRES 命令可以控制结果被写入这些文件的频率。

c．结果外推（ERESX）。

根据默认设置，可以将一个单元的积分点应力和弹性应变结果复制到节点上，从而代替外推它们，如果在单元中存在非线性（塑性、蠕变、膨胀），则会将积分点非线性变化复制到节点上。

注意，会对输出行使下列警告。

- 恰当使用多个 OUTRES 或 OUTPR 命令，有时可能有一点小的技巧。
- 根据默认设置，在非线性分析中，只在最后一个载荷子步中写入结果文件。如果要写入所有载荷子步，则可以使用 OUTRES 命令将 FREQ 设置为 ALL。
- 根据默认设置，只有 1000 个结果集（子步）可以写入结果文件。如果超过了这个数目（由 OUTRES 命令指定），那么程序会因错误而终止。

（5）存储基本数据的备份文件。

命令：

```
SAVE
```

GUI 操作：在通用菜单中选择 File > Save as 命令。

（6）开始求解。

命令：

```
SOLVE
```

GUI 操作：在主菜单中选择 Solution > Solve > Current LS 命令。

（7）如果需要定义多个载荷步，那么对每个载荷步重复步骤（3）～（6）。

（8）退出 ANSYS 求解器。

命令：

```
FINISH
```

GUI 操作：在主菜单中选择 Finish 命令。

步骤 3：结果分析。

来自非线性静力学分析的结果主要由位移、应力、应变及反作用力组成。可以使用通用后处理器（POST1）或时间历程后处理器（POST26）分析结果。

注意，如果使用 POST1 分析结果，那么一次只可以读取一个载荷子步，并且来自这个载荷子步的结果已写入 Jobname.rst 文件（使用 OUTRES 命令可以将载荷子步的结果存储于 Jobname.rst 文件中）。

1）要记住的要点。
- 使用 POST1 分析结果，数据库中的模型必须与用于求解的模型相同。
- 结果文件（Jobname.rst）必须是可用的。

2）使用 POST1 分析结果的步骤。

（1）检查输出文件（Jobname.out）是否在所有的载荷子步中都收敛。

如果不收敛，那么结果数据看起来不像后处理结果，反而像确定为什么收敛失败；如果收敛，那么继续进行后处理。

（2）进入 POST1。如果用于求解的模型不在数据库中，则发出 RESUME 命令。

命令：
```
POST1
```

GUI 操作：在主菜单中选择 General Postproc 命令。

（3）读取需要的载荷步和载荷子步结果，可以根据载荷步和载荷子步的编号或时间来识别，不能根据时间识别弧长结果。

命令：
```
SET
```

GUI 操作：在主菜单中选择 General Postproc > Read Results > By Load Step 命令。

可以使用 SUBSET 或 APPEND 命令对选中的部分模型读取或合并结果数据。这些命令中的任何一个 LIST 参数，都可以列出结果文件中可用的解。可以使用 INRES 命令限制从结果文件到基本数据写入的数据总量。可以使用 ETABLL 命令对选中的单元进行后处理。

注意，如果指定了一个没有结果可用的 Time 值，那么 ANSYS 程序会进行线性内插来计算 Time 值。在非线性分析中，这种线性内插通常会导致某些误差，如图 16-9 所示。因此，对于非线性分析，通常在一个精确对应指定载荷子步的 Time 处进行后处理。

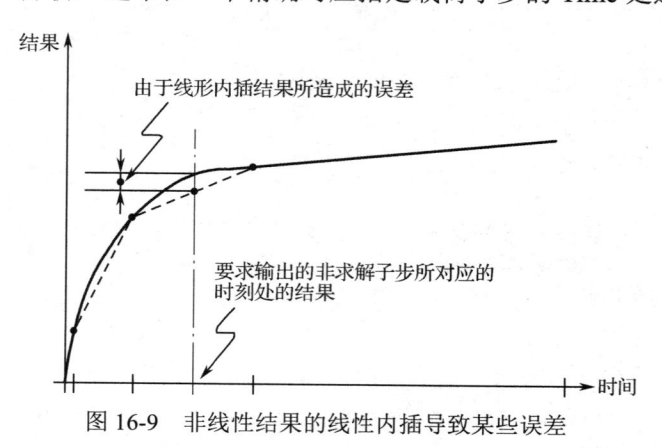

图 16-9 非线性结果的线性内插导致某些误差

（4）使用下列任意选项显示结果。

① 显示变形图。

命令：
```
PLDISP
```

GUI 操作：在主菜单中选择 General Postproc > Plot Results > Deformed Shape 命令。
在大变形分析中，一般优先使用真实比例显示（IDSCALE,,1）。

② 显示等值线。

命令：
```
PLNSOL
```

GUI 操作：在主菜单中选择 General Postproc > Plot Results > Contour Plot > Nodal Solu 命令。

命令：
```
PLESOL
```

GUI 操作：在主菜单中选择 General Postproc > Plot Results > Contour Plot > Element Solu 命令。

使用这些选项显示应力、应变，或者其他任何可用项目的等值线。如果邻近的单元具有不同材料行为（由塑性或多线性黏弹性材料的特性、材料类型的不同或邻近单元的"生死"属性不同引起），则应该注意避免结果中节点的应力平均错误。

同样，可以绘制单元表数据和线单元数据的等值线。

命令：
```
PLETAB
```

GUI 操作：在主菜单中选择 General Postproc > Element Table > Plot Element Table 命令。
使用 PLETAB 命令可以绘制单元表数据的等值线。

命令：
```
PLLS
```

GUI 操作：在主菜单中选择 General Postproc > Plot Results > Contour Plot > Line Elem Res 命令。

使用 PLLS 命令可以绘制线单元数据的等值线。

③ 列表显示。

命令：
```
PRNSOL（节点结果）
PRESOL（结果）
PRRSOL（反作用力数据）
PRETAB
PRITER（子步总计数据等）
NSORT
ESORT
```

GUI 操作如下：
- 在主菜单中选择 General Postproc > List Results > Nodal Solution 命令。
- 在主菜单中选择 General Postproc > List Results > Element Solution 命令。
- 在主菜单中选择 General Postproc > List Results > Reaction Solution 命令。

使用 NSORT 和 ESORT 命令可以在进行数据列表前对数据进行排序。

（5）其他。

许多其他后处理函数，可以在路径上映射结果、记录、参量列表等，在 POST1 中是可用的。对于非线性分析，载荷工况组合通常是无效的。

3）用 POST26 分析结果。

使用 POST26 可以考察非线性结构的载荷-历程响应，可以判断一个变量与另一个变量的关系。例如，可以用图形表示某个节点处的位移与对应的所加载荷的关系，也可以列出某个节点处的塑性应变和对应的 Time 值之间的关系。典型的 POST26 后处理步骤如下。

（1）根据输出文件（Jobname.OUT）检查是否在所有要求的载荷步内分析都收敛。不应该将设计决策建立在非收敛结果的基础上。

（2）如果解是收敛的，则进入 POST26；如果发现模型不在数据库内，则发出 RESUME 命令。

命令：
```
POST26
```

GUI 操作：在主菜单中选择 TimeHist Postpro 命令。

（3）定义在后处理期间使用的变量。

命令：
```
NSOL
ESOL
RFORCL
```

GUI 操作：在主菜单中选择 TimeHist Postpro > Define Variables 命令。

（4）图形或列表显示变量。

命令：
```
PLVAR（图形表示变量）
PRVAR
EXTREM（列表变量）
```

GUI 操作如下：

在主菜单中选择 TimeHist Postpro > Graph Variables 命令。

在主菜单中选择 TimeHist Postpro > List Variables 命令。

在主菜单中选择 TimeHist Postpro > List Extremes 命令。

（5）其他。

还有许多后处理函数可用于 POST26，这里不再赘述。

16.2 实例分析一

16.2.1 问题描述

有一个无限长的橡胶圆筒,其横截面的 1/4 如图 16-10 所示,其材料属性如表 16-1 所示,在其内壁面施加均匀压力载荷 P,求圆筒的应力和位移响应。

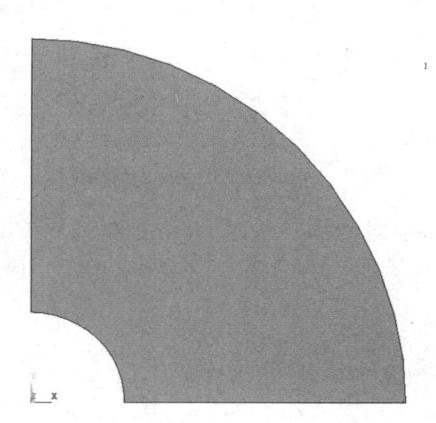

图 16-10 橡胶圆筒的横截面的 1/4

表 16-1 橡胶圆筒的材料属性

T1/°C	A1/MPa	B1/MPa	T2/°C	A2/MPa	B2/MPa	PRXY
20	40	10	40	120	30	0.5

几何参数:外径 R_1=20mm,内径 R_2=5mm,载荷为 80MPa。

16.2.2 问题分析

根据橡胶圆筒的无限长特性,忽略其端面效应,按平面应变问题进行分析;同时根据橡胶圆筒的对称性,选取橡胶圆筒横截面的 1/4 创建几何模型,并且使用 PLANE182 单元进行求解。在建模过程中,长度单位采用 mm,应力单位采用 MPa。

16.2.3 设置分析环境

在 GUI 的通用菜单中选择 File > Change Jobname 命令,弹出 Change Jobname 对话框,在 Enter new jobname 文本框中输入本分析实例的文件名"16-1",单击 OK 按钮,完成对文件名的修改。

16.2.4 设置材料属性

(1)在 GUI 的主菜单中选择 Preprocessor > Element Type > Add/Edit/Delete 命令,弹

出 Element Types 对话框，单击 Add 按钮，弹出 Library of Element Types 对话框，在第一个列表框中选择 Solid 选项，在第二个列表框中选择 Quad 4 node 182 选项，如图 16-11 所示，单击 OK 按钮，关闭该对话框。

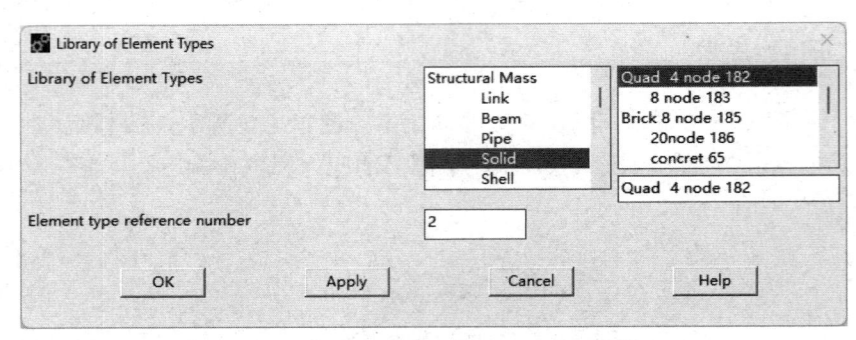

图 16-11　Library of Element Types 对话框

（2）返回 Element Types 对话框，单击 Option 按钮，弹出 PLANE182 element type options 对话框，参数设置如图 16-12 所示，单击 OK 按钮，关闭该对话框。

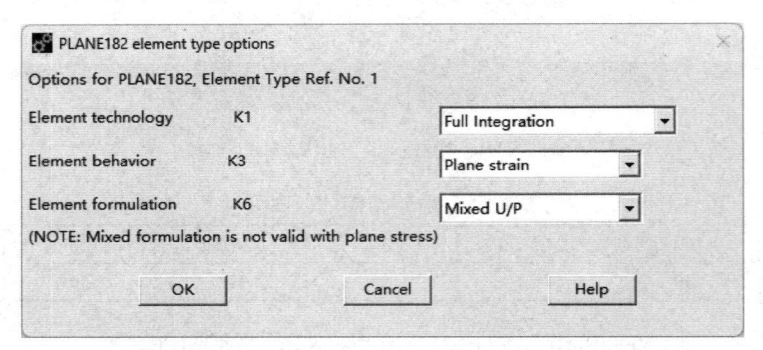

图 16-12　PLANE182 element type options 对话框中的参数设置

（3）在 GUI 的主菜单中选择 Preprocessor > Material Props > Material Models 命令，打开 Define Material Model Behavior 窗口，在 Material Models Available 列表框中选择 Structural > Linear > Elastic > Isotropic 选项，弹出 Linear Isotropic Properties for Material Number 1 对话框，设置 PRXY=0.5，即设置泊松比为 0.5，单击 OK 按钮，关闭该对话框。

（4）返回 Define Material Model Behavior 窗口，在 Material Models Available 列表框中选择 Structure > Nonlinear > Elastic > Hyperelastic > Mooney-Rivlin > 2 parameters 选项，弹出 Hyper-Elastic Table 对话框，单击 Add Temperature 按钮，然后进行参数设置，如图 16-13 所示，单击 OK 按钮，关闭该对话框。返回 Define Material Model Behavior 窗口，在菜单栏中选择 Material > Exit 命令，关闭该窗口。

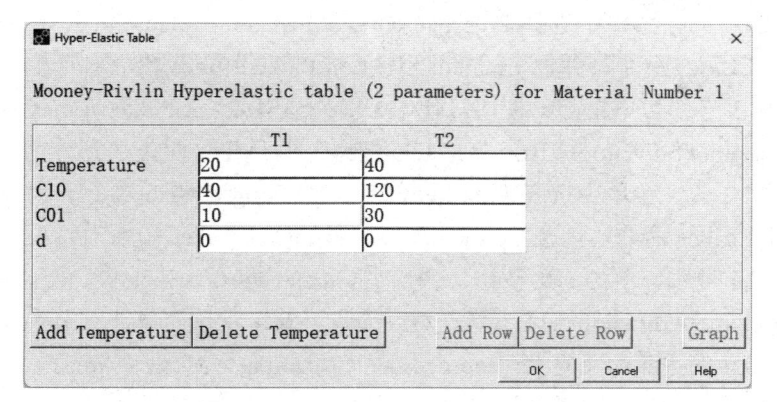

图 16-13　Hyper-Elastic Table 对话框

16.2.5　创建模型

在 GUI 的主菜单中选择 Preprocessor > Modeling > Create > Areas > Circle > Partial Annulus 命令，弹出 Part Annular Circ Area 对话框，设置 Rad-1=5，设置 Theta-1=0，设置 Rad-2=20，设置 Theta-2=90，如图 16-14 所示，单击 OK 按钮，关闭该对话框，创建的模型如图 16-15 所示。

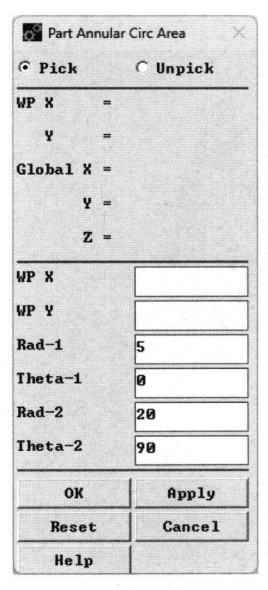

图 16-14　Part Annular Circ Area 对话框　　　　图 16-15　创建的模型

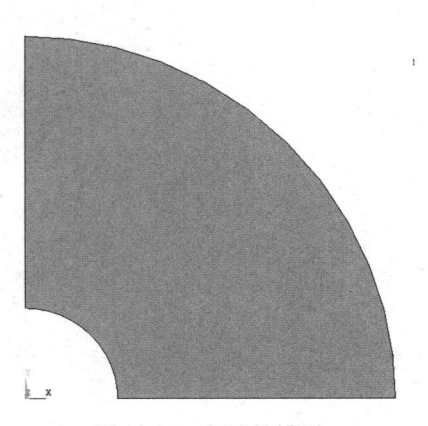

16.2.6　划分网格

（1）在 GUI 的通用菜单中选择 PlotCtrls > Numbering 命令，弹出 Plot Numbering Controls 对话框，勾选 LINE line Numbers 复选框，使其状态转换为 On，其他参数保持默认设置，单击 OK 按钮，关闭该对话框。

（2）在 GUI 的主菜单中选择 Preprocessor > Meshing > Size Cntrls > Manual Size > Lines > Picked Lines 命令，弹出 Element Sizes on Picked Lines 拾取对话框，在工作区中拾取 1 号线和 3 号线，单击 OK 按钮，弹出 Element Sizes on Picked Lines 对话框，设置 NDIV No. of element divisions=10，单击 OK 按钮，即可将这两条线划分为 10 份。

（3）在 GUI 的主菜单中选择 Preprocessor > Meshing > Size Cntrls > Manual Size > Lines > Picked Lines 命令，弹出 Element Sizes on Picked Lines 拾取对话框，在工作区中拾取 2 号线和 4 号线，单击 OK 按钮，弹出 Element Sizes on Picked Lines 对话框，设置 NDIV No. of element divisions=16，单击 OK 按钮，即可将这两条线划分为 16 份。

（4）在 GUI 的主菜单中选择 Preprocessor > Meshing > Mesh > Areas > Free 命令，弹出 Mesh Areas 拾取对话框，单击 Pick All 按钮。

（5）在 GUI 的通用菜单中选择 Plot > Elements 命令，即可在工作区中显示网格划分结果，如图 16-16 所示。

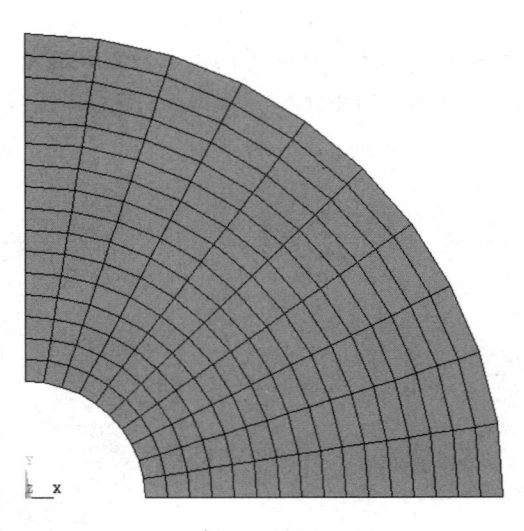

图 16-16 网格划分结果

16.2.7 加载

（1）在 GUI 的通用菜单中选择 Select > Everything 命令，选择所有实体。

（2）在 GUI 的主菜单中选择 Solution > Analysis Type > New Analysis 命令，弹出 New Analysis 对话框，选择 Static 单选按钮，单击 OK 按钮，关闭该对话框。

（3）在 GUI 的主菜单中选择 Solution > Analysis Type > Sol'n Controls 命令，弹出 Solution Controls 对话框，选择 Basic 选项卡，参数设置如图 16-17 所示，单击 OK 按钮，关闭该对话框。

第 16 章
非线性静力学分析

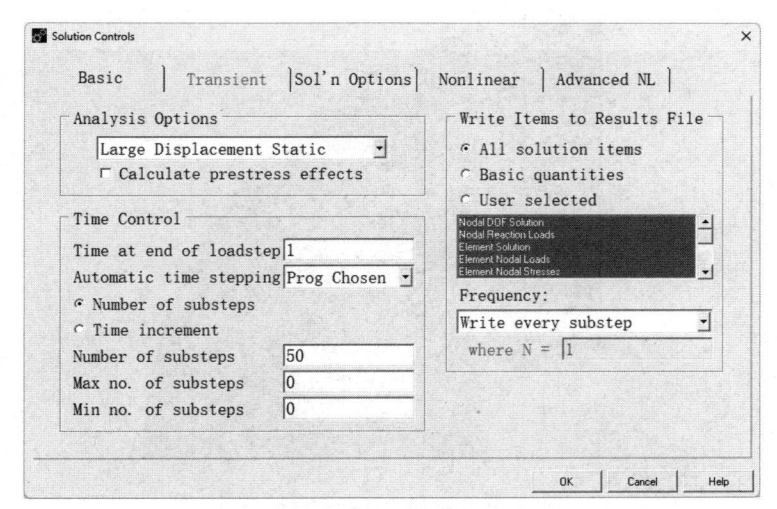

图 16-17　Solution Controls 对话框

（4）在 GUI 的主菜单中选择 Solution > Define Loads > Apply > Structural > Temperature > Uniform Temp 命令，弹出 Uniform Temperature 对话框，设置[TUNIF] Uniform temperature=30，如图 16-18 所示，单击 OK 按钮，关闭该对话框。

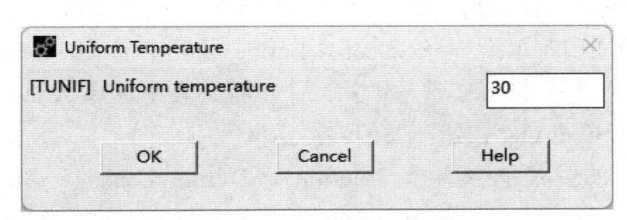

图 16-18　Uniform Temperature 对话框

（5）在 GUI 的通用菜单中选择 Select > Entities 命令，弹出 Select Entities 对话框，在第一个下拉列表中选择 Lines 选项，第二个下拉列表中选择 By Num/Pick 选项，其他参数保持默认设置，单击 Apply 按钮，弹出 Select Lines 拾取对话框，在工作区拾取 2 号线，单击 OK 按钮，关闭该对话框。

（6）在 GUI 的通用菜单中选择 Select > Entities 命令，弹出 Select Entities 对话框，在第一个下拉列表中选择 Nodes 选项，第二个下拉列表中选择 Attached to 选项，选择 Lines,all 单选按钮，单击 OK 按钮，关闭该对话框。

（7）在 GUI 的主菜单中选择 Solution > Define Loads > Apply > Structural > Displacement > On Nodes 命令，弹出 Apple U,ROT on Nodes 拾取对话框，单击 Pick All 按钮，弹出 Apply U,ROT on Nodes 对话框，在 Lab2 DOFs to be constrained 列表框中选择 UY 选项，在 Apply as 下拉列表中选择 Constant value 选项，设置 VALUE Displacement value=0，单击 OK 按钮，关闭该对话框。施加位移约束后的结果如图 16-19 所示。

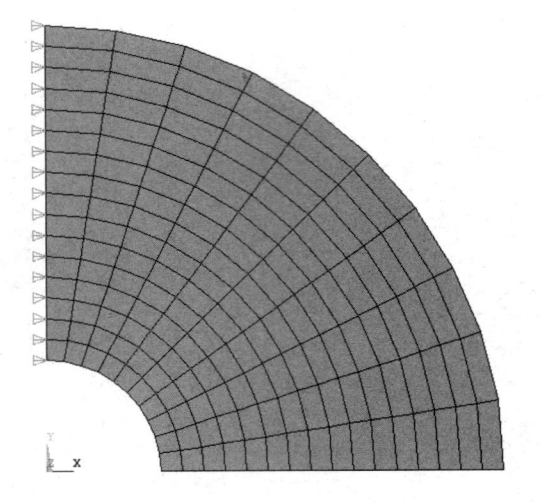

图 16-19 施加位移约束后的结果

（8）在 GUI 的通用菜单中选择 Select > Entities 命令，弹出 Select Entities 对话框，在第一个下拉列表中选择 Lines 选项，第二个下拉列表中选择 By Num/Pick 选项，其他参数保持默认设置，单击 Apply 按钮，弹出 Select Lines 拾取对话框，在工作区中拾取 4 号线，单击 OK 按钮，关闭该对话框。

（9）在 GUI 的通用菜单中选择 Select > Entities 命令，弹出 Select Entities 对话框，在第一个下拉列表中选择 Nodes 选项，第二个下拉列表中选择 Attached to 选项，选择 Lines,all 单选按钮，单击 OK 按钮，关闭该对话框。

（10）在 GUI 的主菜单中选择 Solution > Define Loads > Apply > Structural > Displacement > On Nodes 命令，弹出 Apple U,ROT on Nodes 拾取对话框，单击 Pick All 按钮，弹出 Apply U,ROT on Nodes 对话框，在 Lab2 DOFs to be constrained 列表框中选择 UY 选项，在 Apply as 下拉列表中选择 Constant value 选项，设置 VALUE Displacement value=0，单击 OK 按钮，关闭该对话框。

（11）在 GUI 的通用菜单中选择 Select > Entities 命令，弹出 Select Entities 对话框，在第一个下拉列表中选择 Lines 选项，第二个下拉列表中选择 By Num/Pick 选项，其他参数保持默认设置，单击 Apply 按钮，弹出 Select lines 拾取对话框，在工作区中拾取 3 号线，单击 OK 按钮，关闭该对话框。

（12）在 GUI 的通用菜单中选择 Select > Entities 命令，弹出 Select Entities 对话框，在第一个下拉列表中选择 Nodes 选项，在第二个下拉列表中选择 Attached to 选项，选择 Lines,all 单选按钮，单击 OK 按钮，关闭该对话框。

（13）在 GUI 的主菜单中选择 Solution > Define Loads > Apply > Structural > Pressure > On Nodes，弹出 Apple PRES on Nodes 拾取对话框，单击 Pick All 按钮，弹出 Apply PRES on Nodes 对话框，在 SF 下拉列表中选择 Constant value 选项，设置 VALUE Load PRES value=80，单击 OK 按钮，关闭该对话框。施加力后的结果如图 16-20 所示。

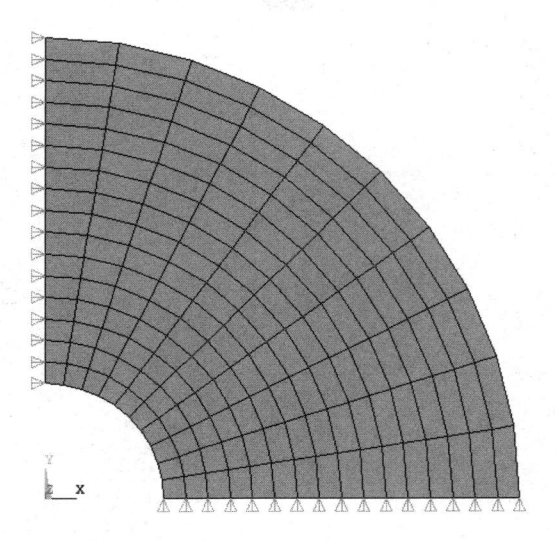

图 16-20 施加力后的结果

16.2.8 求解

（1）在 GUI 的主菜单中选择 Solution > Solve > Current LS 命令，弹出/STATUS Command 对话框，用于显示项目的求解信息及输出选项；同时弹出 Solve Current Load Step 对话框，用于询问用户是否开始求解，如图 16-21 所示。

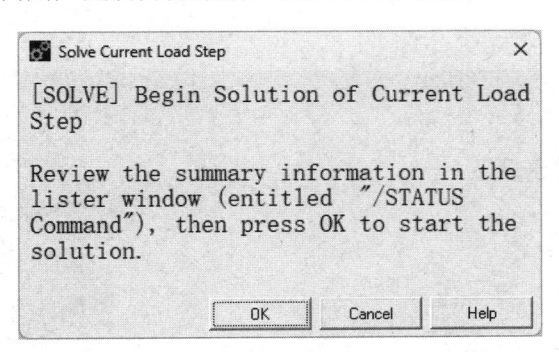

图 16-21 Solve Current Load Step 对话框

（2）单击 Solve Current Load Step 对话框中的 OK 按钮，开始求解。在求解完成后弹出显示"Solution is done!"的 Note 对话框，单击 Close 按钮，关闭该对话框。

16.2.9 后处理

（1）在 GUI 的主菜单中选择 General Postproc > Read Results > Last Set 命令，读取最后一个载荷步的求解结果。

（2）在 GUI 的主菜单中选择 General Postproc > Plot Results > Deformed Shape 命令，弹出 Plot Deformed Shape 对话框，选择 Def shape only 单选按钮，单击 OK 按钮，即可

在工作区中显示变形图,如图 16-22 所示。

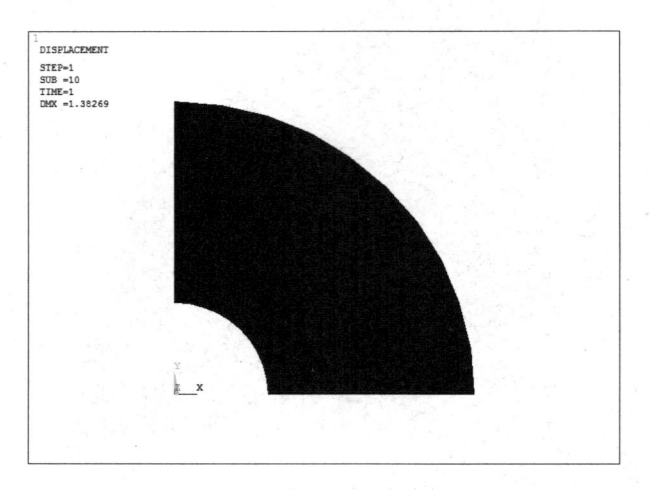

图 16-22 变形图

(3) 在 GUI 的主菜单中选择 General Postproc > Plot Results > Contour Plot > Nodal Solu 命令,弹出 Contour Nodal Solution Data 对话框,在 Item to be contoured 列表框中选择 Nodal Solution > DOF Solution > Y-Component of displacement 选项,其他参数保持默认设置,如图 16-23 所示,单击 OK 按钮,即可在工作区中显示位移场分布等值线图,如图 16-24 所示。

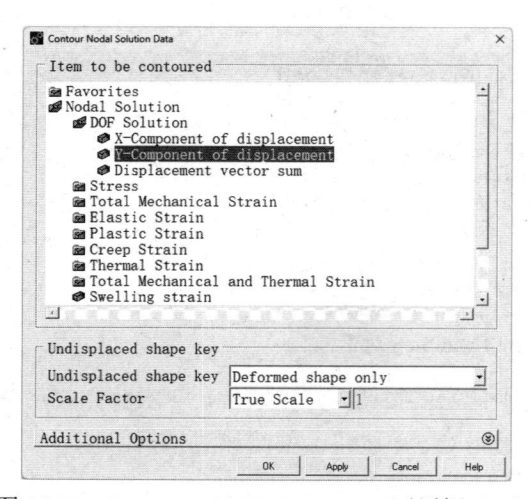

图 16-23 Contour Nodal Solution Data 对话框(一)　　图 16-24 位移场分布等值线图

(4) 在 GUI 的主菜单中选择 General Postproc > Plot Results > Contour Plot > Nodal Solu 命令,弹出 Contour Nodal Solution Data 对话框,在 Item to be contoured 列表框中选择 Nodal Solution > Stress > 1st Principal stress 选项,其他参数保持默认设置,如图 16-25 所示,单击 OK 按钮,即可在工作区中看到 1st Principal stress 应力场分布等值线图,如图 16-26 所示。

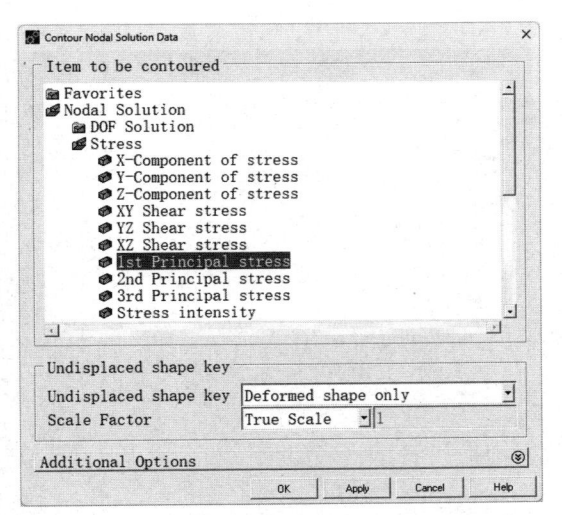

图 16-25 Contour Nodal Solution Data 对话框(二) 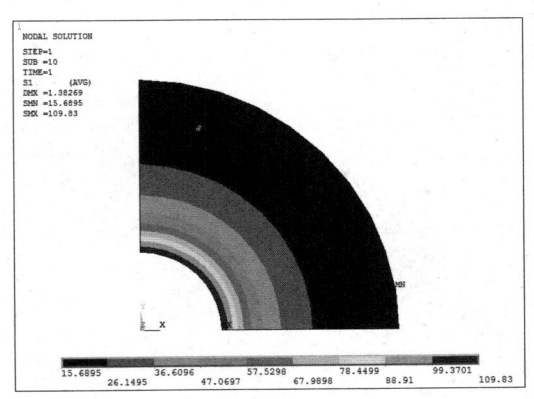   图 16-26 1st Principal stress 应力场分布等值线图

（5）在 GUI 的通用菜单中选择 Select > Entities 命令，弹出 Select Entities 对话框，在第一个下拉列表中选择 Nodes 选项，在第二个下拉列表中选择 By Location 选项，选择 Y coordinates 单选按钮，在 Min,Max 文本框中输入"0"，选择 From Full 单选按钮，如图 16-27 所示，单击 OK 按钮，即可关闭该对话框。

（6）在 GUI 的主菜单中选择 General Postproc > List Results > Nodal Solution 命令，弹出 List Nodal Solution 对话框，在 Item to be listed 列表框中选择 Nodal Solution > DOF Solution > Displacement vector sum 选项，弹出 PRNSOL Command 对话框，用于显示 X 轴上所有节点的位移结果，如图 16-28 所示。

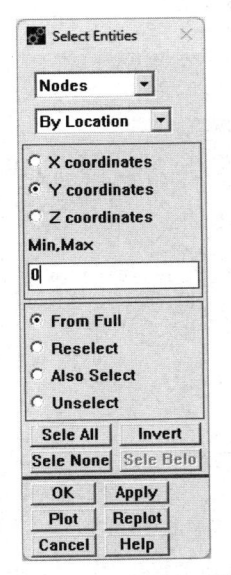

图 16-27 Select Entities 对话框 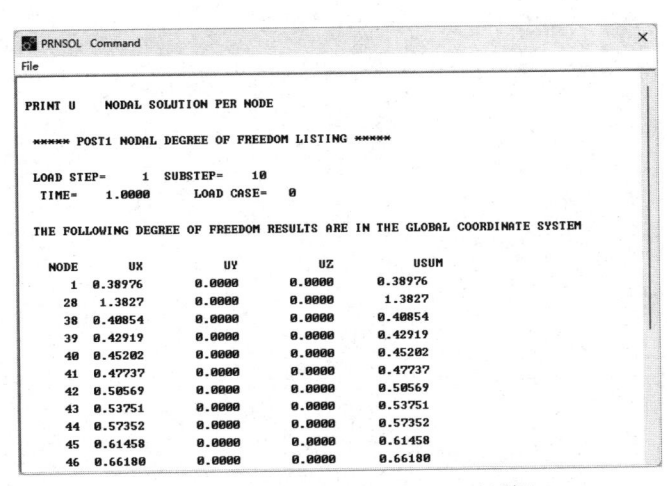   图 16-28 PRNSOL Command 对话框

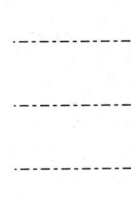

16.2.10 命令流

本实例命令流如下：

```
/PREP7
ET,1,PLANE182
KEYOPT,1,3,2
MP,PRXY,1,,0.5
TB,HYPE,1,2,2,MOONEY
TBTEMP,20
TBDATA,1,40,10
TBTEMP,40
TBDATA,1,120,30,0,,,
CYL4,,,5,0,20,90
/PNUM,LINE,1
LSEL,S,,,1,3,2
LESIZE,ALL,,,10
LSEL,S,,,2,4,2
LESIZE,ALL,,,16
AMESH,1
FINISH
/SOL
ANTYPE,STATIC
NLGEOM,ON
NSUBST,50
TIME,1
BTUNIF,TEMP,30
LSEL,S,,,4
NSLL,S,1
D,ALL,UY
LSEL,S,,,4
NSLL,S,1
SF,ALL,PRES,80
ALLSEL
SOLVE
FINISH
/POST1
SET,LAST
PLDISP,1
PLNSOL,U,SUM
PLANSOL,S,EQV
NSEL,S,LOC,Y,0
PRNSOL,U,COMP
FINISH
/EXIT,ALL
```

16.3 实例分析二

16.3.1 问题描述

一个薄圆盘边缘被固定，在圆盘的盘面上受到均匀的压力作用，压力大小为 10000Pa。盘的半径为 10，厚度为 0.01，弹性模量为 2.06e11，泊松比为 0.3。

16.3.2 设置分析环境

（1）在 GUI 的通用菜单中选择 File > Change Jobname 命令，弹出 Change Jobname 对话框，在[/FILNAM] Enter new jobname 文本框中输入本分析实例的文件名"16-2"，如图 16-29 所示，单击 OK 按钮，完成对文件名的修改。

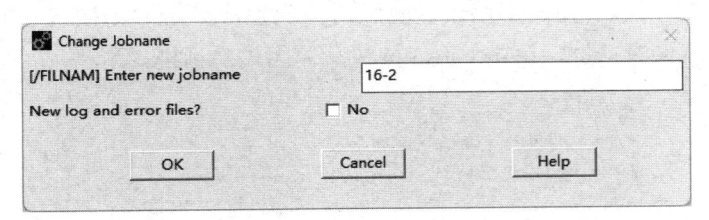

图 16-29 修改文件名对话框

（2）在 GUI 的通用菜单中选择 File > Change Title 命令，弹出 Change Title 对话框，在[/TITLE] Enter new title 文本框中输入本分析实例的标题"large displacement analysis of a plane"，如图 16-30 所示，单击 OK 按钮，完成对标题的修改。

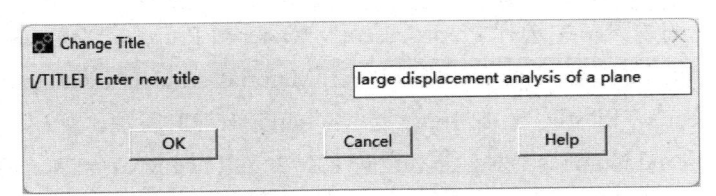

图 16-30 ChangeTitle 对话框

（3）在 GUI 的通用菜单中选择 Plot > Replot 命令，指定的标题"large displacement analysis of a plane"就会显示在工作区的左下角。

（4）在 GUI 的主菜单中选择 Preferences 命令，弹出 Preferences for GUI Filtering 对话框，勾选 Structural 复选框，单击 OK 按钮确定。

16.3.3 设置材料属性

（1）在 GUI 的主菜单中选择 Preprocessor > Element Type > Add/Edit/Delete 命令，弹出 Element Types 对话框。单击 Add 按钮，弹出 Library of Element Types 对话框，在第一

个列表框中选择 Solid 选项，在第二个列表框中选择 Quad 4 node 182 选项，如图 16-31 所示，单击 OK 按钮，关闭该对话框。

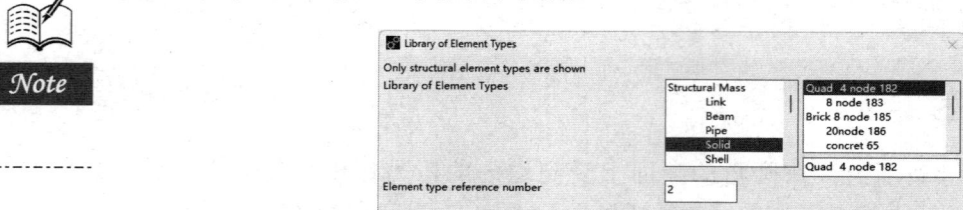

图 16-31　Library of Element Types 对话框

（2）返回 Element Types 对话框，单击 Options 按钮，弹出 PLANE182 element type options 对话框，对 PLANE182 单元类型进行设置，在 Element technology K1 下拉列表中选择 Simple Enhanced Strn 选项，在 Element behavior K3 下拉列表中选择 Axisymmetric 选项，如图 16-32 所示，使其可用于计算轴对称问题，单击 OK 按钮，关闭该对话框。返回 Element Types 对话框，单击 Close 按钮，关闭该对话框。

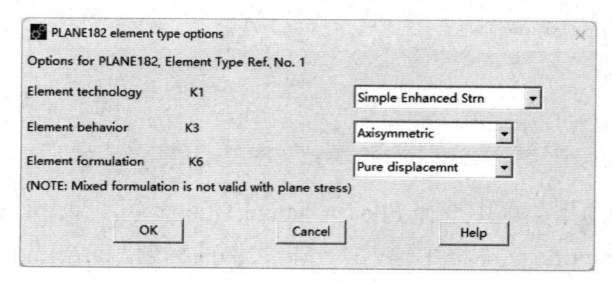

图 16-32　PLANE182 element type options 对话框

（3）在 GUI 的主菜单中选择 Preprocessor > Material Props > Material Models 命令，打开 Define Material Model Behavior 窗口，在 Material Models Available 列表框中选择 Structural > Linear > Elastic > Isotropic 选项，如图 16-33 所示，弹出 Linear Isotropic Properties for Material Number 1 对话框，设置 EX=2.06e11、PRXY=0.3，如图 16-34 所示，单击 OK 按钮，关闭该对话框。

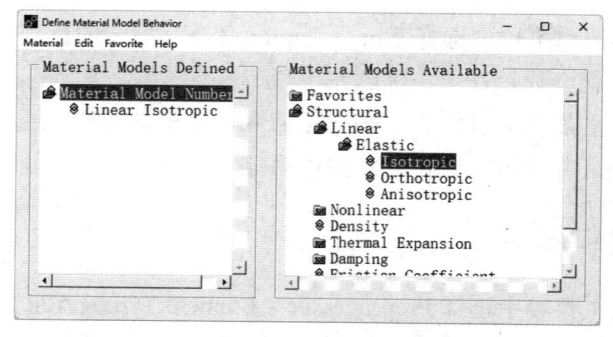

图 16-33　Define Material Model Behavior 窗口

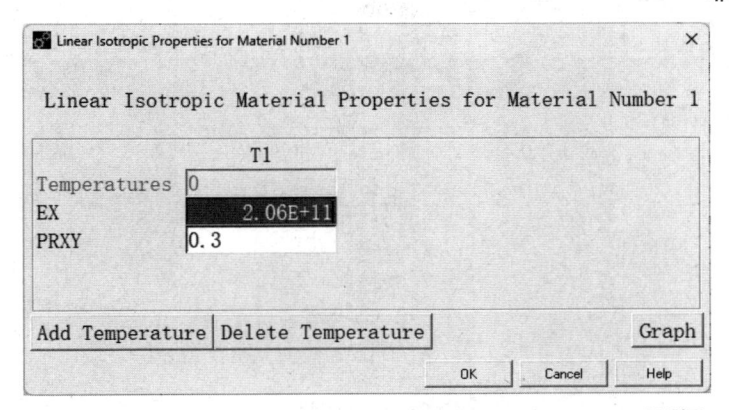

图 16-34　Linear Isotropic Properties for Material Number 1 对话框

16.3.4　创建模型

在 GUI 的主菜单中选择 Modeling > Create > Areas > Rectangle > By 2 Corners 命令，弹出 Rectangle by 2 Corners 对话框，设置 WP X=0、WP Y=0、Width=10、Height=0.01，如图 16-35 所示，单击 OK 按钮，关闭该对话框。

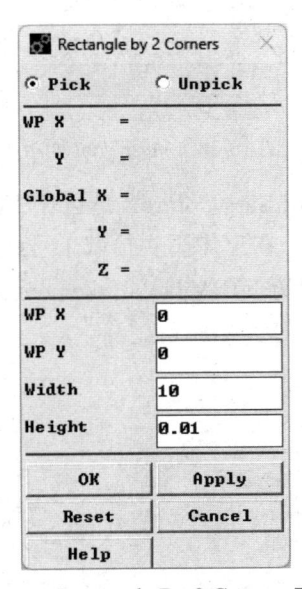

图 16-35　Rectangle By 2 Corners 对话框

16.3.5　网格划分

（1）对圆盘模型进行网格划分。在 GUI 的主菜单中选择 Meshing > MeshTool 命令，打开 MeshTool 面板，如图 16-36 所示。

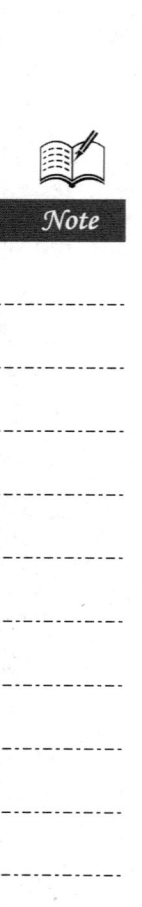

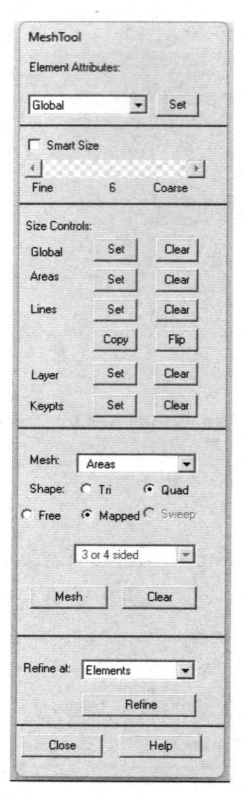

图 16-36 MeshTool 面板

（2）在 MeshToll 面板中，单击 Size Controls 选区中 Lines 后的 Set 按钮，弹出 Element Sizes on Picked Lines 拾取对话框，在工作区中拾取 1 号线，单击 Apply 按钮，弹出 Element Sizes on Picked Lines 对话框，设置 NDIV No. of element divisions=100，如图 16-37 所示，单击 OK 按钮，即可将 1 号线划分为 100 份。

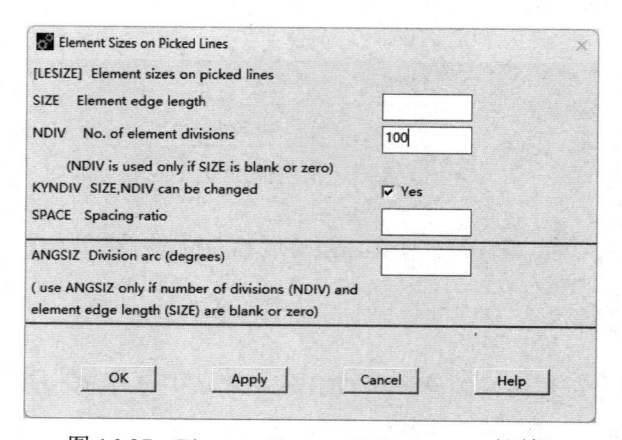

图 16-37 Element Sizes on Picked Lines 对话框

（3）在 MeshToll 面板中的 Mesh 下拉列表中选择 Areas 选项，在 Shape 后选择 Mapped 单选按钮，单击 Mesh 按钮，即可对线进行映射网格划分。

16.3.6 加载

(1) 在 GUI 的主菜单中选择 Solution > Define Loads > Apply > Structural > Displacement > Symmetry B.C > On lines 命令，弹出 Apply SYMM 拾取对话框，在工作区中拾取薄圆盘模型的中心线 L4（左端竖直线），单击 OK 按钮。

(2) 在 GUI 的主菜单中选择 Solution > Define Loads > Apply > Structural > Displacement > On Lines 命令，弹出拾取对话框，在工作区中拾取薄圆盘模型截面外沿上的线 L2（右端竖直线），单击 OK 按钮，弹出 Apply U,ROT on Lines 对话框，在 Lab2 DOFs to be constrained 列表框中选择 All DOF 选项，如图 16-38 所示，单击 OK 按钮。

(3) 在 GUI 的主菜单中选择 Solution > Define Loads > Apply > Structural > Pressure > On lines 命令，弹出拾取对话框，在工作区中拾取薄圆盘模型截面的下边，单击 OK 按钮，弹出 Apply PRES on lines 对话框，设置 VALVE Load PRES value=10000，如图 16-39 所示，单击 OK 按钮。

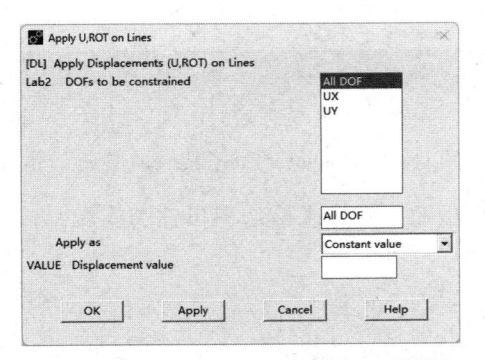

图 16-38　Apply U,ROT on Lines 对话框

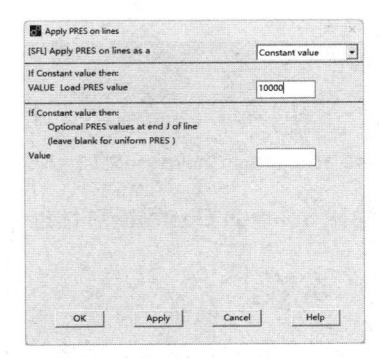

图 16-39　Apply PRES on lines 对话框

(4) 在 GUI 的主菜单中选择 Solution > Analysis Type > Sol'n Controls 命令，弹出 Solution Controls 对话框，选择 Basic 选项卡，参数设置如图 16-40 所示。选择 Nonlinear 选项卡，单击 Set convergence criteria 按钮，如图 16-41 所示。

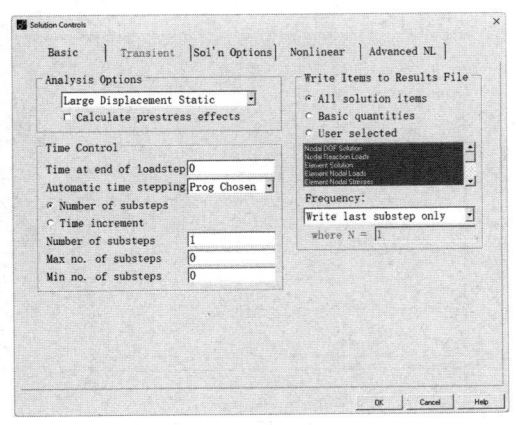

图 16-40　Basic 选项卡

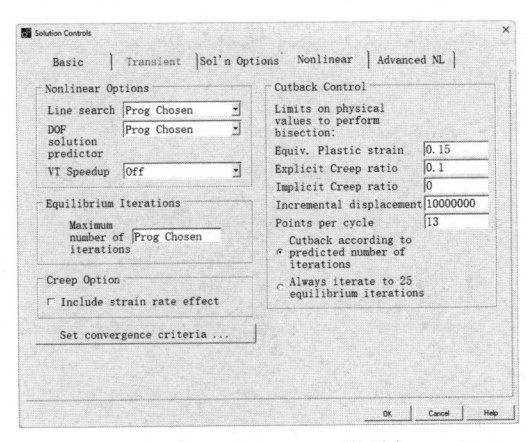

图 16-41　Nonlinear 选项卡

（5）弹出 Nonlinear Convergence Criteria 对话框，在 Default Criteria to be Used 列表框中选择 Label 为 F 的选项，单击 Replace 按钮，如图 16-42 所示。

（6）弹出 Nonlinear Convergence Criteria 对话框，在 Lab Convergence is based on 后的第一个列表框中选择 Structural 选项，在第二个列表框中选择 Force F 选项，设置 MINREF Minimum reference value=1，如图 16-43 所示，单击 OK 按钮，关闭该对话框。

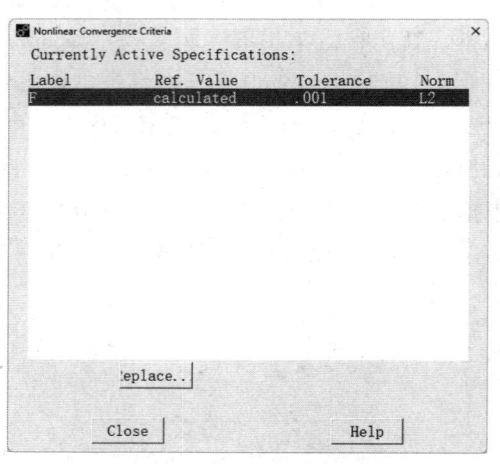

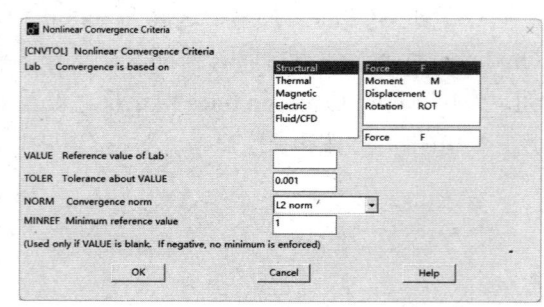

图 16-42　Nonlinear Convergence Criteria 对话框

图 16-43　Nonlinear Convergence Criteria 对话框

（7）在 Solution Controls 对话框中单击 OK 按钮，完成求解边界条件的施加。

16.3.7　求解

（1）在 GUI 的主菜单中选择 Solution > Solve > Current LS 命令，弹出/STATUS Command 对话框，用于显示项目的求解信息及输出选项；同时弹出 Solve Current Load Step 对话框，用于询问用户是否开始求解，如图 16-44 所示。

（2）单击 Solve Current Load Step 对话框中的 OK 按钮，开始求解。在求解完成后，弹出显示"Solution is done!"的 Note 对话框，单击 Close 按钮，关闭该对话框。与此同时，ANSYS 会显示非线性求解过程的收敛过程，如图 16-45 所示。

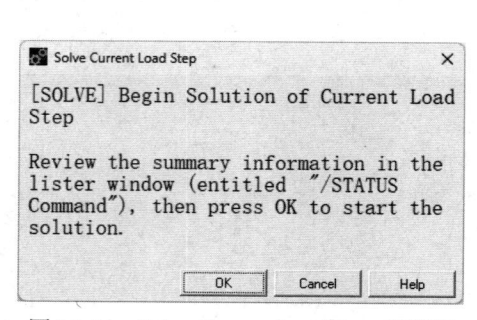

图 16-44　Solve Current Load Step 对话框

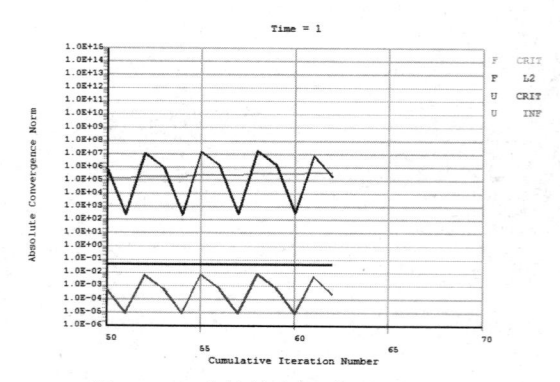

图 16-45　非线性求解过程的收敛过程

16.3.8 后处理

（1）在 GUI 的主菜单中选择 General Postproc > Plot Results > Contour Plot > Nodal Solu 命令，弹出 Contour Nodal Solution Data 对话框，在 Item to be contoured 列表框中选择 Nodal Solution > DOF Solution > Y-Component of displacement 选项，在 Undisplaced shape key 下拉列表中选择 Deformed shape with undeformed edge 选项，如图 16-46 所示，单击 OK 按钮，即可在工作区中显示变形图，包括变形前的轮廓线，如图 16-47 所示，下方的色谱图用于说明不同颜色对应的数值。

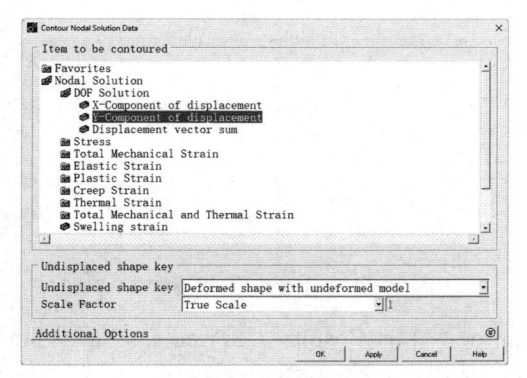

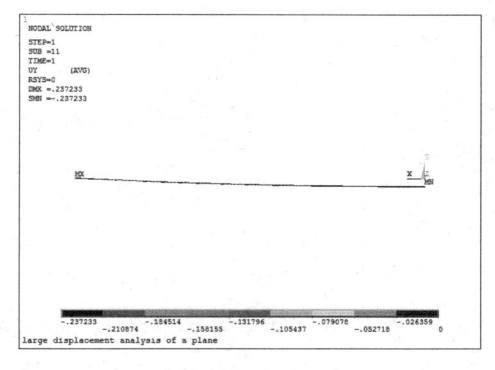

图 16-46 Contour Nodal Solution Data 对话框

图 16-47 变形图

（2）在 GUI 的主菜单中选择 General Postproc > Read Results > By Load Step 命令，弹出 Read Results by Load Step Number 对话框，如图 16-48 所示，单击 OK 按钮。

（3）在 GUI 的通用菜单中选择 Parameters > Get Scalar Data 命令，弹出 Get Scalar Data 对话框，在 Type of data to be retrieved 后的第一个列表框中选择 Results data 选项，在第二个列表框中选择 Nodal results 选项，如图 16-49 所示，单击 OK 按钮。

图 16-48 Read Results by Load Step Number 对话框

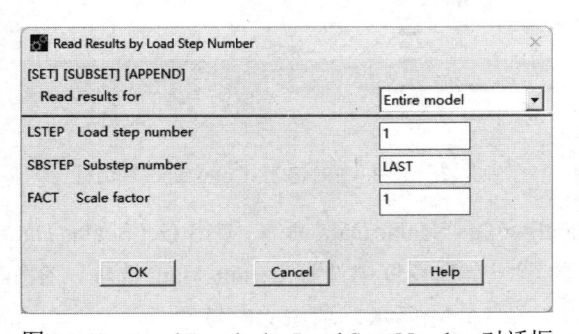

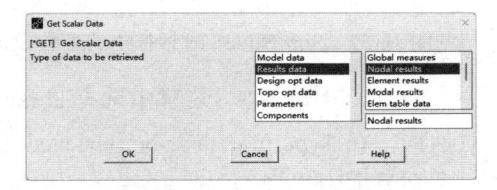

图 16-49 Get Scalar Data 对话框

（4）弹出 Get Nodal Results Data 对话框，在 Name of parameter to be defined 文本框中输入"UY"，设置 Node number N=1，在 Results data to be retrieved 后的第一个列表框中选择 DOF solution 选项，在第二个列表框中选择 UY 选项，如图 16-50 所示，单击 OK 按钮。

（5）在 GUI 的主菜单中选择 General Postproc > Element Table > Define Table 命令，

弹出 Element Table Data 对话框，如图 16-51 所示，单击 Add 按钮，弹出 Defines Additional Element Table Items 对话框，在 Eff NU for EQV strain 文本框中输入"CENT"，在 User lable for item 文本框中输入"SEQUENCE"，在 Results data item 后的第一个列表框中选择 By sequence num 选项，在第二个列表框中选择 LS 选项，在下面的文本框中输入"LS,5"，单击 OK 按钮，在弹出的对话框中会列表显示单元数据。

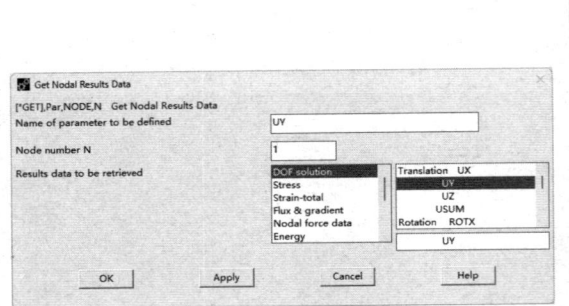

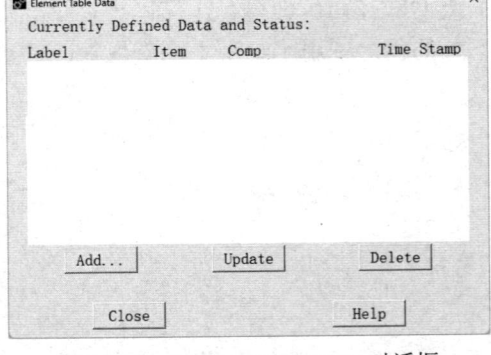

图 16-50　Get Nodal Results Data 对话框

图 16-51　Element Table Data 对话框

（6）在 GUI 的主菜单中选择 General Postproc > List Results > Sorted Listing > Sort Nodes 命令，弹出 Sort Nodes 对话框，参数设置如图 16-52 所示，单击 OK 按钮，弹出 PRNSOL Command 对话框，如图 16-53 所示，查看参数后关闭该对话框。

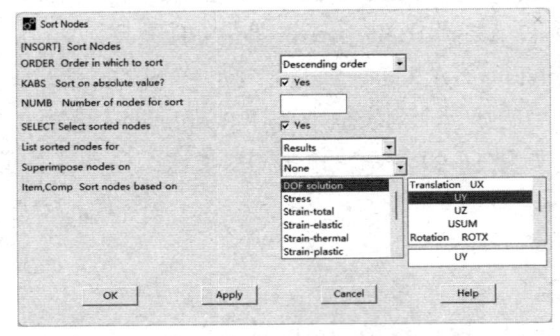

图 16-52　Sort Nodes 对话框中的参数设置

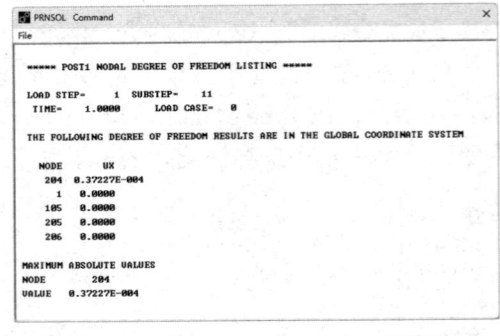

图 16-53　PRNSOL Command 对话框

（7）在 GUI 的通用菜单中选择 Parameters > Get Scalar Data 命令，弹出 Get Scalar Data 对话框，在 Type of data to be retrieved 后的第一个列表框中选择 Results data 选项，在第二个列表框中选择 Other operations 选项，如图 16-54 所示，单击 OK 按钮。

（8）弹出 Get Data from Other POST1 Operations 对话框，在 Name of parameter to be defined 文本框中输入"PRSCNT"，在 Data to be retrieved 后的第一个列表框中选择 From sort oper'n 选项，在第二个列表框中选择 Maximum value 选项，如图 16-55 所示，单击 OK 按钮。

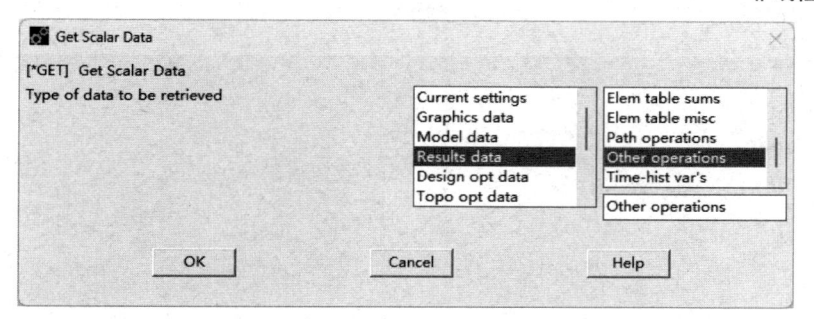

图 16-54 Get Scalar Data 对话框

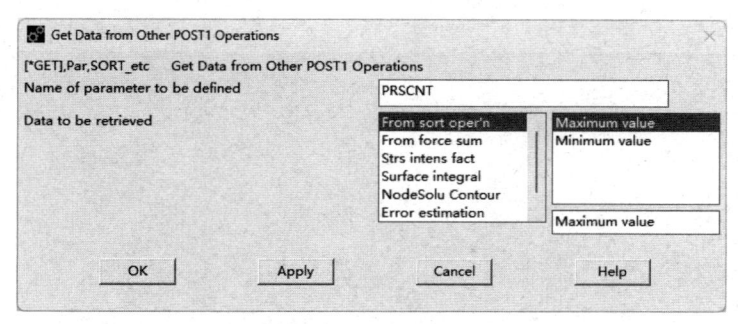

图 16-55 Get Data from Other POST1 Operations 对话框

（9）在 GUI 的通用菜单中选择 Parameters > Scalar Parameters 命令，打开 Scalar Parameters 面板，如图 16-56 所示。

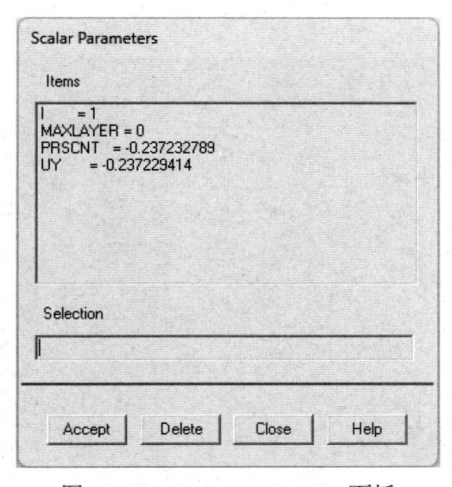

图 16-56 Scalar Parameters 面板

16.3.9 命令流

```
/FINAME,16-2,0
/TITLE,large displacement analysis of a plane
/PREP7
ET,1,PLANE182
```

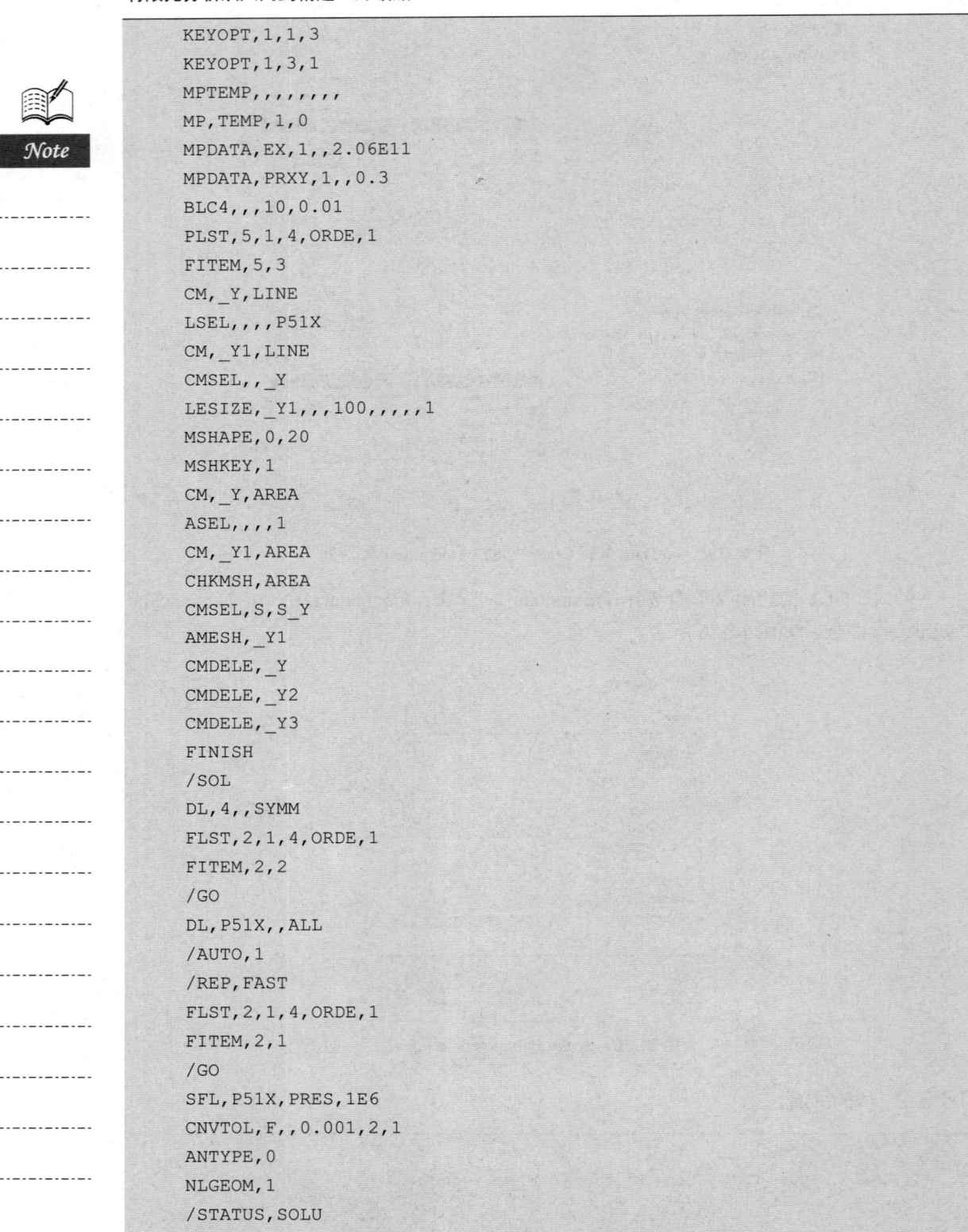

```
KEYOPT,1,1,3
KEYOPT,1,3,1
MPTEMP,,,,,,,,
MP,TEMP,1,0
MPDATA,EX,1,,2.06E11
MPDATA,PRXY,1,,0.3
BLC4,,,10,0.01
PLST,5,1,4,ORDE,1
FITEM,5,3
CM,_Y,LINE
LSEL,,,,P51X
CM,_Y1,LINE
CMSEL,,_Y
LESIZE,_Y1,,,100,,,,,1
MSHAPE,0,20
MSHKEY,1
CM,_Y,AREA
ASEL,,,,1
CM,_Y1,AREA
CHKMSH,AREA
CMSEL,S,S_Y
AMESH,_Y1
CMDELE,_Y
CMDELE,_Y2
CMDELE,_Y3
FINISH
/SOL
DL,4,,SYMM
FLST,2,1,4,ORDE,1
FITEM,2,2
/GO
DL,P51X,,ALL
/AUTO,1
/REP,FAST
FLST,2,1,4,ORDE,1
FITEM,2,1
/GO
SFL,P51X,PRES,1E6
CNVTOL,F,,0.001,2,1
ANTYPE,0
NLGEOM,1
/STATUS,SOLU
SOLVE
```

```
FINISH
/POST1
/EFACET,1
PLNSOL,U,Y,1,1
/AUTO,1
/REP,FAST
SET,1,LAST,1
*GET,UY.NODE,1,U,Y
AVPRIN,0,CENT
ETABLE,SEQUENCE,LS,5
NSORT,U,Y,0,0,5,0
*GET,PRSCNT,SORT,,MAX
*STAT
*GET,PRSCNT,SORT,,MAX
PLETAB,SEQUENCE,AVG
/EFACET,1
PLNSOL,U,SUM,0,1
prnsol,,
SAVE
FINISH
```

16.4 本章小结

非线性问题是工程实践中的重要问题，主要有 3 类，分别为几何非线性问题、材料非线性问题、状态非线性问题，这 3 种非线性问题在日常生活中有很多，所以掌握非线性分析方法对解决结构问题至关重要。本章提供了材料非线性分析实例，读者可以根据实例学习非线性分析。此外，要掌握 ANSYS 结构非线性分析方法，还要对静力学、动力学、热力学有一定的了解。

第 17 章

接触问题

接触问题是一种高度非线性行为，需要较多的计算机资源。为了进行切实有效的计算，理解问题的物理特性和创建合理的模型是非常重要的。

学习目标：
- 了解接触问题的基础知识。
- 掌握接触问题的分析方法。

17.1 概述

接触问题有以下两个较大的难点。

首先，用户在求解问题之前通常不知道接触区域。由于载荷、材料、边界条件和其他因素不同，因此物体表面之间可能接触，也可能分开，这往往难以预料，并且可能是突然变化的。

其次，大部分接触问题需要考虑摩擦效应，有几种摩擦定律和模型可供挑选，它们都是非线性的。摩擦效应可能是无序的，所以摩擦效应使问题的收敛性成为一个难点。如果在模型中不考虑摩擦效应，并且物体之间总是保持接触，则可以使用约束方程或自由度耦合来代替接触。

接触问题分为两种基本类型：刚体-柔体的接触问题、柔体-柔体的接触问题。

在刚体-柔体的问题中，有一个或多个接触面被当作刚体（与接触的变形体相比，有大得多的刚度）。在一般情况下，如果一种软材料和一种硬材料接触，则可以将其假定为刚体-柔体的接触，许多金属成形问题归为此类接触。

柔体-柔体的接触是一种更普遍的接触类型，在这种情况下，两个接触体都是变形体（有相似的刚度）。栓接法兰就是一种柔体-柔体接触。

根据接触方式，可以分为面面接触、点面接触、点点接触。不同的接触方式使用不同的接触单元集。

在涉及两个边界的接触问题中，很自然地将一个边界作为目标面，将另一个边界作为接触面。对于刚体-柔体的接触，目标面是刚性面，接触面是柔性面；对于柔体-柔体的接触，目标面和接触面都与变形体相关联，这两个面合成接触对。

在 ANSYS 中，可以使用点面接触单元模拟一个表面和一个节点的接触。此外，可以通过将表面指定为一组节点，从而用点面接触代表面面接触。ANSYS 的点面接触单元允许下列线性行为。

- 有大变形的面面接触分析。
- 接触和分离。
- 库仑摩擦滑动。
- 热传递。

点面接触是工程应用中普遍发生的现象，如夹具（螺母、螺栓、铆钉、销钉等）、金属成型、轧制、动力管道装配等。工程技术人员关心的是由结构之间的接触产生的应力、变形、力和温度等的改变。

在 ANSYS 中，可以使用点点接触单元模拟点点接触（柔体-柔体的接触或刚体-柔体的接触）。此外，可以在各面上相对的节点之间指定各自的点点接触，从而用点点接触代表面面接触。这个用法需要相对两个面上的节点在几何上匹配，并且忽略两个面之间的相对滑动，此外，两个面的唯一转角必须保持为较小的量。

17.2 齿轮接触问题

17.2.1 问题描述

一对啮合的齿轮在工作时会产生接触，分析其接触的位置、面积和接触力的大小。齿轮模型示意图如图 17-1 所示，齿轮参数如表 17-1 所示。

图 17-1 齿轮模型示意图

表 17-1　齿轮参数

齿 轮 参 数	数　　值
齿顶圆直径（mm）	48
齿根圆直径（mm）	30
齿数（个）	10
厚度（mm）	4
弹性模量（Pa）	2.06e11
摩擦系数	0.1
中心距（mm）	40

17.2.2　设置分析环境

（1）在 GUI 的通用菜单中选择 File > Change Jobname 命令，弹出 Change Jobname 对话框，在[/FILNAM] Enter new jobname 文本框中输入本分析实例的文件名"17-1"，如图 17-2 所示，单击 OK 按钮，完成对文件名的修改。

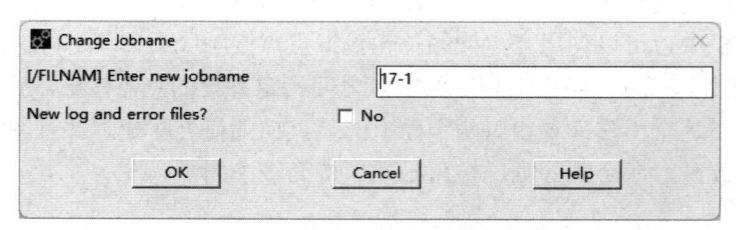

图 17-2　Change Jobname 对话框

（2）在 GUI 的通用菜单中选择 File > Change Title 命令，弹出 Change Title 对话框，在[/TITLE] Enter new title 文本框中输入本分析实例的标题"contact analysis of two gears"，如图 17-3 所示，单击 OK 按钮，完成对标题的修改。

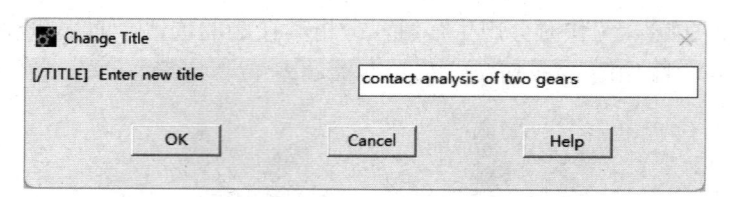

图 17-3　Change Title 对话框

（3）在 GUI 的通用菜单中选择 Plot > Replot 命令，即可将指定的标题"contact analysis of two gears"显示在工作区的左下角。

（4）在 GUI 的主菜单中选择 Preferences 命令，弹出 Preferences for GUI Filtering 对话框，勾选 Structural 复选框，单击 OK 按钮。

17.2.3　设置材料属性

（1）在 GUI 的主菜单中选择 Preprocessor > Element Type > Add/Edit/Delete 命令，弹

出 Element Types 对话框，单击 Add 按钮，弹出 Library of Element Types 对话框，在第一个列表框中选择 Solid 选项，在第二个列表框中选择 Quad 4 node 182 选项，如图 17-4 所示，单击 OK 按钮，关闭该对话框。

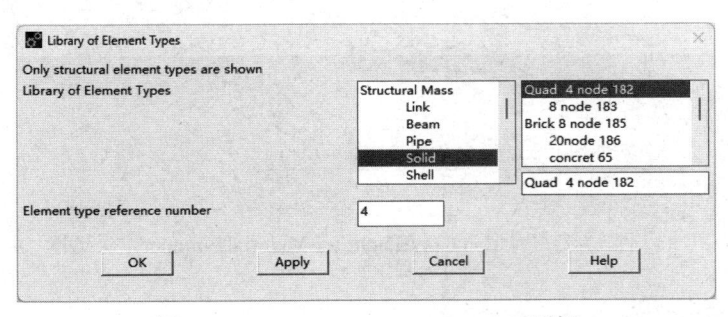

图 17-4 Library of Element Types 对话框

（2）返回 Element Types 对话框，单击 Option 按钮，弹出 PLANE182 element type options 对话框，对 PLANE182 单元类型进行参数设置，在 Element technologty K1 下拉列表中选择 Reduced intergration 选项，单击 OK 按钮，关闭该对话框。

（3）在 GUI 的主菜单中选择 Preprocessor > Material Props > Material Models 命令，打开 Define Material Model Behavior 窗口，在 Material Models Available 列表框中选择 Structural > Linear > Elastic > Isotropic 选项，如图 17-5 所示，弹出 Linear Isotropic Porperties for Material Number 1 对话框，设置 EX=2.06e11，设置 PRXY=0.3，如图 17-6 所示，单击 OK 按钮，关闭该对话框。

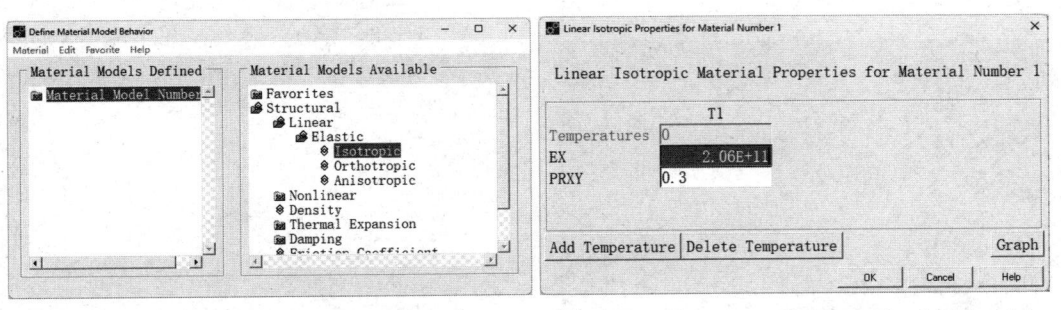

图 17-5 Define Material Model Behavior 窗口

图 17-6 Linear Isotropic Properties for Material Number 1 对话框

（4）返回 Define Material Model Behavior 窗口，在 Material Models Available 列表框中选择 Structural > Friction Coefficient 选项，弹出 Friction Coefficient for Material Number 1 对话框，设置 MU=0.3，如图 17-7 所示，单击 OK 按钮，关闭该对话框。返回 Define Material Model Behavior 窗口，在 Material Models Defined 列表框中的 Material Models Number 1 下方会显示摩擦系数，关闭该窗口。

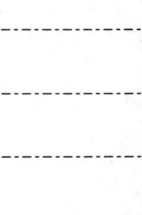

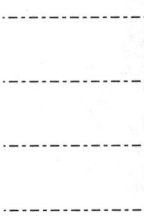

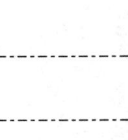

图 17-7　Friction Coefficient for Material Number 1 对话框

17.2.4　创建模型

（1）在命令输入框中输入如下命令流。

```
CSYS,1
K,1,15,0,,
K,110,11.5,40,,
KWPAVE,110
wprot,-50,0,0
CSYS,4
K,2,10.489,0,,
CSYS,1
K,120,11.5,44.5,,
K,130,11.5,49,,
K,140,11.5,53.5,,
K,150,11.5,58,,
K,160,11.5,62.5,,
KWPAVE,120
wprot,4.5,0,0
CSYS,4
K,3,11.221,0,,
KWPAVE,130
wprot,4.5,0,0
K,4,13.182,0,,
KWPAVE,140
wprot,4.5,0,0
K,5,15.011,0,,
KWPAVE,150
wprot,4.5,0,0
K,6,16.663,0,,
KWPAVE,160
wprot,4.5,0,0
K,7,18.349,0,,
CSYS,1
K,8,24,7.06,,
K,9,24,9.87,,
K,10,15,-8.13,,
LSTR,10,1
LSTR,1,2
LSTR,2,3
LSTR,3,4
LSTR,4,5
LSTR,5,6
LSTR,6,7
LSTR,7,8
LSTR,8,9
FLST,2,7,4,ORDE,2
FITEM,2,2
FITEM,2,-8
LCOMB,P51X,,0
CSYS,0
WPAVE,0,0,0
CSYS,1
WPCSYS,-1,0
wprot,9.87,0,0
CSYS,4
FLST,3,3,4,ORDE,3
FITEM,3,1
FITEM,3,-2
FITEM,3,9
```

```
LSYMM,Y,P51X,,,1000,0,0
FLST,2,2,4,ORDE,2
FITEM,2,5
FITEM,2,9
LGLUE,P51X
FLST,2,2,4,ORDE,2
FITEM,2,5
FITEM,2,-6
LCOMB,P51X,,0
CSYS,1
FLST,3,5,4,ORDE,2
FITEM,3,1
FITEM,3,-5
LGEN,10,P51X,,,,36,,,0
FLST,2,2,4,ORDE,2
FITEM,2,38
FITEM,2,41
LGLUE,P51X
FLST,2,2,4,ORDE,2
FITEM,2,43
FITEM,2,46
LGLUE,P51X
FLST,2,2,4,ORDE,2
FITEM,2,1
FITEM,2,48
LGLUE,P51X
FLST,2,2,4,ORDE,2
FITEM,2,3
FITEM,2,6
LGLUE,P51X
FLST,2,2,4,ORDE,2
FITEM,2,8
FITEM,2,11
LGLUE,P51X
FLST,2,2,4,ORDE,2
FITEM,2,13
FITEM,2,16
LGLUE,P51X
FLST,2,2,4,ORDE,2
FITEM,2,18
FITEM,2,21
LGLUE,P51X
FLST,2,2,4,ORDE,2
FITEM,2,23
FITEM,2,26
LGLUE,P51X
FLST,2,2,4,ORDE,2
FITEM,2,28
FITEM,2,31
LGLUE,P51X
FLST,2,2,4,ORDE,2
FITEM,2,33
FITEM,2,36
LGLUE,P51X
FLST,2,2,4,ORDE,2
FITEM,2,38
FITEM,2,51
LCOMB,P51X,,0
FLST,2,2,4,ORDE,2
FITEM,2,41
FITEM,2,43
LCOMB,P51X,,0
FLST,2,2,4,ORDE,2
FITEM,2,1
FITEM,2,46
LCOMB,P51X,,0
FLST,2,2,4,ORDE,2
FITEM,2,3
FITEM,2,48
LCOMB,P51X,,0
FLST,2,2,4,ORDE,2
FITEM,2,6
FITEM,2,8
LCOMB,P51X,,0
FLST,2,2,4,ORDE,2
FITEM,2,11
FITEM,2,13
LCOMB,P51X,,0
FLST,2,2,4,ORDE,2
FITEM,2,16
FITEM,2,18
LCOMB,P51X,,0
FLST,2,2,4,ORDE,2
FITEM,2,21
FITEM,2,23
LCOMB,P51X,,0
```

```
FLST,2,2,4,ORDE,2
FITEM,2,26
FITEM,2,28
LCOMB,P51X,,0
FLST,2,2,4,ORDE,2
FITEM,2,31
FITEM,2,33
LCOMB,P51X,,0
FLST,2,40,4,ORDE,21
FITEM,2,1
FITEM,2,-7
FITEM,2,9
FITEM,2,-12
FITEM,2,14
FITEM,2,-17
FITEM,2,19
FITEM,2,-22
FITEM,2,24
FITEM,2,-27
FITEM,2,29
FITEM,2,-32
FITEM,2,34
FITEM,2,-35
FITEM,2,37
FITEM,2,-42
FITEM,2,44
FITEM,2,-45
FITEM,2,47
FITEM,2,49
FITEM,2,-50
LGLUE,P51X
FLST,2,120,4,ORDE,12
FITEM,2,8
FITEM,2,13
FITEM,2,18
FITEM,2,23
FITEM,2,28
FITEM,2,33
FITEM,2,36
FITEM,2,43
FITEM,2,46
FITEM,2,48
FITEM,2,51
FITEM,2,-160
LGLUE,P51X
FLST,2,140,4
FITEM,2,175
FITEM,2,26
FITEM,2,84
FITEM,2,83
FITEM,2,79
FITEM,2,80
FITEM,2,24
FITEM,2,173
FITEM,2,25
FITEM,2,81
FITEM,2,82
FITEM,2,76
FITEM,2,75
FITEM,2,21
FITEM,2,171
FITEM,2,20
FITEM,2,74
FITEM,2,73
FITEM,2,69
FITEM,2,70
FITEM,2,17
FITEM,2,169
FITEM,2,19
FITEM,2,71
FITEM,2,72
FITEM,2,66
FITEM,2,65
FITEM,2,15
FITEM,2,167
FITEM,2,14
FITEM,2,64
FITEM,2,63
FITEM,2,55
FITEM,2,56
FITEM,2,9
FITEM,2,165
FITEM,2,11
FITEM,2,59
FITEM,2,60
FITEM,2,52
```

```
FITEM,2,51
FITEM,2,6
FITEM,2,163
FITEM,2,5
FITEM,2,48
FITEM,2,46
FITEM,2,67
FITEM,2,68
FITEM,2,16
FITEM,2,161
FITEM,2,4
FITEM,2,36
FITEM,2,43
FITEM,2,33
FITEM,2,28
FITEM,2,3
FITEM,2,162
FITEM,2,12
FITEM,2,62
FITEM,2,61
FITEM,2,85
FITEM,2,86
FITEM,2,27
FITEM,2,164
FITEM,2,2
FITEM,2,18
FITEM,2,23
FITEM,2,58
FITEM,2,57
FITEM,2,10
FITEM,2,166
FITEM,2,7
FITEM,2,54
FITEM,2,53
FITEM,2,117
FITEM,2,118
FITEM,2,49
FITEM,2,168
FITEM,2,50
FITEM,2,119
FITEM,2,120
FITEM,2,78
FITEM,2,77
FITEM,2,22
FITEM,2,170
FITEM,2,1
FITEM,2,13
FITEM,2,8
FITEM,2,113
FITEM,2,114
FITEM,2,45
FITEM,2,172
FITEM,2,47
FITEM,2,115
FITEM,2,116
FITEM,2,112
FITEM,2,111
FITEM,2,44
FITEM,2,174
FITEM,2,42
FITEM,2,110
FITEM,2,109
FITEM,2,103
FITEM,2,104
FITEM,2,39
FITEM,2,176
FITEM,2,41
FITEM,2,107
FITEM,2,108
FITEM,2,102
FITEM,2,101
FITEM,2,38
FITEM,2,178
FITEM,2,37
FITEM,2,100
FITEM,2,99
FITEM,2,93
FITEM,2,94
FITEM,2,32
FITEM,2,180
FITEM,2,35
FITEM,2,97
FITEM,2,98
FITEM,2,92
FITEM,2,91
FITEM,2,31
```

```
FITEM,2,179           CYL4,,,5
FITEM,2,34            ASBA,1,2
FITEM,2,96            /REPLOT,RESIZE
FITEM,2,95            CSYS,0
FITEM,2,87            FLST,3,1,5,ORDE,1
FITEM,2,88            FITEM,3,3
FITEM,2,29            AGEN,2,P51X,,,40,,,,0
FITEM,2,177           /REPLOT,RESIZE
FITEM,2,40            LOCAL,11,1,40,0,0,,,,1,1,
FITEM,2,105           CSYS,11,
FITEM,2,106           FLST,3,1,5,ORDE,1
FITEM,2,90            FITEM,3,1
FITEM,2,89            /REPLOT,RESIZE
FITEM,2,30
AL,P51X
```

（2）将激活的坐标系设置为总体直角坐标系。在 GUI 的通用菜单中选择 WorkPlane > Change Active CS to > Global Cartesian 命令。

（3）在直角坐标系下复制面。在 GUI 的主菜单中选择 Preprocessor > Modeling > Copy > Areas 命令，在弹出的拾取对话框中单击 Pick All 按钮，弹出 Copy Areas 对话框，ANSYS 会自动提示复制的数量和偏移的坐标，设置 ITIME Number of copies including original=2，设置 DX X-offset in active CS=40，单击 OK 按钮，如图 17-8 所示。

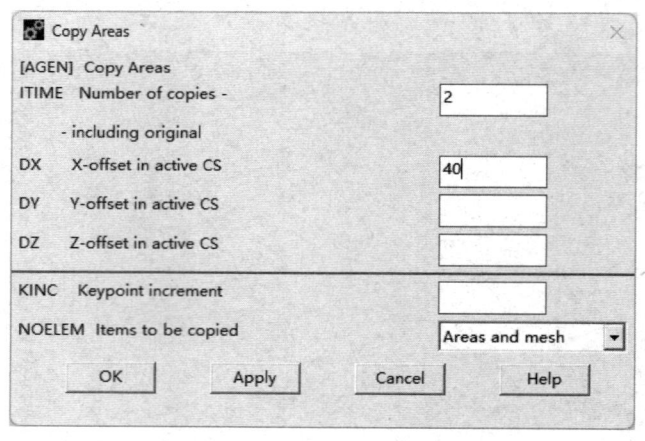

图 17-8 Copy Areas 对话框

（4）创建局部坐标系。在 GUI 的通用菜单中选择 WorkPlane > Local Coordinate Systems > Create Local CS > At Specified Loc 命令，打开 Create CS at Location 面板，选择 Global Cartesian 单选按钮，并且在下面的文本框中输入"40,0,0"，如图 17-9 所示，单击 OK 按钮。弹出 Create Local CS at Specified Location 对话框，设置 KCN Ref number of new coord sys=11，在 KCS Type of coordinate system 下拉列表中选择 Cartesian 0 选项，在 XC,YC,ZC Origin of coord system 后的文本框中分别输入"40""0""0"，如图 17-10 所

示，单击 OK 按钮。

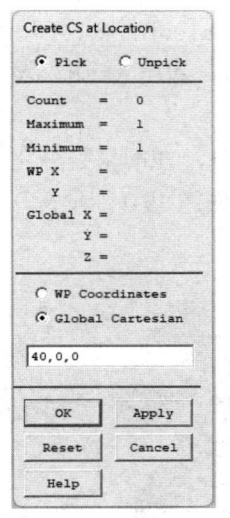

图 17-9　Create CS at Location 面板　　图 17-10　Create Local CS at Specified Location 对话框

（5）将激活的坐标系设置为局部坐标系。在 GUI 的通用菜单中选择 WorkPlane > Change Active CS to > Specified Coord Sys 命令，弹出 Change Display CS to Specified CS 对话框，在 KCN 文本框中输入"11"，单击 OK 按钮，即可生成面，如图 17-11 所示。

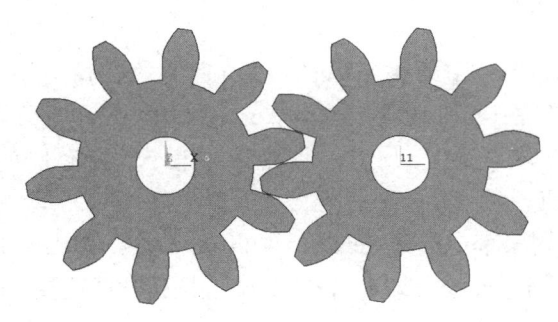

图 17-11　生成面

（6）在局部坐标系下复制面。在 GUI 的主菜单中选择 Preprocessor > Modeling > Copy > Areas 命令，弹出拾取对话框，在工作区中拾取生成的第 2 个面，单击 OK 按钮，弹出 Copy Areas 对话框，ANSYS 会自动提示复制的数量和偏移的坐标，设置 ITIME Number of copies including original=3，设置 DY Y-offset in active CS=-1.8，单击 OK 按钮，生成第 3 个面。

（7）删除第 2 个面。在 GUI 的主菜单中选择 Preprocessor > Modeling > Delete > Area and Below 命令，弹出拾取对话框，在工作区拾取第 2 个面，由于第 2 个面和第 3 个面的位置接近，所以 ANSYS 会有提示。

（8）在工具栏中单击 SAVE_DB 按钮，保存数据库。

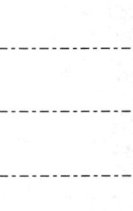

17.2.5 划分网格

（1）在 GUI 的主菜单中选择 Preprocessor > Meshing > MeshTool 命令，打开 MeshTool 面板，在 Mesh 下拉列表中选择 Areas 选项，单击 Mesh 按钮，弹出 Mesh Areas 拾取对话框，用于选择要划分的面，单击 Pick All 按钮。

（2）ANSYS 会根据上一步的设置对齿轮面进行网格划分，在网格划分完成后会出现相应的提示对话框，关闭该对话框。划分网格后的齿轮面如图 17-12 所示。

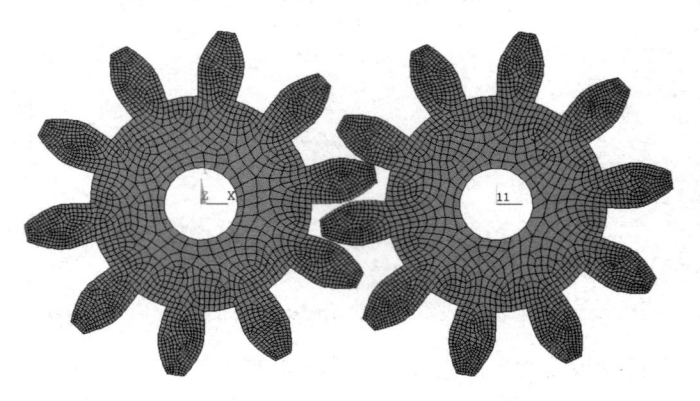

图 17-12　划分网格后的齿轮面

17.2.6　定义接触对

（1）在 GUI 的通用菜单中选择 Select > Entities 命令，弹出 Select Entities 对话框，在第一个下拉列表中选择 Lines 选项，单击 Apply 按钮。

（2）弹出线选择拾取对话框，在工作区中拾取第一个齿轮上可能与第二个齿轮相接触的线，单击 OK 按钮。

（3）在 GUI 的通用菜单中选择 Select > Entities 命令，弹出 Select Entities 对话框，在第一个下拉列表中选择 Nodes 选项，在第二个下拉列表中选择 Attached to 选项，选择 Lines,all 单选按钮。

（4）在 GUI 的通用菜单中选择 Select > Comp/Assembly > Create Component 命令，弹出 Create Component 对话框，在 Cname Component name 文本框中输入"node1"，如图 17-13 所示，单击 OK 按钮。

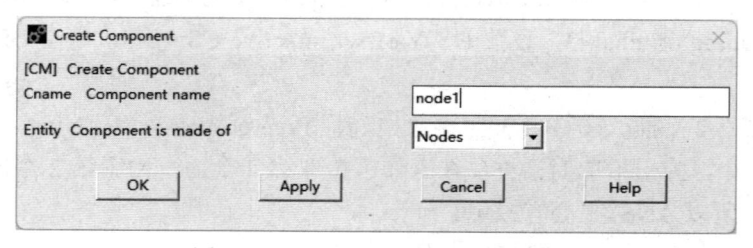

图 17-13　Create Component 对话框

（5）在 GUI 的通用菜单中选择 Select > Entities 命令，弹出 Select Entities 对话框，在第一个下拉列表中选择 Lines 选项，在第二个下拉列表中选择 By Num/Pick 选项，单击 Apply 按钮。

（6）弹出线选择拾取对话框，在工作区中拾取第二个齿轮上可能与第一个齿轮相接触的线，单击 OK 按钮。

（7）在 GUI 的通用菜单中选择 Select > Entities 命令，弹出 Select Entities 对话框，在第一个下拉列表中选择 Nodes 选项，在第二个下拉列表中选择 Attached to 选项，选择 Lines,all 单选按钮。

（8）在 GUI 的通用菜单中选择 Select > Comp/Assembly > Create Component 命令，弹出 Create Component 对话框，在 Cname Component name 文本框中输入"node2"，单击 OK 按钮。

（9）在 GUI 的通用菜单中选择 Select > Everything 命令。

（10）在工具栏中单击"接触定义向导"按钮，如图 17-14 所示，弹出 Pair Based Contact Manager 对话框，如图 17-15 所示。

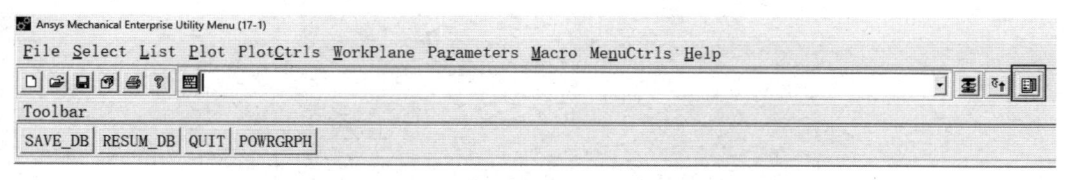

图 17-14 单击"接触定义向导"按钮

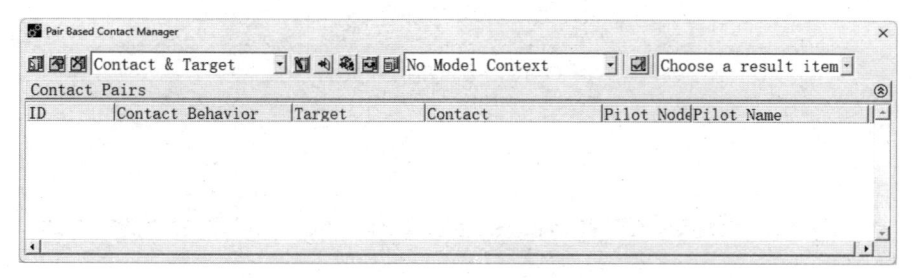

图 17-15 Pair Based Contact Manager 对话框

（11）在 Pair Based Contact Manager 对话框的工具栏中单击第一个按钮，打开 Contact Wizard 窗口。在 Contact Wizard 窗口的第一步向导页面的 Target Surface 选区中选择 Nodal Component 单选按钮，在下面的列表框中选择 NODE1 选项，如图 17-16 所示；单击 Next 按钮，进入第二步向导页面，在 Contact Surface 选区中选择 Nodal Component 单选按钮，在下面的列表框中选择 NODE2 选项，如图 17-17 所示；单击 Next 按钮，进入第三步向导页面，如图 17-18 所示；单击 Create 按钮，关闭该窗口，返回 Pair Based Contact Manager 对话框，在该对话框中会显示创建完成的接触对，如图 17-19 所示。

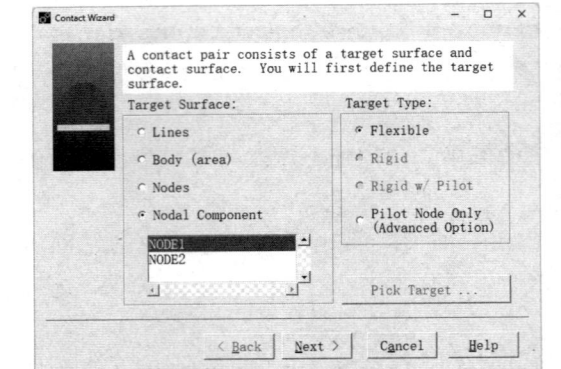

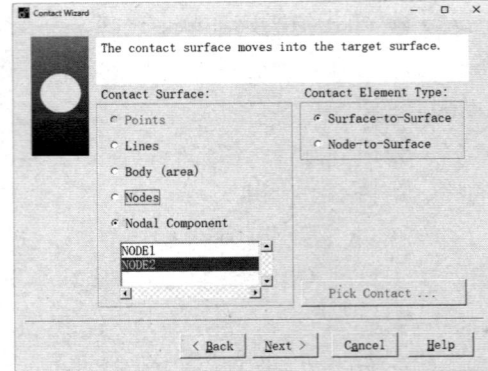

图 17-16　第一步向导页面

图 17-17　第二步向导页面

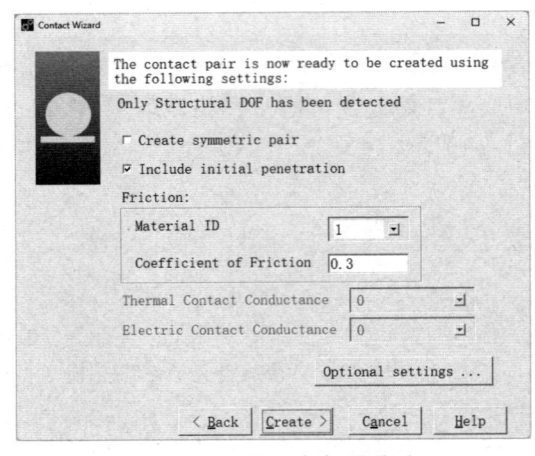

图 17-18　第三步向导页面

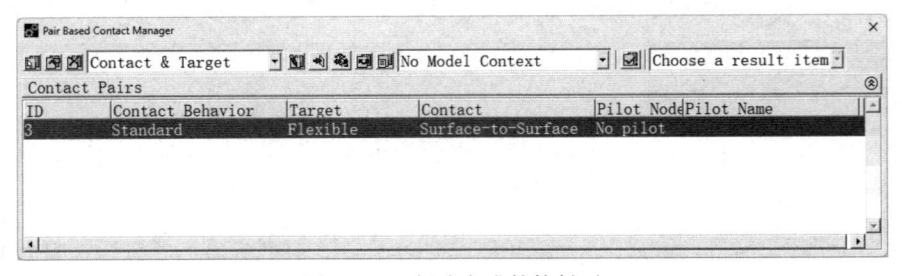

图 17-19　创建完成的接触对

17.2.7　施加位移约束

（1）在 GUI 的通用菜单中选择 WorkPlane > Change Active CS to > Global Cartesian 命令，将激活坐标系设置为笛卡儿坐标系。

（2）在 GUI 的主菜单中选择 Preprocessor > Modeling > Move/Modify > Rotate Node CS > To Active CS 命令，弹出拾取对话框，用于拾取要旋转的坐标系节点。

（3）在工作区中拾取第一个齿轮内径上的所有节点，单击 Apply 按钮，这些节点的坐标系都会被旋转为当前激活坐标系（总体坐标系）。

（4）在 GUI 的主菜单中选择 Solution > Define Loads > Apply > Structural > Displacement > On Nodes 命令，弹出拾取对话框，用于拾取要施加位移约束的节点。

（5）在工作区中拾取第一个齿轮内径上的所有节点，如图 17-20 所示，单击 Apply 按钮，弹出 Apply U,ROT on Nodes 对话框，在 Lab2 DOFs to be constrained 列表框中选择 UX 选项，如图 17-21 所示。此时节点坐标系为柱坐标系，X 轴方向为径向，即施加径向位移约束。单击 OK 按钮，即可在选定节点上施加指定的位移约束。

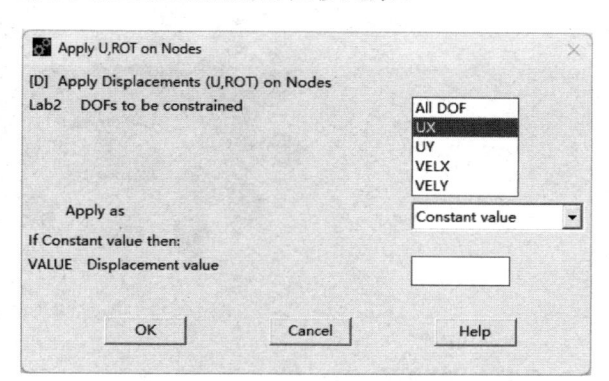

图 17-20 拾取第一个齿轮内径上的所有节点　　图 17-21 Apply U,ROT on Nodes 对话框（一）

（6）在 GUI 的主菜单中选择 Solution > Define Loads > Apply > Structural > Displacement > on Nodes 命令，弹出拾取对话框，用于拾取要施加位移约束的节点。

（7）在工作区中拾取第一个齿轮内径上的所有节点，单击 Apply 按钮，弹出 Apply U,ROT on Nodes 对话框，在 Lab2 DOFs to be constrained 列表框中选择 UY 选项，如图17-22 所示。此时节点坐标系为柱坐标系，Y 轴方向为周向，即施加周向位移约束。设置 VALVE Displacement value=-0.2，单击 OK 按钮。

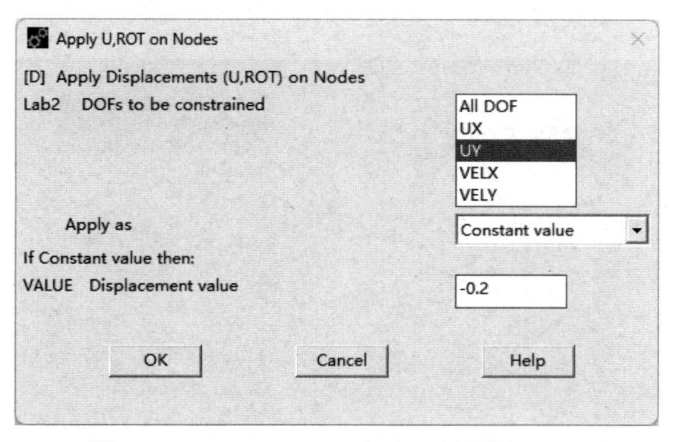

图 17-22 Apply U,ROT on Nodes 对话框（二）

（8）在 GUI 的通用菜单中选择 WorkPlane > Change Active CS to > Global Cartesian 命令。

（9）在 GUI 的主菜单中选择 Solution > Define Loads > Apply > Structural > Displacement > On Nodes 命令，弹出拾取对话框，用于拾取要施加位移约束的节点。

（10）在工作区中拾取第二个齿轮内径上的所有节点，单击 Apply 按钮，弹出 Apply U,ROT on Nodes 对话框，在 Lab2 DOFs to be constrained 列表框中选择 All DOF 选项，施加各方向的位移约束，设置 VALVE Displacement value=0，单击 OK 按钮。施加位移约束后的结果如图 17-23 所示。

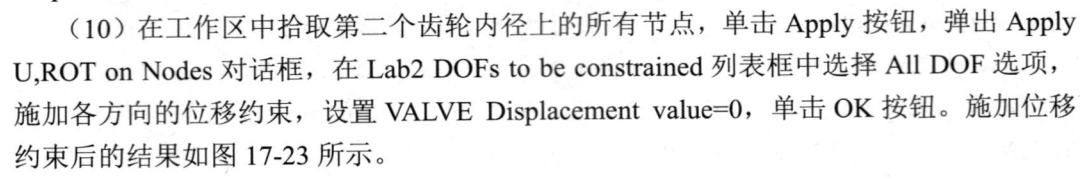

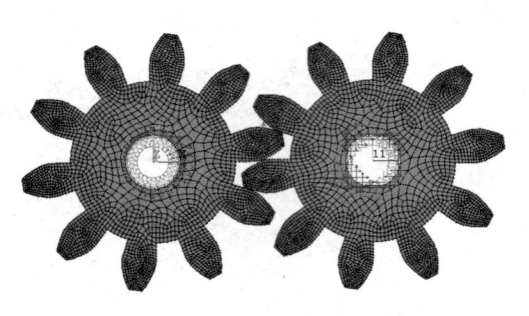

图 17-23　施加位移约束后的结果

17.2.8　求解

（1）在 GUI 的主菜单中选择 Solution > Analysis Type > Sol'n Controls 命令，弹出 Solution Controls 对话框，在 Analysis Options 下拉列表中选择 Large Displacement Static 选项，设置 Time at end of loadstep=1，设置 Number of substeps=20，如图 17-24 所示，单击 OK 按钮。

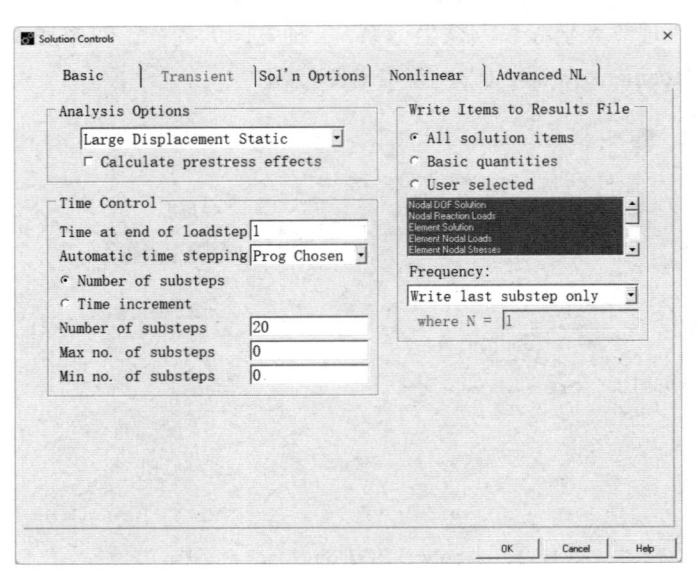

图 17-24　Solution Controls 对话框

（2）在 GUI 的主菜单中选择 Solution > Solve > Current LS 命令，弹出/STATUS

Command 对话框，用于显示项目的求解信息和输出选项；同时弹出 Solve Current Load Step 对话框，用于询问用户是否开始求解，如图 17-25 所示。

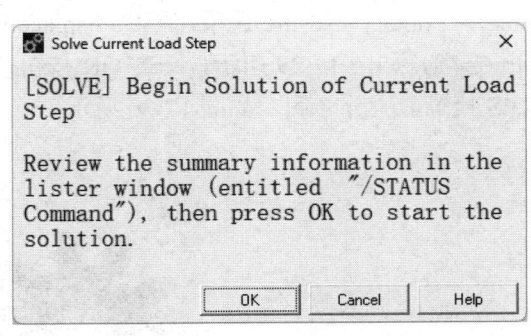

图 17-25 Solve Current Load Step 对话框

（3）在确认/STATUS Command 对话框中的信息后，在 Solve Current Load Step 对话框中单击 OK 按钮，开始求解。

（4）在求解过程中会出现确认结果是否收敛的图示，如图 17-26 所示。

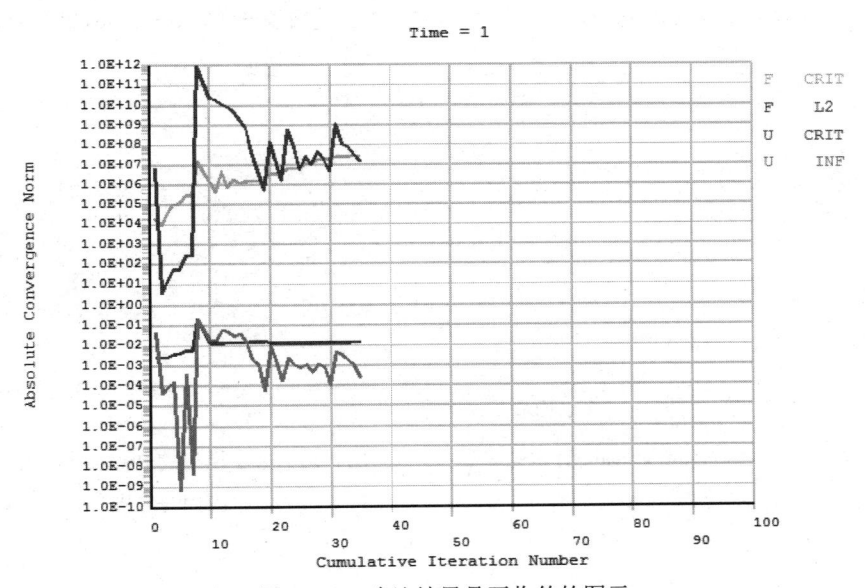

图 17-26 确认结果是否收敛的图示

17.2.9 后处理

（1）在 GUI 的主菜单中选择 General Postproc > Plot Results > Contour Plot > Nodal Solu 命令，弹出 Contour Nodal Solution Data 对话框，在 Item to be contoured 列表框中选择 Nodal Solution > Stress > von Mises stress 选项，在 Undisplaced shape key 下拉列表中选择 Deformed shape only 选项，如图 17-27 所示，单击 OK 按钮，即可在工作区中显示齿轮模型的 von Mises 等效应力分布图，如图 17-28 所示。

（2）在 GUI 的主菜单中选择 General Postproc > Plot Results > Contour Plot > Nodal Solu 命令，弹出 Contour Nodal Solution Data 对话框，在 Item to be contoured 列表框中选择 Nodal Solution > Contact > Contact pressure 选项，在 Undisplaced shape key 下拉列表中选择 Deformed shape only 选项，如图 17-29 所示，单击 OK 按钮，即可在工作区中显示齿轮模型的 Pressure FRES 接触应力分布图，如图 17-30 所示。

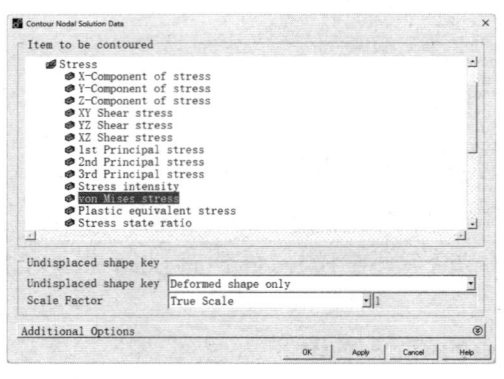

图 17-27 Contour Nodal Solution Data（一）

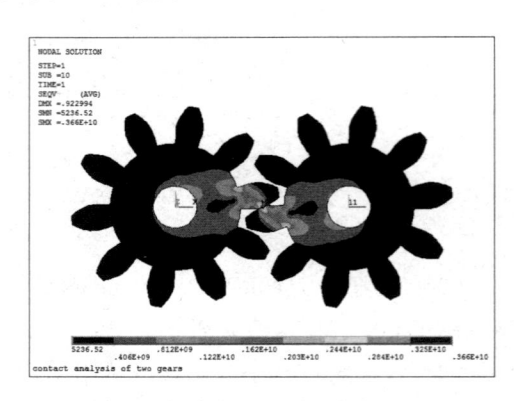

图 17-28 齿轮模型的 von Mises 等效应力分布图

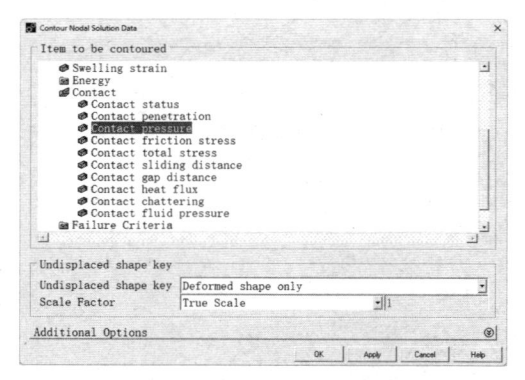

图 17-29 Contour Nodal Solution Data 对话框（二）

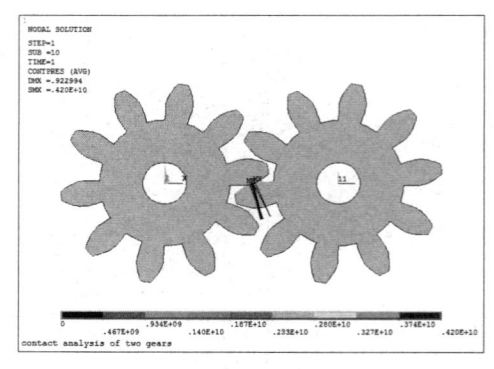

图 17-30 齿轮模型的 Pressure FRES 接触应力分布图

17.3 并列放置的两个圆柱体的接触问题

17.3.1 问题描述

本实例会介绍并列放置的两个圆柱体（直径分别为 0.2m 和 0.1m）在外力作用下的接触问题。

17.3.2 问题分析

在创建模型时，先创建平面模型，在划分网格后将其拉伸为三维模型。两个圆柱体并列，根据模型的对称性，在创建平面图形时，只需创建并列放置的两个圆柱体的平面模型的 1/4，如图 17-31 所示。

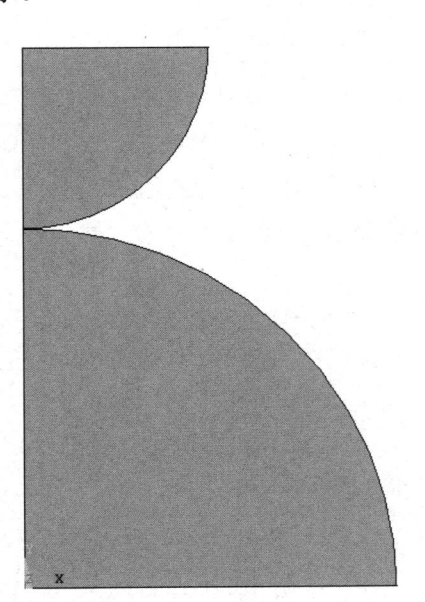

图 17-31　并列放置的两个圆柱体的平面模型的 1/4

17.3.3 设置分析环境

启动 Mechanical APDL Product Launcher，打开 ANSYS Mechanical APDL Product Launcher 窗口，在 Simulation Environment 下拉列表中选择 ANSYS 选项，在 License 下拉列表中选择 ANSYS Multiphysics 选项，在 Working Directory 文本框中输入工作目录名称，在 Job Name 文本框中输入项目名称"17-2"，单击 Run 按钮，运行 ANSYS。

17.3.4 设置材料属性

由于本实例是接触问题，因此需要定义 4 种单元类型，分别为平面实体单元类型（因为要先创建平面模型）、三维实体单元类型（因为要将平面模型拉伸为三维实体模型）、接触单元类型、目标单元类型。

（1）在 GUI 的主菜单中选择 Preprocessor > Element Type > Add/Edit/Delete 命令，弹出 Element Types 对话框，单击 Add 按钮，弹出 Library of Element Types 对话框，如图 17-32 所示。

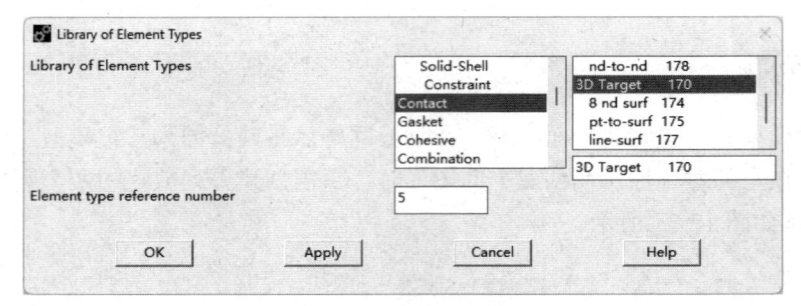

图 17-32 Library of Element Types 对话框

在 Library of Element Types 对话框中添加单元类型，1 号单元类型为 PLANE183，2 号单元类型为 SOLID186，3 号单元类型为 TARGE170，4 号单元类型为 CONTA174。在单元类型添加完成后，返回 Element Types 对话框，可以显示已经添加的单元类型，如图 17-33 所示。

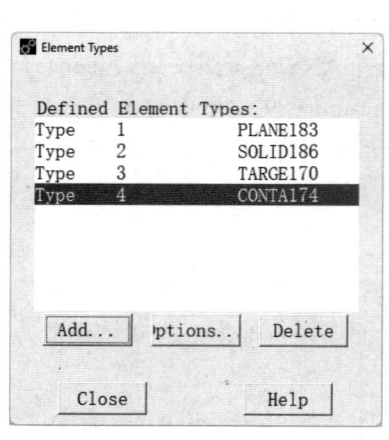

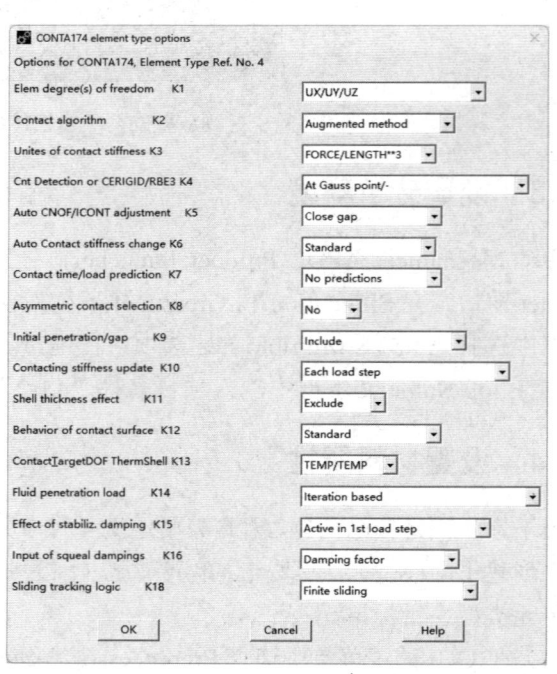

（2）在 Element Types 对话框中的 Defined Element Types 列表框中选择 Type 4 CONTA174 选项，单击 Options 按钮，弹出 CONTA174 element type options 对话框，在 Auto CNOF/ICONT adjustment K5 下拉列表中选择 Close gap 选项，在 Contacting stiffness update K10 下拉列表中选择 Each load step 选项，如图 17-34 所示，单击 OK 按钮，关闭该对话框。然后关闭 Element Types 对话框。

图 17-33 Element Types 对话框

图 17-34 CONTA174 element type options 对话框

（3）在 GUI 的主菜单中选择 Preprocessor > Real Constant > Add/Edit/Delete 命令，弹出 Element Type for Real Constants 对话框，在 Choose element type 列表框中选择 TYPE 4

CONTA174 选项，如图 17-35 所示，单击 OK 按钮，弹出 Real Constant Set Number 1,for CONTA174 对话框，设置 Normal penalty stiffness * FKN=0.1，如图 17-36 所示，单击 OK 按钮。

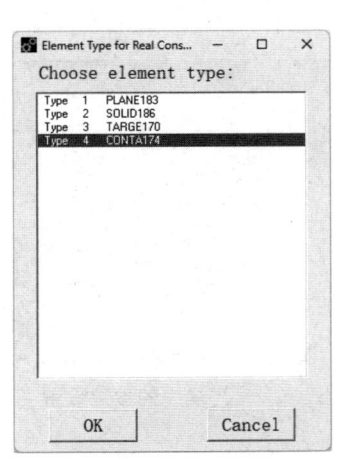

图 17-35　Element Type for Real Constants 对话框

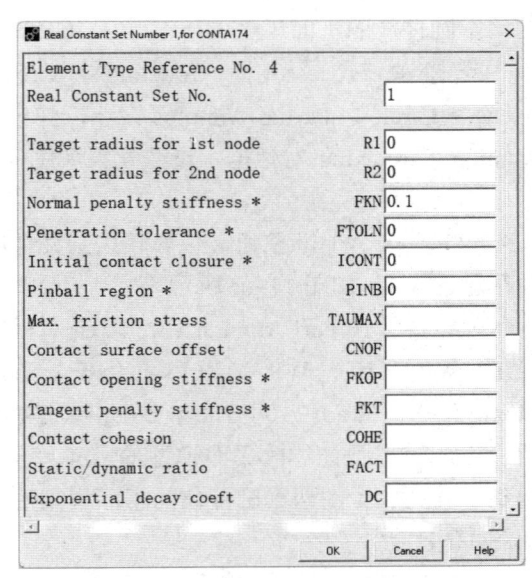

图 17-36　Real Constant Set Number1, for CONTA174 对话框

（4）在 GUI 的主菜单中选择 Preprocessor > Material Props > Material Models 命令，打开 Define Material Model Behavior 窗口，在 Material Models Available 列表框中选择 Structural > Linear > Elastic > Isotropic 选项，如图 17-37 所示，弹出 Linear Isotropic Properties for Material Number 1 对话框，设置 EX=2e11，设置 PRXY=0.3，如图 17-38 所示，单击 OK 按钮，关闭该对话框。

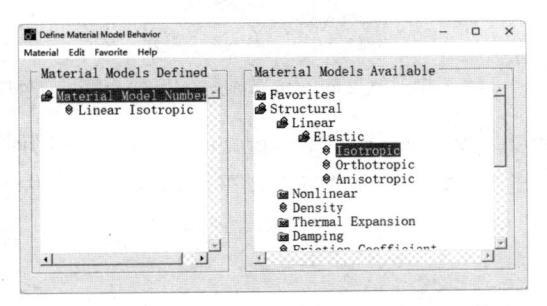

图 17-37　Define Material Model Behavior 窗口

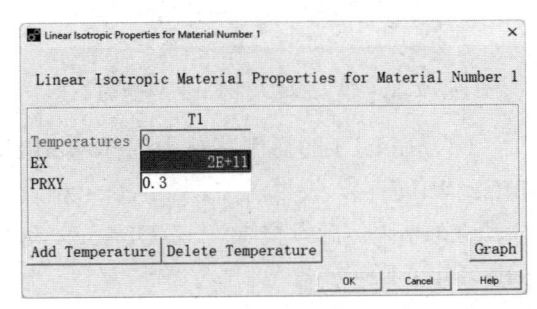

图 17-38　Linear Isotropic Properties for Material Number 1 对话框

17.3.5 创建模型

(1) 在材料属性设置完成后，创建并列放置的两个圆柱体的平面模型的 1/4。在 GUI 的主菜单中选择 Preprocessor > Modeling > Create > Areas > Circle > Partial Annulus 命令，弹出 Part Annular Circ Area 对话框，参数设置如图 17-39 所示。

(2) 单击 Apply 按钮，生成较大圆柱体的平面模型的 1/4，如图 17-40 所示。

(3) 继续在 Part Annular Circ Area 对话框中设置 WP X=0、WP Y=0.15、Rad-1=0.05、Theta-1=-90、Rad-2=0、Theta-2=0，单击 OK 按钮，生成较小圆柱体的平面模型的 1/4。这样就得到了并列放置的两个圆柱体的平面模型的 1/4，如图 17-41 所示。

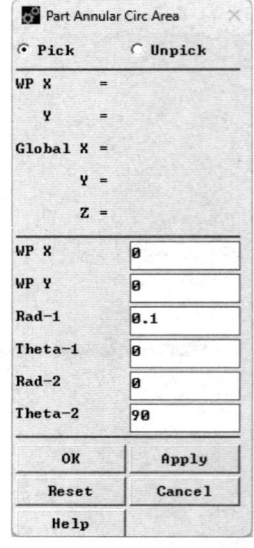

图 17-39 Part Annular Circ Area 对话框中的参数设置

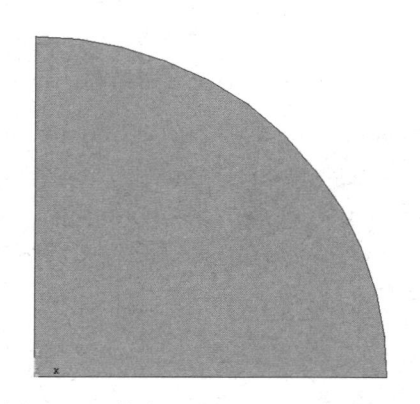

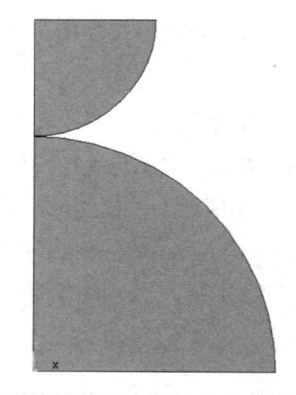

图 17-40 较大圆柱体的平面模型的 1/4 图 17-41 并列放置的两个圆柱体的平面模型的 1/4

(4) 在 GUI 的通用菜单中选择 WorkPlane > Offset WP by Increments 命令，打开 Offset WP 面板，设置 X,Y,Z Offsets=0.01，单击 X+按钮，即可将工作平面沿 X 轴正方向移动 0.01m；然后设置 XY,YZ,ZX Angles=90，单击 Z-按钮，即可将工作平面旋转 90°，如图 17-42 所示。

(5) 在 GUI 的主菜单中选择 Preprocessor > Modeling > Operate > Booleans > Divide > Area by WrkPlane 命令，在弹出的拾取对话框中单击 Pick All 按钮，即可使用工作平面分割工作区中的面，被分割的面如图 17-43 所示。

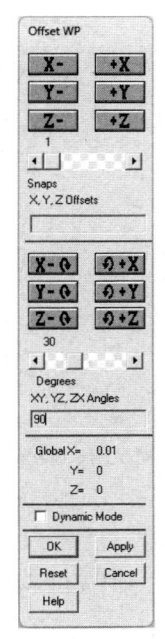

图 17-42　Offset WP 面板 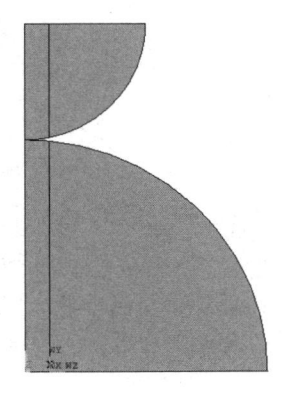　　　　　图 17-43　被分割的面

17.3.6　划分网格

（1）在 GUI 的主菜单中选择 Preprocessor > Meshing > Mesh Attributes > All Areas 命令，弹出 Area Attributes 对话框，在该对话框中可以设置面的划分数，参数设置如图 17-44 所示。

（2）在 GUI 的主菜单中选择 Preprocessor > Meshing > Size Cntrls > Manual Size > Global > Size 命令，弹出 Global Element Sizes 对话框，设置 SIZE Element edge length=0.0075，如图 17-45 所示，单击 OK 按钮，完成单元尺寸的设置。

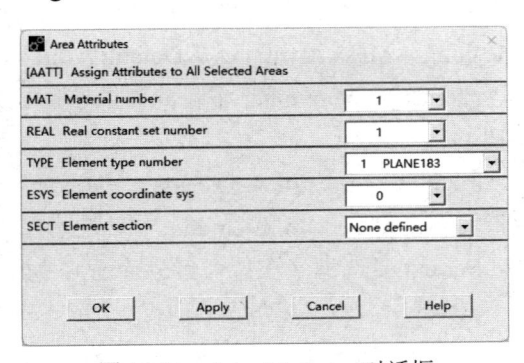

图 17-44　Area Attributes 对话框 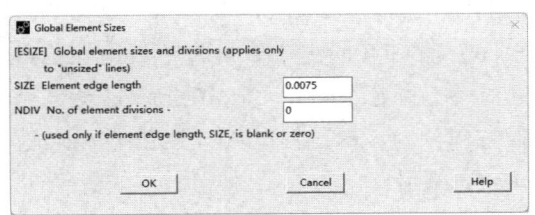　　　　　图 17-45　Global Element Sizes 对话框

（3）在 GUI 的主菜单中选择 Preprocessor > Meshing > Mesh > Areas > Free 命令，在弹出的拾取对话框中单击 Pick All 按钮，即可对所有面进行网格划分。网格划分结果如图 17-46 所示。

图 17-46　网格划分结果

（4）在 GUI 的主菜单中选择 Preprocessor > Meshing > Modify Mesh > Refine At > Keypoints 命令，弹出 Refine Mesh at Keypoint 拾取对话框，在该对话框中输入关键点编号"2,4"，单击 OK 按钮，弹出 Refine Mesh at Keypoint 对话框，如图 17-47 所示，单击 OK 按钮，完成对 2 号关键点与 4 号关键点附近的网格细化，如图 17-48 所示。

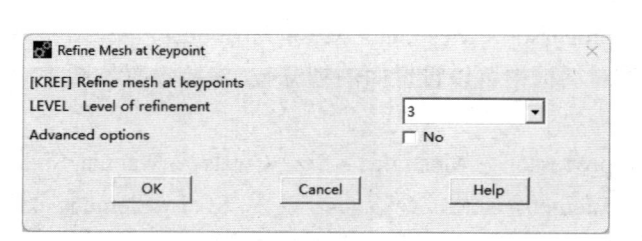

图 17-47　Refine Mesh at Keypoint 对话框

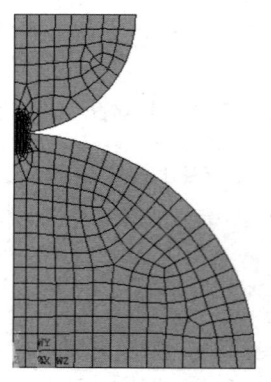

图 17-48　局部网格细化

（5）在 GUI 的主菜单中选择 Preprocessor > Meshing > Mesh Attributes > Default Attribs 命令，弹出 Meshing Attributes 对话框，在[TYPE] Element type number 下拉列表中选择 2 SOLID186 选项，如图 17-49 所示，单击 OK 按钮。

（6）在 GUI 的主菜单中选择 Preprocessor > Modeling > Operate > Extrude > Elem Ext Opts 命令，弹出 Element Extrusion Options 对话框，设置 VAL1 No. Elem divs=5，表示在拉伸方向分为 5 份；勾选 ACLEAR Clear area(s) after ext 复选框（在拉伸后删除面），如图 17-50 所示。

（7）在 GUI 的主菜单中选择 Preprocessor > Modeling > Operate > Extrude > Areas > By XYZ Offset 命令，弹出拾取对话框，在工作区中拾取所有面，单击 OK 按钮，弹出 Extrude Areas by XYZ Offset 对话框，在 DX,DY,DZ Offsets for extrusion 后的文本框中分别输入"0""0""0.01"，如图 17-51 所示，单击 OK 按钮，即可对并列放置的两个圆柱体的平面模型的 1/4 进行拉伸，从而生成并列放置的两个圆柱体模型的 1/4，如图 17-52 所示。

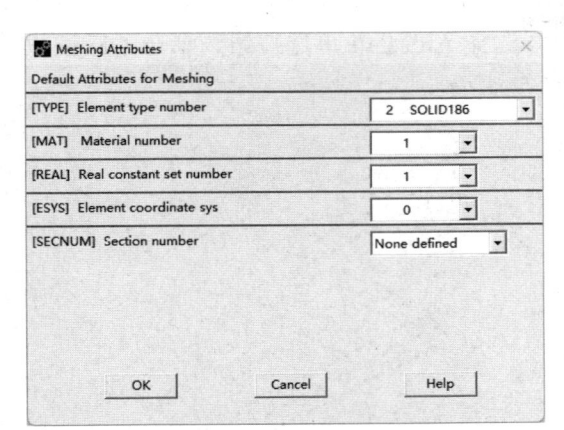

图 17-49　Mesh Attributes 对话框

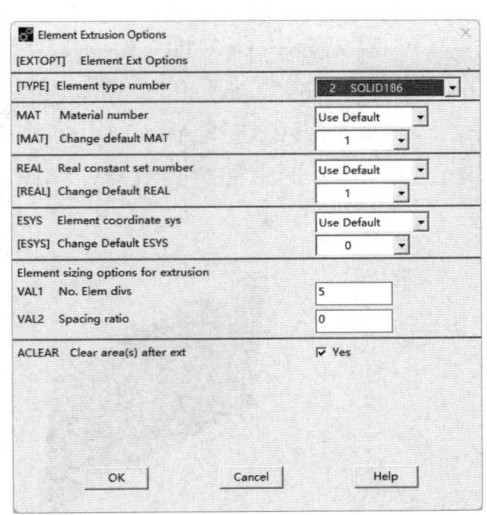

图 17-50　Element Extrusion Options 对话框

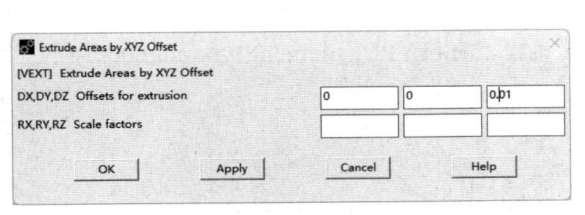

图 17-51　Extrude Areas by XYZ Offset 对话框

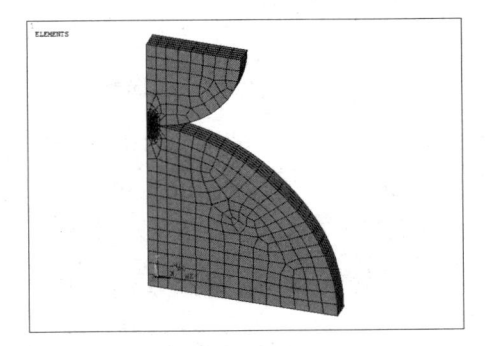

图 17-52　并列放置的两个圆柱体模型的 1/4

（8）在 GUI 的通用菜单中选择 PlotCtrls > Numbering 命令，弹出 Plot Numbering Controls 对话框，勾选 AREA Area numbers 复选框，使其状态转换为 On，如图 17-53 所示，单击 OK 按钮，即可在工作区中显示面编号，如图 17-54 所示，注意 14 号面的位置。

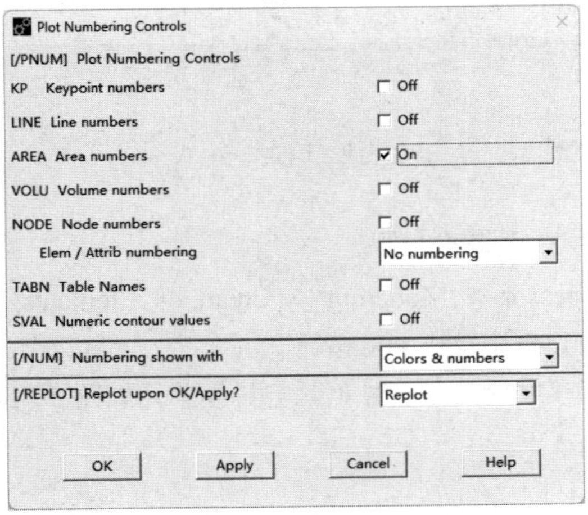

图 17-53　Plot Numbering Controls 对话框

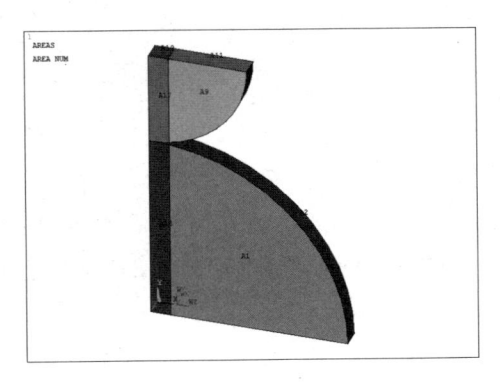

图 17-54　显示面编号

（9）首先选中 14 号面，如图 17-55 所示。然后在 GUI 的通用菜单中选择 Select > Entities 命令，弹出 Select Entities 对话框，在第一个下拉列表中选择 Nodes 选项，在第二个下拉列表中选择 Attached to 选项，选择 Areas,all 单选按钮，单击 OK 按钮，即可选中 14 号面上的所有节点，如图 17-56 所示。

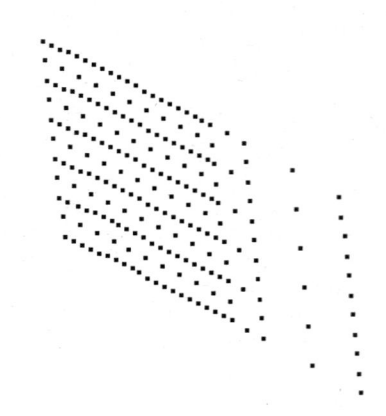

图 17-55　选中 14 号面　　　　图 17-56　选中 14 号面上的所有节点

（10）在 GUI 的主菜单中选择 Preprocessor > Modeling > Create > Elements > Elem Attributes 命令，弹出 Element Attributes 对话框，在[TYPE] Element type number 下拉列表中选择 3 TAGRE170 选项，如图 17-57 所示。

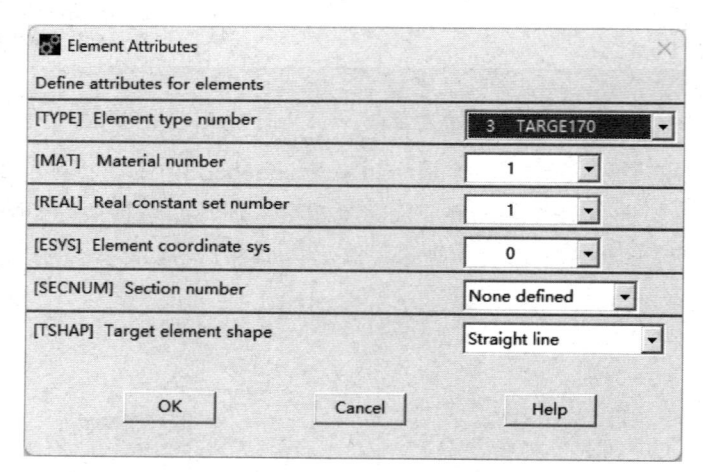

图 17-57　Element Attributes 对话框

（11）在 GUI 的主菜单中选择 Preprocessor > Modeling > Create > Elements > Surf/Contact > Inf Acoustic 命令，在弹出的对话框中单击 OK 按钮。

（12）重复上述操作，在 18 号面上生成接触单元。接触单元与目标单元如图 17-58 所示。

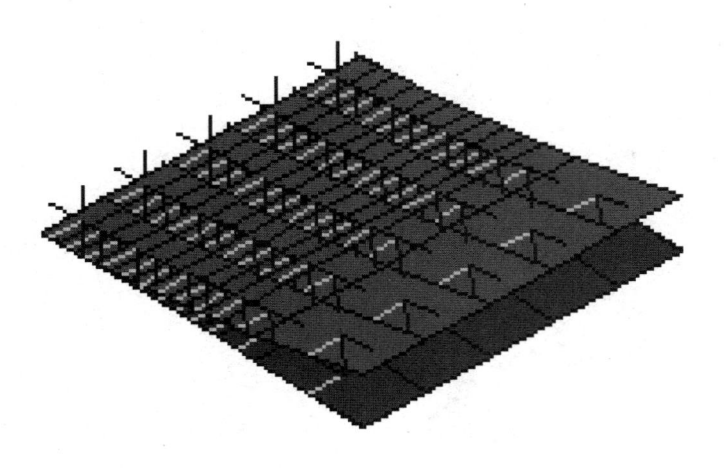

图 17-58　接触单元与目标单元

17.3.7　定义约束

（1）在 GUI 的主菜单中选择 Solution > Define Loads > Apply > Structural > Displacement > On Areas 命令，在弹出的拾取对话框中输入面编号 16 与 8，两个面编号之间用英文逗号隔开，单击 OK 按钮，弹出 Apply U,ROT on Areas 对话框，在 Lab2 DOFs to be constrained 列表框中选择 UY 选项，如图 17-59 所示，单击 OK 按钮，即可约束 16 号面与 8 号面在 Y 轴方向上的自由度，如图 17-60 所示。

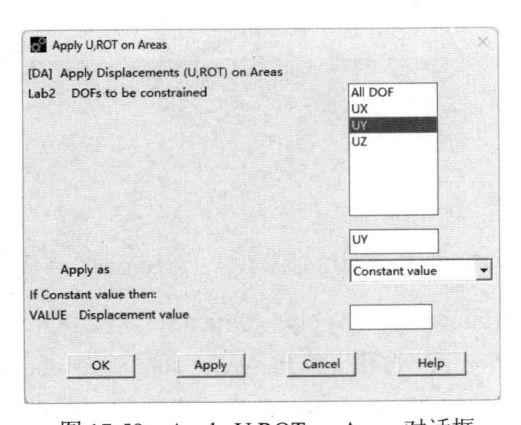

图 17-59　Apply U ROT on Areas 对话框

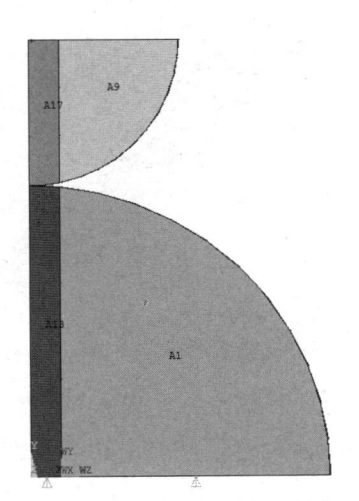

图 17-60　约束 16 号面与 8 号面在 Y 轴方向上的自由度

（2）重复上述操作，约束 15 号面与 20 号面在 X 轴方向上的自由度，约束 1、9、13、17 号面在 Z 轴方向上的自由度。完成的约束如图 17-61 所示。

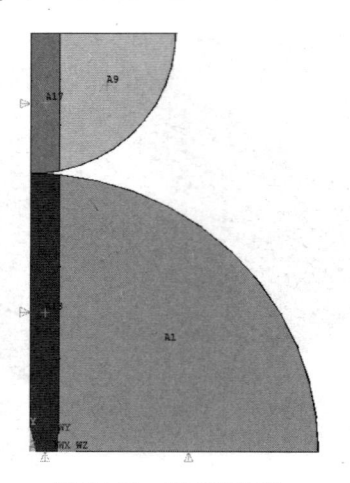

图 17-61 完成的约束

17.3.8 加载

（1）选中 11 号面与 19 号面，如图 17-62 所示。在 GUI 的通用菜单中选择 Select > Entities 命令，弹出 Select Entities 对话框，在第一个下拉列表中选择 Nodes 选项，在第二个下拉列表中选择 Attached to 选项，单击 OK 按钮，即可选中 11 号面与 19 号面上的节点，如图 17-63 所示。

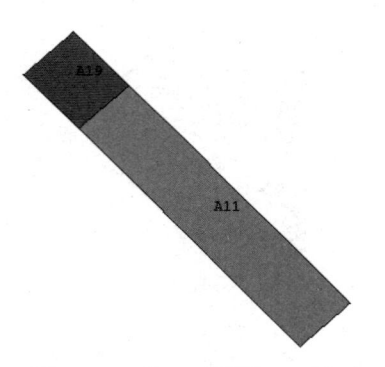

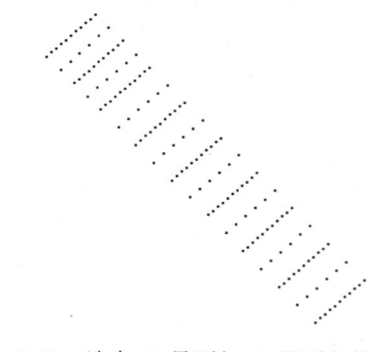

图 17-62 选 11 号面与 19 号面　　　　图 17-63 选中 11 号面与 19 号面上的节点

（2）在 GUI 的主菜单中选择 Solution > Define Loads > Apply > Structural > Pressure > On Nodes 命令，在弹出的拾取对话框中单击 Pick All 按钮，弹出 Apply PRES on nodes 对话框，设置 VALUE Load PRES value=1e6，如图 17-64 所示，单击 OK 按钮，对选中的节点施加载荷，如图 17-65 所示。

（3）在 GUI 的主菜单中选择 Preprocessor > Coupling/Ceqn > Couple DOFs 命令，在弹出的拾取对话框中单击 Pick All 按钮，弹出 Define Coupled DOFs 对话框，在 Lab Degree-of-freedom label 下拉列表中选择 UY 选项，如图 17-66 所示，单击 OK 按钮，对选中的节点施加耦合自由度约束，如图 17-67 所示。

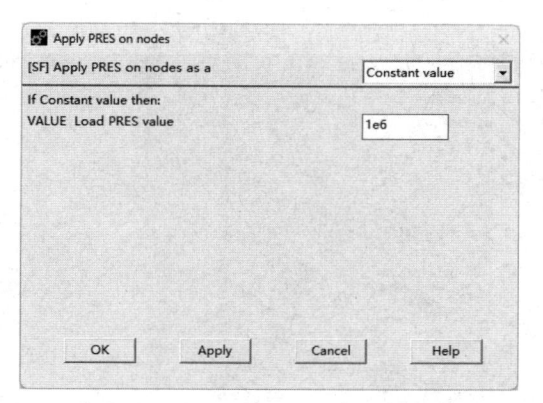

图 17-64　Apply PRES on nodes 对话框 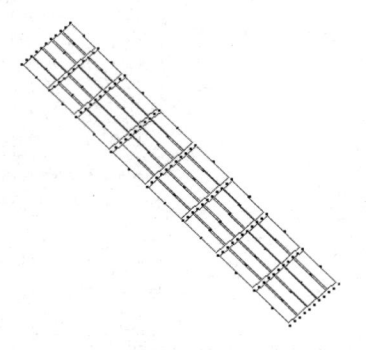　　　　图 17-65　对选中的节点施加载荷

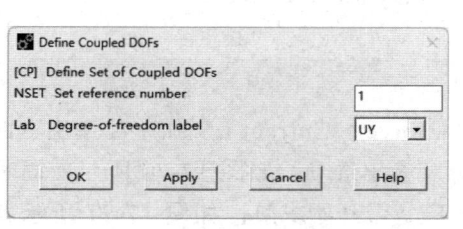

图 17-66　Define Coupled DOFs 对话框 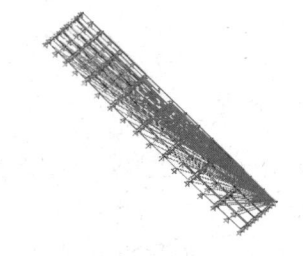　　　　图 17-67　对选中的节点施加耦合自由度约束

（4）在 GUI 的主菜单中选择 Solution > Analysis Type > Sol'n Controls 命令，弹出 Solution Controls 对话框，选择 Basic 选项卡，参数设置如图 17-68 所示；选择 Nonlinear 选项卡，保持默认参数设置，如图 17-69 所示。在完成参数设置后单击 OK 按钮。

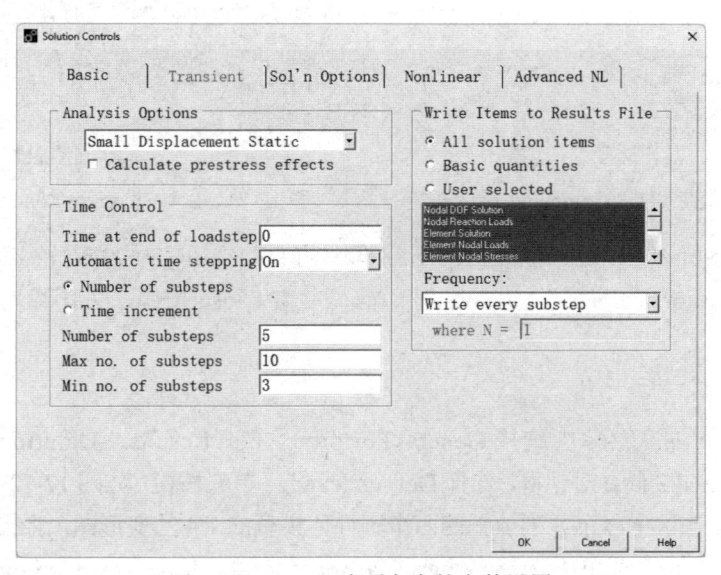

图 17-68　Basic 选项卡中的参数设置

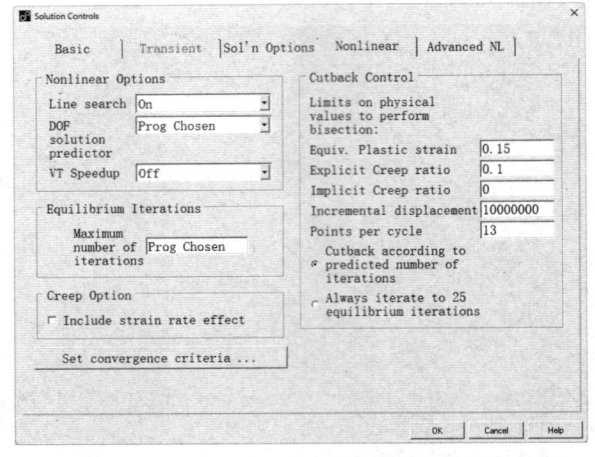

图 17-69　Nonlinear 选项卡中默认的参数设置

17.3.9　求解

（1）在 GUI 的主菜单中选择 Solution > Solve > Current LS 命令，弹出 /STATUS Command 对话框，用于显示项目的求解信息及输出选项，如图 17-70 所示；同时弹出 Solve Current Load Step 对话框，用于询问用户是否开始求解，如图 17-71 所示。

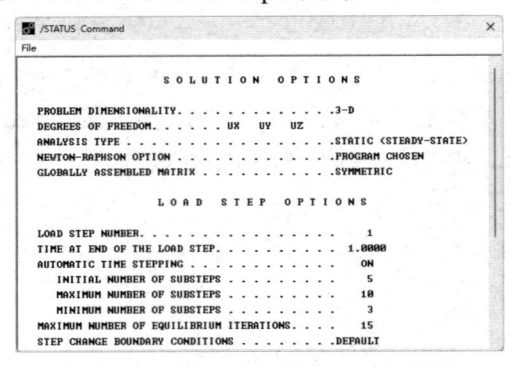

图 17-70　/STATUS Command 对话框 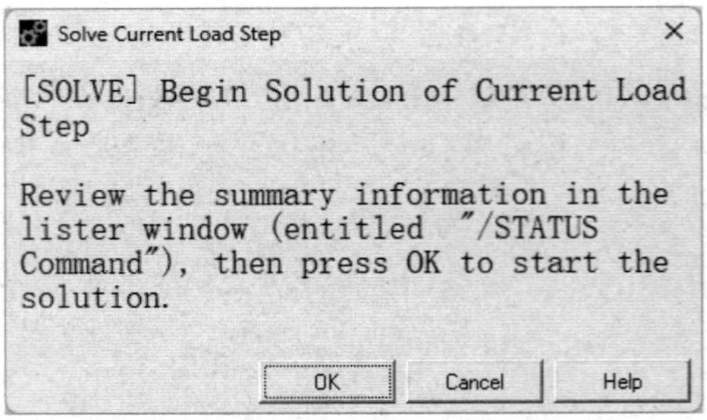　　　　图 17-71　Solve Current Load Step 对话框

（2）单击 Solve Current Load Step 对话框中的 OK 按钮，开始求解。在求解完成后，弹出显示"Solution is done！"的 Note 对话框，单击 Close 按钮，关闭该对话框。

17.3.10　后处理

（1）在 GUI 的主菜单中选择 General Postproc > Plot Results > Deformed Shape 命令，弹出 Plot Deformed Shape 对话框，选择 Def+undef edge 单选按钮，如图 17-72 所示，单击 OK 按钮，即可在工作区中显示并列放置的两个圆柱体模型的 1/4 的变形图，如图 17-73 所示。

（2）在 GUI 的主菜单中选择 General Postproc > Plot Results > Contour Plot > Nodal Solu 命令，弹出 Contour Nodal Solution Data 对话框，在 Item to be contoured 列表框中选择 Nodal Solution > DOF Solution > Y-Component of displacement 选项，如图 17-74 所示，

即可在工作区中显示接触点附近的位移云图,如图 17-75 所示。

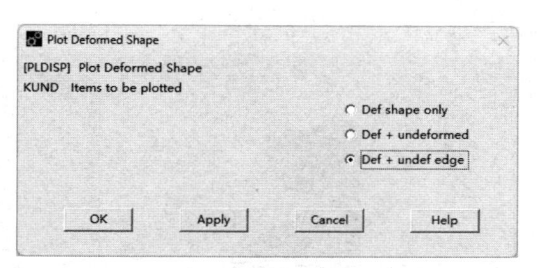

图 17-72　Plot Deformed Shape 对话框 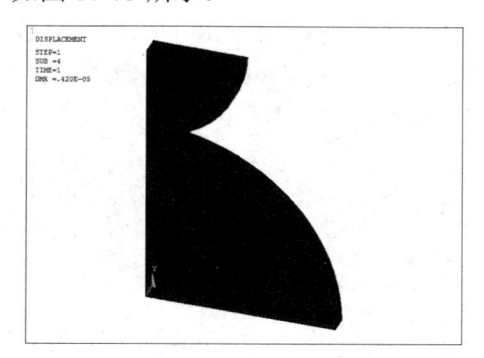　　图 17-73　并列放置的两个圆柱体模型的 1/4 的变形图

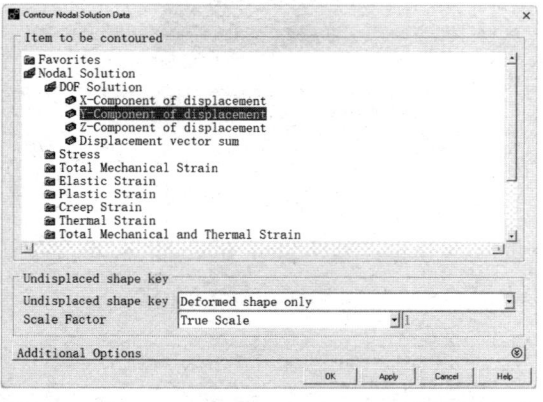

图 17-74　Contour Nodal Solution Data 对话框(一) 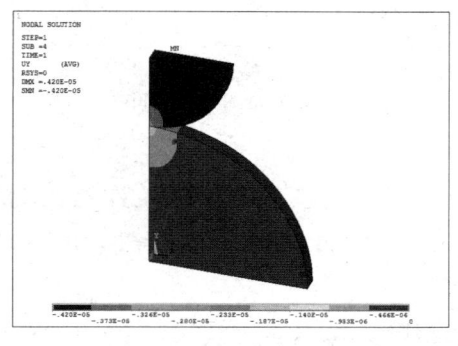　　图 17-75　接触点附近的位移云图

(3) 在 GUI 的主菜单中选择 General Postproc > Plot Results > Contour Plot > Nodal Solu 命令,弹出 Contour Nodal Solution Data 对话框,在 Item to be contoured 列表框中选择 Nodal Solution > Stress > X-Component of stress 选项,如图 17-76 所示,即可在工作区中显示并列放置的两个圆柱体模型的 1/4 在 X 轴方向上的应力云图,如图 17-77 所示。

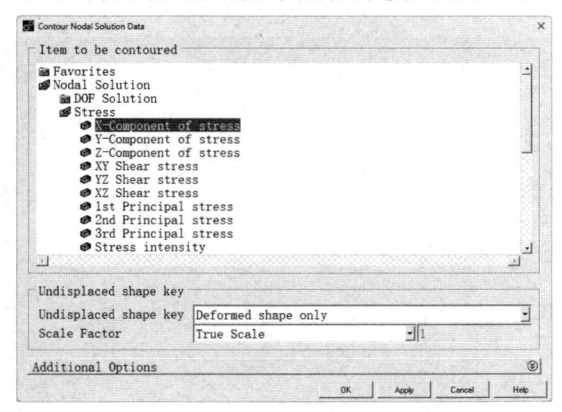

图 17-76　Contour Nodal Solution Data 对话框
(二) 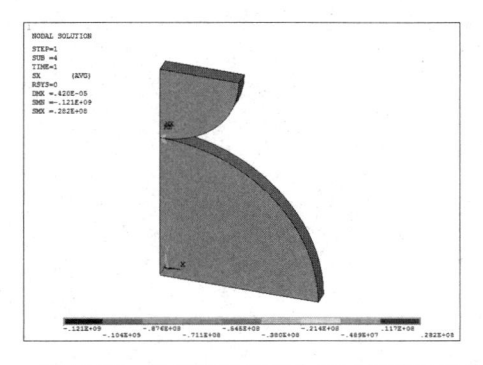　　图 17-77　并列放置的两个圆柱体模型的 1/4
在 X 轴方向上的应力云图

（4）在 GUI 的主菜单中选择 General Postproc > Plot Results > Contour Plot > Nodal Solu 命令，弹出 Contour Nodal Solution Data 对话框，在 Item to be contoured 列表框中选择 Nodal Solution > Stress > von Mises stress 选项，如图 17-78 所示，即可在工作区中显示并列放置的两个圆柱体模型的 1/4 的 Mises 应力云图，如图 17-79 所示。

图 17-78　Contour Nodal Solution Data 对话框（三）

图 17-79　并列放置的两个圆柱体模型的 1/4 的 Mises 应力云图

（5）单击工具栏中的 QUIT 按钮，弹出 Exit 对话框，选择 Save Everything 单选按钮，保存所有项目，单击 OK 按钮，退出 ANSYS。

17.4　本章小结

本章首先对接触问题进行了简单介绍，随后通过实例对接触问题相关分析中的材料属性设置、网格划分、加载、求解等进行了讲解，帮助读者尽快掌握利用 ANSYS 进行接触问题相关分析的方法。

第18章

"生死"单元

在工程中有这样一类问题,用户需要随时添加或删除材料,如焊接过程、混凝土浇筑过程、复杂机械的组装过程等,因此需要先将一部分单元"杀死",使其"不存在",当需要使用这部分单元时,再将这部分单元"激活",使其"出现"。本章介绍单元的"生死"问题。

学习目标:

- 了解单元"生死"的概念。
- 掌握"生死"单元的使用流程。
- 掌握使用"生死"单元模拟焊接过程的方法。

18.1 概述

如果在模型中加入(或删除)材料,模型中相应的单元就"存在"(或消亡)。单元"生死"选项主要用在这种情况下"杀死"或重新"激活"选中的单元。

18.1.1 "生死"单元的基本概念

ANSYS 程序并不会将"杀死"的单元从模型中删除,而是将其刚度(或其他分析特性)矩阵乘以一个很小的系数,这个系数的默认值为 1E-6,也可以为其他值。

"死"单元的单元载荷为 0,因此不对载荷向量生效(但仍然在单元载荷的列表中出现)。同样,"死"单元的质量、阻尼、比热容和其他类似效果的值也被设置为 0。"死"单元的质量和能量不包含在模型求解过程中。"死"单元的应变值在其被"杀死"时被设置为 0。

与上面的过程类似,如果单元"出现",并不是将其添加到模型中,而是重新"激活"它们。用户必须在 PREP7 中生成所有的单元,包括后面要"激活"的单元。在求解器中不能生成新的单元。如果要"加入"一个单元,那么先"杀死"它,然后在合适的载荷步中重新"激活"它。

一个单元在被重新"激活"后,其刚度、质量、单元载荷等都会恢复为其原始的数据。重新"激活"的单元没有应变记录（也无热量存储等）。但是，初应变是以实参形式输入的，不受单元"生死"选项的影响。如果启用了大变形选项，那么一些单元会以它们之前的几何特性恢复（大变形效果有时用于得到合理的结果）。

在单元被"激活"后的第一个求解过程中，如果其承受热量体载荷，则可以有热应变，值为 $a \times (T-\text{TREF})$。

支持单元"生死"技术的单元类型如表 18-1 所示。

表 18-1 支持单元"生死"技术的单元类型

SOLID72	CONTA171	LINK33	PLANE78
SOLID97	COMBIN14	PIPE60	SOLID122
TARGE170	LINK32	PLANE77	CONTA174
PLANE13	PIPE59	PLANE121	PIPE18
LINK31	PLANE75	CONTA173	PLANE35
SHELL57	SHELL99	PIPE17	SHELL63
SOLID73	CONTA172	LINK34	PLANE82
SOLID98	PIPE16	SOLID62	SOLID123

18.1.2 单元"生死"技术的使用

用户可以在大部分静态和非线性瞬态分析中使用单元"生死"技术，其基本分析过程与相应的分析过程一致，具体步骤包括建模、施加载荷并求解、查看结果。

1. 建模

在 PREP7 中生成所有单元，包括在以后的载荷步中"激活"的单元，因为在 PREP7 外不能生成新的单元。

2. 施加载荷并求解

在 SOLUTION 中完成以下操作。

在第一个载荷步中，用户必须定义分析类型和分析选项。定义分析类型的方法如下。

APDL 命令：

```
ANTYPE
```

GUI 操作：在主菜单中选择 Preprocessor > Solution > Analysis Type > New Analysis 命令。

在结构分析中，应启用大变形选项。启用大变形选项的方法如下。

APDL 命令：

```
NLGEOM,ON
```

GUI 操作：在主菜单中选择 Preprocessor > Solution > Analysis Options 命令。

要使所有单元"生死"起作用，应在第一个载荷步中设置牛顿-拉弗森选项，因为程序不能预知 EKILL 命令出现在后面的哪个载荷步中，所以使用如下方法完成该操作。

APDL 命令：
```
NROPT
```
GUI 操作：在主菜单中选择 Preprocessor > Solution > Analysis Options 命令。

"杀死"所有要加入后续载荷步中的单元，具体方法如下。

APDL 命令：
```
EKILL
```
GUI 操作：在主菜单中选择 Preprocessor > Solution > Load Step Opts Other > Kill Element 命令。

单元在载荷步的第一个载荷子步中被"杀死"（或"激活"），然后在整个载荷步中保持该状态。注意，要确保使用默认的矩阵缩减因子不会出现问题。在有些情况下需要使用严格的缩减因子，可以使用如下方法指定缩减因子的值。

APDL 命令：
```
ESTIF
```
在 GUI 的主菜单中选择 Preprocessor > Solution > Other > Stiffness Mult 命令。

不与任何"生"单元相连的节点会发生"漂移"，具有浮动的自由度值。在一些情况下，用户可能需要约束不被"激活"的自由度，从而减少需要求解的方程数量，并且防止出现位置错误。如果需要约束非"激活"的自由度，那么重新"激活"的单元要有特定的温度等，因为在重新"激活"单元时要删除这些约束，同时删除非"激活"自由度的节点载荷（不与任意"生"单元相连的节点）。同样，用户必须在重新"激活"的自由度上施加新的节点载荷。

在后续的载荷步中，用户可以随意"杀死"或重新"激活"单元，前提是正确地施加、删除约束和节点载荷。

3. 查看结果

在通常情况下，用户在对"死"单元或重新"激活"的单元进行操作时，应按照标准进行。值得注意的是，"杀死"的单元仍在模型中，尽管对刚度（或传导）矩阵的贡献可以忽略，因此它们会包含在单元显示、输出列表等操作中。例如，"死"单元在进行节点结果平均（使用 PLNSOL 命令或在 GUI 的主菜单中选择 General Postproc > Plot Results > Contour Plot > Nodal Solu 命令）时，会"污染"结果。"死"单元的输出应该被忽略，因为这些单元的效果很小。建议在单元显示和进行其他后处理操作前，将"死"单元从选择集中排除。

在使用单元"生死"技术时，应注意如下问题。
- 约束方程不能施加于"死"自由度上。
- 可以使用单元的"生死"技术模拟退热处理（如退火）。
- 在非线性分析中，不要让单元的"生死"创造奇异点（如尖的再生角）和突然极大地改变刚度，因为这样可能导致收敛困难。

- 如果除了"生死"单元外，模拟是完全线性的（没有接触或其他非线性单元，材料是线性的），那么 ANSYS 会将该分析按线性分析对待。
- 启用自适应下降因子的牛顿–拉弗森选项，通常会产生更好的结果。
- 可以使用一个参数的值来表示单元的"生"和"死"（*get,par,elem,n,attr,live），便于以后进行与单元"生死"有关的操作。
- 当存在单元的"生死"行为时，不能使用求解多个载荷步的载荷步文件方法（lswrite），因为载荷步文件不能记录单元的"生死"状态。

18.2 焊接过程模拟

"生死"单元通常用于模拟焊接、组装、浇筑等过程，本章会为读者分析一个焊接过程的实例，为用户提供参考。

18.2.1 问题描述

两块厚钢板通过双 V 形坡口焊缝对焊在一起，求钢板中的残余应力。由于焊接钢板具有对称性，因此只需对一块钢板进行有限元分析。焊接钢板模型示意图如图 18-1 所示，焊接钢板的材料属性如表 18-2 所示。

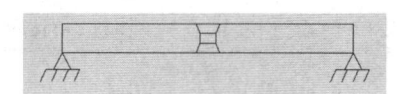

图 18-1　焊接钢板模型示意图

表 18-2　焊接钢板的材料属性

温度（℃）	0	1000	2400	2700	3000
弹性模量（N/cm^2）	3.0E7	3.0E7	1.0E7	5.0E6	2.0E5
屈服应力（N/cm^2）	36 000	36 000	5000	1000	500
切向应力（N/cm^2）	1.0E6	1.0E6	1.0E6	5.0E5	1.0E5

18.2.2 定义材料属性

（1）运行如下命令。

```
fini
/cle
/prep7
et,1,13,4
et,2,13,4
```

（2）在定义单元类型时，同时指定了单元的 KEY OPTION 选项，将 K1 设置为 4，即定义可用的自由度有 UX、UY、TEMP、AZ，如图 18-2 所示。

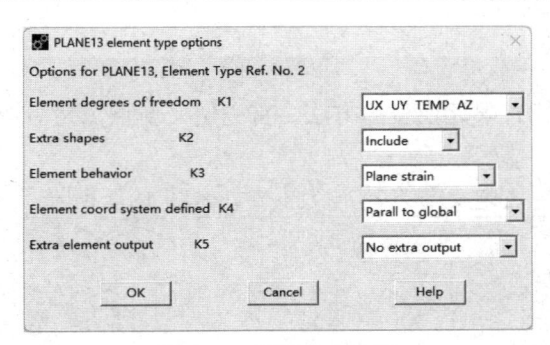

图 18-2 可用的自由度

（3）运行如下命令，定义材料属性。

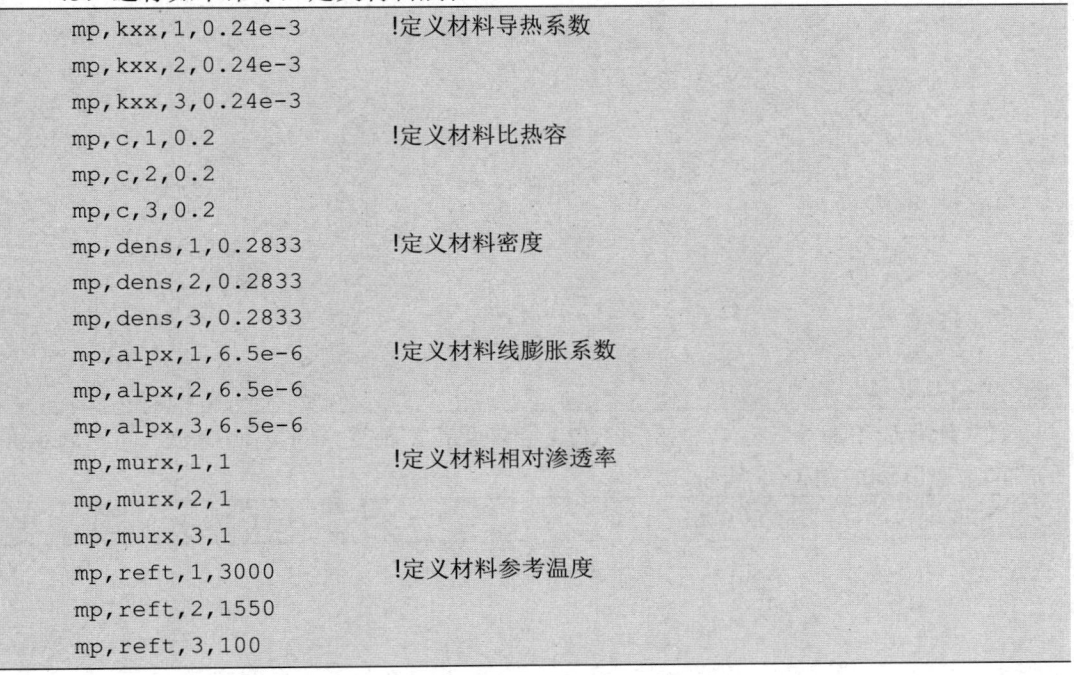

```
mp,kxx,1,0.24e-3        !定义材料导热系数
mp,kxx,2,0.24e-3
mp,kxx,3,0.24e-3
mp,c,1,0.2              !定义材料比热容
mp,c,2,0.2
mp,c,3,0.2
mp,dens,1,0.2833        !定义材料密度
mp,dens,2,0.2833
mp,dens,3,0.2833
mp,alpx,1,6.5e-6        !定义材料线膨胀系数
mp,alpx,2,6.5e-6
mp,alpx,3,6.5e-6
mp,murx,1,1             !定义材料相对渗透率
mp,murx,2,1
mp,murx,3,1
mp,reft,1,3000          !定义材料参考温度
mp,reft,2,1550
mp,reft,3,100
```

（4）在材料属性定义完成后，材料模型如图 18-3 所示。

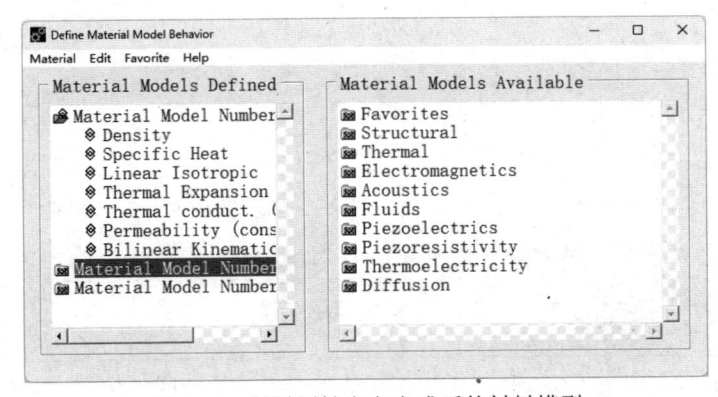

图 18-3 材料属性定义完成后的材料模型

18.2.3 创建模型

本例采用直接创建有限元模型的方法,首先定义节点,然后选中节点,最后将节点连接,使其围成单元。

(1) 运行如下命令,定义节点,定义的节点如图 18-4 所示。

```
n,1$n,2,,0.39
n,3,,0.41
n,4,,0.79
n,5,,0.81$n,6,,1.2
n,7,0.2$n,8,0.1,0.39
n,9,0.1,0.41
n,10,0.1,0.79
n,11,0.1,0.81
n,12,0.2,1.2
n,13,0.22
n,14,0.12,0.4
n,15,0.12,0.8
n,16,0.22,1.2
n,17,0.6
n,18,0.6,0.4
n,19,0.6,0.8
n,20,0.6,1.2
```

(2) 运行如下命令,将 17、18、19、20 号节点沿 X 轴正方向复制 10 次,间距为 0.6,形成的节点阵列如图 18-5 所示。

```
NGEN,10,4,17,20,1,0.6
```

图 18-4 生成的节点    图 18-5 节点阵列

(3) 运行如下命令,选中单元模型 1 与材料模型 1。

```
type,1        !单元模型 1
mat,1         !材料模型 1
```

(4) 运行如下命令,将 1、7、8、2 号节点连接,使其围成一个单元,如图 18-6 所示。

```
e,1,7,8,2
```

（5）运行如下命令，生成剩余焊缝部分的单元，如图 18-7 所示。

```
egen,5,1,-1
```

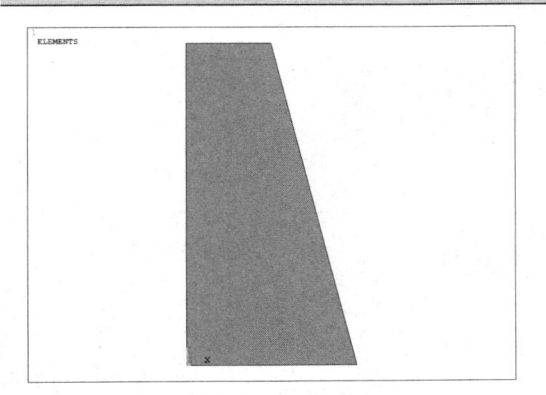

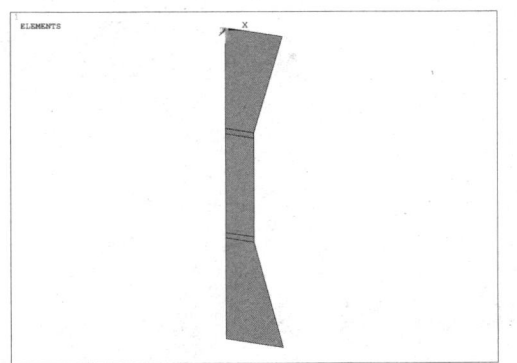

图 18-6　生成单元　　　　　图 18-7　生成焊缝部分的单元

（6）运行如下命令，选中材料模型 2。

```
mat,2
```

（7）运行如下命令，生成焊缝边上的单元，如图 18-8 所示。

```
e,7,13,14,8
e,8,14,9,9
e,9,14,15,10
e,10,15,11,11
e,11,15,16,12
```

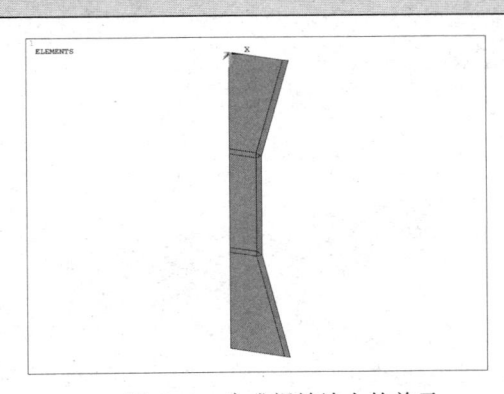

图 18-8　生成焊缝边上的单元

18.2.4　生成钢板模型的单元

运行如下命令，生成钢板模型的单元，如图 18-9 所示。

```
type,2
mat,3
e,13,17,18,14
egen,3,1,-1
egen,10,4,-3
```

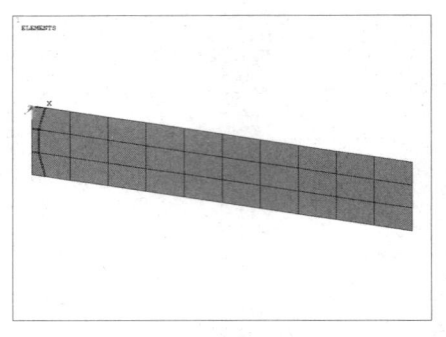

图 18-9 生成钢板模型的单元

18.2.5 加载

（1）运行如下命令。在 1~6 号节点上施加 X 轴方向上的平移自由度约束。

```
d,1,ux,0
d,2,ux,0
d,3,ux,0
d,4,ux,0
d,5,ux,0
d,6,ux,0
```

（2）运行如下命令，选中右端节点，约束其在 Y 轴方向上的自由度，如图 18-10 所示。

```
nsel,s,loc,x,6
nsel,r,loc,y,0
d,all,uy,0
```

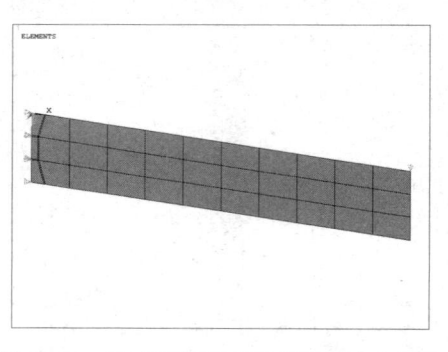

图 18-10 约束右端节点在 Y 轴方向上的自由度

（3）运行如下命令，选中所有节点，约束其在 Z 轴方向上的自由度。

```
nsel,all            !选中所有节点
d,all,az            !约束 Z 轴方向上的自由度
```

（4）完整的约束如图 18-11 所示。

（5）运行如下命令，定义材料的弹性模量随温度变化的情况。在 Linear Isotropic Properties for Material Number 1 对话框中可以列出材料 1 的弹性模量随温度变化的情况，

如图 18-12 所示。

```
mptemp,1,100,1000,2400,2700,3000
mptemp,ex,1,1,30e6,30e6,10e6,5e6,2e6
mptemp,ex,2,1,30e6,30e6,10e6,5e6,2e6
mptemp,ex,3,1,30e6,30e6,10e6,5e6,2e6
```

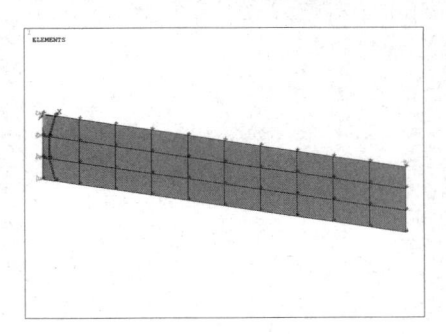

图 18-11 完整的约束

图 18-12 Linear Isotropic Properties for Material Number 1 对话框

（6）运行如下命令，定义在不同温度下材料的屈服强度。在 Bilinear Kinematic Hardening for Material Number 1 对话框中可以列出材料 1 在不同温度下的屈服强度，如图 18-13 所示。

```
tb,bkin,1,5
tbtemp,100
tbdata,1,36000,1e6
tbtemp,1000
tbdata,1,36000,1e6
tbtemp,2400
tbdata,1,5000,1e6
tbtemp,2700
tbdata,1,1000,0.5e6
tbtemp,3000
tbdata,1,500,0.1e6
```

图 18-13 Bilinear Kinematic Hardening for Material Number 1 对话框

18.2.6 求解

(1)运行如下命令,定义分析类型为瞬态分析,禁用瞬态效应,启用自动时间分步功能,设置收敛值为 heat,使用阶跃载荷加载,定义载荷步的载荷子步数为1。

```
/solu
antype,transient        !分析类型
timint,off              !瞬态效应
autots,on               !自动时间步
cnvtol,heat             !收敛选项
cnvtol,f
outpr,basic,last        !输出控制
outres,,last            !输出控制步
kbc,1                   !阶跃载荷
nsubst,1                !定义载荷步的载荷子步数
```

(2)运行如下命令,"激活"所有单元。

```
ealive,all
```

(3)运行如下命令,选中焊缝单元,如图 18-14 所示,在这些单元的节点上施加 3000℃的温度载荷,如图 18-15 所示。

```
esel,s,,,1,5,2
nsle
d,all,temp,3000
```

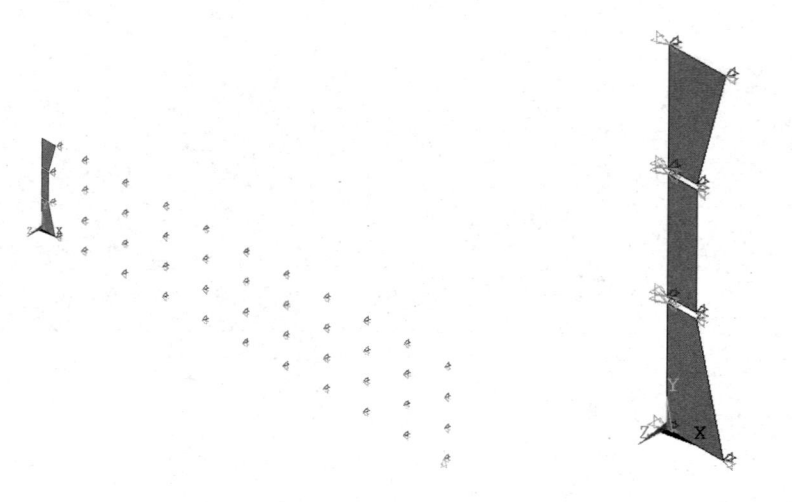

图 18-14 选中焊缝单元   图 18-15 施加温度载荷

(4)运行如下命令,反选钢板的节点,施加 100℃的温度载荷。

```
nsel,inve
d,all,temp,100
```

（5）运行如下命令，进行温度求解（第 1 个载荷步）。温度求解过程的收敛曲线如图 18-16 所示。

```
nsel,all
esel,all
time,1
solve
```

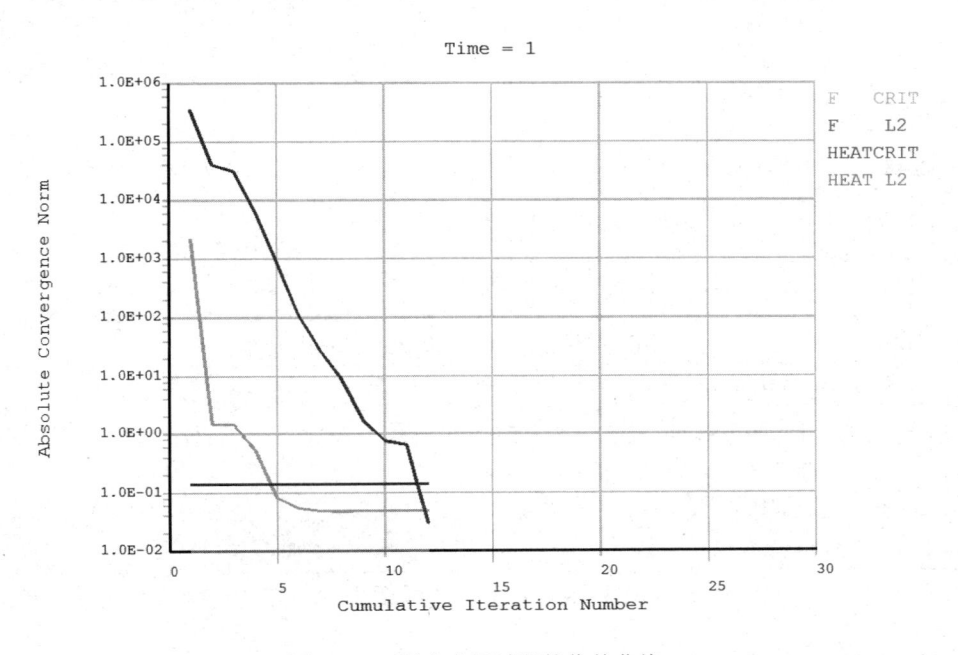

图 18-16 温度求解过程的收敛曲线

（6）运行如下命令，选中焊缝部分的单元与节点，如图 18-17 所示。

```
esel,s,,,1,5,2
nsle
esln,a
```

（7）运行如下命令。

```
cm,wnode,node
cm,welem,elem
ekill,all
```

CM 命令定义了组件名称。将选中的节点定义为一个名为 wnode 的组件，将选中的单元定义为一个名为 welem 的整组。

EKILL 命令"杀死"了上述单元，此时，焊缝部分的单元"不存在"，模型中的"活"单元如图 18-18 所示。

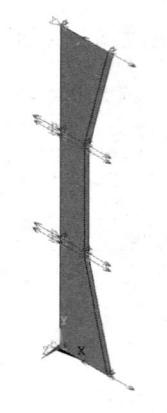

图 18-17　选中焊缝部分的单元与节点　　　图 18-18　模型中的"活"单元（一）

（8）运行如下命令，进行第 2 个载荷步求解。

```
nsel,all$esel,all
time,2$solve
```

（9）运行如下命令，启用瞬态效应，并且设置 20 个载荷步。

```
timint,on,ther$nsubst,20
```

（10）运行如下命令，选中单元类型为 2 的单元，并且选中属于这些单元的节点，如图 18-19 所示，删除这些节点上的温度载荷。

```
esel,s,type,,2$nsle
ddele,all,temp
```

（11）运行如下命令，选中 3 号单元，并且选中属于它的节点，删除其上的温度载荷，如图 18-20 所示。

```
nsel,all
esel,s,,,3
nsle
ddele,all,temp
```

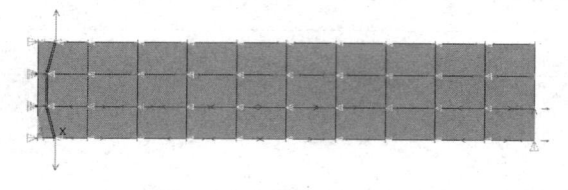

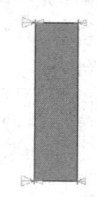

图 18-19　选中的节点　　　图 18-20　删除温度载荷（一）

（12）运行如下命令，"激活" 3 号单元与 8 号单元。此时，模型中的"活"单元如图 18-21 所示。

```
nsel,all
esel,all
ealive,3
ealive,8
```

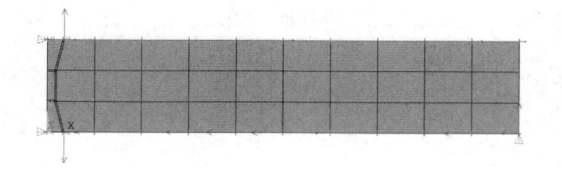

图 18-21 模型中的"活"单元（二）

（13）运行如下命令，选中模型中 $Y=0$ 的节点与 $Y=1.2$ 的节点，对其施加面载荷，对流系数为 hfval，体温度为 100℃，如图 18-22 所示。

```
nsel,s,loc,y,0
nsel,a,loc,y,1.2
hfval=0.0001
sf,all,conv,hfval,100
```

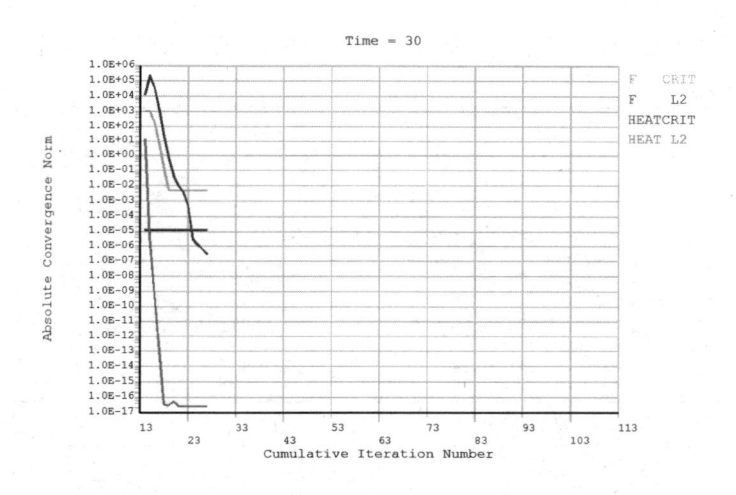

图 18-22 定义对流系数与体温度

（14）运行如下命令，定义第 3 个载荷步，将时间设置为 30，设置输出参数为全部输出，然后求解。

```
nsel,all
time,30
outpr,all,all
outes,all,all
solve
```

（15）在第 3 个载荷步求解完成后，运行如下命令，选中 1、3、2 号单元上的节点，删除其上的温度载荷，如图 18-23 所示。

```
esel,s,,,1,3,2
nsle
ddele,all,temp
```

（16）运行如下命令，此时模型中的"活"单元如图18-24所示。

```
nsel,all
esel,s,,,,5
nsle
esln,a
esel,inve
ealive,all
```

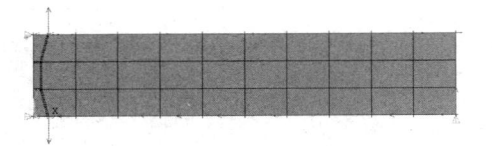

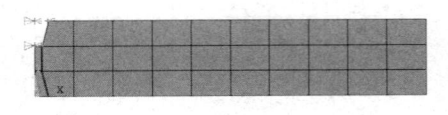

图18-23 删除温度载荷（二）　　　　图18-24 模型中的"活"单元（三）

（17）运行如下命令，设置载荷步的时间值为300，启用自动时间分步功能，然后求解第4个载荷步。

```
nsel,all
esel,all
time,300
autot,on
deltim,10,5,30
outpr,all,all
outes,all,all
solve
```

（18）运行如下命令，焊缝已经生成，此时，模型中的"活"单元如图18-25所示。

```
ddele,all,temp
ealive,all
time,600
autot,on
deltim,10,5,30
outpr,all,all
outes,all,all
solve
fini
```

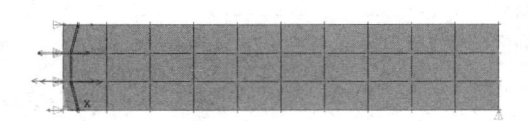

图18-25 模型中的"活"单元（四）

18.2.7 查看图形结果

（1）在 GUI 的主菜单中选择 General Postproc > Plot Results > Deformed Shape 命令，弹出 Plot Deformed Shape 对话框，选择 Def+undef edge 单选按钮，如图 18-26 所示，单击 OK 按钮，即可在工作区中显示钢板模型的变形图，如图 18-27 所示。

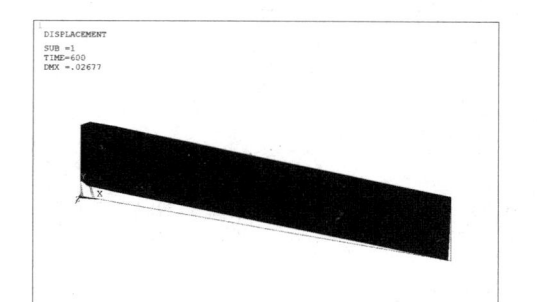

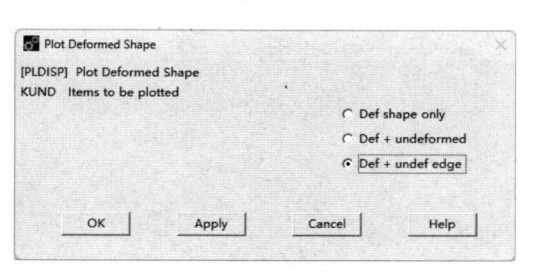

图 18-26　Plot Deformed Shape 对话框　　图 18-27　钢板模型的变形图

（2）在 GUI 的主菜单中选择 General Postproc > Plot Results > Contour Plot > Nodal Solu 命令，弹出 Contour Nodal Solution Data 对话框，在 Item to be contoured 列表框中选择 Nodal Solution > Stress > von Mises stress 选项，其他参数保持默认设置，如图 18-28 所示，单击 OK 按钮，即可在工作区中显示钢板模型的等效应力场分布等值线图，如图 18-29 所示。

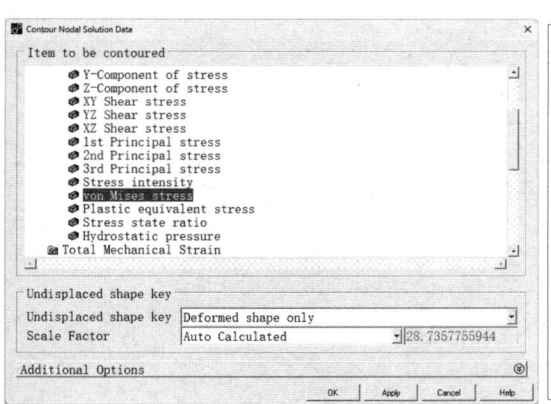

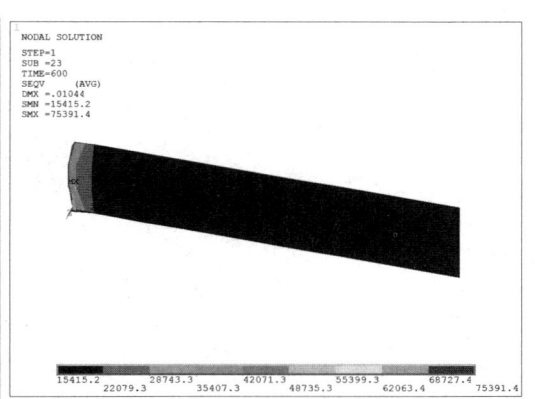

图 18-28　Contour Nodal Solution Data 对话框（一）　图 18-29　钢板模型的等效应力场分布等值线图

（3）在 GUI 的主菜单中选择 General Postproc > Plot Results > Contour Plot > Nodal Solu 命令，弹出 Contour Nodal Solution Data 对话框，在 Item to be contoured 列表框中选择 Nodal Solution > DOF Solution > Displacement vector sum 选项，其他参数保持默认设置，如图 18-30 所示，单击 OK 按钮，即可在工作区中显示钢板模型的相对位移等值线图，如图 18-31 所示。

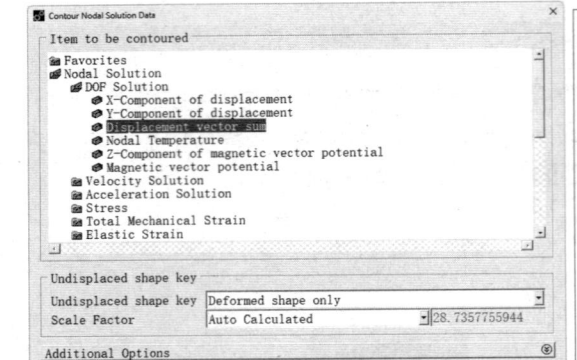

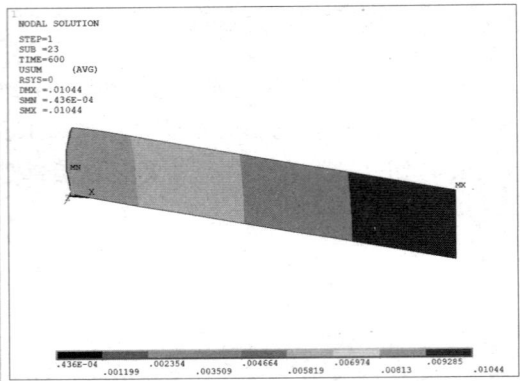

图 18-30 Contour Nodal Solution Data 对话框（二）　　图 18-31 钢板模型的相对位移等值线图

18.3 本章小结

在大部分静力学分析和非线性瞬态分析中经常用到单元"生死"技术。本章介绍了 ANSYS 有限元分析中单元"生死"的概念、"生死"单元的使用流程等，并且通过实例讲解了如何使用"生死"单元模拟焊接过程，从而帮助读者掌握"生死"单元的使用方法。

第 19 章

复合材料分析

复合材料是一种具有不同结构性质的材料，它的主要优点是具有很高的比刚度（刚度与质量的比）。在工程应用中，典型的复合材料有纤维材料和叠层型材料，如玻璃纤维、玻璃环氧树脂、石墨环氧树脂、硼环氧树脂等。

学习目标：

- 了解复合材料的基本概念。
- 了解可以模拟复合材料的单元类型。
- 了解复合材料的叠层结构。
- 掌握定义失效准则的方法。
- 掌握使用复合材料单元的方法。

19.1 复合材料的相关概念

复合材料由两种或更多种性质不同的材料复合而成，主要部分是增强材料和基体材料。

复合材料不仅保持了增强材料和基体材料本身的优点，而且通过各组性能的互补和关联获得了更加优异的性能。

复合材料具有比强度大、抗疲劳性能好、比刚度高、各向异性及材料性能可设计的特点，被广泛应用于航空航天、军事、民用等领域，可以获得多种显著的效益，并且能够改善结构性能，从而提高经济效益。

在 ANSYS 中使用单元模拟复合材料。利用层单元可以进行任意的结构分析。

19.2 创建复合材料模型

创建复合材料模型比创建各向同性材料模型复杂。由于各层材料的性能为任意正交各向异性，材料性能与材料主轴取向有关，因此在定义各层材料的性能和方向时要特别注意。

本节主要探讨如下问题。
- 选择合适的单元类型。
- 定义材料的叠层结构。
- 定义失效准则。
- 应遵循的建模和后处理规则。

19.2.1 选择合适的单元类型

用于创建复合材料模型的单元类型有 SHELL99、SHELL91、SHELL181、SOLID46 和 SOLID191。但 ANSYS/Professional 只能使用 SHELL99 和 SHELL46 单元类型。具体选择哪种单元类型，需要根据具体应用和所需结果类型等来确定，所有层单元都允许按失效准则计算。

1. SHELL99——线性层状结构壳单元类型

SHELL99 单元是一种八节点三维壳单元，每个节点有 6 个自由度。该单元主要用于创建薄的或中等厚度的板和壳结构，一般要求宽厚比大于 10。对于宽厚比小于 10 的结构，应考虑使用 SOLID46 单元创建模型。

SHELL99 单元最多允许有 250 层等厚材料层，或者 125 层厚度在单元面内呈现双线性变化的不等厚材料层。如果材料层数大于 250，那么用户可以通过输入自己的材料性能矩阵的形式创建模型。此外，可以通过参数设置将单元节点偏置到结构的表层或底层。

2. SHELL91——非线性层状结构壳单元类型

SHELL91 单元与 SHELL99 单元有些类似，只是 SHELL91 单元最多允许有 100 层复合材料层，而且用户不能输入自己的材料性能矩阵。但是，SHELL91 单元支持塑性、大应变行为，还有一个特殊的"三明治"选项，更适合在存在大变形的情况下使用。

3. SHELL181——有限应变壳单元类型

SHELL181 单元是四节点三维壳单元，每个节点有 6 个自由度。SHELL181 单元支持所有的非线性单元（包括大应变），最多允许有 250 层材料层。通常使用截面命令定义层的信息，可以使用 FC 命令指定失效准则。

4. SOLID46——三维层状结构体单元类型

SOLID46 单元是八节点三维实体单元 SOLID45 的一种叠层形式，其每个节点有 3 个自由度（UX、UY、UZ）。使用 SOLID46 单元可以创建叠层壳或实体的有限元模型，每个单元最多允许有 250 层等厚材料层，或者 125 层厚度在单元面内呈现双线性变化的不等厚材料层。

该单元的另一个优点是可以用叠加单元的方式对多于 250 层的复合材料创建模型，

并且允许沿厚度方向的变形斜率连续。用户也可以输入自己的本构矩阵。

SOLID46 单元可以调整横向的材料特性，从而允许在横向上承受常应力。与八节点壳单元相比，SOLID46 单元的阶次较低。因此，如果需要在壳结构应用中得到与 SHELL91 单元或 SHELL99 单元相同的求解精度，则需要更密的网格。

5. SOLID191——层状结构体单元类型

SOLID191 单元是 20 节点三维实体单元 SOLID95 的一种叠层形式，其每个节点有 3 个自由度（UX、UY、UZ）。使用 SOLID191 单元可以创建厚的叠层壳或实体的有限元模型，每个单元允许有最多 100 层材料层。与 SOLID46 单元类似，SOLID191 单元可以模拟厚度上不连续的结构。

SOLID46 单元可以调整横向的材料特性，从而允许在横向上承受常应力。该单元不支持非线性材料或大挠度。

6. 其他

除了上述几种层单元，还有一些具有层功能的单元。

- SOLID95 单元是 20 节点的结构实体单元，在 KEYOPT(1)=1 时，其作用与单层的 SOLID191 单元类似，包括应用方位角和失效准则，还允许非线性材料和大挠度。
- SHELL63 单元是四节点壳单元，可以对"三明治"壳结构进行粗糙、近似的计算。两块金属片之间夹有一层聚合物的问题就很典型，此时聚合物的弯曲刚度相对于金属片的弯曲刚度来说是一个小量。用户可以用实常数 RMI 修正单元的弯曲刚度，使其等效于由金属片引起的弯曲刚度。从中面到外层纤维的距离（实常数 CTOP 和 CBOT）可以获得"三明治"壳的表层输出应力。该单元不如 SHELL91 单元、SHELL99 单元和 SHELL181 单元用得频繁，故后面不再赘述。
- SOLID65 单元是三维钢筋混凝土实体单元，可以模拟在 3 个指定方向配筋的各向同性介质。
- BEAM188 和 BEAM189 单元为三维有限应变梁单元，其截面可以包含多种材料。

19.2.2 定义材料的叠层结构

复合材料最重要的特征是具有叠层结构。每层材料都有可能由不同的正交各向异性材料构成，并且其主方向也可能各不相同。对于叠层复合材料，纤维的方向决定了层的主方向。

定义材料层的配置有以下两种方法。

- 通过定义各层材料的性质。
- 通过定义表示宏观力、力矩与宏观应变、曲率之间相互关系的本构矩阵（只适用于 SOLID46 单元和 SHELL99 单元）。

1. 定义各层材料的性质

使用这种方法可以自下向上逐层定义材料层的配置。底层为第一层，后续的层沿单元坐标系的 Z 轴正方向自下向上叠加。如果叠层结构是对称的，则可以只定义一半材料层。

在某些情况下，某个物理层可能只延伸到模型的一部分。为了建立连续的层，可以将这些中断层的厚度设置为零，如图 19-1 所示为一个四层模型，其中第二层在某处中断了。

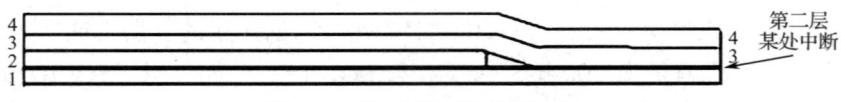

图 19-1 有中断层的叠层模型

对于每一层材料，根据单元实常数表[R,RMORE,RMODIF]（在 GUI 的主菜单中选择 Preprocessor > Real Constants 命令）定义如下性质。

- 材料性质（通过材料参考号 MAT 定义）。
- 层的定向角（THETA）。
- 层的厚度（TK）。

分层的截面可以使用截面工具定义（在 GUI 的主菜单中选择 Preprocessor > Sections > Shell > Add/Edit 命令）。使用截面命令或截面工具（SECTYPE,SECDATA）定义如下属性。

- 材料性质（通过材料参考号 MAT 定义）。
- 层的定向角（THETA）。
- 层的厚度（TK）。
- 每层积分点的数量（NUMPT）。

1）材料性质。与其他单元一样使用 MP 命令（在 GUI 的主菜单中选择 Preprocessor > Material Props > Material Models > Structural Implicit > Linear > Elastic > Isotropic 或 Orthotropic 命令）定义线性材料特性，使用 TB 命令定义非线性数据表（塑性仅可用于 SOLID191 和 SHELL91 单元）。值得注意的是，复合材料单元的材料参考号由它的实常数表指定。

对于层单元，MAT 属性（在 GUI 的主菜单中选择 Preprocessor > Meshing > Attributes > Default Attribs 命令）仅用于 MP 命令的 DAMP 和 REFT 参数。各层的线性材料特性可以是各向同性，也可以是正交异性，具体可以参考 *ANSYS Elements Reference*。

典型的纤维增强复合材料包括各向异性材料，并且材料的各向异性主要以主泊松比的形式提供。材料方向平行于层坐标系（由单元坐标系和层定向角定义）。

2）层的定向角。定义层坐标系相对于单元坐标系的角度，即这两个坐标系的 X 轴之间的夹角。在默认情况下，层坐标系与单元坐标系平行。

所有单元都有默认的坐标系。可以使用 ESYS 命令（在 GUI 的主菜单中选择 Preprocessor > Attributes > Default Attribs 命令）改变单元的坐标系。用户可以使用

USERAN 和 USANLY 命令定义单元类型和层坐标系。

3）层的厚度。如果层的厚度是常数，用户只需定义节点 i 处的厚度 TK(i)，否则 4 个角节点处的厚度都需要输入。中断的层必须是零厚度的。每层的积分点数量用于确定计算结果的详细程度。对于非常薄的层，当其与很多其他层一起使用时，只需积分点。但对于层数很少的片状结构，需要的积分点相对较多，默认值为 3。本特性仅适用于通过截面命令定义的截面。

注意，在 GUI 操作中，允许的层数（实常数）最大值为 100。如果需要的层数大于 100，则可以使用 R 命令和 RMORE 命令实现。

2. 定义本构矩阵

这是定义各层材料性质的另一种方式，适用于 SOLID46 单元和 SHELL99 单元（通过设置其 KEYOPT(2)）。本构矩阵可以表示单元的力-力矩与应变-曲率的关系，必须在 ANSYS 外进行计算。这种方法的主要优点如下。

- 允许用户合并聚合复合材料的性质。
- 支持热载荷向量。
- 可以表示层数无限制的材料。

在定义本构矩阵的元素时，可以将其看作实常数。在定义单元平均密度（实常数 AVDENS）时，可以将质量影响考虑进去。但是，在使用这种方法时，由于没有输入每层材料的信息，因此不能得到每层材料的详细结果。

3. 夹层（"三明治"）结构和多层结构

夹层结构有两个薄的面板和一个厚的但相对软的夹心层，如图 19-2 所示。在夹层结构中，假定夹心层承受了所有的横向剪切载荷，而面板承受了所有的（或几乎所有的）弯曲载荷。

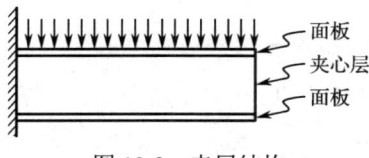

图 19-2 夹层结构

夹层结构可以使用 SHELL63、SHELL91 或 SHELL181 单元创建有限元模型。SHELL63 单元只能有一层，但可以通过实常数选项模拟，即通过修改有效弯曲惯性矩阵和中面到外层纤维的距离来考虑对夹心层的影响。

SHELL91 单元主要用于创建夹层结构，并且允许面板和夹心层有不同的性质。可以通过设置该单元的 KEYOPT(9)=1 激活夹层选项，只有 SHELL91 单元有夹层选项。SHELL181 单元可以通过能量等效的方法模拟横向剪切偏转。

4. 节点偏置

SHELL181 单元可以使用截面命令定义截面，可以在定义截面时使用 SECOFFSET

命令偏置节点。使用 SHELL91 单元和 SHELL99 单元的节点偏置选项（KEYOPT(11)）可以将单元的节点设置在壳的底面、中面或顶面上，如图 19-3 和图 19-4 所示。图 19-3 表示节点在板的底面，即 KEYOPT(11)=1，各板在这点对齐。图 19-4 表示节点在板的中间层，即 KEYOPT(11)=0，各板在这点对齐。

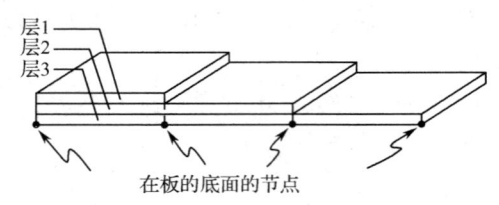

图 19-3　SHELL91 和 SHELL99 单元节点在底面的分层壳

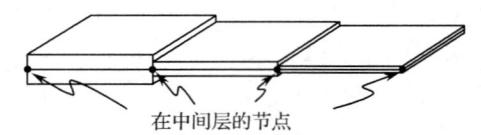

图 19-4　SHELL91 和 SHELL99 单元节点在中间层的分层壳

19.2.3　定义失效准则

失效准则主要用于确定在所加载荷下各层是否失效。用户可从 3 种预定义好的失效准则中选择失效准则，或者自定义最多 6 种的失效准则。3 种预定义失效准则如下。

- 最大应变失效准则，允许有 9 个失效应变。
- 最大应力失效准则，允许有 9 个失效应力。
- Tsai-Wu 失效准则，允许有 9 个失效应力和 3 个附加的耦合系数。

失效应变、应力和耦合系数可以是与温度有关的。*ANSYS Elements Reference* 中有每种准则所需数据的详细介绍。

可以使用 TB 命令族或 FC 命令族指定失效准则。

TB 命令族包括 TB、TBTEMP 和 TBDATA 命令（在 GUI 的主菜单中选择 Preprocessor > Material Props > Material Models > Structural > Nonlinear > Inelastic > Non-Metal Plasticity > Failure Criteria 命令），其典型的命令流如下。

```
TB,FAIL,1,2  ! Data table for failure criterion, material 1,
no. of temperatures=2
TBTEMP,,CRIT  ! Failure criterion key
TBDATA,2,1  ! Maximum Stress Failure Criterion (Const. 2=1)
TBTEMP,100  ! Temperature for subsequent failure properties
TBDATA,10,1500,,40,,10000  !X, Y, and Z failure tensile stresses (Z value
set to a large number)
TBDATA,16,200,10000,10000  ! XY, YZ, and XZ failure shear stresses
TBLIST
TBTEMP,200  ! Second temperature
```

```
TBDATA,...
```

TB、TBTEMP、TBDATA 和 TBLIST 命令的相关知识可以参考 *ANSYS Commands Reference*。

FC 命令族包括 FC、FCDELE 和 FCLIST 命令（在 GUI 的主菜单中选择 Preprocessor > Material Props > Material Models > Structural > Nonlinear > Inelastic > Non-Metal Plasticity > Failure Criteria 和 Main Menu > General Postprocessor > Failure Criteria 命令），其典型的命令流如下。

```
FC,1,TEMP,, 100, 200   ! Temperatures
FC,1,S,XTEN, 1500, 1200 ! Maximum stress components
FC,1,S,YTEN, 400, 500
FC,1,S,ZTEN,10000, 8000
FC,1,S,XY  , 200, 200
FC,1,S,YZ ,10000, 8000
FC,1,S,XZ ,10000, 8000
FCLIST, ,100  ! List status of Failure Criteria at 100.0 degrees
FCLIST, ,150  ! List status of Failure Criteria at 150.0 degrees
FCLIST, ,200  ! List status of Failure Criteria at 200.0 degrees
PRNSOL,S,FAIL ! Use Failure Criteria
```

注意，TB 族命令（TB、TBTEMP 和 TBDATA）仅适用于 SHELL91、SHELL99、SOLID46 和 SOLID191 单元，而 FC 和 FCLIST 命令适用于所有二维实体单元、三维实体单元和三维壳单元。

定义失效准则的注意事项如下。

- 失效准则是正交各向异性的，因此，用户必须输入所有方向上的失效应力值或失效应变值（压缩值等于拉伸值的情况除外）。
- 如果不希望在某个特定的方向上检查失效应力或失效应变，则在那个方向上定义一个大值。

用户可以使用用户子程序 USRFC1～USRFC6 自定义失效准则。这些用户子程序应事先与 ANSYS 程序进行连接。

19.2.4 应遵循的建模和后处理规则

在复合材料单元的建模和后处理中，有一些附加规则，具体如下。

（1）复合材料会体现出几种类型的耦合效应，如弯扭耦合、拉弯耦合等。这是由具有不同性质的多层材料互相重叠引起的。如果材料层的积叠顺序是非对称的，那么即使模型的几何形状和载荷都是对称的，也不能按照对称条件只求解一部分模型，因为结构的位移和应力可能不对称。

（2）在模型自由边界上的层间剪切应力通常是很重要的。如果需要计算在这些部位相对精确的层间剪切应力，则模型边界上的单元尺寸应约等于总的叠层厚度。

对于壳结构，增加实际材料层数不一定能够提高层间剪切应力的求解精度。但是，如果使用 SOLID46、SOLID95、SOLID191 单元，则沿厚度方向上的叠加单元可以提高沿厚度方向上的层间剪切应力的求解精度。

壳单元的层间横向剪切应力的计算基于单元的上、下表面不承受应力的假设。这些层间剪切应力只在单元的中心位置计算，不会沿着单元边界计算。建议使用壳-实体子模型精确计算自由边上的层间剪切应力。

（3）因为复合材料的求解需要大量输入数据，所以在进行求解之前应对这些数据进行检测，可用如下命令完成这些工作。

ELIST 命令（在 GUI 的通用菜单中选择 List > Elements 命令）：列表显示所有被选中单元的节点和属性。

EPLOT 命令（在 GUI 的通用菜单中选择 Plot > Elements 命令）：图形显示所有被选单元。

/ESHAPE,1 命令（在 GUI 的通用菜单中选择 PlotCtrls > Style > Size and Shape 命令）：在执行 EPLOT 命令之前执行该命令，可以使壳单元以实体单元的形式显示，显示出的厚度为从实常数中得到的厚度，如图 19-5 所示，也可以使 SOLID46 单元以层的形式显示。

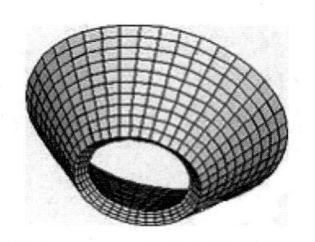

图 19-5 使用/ESHAPE,1 命令后显示的 SHELL99 单元厚度

/PSYMB,LAYR,n 命令（在 GUI 的通用菜单中选择 PlotCtrls > Symbols 命令）：在执行 EPLOT 命令之前执行该命令，可以图形显示所选单元的第 n 层，也可以显示并检验整个模型的每一层。

/PSYMB,ESYS,1 命令（在 GUI 的通用菜单中选择 PlotCtrls>Symbols 命令，在弹出的 Symbols 对话框中勾选 ESYS Element Coordinate sys 复选框，使其状态转换为 On）：在执行 EPLOTEPLOT 命令之前执行该命令，可以显示默认单元坐标系被改变的单元坐标系。

LAYLIST 命令（在 GUI 的通用菜单中选择 List > Elements > Layered Elements 命令）：可根据实常数列表显示层的叠加顺序和 SHELL99、SHELL91、SOLID46、SOLID191 单元的任意两种材料的性能，还可以指定要显示的层的范围。

```
LIST LAYERS   1 TO  4 IN REAL SET  1 FOR ELEMENT TYPE  1
 TOTAL LAYERS= 4 LSYM= 1 LP1= 0 LP2= 0  EFS =.000E+00
NO. ANGLE THICKNESS  MAT
--- ----- ---------- ---
  1  45.0   0.250    1
```

```
     2  -45.0  0.250  2
     3  -45.0  0.250  2
     4   45.0  0.250  1
     ----------------------
     SUM OF THK  1.00
```

LAYPLOT 命令（在 GUI 的通用菜单中选择 Plot > Layered Elements 命令）：可以以卡片的形式图形显示层的积叠顺序，各层以不同的颜色和截面线显示，截面线的方向表示层的方向角（实常数 THETA），颜色表示层的材料号（实常数 MAT）；还可以指定要显示的层的范围。

SECPLOT 命令（在 GUI 的主菜单中选择 Preprocessor > Sections > Shell-Plot Sections 命令）：可以以卡片的形式图形显示截面的积叠顺序，各截面以不同的颜色和截面线显示，截面线的方向表示层的方向角（实常数 THETA），颜色表示层的材料号（实常数 MAT）；还可以指定要显示的层的范围。

（4）在默认情况下，只有第一层（底层）的底面、最后一层（顶层）的顶面，以及最大失效值所在层的结果数据会被写入结果文件。如果用户对所有层的结果数据都感兴趣，则可以设置 KEYOPT(8)=1，但这样会导致结果文件增大。

（5）使用 "ESEL,S,LAYER" 命令选择特定层号的单元。如果某单元的指定层是零厚度的，则该单元不会被选中。

（6）在后处理 POST1 中使用 LAYER 命令（在 GUI 的主菜单中选择 General Postproc > Options for Outp 命令），或者在 POST26 中使用 LAYERP26 命令（在 GUI 的主菜单中选择 Timellist Postpro > Define Variables 命令），从而指定要处理哪一层的结果。

可以使用 SHELL 命令（在 GUI 的主菜单中选择 Timellist Postpro > Define Variables 命令）定义使用该层的顶面、中面或底面的结果。

在 POST1 中默认存储的是底层底面的结果、顶层顶面的结果和最大失效准则所在层的结果。

在 POST26 中默认存储的是第一层的结果。

如果在单元中设置 KEYOPT(8)=1（保存所有层的结果），则可以使用 LAYER 和 LAYERP26 命令存储指定层的顶面和底面的结果，而中间层的结果可以通过将顶面和底面的结果取平均值得到。横向剪切应力在 POST1 中只能以线性变化的形式显示，而在单元解打印输出数据中的形式是可以二次变化的。

（7）在默认情况下，POST1 会在总体笛卡儿坐标系中显示所有结果。使用 RSYS 命令（在 GUI 的主菜单中选择 General Postproc > Options for Outp 命令）可以将结果转换到别的坐标系中。

对于层单元，如果执行了 LAYER 命令，并且命令中指定的层号非零，则进行 "RSYS,SOLU" 命令可以使结果在层坐标系中显示。

19.3 复合材料分析实例

19.3.1 问题描述

有一个工字梁，长度为 3m，高度为 0.3m，上下翼缘的宽度为 0.2m。材料为 T300/5208，是 20 层对称分布叠层板，每层的厚度为 0.001m，各层的方向角分别为 0°、45°、90°、-45°、0°、0°、45°、90°、-45° 和 0°，材料特性为 E_x=140GPa，E_y=E_z=9GPa，G_{xy}=G_{yz}=G_{xz}=5GPa，μ_{12}=μ_{13}=0.3，μ_{23}=0.325。

沿轴强度：σ_x^+=1500MPa，σ_x^-=1500MPa，σ_y^+=40MPa，σ_y^-=246MPa，σ_x^+=40MPa，σ_x^-=246MPa，τ_{xy}=68MPa（+表示受拉，-表示受压）。工字梁一端固定，另一端受到的集中力分别为 100N、10 000N 和 100N。计算工作应力、工作应变、失效应力、失效层等。

叠层板工字梁模型示意图如图 19-6 所示，叠层板工字梁模型的载荷示意图如图 19-7 所示。

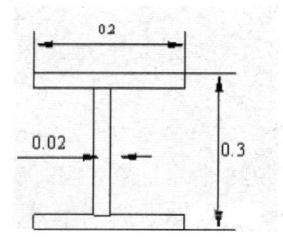

图 19-6 叠层板工字梁模型示意图

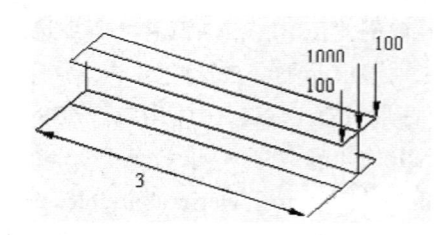

图 19-7 叠层板工字梁模型的载荷示意图

19.3.2 定义单元类型、实常数及材料特性

（1）在 GUI 的主菜单中选择 Preprocessor > Element Type > Add/Edit/Delete 命令，弹出 Element Types 对话框，单击 Add 按钮，弹出 Library of Element Types 对话框，在第一个列表框中选择 Shell 选项，在第二个列表框中选择 3D 4node 181 选项，如图 19-8 所示，单击 OK 按钮，关闭该对话框。

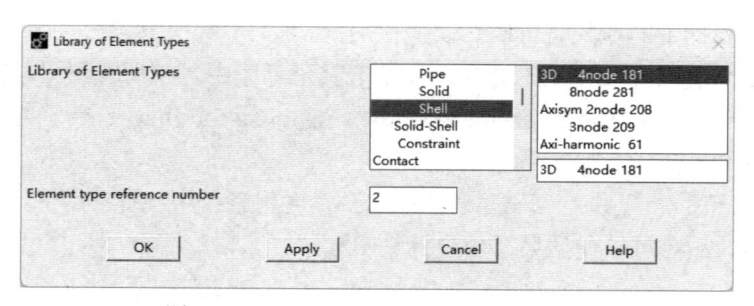

图 19-8 Library of Element Types 对话框

（2）在 Element Types 对话框中单击 Options 按钮，弹出 SHELL181 element type options 对话框，在 Storage of layer data K8 下拉列表中选择 All layers 选项，如图 19-9 所示，单击 OK 按钮，关闭该对话框。在 Element Types 对话框中单击 Close 按钮，将其关闭。

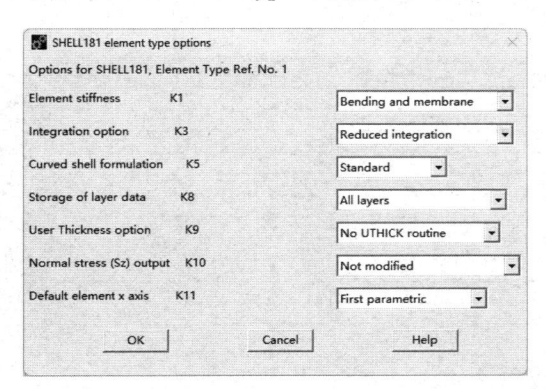

图 19-9 SHELL181 element type options 对话框

（3）在 GUI 的主菜单中选择 Preprocessor > Material Props > Material Models 命令，打开 Define Material Model Behavior 窗口，在 Material Models Available 列表框中选择 Structural > Linear > Elastic > Orthotropic 选项，如图 19-10 所示。弹出 Linear Orthotropic Properties for Material Number 1 对话框，设置 EX=140e9、EY=9e9、EZ=9e9、PRXY=0.3、PRYZ=0.325、PRXZ=0.3、GXY=5e9、GYZ=5e9、GXZ=5e9，如图 19-11 所示，单击 OK 按钮。

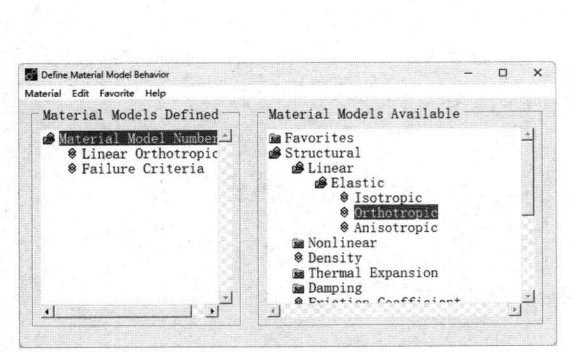

图 19-10 Define Material Model Behavior 窗口

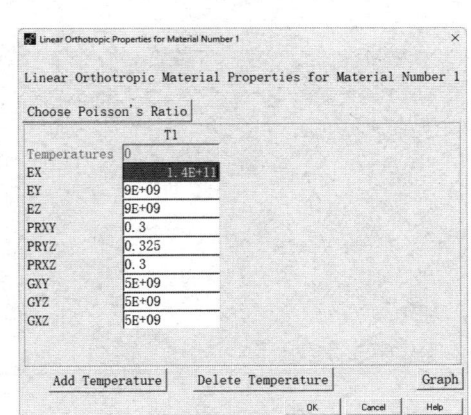

图 19-11 Linear Orthotropic Properties for Material Number 1 对话框

（4）在完成单元类型与材料模型的定义后，定义壳的厚度。在 GUI 的主菜单中选择 Preprocessor > Sections > Shell > Lay-up > Add/Edit 命令，弹出 Create and Modify Shell Sections 对话框，单击 Add Layer 按钮，添加 20 个层，定义每层的厚度为 0.001m，方向按照 90°、45°、0°、-45°的顺序循环定义，并且定义每层的方向解，如图 19-12 所示。

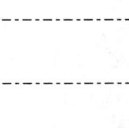

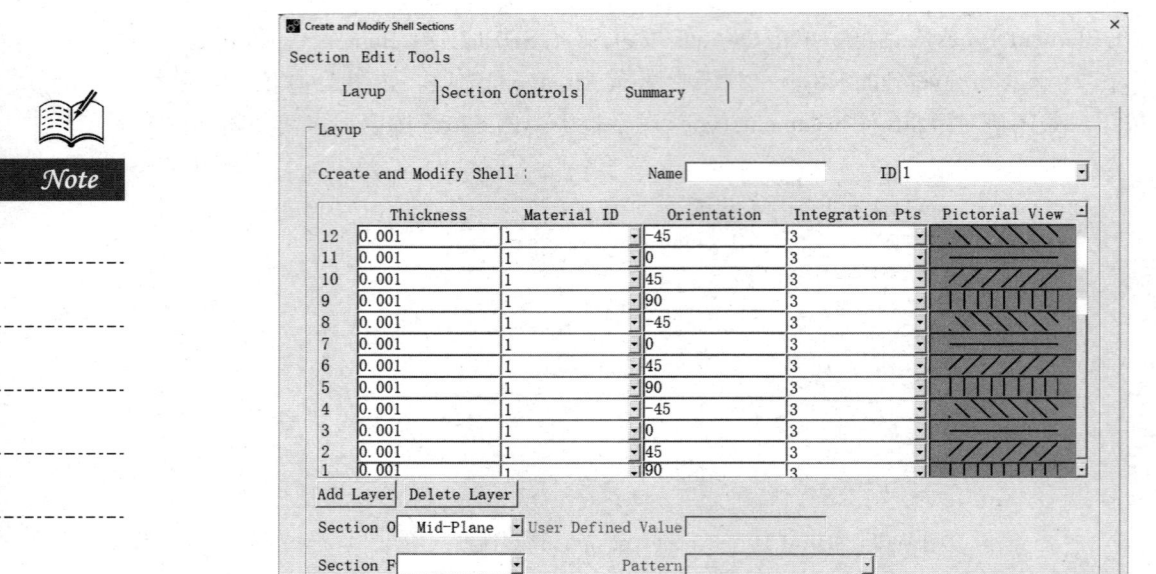

图 19-12　Create and Modify Shell Sections 对话框

（5）定义失效准则。运行如下命令定义强度参数。

```
TB,FALL,1
TBTEMP,,CRIT
TBDATA,1,0,0,1
TBTEMP,20
TBDATA,10,1500E6
TBDATA,11,-1500E6
TBDATA,12,40E6
TBDATA,13,-246E6
TBDATA,14,40E6
TBDATA,15,-246E6
TBDATA,16,68E6
```

19.3.3　创建有限元模型

（1）在 GUI 的主菜单中选择 Preprocessor > Modeling > Create > Keypoints > In Active CS 命令，弹出 Create Keypoints in Active Coordinate System 对话框，在 NPT Keypoint number 文本框中输入关键点编号"1"，在 X,Y,Z Location in active CS 文本框中输入 1 号关键点的坐标（0,0,0），如图 19-13 所示，单击 Apply 按钮，完成 1 号关键点的创建。继续输入其他关键点的编号与坐标，直至完成所有关键点的创建。关键点的编号与坐标如表 19-1 所示。创建的关键点如图 19-14 所示。

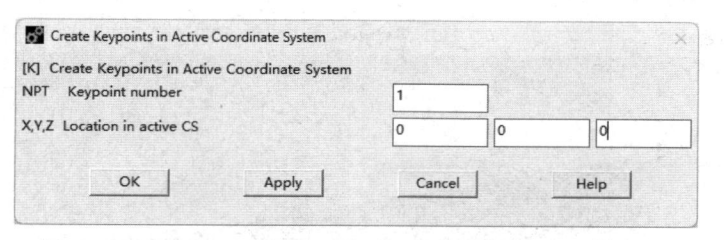

图 19-13 Create Keypoints in Active Coordinate System 对话框

表 19-1 关键点的编号与坐标

关键点编号	X	Y	Z
1	0	0	0
2	3	0	0
3	3	0.3	0
4	0	0.3	0
5	0	0	0.1
6	3	0	0.1
7	3	0	-0.1
8	0	0	-0.1
9	0	0.3	0.1
10	3	0.3	0.1
11	3	0.3	-0.1
12	0	0.3	-0.1

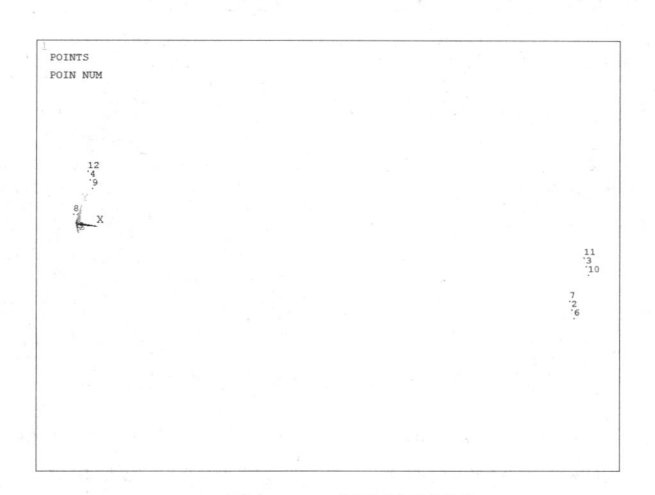

图 19-14 创建的关键点

（2）在关键点创建完成后，将关键点围成面。在 GUI 的主菜单中选择 Preprocessor > Modeling > Create > Areas > Arbitrary > Through KPs 命令，弹出拾取对话框，在工作区拾取 1、2、3、4 号关键点，将其连接成面。用同样的方法，将 5、6、7、8 号关键点及 9、10、11、12 号关键点分别连接成面，生成的模型如图 19-15 所示。

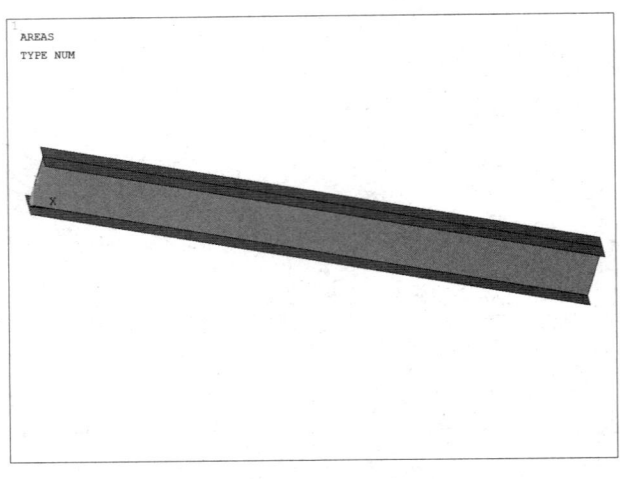

图 19-15 生成的模型

（3）在 GUI 的主菜单中选择 Preprocessor > Modeling > Operate > Booleans > Partition > Areas 命令，弹出拾取对话框，在工作区中拾取所有面，单击 OK 按钮，完成面的搭接。

19.3.4 划分网格

（1）在 GUI 的主菜单中选择 Preprocessor > Meshing > Size Cntrls > Manual Size > Global > Size 命令，弹出 Global Element Sizes 对话框，设置 SIZE Element edge length=0.1，如图 19-16 所示，单击 OK 按钮，完成单元尺寸的定义。

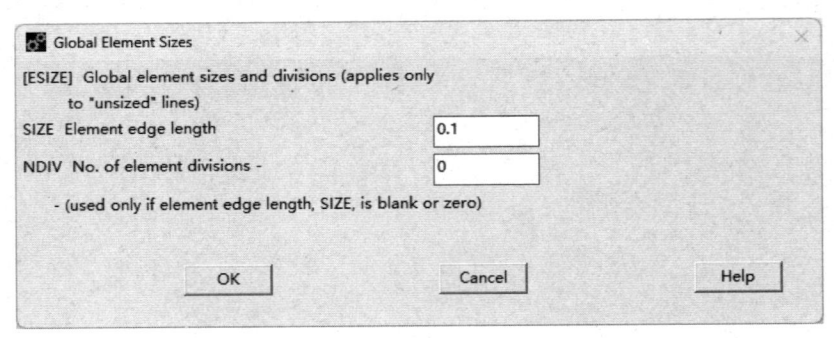

图 19-16 Global Element Sizes 对话框

（2）在 GUI 的主菜单中选择 Preprocessor > Meshing > Mesh > Areas > Mapped > 3 or 4 sided 命令，弹出 Mesh Areas 拾取对话框，在工作区中拾取叠层板工字梁模型，单击 OK 按钮，关闭该对话框，完成网格划分。生成的单元结构如图 19-17 所示。

（3）在 GUI 的通用菜单中选择 PlotCtrls > Style > Size and Shape 命令，弹出 Size and Shape 对话框，勾选 [/ESHAPE] Display of element 复选框，使其状态转换为 On，如图 19-18 所示，单击 OK 按钮，即可在工作区中显示单元的厚度，如图 19-19 所示，分层的细节如图 19-20 所示。

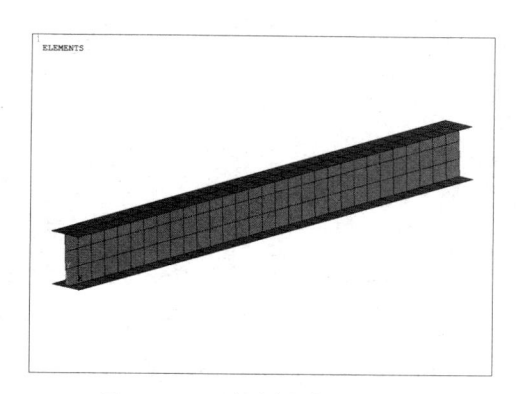

图 19-17　网格划分生成的单元

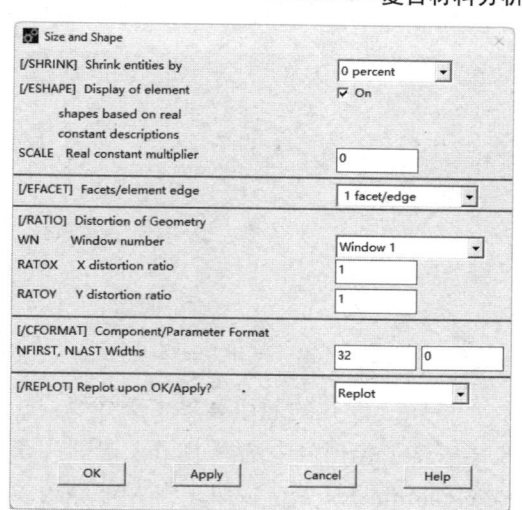

图 19-18　Size and Shape 对话框

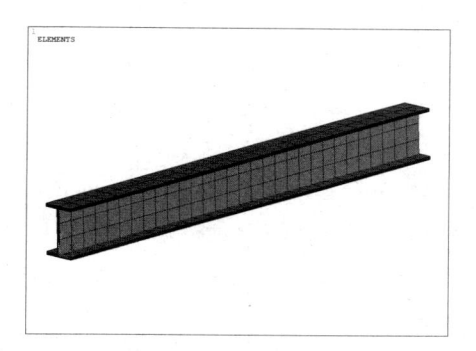

图 19-19　显示单元的厚度

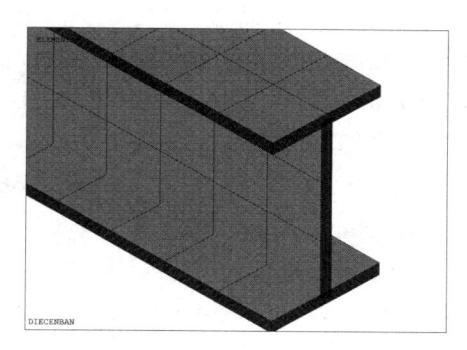

图 19-20　分层的细节

19.3.5　施加约束和载荷

（1）在 GUI 的通用菜单中选择 Select > Entities 命令，弹出 Select Entities 对话框，在第一个下拉列表中选择 Nodes 选项，在第二个下拉列表中选择 By Location 选项，选择 X coordinates 单选按钮，在 Min,Max 文本框中输入"0"，单击 OK 按钮，即可选中端面节点，如图 19-21 所示。

（2）在 GUI 的主菜单中选择 Solution > Define Loads > Apply > Structural Displacement > On Nodes 命令，弹出 Apple U,ROT on Nodes 拾取对话框，单击 Pick All 按钮，弹出 Apply U,ROT on Nodes 对话框，在 Lab2 DOFs to be constrained 列表框中选择 All DOF 选项，如图 19-22 所示，单击 OK 按钮。

（3）在 GUI 的通用菜单中选择 Select > Everything 命令。在 GUI 的通用菜单中选择 Select > Entities 命令，弹出 Select Entities 对话框，在第一个下拉列表中选择 Nodes 选项，在第二个下拉列表中选择 By Location 选项，选择 X coordinates 单选按钮，在 Min,Max 文本框中输入"0"，单击 OK 按钮。

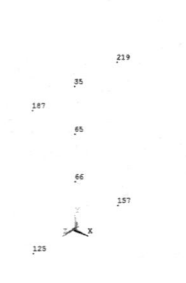

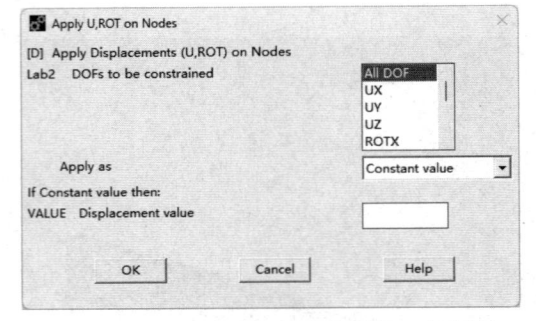

图 19-21 选中端面节点

图 19-22 Apple U,ROT on Nodes 对话框

（4）在 GUI 的通用菜单中选择 Select > Entities 命令，弹出 Select Entities 对话框，在第一个下拉列表中选择 Nodes 选项，在第二个下拉列表中选择 By Location 选项，选择 Y coordinates 单选按钮，在 Min,Max 文本框中输入"0.3"，选择 Reselect 单选按钮，单击 OK 按钮。

（5）在 GUI 的通用菜单中选择 Select > Entities 命令，弹出 Select Entities 对话框，在第一个下拉列表中选择 Nodes 选项，在第二个下拉列表中选择 By Location 选项，选择 Z coordinates 单选按钮，在 Min,Max 文本框中输入"0.1"，选择 Reselect 单选按钮，单击 OK 按钮。

（6）在 GUI 的主菜单中选择 Solution > Define Loads > Apply > Structural > Force/Moment > On Nodes 命令，弹出 Apple F/M on Nodes 拾取对话框，单击 Pick All 按钮，弹出 Apply F/M on Nodes 对话框，在 Lab Direction of force/mom 下拉列表中选择 FY 选项，设置 VALVE Real part of force/mom=-100，单击 OK 按钮，完成约束的定义，如图 19-23 所示。

（7）重复步骤（3）～（6）。注意，在步骤（5）中，在 Min,Max 文本框中输入"-0.1"，设置叠层板工字梁模型另一侧的受力情况。

（8）在 GUI 的通用菜单中选择 Select > Everything 命令。在 GUI 的通用菜单中选择 Select > Entities 命令，弹出 Select Entities 对话框，在第一个下拉列表中选择 Nodes 选项，在第二个下拉列表中选择 By Location 选项，选择 X coordinates 单选按钮，在 Min,Max 文本框中输入"3"，单击 OK 按钮。

（9）在 GUI 的通用菜单中选择 Select > Entities 命令，弹出 Select Entities 对话框，在第一个下拉列表中选择 Nodes 选项，在第二个下拉列表中选择 By Location 选项，选择 Y coordinates 单选按钮，在 Min,Max 文本框中输入"0.3"，选择 Reselect 单选按钮，单击 OK 按钮。

（10）在 GUI 的通用菜单中选择 Select > Entities 命令，弹出 Select Entities 对话框，在第一个下拉列表中选择 Nodes 选项，在第二个下拉列表中选择 By Location 选项，选择 Z coordinates 单选按钮，在 Min,Max 文本框中输入"0"，选择 Reselect 单选按钮，单击 OK 按钮。

（11）在 GUI 的主菜单中选择 Solution > Define Loads > Apply > Structural >

Force/Moment > On Nodes 命令，弹出 Apple F/M on Nodes 拾取对话框，单击 Pick All 按钮，弹出 Apply F/M on Nodes 对话框，在 Lab Direction of force/mom 下拉列表中选择 FY 选项，设置 VALVE Real part of force/mom=-10 000，单击 OK 按钮，完成边界条件的定义，如图 19-24 所示。

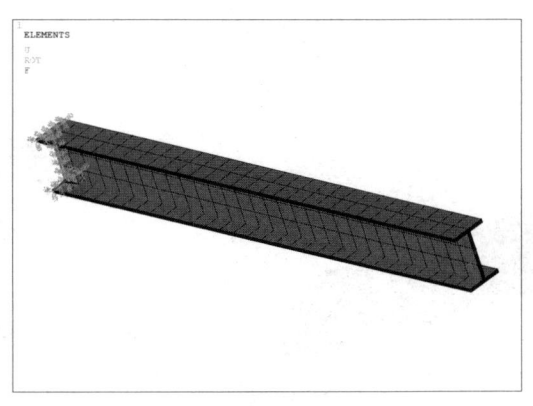

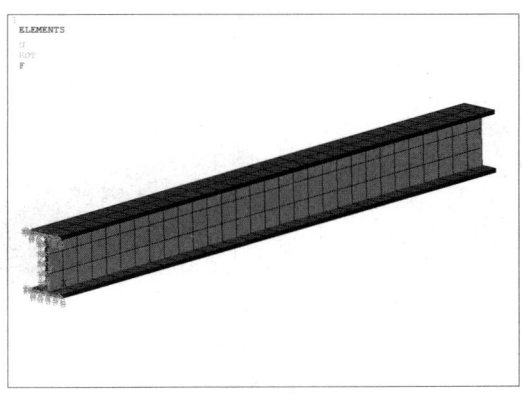

图 19-23　完成约束的定义　　　　　　图 19-24　完成边界条件的定义

（12）在 GUI 的通用菜单中选择 Select > Everything 命令。

19.3.6　求解

（1）在 GUI 的通用菜单中选择 Solution > Solve Current LS 命令，弹出/STATUS Command 对话框，用于显示项目的求解信息及输出选项，如图 19-25 所示；同时弹出 Solve Current Load Step 对话框，用于询问用户是否开始求解，如图 19-26 所示。

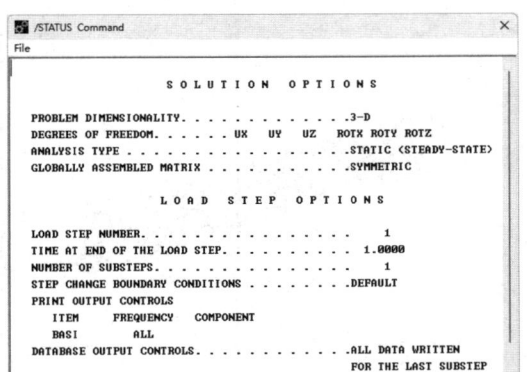

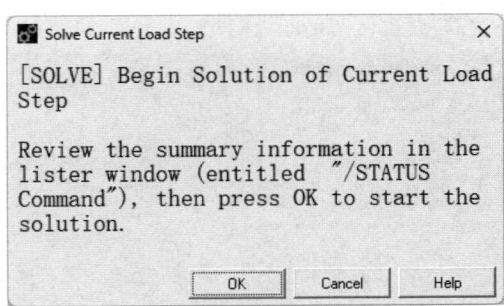

图 19-25　/STATUS Command 对话框　　　图 19-26　Solve Current Load Step 对话框

（2）单击 Solve Current Load Step 对话框中的 OK 按钮，开始求解。在求解完成后弹出显示"Solution is done!"的 Note 对话框，单击 Close 按钮将其关闭。

19.3.7 后处理

（1）在 GUI 的主菜单中选择 General Postproc > Plot Results > Deformed Shape 命令，弹出 Plot Deformed Shape 对话框，选择 Def+undef edge 单选按钮，单击 OK 按钮，即可在工作区中显示叠层板工字梁模型的变形图，如图 19-27 所示。

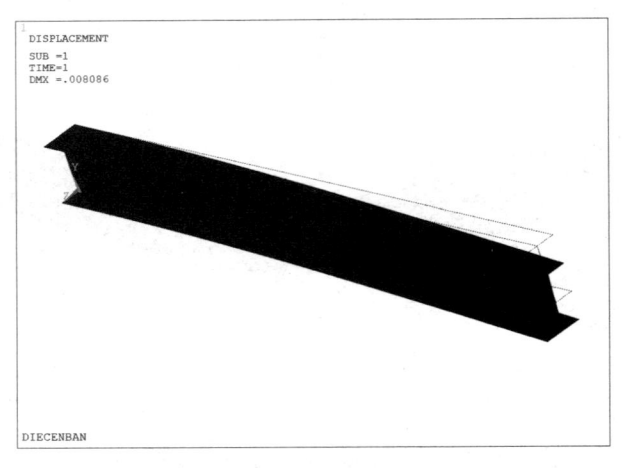

图 19-27　叠层板工字梁模型的变形图

（2）在 GUI 的主菜单中选择 General Postproc > Plot Results > Contour Plot > Nodal Solu 命令，弹出 Contour Nodal Solution Data 对话框，在 Item to be contoured 列表框中选择 Nodal Solution > DOF Solution > Displacement vector sum 选项，如图 19-28 所示，单击 OK 按钮，即可在工作区中看到叠层板工字梁模型的位移云图，如图 19-29 所示。

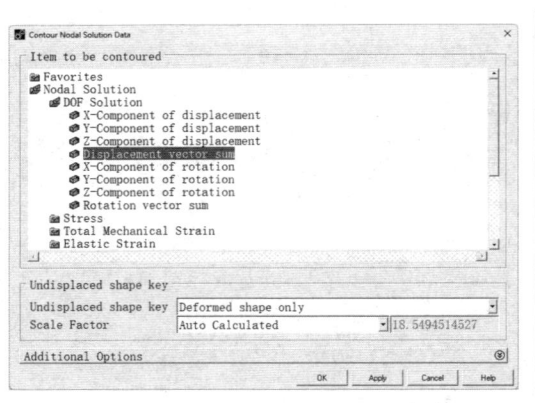

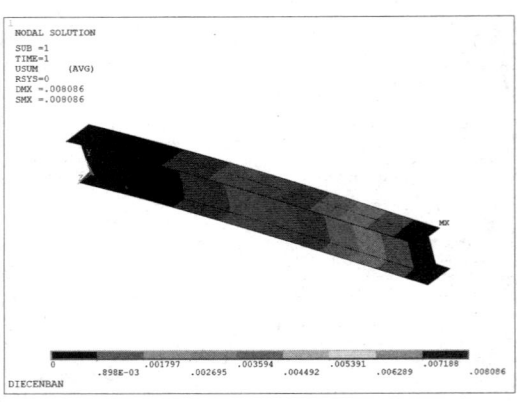

图 19-28　Contour Nodal Solution Data 对话框（一）　　图 19-29　叠层板工字梁模型的位移云图

（3）在 GUI 的主菜单中选择 General Postproc > Plot Results > Contour Plot > Nodal Solu 命令，弹出 Contour Nodal Solution Data 对话框，在 Item to be contoured 列表框中选择 Nodal Solution > DOF Solution > X-Component of displacement 选项，如图 19-30 所示，单击 OK 按钮，即可在工作区中看到叠层板工字梁模型在 X 轴方向上的位移云图，如

图 19-31 所示。

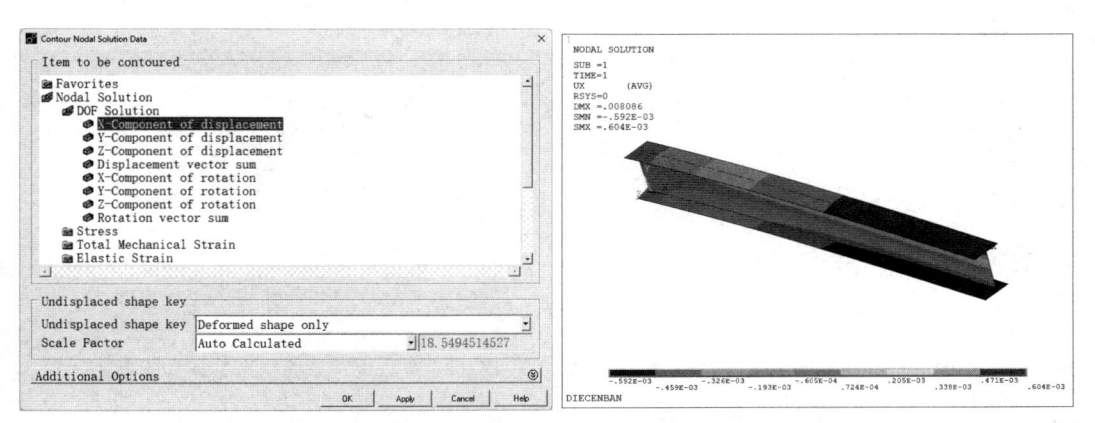

图 19-30 Contour Nodal Solution Data 对话框（二）　图 19-31　叠层板工字梁模型在 X 轴方向上的位移云图

（4）在 GUI 的主菜单中选择 General Postproc > Plot Results > Contour Plot > Nodal Solu 命令，弹出 Contour Nodal Solution Data 对话框，在 Item to be contoured 列表框中选择 Nodal Solution > Stress > XY Shear stress 选项，如图 19-32 所示，单击 OK 按钮，即可在工作区中看到叠层板工字梁模型在 XY 平面上的剪应力云图，如图 19-33 所示。

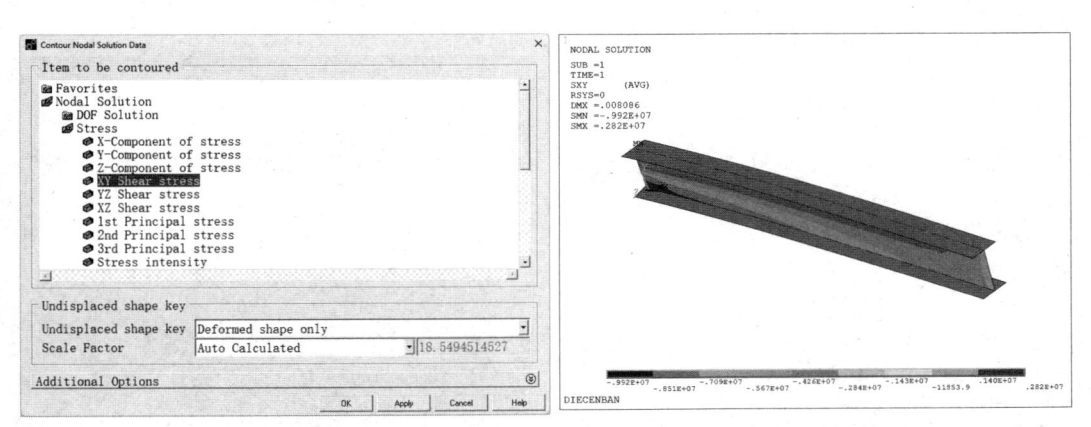

图 19-32 Contour Nodal Solution Data 对话框（三）　图 19-33　叠层板工字梁模型在 XY 平面上的剪应力云图

（5）在 GUI 的主菜单中选择 General Postproc > Plot Results > Contour Plot > Nodal Solu 命令，弹出 Contour Nodal Solution Data 对话框，在 Item to be contoured 列表框中选择 Nodal Solution > Stress > 1st Principal stress 选项，如图 19-34 所示，单击 OK 按钮，即可在工作区中看到叠层板工字梁模型的第一主应力云图，如图 19-35 所示。

（6）在 GUI 的主菜单中选择 General Postproc > Plot Results > Contour Plot > Nodal Solution 命令，弹出 Contour Nodal Solution Data 对话框，在 Item to be contoured 列表框中选择 Nodal Solution > Stress > 2nd Principal stress 选项，如图 19-36 所示，单击 OK 按钮，即可在工作区中看到叠层板工字梁模型的第二主应力云图，如图 19-37 所示。

ANSYS 2024
有限元分析从入门到精通（升级版）

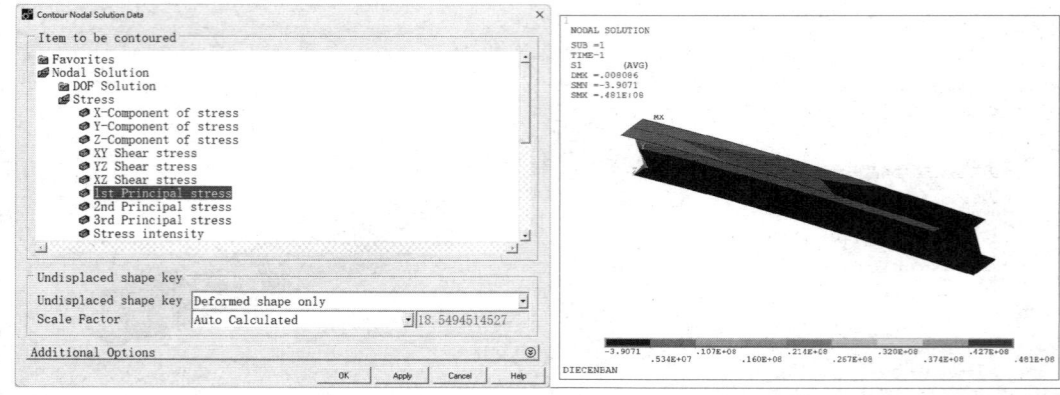

图 19-34　Contour Nodal Solution Data 对话框（四）　　图 19-35　叠层板工字梁模型的第一主应力云图

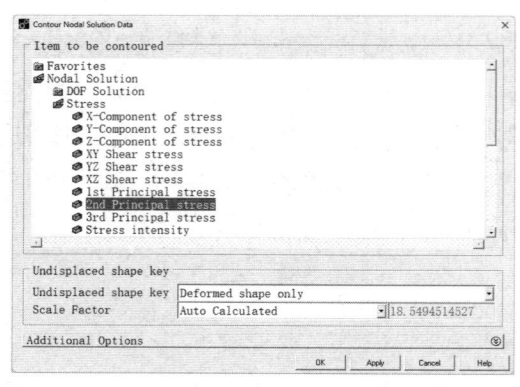

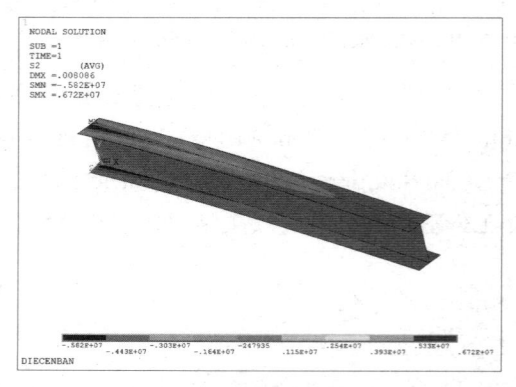

图 19-36　Contour Nodal Solution Data 对话框（五）　　图 19-37　叠层板工字梁模型的第二主应力云图

19.3.8　命令流

本实例的 APDL 命令流如下。

```
/PREP7
/TITILE,DIECENBAN
ET,1,SHELL181
!定义单元类型
KEYOPT,1,8,1
!定义材料属性
MP,EX,1,140E9
MP,EY,1,9E9
MP,EZ,1,9E9
MP,PRXY,1,0.3
MP,PRYZ,1,0.325
MP,PRXZ,1,0.3
MP,GXY,1,5E9
MP,GYZ,1,5E9
MP,GXZ,1,5E9
```

```
!定义截面类型
sect,1,shell,,
secdata, 0.001,1,90,3
secdata, 0.001,1,45,3
secdata, 0.001,1,0.0,3
secdata, 0.001,1,-45,3
secdata, 0.001,1,90,3
secdata, 0.001,1,45,3
secdata, 0.001,1,0.0,3
secdata, 0.001,1,-45,3
secdata, 0.001,1,90,3
secdata, 0.001,1,45,3
secdata, 0.001,1,0.0,3
secdata, 0.001,1,-45,3
```

```
secdata, 0.001,1,90,3
secdata, 0.001,1,45,3
secdata, 0.001,1,0.0,3
secdata, 0.001,1,-45,3
secdata, 0.001,1,90,3
secdata, 0.001,1,45,3
secdata, 0.001,1,0.0,3
secdata, 0.001,1,-45,3
secoffset,MID
seccontrol,,,,,,

!定义生效准则
TB,FAIL,1
TBTEMP, ,CRIT
TBDATA,1,0,0,1
TBTEMP,20
TBDATA,10,1500E6
TBDATA,11,-1500E6
TBDATA,12,40E6
TBDATA,13,-246E6
TBDATA,14,40E6
TBDATA,15,-246E6
TBDATA,16,68E6

!定义有限元模型
K,1
K,2,3
K,3,3,0.3
K,4,0,0.3
A,1,2,3,4
K,5,0,0,0.1
K,6,3,0,0.1
K,7,3,0,-0.1
K,8,0,0,-0.1
A,5,6,7,8
K,9,0,0.3,0.1
K,10,3,0.3,0.1
K,11,3,0.3,-0.1
K,12,0,0.3,-0.1
A,9,10,11,12

!面间相互分割
APTN,1,2,3

AATT,1, ,1,0,1
ESIZE,0.1
AMESH,ALL
NUMMRG,NODE
NUMCMP,NODE
FINISH

/SOLU
NSEL,S,LOC,X,0
!施加约束
D,ALL,ALL
NSEL,ALL
NSEL,S,LOC,X,3
!施加载荷
NSEL,R,LOC,Y,0.3
NSEL,R,LOC,Z,0
F,ALL,FY,-10000
NSEL,ALL
NSEL,S,LOC,X,3
NSEL,R,LOC,Y,0.3
NSEL,R,LOC,Z,0.1
F,ALL,FY,-100
NSEL,ALL
NSEL,S,LOC,X,3
NSEL,R,LOC,Y,0.3
NSEL,R,LOC,Z,-0.1
F,ALL,FY,-100
NSEL,ALL
OUTPR, ,1
SOLVE
FINISH
/POST1
!观察结果
ETABLE,NX,SMISC,7
ETABLE,FC,NMISC,1
ETABLE,FCMC,NMISC,2
ETABLE,FCLN,NMISC,3
ETABLE,ILMX,NMISC,4
ETABLE,ILLN,NMISC,5
PRETAB,NX,ILLN,ILMX
PRETAB,FC,FCLN,FCMX
FINISH
```

19.4 本章小结

本章结合一个工程实例介绍了 ANSYS 复合材料分析的基本方法及分析过程,并且介绍了单元类型的选择、建模及后处理等内容。通过对本章内容的学习,读者可以对 ANSYS 复合材料分析有基本的理解,并且可以结合自己的工作需求进行复杂的工程结构分析。

第 20 章

机械零件分析

自有限元法诞生以来，有限元法的应用已从弹性力学平面问题扩展到空间问题、板壳问题，从静力问题扩展到稳定性问题、动力学问题，从固体力学问题扩展到流体力学、传热学、电磁学等领域的问题，分析的对象从弹性材料扩展到塑性、黏弹性、黏塑性及复合材料。在科技日新月异的今天，传统的产品开发模式正在发生根本性的变革。

学习目标：
- 了解 ANSYS 在机械工程中的应用。
- 掌握 ANSYS 在机械工程中应用的分析方法。

20.1 扳手的静力学分析

20.1.1 问题描述

扳手模型如图 20-1 所示。扳手模型的厚度为 3mm，材料的弹性模量为 $2.06 \times 10^{11} \text{N/m}^2$，泊松比为 0.3。

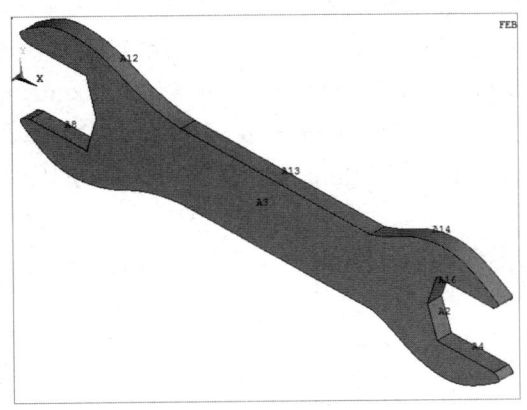

图 20-1 扳手模型

20.1.2 设置分析环境

（1）启动 Mechanical APDL Product Launcher，打开 ANSYS Mechanical APDL Product Launcher 窗口，在 Simulation Environment 下拉列表中选择 ANSYS 选项，在 License 下拉列表中选择 ANSYS Multiphysics 选项，在 Working Directory 文本框中输入工作目录名称，在 Job Name 文本框中输入项目名称"20-1"，单击 Run 按钮，运行 ANSYS。

（2）在 GUI 的主菜单中选择 Preferences 命令，弹出 Preferences for GUI Filtering 对话框，选择 Structural 单选按钮，单击 OK 按钮，完成分析环境设置。

20.1.3 定义单元类型与材料属性

（1）在 GUI 的主菜单中选择 Preprocessor > Element Type > Add/Edit/Delete 命令，弹出 Element Types 对话框，单击 Add 按钮，弹出 Library of Element Types 对话框。

（2）在 Library of Element Types 对话框的第一个列表框中选择 Solid 选项，在第二个列表框中选择 20node 186 选项，如图 20-2 所示，单击 OK 按钮，关闭该对话框。返回 Element Types 对话框，即可看到定义的单元类型，单击 Close 按钮，关闭该对话框。

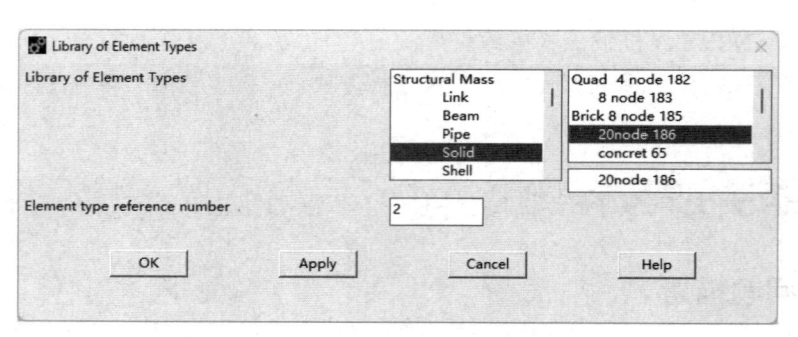

图 20-2 Library of Element Types 对话框

（3）在 GUI 的主菜单中选择 Preprocessor > Material Props > Material Models 命令，打开 Define Material Model Behavior 窗口，在 Material Models Available 列表框中选择 Structural > Linear > Elastic > Isotropic 选项，弹出 Linear Isotropic Properties for Material Number 1 对话框，设置 EX=2.06e5、PRXY=0.3，如图 20-3 所示，单击 OK 按钮确定。

（4）在 Define Material Model Behavior 窗口中选择 Materia > Exit 命令，关闭该窗口。

（5）在 GUI 的通用菜单中选择 File > Save as Jobname.db 命令，保存上述操作过程。

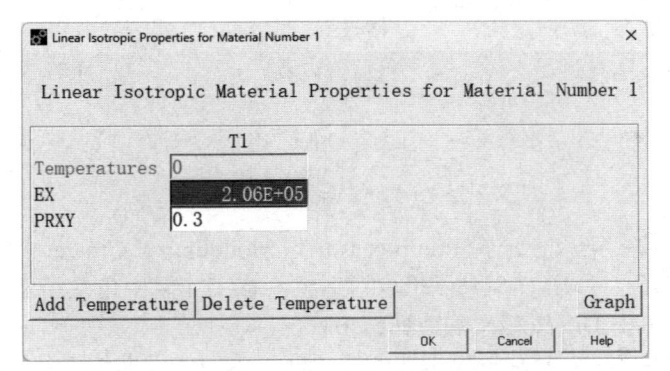

图 20-3 Linear Isotropic Properties for Material Number 1 对话框

20.1.4 创建模型

（1）在 GUI 的主菜单中选择 Preprocessor > Modeling > Create > Keypoints > In Active CS 命令，弹出 Create Keypoints in Active Coordinate System 对话框，在 NPT Keypoint number 文本框中输入关键点编号"1"，在 X,Y,Z Location in active CS 文本框中输入 1 号关键点的坐标（16,0,0），如图 20-4 所示，单击 Apply 按钮，完成 1 号关键点的创建。

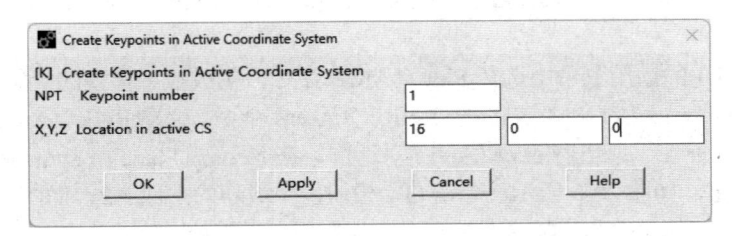

图 20-4 Create Keypoints in Active Coordinate System 对话框

（2）继续输入下一个关键点的编号与坐标，直至完成所有关键点的创建。关键点的编号与坐标如表 20-1 所示。

表 20-1 关键点的编号与坐标

关键点编号	1	2	3	4	5	6	7	8	9	10	11	12	13	14	15	16	17	18
X 坐标	16	14	2	0	2	8	18	25	34	74	79	83	92	100	101	100	88	86
Y 坐标	0	7	7	8	10	13	12	9	7	7	9	11	12	8	7	6	6	0

（3）所有的关键点创建完成后，在 GUI 的通用菜单中选择 PlotCtrls > Numbering 命令，弹出 Plot Numbering Controls 对话框，勾选 KP Keypoint numbers 复选框，使其状态转换为 On，单击 OK 按钮，关闭该对话框。

（4）在 GUI 的通用菜单中选择 Plot > Keypoints > Keypoints 命令，即可在工作区中显示关键点编号，如图 20-5 所示。

（5）在 GUI 的主菜单中选择 Preprocessor > Modeling > Create > Lines > Lines > Straight Line 命令，弹出 Create Straight Line 拾取对话框，在工作区中拾取 1、2、3 号关键点，生成直线 L1、L2。

图 20-5 显示关键点编号

（6）在 GUI 的主菜单中选择 Preprocessor > Modeling > Create > Lines > Splines > Spline thru KPs 命令，弹出 B-Spline 拾取对话框，在工作区中依次拾取 3、4、5、6、7、8、9 号关键点，单击 OK 按钮，生成曲线 L3。

（7）按照上述方法，分别生成直线 L4、L6、L7、L8 及曲线 L5。

（8）在 GUI 的通用菜单中选择 PlotCtrls > Numbering 命令，弹出 Plot Numbering Controls 对话框，勾选 LINE Line numbers 复选框，使其状态转换为 On，单击 OK 按钮，关闭该对话框。在 GUI 的通用菜单中选择 Plot > Lines 命令。

（9）在 GUI 的主菜单中选择 Preprocessor > Modeling > Create > Areas > Arbitrary > By Lines 命令，弹出 Create Area by Line 拾取对话框，在工作区中依次拾取线 L1、L2、L3、L4、L5、L6、L7、L8，生成平面 A1。

（10）在 GUI 的通用菜单中选择 PlotCtrls > Numbering 命令，弹出 Plot Numbering Controls 对话框，勾选 AREA Area numbers 复选框，使其状态转换为 On，单击 OK 按钮，关闭该对话框。

（11）在 GUI 的通用菜单中选择 Plot > Areas 命令，生成扳手模型的投影面。在 GUI 的主菜单中选择 Preprocessor > Modeling > Reflect > Areas 命令，弹出 Reflect Areas 拾取对话框，在工作区中拾取面 A1，弹出 Reflect Areas 对话框，在 Ncomp Plane of symmetry 后选择 X-Z plane Y 单选按钮，如图 20-6 所示，单击 OK 按钮，生成新的平面 A2，如图 20-7 所示。

图 20-6 Reflect Areas 对话框

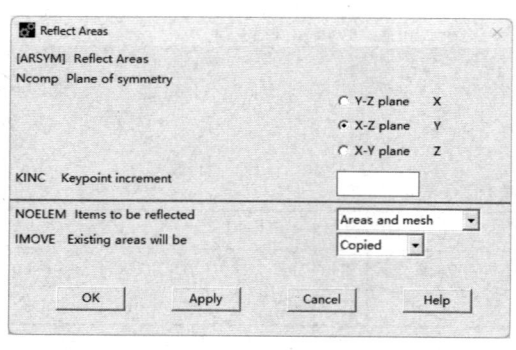

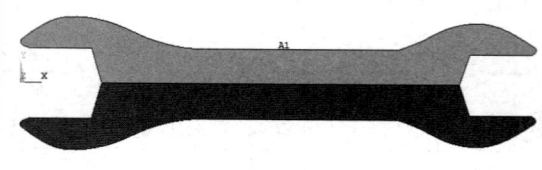

图 20-7 生成新的平面

（12）在 GUI 的主菜单中选择 Preprocessor > Modeling > Operate > Booleans > Add > Areas 命令，弹出 Add Area 对话框，单击 Pick All 按钮，再单击 OK 按钮，将面 A1 与 A2 合并生成新的面 A3。

（13）在 GUI 的主菜单中选择 Preprocessor > Modeling > Operate > Extrude > Areas > Along Normal 命令，弹出 Extrude Area along Normal 拾取对话框，在工作区中拾取平面 A3，单击 OK 按钮，弹出 Extrude Area along Normal 对话框，设置 NAREA Area to be extruded=3，

设置 DIST Length of extrusion=3，如图 20-8 所示，拉伸得到扳手实体模型，如图 20-9 所示。

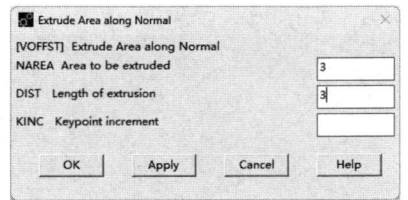

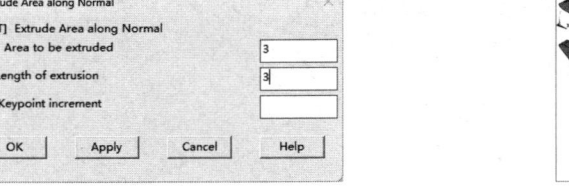

图 20-8　Extrude Area along Normal 对话框

图 20-9　扳手实体模型

（14）为防止数据意外丢失，在 GUI 的工具栏中单击 SAVE_DB 按钮，保存数据库。

20.1.5　划分网格

（1）在 GUI 的主菜单中选择 Preprocessor > Meshing > MeshTool 命令，打开 MeshTool 面板，勾选 Smart Size 复选框，会在下面显示一个滑块，如图 20-10 所示。通过拖动该滑块可以设置 Smart Size 的值，即单元尺寸级别。系统会根据 Smart Size 的值自动设定每条边的网格尺寸，此处设置 Smart Size=2。

（2）在 MeshTool 面板中的 Size Controls 选区中单击 Global 后的 Set 按钮，弹出 Global Element Sizes 对话框，设置 SIZE Element edge length=1，如图 20-11 所示，单击 OK 按钮。

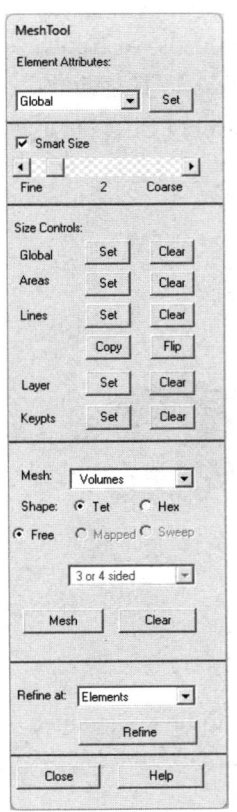

图 20-10　MeshTool 面板

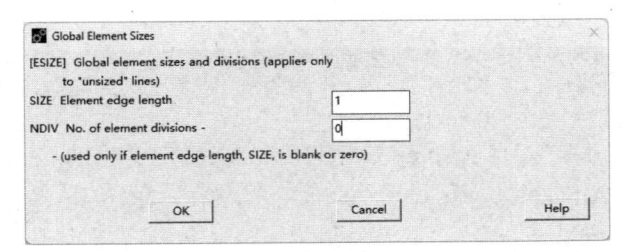

图 20-11　Global Element Sizes 对话框

（3）在 MeshTool 面板中单击 Mesh 按钮，弹出 Mesh Volumes 拾取对话框，在工作区中拾取扳手模型，单击 OK 按钮，完成网格划分，生成的单元如图 20-12 所示。

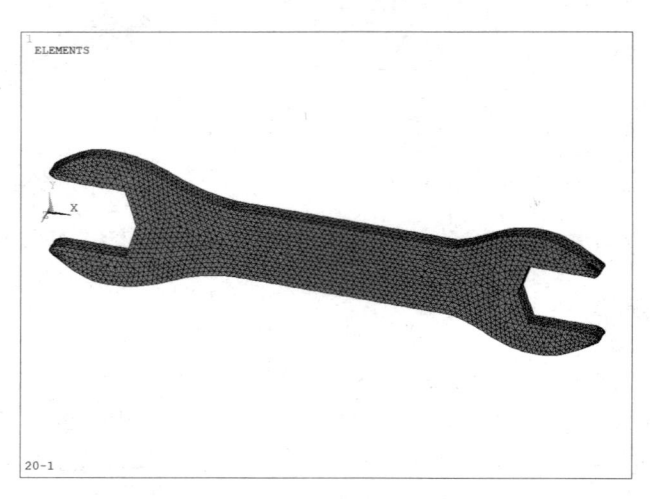

图 20-12　网格划分生成的单元

20.1.6　施加边界条件

（1）在 GUI 的主菜单中选择 Solution > Define Loads > Apply > Structural > Displacement > On Areas 命令，弹出 Apply U,ROT On Areas 拾取对话框，在工作区中拾取面 A9、A12，如图 20-13 所示，单击 OK 按钮，弹出 Apply U,ROT On Areas 对话框。

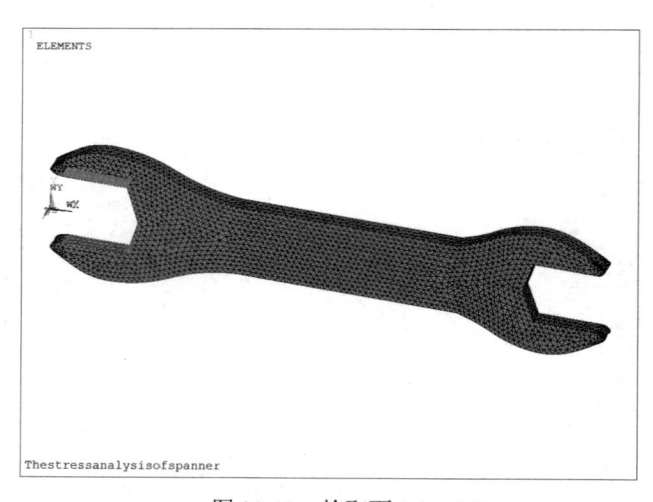

图 20-13　拾取面 A9、A12

（2）在 Apply U,ROT On Areas 对话框的 Lab2 DOFs to be constrained 列表框中选择 All DOF 选项，如图 20-14 所示，单击 OK 按钮，对面 A9 和 A12 施加位移约束，如图 20-15 所示。

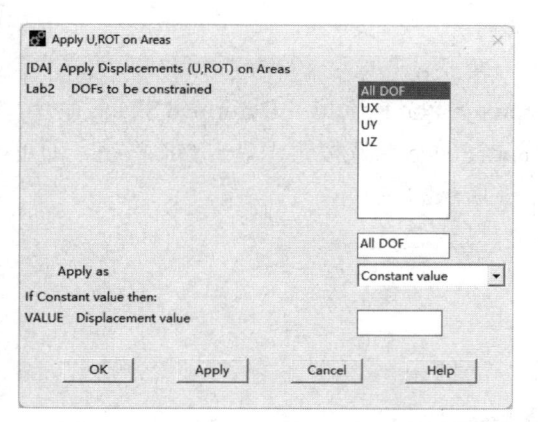

图 20-14 Apply U,ROT on Areas 对话框 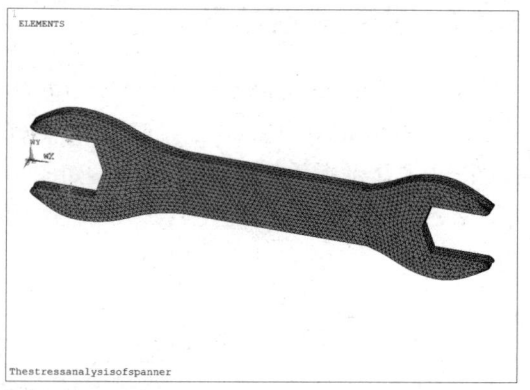   图 20-15 对面 A9 和 A12 施加位移约束

（3）在 GUI 的主菜单中选择 Solution > Define Loads > Apply > Structural > Pressure > On Areas 命令，弹出 Apply PRES On areas 拾取对话框，在工作区中拾取面 A15，单击 OK 按钮，弹出 Apply PRES On areas 对话框，设置 VALUE Load PRES value=1，单击 OK 按钮，如图 20-16 所示，对面 A15 施加压力载荷，如图 20-17 所示。

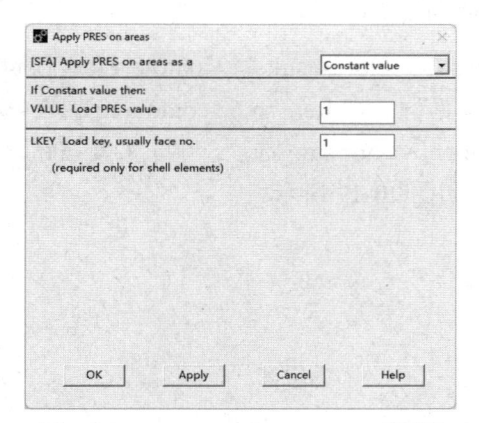

图 20-16 Apply PRES On areas 对话框 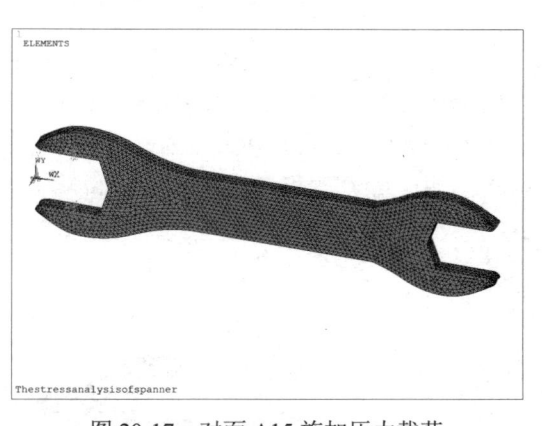   图 20-17 对面 A15 施加压力载荷

（4）在 GUI 的主菜单中选择 Preprocessor > Solution > Analysis Type > New Analysis 命令，弹出 New Analysis 对话框，选择 Static 单选按钮，单击 OK 按钮，关闭该对话框。

20.1.7 求解

（1）在 GUI 的主菜单中选择 Solution > Solve > Current LS 命令，弹出/STATUS Command 对话框，用于显示项目的求解信息及输出选项，同时弹出 Solve Current Load Step 对话框，用于询问用户是否开始求解。

（2）单击 Solve Current Load Step 对话框中的 OK 按钮，开始求解。在求解完成后弹出显示"Solution is done!"的 Note 对话框，单击 Close 按钮，关闭 Note 对话框。

（3）在 GUI 的工具栏中单击 SAVE_DB 按钮，保存上述操作过程。

20.1.8 查看求解结果

（1）在 GUI 的主菜单中选择 General Postproc > Plot Results > Deformed Shape 命令，弹出 Plot Deformed Shape 对话框，选择 Def+undef edge 单选按钮，单击 OK 按钮，即可在工作区中显示扳手模型的变形图，如图 20-18 所示的。

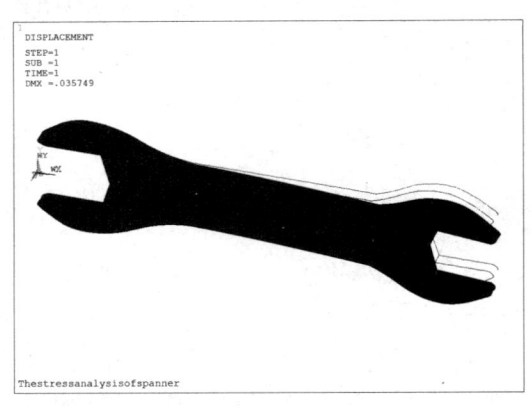

图 20-18　扳手模型的变形图

（2）在 GUI 的主菜单中选择 General Postproc > Plot Results > Contour Plot > Nodal Solu 命令，弹出 Contour Nodal Solution Data 对话框，在 Item to be contoured 列表框中选择 Nodal Solution > DOF Solution > Displacement vector sum 选项，单击 OK 按钮，即可在工作区中看到扳手模型的节点位移云图，如图 20-19 所示。

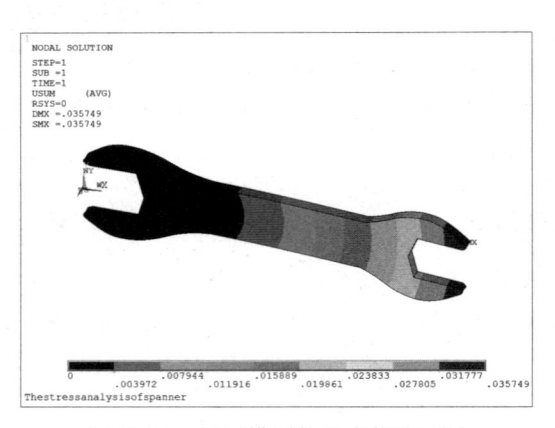

图 20-19　扳手模型的节点位移云图

（3）在 GUI 的主菜单中选择 General Postproc > Plot Results > Contour Plot > Nodal Solu 命令，弹出 Contour Nodal Solution Data 对话框，在 Item to be contoured 列表框中选择 Nodal Solution > Stress > von Mises stress 选项，其他参数保持默认设置，单击 OK 按钮，即可在工作区中看到扳手模型的 Mises 等效应力分布等值线图，如图 20-20 所示。

（4）在 GUI 的通用菜单中选择 PlotCtrls > Device Options 命令，弹出 Device Options 对话框，勾选[/DEVI] Vector mode(wireframe)复选框，使其状态转换为 On，如图 20-21

所示，单击 OK 按钮，生成等值线形式的节点位移云图，如图 20-22 所示。其他云图，如应力云图、应变云图等也可用等值线形式表示。

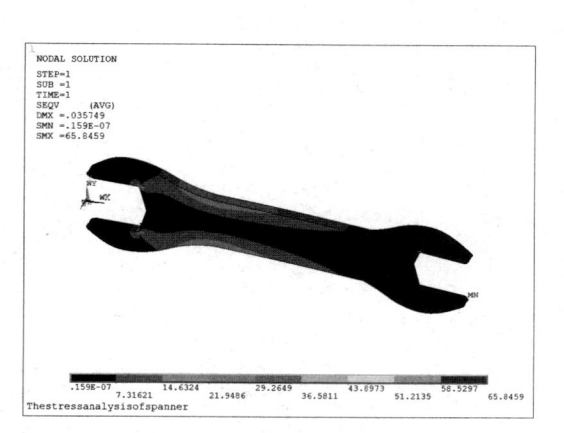

图 20-20　扳手模型的 Mises 等效应力分布等值线图

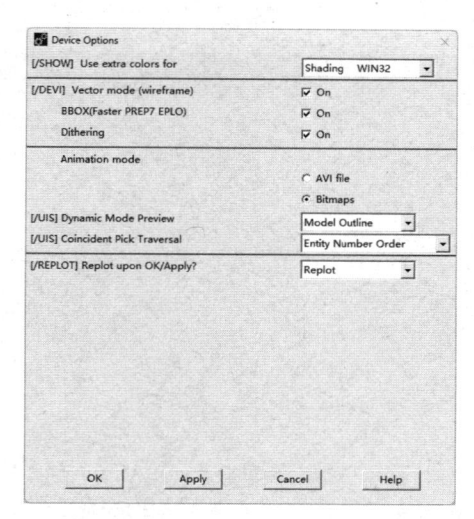

图 20-21　Device Options 对话框

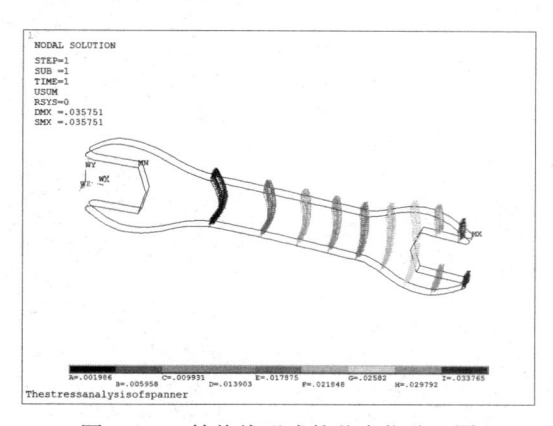

图 20-22　等值线形式的节点位移云图

20.1.9　退出系统

在 GUI 的通用菜单中选择 File > Exit 命令，弹出 Exit 对话框，选择 Save Everything 单选按钮，单击 OK 按钮，退出 ANSYS。

20.1.10　命令流

本实例的命令流如下。

```
/BATCH
/input,menust,tmp,'',,,,,,,,,,,
,,,,,,,1
WPSTYLE,,,,,,,,,0
```

```
/FILNAME,20-1,0
/TITLE,Thestressanalysisofspanner
WPSTYLE,,,,,,,,,1
```

```
/UDOC,1,DATE,0
/RGB,INDEX,100,100,100, 0
/RGB,INDEX, 80, 80, 80,13
/RGB,INDEX, 60, 60, 60,14
/RGB,INDEX,  0,  0,  0,15
/REPLOT

/PREP7
MPTEMP,,,,,,,,
MPTEMP,1,0
MPDE,EX,1
MPDE,PRXY,1
MPDATA,EX,1,,2.06E5
MPDATA,PRXY,1,,0.3

ET,1,SOLID186

K,1,16,0,0,
K,2,14,7,0,
K,3,2,7,0,
K,4,0,8,0,
K,5,2,10,0,
K,6,8,13,0,
K,7,18,12,0,
K,8,25,9,0,
K,9,34,7,0,
K,10,74,7,0,
K,11,79,9,0,
K,12,83,11,0,
K,13,92,12,0,
K,14,100,8,0,
K,15,101,7,0,
K,16,100,6,0,
K,17,88,6,0,
K,18,86,0,0,

LSTR,1,2
LSTR,2,3

FLST,3,7,3
FITEM,3,3
FITEM,3,4
FITEM,3,5
FITEM,3,6
FITEM,3,7
FITEM,3,8
FITEM,3,9
BSPLIN,,P51X

LSTR,9,10

FLST,3,7,3
FITEM,3,10
FITEM,3,11
FITEM,3,12
FITEM,3,13
FITEM,3,14
FITEM,3,15
FITEM,3,16
BSPLIN,,P51X

LSTR,16,17
LSTR,17,18
LSTR,18,1

FLST,2,8,4
FITEM,2,1
FITEM,2,2
FITEM,2,3
FITEM,2,4
FITEM,2,5
FITEM,2,6
FITEM,2,7
FITEM,2,8
AL,P51X

FLST,3,1,5,ORDE,1
FITEM,3,1
ARSYM,Y,P51X,,,,0,0

FLST,2,2,5,ORDE,2
FITEM,2,1
FITEM,2,-2
AADD,P51X

VOFFST,3,3,,
```

```
SMRT,6
SMRT,2
ESIZE,1,0,

MSHAPE,1,3D
MSHKEY,0
CM,_Y1,VOLU
VSEL,,,
CM,_Y1,VOLU

CHKMSH,'VOLU'
CMSEL,S,_Y
VMESH,_Y1
CMDELE,_Y
CMDELE,_Y1
CMDELE,_Y2
FINISH
```

```
/SOL
FLST,2,2,5,ORDE,2
FITEM,2,9
FITEM,2,12
/GO
DA,P51X,ALL,
FLST,2,1,5,ORDE,1
FITEM,2,15

/GO
SFA,P51X,1,PRES,0.5

SOLVE
FINISH

/POST1
FINISH
```

20.2 材料非线性分析

塑性是一种在某种指定载荷下材料产生永久变形的材料特性，对于大部分工程材料，当应力低于比例极限时，应力应变关系是线性的。另外，大部分材料在应力低于屈服点时表现为弹性行为，也就是说，在移走载荷后，其应变也会完全消失。

由于材料的屈服点和比例极限相差很小，因此在 ANSYS 程序中，假定它们相同。在应力-应变的曲线中，低于屈服点的部分称为弹性部分，超过屈服点的部分称为塑性部分，又称为应变强化部分。在塑性分析中需要考虑塑性区域的材料特性。

当材料中的应力超过屈服点时，塑性被激活（有塑性应变发生），而屈服应力本身可能是下列某个参数的函数。

- 温度。
- 应变率。
- 以前的应变历史。
- 侧限压力。
- 其他参数。

本节通过对铆钉的冲压进行应力分析，介绍 ANSYS 塑性问题的分析过程。

20.2.1 问题描述

为了考查铆钉在冲压时发生多大变形,对铆钉进行分析。

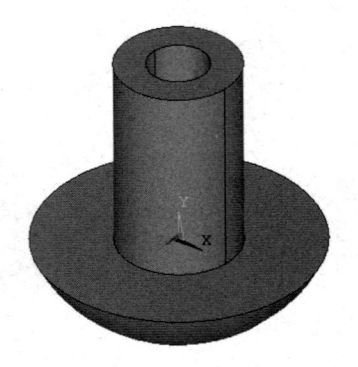

铆钉模型如图 20-23 所示。

图 20-23 铆钉模型

铆钉参数如下。

铆钉圆柱高:10mm。

铆钉圆柱外径:6mm。

铆钉内径孔径:3mm。

铆钉下端球径:15mm。

弹性模量:2.0e11Pa。

泊松比:0.3。

铆钉材料的应力应变关系如表 20-2 所示。

表 20-2 铆钉材料的应力应变关系

应变	0.003	0.005	0.007	0.009	0.011	0.02	0.2
应力/MPa	600	1000	1300	1450	1500	1600	1610

20.2.2 设置分析环境

(1)在 GUI 的通用菜单中选择 File > Change Jobname 命令,弹出 Change Jobname 对话框,在[/FILNAM] Enter new jobname 文本框中输入本分析实例的文件名"20-2",如图 20-24 所示,单击 OK 按钮,完成对文件名的修改。

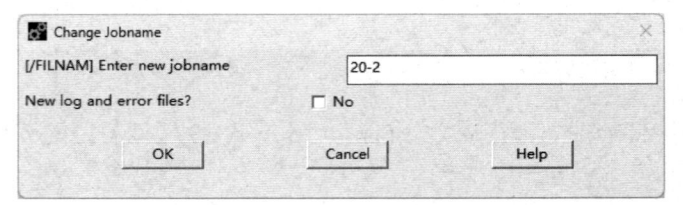

图 20-24 Change Jobname 对话框

（2）在 GUI 的通用菜单中选择 File > Change Title 命令，弹出 Change Title 对话框，在[/TITLE] Enter new title 文本框中输入本分析实例的标题"plastic analysis of a part"，如图 20-25 所示，单击 OK 按钮，完成对标题的修改。

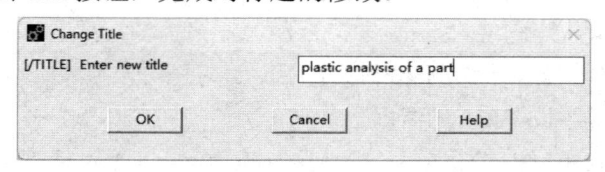

图 20-25　修改标题

（3）在 GUI 的通用菜单中选择 Plot > Replot 命令，指定的标题"plastic analysis of a part"就会显示在工作区的左下角，如图 20-26 所示。

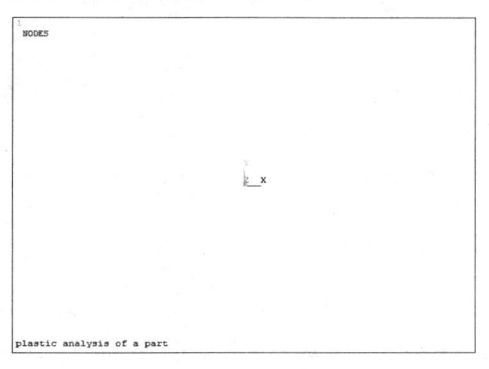

图 20-26　本分析实例的标题

（4）在 GUI 的主菜单中选择 Preferences 命令，弹出 Preferences for GUI Filtering 对话框，勾选 Structural 复选框，单击 OK 按钮。

20.2.3　定义单元类型

在进行有限元分析时，首先应根据分析问题的几何结构、分析类型和问题精度要求等，选择合适的单元类型。在本实例中，选择四节点四边形板单元类型 SOLID45（可以计算三维应力问题），如图 20-27 所示。

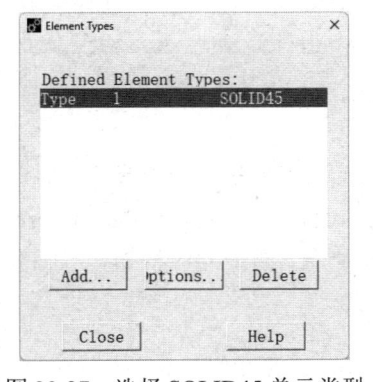

图 20-27　选择 SOLID45 单元类型

（1）在命令输入框中输入如下命令。

```
ET,1,SOLID45
```

（2）在 GUI 的主菜单中选择 Preprocessor > Material Props > Material Models 命令，打开 Define Material Model Behavior 窗口，在 Material Models Available 列表框中选择 Structural > Linear > Elastic > Isotropic 选项，如图 20-28 所示，弹出 Linear Isotropic Properties for Material Number 1 对话框。

（3）在 Linear Isotropic Properties for Material Number 1 对话框中设置 EX=2.0e11、PRXY=0.3，如图 20-29 所示，单击 OK 按钮，关闭该对话框。

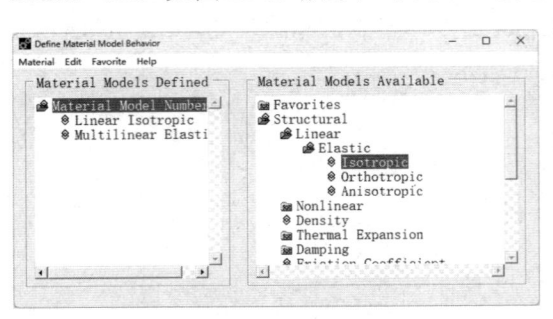

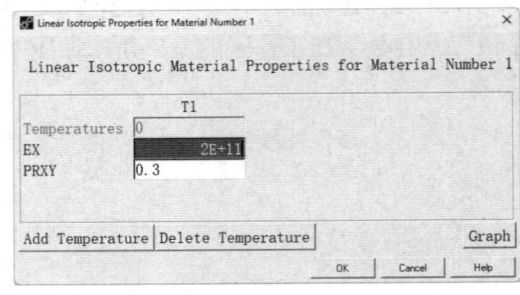

图 20-28　定义材料模型属性　　　　图 20-29　定义材料的弹性模量和泊松比

（4）返回 Define Material Model Behavior 窗口，在 Material Models Defined 列表框中会显示刚刚定义的材料 1 的属性。在 Define Material Model Behavior 窗口中选择 Material > Exit 命令，关闭该窗口。

（5）在命令输入框中输入如下命令，完成对材料模型属性的定义。

```
TB,MELA,1,1,7,
TBTEMP,0
TBPT,,0.003,600
TBPT,,0.005,1000
TBPT,,0.007,1300
TBPT,,0.009,1450
TBPT,,0.011,1500
TBPT,,0.02,1600
TBPT,,0.2,1610
```

20.2.4　创建模型

（1）创建一个球体。在 GUI 的主菜单中选择 Preprocessor > Modeling > Create > Volumes > Sphere > Solid Sphere 命令，弹出 Solid Sphere 对话框，设置 WP X=0、WP Y=3、Radius=7.5，如图 20-30 所示，单击 OK 按钮，即可创建一个球体模型，如图 20-31 所示。

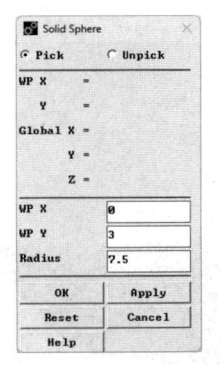

图 20-30　创建球体对话框 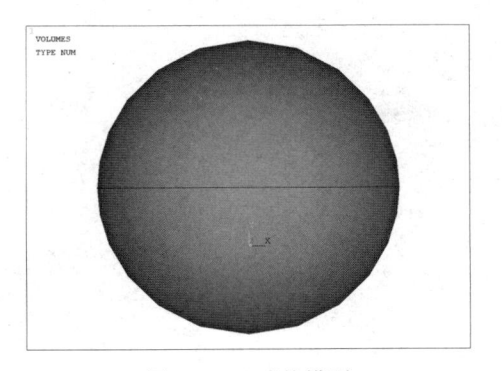　　　　图 20-31　球体模型

（2）将工作面旋转 90°。在 GUI 的通用菜单中选择 WorkPlane > Offset WP by Increments 命令，打开 Offset WP 面板，在 XY,YZ,ZX Angles 文本框中输入"0,90,0"，如图 20-32 所示，单击 OK 按钮。

（3）用工作平面分割球。在 GUI 的主菜单中选择 Preprocessor > Modeling > Operate > Booleans > Divide > Volu by WorkPlane 命令，打开 Divide Vol by WrkPlane 面板，如图 20-33 所示，在工作区中拾取球体模型，单击 OK 按钮。

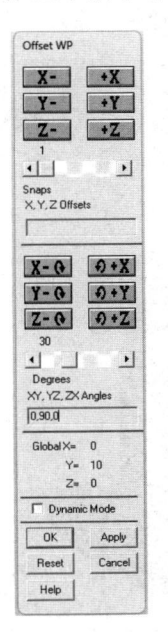

图 20-32　Offset WP 面板 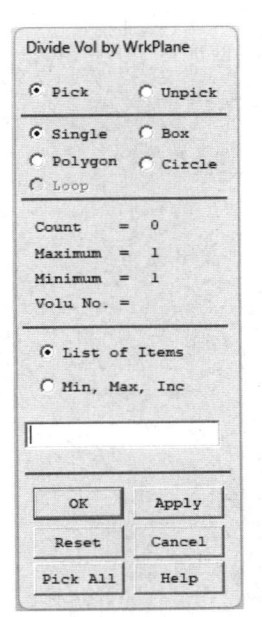　　　　图 20-33　Divide Vol by WrkPlane 面板

（4）删除上半球。在 GUI 的主菜单中选择 Preprocessor > Modeling > Delete > Volume and Below 命令，打开 Delete Volume & Below 面板，如图 20-34 所示，在工作区中拾取球体模型的上半部分，单击 OK 按钮。在删除球体模型的上半部分后，其下半部分如图 20-35 所示。

图 20-34　删除体对话框

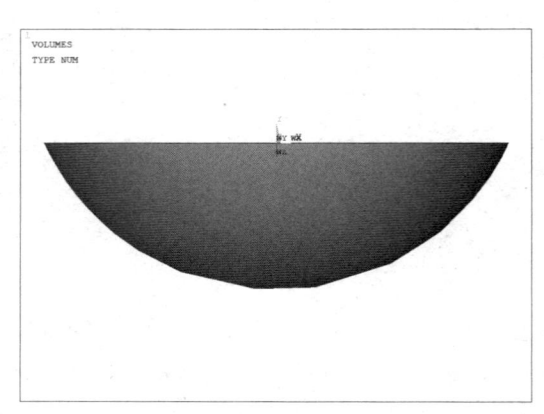

图 20-35　球体模型的下半部分

（5）创建一个圆柱体。在 GUI 的主菜单中选择 Preprocessor > Modeling > Create > Volumes > Cylinder > Solid Cylinder 命令，弹出 Solid Cylinder 对话框，设置 WP X=0、WP Y=0、Radius=3、Depth=−10，如图 20-36 所示，单击 OK 按钮，创建一个圆柱体。创建圆柱体后的模型如图 20-37 所示。

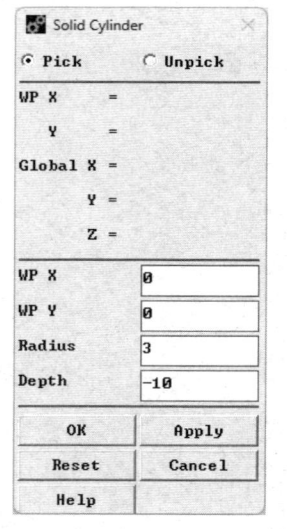

图 20-36　Solid Cylinder 对话框

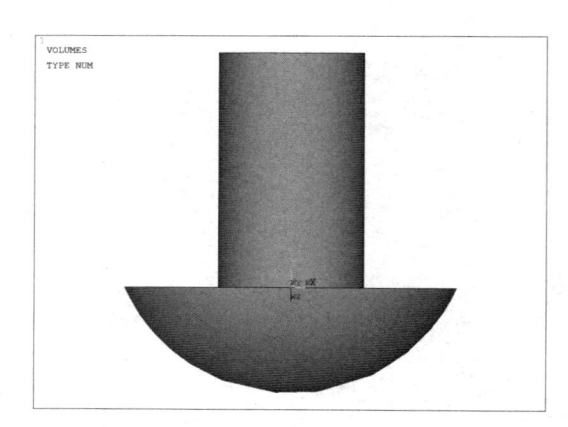

图 20-37　创建圆柱体后模型

（6）偏移工作平面到总坐标系中的某一点。在 GUI 的通用菜单中选择 WorkPlane > Offset WP to > XYZ Locations 命令，打开 Offset WP to XYZ Location 面板，选择 Global Cartesian 单选按钮，在下面的文本框中输入"0,10,0"，如图 20-38 所示，单击 OK 按钮。

（7）在 GUI 的主菜单中选择 Preprocessor > Modeling > Create > Volumes > Cylinder > Solid Cylinder 命令，弹出 Solid Cylinder 对话框，设置 WP X=0、WP Y=0、Radius=1.5、

Depth=4，如图 20-39 所示，单击 OK 按钮，创建另一个圆柱体。创建另一个圆柱体后的模型如图 20-40 所示。

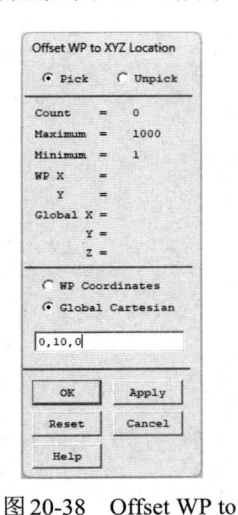

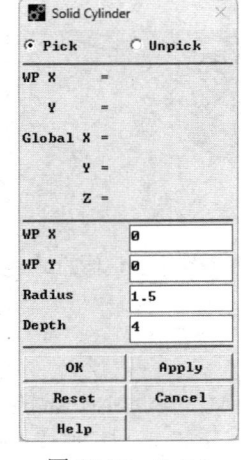

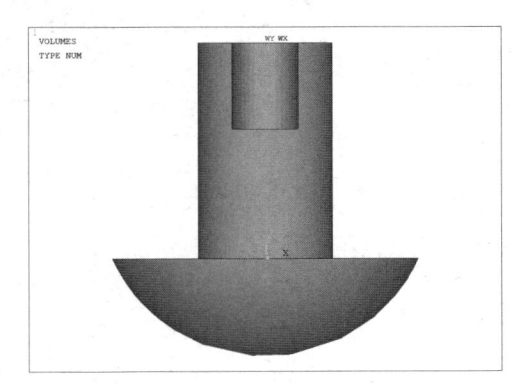

图 20-38　Offset WP to XYZ Location 面板

图 20-39　Solid Cylinder 对话框

图 20-40　创建另一个圆柱体后的模型

（8）从大圆柱体中"减去"小圆柱体。在 GUI 的主菜单中选择 Preprocessor > Modeling > Operate > Booleans > Subtract > Volumes 命令，弹出拾取对话框，在工作区中拾取大圆柱体作为布尔"减"操作的母体，如图 20-41 所示，单击 Apply 按钮，在工作区中拾取小圆柱体作为"减"操作的对象，如图 20-42 所示，单击 OK 按钮。从大圆柱体中"减去"小圆柱体的结果如图 20-43 所示。

图 20-41　拾取大圆柱

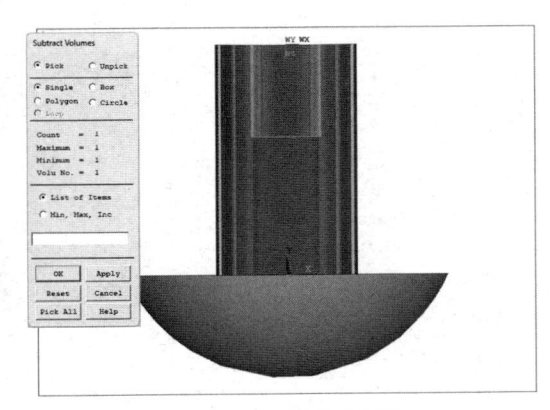

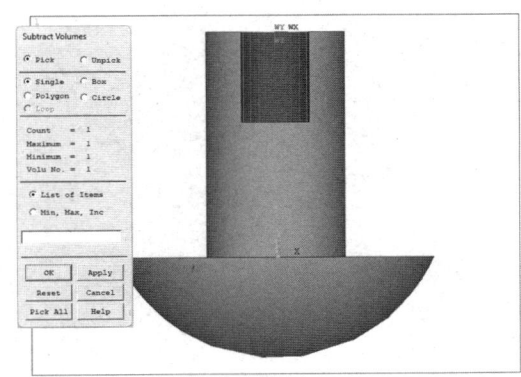

图 20-42　拾取小圆柱

（9）将从大圆柱体中"减去"小圆柱体的结果与球体模型下半部分合并。在 GUI 的主菜单中选择 Preprocessor > Modeling > Operate > Booleans > Add > Volumes 命令，弹出拾取对话框，单击 Pick All 按钮，合并所有实体，从而生成铆钉模型。

（10）在 GUI 的工具栏中单击 SAVE_DB 按钮，保存数据。

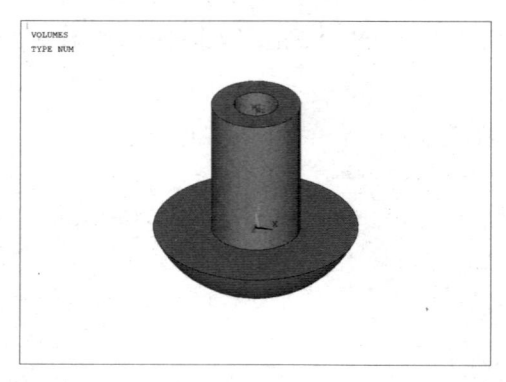

图 20-43　从大圆柱体中"减去"小圆柱体的结果

20.2.5　划分网格

（1）在 GUI 的主菜单中选择 Preprocessor > Meshing > MeshTool 命令，打开 MeshTool 面板，在 Mesh 下拉列表中选择 Volumes 选项，如图 20-44 所示，单击 Mesh 按钮，打开 Mesh Volumes 面板，如图 20-45 所示，在该面板中选择要进行网格划分的实体。

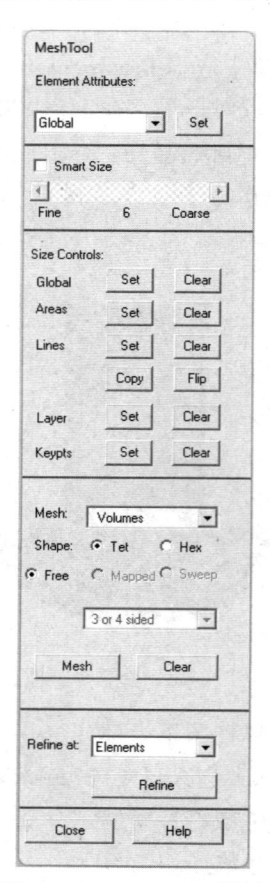

图 20-44　MeshTool 面板 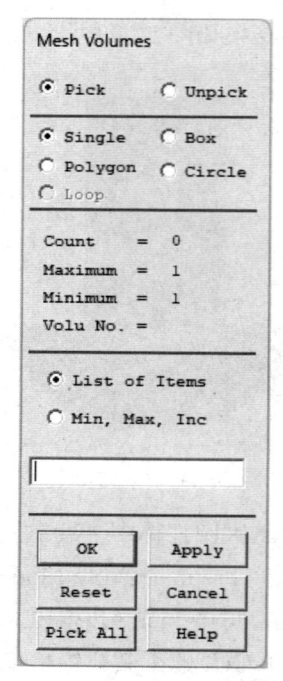　　　　图 20-45　Mesh Volumes 面板

（2）在 Mesh Volumes 面板中单击 Pick All 按钮，即可对铆钉模型进行网格划分，在网格划分的过程中，ANSYS 会弹出 Warning 对话框，如图 20-46 所示，单击 Close 按钮将其关闭。划分网格后的铆钉模型如图 20-47 所示。

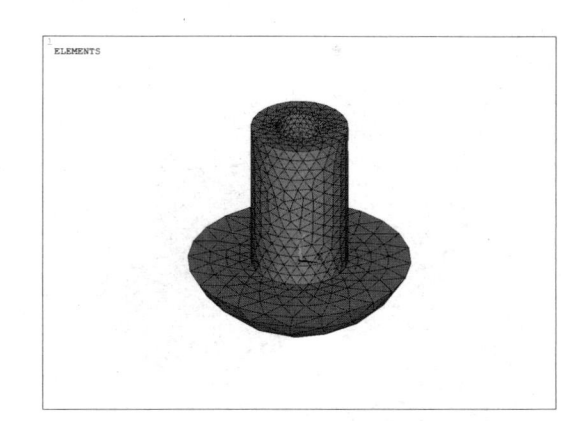

图 20-46　Warning 对话框　　　　　图 20-47　划分网格后的铆钉模型

20.2.6　加载

（1）在 GUI 的主菜单中选择 Preprocessor > Solution > Define Loads > Apply > Structural > Displacement > On Areas 命令，弹出 Apply U,ROT on Areas 拾取对话框，用于在工作区中拾取要增加位移约束的面。

（2）在工作区中拾取下半球面，单击 OK 按钮，弹出 Apply U,ROT on Areas 对话框，在 Lab2 DOFs to be constrained 列表框中选择 All DOF 选项，如图 20-48 所示，单击 OK 按钮，即可在选定面上施加指定的位移约束。

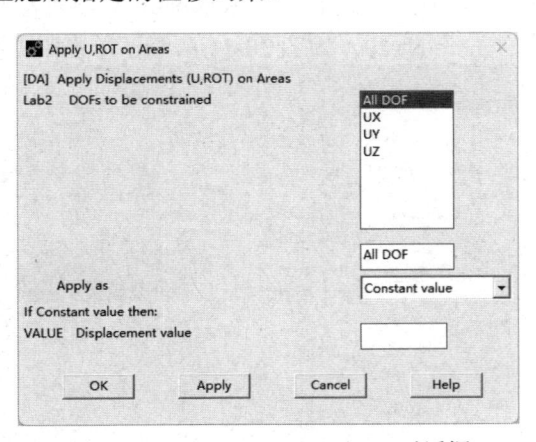

图 20-48　Apply U,Rot on Areas 对话框

（3）在 GUI 的主菜单中选择 Preprocessor > Solution > Define Loads > Apply > Structural > Displacement > On Areas 命令，弹出 Apply U,ROT on Areas 拾取对话框，用于在工作区中拾取要增加位移约束的面。

（4）在工作区中拾取侧面的圆周面，如图 20-49 所示，单击 OK 按钮，弹出 Apply U,ROT on Areas 对话框，在 Lab2 DOFs to be constrained 列表框中选择 UY 选项，设置 VALUE Displacement value=3，如图 20-50 所示，单击 OK 按钮，即可在选定面上施加指定的位移约束。

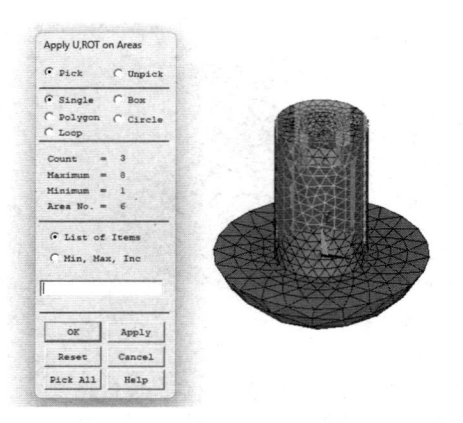

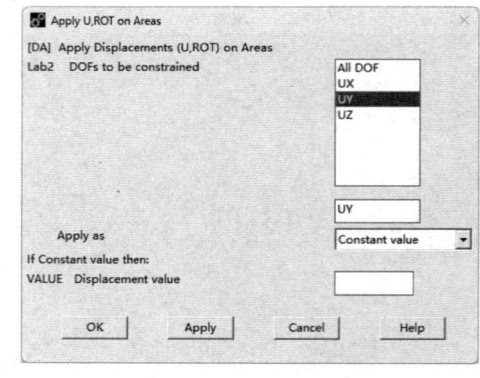

图 20-49　拾取侧面的圆周面

图 20-50　Apply U,ROT on Areas 对话框

（5）在 GUI 的工具栏中单击 SAVE_DB 按钮，保存数据。

20.2.7　求解

（1）在 GUI 的主菜单中选择 Preprocessor > Solution > Analysis Type > Sol'n Controls 命令，弹出 Solution Controls 对话框。

（2）在 Solution Controls 对话框中选择 Basic 选项卡，在 Write Items to Results File 选区中选择 All solution items 单选按钮，在 Frequency 下拉列表中选择 Write every Nth substep 选项，并且设置 where N=20，如图 20-51 所示，单击 OK 按钮。

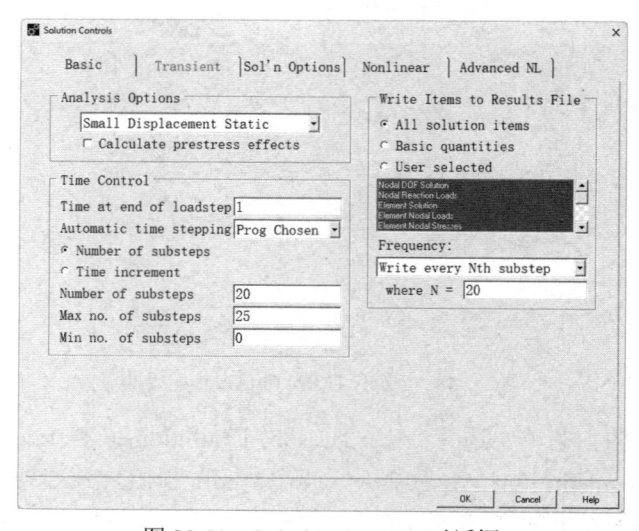

图 20-51　Solution Controls 对话框

（3）在 GUI 的主菜单中选择 Solution > Solve > Current LS 命令，弹出/STATUS Command 对话框，用于显示项目的求解信息及输出选项；同时弹出 Solve Current Load Step 对话框，用于询问用户是否开始求解，如图 20-52 所示。

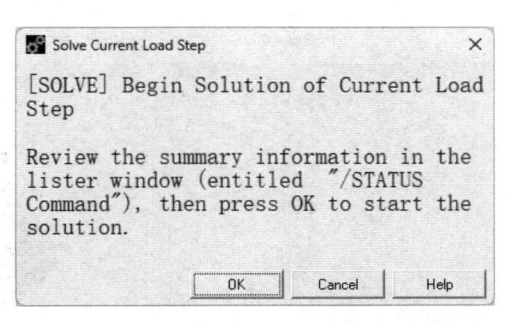

图 20-52 Solve Current Load Step 对话框

（4）在确认信息无误后，单击 Solve Current Load Step 对话框中的 OK 按钮，开始求解。在求解过程中会显示确认结果是否收敛的图示。

20.2.8 后处理

（1）查看变形。在 GUI 的主菜单中选择 Preprocessor > Plot Results > Contour Plot > Nodal Solu 命令，弹出 Contour Nodal Solution Data 对话框，在 Item to be contoured 列表框中选择 Nodal Solution > DOF Solution > Y-Component of displacement 选项，在 Undisplaced shape key 下拉列表中选择 Deformed shape with undeformed edge 选项，如图 20-53 所示，单击 OK 按钮，即可在工作区中显示铆钉模型的变形图（包括变形前的轮廓线），如图 20-54 所示。在图 20-54 中，下方的色谱图用于说明不同颜色对应的数值（带符号）。

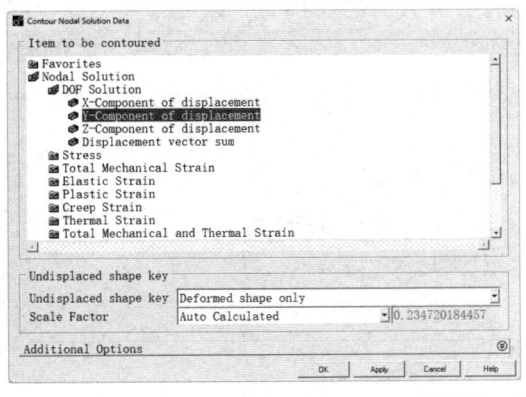

图 20-53 Contour Nodal Solution Data 对话框（一） 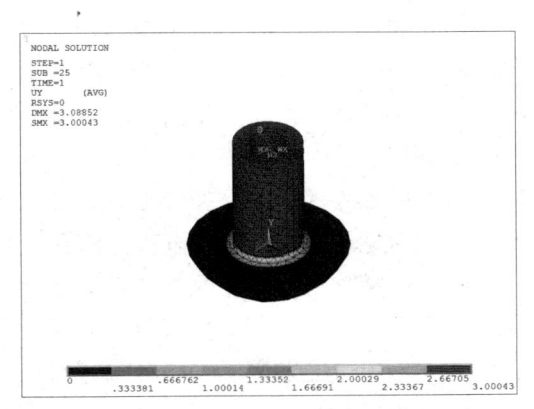　　图 20-54 铆钉模型的变形图
（包括变形前的轮廓线）

（2）查看应力。在 GUI 的主菜单中选择 Preprocessor > Plot Results > Contour Plot > Nodal Solu 命令，弹出 Contour Nodal Solution Data 对话框，在 Item to be contoured 列表

框表中选择 Nodal Solution > DOF Solution > von Mises total mechanical strain 选项，在 Undisplaced shape key 下拉列表中选择 Deformed shape only 选项，如图 20-55 所示，单击 OK 按钮，即可在工作区中显示铆钉模型的 von Mises 应变分布图，如图 20-56 所示。

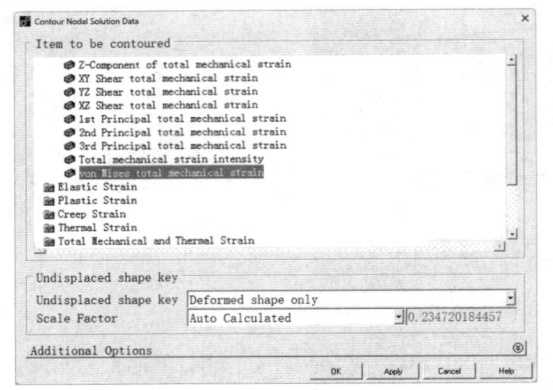

图 20-55　Contour Nodal Solution Data 对话框（二） 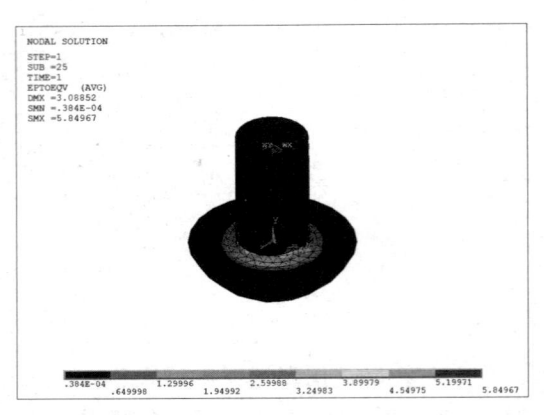　　图 20-56　铆钉模型的 von Mises 应变分布图

20.3　螺栓连接件仿真分析

螺栓是由头部和螺杆（带有外螺纹的圆柱体）两部分组成的紧固件，需要与螺母配合使用，用于连接两个带有通孔的零件。这种连接形式称为螺栓连接。

普通螺栓在拧紧螺母时产生的预紧力很小，由板面挤压产生的摩擦力可以忽略不计。普通螺栓抗剪连接件依靠孔壁承压和螺栓抗剪传力。

高强度螺栓除了其材料强度高，在施工时还会给螺栓施加很大的预紧力，使板面间产生挤压力。因此，在垂直于螺栓杆方向受剪时会有很大的摩擦力。依靠摩擦力阻止板间的相对滑移，达到传力的目的，因此变形较小。

普通螺栓的优点是施工简单，拆卸方便，缺点是用钢量多，适合用于连接需要经常拆卸的结构。

普通螺栓连接按照螺栓传力方式可以分为以下 3 种类型。

- 抗剪螺栓连接：受力垂直螺栓杆，靠孔壁承压和螺栓杆抗剪传力。
- 抗拉螺栓连接：受力平行于螺栓杆，靠螺栓杆承载拉力。
- 既受剪又受拉，受拉剪共同作用。

剪力螺栓可能发生的破坏形式有如下 5 种。

- 螺栓剪断。
- 钢板孔壁被挤压破坏。
- 钢板由于螺孔削弱而净截面拉断。
- 钢板因螺栓孔端距过小而剪坏。

- 螺杆因太长或螺孔大于螺杆直径而产生受弯破坏。

如果板较厚而螺栓较细，则螺栓可能被剪断；如果板较薄但螺栓较粗，则螺栓孔壁可能被挤坏。如果螺栓端距过小，则钢板可能被剪坏。如果钢板过厚而螺栓过于细长，则螺栓可能出现弯曲破坏。

本实例为读者介绍一个螺栓连接的钢梁分析，探讨有限元法在螺栓连接件分析中的应用。钢梁的几何模型如图 20-57 所示。

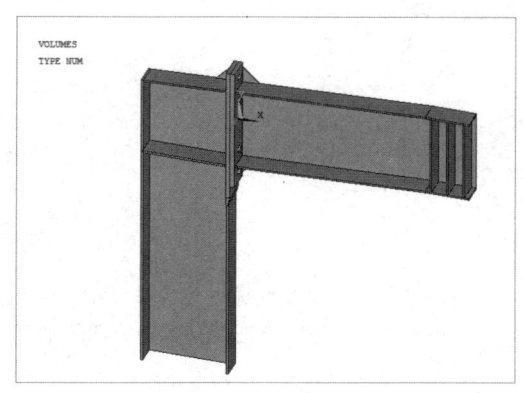

图 20-57　钢梁的几何模型

20.3.1　设置分析环境

启动 Mechanical APDL Product Launcher，打开 ANSYS Mechanical APDL Product Launcher 窗口，在 Simulation Environment 下拉列表中选择 ANSYS 选项，在 License 下拉列表中选择 ANSYS Multiphysics 选项，在 Working Directory 文本框中输入工作目录名称，在 Job Name 文本框中输入项目名称"20-3"，单击 Run 按钮，运行 ANSYS。

20.3.2　定义几何参数

在 GUI 的通用菜单中选择 Parameters > Scalar Parameters 命令，弹出 Scalar Parameters 对话框，依次输入下面参数，如图 20-58 所示。

```
hc=400          !柱截面高度
bc=200          !柱截面宽度
tcf=10          !柱翼缘厚度
tcw=8           !柱腹板厚度
lc=1100         !柱构件伸出长度
tep=20          !端板厚度
bep=bc+20       !端板宽度
hep1=hc+200     !端板高度
tst=10          !端板外伸部分加紧肋厚度
hst=80          !端板外伸部分加紧肋高度
bst=bc/2-5      !端板外伸部分加紧肋宽度
```

```
lbt=2*tep            !螺栓杆长度
dbt=20               !螺栓杆直径或有效直径
dbth=31.4            !螺栓头和螺母直径
lbth=11.5            !螺栓头厚度
preten=155000        !螺栓施工预紧力
miu=0.4              !端板间抗滑移系数
hb=400               !梁截面数
bb=200               !梁截面宽度
tbf=8                !梁翼缘厚度
tbw=6                !梁腹板厚度
lb1=870              !梁构件伸出长度
lb2=200              !梁构件伸出的水平加载端长度
hb1=362              !梁最左端高度
dh0=dbt+2            !螺栓孔直径
randa=0.05           !梁的坡度
aa=50                !螺栓中心到梁翼缘边缘（非受力方向）的距离
aa1=50               !螺栓中心到梁翼缘边缘（受力方向的距离）
ab=120               !一二排螺栓间距
displa=-50           !施加的位移载荷大小
```

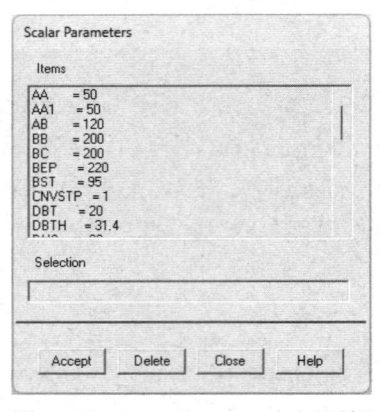

图 20-58 Scalar Parameters 对话框

20.3.3 生成板梁模型

（1）在 GUI 的主菜单中选择 Preprocessor > Modeling > Create > Volumes > Block > By Dimensions 命令，弹出 Create Block by Dimensions 对话框，在该对话框中输入第一个块体的参数：$X_1=0$、X_2=tep、Y_1=-hep1/2、Y_2=hep1/2、$Z_1=0$、Z_2=bep/2，单击 Apply 按钮。

（2）输入第二个块体的参数：X_1=-tep、$X_2=0$、Y_1=-hep1/2-100+4*tcf、Y_2=hep1/2、$Z_1=0$、Z_2=bep/2，生成的两个块体如图 20-59 所示。

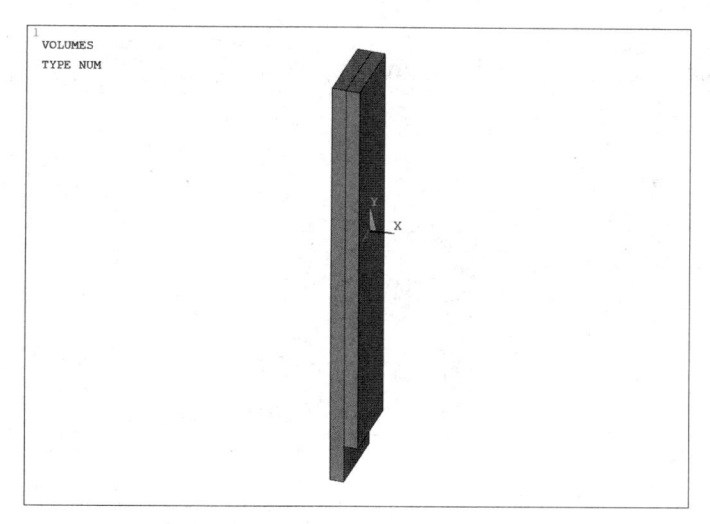

图 20-59 生成的两个块体（一）

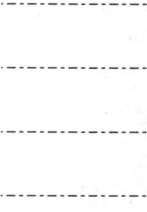

（3）在 GUI 的主菜单中选择 Preprocessor > Modeling > Create > Keypoints > In Active CS 命令，弹出 Create Keypoints in Active Coordinate System 对话框，在该对话框中输入 20～27 号关键点的编号与坐标，完成 20～27 号关键点的创建。20～27 号关键点的编号与坐标如表 20-3 所示，创建的 20～27 号关键点如图 20-60 所示。

表 20-3　20～27 号关键点的编号与坐标

关键点编号	X	Y	Z
20	tep	hb/2	0
21	tep	hb/2−tbf	0
22	tep+lb1	hb/2−tbf+lb1*randa	0
23	tep+lb1	hb/2+lb1*randa	0
24	tep	hb/2	bb/2
25	tep	hb/2−tbf	bb/2
26	tep+lb1	hb/2−tbf+lb1*randa	bb/2
27	tep+lb1	hb/2+lb1*randa	bb/2

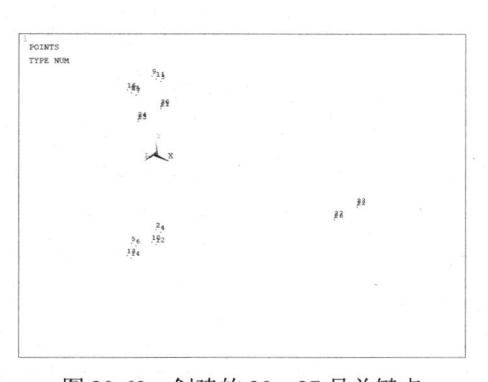

图 20-60 创建的 20～27 号关键点

(4) 在 GUI 的主菜单中选择 Preprocessor > Modeling > Create > Volumes > Arbitrary > Through KPs 命令，在弹出的拾取对话框中输入关键点编号，编号之间用英文逗号隔开，或者直接在工作区中拾取这些关键点，生成的体如图 20-61 所示。

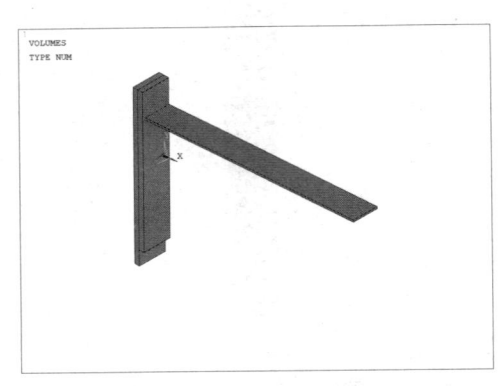

图 20-61　生成的体（一）

(5) 在 GUI 的主菜单中选择 Preprocessor > Modeling > Create > Keypoints > In Active CS 命令，弹出 Create Keypoints in Active Coordinate System 对话框，在该对话框中输入 28～35 号关键点的编号与坐标，完成 28～35 号关键点的创建。28～35 号关键点的编号与坐标如表 20-4 所示。

表 20-4　28～35 号关键点的编号与坐标

关键点编号	X	Y	Z
28	tep	hb/2−tbf	0
29	tep	−hb/2+tbf	0
30	tep+lb1	−hb/2+tbf+lb1*randa	0
31	tep+lb1	hb/2−tbf+lb1*randa	0
32	tep	hb/2−tbf	tbw/2
33	tep	−hb/2+tbf	tbw/2
34	tep+lb1	−hb/2+tbf+lb1*randa	tbw/2
35	tep+lb1	hb/2−tbf+lb1*randa	tbw/2

(6) 在 GUI 的主菜单中选择 Preprocessor > Modeling > Create > Volumes > Arbitrary > Through KPs 命令，在弹出的拾取对话框中输入关键点编号，编号之间用英文逗号隔开，或者直接在工作区中拾取这些关键点，生成的体如图 20-62 所示。

(7) 在 GUI 的主菜单中选择 Preprocessor > Modeling > Create > Volumes > Block > By Dimensions 命令，弹出 Create Block by Dimensions 对话框，在该对话框中输入第一个块体的参数：X_1=tep+lb1、X_2= tep+lb1+lb2、Y_1= hb/2 −tbf+lb1*randa、Y_2= hb/2+lb1*randa、Z_1=0、Z_2=bb/2，单击 Apply 按钮。

(8) 输入第二个块体的参数：X_1=tep+lb1、X_2= tep+lb1+lb2、Y_1= −hb/2 +tbf+lb1*randa、Y_2= hb/2−tbf+lb1*randa、Z_1=0、Z_2=tbw/2，单击 OK 按钮。生成的两个块体如图 20-63 所示。

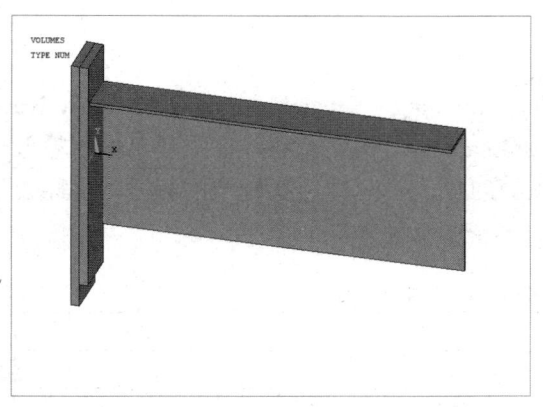

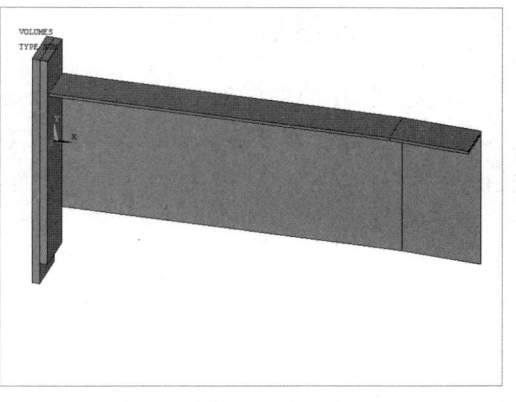

图 20-62　生成的体（二）　　　　　图 20-63　生成的两个块体（二）

（9）在 GUI 的通用菜单中选择 PlotCtrls > Numbering 命令，弹出 Plot Numbering Controls 对话框，勾选 VOLU Volume Numbers 复选框，使其状态转换为 On，如图 20-64 所示，单击 OK 按钮，关闭该对话框，即可在工作区中显示体编号，如图 20-65 所示，注意 3 号体和 5 号体的位置。

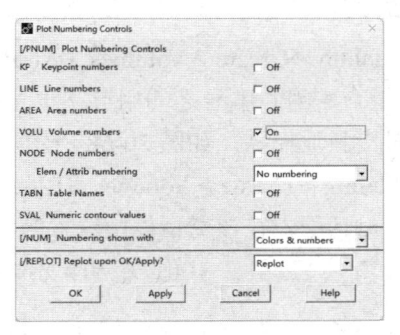

图 20-64　Plot Numbering Controls 对话框　　　　图 20-65　显示体编号

（10）在 GUI 的主菜单中选择 Preprocessor > Modeling > Copy > Volumes 命令，弹出拾取对话框，在工作区拾取 3 号体与 5 号体，单击 OK 按钮，弹出 Copy Volumes 对话框，设置 ITIME Number of copies including original=2，在 DY Y-offset in active CS 文本框中输入"-hb+tbf"，如图 20-66 所示，单击 OK 按钮，即可复制梁板模型，如图 20-67 所示。

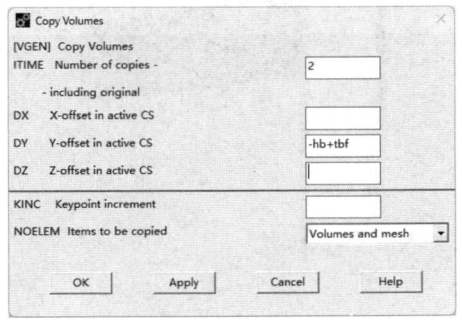

图 20-66　Copy Volumes 对话框　　　　图 20-67　复制梁板模型

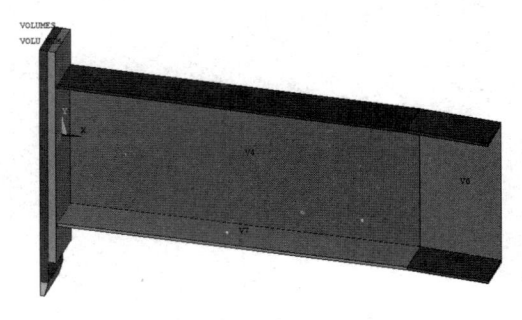

20.3.4 生成柱腹板模型

(1) 在 GUI 的主菜单中选择 Preprocessor > Modeling > Create > Keypoints > In Active CS 命令，弹出 Create Keypoints in Active Coordinate System 对话框，在该对话框中输入关键点的编号与坐标，完成 80~87 号关键点的创建。80~87 号关键点的编号与坐标如表 20-5 所示。

表 20-5　80~87 号关键点的编号与坐标

关键点编号	X	Y	Z
80	−tep	−hep1/2−100+4*tcf	0
81	−tep	−hep1/2−100	0
82	−tep+tcf	−hep1/2−100	0
83	0	−hep1/2−100+4*tcf	0
84	−tep	−hep1/2−100+4*tcf	bep/2
85	−tep	−hep1/2−100	bep/2
86	−tep+tcf	−hep1/2−100	bep/2
87	0	−hep1/2−100+4*tcf	bep/2

(2) 在 GUI 的主菜单中选择 Preprocessor > Modeling > Create > Volumes > Arbitrary > Through KPs 命令，在弹出的拾取对话框中输入关键点编号，编号之间用英文逗号隔开，或者直接在工作区中拾取这些关键点，生成端板对接斜坡模型，如图 20-68 所示。

(3) 在 GUI 的主菜单中选择 Preprocessor > Modeling > Create > Volumes > Block > By Dimensions 命令，弹出 Create Block by Dimensions 对话框，在该对话框中输入第一个块体的参数：X_1= −tep、X_2= −tep+tcf、Y_1= −hb/2−lc、Y_2= −hep1/2−100、Z_1=0、Z_2=bb/2，单击 Apply 按钮。

(4) 输入第二个块体的参数：X_1= −tep−hc+tcf、X_2= −tep−hc+2*tcf、Y_1= −hb/2−lc、Y_2= hb/2− (hc−2*tcf)*randa−tbf、Z_1=0、Z_2=bb/2，单击 OK 按钮，生成柱翼缘模型，如图 20-69 所示。

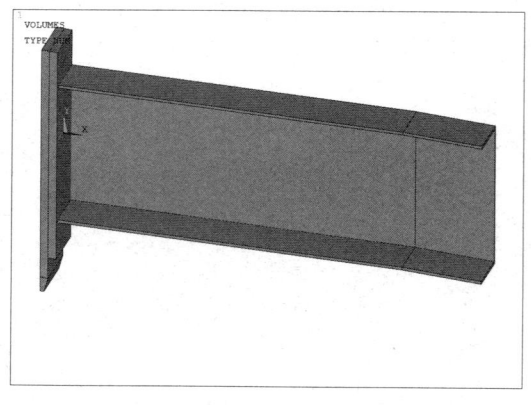

图 20-68　生成端板对接斜坡模型

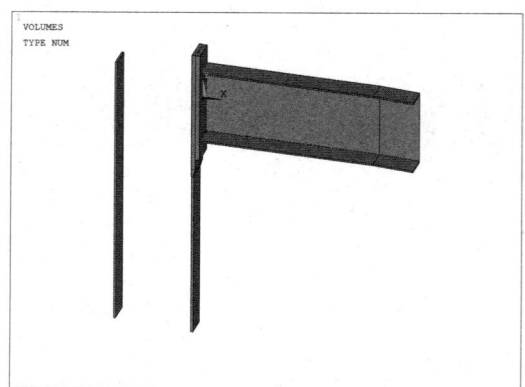

图 20-69　生成柱翼缘模型

（5）在 GUI 的主菜单中选择 Preprocessor > Modeling > Create > Keypoints > In Active CS 命令，弹出 Create Keypoints in Active Coordinate System 对话框，在该对话框中输入关键点的编号与坐标，完成 89～96 号关键点的创建。89～96 号关键点的编号与坐标如表 20-6 所示。

表 20-6 89～96 号关键点的编号与坐标

关键点编号	X	Y	Z
89	−tep−hc+2*tcf	−hb/2−lc	0
90	−tep	−hb/2−lc	0
91	−tep	hb/2−tbf	0
92	−tep−hc+2*tcf	hb/2− (hc−2*tcf)*randa−tbf	0
93	−tep−hc+2*tcf	−hb/2−lc	tep/2
94	−tep	−hb/2−lc	tep/2
95	−tep	hb/2−tbf	tep/2
96	−tep−hc+2*tcf	hb/2− (hc−2*tcf)*randa−tbf	tep/2

（6）在 GUI 的主菜单中选择 Preprocessor > Modeling > Create > Volumes > Arbitrary > Through KPs 命令，在弹出的拾取对话框中输入关键点编号，编号之间用英文逗号隔开，或者直接在工作区中拾取这些关键点。

（7）在 GUI 的主菜单中选择 Preprocessor > Modeling > Create > Keypoints > In Active CS 命令，弹出 Create Keypoints in Active Coordinate System 对话框，在该对话框中输入关键点的编号与坐标，完成 97～100 号关键点的创建。97～100 号关键点的编号与坐标如表 20-7 所示。

表 20-7 97～100 号关键点的编号与坐标

关键点编号	X	Y	Z
97	−tep−hc+2*tcf	hb/2−(hc−2*tcf)*randa−tbf	bb/2
98	−tep	hb/2−tbf	bb/2
99	−tep	hb/2	bb/2
100	−tep	hb/2	0

（8）在 GUI 的主菜单中选择 Preprocessor > Modeling > Create > Volumes > Arbitrary > Through KPs 命令，在弹出的拾取对话框中输入"92,97,98,91,75,79,99,100"，或者直接在工作区中拾取这些关键点，生成的块体如图 20-70 所示。

（9）在 GUI 的主菜单中选择 Preprocessor > Modeling > Create > Volumes > Block > By Dimensions 命令，弹出 Create Block by Dimensions 对话框，在该对话框中输入块体的参数：X_1= −tep−hc+2*tcf、X_2= −tep、Y_1= −hb/2、Y_2= −hb/2 +tst、Z_1= tcw/2、Z_2= tcw/2+bst，单击 OK 按钮完成，生成的块体如图 20-71 所示，并且产生 101～108 号关键点。

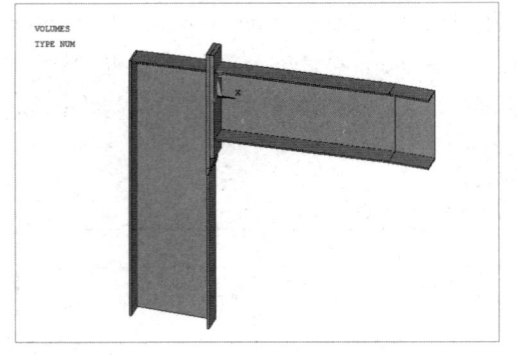

图 20-70　生成柱腹板模型（一） 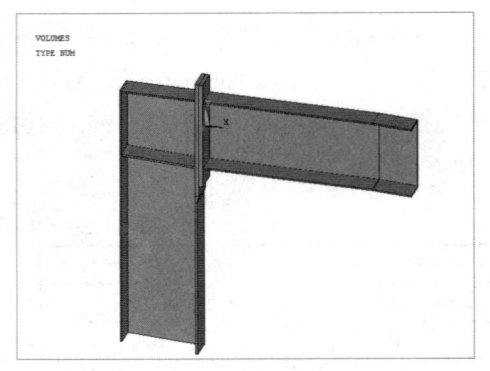　　　图 20-71　生成柱腹板模型（二）

20.3.5　生成肋板模型

（1）在 GUI 的主菜单中选择 Preprocessor > Modeling > Create > Keypoints > In Active CS 命令，弹出 Create Keypoints in Active Coordinate System 对话框，在该对话框中输入关键点的编号与坐标，完成 109～114 号关键点的创建。109～114 号关键点的编号与坐标如表 20-8 所示。

表 20-8　109～114 号关键点的编号与坐标

关键点编号	X	Y	Z
109	tep	hb/2	0
110	tep+hst	hb/2+hst*randa	0
111	tep	hb/2+hst	0
112	tep	hb/2	tst/2
113	tep+hst	hb/2+hst*randa	tst/2
114	tep	hb/2+hst	tst/2

（2）在 GUI 的主菜单中选择 Preprocessor > Modeling > Create > Volumes > Arbitrary > Through KPs 命令，在弹出的拾取对话框中输入关键点编号，编号之间用英文逗号隔开，或者直接在工作区中拾取这些关键点，生成的块体如图 20-72 所示。

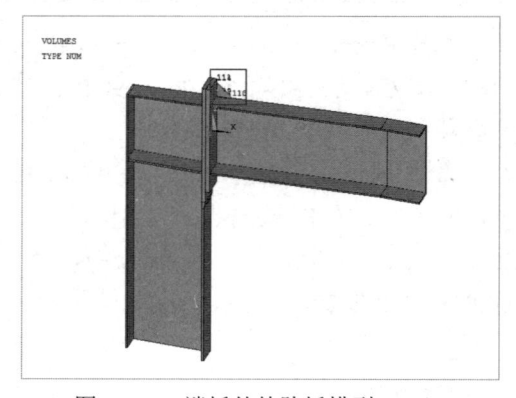

图 20-72　端板外伸肋板模型（一）

（3）在 GUI 的主菜单中选择 Preprocessor > Modeling > Create > Keypoints > In Active CS 命令，弹出 Create Keypoints in Active Coordinate System 对话框，在该对话框中输入关键点的编号与坐标，完成 115～120 号关键点的创建。115～120 号关键点的编号与坐标如表 20-9 所示。

表 20-9　115～120 号关键点的编号与坐标

关键点编号	X	Y	Z
115	tep	-hb/2	0
116	tep+hst	-hb/2+hst*randa	0
117	tep	-hb/2-hst	0
118	tep	-hb/2	tst/2
119	tep+hst	-hb/2+hst*randa	tst/2
120	tep	-hb/2-hst	tst/2

（4）在 GUI 的主菜单中选择 Preprocessor > Modeling > Create > Volumes > Arbitrary > Through KPs 命令，在弹出的拾取对话框中输入关键点编号，编号之间用英文逗号隔开，或者直接在工作区中拾取这些关键点，生成的体如图 20-73 所示。

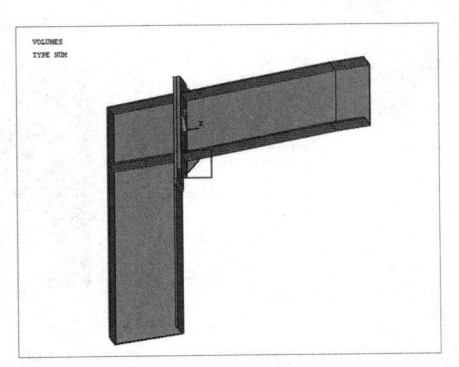

图 20-73　端板外伸肋板模型（二）

（5）在 GUI 的主菜单中选择 Preprocessor > Modeling > Create > Keypoints > In Active CS 命令，弹出 Create Keypoints in Active Coordinate System 对话框，在该对话框中输入关键点的编号与坐标，完成 121～126 号关键点的创建。121～126 号关键点的编号与坐标如表 20-10 所示。

表 20-10　121～126 号关键点的编号与坐标

关键点编号	X	Y	Z
121	-tep	hb/2	0
122	-tep-hst	hb/2-hst*randa	0
123	-tep	hb/2+hst	0
124	-tep	hb/2	tst/2
125	-tep-hst	hb/2-hst*randa	tst/2
126	-tep	hb/2+hst	tst/2

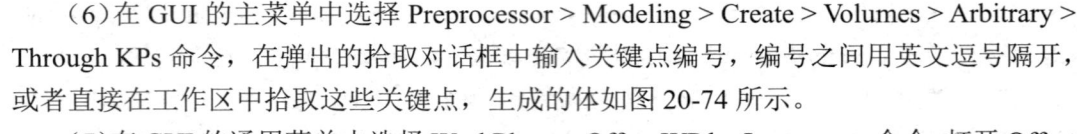

（6）在 GUI 的主菜单中选择 Preprocessor > Modeling > Create > Volumes > Arbitrary > Through KPs 命令，在弹出的拾取对话框中输入关键点编号，编号之间用英文逗号隔开，或者直接在工作区中拾取这些关键点，生成的体如图 20-74 所示。

（7）在 GUI 的通用菜单中选择 WorkPlane > Offset WP by Increments 命令，打开 Offset WP 面板，设置工作平面的移动距离为 X=tep+lb1+lb2/2、Y=−hb/2+tbf+lb1*randa。

（8）在 GUI 的主菜单中选择 Preprocessor > Modeling > Create > Volumes > Block > By Dimensions 命令，弹出 Create Block by Dimensions 对话框，在该对话框中输入第一个块体的参数：X_1=−tst/2、X_2= tst/2、Y_1=0、Y_2= hb−2*tbf、Z_1= tbw/2、Z_2= tbw/2+bst，单击 Apply 按钮。

（9）输入第二个块体的参数：X_1= −tst/2+75、X_2= tst/2+75、Y_1=0、Y_2= hb−2*tbf、Z_1= tbw/2、Z_2= tbw/2+bst，单击 Apply 按钮。

（10）输入第三个块体的参数：X_1= −tst/2−75、X_2= tst/2−75、Y_1=0、Y_2= hb−2*tbf、Z_1= tbw/2、Z_2= tbw/2+bst，单击 OK 按钮。生成的三个体如图 20-75 所示。

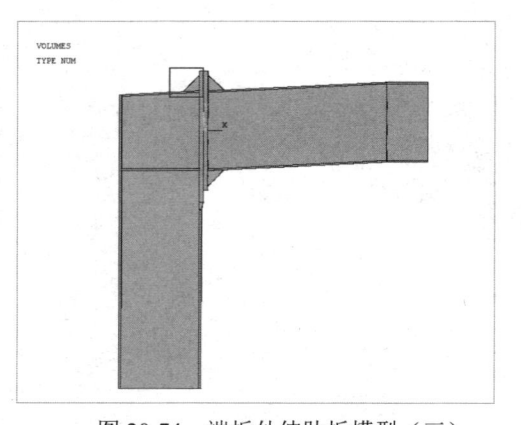

图 20-74 端板外伸肋板模型（三）

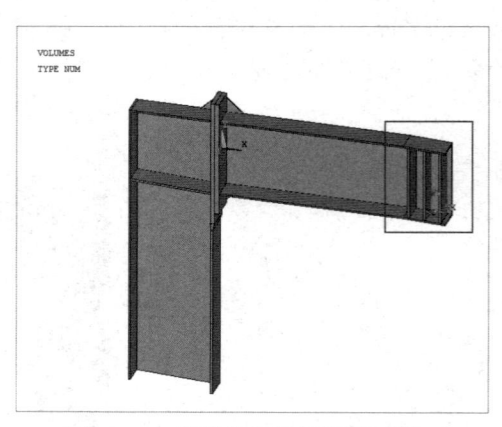

图 20-75 端板外伸肋板模型（四）

20.3.6　生成螺栓孔模型

（1）在 GUI 的通用菜单中选择 WorkPlane > Align WP with > XYZ Location 命令，输入工作平面的坐标参数：X=0、Y=hb/2−aa1、Z=0，单击 OK 按钮。在 GUI 的通用菜单中选择 WorkPlane > Offset WP by Increments 命令，打开 Offset WP 面板，在 Degrees XY,YZ,ZX Angles 文本框中输入"0,0,90"，单击 Apply 按钮，完成工作平面的旋转。在 Snaps X,Y,Z Offsets 文本框中输入"−bb/4,2*aa1,0"，完成坐标系的平移。

（2）在 GUI 的主菜单中选择 Preprocessor > Modeling > Create > Volumes > Cylinder > By Dimensions 命令，弹出 Create Cylinder by Dimensions 对话框，在该对话框中输入圆柱的参数：RAD_1=dh0/2、RAD_2=0、Z_1=−tep−10、Z_2=tep+10、$THETA_1$=0、$THETA_2$=360，生成第一个螺栓模型，如图 20-76 所示。

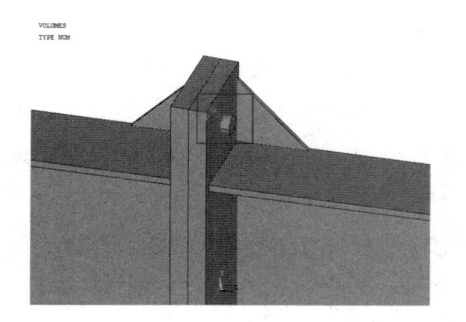

图 20-76 生成第一个螺栓模型

（3）在 GUI 的通用菜单中选择 Select > Entities 命令，弹出 Select Entities 对话框，使用按坐标位置选择体的功能选中 Y=hb/2 +100-aa 的体，即上一步生成的第一个螺栓模型。

（4）在 GUI 的主菜单中选择 Preprocessor > Modeling > Copy > Volumes 命令，在弹出的对话框中设置复制的份数为 2，沿 Y 轴方向的偏移量为-ab，单击 OK 按钮，复制螺栓模型，如图 20-77 所示。

（5）在 GUI 的主菜单中选择 Preprocessor > Modeling > Copy > Volumes 命令，弹出的拾取对话框，在工作区中拾取上一步生成的两个圆柱，单击 OK 按钮，在弹出的对话框中设置复制的份数为 2，沿 Y 轴方向的偏移量为-(hep1-2*aa-ab)，单击 OK 按钮，成组复制螺栓模型，如图 20-78 所示。

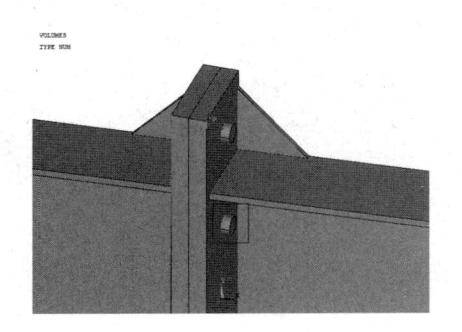

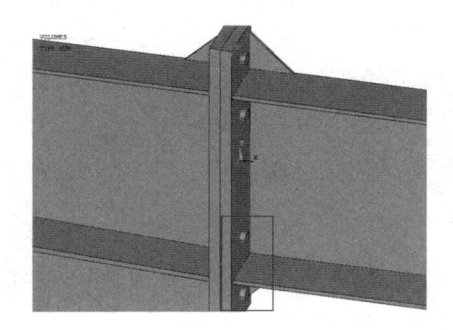

图 20-77 复制螺栓模型　　　图 20-78 成组复制螺栓模型

（6）在 GUI 的主菜单中选择 Preprocessor > Modeling > Operate > Booleans > Subtract > Volumes 命令，弹出拾取对话框，先拾取与螺栓模型相交的两个板，单击 OK 按钮，再拾取 4 个螺栓模型，单击 OK 按钮，将完成梁与柱连接处打孔。

20.3.7　生成螺栓模型

（1）在 GUI 的主菜单中选择 Preprocessor > Modeling > Create > Volumes > Cylinder > By Dimensions 命令，弹出 Create Cylinder by Dimensions 对话框，在该对话框中输入第一个圆柱的参数：RAD_1= dh0/2、RAD_2=0、Z_1=-tep、Z_2=tep、$THETA_1$=0、$THETA_2$=360，

单击 Apply 按钮。

（2）输入第二个圆柱的参数：RAD_1=dbth/2、RAD_2=0、Z_1=-tep-lbth、Z_2=-tep、$THETA_1$=0、$THETA_2$=360，单击 Apply 按钮。

（3）输入第三个圆柱的参数：RAD_1=dbth/2、RAD_2=0、Z_1=tep、Z_2=tep+lbth、$THETA_1$=0、$THETA_2$=360，单击 OK 按钮，生成第一组螺栓模型如图 20-79 所示。

（4）在 GUI 的通用菜单中选择 WorkPlane > Offset WP by Increments 命令，打开 Offset WP 面板，设置工作平面沿 Y 轴方向移动-ab。

（5）在 GUI 的主菜单中选择 Preprocessor > Modeling > Create > Volumes > Cylinder > By Dimensions 命令，弹出 Create Block by Dimensions 对话框，在该对话框中输入第一个圆柱的参数：RAD_1=dbth/2、RAD_2=0、Z_1=-tep、Z_2=tep、$THETA_1$=0、$THETA_2$=360，单击 Apply 按钮。

（6）输入第二个圆柱的参数：RAD_1=dbth/2、RAD_2=0、Z_1=-tep-lbth、Z_2=-tep、$THETA_1$=0、$THETA_2$=360，单击 Apply 按钮。

（7）输入第三个圆柱的参数：RAD_1=dbth/2、RAD_2=0、Z_1=tep、Z_2=tep+lbth、$THETA_1$=0、$THETA_2$=360，单击 OK 按钮，生成第二组螺栓模型，如图 20-80 所示。

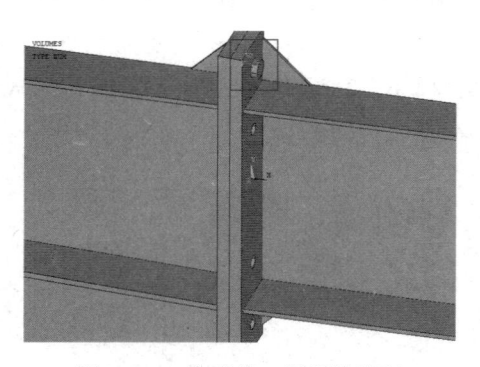

图 20-79　生成第一组螺栓模型 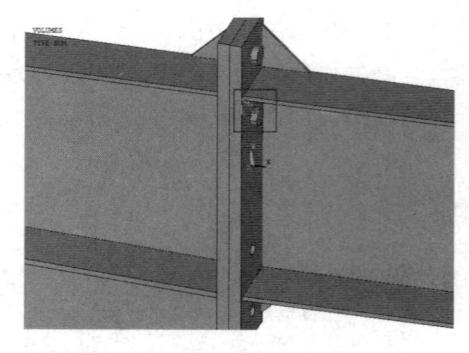　　　　图 20-80　生成第二组螺栓模型

（8）在 GUI 的通用菜单中选择 WorkPlane > Offset WP by Increments 命令，打开 Offset WP 面板，设置工作平面沿 Y 轴方向移动-(hep1-2*aa-ab)。

（9）在 GUI 的主菜单中选择 Preprocessor > Modeling > Create > Volumes > Cylinder > By Dimensions 命令，弹出 Create Block by Dimensions 对话框，在该对话框中输入第一个圆柱的参数：RAD_1=dbth/2、RAD_2=0、Z_1=-tep、Z_2=tep、$THETA_1$=0、$THETA_2$=360，单击 Apply 按钮。

（10）输入第二个圆柱的参数：RAD_1=dbth/2、RAD_2=0、Z_1=-tep-lbth、Z_2=-tep、$THETA_1$=0、$THETA_2$=360，单击 Apply 按钮。

（11）输入第三个圆柱的参数：RAD_1=dbth/2、RAD_2=0、Z_1=tep、Z_2=tep+lbth、$THETA_1$=0、$THETA_2$=360，单击 OK 按钮，生成第三组螺栓模型，如图 20-81 所示。

（12）在 GUI 的通用菜单中选择 WorkPlane > Offset WP by Increments 命令，打开 Offset

WP 面板，设置工作平面沿 Y 轴方向移动 ab。

（13）在 GUI 的主菜单中选择 Preprocessor > Modeling > Create > Volumes > Cylinder > By Dimensions 命令，弹出 Create Block by Dimensions 对话框，在该对话框中输入第一个圆柱的参数：RAD_1=dbth/2、RAD_2=0、Z_1=-tep、Z_2=tep、$THETA_1$=0、$THETA_2$=360，单击 Apply 按钮。

（14）输入第二个圆柱的参数：RAD_1=dbth/2、RAD_2=0、Z_1=-tep-lbth、Z_2=-tep、$THETA_1$=0、$THETA_2$=360，单击 Apply 按钮。

（15）输入第三个圆柱的参数：RAD_1=dbth/2、RAD_2=0、Z_1=tep、Z_2=tep+lbth、$THETA_1$=0、$THETA_2$=360，单击 OK 按钮，生成第四组螺栓模型，如图 20-82 所示。

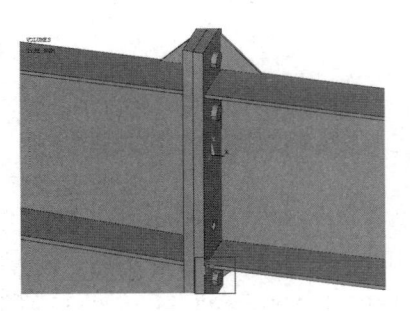

图 20-81　生成第三组螺栓模型 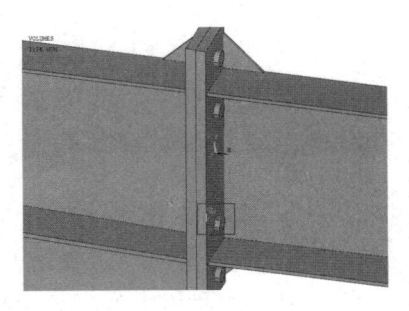　　　　图 20-82　生成第四组螺栓模型

20.3.8　黏结

（1）在 GUI 的主菜单中选择 Preprocessor > Numbering Ctrls > Merge Items 命令，弹出 Merge Coincident Equivalently Define Items 对话框，设置压缩项目为 ALL，单击 OK 按钮。

（2）在 GUI 的通用菜单中选择 Select > Entities 命令，弹出 Select Entities 对话框，选择立柱模型与属于立柱模型的肋板模型。在 GUI 的主菜单中选择 Preprocessor > Modeling > Operate > Booleans > Glue > Volumes 命令，在弹出的拾取对话框中单击 Pick All 按钮，将肋板模型与立柱模型黏结到一起。

（3）在 GUI 的通用菜单中选择 Select > Entities 命令，弹出 Select Entities 对话框，选择横梁模型与属于横梁模型的肋板模型。在 GUI 的主菜单中选择 Preprocessor > Modeling > Operate > Booleans > Glue > Volumes 命令，在弹出的拾取对话框中单击 Pick All 按钮，将肋板模型与横梁模型黏结到一起。

（4）在 GUI 的通用菜单中选择 Select > Entities 命令，弹出 Select Entities 对话框，选择 Z=bep/2-aa1 的体，即在工作区中选择 4 组螺栓模型，如图 20-83 所示。在 GUI 的主菜单中选择 Preprocessor > Modeling > Operate > Booleans > Glue > Volumes 命令，在弹出的拾取对话框中单击 Pick All 按钮，将 4 组螺栓模型黏结到一起。

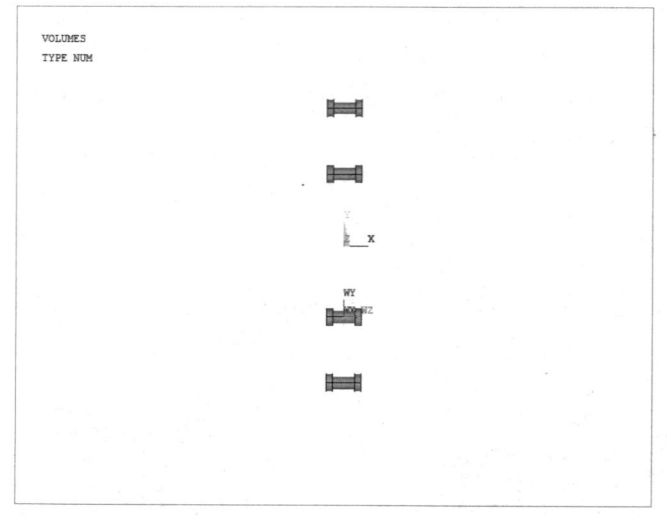

图 20-83 4 组螺栓模型

20.3.9 设置属性

（1）在 GUI 的主菜单中选择 Preprocessor > Element Type > Add/Edit/Delete 命令，弹出 Element Types 对话框，单击 Add 按钮，弹出 Library of Element Types 对话框，在第一个下拉列表中选择 Solid 选项，在第二个下拉列表中选择 10node 187 选项，如图 20-84 所示，单击 OK 按钮。

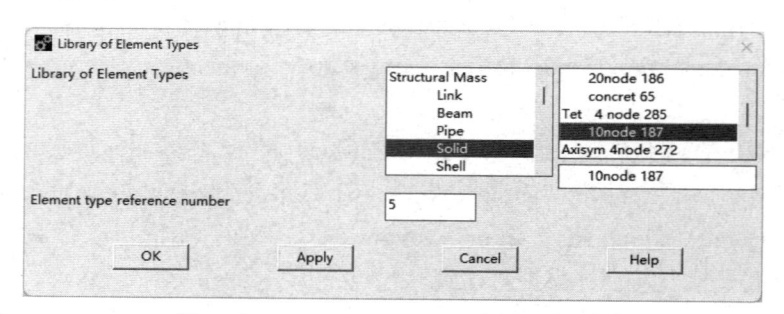

图 20-84 Library of Element Types 对话框

（2）在 GUI 的主菜单中选择 Preprocessor > Material Props > Material Models 命令，打开 Define Material Model Behavior 窗口，定义材料模型 1 为线弹性各向同性，设置 EX=200E3、PRXY=0.3，定义屈服强度为 345，用于模拟梁与柱的 345 钢材料。

（3）在 Define Material Model Behavior 对话框中选择 Material > New Model 命令，新建一个材料模型 2，如图 20-85 所示，用于模拟高强度螺栓。材料模型 2 的线性参数与材料模型 1 的线性参数相同，屈服强度为 940。

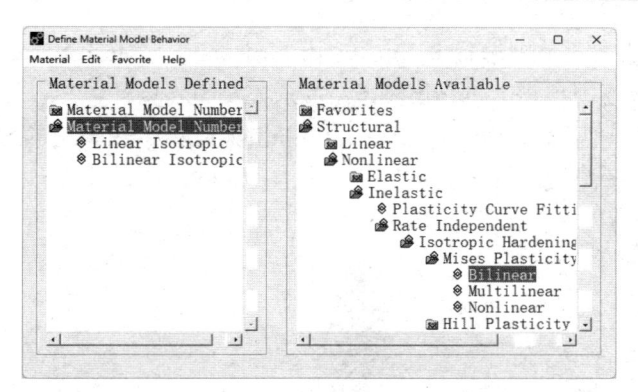

图 20-85 Define Material Model Behavior 对话框

20.3.10 划分网格

（1）在 GUI 的主菜单中选择 Preprocessor > Meshing > Mesh Attributes > Pick Volumes 命令，弹出拾取对话框，在工作区中拾取 4 组螺栓模型，单击 OK 按钮，弹出 Volumes Attributes 对话框，设置材料编号为 2，单元类型号为 1，单击 OK 按钮完成。

（2）在 GUI 的通用菜单中选择 Select > Entities 命令，弹出 Select Entities 对话框，选中 4 组螺栓模型，然后单击 Invert 按钮，选中横梁模型与立柱模型。

（3）在 GUI 的主菜单中选择 Preprocessor > Meshing > Mesh Attributes > ALL Volumes 命令，弹出 Volumes Attributes 对话框，定义材料编号为 1，单元类型号为 1，单击 OK 按钮完成。

（4）在 GUI 的通用菜单中选择 Select > Entities 命令，弹出 Select Entities 对话框，选中 4 组螺栓模型的螺栓杆，如图 20-86 所示。

（5）在 GUI 的主菜单中选择 Preprocessor > Meshing > Mesh > Volumes > Free 命令，在弹出的拾取对话框中单击 Pick All 按钮，完成网格划分。

（6）在 GUI 的通用菜单中选择 Select > Entities 命令，弹出 Select Entities 对话框，选中 4 组螺栓模型的螺栓头与螺母，如图 20-87 所示。

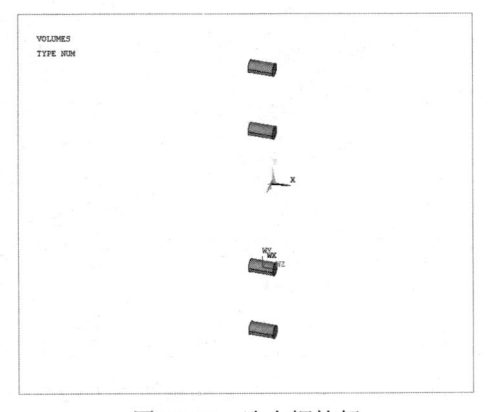

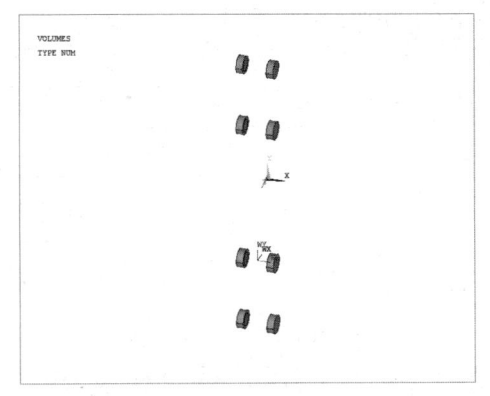

图 20-86 选中螺栓杆　　　　图 20-87 选中螺栓头与螺母

（7）在 GUI 的主菜单中选择 Preprocessor > Meshing > Mesh > Volumes > Free 命令，在弹出的拾取对话框中单击 Pick All 按钮，完成网格划分。

（8）在 GUI 的通用菜单中选择 Select > Entities 命令，在弹出的 Select Entities 对话框中选择体，这些体是梁与体的连接端板，如图 20-88 所示。

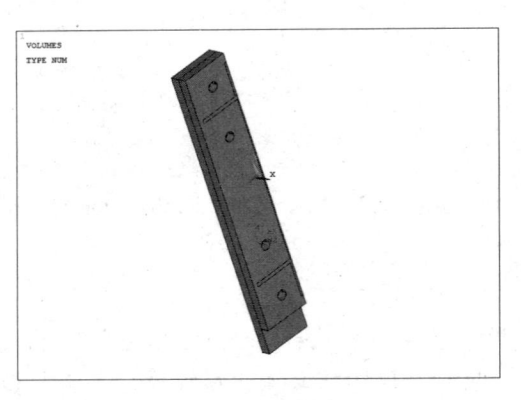

图 20-88　选中端板

（9）在 GUI 的通用菜单中选择 Select > Comp/Assembly > Create Component 命令，弹出 Create Component 对话框，在 Cname Component name 文本框中输入组件名称"endplate"，如图 20-89 所示，单击 OK 按钮。

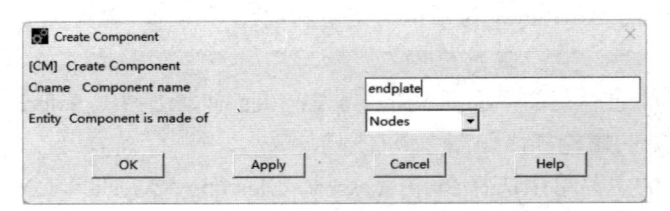

图 20-89　Create Component 对话框

（10）在 GUI 的主菜单中选择 Preprocessor > Meshing > Size Cntrls > Manual Size > Global > Size 命令，弹出 Global Element Sizes 对话框，设置 SIZE Element edge length= bep/10，如图 20-90 所示。

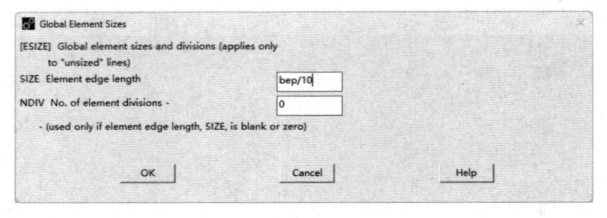

图 20-90　Global Element Sizes 对话框

（11）在 GUI 的主菜单中选择 Preprocessor > Meshing > Mesh > Volumes > Free 命令，在弹出的拾取对话框中单击 Pick All 按钮，完成网格划分。接触位置的网格细节如图 20-91 所示。

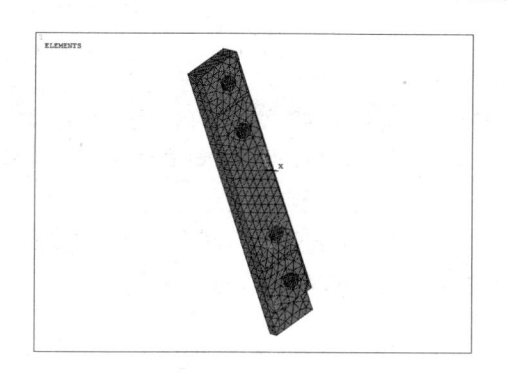

图 20-91 接触位置的网格细节

（12）在 GUI 的通用菜单中选择 Select > Entities 命令，弹出 Select Entities 对话框，选中柱腹板模型，将其定义为 col_web 组件。

（13）在 GUI 的主菜单中选择 Preprocessor > Size Cntrls > Manual Size > Global > Size 命令，弹出 Global Element Size 对话框，设置单元尺寸为 bc/6。

（14）在 GUI 的主菜单中选择 Preprocessor > Meshing > Mesh > Volumes > Free 命令，在弹出的拾取对话框中单击 Pick All 按钮，完成网格划分。

（15）在 GUI 的通用菜单中选择 Select > Entities 命令，弹出 Select Entities 对话框，选中立柱模型中尚未划分网格的部分。

（16）在 GUI 的主菜单中选择 Preprocessor > Size Cntrls > Manual Size > Global > Size 命令，弹出 Global Element Size 对话框，设置单元尺寸为 bc/6。

（17）在 GUI 的主菜单中选择 Preprocessor > Meshing > Mesh > Volumes > Free 命令，在弹出的拾取对话框中单击 Pick All 按钮，完成网格划分。

（18）在 GUI 的通用菜单中选择 Select > Entities 命令，弹出 Select Entities 对话框，选中横梁模型与属于横梁模型的肋板模型。

（19）在 GUI 的主菜单中选择 Preprocessor > Meshing > Mesh > Volumes > Free 命令，在弹出的拾取对话框中单击 Pick All 按钮，完成网格划分，如图 20-92 所示。

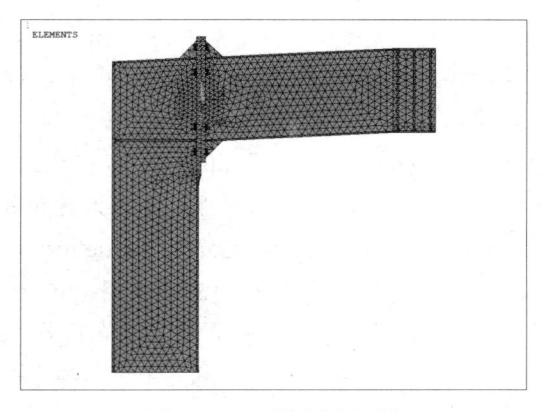

图 20-92 网格划分结果

20.3.11 定义接触

（1）在 GUI 的通用菜单中选择 Select > Comp/Assembly > Select Comp/ Assembly 命令，在弹出的对话框中选择 By Component Name 单选按钮，单击 OK 按钮，弹出 Select Component or Assembly 对话框。

（2）在 Select Component or Assembly 对话框中选择 endplate 组件，选择方式为 From full set，单击 OK 按钮，选中的端板模型如图 20-93 所示。

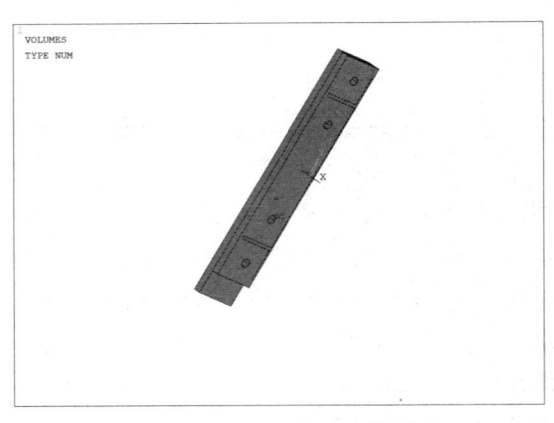

图 20-93　选中的端板模型

（3）在 GUI 的通用菜单中选择 Select > Entities 命令，弹出 Select Entities 对话框，选中属于立柱模型的与横梁模型端板接触的面。

（4）在 GUI 的通用菜单中选择 Select > Comp/Assembly > Create Component 命令，将上一步选中的面定义为 TARGET1 组件。

（5）重复上述操作，选中横梁模型的接触端面，将其定义为 CONTACT1 组件。

（6）在 GUI 的主菜单中选择 Preprocessor > Element Type > Add/Edit/Delete 命令，定义 3 号单元类型为 TARGE170、4 号单元类型为 CONTA171。

（7）在 GUI 的主菜单中选择 Preprocessor > Material Props > Material Models 命令，打开 Define Material Model Behavior 窗口，设置材料摩擦系数为 0.4。

（8）在 Friction Coefficient for Material Number1 对话框中，设置 MU=0.4，单击 OK 按钮，完成摩擦系数的定义。

（9）在 GUI 的通用菜单中选择 Select > Entities 命令，弹出 Select Entities 对话框，选中 TARGET1 组件，然后选中属于这个面的节点，并且设置单元类型为 TARGE170。

（10）在 GUI 的主菜单中选择 Preprocessor > Modeling > Create > Elements > Surf/Contact > Inf Acoustic 命令，将选中的节点生成接触目标单元。重复上述操作，选中 CONTACT1 组件的节点，在这个面上生成接触单元（将单元类型改为 CONTA171）。

（11）在 GUI 的通用菜单中选择 Select > Entities 命令，弹出 Select Entities 对话框，选中 4 个螺栓模型，如图 20-94 所示。

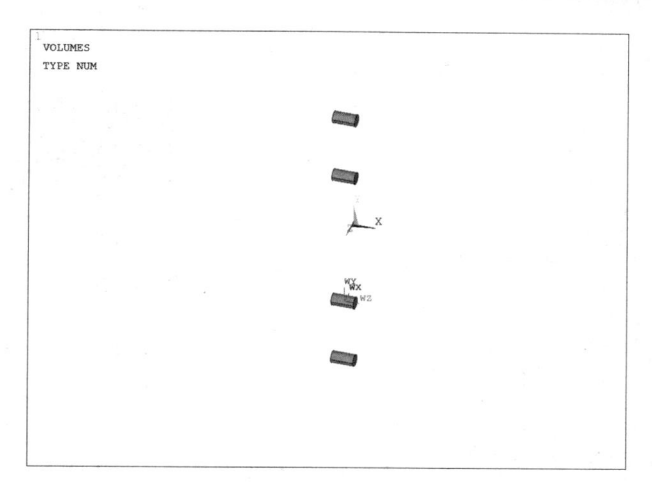

图 20-94　选中 4 个螺栓模型

（12）在 GUI 的主菜单中选择 Preprocessor > Modeling > Create > Elements > Pretension > Pretensn Mesh > With Options > Divide at Valu > Elements in Volu 命令，弹出拾取对话框，在工作区中拾取第一个螺栓模型，单击 OK 按钮，弹出 Mesh Pretension Section 对话框。

（13）设置预紧界面编号为 1，定义名称为"bolt1"，单击 OK 按钮。重复上述操作，设置 4 个螺栓模型的预紧界面分别为 bolt1～bolt4。

20.3.12　加载

（1）在 GUI 的主菜单中选择 Preprocessor > Solution > Analysis Type > New Analysis 命令，弹出 New Analysis 对话框，设置分析类型为 Static。

（2）在 GUI 的主菜单中选择 Solution > Analysis Type > Sol's Controls 命令，弹出 Solution Controls 对话框，选择 Basic 选项卡，设置时间为 1、载荷子步数为 200、最大平衡迭代步数为 300。在 Ansys Options 下拉列表中选择 Large Displacement Static 选项，单击 OK 按钮。

（3）在 GUI 的通用菜单中选择 Select > Entities 命令，弹出 Select Entities 对话框，选中 Z=0 的面。在 GUI 的主菜单中选择 Solution > Define Loads > Apply > Structural > Displacement > Symmetry B.C > On Areas 命令，在弹出的拾取对话框中单击 Pick All 按钮，定义对称约束。

（4）在 GUI 的通用菜单中选择 Select > Entities 命令，弹出 Select Entities 对话框，选中 Y=$-hb/2-lc$ 的节点，即选中柱底节点如图 20-95 所示。

（5）在 GUI 的主菜单中选择 Solution > Define Loads > Apply > Structural > Displacement > On Nodes 命令，在弹出的拾取对话框中单击 Pick All 按钮，弹出 Apply U,ROT on Nodes 对话框，在 Lab2 DOFs to be constrained 列表框中选择 All DOF 选项，对柱底节点施加固定约束，如图 20-96 所示。

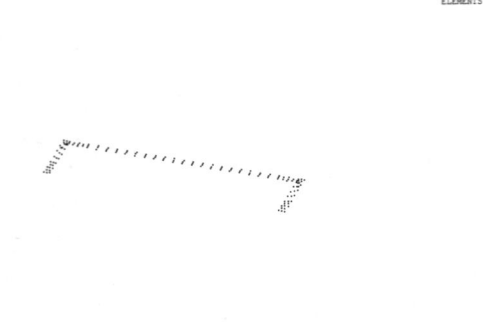

图 20-95　选中柱底节点　　　　　图 20-96　对柱底节点施加固定约束

（6）在 GUI 的通用菜单中选择 Select > Everything 命令。

（7）在 GUI 的主菜单中选择 Solution > Define Loads > Apply > Structural > Pretnsn Sectn 命令，弹出 Pretension Section Loads 对话框，参数设置如图 20-97 所示，单击 OK 按钮，完成对预紧力的设置。

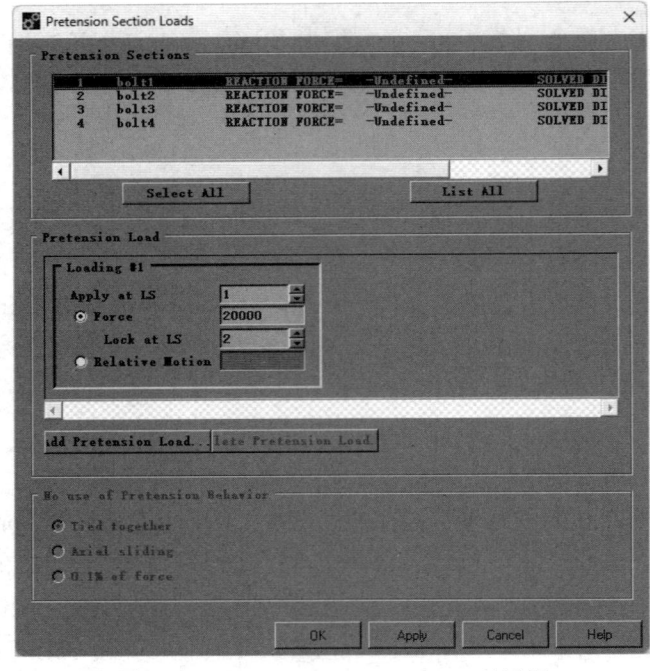

图 20-97　Pretension Section Loads 对话框

（8）在 GUI 的通用菜单中选择 Select > Everything 命令。

（9）在 GUI 的主菜单中选择 Solution > Load Step Opts > Write LS File 命令，弹出 Write Load Step File 对话框，在 LSNUM Load step file number n 文本框中输入"1"，单击 OK 按钮，完成对第 1 个载荷步的设置。

（10）在 GUI 的主菜单中选择 Solution > Analysis Type > Sol's Controls 命令，弹出 Solution Controls 对话框，选择 Basic 选项卡，定义第 2 个载荷步时间为 2，设置载荷子步数为 300，启用自动时间分步功能，设置最小子步数为 0、最大子步数为 400，在 Ansys Options 下拉列表中选择 Large Displacement Static 选项，单击 OK 按钮。

（11）按坐标选中 X=tep+lb1+lb2/2、Y=hb+(lb1+lb2/2)*randa、Z=0 的节点。使用下列命令，直接在命令输入框中输入即可，按 Enter 键确定。

```
!使用坐标选择节点
NSEL,S, , ,NODE(tep+lb1+lb2/2,hb+(lb1+lb2/2)*randa,0)
```

（12）在 GUI 的主菜单中选择 Solution > Define Loads > Apply > Structural > Displacement > On Nodes 命令，对该节点施加 Y 轴方向上的位移载荷，值为 DISPLA。

（13）在 GUI 的通用菜单中选择 Select > Everything 命令。

（14）在 GUI 的主菜单中选择 Solution > Load Step Opts > Write LS File 命令，弹出 Write Load Step File 对话框，在 LSNUM Load step file number n 文本框中输入"2"，单击 OK 按钮，完成对第 2 个载荷步的设置。

20.3.13 求解

（1）在 GUI 的主菜单中选择 Solution > Solve > From LS Files 命令，弹出 Solve Load Step Files 对话框，设置 LSMIN Starting LS file number=1，设置 LSMAX Ending LS file number=2，设置 LSINC File number increment=1，如图 20-98 所示，单击 OK 按钮，开始求解。

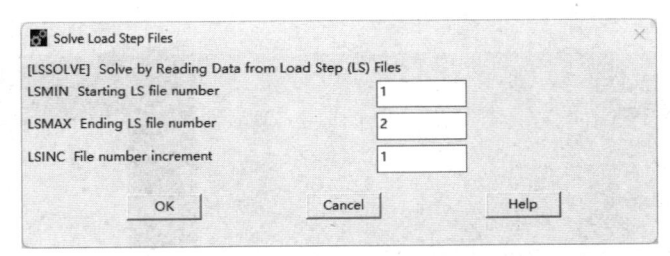

图 20-98 Solve Load Step Files 对话框

（2）在求解完成后，弹出显示"Solution is done!"的 Note 对话框，如图 20-99 所示，单击 Close 按钮，关闭该对话框。

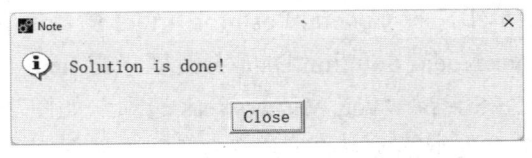

图 20-99 Note 对话框

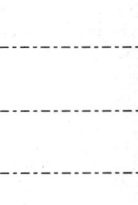

20.3.14 后处理

（1）在 GUI 的主菜单中选择 General Postproc > Plot Results > Deformed Shape 命令，弹出 Plot Deformed Shape 对话框，参数设置如图 20-100 所示，单击 OK 按钮，即可在工作区中显示钢梁模型的变形图，如图 20-101 所示。

图 20-100　Plot Deformed Shape 对话框

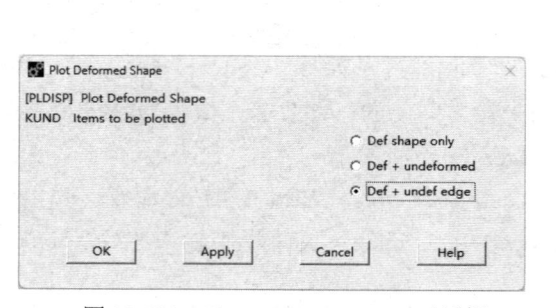

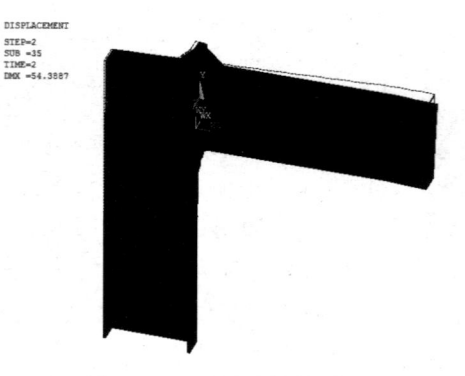

图 20-101　钢梁模型的变形图

（2）在 GUI 的主菜单中选择 General Postproc > Plot Results > Contour Plot > Nodal Solu 命令，弹出 Contour Nodal Solution Data 对话框，在 Item to be contoured 列表框中选择 Nodal Solution > DOF Solution > Displacement vector sum 选项，如图 20-102 所示，单击 OK 按钮，即可在工作区中看到钢梁模型的位移云图，如图 20-103 所示。

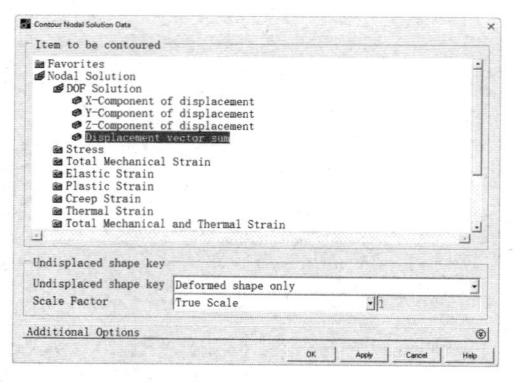

图 20-102　Contour Nodal Solution Data 对话框（一）

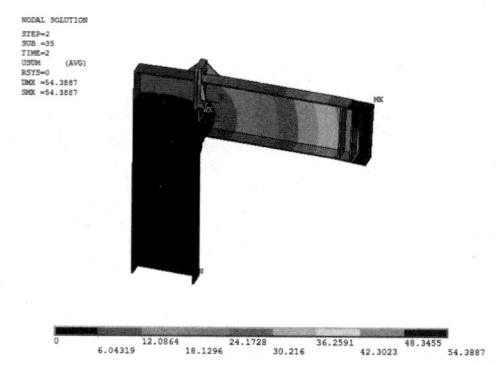

图 20-103　钢梁模型的位移云图

（3）在 GUI 的主菜单中选择 General Postproc > Plot Results > Contour Plot > Nodal Solu 命令，弹出 Contour Nodal Solution Data 对话框，在 Item to be contoured 列表框中选择 Nodal Solution > Stress > von Mises stress 选项，如图 20-104 所示，单击 OK 按钮，即可在工作区中看到钢梁模型的等效应力云图，如图 20-105 所示。

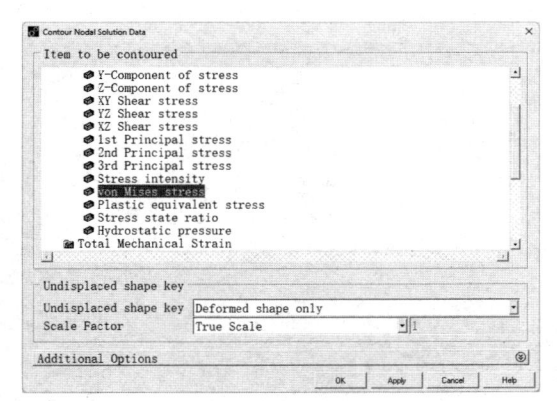

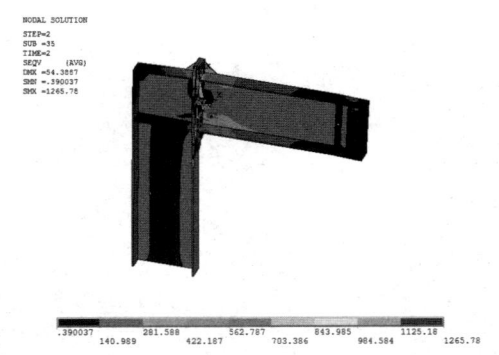

图 20-104　Contour Nodal Solution Data 对话框（二）　　图 20-105　钢梁模型的等效应力云图

20.4　本章小结

在机械工程的分析设计中，CAD、CAE 技术得到越来越广泛的应用，ANSYS 软件可以有效地结合有限元分析与 CAD 技术，使用户可以直观地分析结构设计中的问题。

非线性分析、大变形分析、接触问题、运动仿真、模态分析、施加预紧力、复杂结构建模等都是机械工程中经常遇到的问题。

第 21 章

薄膜结构分析

薄膜结构是一种应用非常广泛的结构，由于薄膜在无应力的情况下没有刚度，不具有承载力和一定的形状，因此必须施加适当的预应力使其产生足够的刚度并确定形状。本章主要介绍 ANSYS 在薄膜结构中的应用，并且结合实例详细介绍找形的方法和步骤。

学习目标：

- 了解 ANSYS 在薄膜结构中的应用。
- 掌握 ANSYS 在薄膜结构中应用的分析方法。

21.1 概述

薄膜结构的应用非常广泛，但在应用时，必须施加适当的预应力使其产生足够的刚度并确定形状，主要涉及 3 个关键环节：找形、载荷分析和裁剪分析。

找形又称为形态分析，指的是指定预应力分布及控制点（约束点，通常为实际的支座点）坐标，通过适当的方法确定在该预应力分布下索膜结构的平衡形态。

找形是载荷分析和裁剪分析的基础，是索膜设计的出发点，也是一个难点，需要找到在指定预应力分布下的平衡状态（预先并不知道该状态）。在初设形态下，预应力一般不能平衡，需要通过适当的方法进行迭代计算，从而确定能够使预应力分布平衡的位移形态。本节会探讨这种计算方法，并且提供在 ANSYS 中的解决方案及相应的分析实例。

1. 单元类型

ANSYS 提供了 SHELL41、SHELL63、SHELL181 等壳单元类型。由于膜单元具有不抗弯、不抗压的特性，因此使用 SHELL41 单元最符合实际，但 SHELL41 单元不能直接赋予初应力，而是通过降温的手段达到模拟施加预应力的目的，因此当使用 SHELL41 单元时，需要通过温度与预应力的换算公式来确定所施加的温度。

这里不使用 SHELL41 单元，使用 SHELL181 单元模拟索膜布，其优点如下：使用 SHELL181 单元可以直接指定预应力，不用通过温度进行模拟施加，通过设置材料属性，可以将 SHELL181 单元保留很小的抗弯刚度，这样有利于计算的稳定性，有利于在载荷分布中出现褶皱的情况下计算收敛，并且有助于模拟褶皱形状。

可以通过面刚度指定膜结构的刚度，即 ExT 的值（其中 Ex 为弹性模量，T 为膜的厚度）。所以，可以设定 SHELL181 单元的厚度为很小的值，同时，按比例调整材料的弹性模量，只需保证 ExT 的值不变即可。

2. 找形的方法和步骤

（1）创建初始形态的模型。

初始形态由支座点控制，以支座点为控制关键点，创建初始形态几何模型（包括面、线）并划分单元。注意，具有不同预应力的单元最好指定不同的材料，从而方便指定初应力。应该采用三角形单元，因为薄膜结构的空间曲面可能是扭曲的，如果使用四边形单元，那么计算过程可能会出现问题。

（2）施加约束（通常在支座点施加）。基于薄膜的特点，仅约束平动自由度。

指定初应力。需要注意的是，ANSYS 中的初应力是基于单元坐标系的。此外，如果结构中每种材料具有相同的初应力，则可以直接用命令完成初应力的施加工作；如果每种材料具有不同的初应力，则需要使用初应力文件（可以通过命令流自动生成初应力文件）施加初应力。

启用大变形效应并进行计算。在初始形态下预应力通常不会平衡，会产生位移，预应力会由于位移而释放。也就是说，计算结束后的应力状态会和预应力不一致。

（3）迭代计算，完成找形，新的体型为平衡状态体型。如果没有收敛，则继续进行迭代计算。

21.2 实例详解：悬链面薄膜结构找形分析

21.2.1 问题描述

悬链线示意图如图 21-1 所示。

悬链面是一个上下端固定的等应力面，是由悬链线绕 Z 轴旋转得到的面，其方程为

$$y = -a\left[\ln\left(\sqrt{x^2+z^2} + \sqrt{x^2+z^2-a^2}\right) - \ln a\right] + h, (x^2+z^2 \geq a^2)$$

在本例中，$a=5$m，$b=30$m，$h=11.3894$m。通过这 3 个数据可以确定悬链面的上下边缘，通过找形找出平衡态。

薄膜材料为面内各向同性材料，其弹性模量为 2.36×10^9Pa，泊松比为 0.4。

悬链面平衡态的形状与预紧力大小无关（预紧力大小会对结构的受力特性产生影响，

但与本节讨论内容无关），预紧力为 2×10^4 N/m。

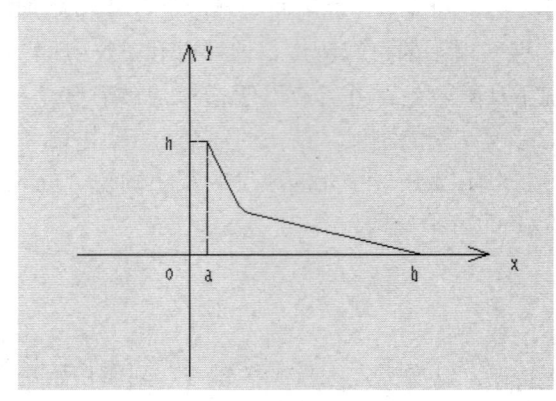

图 21-1 悬链线示意图

21.2.2 设置分析环境

（1）启动 Mechanical APDL Product Launcher，打开 Mechanical APDL Product Launcher 窗口，在 Simulation Environment 下拉列表中选择 ANSYS 选项，在 License 下拉列表中选择 ANSYS Multiphysics 选项，在 Working Directory 文本框中输入工作目录名称，在 Job Name 文本框中输入项目名称"21-1"，单击 Run 按钮，运行 ANSYS。

（2）在 GUI 的主菜单中选择 Preferences 命令，弹出 Preferences for GUI Filtering 对话框，选择 Structural 单选按钮，单击 OK 按钮，完成分析环境设置。

21.2.3 定义单元与材料属性

（1）在 GUI 的主菜单中选择 Preprocessor > Element Type > Add/Edit/Delete 命令，弹出 Element Types 对话框，单击 Add 按钮，弹出 Library of Element Types 对话框，在第一个列表框中选择 Shell 选项，在第二个列表框中选择 3D 4node 181 选项，如图 21-2 所示，单击 OK 按钮。

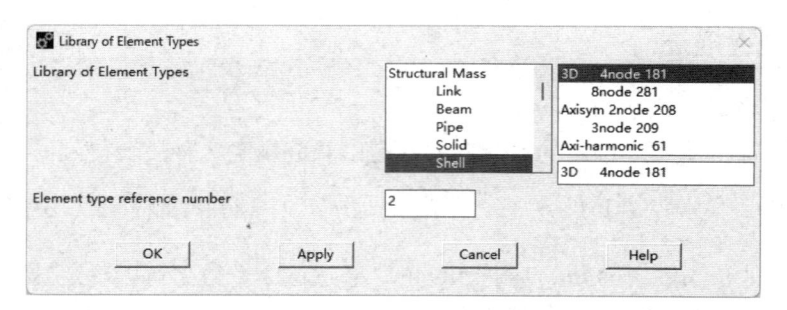

图 21-2 Library of Element Types 对话框

（2）在 GUI 的主菜单中选择 Preprocessor > Material Props > Material Models 命令，打开 Define Material Model Behavior 窗口，在 Material Models Available 列表框中选择

Structural > Linear > Elastic > Isotropic 选项，弹出 Linear Isotropic Properties for Material Number 1 对话框。设置 EX=2.36e9、PRXY=0.4，即设置弹性模量为 2.36×10^{9}Pa、泊松比为 0.4，如图 21-3 所示，单击 OK 按钮确定。

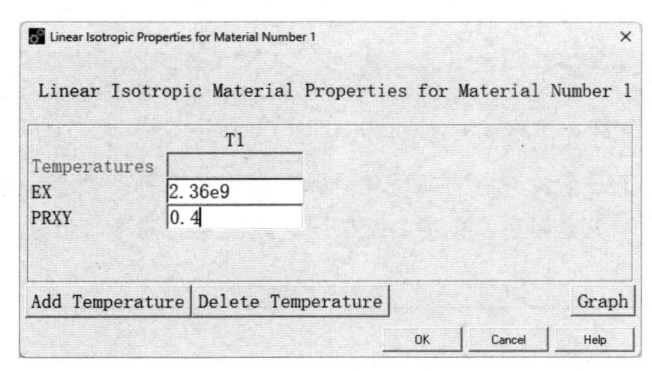

图 21-3 Linear Isotropic Properties for Material Number 1 对话框

（3）在 GUI 的主菜单中选择 Preprocessor > Sections > Shell > Lay-up > Add/Edit 命令，弹出 Create and Modify Shell Sections 对话框，设置 Thickness=0.0001，Intergration Pts=5，在 Section Offset 下拉列表中选择 Mid-Plane 选项，如图 21-4 所示，单击 OK 按钮，关闭该对话框。

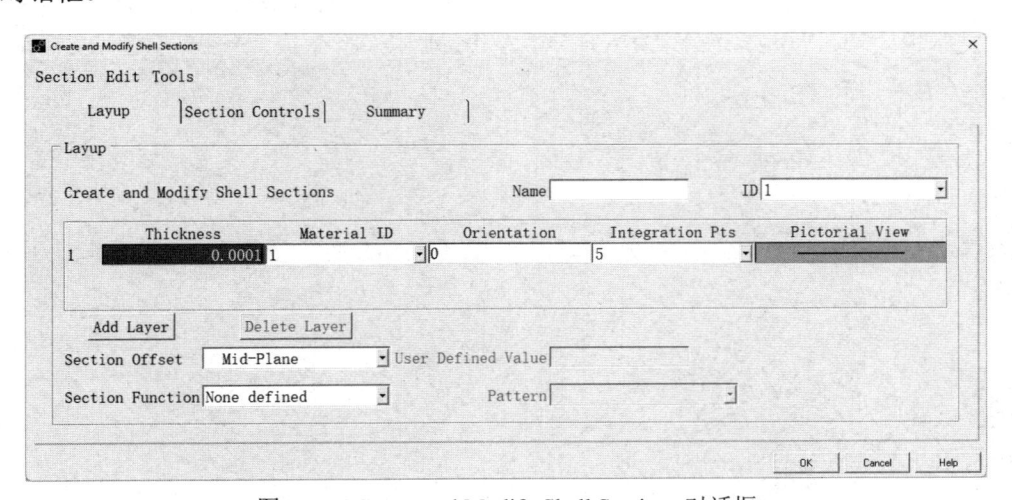

图 21-4 Create and Modify Shell Sections 对话框

21.2.4 创建模型

（1）在 GUI 的主菜单中选择 Preprocessor > Modeling > Create > Keypoints > In Active CS 命令，弹出 Create Keypoints in Active Coordinate System 对话框，在 NPT Keypoint number 文本框中输入关键点的编号"1"，在 X,Y,Z Location in active CS 文本框中输入 1 号关键点的坐标（5,11.3894,0），如图 21-5 所示，单击 Apply 按钮，创建 1 号关键点。

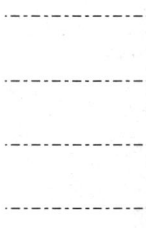

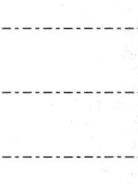

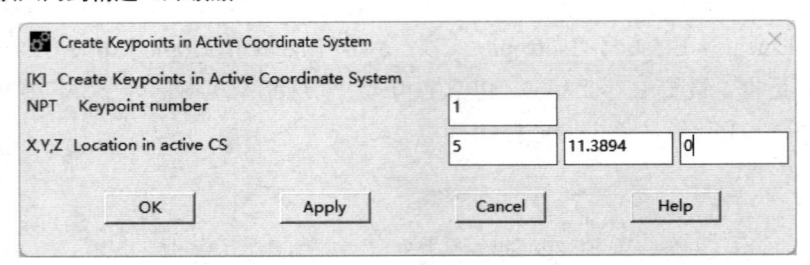

图 21-5　Create Keypoints in Active Coordinate System 对话框

（2）继续输入下一个关键点的编号与坐标，直至完成所有关键点的创建。在输入最后一个关键点的编号与坐标后，单击 OK 按钮。关键点的编号与坐标如表 21-1 所示。

表 21-1　关键点的编号与坐标

关键点编号	X	Y	Z
1	5	11.3894	0
2	30	0	0
3	0	0	0
4	0	10	0

（3）在 GUI 的主菜单中选择 Preprocessor > Modeling > Create > Lines > Lines > In Active Coord 命令，打开 Lines in Active Coord 面板，选择 Min,Max,Inc 单选按钮，在下面的文本框中输入"1,2"，如图 21-6 所示，单击 OK 按钮，生成一条线，如图 21-7 所示。

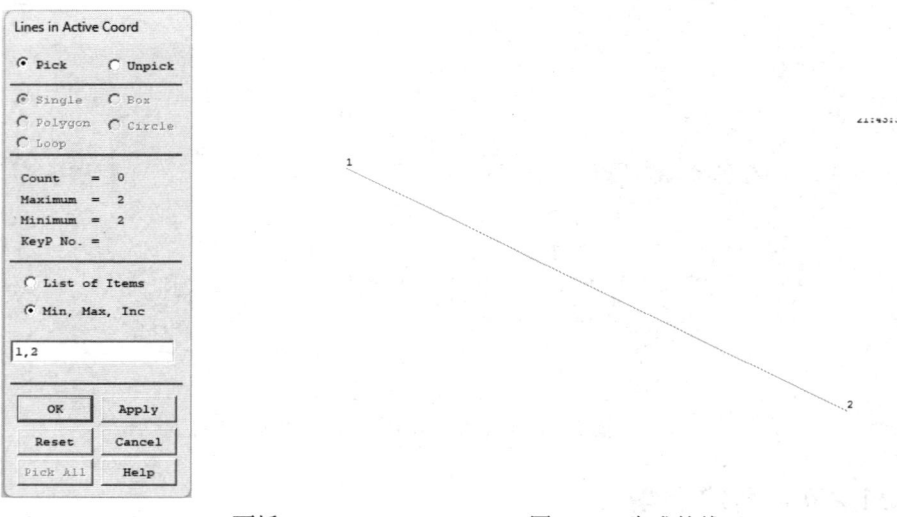

图 21-6　Lines in Active Coord 面板　　　　图 21-7　生成的线

（4）在 GUI 的主菜单中选择 Preprocessor > Modeling > Operate > Extrude > Lines About Axis 命令，弹出 Sweep Lines about Axis 拾取对话框，如图 21-8 所示，在工作区中拾取线，单击 Apply 按钮。

（5）继续在工作区中拾取 3 号关键点和 4 号关键点，单击 OK 按钮，弹出 Sweep Lines about Axis 对话框，设置 ARC Arc length in degrees=90、NSEG No. of area segments=1，

如图 21-9 所示，单击 OK 按钮，关闭该对话框，生成悬链面模型立面图和悬链面模型平面图，分别如图 21-10 和图 21-11 所示。

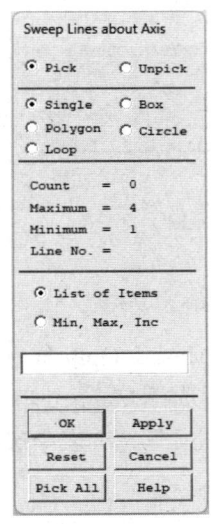

图 21-8 Sweep Lines about Axis 拾取对话框

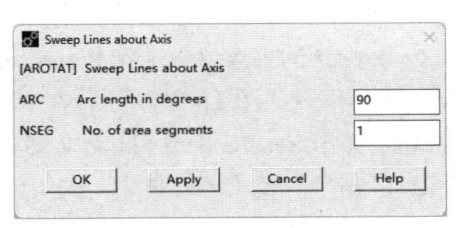

图 21-9 Sweep Lines about Axis 对话框

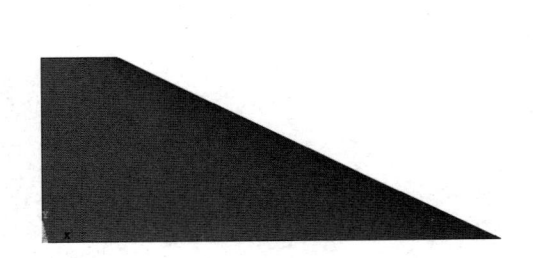

图 21-10 悬链面模型立面图

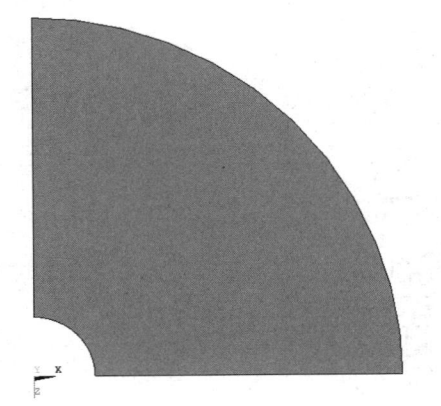

图 21-11 悬链面模型平面图

（6）为了防止数据意外丢失，应该及时保存，单击工具栏中的 SAVE_DB 按钮即可。

21.2.5 划分网格

（1）在进行计算之前，必须对悬链面模型进行网格划分，将其转换成有限元模型。在 GUI 的主菜单中选择 Preprocessor > Meshing > Size Cntrls > Manual Size > Lines > ALL Lines 命令，弹出 Element Sizes on All Selected Lines 对话框，设置 NDIV No. of element divisions=18，即设置线被分为 18 份，如图 21-12 所示，单击 OK 按钮确认。

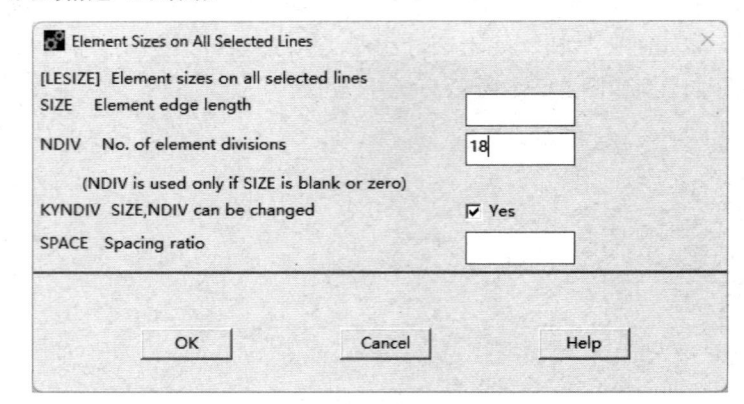

图 21-12 Element Sized on All Selected Lines 对话框

（2）在 GUI 的主菜单中选择 Preprocessor > Meshing > Mesher Opts 命令，弹出 Mesher Options 对话框，如图 21-13 所示，在 KEY Mesher Type 后选择 Mapped 单选按钮，单击 OK 按钮，弹出 Set Element Shape 对话框，在 2D Shape key 下拉列表中选择 Tri 选项，如图 21-14 所示，单击 OK 按钮，关闭该对话框。

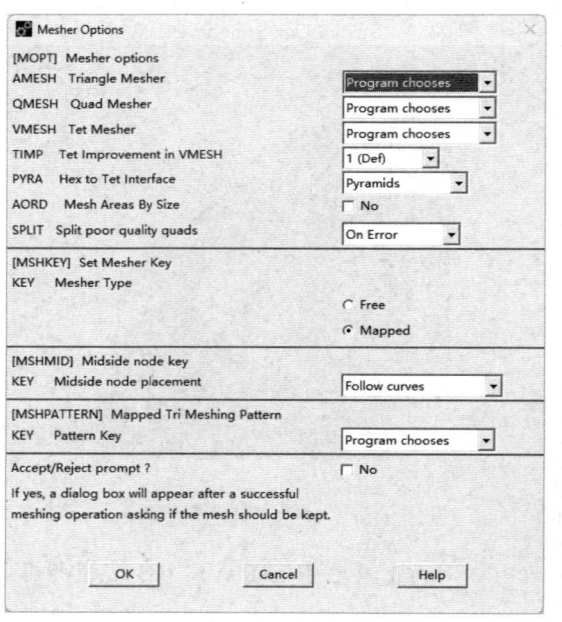

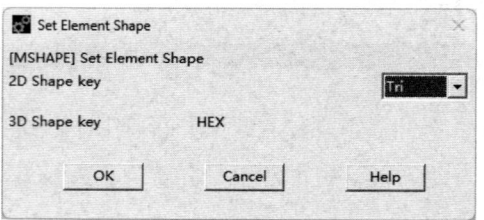

图 21-13 Mesher Options 对话框

图 21-14 Set Element Shape 对话框

（3）在 GUI 的主菜单中选择 Preprocessor > Meshing > Mesh > Areas > Mapped > 3 or 4 sided 命令，弹出 Mesh Areas 拾取对话框，在工作区中拾取悬链面模型，单击 OK 按钮，即可对该模型进行网格划分。划分网格后的悬链面模型如图 21-15 所示。

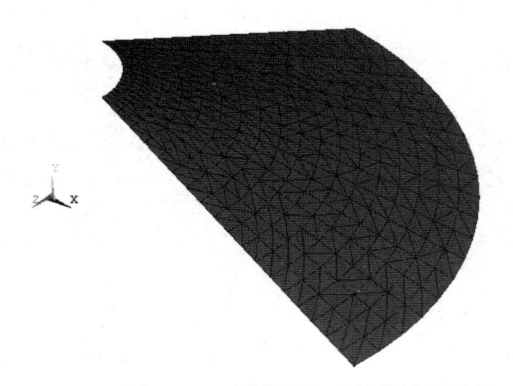

图 21-15　划分网格后的悬链面模型

（4）在 GUI 的通用菜单中选择 File > Save as Jobname.db 命令，保存上述操作过程。

21.2.6　施加边界条件

（1）在对悬链面模型进行网格划分后，对该模型施加约束及载荷。在 GUI 的主菜单中选择 Solution > Define Loads > Apply > Structural > Displacement > On Lines 命令，弹出 Apply U,ROT on Lines 拾取对话框，在工作区中拾取圆环的内、外环向边界线，如图 21-16 所示，单击 Apply 按钮，弹出 Apply U,ROT on Lines 对话框，在 Lab2 DOFs to be constrained 列表框中选择 UX 选项，单击 OK 按钮，关闭该对话框。重复上述操作，依次在 Apply U,ROT on Lines 对话框中的 Lab2 DOFs to be constrained 列表框中选择 UY、UZ 选项。

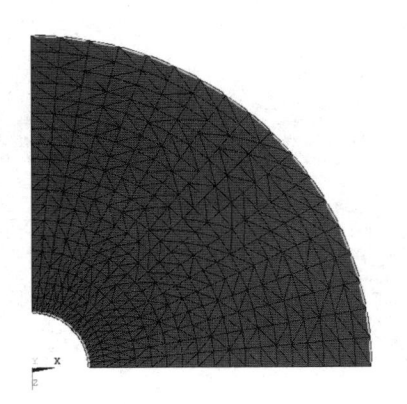

图 21-16　拾取圆环的内、外环向边界线

（2）在 GUI 的主菜单中选择 Solution > Define Loads > Apply > Structural > Displacement > On Lines 命令，弹出 Apply U,ROT on Lines 拾取对话框，在工作区中拾取圆环的两条径向边界线，单击 Apply 按钮，弹出 Apply U,ROT on Lines 对话框，在 Lab2 DOFs to be constrained 列表框中选择 UX 选项，单击 OK 按钮，关闭该对话框。重复上述步骤，在 Apply U,ROT on Lines 对话框中的 Lab2 DOFs to be constrained 列表框中选择 UZ 选项。

注意，该操作会对圆环的内、外环向边界线在 X 轴、Y 轴、Z 轴三个方向上施加位移约束，对圆环的两条径向边界线在 X 轴、Z 轴两个方向上施加位移约束，即允许膜片在 Y 轴方向上移动。

（3）在命令输入框中输入如下命令，如图 21-17 所示，按 Enter 键。

```
inistate,define,all,,,,2e-1,2e-1,,,,
```

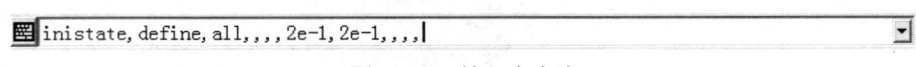

图 21-17　输入命令流

注意，该操作会对膜面施加在 X 轴、Y 轴两个方向上的预应力。

（4）在 GUI 的主菜单中选择 Preprocessor > Solution > Analysis Type > New Analysis 命令，弹出 New Analysis 对话框，选择 Static 单选按钮，单击 OK 按钮，关闭该对话框。

（5）在 GUI 的主菜单中选择 Solution > Analysis Type > Sol'n Controls 命令，弹出 Solution Controls 对话框，选择 Basic 选项卡，在 Analysis Options 下拉列表中选择 Large Displacement Static 选项，在 Time Control 选区中，设置 Time at end of loadstep=1，在 Automatic time stepping 下拉列表中选择 On 选项，设置 Number of substeps=1，Max no. of substeps=10，Min no. of substeps=1，在 Write Items to Results File 选区中的 Frequency 下拉列表中选择 Write every substep 选项，设置 where N=all，单击 OK 按钮，如图 21-18 所示。

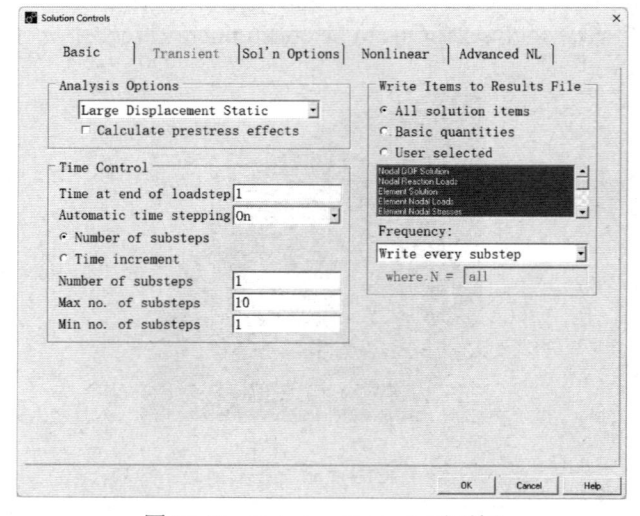

图 21-18　Solution Controls 对话框

21.2.7　求解

（1）在 GUI 的主菜单中选择 Solution > Solve > Current LS 命令，弹出 /STATUS Command 对话框，用于显示项目的求解信息及输出选项；同时弹出 Solve Current Load Step 对话框，用于询问用户是否开始求解。

（2）单击 Solve Current Load Step 对话框中的 OK 按钮，开始求解。在求解完成后弹出显示"Solution is done"的 Note 对话框，单击 Close 按钮，关闭该对话框。

（3）在 GUI 的通用菜单中选择 File > Save as Jobname.db 命令，保存上述操作过程。

21.2.8 后处理

（1）在 GUI 的主菜单中选择 General Postproc > Plot Results > Deformed Shape 命令，弹出 Plot Deformed Shape 对话框，选择 Def+undef edge 单选按钮，如图 21-19 所示，单击 OK 按钮，即可在工作区中显示悬链面模型的变形图，如图 21-20 所示。

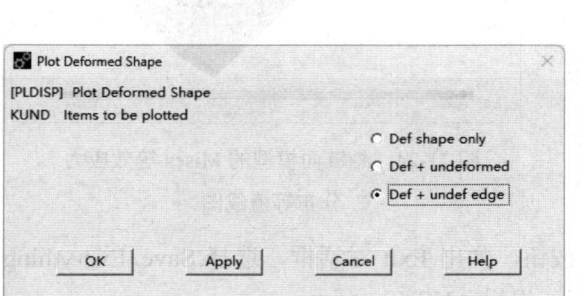

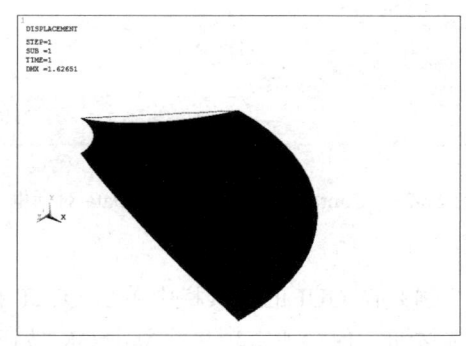

图 21-19　Plot Deformed Shape 对话框　　　　图 21-20　悬链面模型的变形图

（2）在 GUI 的主菜单中选择 General Postproc > Plot Results > Contour Plot > Nodal Solu 命令，弹出 Contour Nodal Solution Data 对话框，在 Item to be contoured 列表框中选择 Nodal Solution > DOF Solution > Displacement vector sum 选项，其他参数保持默认设置，如图 21-21 所示，单击 OK 按钮，即可在工作区中看到悬链面模型的位移云图，如图 21-22 所示。

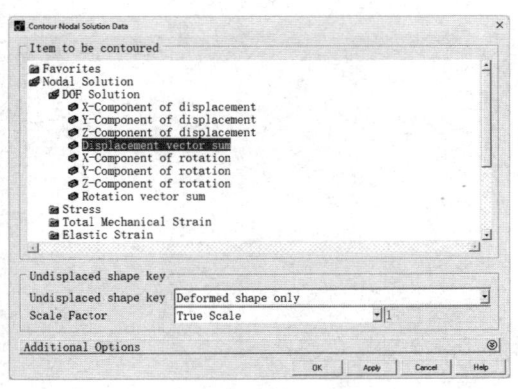

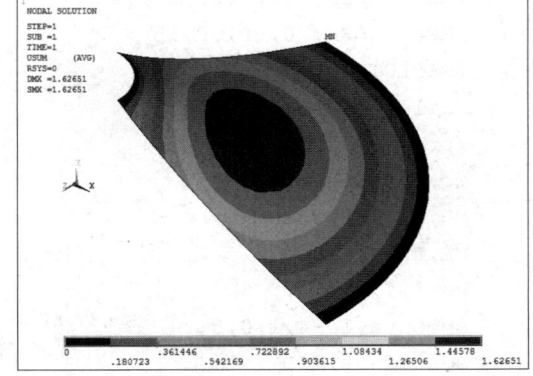

图 21-21　Contour Nodal Solution Data 对话框　　　　图 21-22　悬链面模型的位移云图

（3）在 GUI 的主菜单中选择 General Postproc > Plot Results > Contour Plot > Nodal Solu 命令，弹出 Contour Nodal Solution Data 对话框，在 Item to be contoured 列表框中选

择 Nodal Solution > Stress > von Mises stress 选项，其他参数保持默认设置，如图 21-23 所示，单击 OK 按钮，即可在工作区中看到悬链面模型的 Mises 等效应力分布等值线图，如图 21-24 所示。

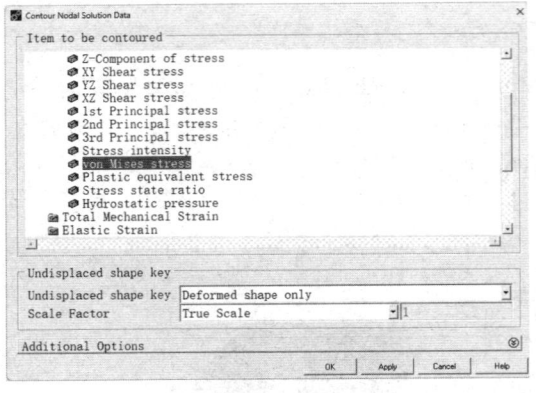

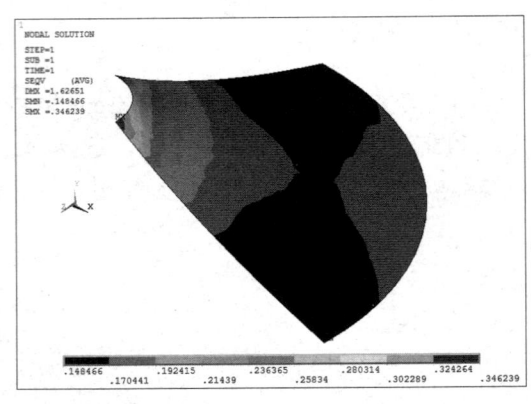

图 21-23　Contour Nodal Solution Data 对话框

图 21-24　悬链面模型的 Mises 等效应力分布等值线图

（4）在 GUI 的工具栏中单击 QUIT 按钮，弹出 Exit 对话框，选择 Save Everything 单选按钮，保存所有项目，单击 OK 按钮，退出 ANSYS。

21.3　命令流

```
/UDOC,1,DATE,0
/RGB,INDEX,100,100,100, 0
/RGB,INDEX, 80, 80, 80,13
/RGB,INDEX, 60, 60, 60,14
/RGB,INDEX,  0,  0,  0,15
/REPLOT
/filename,21-1,0
/prep7
ET,1,SHELL181
MP,EX,1,2,36E9
MP,PRXY,1,0.4
sect,1,shell,,
secdata,1e-4,1,0,5
secoffset,MID
K,1,5,11.3894,0
K,2,30,0,0
K,3,0,0,0
K,4,0,10,0
```

```
LSTR,1,2
FLST,2,1,4,ORDE,1
FITEM,2,1
FLST,8,2,3
FITEM,8,3
FITEM,8,4
AROTAT,P51X, , , , , ,P51X, ,90,1,
LESIZE,ALL,,,18,,,,,1
MSHAPE,1,2D
MSHKEY,1
AMESH,ALL
/SOL
FLST,2,2,4,ORDE,2
FITEM,2,3
FITEM,2,-4
/GO
DL,P51X, ,UX,
FLST,2,2,4,ORDE,2
FITEM,2,3
FITEM,2,-4
/GO
DL,P51X, ,UY,
FLST,2,2,4,ORDE,2
FITEM,2,3
FITEM,2,-4
/GO
DL,P51X, ,UZ,
FLST,2,2,4,ORDE,2
FITEM,2,1
FITEM,2,-2
/GO
DL,P51X, ,UX,
FLST,2,2,4,ORDE,2
FITEM,2,1
FITEM,2,-2
/GO
DL,P51X, ,UZ,
inistate,define,all,,,,2e-1,2e-1,,,,
ANTYPE,0
ANTYPE,0
NLGEOM,1
NSUBST,1,10,1
OUTRES,ERASE
```

```
OUTRES,ALL,all
AUTOTS,1
TIME,1
SOLVE
/POST1
SET,LAST
PLNSOL,U,SUM,0,1
PLNSOL,S,EQV,0,1
```

21.4 本章小结

本章对 ANSYS 在薄膜结构中的应用进行了详细阐述，同时讲解了悬链面薄膜找形的实例，该实例可以帮助用户提高使用 ANSYS 进行薄膜结构分析的实际应用水平。

第 22 章

参数化设计与优化设计

ANSYS 除了有基本的分析功能，还有许多高级的分析功能。本章主要介绍 APDL（ANSYS 参数化设计语言）、优化设计、拓扑优化。

学习目标：

- 熟练掌握 APDL。
- 熟练掌握优化设计。
- 熟练掌握拓扑优化。

22.1 APDL

22.1.1 APDL 概述

进行有限元分析的标准过程包括：定义模型及其载荷、求解和分析结果。如果求解结果表明有必要修改设计，那么必须改变模型的几何形状。重复上述步骤，特别是在模型较复杂或修改较多时，这个过程可能很复杂和费时。

APDL 可以用建立智能分析的手段，为用户提供自动完成上述循环的功能，也就是说，程序的输入可以由指定的函数、变量及选出的分析标准决定。APDL 允许复杂的数据输入，使用户对设计或分析属性（如尺寸、材料、载荷、约束位置和网格密度等）有控制权。APDL 扩展了传统有限元分析的能力，并且扩充了更高级的运算，如灵敏度研究、零件库参数化建模、设计参数及设计优化。

22.1.2 APDL 的组成部分及功能

通过精心策划，可以制定一个高度完善的控制方案。该方案会在特定的应用范围内使程序发挥最大效用，下面介绍 APDL 的组成部分及功能。

1. 变量

在运行 ANSYS 的任何时刻都可以定义变量。可以将变量存储于一个文件中，用于以后的运行过程和报告使用。这种方法有利于控制程序和简化数据输入。

变量值可以为实常数、表达式或字符串。例如，用户可以使用命令"PI=3.14159"给变量 PI 赋值，在此之后，在运行程序时，任何参数域中的 PI 都会用 3.14159 来代替。还可以通过条件检测给变量赋值。例如，命令"A=B<5.7"表示如果 B 小于 5.7，则程序会将 B 的当前值赋给 A，否则 A 等于 5.7。

2. 数组

工程分析中的数据，有时用表格表示更容易理解。可以使用 ANSYS 中的数组处理这类数据。

ANSYS 中有 3 种数组：第一种数组由简单整理成表格形式的离散数据组成；第二种数组是通常所说的表格型数组，由整理成表格形式的数据组成，这种数组允许在两个指定的表格项间进行线性插值，并且可以用非整数值作为行和列的下标，这些特性使表格型数组成为输入数据和处理结果的有效工具；第三种数组是字符串，由文字组成。

使用数组可以简化数据输入。例如，在随时间变化的力函数中使用表格型数组可以使输入的数据量最少。响应频谱曲线、应力-应变曲线和材料温度曲线的数据输入也会用到数组。

另一个与数组有关的特性是向量和矩阵运算能力。向量运算（用于列运算）包括加、减、点积、矢积及许多其他运算；矩阵运算包括矩阵乘法、转置计算及联立方程求解。在 ANSYS 程序中，数组参数（及其他参数）可以在任意时刻以 FOTRAN 实数的形式写入文件，此类文件可用于 ANSYS 的其他应用及计算报告的编写。

3. 分支和循环

智能分析需要一个起决定作用的框架，利用分支和循环可以将这个框架提供给 ANSYS，分支为用户提供了控制程序全局和指导程序完成分析的能力，循环使用户避免了冗长的命令重复。

分支利用传统的 FORTRAN GO 命令和 IF 命令，引导程序按非连续顺序读取命令，FORTRAN GO 命令可以指示程序转到用户标注的命令行，IF 命令是条件转移语句，只有当满足指定的条件时，该命令才会指示程序转到用户标注的命令行。ELSE 命令可以指示程序根据现行的条件执行几个动作中的一个，IF 命令可以将用户指定的或 ANSYS 程序计算出的参数作为评估条件。最简单的分析命令 GO 可以指示程序转到特定的标记处，而不执行中间部分的命令。最常见的分支结构为 IF-THEN-ELSE，使用的命令有*IF、*ELSE IF 和*ENIF。

分支命令可以引导程序根据实际模型或分析做出决定，该命令允许带参数，并且允许部分输入值随计算出的某些量值改变而改变。

循环命令通过典型的 DO 命令实现。DO 命令表示程序重复一串命令，循环的次数由计算器或其他循环控制器决定，控制器可以根据指定条件的状态决定程序是继续循环还是退出循环。

4. 重复功能和缩写功能

重复功能可以去除命令串中不必要的重复，从而简化命令输入。在一个输入序列中输入重复命令*REPEAT，程序会立即将前面的命令重复执行指定的次数，从而简化程序模型构造。在创建模型时，可以利用重复功能定义节点、关键点、线段、边界条件等。

缩写功能主要用于简化命令输入。一个缩写一旦定义好，就可以在命令流的任意位置使用。

5. 宏

宏是一系列存储于文件中，并且能在任意时间在 ANSYS 程序中执行的 ANSYS 命令集。宏文件可以使用系统编辑器创建，也可以在 ANSYS 程序内部创建。宏文件中可以包含具有 APDL 特性的任何内容，如变量、数组、分支、重复功能等。

在 ANSYS 程序内部创建宏文件时，ANSYS 程序会将指定命令集（宏）存储于一个指定的文件（宏文件）中，可以在数据输入过程的任意时刻使用宏文件中的命令集。

在进行有限元分析时，宏可以重复嵌套多次，最多可以嵌套 10 层。在一个分析文件中，使用宏的数量没有限制，每个宏都能在其他有限元分析中使用。常用的宏可以成组地存储于宏库文件，并且可以单独在任意 ANSYS 程序中使用。使用宏可以简化重复的数据输入。例如，给模型表面的几个洞划分网格，需要重复执行多次划分网格命令，可以创建一个划分网格命令的宏，在给每个洞划分网格时，指示程序使用划分网格命令的宏，从而简化操作。

在宏内，*MSG 命令是最常用的命令之一，该命令允许将参数和用户提供的信息写入用户可控制的有格式的输出文件，这些信息可以是一个简单的注释、一个警告、一个错误信息（后面两项可能导致运行终止）。

带参数的宏允许在有限元分析内部创建输入子程序，使宏的功能更强大。

宏可以看作用户定义的命令。当输入一个 ANSYS 程序不认识的命令时，在目录结构中会建立一个检查序列；如果发现了相同名字的宏，那么这个宏会被执行。

ANSYS 提供了几个预先写好的宏，如自适应网格划分宏、动画宏等。

6. 用户子程序

虽然不能严格地将用户子程序看作 APDL 的一部分，但是用户子程序功能允许用户在程序内部扩充专用算法，从而增加程序的灵活性。ANSYS 可以运行用户创建的 FORTRAN 子程序，并且将其与 ANSYS 程序连接在一起。可用的用户子程序有如下几种。

- 用户定义的命令。可以增强 ANSYS 的分析能力。
- 用户构造的单元。使用方法与系统自带单元的使用方法相同。

- 替换 100 层复合壳和实体单元（SHELL99 单元和 SOLID46 单元）的失效准则。
- 用户自定义的蠕变和材料膨胀方程。
- 用户自定义的塑性材料行为准则等。

22.1.3 参数化设计语言实例

本节通过一个梁模型的实例介绍参数化设计语言的使用。

1. 问题描述

梁模型如图 22-1 所示。假设在所有有限元模型中，当规划长度小于 0.5 时，分割成 5 个元素；当规划长度的取值范围为 0.5～1 时，分割成 10 个元素；当规划长度的取值范围为 1～1.5 时，分割成 15 个元素。

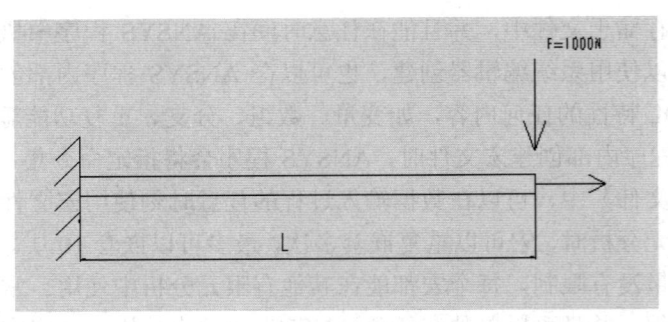

图 22-1　梁模型

2. 设置分析环境

（1）在 GUI 的通用菜单中选择 File > Change Jobname 命令，弹出 Change Jobname 对话框，在[/FILNAM] Enter new jobname 文本框中输入本分析实例的文件名"22-1"，如图 22-2 所示，单击 OK 按钮，完成对文件名的修改。

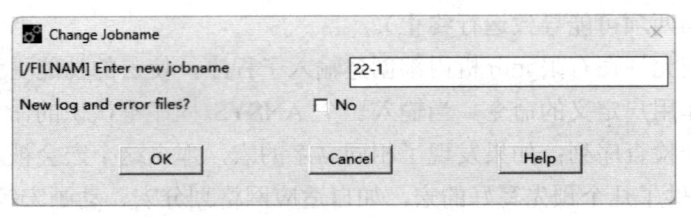

图 22-2　Change Jobname 对话框

（2）在 GUI 的通用菜单中选择 File > Change Title 命令，弹出 Change Title 对话框，在[/TITLE] Enter new title 文本框中输入本分析实例的标题"the use of APDL ON beam"，如图 22-3 所示，单击 OK 按钮，完成对标题的修改。

（3）在 GUI 的通用菜单中选择 Plot > Replot 命令，指定的标题"the use of APDL ON beam"就会显示在工作区的左下角。

（4）在 GUI 的主菜单中选择 Preferences 命令，弹出 Preferences for GUI Filtering 对

话框，勾选 Structural 复选框，单击 OK 按钮。

（5）在 GUI 的通用菜单中选择 Parameters > Scalar Parameters 命令，打开 Scalar Parameters 面板，参数设置如图 22-4 所示。

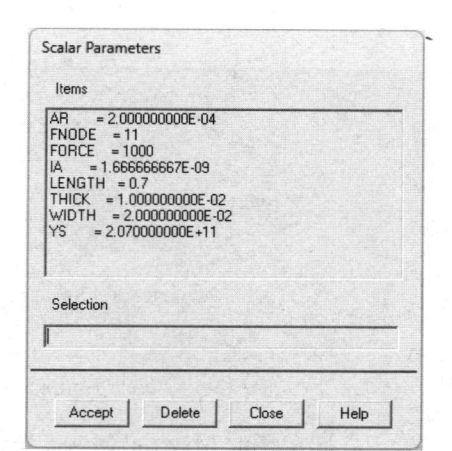

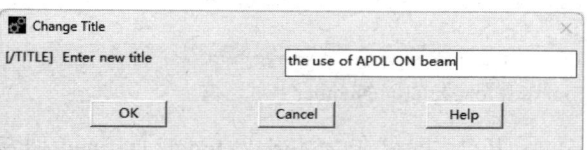

图 22-3　Change Title 对话框　　图 22-4　Scalar Parameters 面板中的参数设置

3. 定义单元类型

（1）选择 BEAM 3 单元类型，在命令输入框中输入以下命令。

```
ET,1,BEAM3
```

（2）BEAM 3 单元类型需要设置实常数，在命令输入框中输入以下命令。

```
R,1,AR,IA,THICK,,,,
```

4. 定义材料属性

（1）在 GUI 的主菜单中选择 Preprocessor > Material Props > Material Models 命令，打开 Define Material Model Behavior 窗口，在 Material Models Available 列表框中选择 Structural > Linear > Elastic > Isotropic 选项，如图 22-5 所示，将弹出 Linear Isotropic Properties for Material Number 1 对话框，如图 22-6 所示。

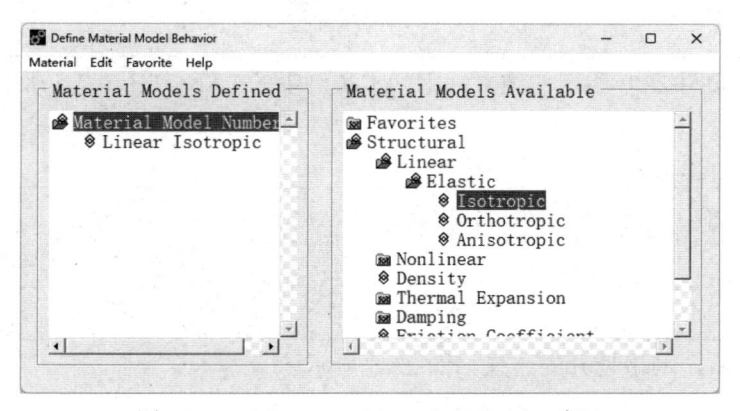

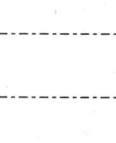

图 22-5　Define Material Model Behavior 窗口

（2）在 Linear Isotropic Properties for Material Number 1 对话框中，设置 EX=YS、PRXY=0.3，如图 22-6 所示，单击 OK 按钮，关闭该对话框。

图 22-6 Linear Isotropic Properties for Material Number 1 对话框

（3）返回 Define Material Model Behavior 窗口，即可在 Material Models Defined 列表框中看到定义的参考号为 1 的材料属性。

（4）在 Define Material Model Behavior 窗口中选择 Material > Exit 命令，或者单击右上角的 × 按钮，关闭该窗口，完成对材料属性的定义。

5. 创建模型并划分网格

（1）在命令输入框中输入以下命令。

```
N,1,0,0
*IF,LENGTH,LE,0.5,THEN
N,6,LENGTH
*ELSEIF,LENGTH,LE,1,THEN
N,11,LENGTH
*ELSEIF,LENGTH,LE,1.5,THEN
N,16,LENGTH
*ENDIF
FILL
```

（2）得到如图 22-7 所示的结果。因为本实例中的 LENGTH=0.7，所以生成了 11 个节点，可以划分 10 个单元。

（3）在命令输入框中输入以下命令。

```
*GET,FNODE,NODE,0,NUM,MAX
E,1,2
*REPEAT,FNODE,-1,1,1
FINISH
```

运行程序后，网格划分的结果如图 22-8 所示。

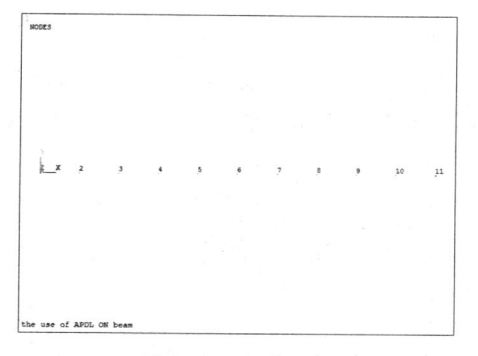

图 22-7 产生节点

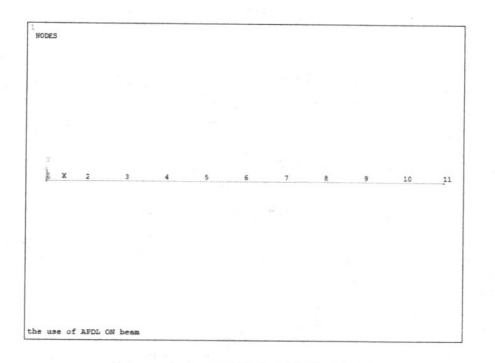

图 22-8 网格划分的结果

6. 施加边界条件

（1）在 GUI 的主菜单中选择 Solution > Define Loads > Apply > Structural > Displacement > On Nodes 命令，弹出 Apply U,ROT on Nodes 拾取对话框，在工作区中拾取要施加位移约束的 1 号节点，弹出 Apply U,ROT On Nodes 对话框，在 Lab2 DOFs to be constrained 列表框中选择 All DOF 选项，如图 22-9 所示，设置固定约束。

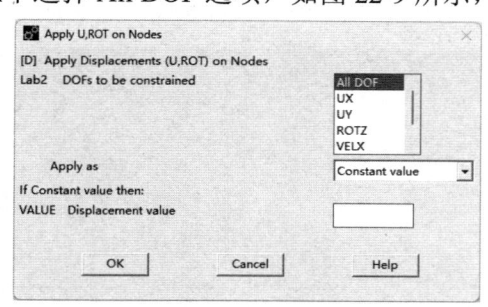

图 22-9 Apply U,ROT On Nodes 对话框

（2）在 GUI 的主菜单中选择 Preprocessor > Solution > Define Loads > Apply > Structural > Force/Moment > On Nodes 命令，弹出 Apply F/M on Nodes 拾取对话框，在工作区中拾取 11 号节点，如图 22-10 所示，单击 OK 按钮，弹出 Apply F/M on Nodes 对话框，在 Lab Direction of force/mom 下拉列表中选择 FY 选项，在 VALUE Force/moment value 文本框中输入"-FORCE"，如图 22-11 所示。

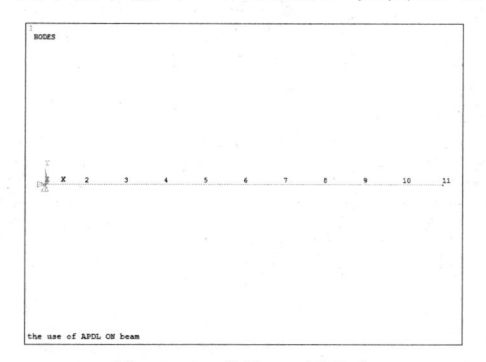

图 22-10 拾取 11 号节点

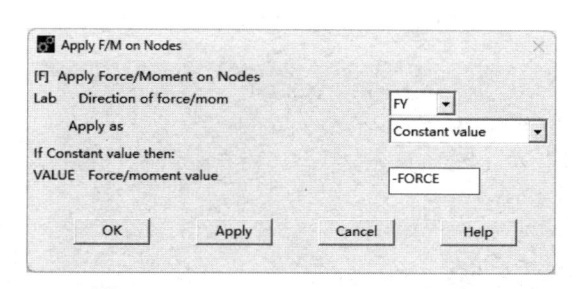

图 22-11 Apply F/M on Nodes 对话框

7. 求解

（1）在 GUI 的主菜单中选择 Solution > Solve > Current LS 命令，弹出/STATUS Command 对话框，用于显示项目的求解信息及输出选项；同时弹出 Solve Current Load Step 对话框，用于询问用户是否开始求解。

（2）单击 Solve Current Load Step 对话框中的 OK 按钮，开始求解。在求解完成后弹出显示"Solution is done!"的 Note 对话框，单击 Close 按钮，关闭该对话框。

8. 查看结果

在 GUI 的主菜单中选择 General Postproc > Plot Results > Deformed Shape 命令，弹出 Plot Deformed Shape 对话框，选择 Def+undef edge 单选按钮，单击 OK 按钮，即可在工作区中显示梁模型的变形图，如图 22-12 所示。

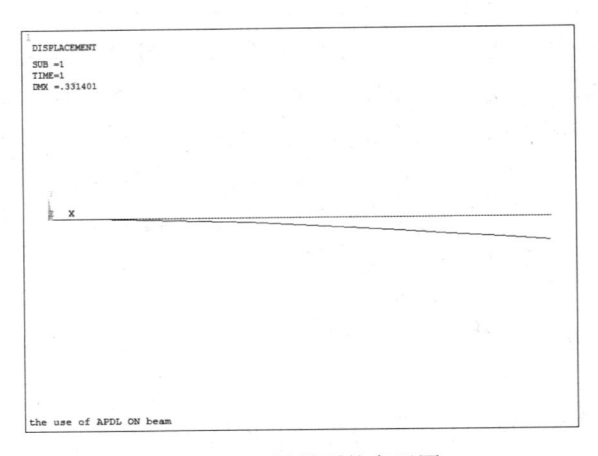

图 22-12 梁模型的变形图

9. 命令流

本实例的命令流如下。

```
/UDOC,1,DATE,0
/RGB,INDEX,100,100,100, 0
/RGB,INDEX, 80, 80, 80,13
/RGB,INDEX, 60, 60, 60,14
/RGB,INDEX,  0,  0,  0,15
/REPLOT

!设定分析作业名和标题
/FILNAME,12-1,0
/TITLE,the use of APDL ON beam
/REPLOT

!选中 Structural
!*
/NOPR
KEYW,PR_SET,1
KEYW,PR_STRUC,1
KEYW,PR_THERM,0
KEYW,PR_FLUID,0
KEYW,PR_ELMAG,0
KEYW,MAGNOD,0
KEYW,MAGEDG,0
KEYW,MAGHFE,0
KEYW,MAGELC,0
KEYW,PR_MULTI,0
/GO
```

```
!*
/COM,
/COM,Preferences for GUI filtering have been set to display:
/COM,   Structural
!*

!Scalar Parameters 定义参数
*SET,AR,2e-4
*SET,FORCE,1000
*SET,IA,1.66666666667E-9
*SET,LENGTH,0.7
*SET,THICK,1E-2
*SET,WIDTH,2E-2
*SET,YS,2.07E11

/PREP7

!定义单元类型
ET,1,BEAM3
R,1,AR,IA,THICK,,,,

!定义材料属性
MPTEMP,,,,,,,,
MPTEMP,1,0
MPDATA,EX,1,,YS
MPDATA,PRXY,1,,0.3

!划分网格
N,1,0,0
*IF,LENGTH,LE,0.5,THEN
N,6,LENGTH
*ELSEIF,LENGTH,LE,1,THEN
N,11,LENGTH
*ELSEIF,LENGTH,LE,1.5,THEN
N,16,LENGTH
*ENDIF
FILL
*GET,FNODE,NODE,0,NUM,MAX
E,1,2
*REPEAT,FNODE-1,1,1
FINISH

!定义边界条件
/SOLU

!加边界固定条件
FLST,2,1,1,ORDE,1
FITEM,2,1
!*
/GO
D,P51X,,,,,,ALL,,,,,

!添加力
FLST,2,1,1,ORDE,1
FITEM,2,11
!*
/GO
F,P51X,FY,-FORCE

!/STATUS,SOLU
SOLVE
!求解
FINISH
/POST1
!/EFACE,1
AVPRIN,0,,
!*
!PLNSOL,U,Y,2,1
!查看结果
SAVE
FINISH
!/EXIT,NOSAV
```

22.2 优化设计

22.2.1 优化设计概述

优化设计是一种寻找最优设计方案的技术。最优设计是指可以满足所有设计要求，并且所需支出（如重量、面积、体积、应力、费用等）最小的方案。

设计方案的任何方面都是可以优化的，如厚度、形状、支撑位置、制造费用、自然频率、材料特性等。实际上，所有可以参数化的 ANSYS 选项都可以进行优化设计。ANSYS 提供了两种优化设计方法，分别为零阶方法和一阶方法。零阶方法是一种很完善的优化设计方法，可以有效地解决工程问题。由于一阶方法基于目标函数对设计变量的敏感程度，因此更适合用于精确的优化分析。使用这两种优化设计方法可以解决大部分优化问题。

对于这两种优化设计方法，ANSYS 提供了分析—评估—修正的循环过程，也就是说，首先对初始设计进行分析，然后根据设计要求对分析结果进行评估，最后修正设计。这个循环过程会重复进行，直到满足所有的设计要求为止。

除了这两种优化方法，ANSYS 还提供了一系列优化工具，用于提高优化过程的效率。例如，随机优化分析的迭代次数是可以指定的，随机优化计算结果的初始值可以作为优化过程的初始值。

22.2.2 优化设计的基本概念

本节介绍一些优化设计的基本概念：设计变量、状态变量、目标函数、合理和不合理的设计、分析文件、迭代、循环、设计序列。

设计变量为自变量，优化结果是通过改变设计变量的数值实现的。每个设计变量都有上下限，用于定义设计变量的取值范围。

状态变量是约束设计的变量，它是因变量。状态变量可能会有上下限，也可能只有单方面的限制，即只有上限或只有下限。

目标函数是设计变量的函数，也就是说，改变设计变量的值会改变目标函数的值。在 ANSYS 优化程序中，只能定义一个目标函数，并且尽量减少目标函数的值。

设计变量、状态变量和目标函数统称为优化变量，在 ANSYS 优化程序中，优化变量是由用户定义的参数指定的。必须指出在参数集中，哪些是设计变量，哪些是状态变量，哪些是目标函数。

一个合理的设计是指满足所有指定约束条件（设计变量的约束和状态变量的约束）的设计。如果任意一个约束条件不被满足，就会认为设计是不合理的。最优设计是指既满足所有的约束条件又能得到最小目标函数值的设计（如果所有的设计都是不合理的，那么最优设计是最接近合理的设计，不用考虑目标函数的值）。

分析文件是 ANSYS 程序的一个命令流输入文件，包括完整的分析过程（前处理、求解、后处理），它必须包含一个参数化的模型，用参数定义模型，并且指定设计变量、状态变量和目标函数。分析文件必须作为一个单独的实体存在。根据分析文件可以自动生成优化循环文件（Jobname.LOOP），并且循环进行优化计算。

一次循环指一个分析周期（可以理解为执行一次分析文件）。最后一次循环的输出存储于文件 Jobname.OPO 中。优化迭代（或仅仅是迭代过程）是产生新的设计序列的一次或多次分析循环。在一般情况下，一次迭代表示一次循环。但在使用一阶方法时，一次迭代表示多次循环。

设计序列是指一个特定模型的参数集合。在一般情况下，设计序列是根据优化变量的数值确定的，所有的模型参数（包括不是优化变量的参数）可以组成一个设计序列。

优化数据库主要用于记录当前的优化环境，包括优化变量的定义、参数、所有优化设计和设计序列的集合。该数据库可以存储于 Jobname.OPT 文件中，也可以随时读入优化处理器中。优化数据库不是 ANSYS 模型数据库的一部分。

有两种实现 ANSYS 优化设计的方法：批处理方法和 GUI 操作。

22.2.3　优化设计过程

优化设计过程通常包括以下几个步骤，根据所选的优化设计方法不同（批处理方法或 GUI 操作），这几个步骤会有细微的差别。

- 创建参数化模型（PREP7）。
- 求解（SOLUTION）。
- 提取并指定状态变量和目标函数（POST1/POST26）。
- 进入 OPT 优化处理器，指定分析文件。
- 声明优化变量。
- 选择优化工具或优化方法。
- 指定优化循环控制的方式。
- 进行优化分析。
- 查看设计序列结果（OPT）和进行后处理（POST1/POST26）。

在优化设计过程中，可用的单元类型如下。

- 二维实体单元类型：PLANE2 和 PLANE82。
- 三维实体单元类型：SOLID92 和 SOLID95。
- 壳单元类型：SHELL93。

下面具体介绍优化设计的过程。

1. 生成分析文件

生成分析文件是 ANSYS 优化设计过程中的关键步骤。ANSYS 程序运用分析文件构造循环文件，进行循环分析。分析文件中可以包括 ANSYS 提供的任意分析类型（结构、热、电磁等，线性或非线性）。

在分析文件中，模型的创建必须是参数化的（通常优化变量为参数），结果也必须用参数来提取（用于状态变量和目标函数）。优化设计过程中只能使用数值参数。

生成分析文件的方法有两种：用系统编辑器逐行输入；交互式地完成分析，将 ANSYS 的 LOG 文件作为基础生成分析文件。无论采用哪种方法，分析文件中的内容都是一样的。

创建参数化模型。将设计变量作为参数创建模型的工作是在 PREP7 中完成的。前面提到过，可以对设计的任何方面进行优化，如尺寸、形状、材料性质、支撑位置、所加载荷等，唯一要求就是将其参数化。

设计变量一般在 PREP7 中定义，可以在程序的任何位置初始化。设计变量的初始值只会在设计计算开始时用到，在优化循环过程中会改变。

求解器求解。求解器主要用于定义分析类型和分析选项、施加载荷、指定载荷步、进行有限元计算。分析中用到的数据都要指出凝聚法分析中的主自由度、非线性分析中的收敛准则、谐波分析中的频率范围等。载荷和边界条件也可以作为设计变量。

参数化提取结果。在本步骤中，提取结果并将其赋予相应的参数。这些参数一般为状态变量和目标函数。提取数据的操作由 *GET 命令实现，通常使用 POST1 完成本步操作。

分析文件的准备。到此为止，已经对分析文件的基本需求进行了说明。如果是用系统编辑器编辑的批处理文件，那么简单地存盘进入下一步即可。如果使用交互方式建模，那么用户必须在交互环境下生成分析文件。

2. 建立优化过程中的参数

在生成分析文件后，就可以进行优化分析了（如果是在系统中生成的分析文件，则需要重新进入 ANSYS）。如果是在交互方式下进行优化，那么最好（不是必须）从分析文件中建立参数到 ANSYS 数据库中，在批处理模式下除外。

进入 OPT 优化处理器，指定分析文件。

以下步骤由 OPT 优化处理器完成。在首次进入 OPT 优化处理器时，会自动将 ANSYS 数据库中的所有参数作为设计序列 1。这些参数值假定是一个设计序列。

在交互方式下，用户必须指定分析文件名。这个文件用于生成优化循环文件 Jobname.LOOP。分析文件名无默认值，因此必须输入。

在批处理模式下，分析文件通常是批命令流的第一部分，从文件的第一行到命令 /OPT 第一次出现。在批处理方式中，默认的分析文件名为 Jobname.BAT（它是一个临时性的文件，是批处理输入文件的一个副本），因此，在批处理方式下通常不用指定分析文件名。但是，如果出于某种考虑将批处理输入文件分成两部分（一部分用于分析，另一部分用于优化分析），那么必须在进入优化处理器后指定分析文件。

3. 声明优化变量

声明优化变量，即指定哪些参数是设计变量，哪些参数是状态变量，哪个参数是目标函数。ANSYS 程序中允许有不超过 60 个设计变量和不超过 100 个状态变量，但只能有一个目标函数。

设计变量和状态变量可以定义最大值和最小值。目标函数不需要指定取值范围。每个变量都有一个公差值，这个公差值可以由用户输入，也可以由程序计算得出。

如果用 OPVAR 命令定义的参数名不存在，那么会自动在 ANSYS 数据库中定义这个参数，并且将其初始值设置为零。

可以在任意时间通过重新定义参数改变已定义的参数，也可以删除一个优化变量（OPVAR,Name,DEL）。这种删除操作并不会删除这个参数，只是不再将它继续作为优化变量。

4. 选择优化工具和优化方法

ANSYS 程序提供了一些优化工具和优化方法。

优化方法是使单个函数（目标函数）在控制条件下达到最小值的方法。有两种优化方法，分别为零阶方法和一阶方法。除此之外，用户可以提供外部的优化算法代替 ANSYS 本身的优化方法。在使用任何一种优化方法之前，必须定义目标函数。

优化工具是搜索和处理设计空间的技术。因为计算目标函数的最小值不一定是优化的最终目标，所以在使用优化工具时可以不指定目标函数。但是，必须指定设计变量。

5. 指定优化循环控制方式

每种优化方法和工具都有相应的循环控制参数，如最大迭代次数等。

用户可以控制一些循环特性，包括分析文件在循环中如何读取。可以从第一行开始读取（默认），也可以从第一个/PREP7 出现的位置开始读取；优化变量的参数可以忽略（默认），也可以在循环中处理，而且可以指定循环中存储哪种变量。这个功能可以在循环中控制参数的数值（包括设计变量和非设计变量）。

6. 进行优化分析

在将所有控制选项设置完成后，即可进行优化分析。

在进行优化分析时，优化循环文件（Jobname.LOOP）会根据分析文件生成。这个循环文件对用户是透明的，并且可以在分析循环中使用。循环在满足下列情况时终止：收敛、中断（不收敛，但最大循环次数或最大不合理的数目达到了）、分析完成。

如果循环因为模型的问题（如网格划分问题、非线性求解不收敛、与设计变量数值冲突等）而中断，那么优化处理器会进行下一次循环。如果使用交互方式，那么程序会显示一个警告信息并询问是否继续或结束循环。如果使用批处理模式，那么循环会继续。

所有优化变量和其他参数在每次迭代后都会存储于优化数据文件（Jobname.OPT）中，最多可以存储 130 组这样的序列，如果已经达到 130 个序列，那么数据最"不好"

的序列会被替换。

7. 查看设计序列结果

在优化循环结束后，可以用本部分介绍的命令或相应的 GUI 操作查看设计序列，这些命令适用于任意优化方法或优化工具生成的结果。

用图形表示指定的参数随序列号变化的规律，可以看出变量是如何随迭代过程变化的。

对于等步长搜索工具、乘子工具和梯度工具，有一些特别的查看结果的方法。在优化处理器中使用 STSTUS 命令可以方便地查看优化环境，可以验证需要的设计是否全部输入优化处理器，还可以得到一些关于当前优化任务的信息，如分析文件名、优化技术、设计序列数、优化变量等。

对于等步长搜索工具，使用 OPRSW 命令可以列表显示结果，使用 OPLSW 命令可以图形显示结果；对于乘子工具，使用 OPRFA 命令可以列表显示结果，使用 OPLFA 命令可以图形显示结果；对于梯度工具，使用 OPRGR 命令可以列表显示结果，使用 OPLGR 命令可以图形显示结果。

可以使用 POST1 或 POST26 对分析结果进行后处理。在默认情况下，最后一个设计序列的结果存储于 Jobname.RST 文件（文件类型视分析类型而定）中。如果在循环运行前将 OPKEEP 设置为 On，那么最佳设计序列的数据会存储于数据库和结果文件中。"最佳结果"存储于 Jobname.BRST 文件（或 Jobname.BRTH）中，"最佳数据库"存储于 Jobname.BDB 文件中。

22.3 拓扑优化

可以对结构的形状进行优化。对结构的形状进行优化称为拓扑优化，又称为形状优化。拓扑优化的目标是寻找承受单载荷或多载荷物体的最佳材料分配方案，这种方案在拓扑优化中表现为"最大刚度"设计。

22.3.1 拓扑优化方法

与传统的优化设计不同，拓扑优化无需提供参数和优化变量的定义。目标函数、状态变量和设计变量都是预定义好的，只需给出结构的参数（材料特性、模型、载荷等）和要省去的材料百分比。

拓扑优化的目标。目标函数需要在满足结构约束（V）的情况下减小结构的变形能。减小结构的变形能相当于提高结构的刚度。这个技术可以通过使用设计变量（ni）将内部伪密度赋给每个有限元的单元来实现。这些伪密度可以用"PLNSIL,TOPO"命令指定。

22.3.2 拓扑优化步骤

1. 定义拓扑优化问题

定义拓扑优化问题与定义其他线性、弹性结构问题的方法相同,需要定义材料属性(弹性模量和泊松比),选择合适的单元类型,生成有限元模型,施加载荷和边界条件,进行单载荷步分析或多载荷步分析。

2. 选择单元类型

拓扑优化功能可以使用二维平面单元类型、三维块单元类型和壳单元类型。

只有单元类型号为 1 的单元才能进行拓扑优化,可以利用这个特点控制模型优化和不优化的部分。例如,如果要保留接近圆孔部分或支架部分的材料,那么将这部分单元类型号指定为 2 或更大值即可。用户可以使用 ANSYS 的选择和修改命令来定义单元类型号。

3. 定义和控制载荷工况

可以在单个载荷工况和多个载荷工况中进行拓扑优化。在单载荷工况中进行拓扑优化最简便。

如果需要在几个独立的载荷工况中得到优化结果,则必须用到写载荷工况和求解功能。在定义完所有载荷工况后,使用 LSWRITE 命令将数据写入文件,然后使用 LSSOLVE 命令求解载荷工况的集合。

4. 定义和控制优化过程

拓扑优化过程包括两部分:定义优化参数和进行拓扑优化。用户可以用两种方式运行拓扑优化,控制并执行每一次迭代,或者自动进行多次迭代。

ANSYS 中有 3 个定义和执行拓扑优化的命令:TOPDEF、TOPEXE 和 TOPITER。使用 TOPDEF 命令可以定义要省去材料的量、要处理载荷工况的数目、收敛的公差;使用 TOPEXE 命令可以执行一次优化迭代;使用 TOPITER 命令可以执行多次优化迭代。

定义优化参数:定义省去材料的百分比、处理载荷工况的数目、收敛的公差。

执行单次迭代:在定义好优化参数后,可以执行一次优化迭代,然后查看收敛情况并绘制或列出当前的拓扑优化结果。可以继续进行迭代,直到满足要求为止。如果使用 GUI 操作方法,那么在 Topological Optimization 对话框中设置为一次迭代。

自动执行多次迭代:在定义好优化参数后,可以自动执行多次优化迭代。在迭代完成后,查看收敛情况,并且绘制或列出当前的拓扑优化结果。如果有需要的话,可以继续进行求解和优化迭代。TOPITER 命令实际是一个 ANSYS 宏,可以复制和定制。

每次优化迭代执行一次 LSSOLVE 命令、一次 TOPEXE 命令和一次 "PLNSOL,TOPO"显示命令。在达到收敛公差(使用 TOPDEF 命令定义)或达到最大迭代次数(使用 TOPITER 命令定义)后,优化迭代终止。

5. 查看结果

在拓扑优化结束后，ANSYS 结果文件（Jobname.RST）会将优化结果提供给通用后处理器。

如果需要列出节点解和绘出伪密度，则可以使用 PRNSOL 命令和 PLNSOL 命令的 TOPO 变量实现。

22.3.3 拓扑优化实例

在本实例中，对承受两个载荷工况的梁进行拓扑优化。

1. 问题描述

一个承载的弹性梁，两端固定，承受两个载荷工况。梁的一个面是用 1 号单元划分的，用于进行拓扑优化，另一个面是用 2 号单元划分的，不进行拓扑优化。最后的形状是 1 号单元划分的体积减小约 50%。

2. 设置分析环境

（1）在 GUI 的通用菜单中选择 File > Change Jobname 命令，弹出 Change Jobname 对话框，在[/FILNAM] Enter new jobname 文本框中输入本分析实例的文件名"22-2"，如图 22-13 所示，单击 OK 按钮，完成对文件名的修改。

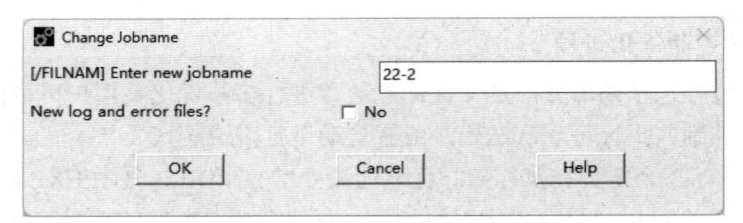

图 22-13　Change Jobname 对话框

（2）在 GUI 的通用菜单中选择 File > Change Title 命令，弹出 Change Title 对话框，在[/TITLE] Enter new title 文本框中输入本分析实例的标题"multipe-load example of topological optimization"，如图 22-14 所示，单击 OK 按钮，完成对标题的修改。

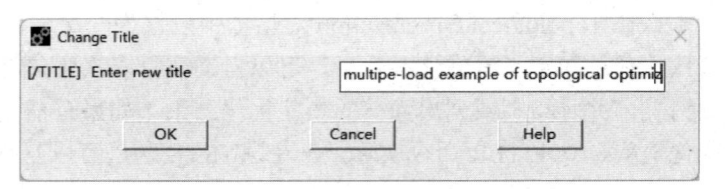

图 22-14　Change Title 对话框

（3）在 GUI 的通用菜单中选择 Plot > Replot 命令，指定的标题"multipe-load example of topological optimization"就会显示在工作区的左下角。

3. 定义材料属性

（1）在 GUI 的主菜单中选择 Preprocessor > Element Type > Add/Edit/Delete 命令，弹出 Element Types 对话框，单击 Add 按钮，弹出 Library of Element Types 对话框，在第二个列表框下的文本框中输入"PLANE2"，如图 22-15 所示，单击 OK 按钮，定义第一个单元类型 PLANE2。

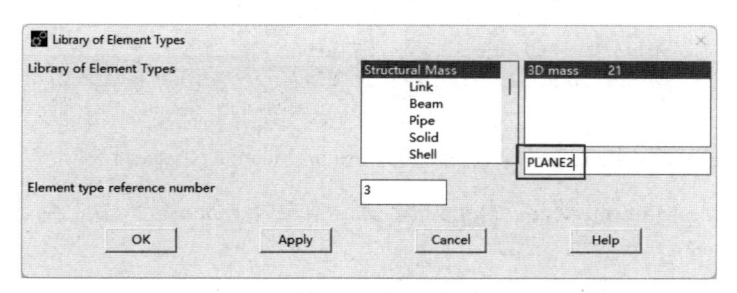

图 22-15　Library of Element Types 对话框

（2）使用同样的方法定义第二个单元类型 PLANE183，如图 22-16 所示。在 Element Types 对话框中单击 Close 按钮，关闭该对话框，结束单元类型的定义。

（3）在 GUI 的主菜单中选择 Preprocessor > Material Props > Material Models 命令，打开 Define Material Model Behavior 窗口，在 Material Models Available 列表框中选择 Structural > Linear > Elastic > Isotropic 选项，如图 22-17 所示，弹出 Linear Isotropic Properties for Material Number 1 对话框，如图 22-18 所示。

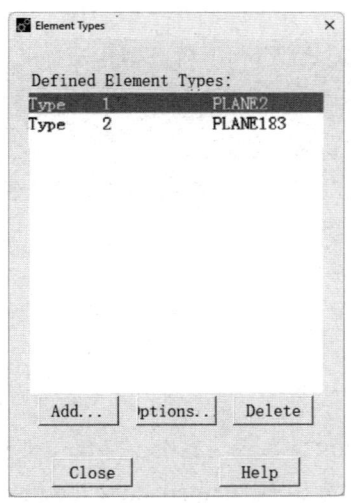

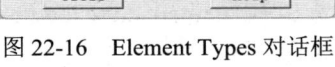

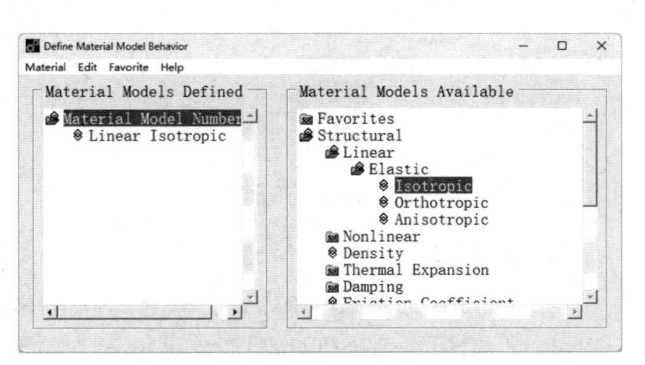

图 22-16　Element Types 对话框　　　图 22-17　Define Material Model Behavior 窗口

（4）在 Linear Isotropic Properties for Material Number 1 对话框中，设置 EX=2e11、PRXY=0.3，如图 22-18 所示，单击 OK 按钮，关闭该对话框。返回 Define Material Model Behavior 窗口，即可在 Material Models Defined 列表框中看到定义的参考号为 1 的材料属性。

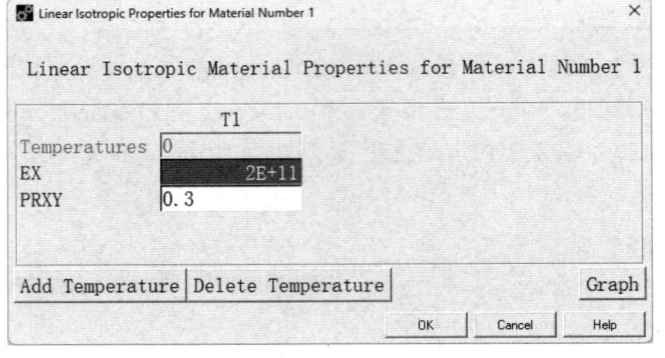

图 22-18 Linear Isotropic Properties for Material Number 1 对话框

（5）在 Define Material Model Behavior 窗口中选择 material > Exit 命令，关闭该窗口，完成对材料属性的定义。

4. 创建模型

在 GUI 的主菜单中选择 Preprocessor > Preprocessor > Modeling > Create > Areas > Rectangle > By 2 Corners 命令，弹出 Rectangle by 2 Corners 对话框，设置 WP X=0、WP Y=0、Width=3、Height=1，如图 22-19 所示，单击 OK 按钮，创建的梁模型如图 22-20 所示。

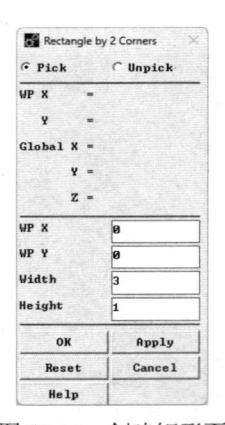

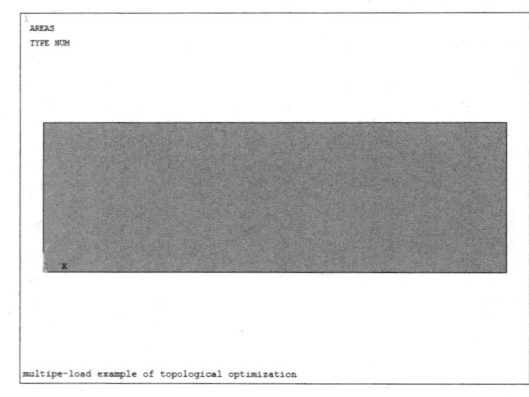

图 22-19　创建矩形面　　　　　　图 22-20　创建的梁模型

5. 划分网格

（1）在 GUI 的主菜单中选择 Preprocessor > Meshing > Size Cntrls > Manual Size > Global > Size 命令，弹出 Global Element Sizes 对话框，设置 SIZE element edge length=0.05，单击 OK 按钮，如图 22-21 所示。

（2）在 GUI 的主菜单中选择 Preprocessor > Meshing > Mesh Attributes > Default Attribs 命令，弹出 Meshing Attributes 对话框，在[TYPE] Element type number 下拉列表中选择 1 PLANE2 选项，如图 22-22 所示，单击 OK 按钮。

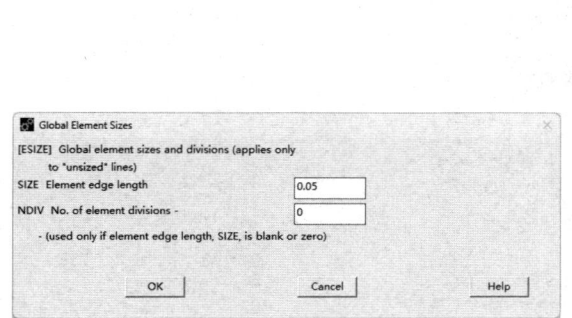

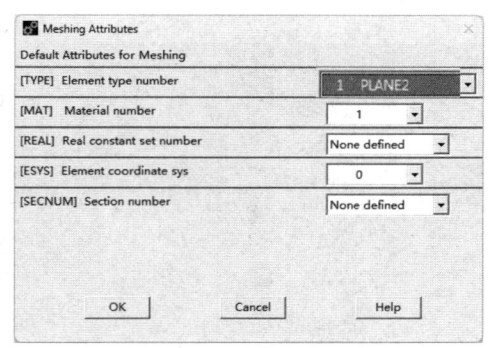

图 22-21　Global Element Sizes　　　　图 22-22　Meshing Attributes 对话框

（3）在 GUI 的主菜单中选择 Preprocessor > Meshing > Mesh > Areas > Mapped > 3 or 4 sided 命令，弹出拾取对话框，单击 Pick All 按钮，对模型进行网格划分。划分网格后的梁模型如图 22-23 所示。

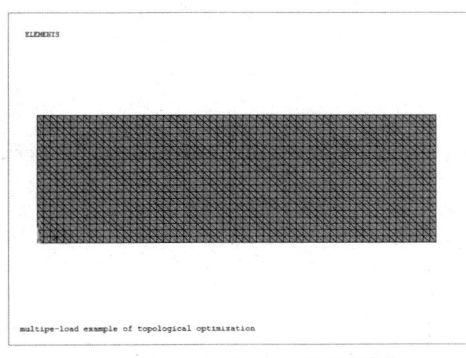

图 22-23　划分网格后的梁模型

（4）在 GUI 的通用菜单中选择 Select > Entities 命令，弹出 Select Entities 对话框，在第一个下拉列表中选择 Nodes 选项，在第二个下拉列表中选择 By Location 选项，选择 X coordinates 单选按钮，在 Min,Max 文本框中输入"0,0.4"，如图 22-24 所示，单击 Apply 按钮。

（5）继续设置 Select Entities 对话框中的参数，在第一个下拉列表中选择 Elements 选项，在第二个下拉列表中选择 Attached to 选项，选择 Nodes,all 单选按钮，如图 22-25 所示，单击 OK 按钮。

（6）在 GUI 的主菜单中选择 Preprocessor > Meshing > Mesh Attributes > Default Attribs 命令，弹出 Meshing Attributes 对话框，在[TYPE] Element type number 下拉列表中选择 2 PLANE183 选项，单击 OK 按钮。

（7）在 GUI 的主菜单中选择 Preprocessor > Modeling > Move/Modify > Elements > Modify Attribs 命令，打开 Modify Elem Attributes 面板，单击 Pick All 按钮，如图 22-26 所示。

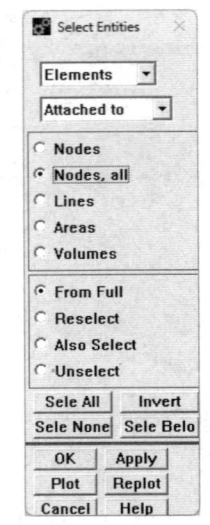

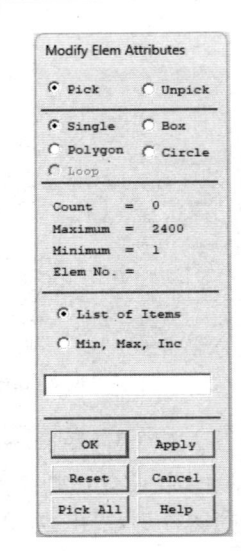

图 22-24 Select Entities 对话框（一）　　图 22-25 Select Entities 对话框（二）　　图 22-26 Modify Elem Attributes 面板

（8）弹出 Modify Elem Attributes 对话框，在 STLOC Attribute to change 下拉列表中选择 Elem type TYPE 选项，设置 I1 New attribute number=2，如图 22-27 所示，单击 OK 按钮。

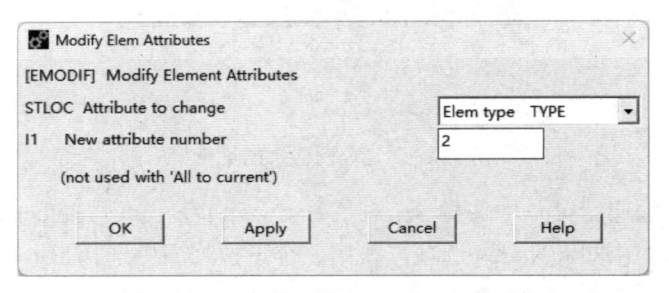

图 22-27　Modify Elem Attributes 对话框

（9）选择所有实体。在 GUI 的通用菜单中选择 Select > Everything 命令。

6．施加载荷

（1）选择左边线上的所有节点。在 GUI 的通用菜单中选择 Select > Entities 命令，弹出 Select Entities 对话框，在第一个下拉列表中选择 Nodes 选项，在第二个下拉列表中选择 By Location 选项，选择 X coordinates 单选按钮，在 Min,Max 文本框中输入"0,0"，单击 OK 按钮。

（2）在 GUI 的主菜单中选择 Preprocessor > Loads > Define Loads > Apply > Structural > Displacement > Symmetry B.C > On Nodes 命令，弹出 Apply SYMM on Nodes 对话框，在 Norml Symm surface is normal to 下拉列表中选择 X-axis 选项，其他参数保持默认设置，如图 22-28 所示，单击 OK 按钮。施加对称约束后的梁模型如图 22-29 所示。

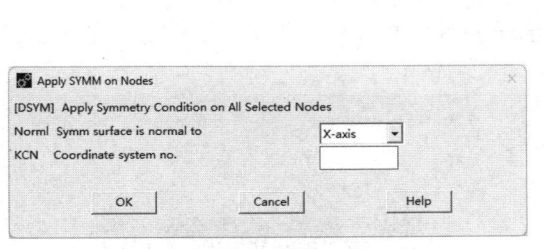

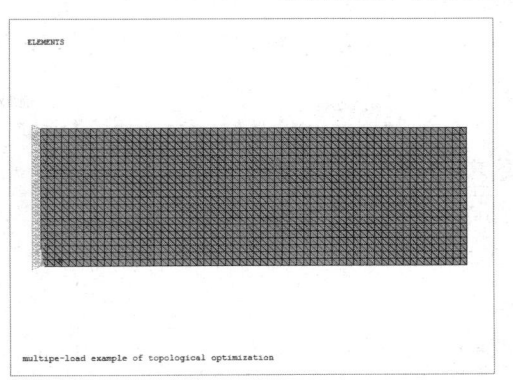

图 22-28　施加位移约束　　　　　图 22-29　施加对称约束后的梁模型（一）

（3）选择右边线上的所有节点。在 GUI 的通用菜单中选择 Select > Entities 命令，弹出 Select Entities 对话框，在第一个下拉列表中选择 Nodes 选项，在第二个下拉列表中选择 By Location 选项，选择 X coordinates 单选按钮，在 Min,Max 文本框中输入"3,3"，单击 OK 按钮。

（4）在 GUI 的主菜单中选择 Preprocessor > Loads > Define Loads > Apply > Structural > Displacement > Symmetry B.C > On Nodes 命令，弹出 Apply SYMM on Nodes 对话框，在 Norml Symm surface is normal to 下拉列表中选择 X-axis 选项，其他参数保持默认设置，单击 OK 按钮。施加对称约束后的梁模型如图 22-30 所示。

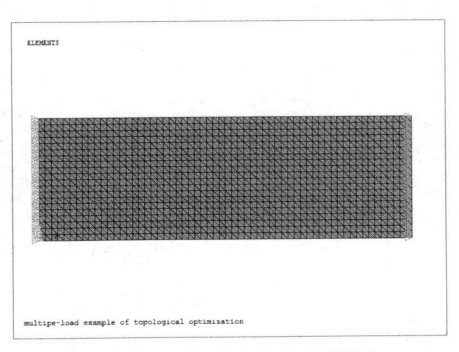

图 22-30　施加对称约束后的梁模型（二）

（5）选择坐标为（1,1）的节点，在 GUI 的通用菜单中选择 Select > Entities 命令，弹出 Select Entities 对话框，在第一个下拉列表中选择 Nodes 选项，在第二个下拉列表中选择 By Location 选项，选择 X coordinates 单选按钮，在 Min,Max 文本框中输入"1,1"，单击 OK 按钮。

（6）在 GUI 的通用菜单中选择 Select > Entities 命令，弹出 Select Entities 对话框，在第一个下拉列表中选择 Nodes 选项，在第二个下拉列表中选择 By Location 选项，选择 Y coordinates 单选按钮，在 Min,Max 文本框中输入"1,1"，然后选择 Reselect 单选按钮，单击 OK 按钮。

（7）在 GUI 的主菜单中选择 Preprocessor > Loads > Define Loads > Apply > Structural

> Force/Moment > On Nodes 命令，弹出拾取对话框，单击 Pick All 按钮，选择当前选择集中的所有节点。

（8）弹出 Apply F/M on Nodes 对话框，在 Lab Direction of force/mom 下拉列表中选择 FY 选项，设置 VALUE Force/moment value=1000，单击 OK 按钮，如图 22-31 所示。施加力载荷后的梁模型如图 22-32 所示。

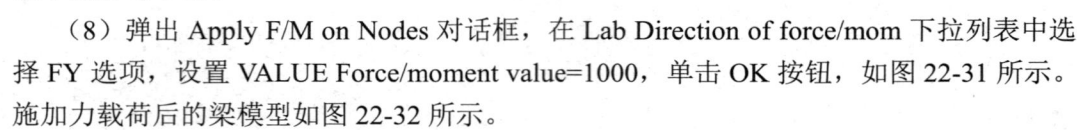

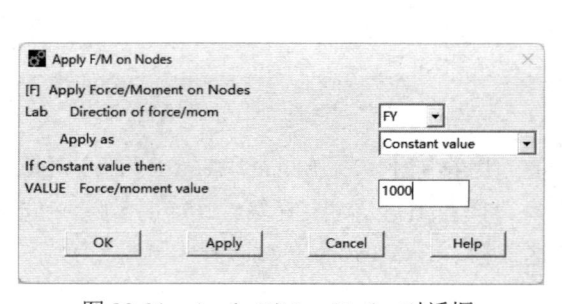

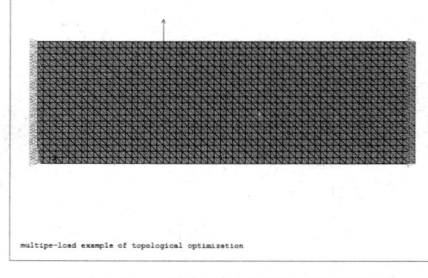

图 22-31　Apply F/M on Nodes 对话框

图 22-32　施加力载荷后的梁模型

（9）选择所有实体。在 GUI 的通用菜单中选择 Select > Everything 命令。

（10）写入第一个载荷工况。在 GUI 的主菜单中选择 Preprocessor > Loads > Load Step Opts > Write LS File 命令，弹出 Write Load Step File 对话框，设置 LSNUM Load step file number n=1，如图 22-33 所示，单击 OK 按钮。

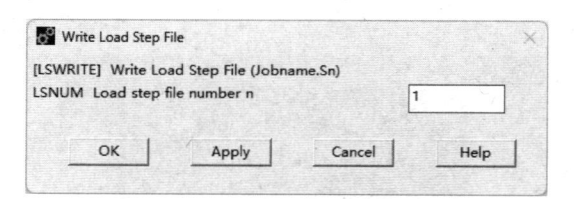

图 22-33　Write Load Step File 对话框

（11）清除所有力载荷。在 GUI 的主菜单中选择 Preprocessor > Loads > Define Loads > Delete > Structural > Force/Moment > On Nodes 命令，弹出拾取对话框，单击 Pick All 按钮，选择当前选择集中的所有节点。

（12）弹出 Delete F/M on Nodes 对话框，在 Lab Force/moment to be deleted 下拉列表中选择 ALL 选项，单击 OK 按钮，如图 22-34 所示。

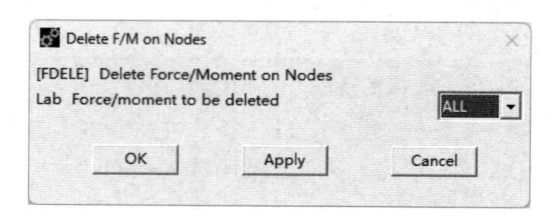

图 22-34　Delete F/M on Nodes 对话框

（13）选择坐标为（2,0）的节点。在 GUI 的通用菜单中选择 Select > Entities 命令，弹出 Select Entities 对话框，在第一个下拉列表中选择 Nodes 选项，在第二个下拉列表中选择 By Location 选项，选择 X coordinates 单选按钮，在 Min,Max 文本框中输入"2,2"，单击 OK 按钮。

（14）在 GUI 的通用菜单中选择 Select > Entities 命令，弹出 Select Entities 对话框，在第一个下拉列表中选择 Nodes 选项，在第二个下拉列表中选择 By Location 选项，选择 Y coordinates 单选按钮，在 Min,Max 文本框中输入"0,0"，然后选择 Reselect 单选按钮，单击 OK 按钮。

（15）在节点上施加集中力。在 GUI 的主菜单中选择 Preprocessor > Loads > Define Loads > Apply > Structural > Force/Moment > On Nodes 命令，弹出拾取对话框，单击 Pick All 按钮，选择当前选择集中的所有节点。

（16）弹出 Apply F/M on Nodes 对话框，在 Lab Direction of force/mom 下拉列表中选择 FY 选项，设置 VALUE Force/moment value=-1000，单击 OK 按钮。

（17）选择所有的实体。在 GUI 的通用菜单中选择 Select > Everything 命令。

（18）写入第二个载荷工况。在 GUI 的主菜单中选择 Preprocessor > Loads > Load Step Opts > Write LS File 命令，弹出 Write Load Step File 对话框，设置 LSNUM Load step file number n=2，单击 OK 按钮。

（19）清除所有力载荷。在 GUI 的主菜单中选择 Preprocessor > Loads > Define Loads > Delete > Structural > Force/Moment > On Nodes 命令，弹出拾取对话框，单击 Pick All 按钮，选择当前选择集中的所有节点。

（20）弹出 Delete F/M on Nodes 对话框，在 Lab Force/moment to be deleted 下拉列表中选择 ALL 选项，单击 OK 按钮。

7. 拓扑优化

（1）在命令输入框中输入如下代码。

```
!拓扑优化
!定义拓扑优化有两个载荷工况
TOCOMP,MCOMP,MULTIPLE,2
TOVAR,MCOMP,OBJ
TOVAR,VOLUME,CON,,50
TOTYPE,OC
TODEF
/DSCALE,,OFF
/CONTOUR,,2
!执行不多于70次迭代。
TOLOOP,70,1
```

（2）在求解完成后，弹出显示"Solution is done!"的 Note 对话框，单击 Close 按钮，关闭该对话框。

(3) 在命令输入框中输入如下代码。

```
/EFACET,1
PLNSOL,TOPO,,0,1.0
```

即可在工作区中看到拓扑优化密度云图,由材料的密度可以判断材料的去留,0 表示去除的材料部分,1 表示留下的材料部分,如图 22-35 所示。

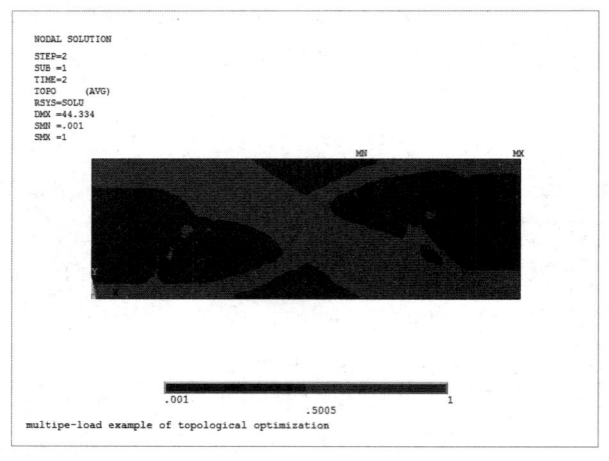

图 22-35　拓扑优化密度云图

22.4　本章小结

本章对 APDL、优化设计、拓扑优化等进行了详细讲解。通过实例讲解了参数化设计、优化设计的实现手段。通过参数化设计可以帮助读者自动完成定义模型及其载荷、求解和结果分析,从而提高工作效率。通过优化设计可以帮助读者寻求最优设计方案,提高分析的有效性。